Konstruktionslehre

G. Pahl · W. Beitz

Konstruktionslehre

Handbuch für Studium und Praxis

Springer-Verlag
Berlin Heidelberg New York

Dr.-Ing. GERHARD PAHL
o. Prof. für Maschinenelemente und Konstruktionslehre
an der Technischen Hochschule Darmstadt

Dr.-Ing. WOLFGANG BEITZ
o. Prof. für Maschinenelemente und Konstruktionstechnik
an der Technischen Universität Berlin

Mit 336 Abbildungen

ISBN 3-540-07879-7 Springer-Verlag Berlin Heidelberg New York
ISBN 0-387-07879-7 Springer-Verlag New York Heidelberg Berlin

Library of Congress Cataloging in Publication Data
Pahl, Gerhard, 1925– Konstruktionslehre. Includes bibliographies and index. 1. Machinery — Design. I. Beitz, Wolfgang, joint author. II. Title. TJ230.P16 621.8′15 76-45667

Printed in Germany

Vorwort

Die in diesem Buch dargestellte Konstruktionslehre will gleichermaßen den Studierenden des Maschinen-, Apparate- und Gerätebaus und den auf diesen Gebieten in der Praxis tätigen Konstrukteur unabhängig von einem bestimmten Fachgebiet oder einer Branche ansprechen. Den Lehrenden und Forschenden an Hoch- und Fachhochschulen möge dieser Leitfaden Grundlage und Anregung für eigene Weiterentwicklungen sein. Es wird eine Strategie des Konstruierens vermittelt.

Die vorgeschlagenen Arbeitsschritte, Methoden und Hilfsmittel haben einen vielfältigen Ursprung. Wesentlicher Ausgangspunkt waren Erfahrungen und erste, eigene Ansätze zum methodischen Vorgehen sowie Entwicklungen von Konstruktionsregeln während der praktischen Konstruktionstätigkeit in verantwortlicher Industriestellung. Diese Anfänge wurden durch Forschungen an den Lehrstühlen und Instituten der Verfasser an der TH Darmstadt und TU Berlin weiterentwickelt. Es entstand ein Lehrstoff für Vorlesungen und Übungen nach dem Vorexamen, der auch außerhalb der Hochschulen als Grundlage in Weiterbildungsseminaren für Konstrukteure und zu Vorträgen herangezogen wurde.

Bedeutende Bereicherung und Modifizierung eigener Vorstellungen brachten Industriekontakte und auch der rege Gedankenaustausch im VDI-Ausschuß „Konstruktionsmethodik" beim Erarbeiten der Richtlinie VDI 2222 „Konzipieren technischer Produkte". Schließlich ergaben sich zahlreiche Anregungen aus Diskussionen mit Mitarbeitern und Studenten. Das Interesse, das dann die Aufsatzreihe „Für die Konstruktionspraxis" in der Zeitschrift Konstruktion während der Jahre 1972 bis 1974 in der Praxis und an Hochschulen fand, ermunterte uns, sie zu überarbeiten und wesentlich zu ergänzen.

Das entstandene Buch setzt die Kenntnis der Maschinenelemente und elementarer Gestaltungsgrundsätze voraus. Vorgehensweisen, Methoden und Hilfsmittel zur Konstruktion technischer Systeme werden aus neuerer Sicht geschlossen dargestellt und beziehen sich nicht nur auf das Konzipieren, sondern auch auf das Entwerfen und Ausarbeiten. Wert wurde auf eine für die Praxis verständliche Sprache gelegt.

Die Gliederung des Buches orientiert sich am Arbeitsfortschritt beim Konstruieren. Um das Verständnis für die vorgeschlagenen Methoden zu fördern, wurden ihre Grundlagen ausführlich behandelt. Darauf aufbauend wird das Vorgehen in der Konzeptphase verständlich. Entsprechend der Bedeutung der Entwurfsphase sind Gedanken und Hinweise entwickelt und schon bestehende Richtlinien erweitert worden, so daß hier ein bedeutender Schwerpunkt entstand. Die Baureihen- und Baukastenentwicklung wird als wichtiges Rationalisierungsmittel verstanden. Bei vorausgesetzter Kenntnis der elementaren Gestaltungs- und Zeichnungsrichtlinien ist die Ausarbeitungsphase besonders im Hinblick auf eine Unterstützung durch die elektronische Datenverarbeitung gesehen worden. Zu einem zweckmäßigen Rechnereinsatz erhält der Konstrukteur im letzten Teil des Buches wichtige Hinweise.

Mit Hilfe des Sachverzeichnisses findet der Leser rasch die ihn interessierenden Gebiete und dort die sachbezogene Literatur, die eine Vertiefung erlaubt.

Bekannte Vorgehensweisen, Methoden, Hilfsmittel und Begriffe wurden, soweit sie verträglich waren, einbezogen. So entspricht z. B. das Vorgehen in der Konzeptphase in wesentlichen Punkten der Richtlinie VDI 2222.

Grundlagenarbeiten anderer Autoren zur Konstruktionsmethodik wurden berücksichtigt. Eine Umformulierung in Teilaussagen ließ sich dabei im Interesse der einheitlichen Betrachtung unter Einschluß der Entwurfs- und Ausarbeitungsphase nicht immer umgehen.

Die auf manchen Teilgebieten noch nicht abgeschlossene Forschung und die notwendige Umfangsbegrenzung gestatteten es nicht, Tätigkeiten und Fragen in der Entwurfsphase und besonders in der Ausarbeitungsphase nach allen Gesichtspunkten vollständig zu behandeln. Als Ausweg blieb der Hinweis auf weiterführende Literatur. Auf eine Behandlung wurde außerdem dann verzichtet, wenn der Aspekt schon an anderer Stelle ausführlich abgehandelt worden ist.

Unseren Dank sagen wir Kollegen, Ingenieuren aus der Praxis und Firmen, die mit Hinweisen und Beiträgen Unterstützung geleistet haben. Eine kritische Durchsicht besorgten die Herren Dr.-Ing. K. H. Beelich und Dipl.-Ing. D. Dreibholz, die mit Hinweisen zum Inhalt, zum didaktischen Aufbau und zur einheitlichen Text- und Bildgestaltung wesentlich für eine verständliche Darstellung und Straffung beigetragen haben. Die Zeichenarbeiten führten Frau R. Sperling und Herr W. Laßhof aus. Schreibarbeiten besorgten Frau E. Fischer, Frau A. Schilling und Frl. R. Schmitt. Für die interessierte und bereitwillige Mitarbeit danken wir allen sehr herzlich.

Dem Verlag ist für Unterstützung, gute Beratung und sorgfältige Ausführung ebenso zu danken, wie unseren Frauen für ihr Verständnis und ihre stete Unterstützung unserer Arbeit.

Darmstadt und Berlin,
im Sommer 1976

G. Pahl und W. Beitz

Inhaltsverzeichnis

1. Einführung

1.1. Der Konstruktionsbereich

1.1.1. Aufgaben und Tätigkeiten

Wesentliche Aufgabe eines Ingenieurs ist es, für technische Probleme mit Hilfe naturwissenschaftlicher Erkenntnisse Lösungen zu finden und sie unter den jeweils gegebenen Einschränkungen stofflicher, technologischer und wirtschaftlicher Art in optimaler Weise zu verwirklichen. Hieran ist der Konstrukteur an hervorragender und verantwortlicher Stelle beteiligt. Seine Ideen, Kenntnisse und Fähigkeiten bestimmen in entscheidender Weise Produkt und Wirtschaftlichkeit beim Hersteller und Benutzer.

Konstruieren ist die gedankliche Realisierung, die versucht, die gestellten Anforderungen auf die zur Zeit bestmögliche Weise zu erfüllen. Es ist eine Ingenieurtätigkeit, die

— fast alle Gebiete des menschlichen Lebens berührt,
— sich der Erkenntnisse und Gesetze der Naturwissenschaft bedient und
— die Voraussetzung zur stofflichen Verwirklichung erzielt [2, 12, 25, 51, 52].

Penny [33] stellt die konstruktive Arbeit, deren Ergebnis der technische Entwurf ist, in die Mitte einander kreuzender und überschneidender Einflüsse unseres kulturellen und technischen Lebens: Bild 1.1. Aber auch andere Zuordnungen lassen sich angeben:

Arbeitspsychologisch ist das Konstruieren eine schöpferisch geistige Tätigkeit, die ein sicheres Fundament an Grundlagenwissen auf den Gebieten der Mathematik, Physik, Chemie, Mechanik, Wärme- und Strömungslehre, Elektrotechnik, sowie der Fertigungstechnik, Werkstoffkunde und Konstruktionslehre, aber auch Kenntnisse und Erfahrungen des jeweils zu bearbeitenden Fachgebietes erfordert. Dabei

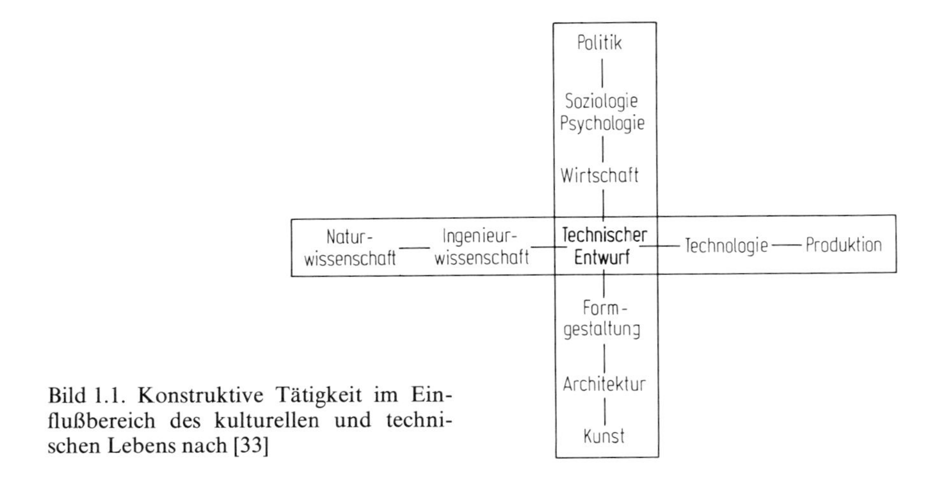

Bild 1.1. Konstruktive Tätigkeit im Einflußbereich des kulturellen und technischen Lebens nach [33]

sind Entschlußkraft, Entscheidungsfreudigkeit, wirtschaftliche Einsicht, Ausdauer und Optimismus, Kontaktfreudigkeit und Teambereitschaft wichtige Eigenschaften, die dem Konstrukteur dienlich und in verantwortlicher Position unerläßlich sind [31].

Methodisch gesehen ist das Konstruieren ein Optimierungsprozeß unter gegebenen Zielsetzungen und sich zum Teil widersprechenden Bedingungen. Die Anforderungen ändern sich mit der Zeit, so daß eine konstruktive Lösung nur unter den jeweiligen zeitlich vorliegenden Bedingungen als Optimum angestrebt oder verwirklicht werden kann.

Organisatorisch ist das Konstruieren ein wesentlicher Teil im Prozeß der Wertschaffung und Veredelung der Rohprodukte und Produktionsgüter, das nur in Zusammenarbeit mit Menschen anderer Tätigkeit denkbar ist. So muß der Konstrukteur mit dem Verkäufer, Einkäufer, Kalkulator, Arbeitsvorbereiter, Terminplaner,

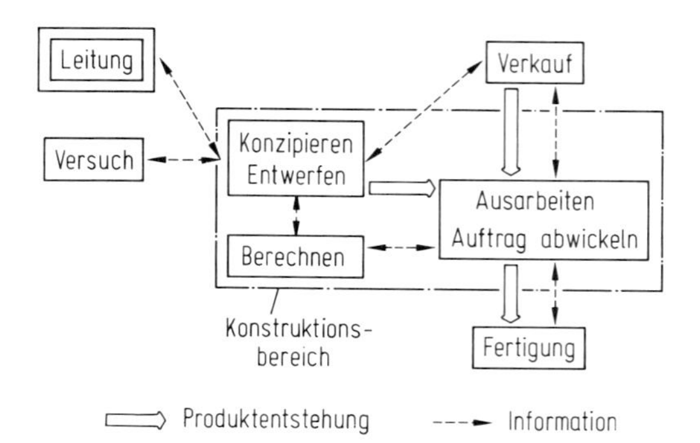

Bild 1.2. Organisation des Konstruktionsbereichs: Konzipieren und Entwerfen vom Ausarbeiten und Abwickeln des Auftrages organisatorisch getrennt

Fertigungsingenieur, Werkstoffachmann, Forscher, Versuchsingenieur, Montageleiter und Normeningenieur mannigfache Querverbindungen knüpfen, um alle notwendigen Informationen zu erhalten und um die zweckmäßigste Gestaltung sicherstellen zu können. Ein guter Informationsfluß und reger Erfahrungsaustausch sowie Zusammenarbeit sind notwendig und müssen durch Organisation und persönliches Verhalten gefördert werden.

Von den Anforderungen her und bezüglich der Vorgehens- und Arbeitsweise kann der Konstrukteur organisatorisch recht unterschiedlich in den Arbeits- und Produktionsfluß eingebaut sein:

Bei einer *Neukonstruktion ohne konkreten Kundenauftrag* wird oft Konzipieren und Entwerfen vom Abwickeln eines Auftrages (vgl. 3.2) organisatorisch getrennt sein: Bild 1.2. Dieses Organisationsmodell bietet die Vorteile einer ungestörten, in die Zukunft gerichteten, vom Herkömmlichen freien Entwicklungstätigkeit mit dem Ziel, neue Produkte zu gewinnen. Als Nachteil ergibt sich die Gefahr des Auseinanderlebens zwischen Entwicklung und Auftragsabwicklung sowie der scheinbaren Einteilung in „gehobene" und „weniger gehobene" Konstrukteure. Dieser Erscheinung muß durch gezielten Personalwechsel zwischen beiden Bereichen entgegengewirkt werden, wobei es gut ist, mit der Übergabe einer Neuentwicklung an die Auftragsabwicklung auch einen gewissen Bestand an Personal mitwechseln zu lassen, damit der Informationsfluß voll wirksam wird. Umgekehrt bilden Konstrukteure aus der Auftragsabwicklung in der Entwicklung eine Quelle von Erfahrungen und ein Korrektiv hinsichtlich der zu beachtenden Realitäten des Marktes.

Bei großen und mehr oder weniger *einmaligen Objekten* bewirkt der Auftrag oft *Weiterentwicklung* in Form von Anpassungskonstruktion. In diesem Fall gehen Konzipieren, Entwerfen und Ausarbeiten sowie Auftrag abwickeln Hand in Hand, wobei oft Stabsstellen in Grundsatzfragen und Berechnungsgruppen unterstützend

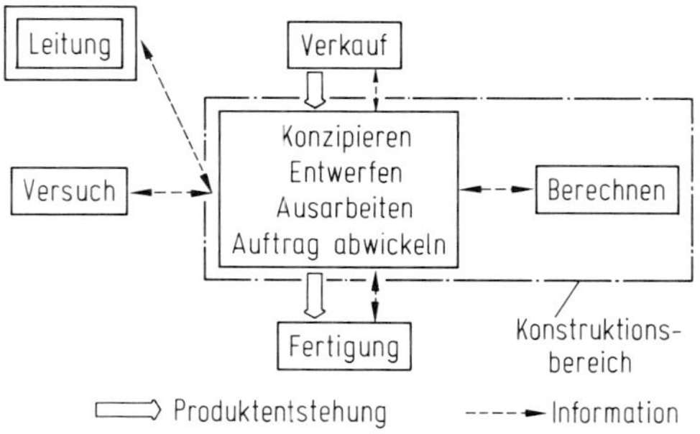

Bild 1.3. Organisation des Konstruktionsbereichs: Konzipieren, Entwerfen, Ausarbeiten und Auftrag abwickeln organisatorisch zusammengefaßt

mitwirken: Bild 1.3. Die Tätigkeit steht dann grundsätzlich unter Termindruck. Neues kann nur schrittweise und begrenzt eingebracht werden, um nicht zu große Risiken einzugehen. Beispiele sind der Großmaschinenbau und der Großapparatebau.

Bei *höheren Stückzahlen* im *Kleinmaschinen- und Gerätebau* hingegen ist es oft zweckmäßig, in den Konstruktionsbereich auch das Labor miteinzubeziehen (Bild 1.4), weil sich die Entwicklung hier durch eine gemischte Tätigkeit zwischen

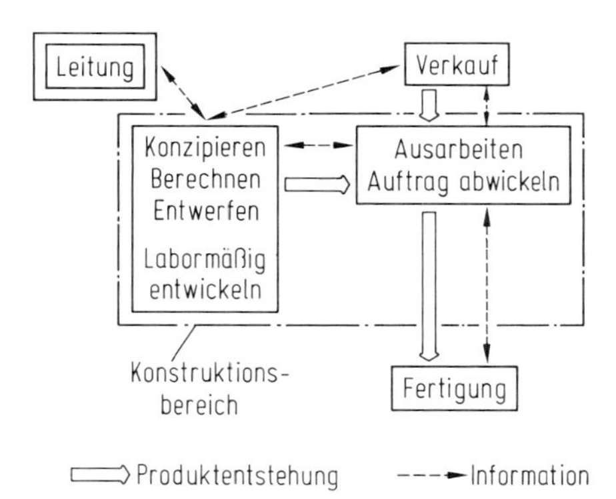

Bild 1.4. Organisation des Konstruktionsbereichs: Konzipieren, Berechnen, Entwerfen und labormäßiges Entwickeln vom Ausarbeiten und Auftrag abwickeln organisatorisch getrennt

Theorie, Projektierung (Entwurf) und Experiment schneller und wirksamer durchführen läßt. Viele Fragen sind durch einen Vorversuch mit verhältnismäßig geringem Aufwand einfacher und sicherer zu klären als allein durch Rechnung und Gestaltung am Zeichenbrett. Bei noch nicht fertigungsreifen Konstruktionen wird der Weg über die Entwicklung gehen, andernfalls kann sogleich der Auftrag abgewickelt werden.

Arbeitspsychologisch und organisatorisch ist zu beachten, daß konstruktive Aufgaben am gleichen Problem und am gleichen Ort von Menschen mit sehr unterschiedlichen Ausbildungs- und Berufsgängen ausgeübt werden. Im Sinne einer zweckmäßigen Arbeitsteilung werden diese Aufgaben von wissenschaftlich ausgebildeten Diplomingenieuren, von in ihrer Ausbildung mehr praxisbetonten Fachhochschulingenieuren, von Technikern und von Technischen Zeichnern in enger Zusammenarbeit gelöst.

1.1.2. Konstruktionsarten

Die Definition der Konstruktionsarten hat sich in den letzten Jahren der Bezeichnung nach geändert. So spricht z. B. Wögerbauer [59] von Neuentwicklung, Weiterentwicklung und Anpassungskonstruktion, Opitz [30] von Neu-, Anpassungs-, Varianten- und Prinzipkonstruktion. Im wesentlichen werden drei wichtige Konstruktionsarten unterschieden, deren Grenzen aber fließend sind. Wegen der größeren Sinnfälligkeit haben sich in letzter Zeit folgende Begriffe durchgesetzt:

— Neukonstruktion:

Erarbeiten eines *neuen* Lösungsprinzips bei gleicher, veränderter oder neuer Aufgabenstellung für ein System (Anlage, Apparat, Maschine oder Baugruppe).

— Anpassungskonstruktion:

Anpassen eines bekannten Systems (Lösungsprinzip bleibt gleich) an eine veränderte Aufgabenstellung zur Überwindung offenbar gewordener Grenzen. Dabei ist die Neukonstruktion einzelner Baugruppen oder -teile oft nötig.

— Variantenkonstruktion:

Variieren von Größe und/oder Anordnung innerhalb von Grenzen vorausgedachter Systeme. Funktion und Lösungsprinzip bleiben erhalten. Es treten keine neuen Probleme durch z. B. Werkstoff, Beanspruchung und Technologie auf.

Hierunter fallen auch Konstruktionsarbeiten, bei denen im Auftragsfall unter gleichbleibendem Lösungsprinzip und durchgearbeitetem Entwurf nur die Abmessungen von Einzelteilen geändert und zweckmäßigerweise Vordruck-Zeichnungen verwendet werden (Autoren nach [30 und 49] bezeichneten dies als „Prinzipkonstruktion“ oder „Konstruktion mit festem Prinzip“).

Eine Umfrage [5] bei Mitgliedsfirmen des VDMA im Jahre 1973 ergab, daß im Maschinenbau auf die Produkte bezogen etwa 55% Anpassungskonstruktion, 25% Neukonstruktion und 20% Variantenkonstruktion auftreten. Obgleich eine genaue Abgrenzung und Einteilung wegen der fließenden Übergänge nicht immer möglich ist, macht der hohe Anteil von Neu- und Anpassungskonstruktionen deutlich, wie kreativ und flexibel im Konstruktionsbereich gearbeitet werden muß.

1.1.3. Anforderungen und Bedarf methodischen Konstruierens

Konstruktive Tätigkeit ist äußerst vielseitig. Berücksichtigt man die verschiedensten Produkte mit den zugehörigen Spezialerfahrungen, ergibt sich eine Tätigkeit, die weder organisatorisch noch in ihrer Vorgehensweise in eine starre Schablone zu pressen ist. Angesichts des entscheidenden Einflusses des Konstrukteurs auf den technischen und wirtschaftlichen Wert eines Produktes — das Fertigen kann stets nur in dem vom Konstrukteur gesteckten Rahmen optimiert werden — ist auch ein dem hohen Ziel angemessenes, geordnetes und nachprüfbares Vorgehen zum Gewinnen von guten Lösungen nötig.

Dieses bleibt aber unerfüllt, solange Konstrukteure über das notwendige Fachwissen hinaus nicht im methodischen Vorgehen geschult werden und eine solche Arbeitsweise nicht verlangt wird.

Eine *Konstruktionsmethodik* soll

— ein problemorientiertes Vorgehen ermöglichen, d. h. sie muß prinzipiell bei jeder konstruktiven Tätigkeit branchenunabhängig anwendbar sein,
— erfindungs- und erkenntnisfördernd sein, d. h. sie soll das Finden optimaler Lösungen erleichtern,
— mit Begriffen, Methoden und Erkenntnissen anderer Disziplinen verträglich sein,
— Lösungen nicht zufallsbedingt erzeugen,
— Lösungen auf verwandte Aufgaben leicht übertragen lassen,
— geeignet sein für den Einsatz elektronischer Datenverarbeitungsanlagen,
— lehr- und erlernbar sein,
— den Erkenntnissen der Arbeitswissenschaft entsprechen, d. h. Arbeit erleichtern, Zeit sparen, Fehlentscheidungen vermeiden und tätige, interessierte Mitarbeit gewährleisten.

Der Konstrukteur bekommt somit Hilfsmittel in die Hand, die es ihm gestatten, Lösungsmöglichkeiten schneller und besser als bisher zu finden. In dem Maße, wie andere Disziplinen in ihren Erkenntnissen, Betrachtungs- und Vorgehensweisen wissenschaftlicher werden, der Einsatz von Rechenanlagen zunehmend logisch aufbereitete Informationen erfordert, muß die konstruktive Arbeit ebenfalls logischer und auch in den einzelnen Schritten verfolgbar, durchschaubar und korrigierbar werden [13]. Eine Aufwertung konstruktiver Arbeit — und damit Gewinnung hochbegabter auch wissenschaftlich interessierter Ingenieure — ist nur dann möglich, wenn Methoden, Arbeitsstil, Aufgabe und Durchführung wissenschaftlichem Stand und neuester Arbeitspraxis entsprechen.

Hiermit soll aber nicht die *Intuition* oder der aus Erfahrung und mit hoher Begabung fähige Konstrukteur abgewertet werden. Das Gegenteil ist beabsichtigt. Die Hinzunahme methodischer Vorgehensweise wird die Leistungs- und Erfindungsfähigkeit steigern. Jede auch noch so anspruchsvolle logische und methodische Arbeitsweise erfordert stets auch ein hohes Maß an Intuition, d. h. an Einfällen, die unmittelbar eine Lösung in ihrer Gesamtheit erahnen oder erkennen lassen. Ohne Intuition dürfte der echte Erfolg ausbleiben.

Bei der Entwicklung von Konstruktionsmethoden wird es also darauf ankommen, die individuellen Fähigkeiten des Konstrukteurs durch Anleitung und Hilfestellung zu fördern, seine Bereitschaft zur Kreativität zu steigern und gleichzeitig die Notwendigkeit zu objektiver Beurteilung des Ergebnisses einsichtig zu machen. Auf diese Weise läßt sich allgemein das Niveau im Konstruktionsbereich steigern. Durch planmäßiges Vorgehen soll auch das Konstruieren selbst einsichtig und lernbar gemacht werden. Das Erkannte oder Erlernte ist nicht als Dogma zu befolgen. Eine solche Schulung lenkt vielmehr die Tätigkeit des Konstruierens auch aus dem

Unbewußten in zweckmäßige Bahnen und Vorstellungen. So wird der Konstrukteur im Zusammenspiel mit den Ingenieuren anderer Aufgaben und Tätigkeiten sich nicht nur behaupten, sondern auch eine leitende Funktion übernehmen [31].

Methodisches Konstruieren wird auch erst eine wirksame *Rationalisierung* ermöglichen. Durch das geordnete Vorgehen auf teilweise abstrakter Ebene entstehen allgemein gültige, wiederverwendbare Lösungsdokumente. Ebenso ermöglicht das bewußt schrittweise Vorgehen eine einhaltbare Terminfestlegung durch eine vernünftige Netzplantechnik, die Zeit für das Klären der Aufgabenstellung, für das Finden der Lösung und für das Bewerten vorsieht. Die vermehrte Nutzung von Ähnlichkeitsgesetzen, wie sie in der Modelltechnik schon lange üblich ist, sowie die konsequente Anwendung von Normzahlen ergeben mit Hilfe der Baureihen- und Baukastenmethodik eine weitere Möglichkeit zur Rationalisierung, nicht nur im Konstruktionsbereich, sondern auch im gesamten Fertigungsprozeß.

Arbeitskraft ist kostbar. Arbeiten geringerer Anforderungen können entsprechend schematisierter Verfahren besser delegiert werden. Auch sind Überlegungen leichter anzustellen, inwieweit Arbeiten vermieden werden und welche konstruktiven Tätigkeiten einer elektronischen Datenverarbeitungsanlage oder der von ihr gesteuerten Zeichenmaschine überlassen werden können [8, 25]. Hierbei sind indirekte Konstruktionstätigkeiten wie die der Informationsbeschaffung über Normen, Zuliefermaterial, Werkstoffe usw. miteinzubeziehen. Das Ziel systematischer Betrachtung beim Konstruieren hilft, Rechner- und Informationssysteme rationell einzusetzen.

Das Rationalisierungsbedürfnis schließt aber auch die Kostenverantwortung des Konstrukteurs ein. Genauere und schnellere Vorkalkulation mit Hilfe verbesserter Informationsmittel wird eine zwingende Forderung im Konstruktionsbereich werden. Methoden müssen noch ausgearbeitet werden, die eine richtige Kostenbeurteilung schon im Entwicklungsstadium wenigstens schätzungsweise ermöglichen. Voraussetzung hierfür ist wiederum eine systematische Aufbereitung der Baustrukturen.

1.2. Entwicklung methodischen Konstruierens

1.2.1. Rückblick und wichtige Ansätze von Kesselring, Leyer, Niemann u. a.

Alle Entwicklungen haben Vorgänger, die sie vorbereiten und einleiten. Zum Durchbruch kommen sie aber erst, wenn sich ein Bedürfnis einstellt, die „Technologie" zur Verfügung steht und sie sich wirtschaftlich realisieren lassen. Diese Feststellung gilt auch für Entwicklungen wie das „Methodische Konstruieren".

Es fällt schwer, den wirklichen Ursprung methodischen Konstruierens festzuhalten. Ist es *Leonardo da Vinci* mit seinen Konstruktionen? Der Betrachter der Skizzen dieses frühen, universellen Meisters ist erstaunt — und der heutige Systematiker hätte seine Freude daran — wie Leonardo eine Lösungsmöglichkeit systematisch nach ihm erkennbaren Gesichtspunkten variiert [29]. Vor dem industriellen Zeitalter war Konstruieren mit technischen Kunstwerken und dem Handwerk eng verknüpft.

Mit Beginn der Technisierung wies schon *Redtenbacher* [34] in seinen „Prinzipien der Mechanik und des Maschinenbaus" auf Merkmale und Grundsätze hin, die nach wie vor von großer Bedeutung sind:

Hinreichende Stärke, kleine Verformung, geringe Abnutzung, geringer Reibungswiderstand, geringer Materialaufwand, leichte Ausführung, leichte Aufstellung, wenig Modelle.

Sein Schüler *Reuleaux* [35] setzte die Arbeiten fort, kam aber angesichts der sich teilweise widersprechenden Anforderungen zu der Aussage: „Allein die Inbetrachtziehung aller dieser Umstände und ihre richtige Würdigung können nicht in einer absoluten Form geschehen und daher weder allgemein behandelt noch eigentlich gelehrt werden. Sie sind vielmehr einzig Sache der Intelligenz und des Scharfblicks des entwerfenden Ingenieurs." Bei Reuleaux kommt die Fülle der Erscheinungen zum Ausdruck, denen sich eine Konstruktionslehre gegenübersieht und für die sie eine Antwort suchen muß.

Zur Entwicklung des Konstruierens müssen die Beiträge von *Bach* [1] und *Riedler* [38] gerechnet werden, die die Werkstoff- und Fertigungsprobleme zu den Festigkeitsproblemen als gleichrangig und sich gegenseitig beeinflussend erkannt hatten.

Rötscher [41] weist auf maßgebende Gestaltungsmerkmale hin: Besonderer Zweck, wirkende Kräfte, Herstellung und Bearbeitung sowie den Zusammenbau. Kräfte sollen unmittelbar dort, wo sie entstehen, aufgenommen und auf kürzestem Wege, möglichst als Längskräfte, weitergeleitet werden. Biegemomente sind zu vermeiden. Jeder Umweg bedeutet nicht nur Mehrverbrauch an Werkstoff und Kosten, sondern auch erhebliche Formänderung. Berechnung und Entwurf müssen nebeneinander durchgeführt werden. Man geht vom Gegebenen und Anschlußkonstruktionen aus. Sogleich ist eine maßstäbliche Darstellung zur räumlichen Kontrolle zu wählen. Berechnung ist ein Hilfsmittel, das je nach Erfordernis als Überschlag zur Vorauslegung oder als genauere Nachrechnung zur Überprüfung angewandt wird.

Laudien [23] gibt Hinweise zum Kraftfluß in einem Maschinenteil: Starre Verbindung entsteht durch Verbinden in Kraftrichtung. Wird Elastizität verlangt, so soll auf Umwegen verbunden werden; nicht mehr als nötig vorsehen, keine Überbestimmtheit, nicht mehr Forderungen erfüllen, als gestellt sind. Sparen durch Vereinfachen und knapp Bauen.

Methodische Gesichtspunkte im heutigen Sinne tauchen erst bei *Erkens* [11] in den 20er Jahren unseres Jahrhunderts auf. Wesentlich ist ihm ein *schrittweises Vorgehen,* das zum Erreichen einer Kombination angestrebt werden müsse. Diese Arbeitsweise sei gekennzeichnet durch ein *stetiges Prüfen und Abwägen,* sowie durch einen *Ausgleich gegensätzlicher Forderungen,* und zwar so lange, bis dann als Ergebnis zahlreicher Gedankenverbindungen, eines Netzes von Gedanken, die Konstruktion entsteht.

Eine umfassende Darstellung der „Technik des Konstruierens" versucht erst *Wögerbauer* [59], so daß wir seine Arbeiten als den eigentlichen Ausgangspunkt methodischen Konstruierens betrachten. Wögerbauer teilt die *Gesamtaufgabe* in *Teilaufgaben,* diese in Betriebs- und Verwirklichungsaufgaben. Nach verschiedenen Gesichtspunkten stellt er die beim Konstruieren vielfältig bestehenden Beziehungen der erkennbaren Einflußgrößen zueinander dar. Von den zahlreichen angegebenen

Verknüpfungen wird man wegen der fehlenden übergeordneten Gesichtspunkte oft mehr verwirrt als informiert, aber es wird offenbar, was der Konstrukteur zu bedenken hat und was er leisten muß. Wögerbauer erarbeitet die Lösungen selbst noch nicht systematisch. Seine methodische Lösungssuche geht von einer mehr oder weniger intuitiv gefundenen Lösung aus und variiert diese möglichst umfassend nach Grundform, Werkstoff und Herstellung, wobei er bewußt alle erkennbaren Einflüsse einschließt. Dabei stößt er sehr rasch auf die Notwendigkeit, die erhaltene *Lösungsvielfalt einzuschränken.* Dies geschieht durch Prüfen und *Bewerten,* wobei der Kostengesichtspunkt dominierend ist. Wögerbauers sehr umfangreiche *Merkmallisten* unterstützen die Suche nach Lösungen und dienen auch als Prüf- und Bewertungslisten.

Wenn auch vor und während des 2. Weltkrieges bereits ein gewisses Bedürfnis zur Verbesserung und Rationalisierung des Konstruktionsprozesses vorgelegen hat, kam hinzu, daß den genannten Aktivitäten bei der methodischen Durchdringung des Konstruktionsprozesses Grenzen gesetzt waren:

— Es fehlten geeignete Darstellungsmöglichkeiten für abstrakte, informative Zusammenhänge.
— Die allgemeine Vorstellung hinderte daran, die konstruktive Tätigkeit nicht mehr als Kunst, sondern als Tätigkeit wie jede andere im technischen Bereich zu begreifen.

Methodisches Konstruieren konnte deshalb erst eingeführt werden, als diese Grenzen weitgehend abgebaut waren und durch Bereitstellung systematischer Betrachtungen auch aus nichttechnischen Bereichen sowie von Hilfsmitteln für die Informationsverarbeitung die „Technologie" bereitstand, mit der eine Konstruktionsmethodik realisiert werden konnte. Eine Periode personellen Mangels („Engpaß Konstruktion" [53]) verstärkte den Wunsch, auf breiterer Basis die Gedanken an ein methodisches Vorgehen wieder aufzugreifen.

Als förderlich für die heutigen Vorstellungen einer Konstruktionsmethodik müssen die Arbeiten von *Kesselring, Tschochner, Niemann, Matousek* und *Leyer* genannt werden. Sie sind nicht nur wertvolle Ansätze, sondern stellen auch heute genutzte Vorschläge für einzelne Phasen und Arbeitsschritte des methodischen Konstruierens dar.

Bereits 1942 hat *Kesselring* in seiner Schrift „Die starke Konstruktion" Grundzüge seines konvergierenden Näherungsverfahrens veröffentlicht [18]. Das Vorgehen ist in wesentlichen Punkten in [20] und später in der VDI-Richtlinie 2225 [55] zusammengefaßt. Kern des Vorgehens ist die Bewertung von erarbeiteten Gestaltungsvarianten mit *technischen und wirtschaftlichen Beurteilungskriterien.* In seiner technischen Kompositionslehre [19] weist Kesselring neben einer Reihe grundlegender Gedanken zum technischen Schaffen des Konstrukteurs, zu seinem Verhalten, seiner Lebensgestaltung und seiner Verantwortung vor allem auf die *wissenschaftlichen Voraussetzungen* (Mathematische und physikalische Zusammenhänge) und die *wirtschaftlichen Abhängigkeiten* (Herstellkosten und Rationalisierung) hin. In seiner hieraus abgeleiteten Gestaltungslehre gibt er fünf übergeordnete Gestaltungsprinzipien an:

— Das Prinzip der minimalen Herstellkosten (Sparbau).
— Das Prinzip vom minimalen Raumbedarf.
— Das Prinzip vom minimalen Gewicht (Leichtbau).

— Das Prinzip von den minimalen Verlusten.
— Das Prinzip von der günstigsten Handhabung.

Zur Gestaltung und Optimierung von Einzelteilen und einfachen technischen Gebilden dient die *Bemessungslehre,* die mit Hilfe mathematischer Methoden vorgeht. Sie ist gekennzeichnet durch die gleichzeitige Anwendung physikalischer und wirtschaftlicher Gesetze. Damit können Bauteilabmessungen, Werkstoffwahl, Fertigungsverfahren und -mittel und dgl. ermittelt werden. Unter Beachtung gewählter Optimierungsmerkmale läßt sich mit Hilfe rein rechnerischer Methoden die günstigste Lösung ermitteln.

Tschochner [52] nennt vier konstruktive Grundrealitäten: *Funktionsprinzip, Werkstoff, Form und Abmessung.* Ihre Beziehungen untereinander beeinflussen sich gegenseitig und sind von den Anforderungen, Stückzahl, Kosten usw. abhängig. Der Konstrukteur geht vom Funktionsprinzip aus und schafft dann die weiteren Grundrealitäten Werkstoff und Form, die durch die gewählten Abmessungen aufeinander abgestimmt werden.

Niemann [28] stellt in seinem Buch über Maschinenelemente Gesichtspunkte und Arbeitsmethoden sowie Gestaltungsregeln voran, die man als einen Versuch methodischer Anweisung ansehen muß. Er beginnt mit dem maßstäblichen Gesamtentwurf, der die Hauptmaße und Gesamtanordnung festlegt. Als nächster Schritt wird eine Aufteilung der Gesamtkonstruktion in Teil- und Untergruppen vorgenommen, die eine zeitliche Parallelbearbeitung ermöglicht. Es wird die *Präzisierung der Aufgabe,* die systematische *Lösungsvariation* und eine *kritische* sowie *formale Auswahl der Lösung* gefordert. Diese Forderungen decken sich mit dem heute formulierten Vorgehen im Grundsatz. Niemann stellte damals fest, daß die Methoden zur Auffindung neuer Lösungen noch wenig entwickelt seien. Er ist als einer der Initiatoren anzusehen, der mit Beharrlichkeit und Erfolg das methodische Konstruieren forderte und förderte.

Matousek [26] verweist auf vier wesentliche Einflußgrößen: *Wirkungsweise, Baustoff, Herstellung und Gestalt* und leitet daraus auf Wögerbauer [59] aufbauend das Vorgehen ab, in dem nach dieser Reihenfolge der Entwurf zu bearbeiten sei und bei nicht befriedigendem Kostenergebnis diese Gesichtspunkte in einer mehr oder weniger großen Schleifenbildung erneut zu betrachten sind.

Die Maschinenkonstruktionslehre von *Leyer* befaßt sich schwerpunktmäßig mit der Gestaltung [24]. In einer allgemeinen Gestaltungslehre werden grundlegende *Gestaltungsrichtlinien* und *Gestaltungsprinzipien* entwickelt. Beim Konstruieren werden drei wesentliche Phasen angegeben. Die erste dient der Festlegung des Prinzips durch eine Idee, Erfindung oder auch durch Übernahme von Bekanntem, die zweite Phase als die der eigentlichen Konstruktion und schließlich die Ausführung. Die zweite Phase ist im wesentlichen das Entwerfen, bei dem die Gestaltung durch Berechnung unterstützt wird: „Von einer geklärten Aufgabenstellung ausgehend macht die Phantasie oder eine schon bekannte Lösung den Anfang mit einer bestimmten Vorstellung, und zwar an der Stelle, wo das geschieht, was man im allgemeinen Funktion nennt". Bei der weiteren Durcharbeitung sind Prinzipien oder Regeln zu beachten, z. B. Prinzip der konstanten Wandstärke, Prinzip des Leichtbaus, Phänomen Kraftfluß mit der Forderung nach kraftflußgerechter Gestaltung, Homogenitätsprinzip, ohne die eine erfolgreiche Konstruktion nicht möglich ist. Zusammenfassend kann gesagt werden, daß die Gestaltungsregeln und konstruktiven Hinweise von Leyer deshalb besonders wertvoll sind, weil bei der Konstruktionspraxis nach wie vor der Teufel im Detail steckt und Schadensfälle selten durch ein schlechtes Lösungsprinzip, sondern häufig durch eine ungünstige Gestaltung verursacht werden.

1.2.2. Konstruktionsmethoden

Anknüpfend an die aufgeführten Ansätze zum methodischen Konstruieren begann eine intensive Methodenentwicklung. Sie wurde von Professoren Technischer Hochschulen getragen, die die Konstruktionsarbeit in der Praxis mit ständig steigenden Anforderungen an die Produkte kennengelernt hatten. Sie erkannten, daß eine stärkere Orientierung zur Physik und Mathematik, zu den Grundlagen der Informatik und zum systematischen Vorgehen bei stärkerer Arbeitsteilung nicht nur nötig, sondern auch möglich ist. Dabei ist es selbstverständlich, daß die Methodenentwicklungen vor allem von dem Fachgebiet bzw. der Branche geprägt wurden, bei dem solche Erfahrungen gewonnen wurden. Die meisten Entwicklungen kommen aus der Feinwerktechnik, Getriebelehre und elektromechanischen Konstruktion, weil dort eindeutige und systematische Zusammenhänge leichter zu finden sind, dann aus der physikalisch orientierten Verfahrenstechnik und schließlich aus dem Großmaschinenbau.

1. Konstruktionssystematik nach Hansen

Hansen und weitere Vertreter der Ilmenauer Schule (Bischoff, Bock) machten bereits zu Beginn der 50er Jahre Vorschläge zum methodischen Konstruieren [6, 7, 15]. Seine umfassende Konstruktionssystematik stellte Hansen 1965 in der 2. Auflage seines Buches vor [16]. Sein Vorgehen beim Vorausdenken eines technischen Gebildes faßt er in folgenden Hauptrichtlinien zusammen:
— Bestimme den Wesenskern der Aufgabe, denn er ist das allen Lösungen Gemeinsame.
— Kombiniere die möglichen Aufbauelemente zweckmäßig, denn alle Lösungen entstehen aus solchen Kombinationen.
— Bestimme die in jeder Lösung enthaltenen Mängel und versuche, sie oder ihre Auswirkungen zu verringern.
— Ermittle die Lösung mit der geringsten Mängelsumme.
— Schaffe die Unterlagen, die die praktische Verwertung ermöglichen.

Diese Vorgehensrichtlinien sind in einem Grundsystem mit vier Entwicklungsstufen bzw. Arbeitsschritten zusammengefaßt. Bild 1.5 zeigt diese Arbeitsschritte für die Konstruktionsphase „Konzeptieren" (Konzeptieren entspricht Konzipieren, vgl. 3.2). Das Grundsystem mit den vier Entwicklungsstufen wird in ähnlicher Weise auch bei den anschließenden Konstruktionsphasen „Entwerfen" und „Gestalten" angewendet. Hansen beginnt mit einer Analyse, Kritik und Präzisierung der Aufgabenstellung, die zum Grundprinzip der Entwicklung führt. Das Grundprinzip soll den Wesenskern der Aufgabe angeben. Es soll so abstrakt formuliert werden, daß es alle denkbaren Lösungsmöglichkeiten enthält. Das Grundprinzip umfaßt die aus der Aufgabe abgeleitete Gesamtfunktion, die Gegebenheiten und ihre Eigenschaften sowie die erforderlichen Maßnahmen. Gesamtfunktion (Funktionsziel und ein-

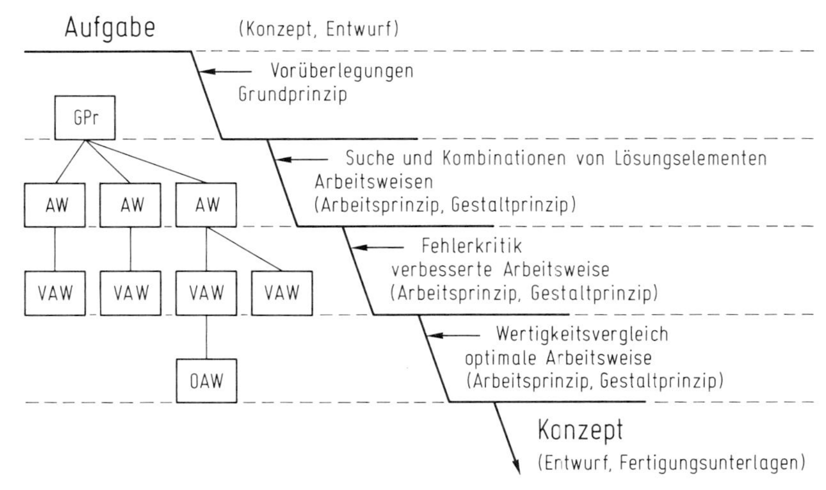

Bild 1.5. Arbeitsschritte beim Konzeptieren (Entwerfen, Gestalten) nach Hansen [15, 16]
1. Konzeptieren: Von der Aufgabe über Arbeitsweisen zum Konzept
2. Entwerfen: Vom Konzept über Arbeitsprinzip zum Entwurf
3. Ausarbeiten: Vom Entwurf über Gestaltprinzipien zu Fertigungsunterlagen

grenzende Bedingungen) und Gegebenheiten (Elemente und Eigenschaften) stellen den Kern der Aufgabenstellung mit den vorgegebenen Randbedingungen dar. Die erforderlichen Maßnahmen sind die Grundlage der Lösungsfindung bzw. der Keim für alle Lösungen.

Der nächste Arbeitsschritt besteht in einem methodischen Aufsuchen von Lösungselementen und deren Kombination zu Arbeitsweisen bzw. Arbeitsprinzipien. Als Methode wird hierzu vorgeschlagen:
— Suche für die als notwendig erkannten Maßnahmen (Grundprinzip) „Ordnende Gesichtspunkte OGP",
— ermittle für diese „Unterscheidende Merkmale UM" und
— vereinige UM dann zu Lösungen (Arbeitsweisen, Arbeitsprinzipien).

Ordnende Gesichtspunkte können sowohl direkt aus den erforderlichen Teilfunktionen hervorgehen als auch andere Kriterien wie die Art der Energiespeicherung, Art des Bewegungsablaufs, Art der Energieübertragung, Form der Verzahnung, Lage der Achsen und dgl. sein. Die OGP mit ihren UM sind in sog. Leitblättern niedergelegt. Die UM bzw. Lösungselemente werden zu Lösungen, d. h. zu Arbeitsweisen, kombiniert.

Ein wichtiges Anliegen von Hansen ist die Fehlerkritik. Mit ihr sollen die entwickelten Arbeitsweisen hinsichtlich ihrer Eigenschaften und Qualitätsmerkmale analysiert und gegebenenfalls verbessert werden. Die verbesserten Arbeitsweisen werden dann im letzten Schritt bewertet. Durch einen Wertigkeitsvergleich wird die für die Aufgabenstellung optimale Arbeitsweise gefunden.

1974 ist von Hansen ein weiteres Werk mit dem Titel „Konstruktionswissenschaft" erschienen [17]. Mit den Grundlagen der Systemtechnik, der Informatik bzw. Datenverarbeitung beschreibt er den Konstruktionsprozeß und die Struktur technischer Gebilde. Große Bedeutung mißt er den Struktur- und Funktionsarten mit ihren Wechselbeziehungen sowie den Problemen bei Informationsspeichern zu. Das Buch betont mehr theoretische Grundlagen als praktische Richtlinien für die tägliche Konstruktionsarbeit.

In ähnlicher Weise beschreibt Müller [27] mit seinen „Grundlagen der systematischen Heuristik" ein theoretisches und abstraktes Bild des Konstruktionsprozesses bzw. der konstruktiven Tätigkeit. Er bietet damit wesentliche konstruktionswissenschaftliche Grundlagen.

2. Methodisches Konstruieren nach Rodenacker

Nach Hansen ist vor allem Rodenacker durch die Entwicklung einer eigenen Konstruktionsmethode hervorgetreten [39]. Grundlage seines Vorgehens ist die Tatsache, daß allen Maschinen und Apparaten ein „Physikalisches Geschehen" zugrunde liegt, das einen bestimmten Zweck oder eine Funktion erfüllen soll. Rodenacker be-

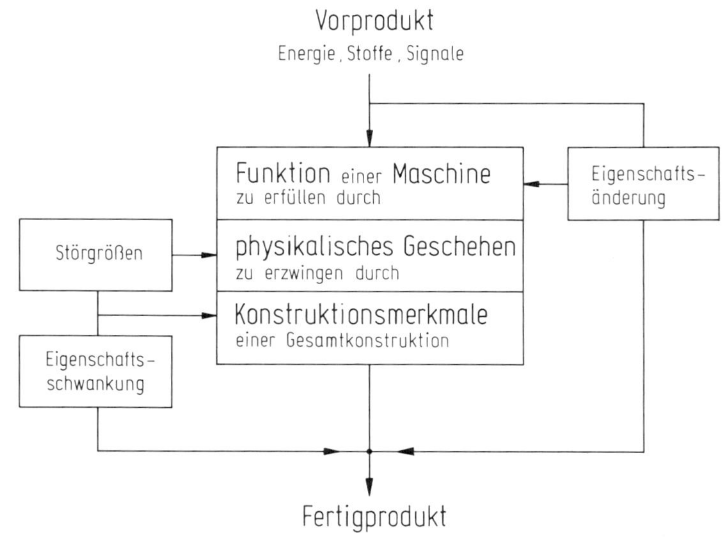

Bild 1.6. Arbeitsschritte nach Rodenacker [39]

trachtet den Konstruktionsprozeß als Informationsumsatz, der vom Abstrakten zum Konkreten verläuft. Die Konstruktionstätigkeit wird als Umkehrung des Vorgehens des Physikers angesehen. Bild 1.6 zeigt die wichtigsten Arbeitsschritte. Rodenacker präzisiert und abstrahiert die Aufgabenstellung (Umsetzung eines Vorprodukts in ein Fertigprodukt) durch Aufstellung einer Funktionsstruktur, sucht für diese den physikalischen Wirkzusammenhang, der dann durch einen konstruktiven Wirkzusammenhang erzwungen wird. Rodenacker hat seine methodischen Ansätze vor allem mit Beispielen stoffumsetzender Maschinen und Geräte, d. h. mit Aufgabenstellungen aus der Verfahrenstechnik, entwickelt. Sie gelten aber auch allgemein für die Entwicklung technischer Systeme. Dabei sollen feste Regeln [40] beachtet werden:

Regel 1: Klärung der Aufgabenstellung — geforderte Wirkzusammenhänge.
Regel 2: Festlegung der Funktionsstruktur — logische Wirkzusammenhänge.

Regel 3: Festlegung des physikalischen Geschehens — Physikalische Wirkzusammenhänge.
Regel 4: Festlegung des Wirkortes — Konstruktive Wirkzusammenhänge.
Regel 5: Rechnerisches Festlegen von logischen, physikalischen und konstruktiven Wirkzusammenhängen.
Regel 6: Unterdrückung der Störgrößen und Fehler.
Regel 7: Festlegung der Gesamtkonstruktion.
Regel 8: Kriterien der Lösungsauswahl.

Kennzeichnendes Merkmal dieser Konstruktionsmethode ist, daß Rodenacker bei der Aufstellung von Funktionsstrukturen (Regel 2) nur mit Funktionen arbeitet, die aus der zweiwertigen Logik abgeleitet sind. Diese Funktionen sind *Trennen, Verknüpfen* und für den Energie-, Stoff- und/oder Signalfluß technischer Systeme noch *Leiten.* Ausführlicher wird auf diese Logischen Funktionen in 5.3.3 eingegangen.

Nach der Erfüllung des logischen Wirkzusammenhanges werden physikalische Wirkzusammenhänge gesucht, die das mögliche Geschehen festlegen (Regel 3). Rodenacker arbeitet mit physikalischen Effekten und Gleichungen, wobei er vor allem Wert auf den zeitlichen Ablauf der Vorgänge legt. Zur Informationsbeschaffung wird vor allem das Experiment vorgeschlagen.

Zur weiteren Konkretisierung sucht Rodenacker nach dem konstruktiven Wirkzusammenhang, der durch sog. Konstruktionsmerkmale des Wirkortes festgelegt wird (Regel 4). Der Wirkort ergibt sich aus Wirkflächen, Wirkräumen und Wirkstoffen sowie aus Wirkbewegungen, welche nach festen Merkmalen variiert werden (Regel 4). Dann erfolgt die Festlegung des Konstruktionsprinzips durch Auslegung des physikalischen Vorgangs, des Wirkortes und durch die Wahl des Werkstoffes entsprechend den Beanspruchungen (Regel 5).

Besonderes Anliegen von Rodenacker ist noch die Erfassung und Unterdrükkung von Störgrößen, die Mengen- und Qualitätsschwankungen zur Folge haben (Regel 6).

Zusammenfassend kann festgestellt werden, daß beim methodischen Konstruieren nach Rodenacker die Erfassung des physikalischen Geschehens im Vordergrund steht. Aufgrund dieser Tatsache befaßt sich Rodenacker nicht nur mit der methodischen Bearbeitung konkreter konstruktiver Aufgaben, wie hier dargestellt, sondern auch mit der Methodik des „Erfindens“ neuer Geräte und Maschinen. Mit der Frage „Für welche Anwendung ist ein bekannter physikalischer Effekt brauchbar?“ sucht er nach Anwendungsmöglichkeiten bekannter physikalischer Effekte. Dieses Vorgehen hat eine große Bedeutung bei der Entwicklung vollkommen neuer Lösungen.

3. Algorithmisches Auswahlverfahren zur Konstruktion mit Katalogen nach Roth

Roth gliedert den Konstruktionsprozeß in mehrere Hauptphasen mit einzelnen Arbeitsschritten, die, je nach der Güte der gefundenen Ergebnisse, mehrere Male durchlaufen werden [43, 47]: Bild 1.7.

Danach wird in der ersten Phase eine Analyse der Produktumgebung durchgeführt, deren Ergebnis die präzisierte Aufgabenstellung ist. Diese enthält die geforderte Funktion (Soll-Funktion), die technischen Anforderungen und die Soll-Ko-

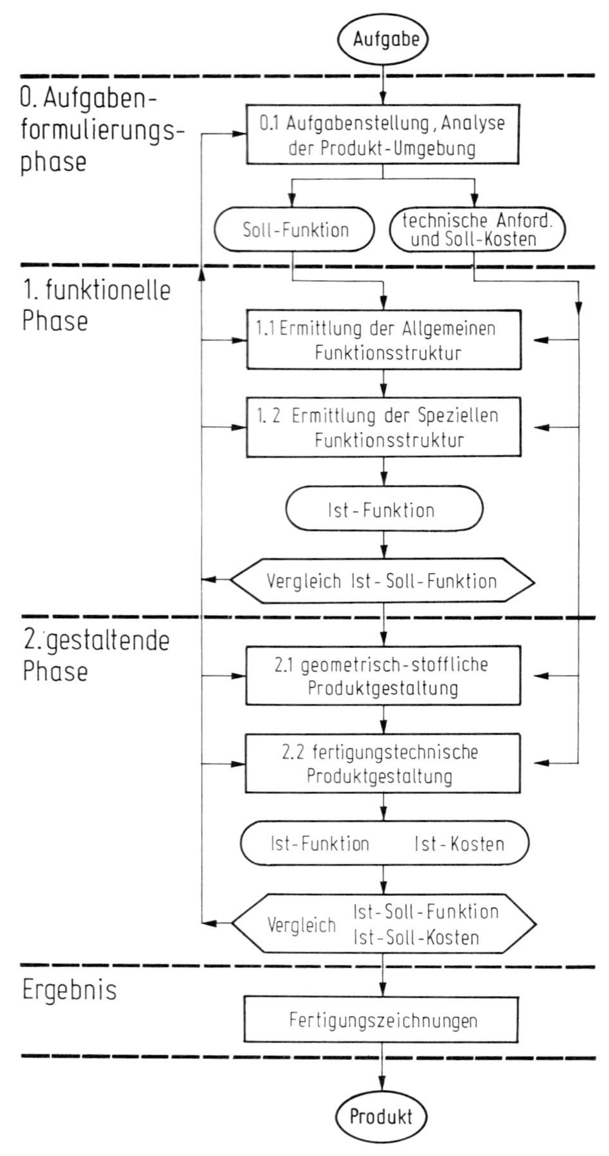

Bild 1.7. Phasen und Arbeitsschritte des Konstruktionsprozesses nach Roth [47]

sten. Die Anforderungen bilden Auswahlkriterien, mit deren Hilfe eine Auswahl aus den später anzuwendenden Katalogen erfolgen kann. Danach wird die funktionelle Konzeption in zwei Schritten erarbeitet. Zur Ermittlung der Allgemeinen Funktionsstruktur wird jedem Satz der präzisierten Aufgabenstellung eine Schaltung von Allgemeinen Funktionen zugeordnet, wobei durch Variieren der Schaltung mehrere Alternativen entstehen können. Dabei werden unter Allgemeinen

Funktionen solche allgemeinen Charakters, die technische Gebilde bestimmen, verstanden, d. h. *Stoff, Energie* bzw. *Nachricht verknüpfen, wandeln, speichern* und *leiten* [44 bis 46, 50]. Die Funktionszusammenschaltungen werden am Schluß des Schrittes der Allgemeinen Funktionsstruktur in solche Teilaufgaben gegliedert, die als immer wiederkehrende Grundaufgaben katalogmäßig erfaßt sind.

Der Arbeitsschritt der Speziellen Funktionsstruktur sucht zur Lösung dieser Teilaufgaben physikalische Grundgleichungen, d. h. physikalische Effekte in möglichst mathematischer Formulierung. Durch verschiedene Kombinationen mehrerer physikalischer Effekte können dann Varianten entwickelt werden.

Die eigentliche Produktgestaltung wird in der „Gestaltenden Phase" erarbeitet. Man beginnt mit einer geometrisch-stofflichen Verwirklichung der Teilaufgaben durch Zusammensetzung geometrischer Elemente. Mit Hilfe der so gefundenen geometrischen Struktur wird nun die Gesamtlösung konzipiert. Hierzu werden diese Strukturen entsprechend der bei der Allgemeinen Funktionsstruktur aufgestellten Funktionsschaltung kombiniert. Durch Variation ergibt sich die Vielzahl von Lösungsvarianten für die Gesamtaufgabe, aus der günstige Lösungen ausgewählt werden müssen. Im nächsten Arbeitsschritt werden nun die günstigen Lösungen nach fertigungstechnischen Gesichtspunkten gestaltet. Auch diese Gestaltungsvarianten werden wiederum bewertet, um vor dem Ausarbeiten von Fertigungsunterlagen die zur Erfüllung der Aufgabenstellung aussichtsreichste Lösungsvariante festlegen zu können.

Roth bezeichnet die angedeutete Vorgehensweise als „Algorithmisches Auswahlverfahren zur Konstruktion mit Katalogen (AAK)". Er schlägt vor, die Informationen zu den einzelnen Arbeitsschritten aus Katalogen mit Hilfe von Auswahlkriterien zu entnehmen. Der Aufbau solcher Konstruktionskataloge ist deshalb ein wichtiges Anliegen von Roth [42, 48] (vgl. 5.4.3).

4. Algorithmisch-physikalisch orientierte Konstruktionsmethode nach Koller

Wesentliche Merkmale der Vorschläge von Koller [21, 22] sind eine stärkere Aufgliederung des Konstruktionsprozesses in eine Vielzahl von Arbeitsschritten und eine starke Betonung der elementaren physikalischen Zusammenhänge. Zielsetzung ist eine Algorithmierung der Konstruktionsarbeit, um sie teilweise oder vollständig dem Rechner übertragen zu können. Bild 1.8 zeigt die von Koller vorgesehenen Stationen und elementaren Tätigkeiten des Konstruktionsprozesses. Er gliedert diesen in die sog. „Funktionssynthese", eine „qualitative Synthese" und eine „quantitative Synthese". Die genaue Beschreibung der Einzelschritte kann der Literatur entnommen werden [22].

Neben dieser Elementarisierung des Arbeitsablaufs ist es beim Rechnereinsatz wichtig, eindeutige Regeln für die Durchführung der Einzelschritte aufzustellen. Hierzu führt Koller die komplexen Vorgänge in technischen Produkten auf eine endliche Zahl von physikalischen Funktionen zurück und stellt Regeln zu ihrer stofflichen Verwirklichung bereit. Dabei wird davon ausgegangen, daß zur Erfüllung solcher Funktionen sowohl bereits bekannte Bauelemente zur Verfügung stehen, als auch neue entwickelt werden müssen. Komplexere Systeme entstehen dann durch Kombination solcher Bauelemente. Bei der Ableitung dieser Funktionen geht Koller davon aus, daß in technischen Systemen nur Eigenschaften und Zustän-

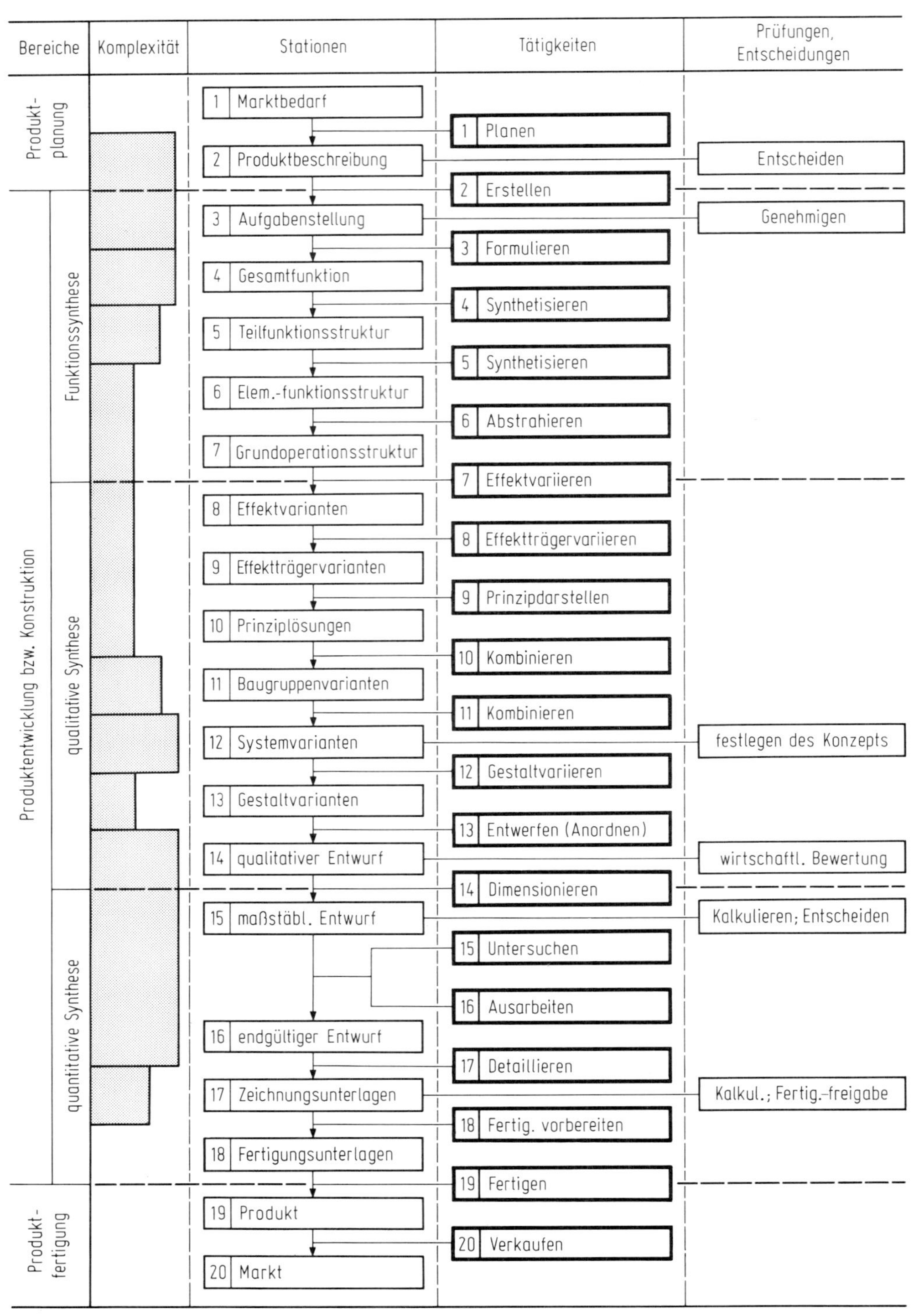

Bild 1.8. Stationen und elementare Tätigkeiten des Konstruktionsprozesses nach Koller [21, 22]

de von Energien, Stoffen und Signalen sowie deren Flüsse nach Größe und Richtung verändert werden können. Mit der Formulierung physikalischer Eingangs- und Ausgangsgrößen entstehen dann 12 Funktionen mit ihren Inversionen, die Koller Grundoperationen nennt, z. B. Leiten – Isolieren, Vergrößern – Verkleinern oder Koppeln – Unterbrechen. Eine vollständige Darstellung dieser Grundoperationen erfolgt in Bild 2.5.

Da in technischen Systemen nicht nur physikalische, sondern auch logische Zusammenhänge verwirklicht werden müssen, ist das Ergebnis der Funktionssynthese eine Funktionsstruktur, bestehend aus logisch und physikalisch verknüpften Grundoperationen.

Bei der qualitativen Konstruktionsphase geht Koller davon aus, daß die aufgestellten Grundoperationen in technischen Systemen nur durch physikalische, chemische und/oder biologische Effekte realisiert werden können. Durch Wahl entsprechender Effektträger entstehen Prinziplösungen zur Erfüllung der Grundoperationen, die bei komplexeren Aufgabenstellungen bzw. Funktionsstrukturen zu Baugruppen und Gesamtsystemen kombiniert werden. Ein „qualitativer Entwurf" ergibt sich schließlich durch Festlegung der Gestalt, wozu mehrere Gestaltungsregeln angegeben werden. Bei allen Teilschritten sind Variationen hinsichtlich verschiedener Kriterien vorgesehen, so z. B. die Variation des Werkstoffs oder der Wirkflächengestalt, um zu mehreren Lösungsvarianten zu kommen. Die quantitative Synthese beinhaltet die klassischen Konstruktionstätigkeiten des Berechnens und Auslegens.

Entsprechend der Zielsetzung einer Algorithmierung und Rechnerübertragung des Konstruktionsgeschehens legt Koller besonderen Wert auf kleine (elementare) Entwicklungsschritte und eindeutige, mathematisch formulierbare Gesetzmäßigkeiten und Definitionen.

1.2.3. Ergänzende Vorschläge

1. Systemtechnische Methoden

Bei sozio-ökonomisch-technischen Prozessen haben Vorgehensweisen und Methoden der Systemtechnik zunehmende Bedeutung erlangt. Die Systemtechnik als interdisziplinäre Wissenschaft will Methoden, Verfahren und Hilfsmittel zur Analyse, Planung, Auswahl und optimalen Gestaltung komplexer Systeme bereitstellen [3, 9, 10, 60].

Technische Gebilde, also auch Erzeugnisse des Maschinen-, Geräte- und Apparatebaus, sind künstliche, konkrete und meistens dynamische Systeme, die aus einer Gesamtheit geordneter Elemente bestehen und aufgrund ihrer Eigenschaften miteinander durch Relationen verknüpft sind. Ein System ist weiterhin dadurch gekennzeichnet, daß es von seiner Umgebung abgegrenzt ist, wobei die Verbindungen zur Umgebung durch die Systemgrenze geschnitten werden: Bild 1.9. Die Übertragungsleitungen bestimmen das Systemverhalten nach außen. Dadurch wird die Definition einer Funktion möglich, die den Zusammenhang zwischen Eingangs- und Ausgangsgrößen beschreibt und so die Eigenschaftsänderung von Systemgrößen angibt (vgl. 2.1.3).

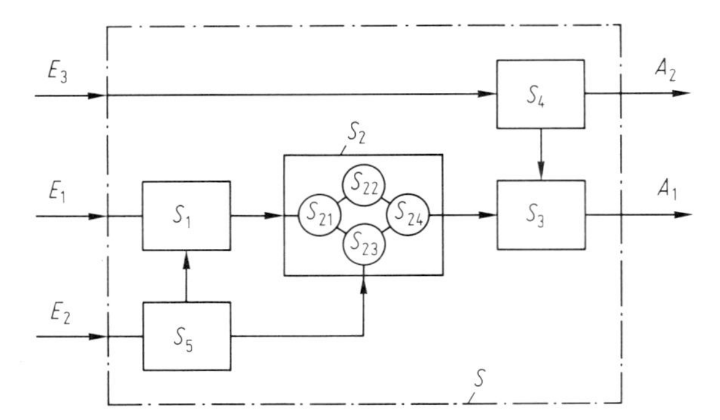

Bild 1.9. Aufbau eines Systems
S: Systemgrenze des Gesamtsystems; $S_1 \div S_5$: Teilsysteme von S; $S_{21} \div S_{24}$: Teilsysteme bzw. Systemelemente von S_2 ; $E_1 \div E_3$: Eingangsgrößen (Inputs); $A_1 \div A_2$: Ausgangsgrößen (Outputs)

Ausgehend davon, daß technische Gebilde Systeme darstellen, lag es nahe zu prüfen, ob die Methoden der Systemtechnik auch auf den Konstruktionsprozeß anwendbar sind, zumal die Zielsetzungen der Systemtechnik den eingangs formulierten Forderungen an eine Konstruktionsmethode weitgehend entsprechen [4]. Das systemtechnische Vorgehen beruht auf der allgemeinen Erkenntnis, daß komplexe Problemstellungen zweckmäßig in festen Arbeitsschritten gelöst werden. Solche Arbeitsschritte müssen sich an den Schritten jeder Entwicklungstätigkeit, der Analyse und Synthese, orientieren (vgl. 2.2.1).

Bild 1.10 zeigt die *Vorgehensschritte der Systemtechnik.* Das Vorgehen beginnt mit der Gewinnung von Informationen über das geplante System, sog. Systemstudien, die sich aus Marktanalysen, Trendstudien oder bereits konkreten Aufgabenstellungen ergeben können. Ziel solcher Systemstudien ist eine klare Formulierung der zu lösenden Probleme bzw. Teilaufgaben, die dann eigentlicher Ausgangspunkt für die Systementwicklung sind. In einem zweiten Schritt oder bereits im Zuge der Systemstudien wird ein Zielprogramm aufgestellt, das die Zielsetzung für das zu schaffende System formal festlegt. Solche Zielsetzungen sind wichtige Grundlage für die spätere Bewertung von Lösungsvarianten im Zuge einer optimalen Lösungsfindung für eine gegebene Aufgabenstellung. Die Systemsynthese enthält die eigentliche Entwicklung von Lösungsvarianten auf der Grundlage der in den ersten beiden Schritten gewonnenen Informationen. Diese Informationsverarbeitung soll möglichst mehrere Lösungs- oder Gestaltungsvorschläge für das geplante System erbringen. Zur Auswahl eines für die Aufgabenstellung optimalen Systems werden nun die gefundenen Lösungsvarianten mit dem eingangs aufgestellten Zielprogramm verglichen, d. h. es wird überprüft, welche Lösung die Anforderungen der Aufgabenstellung am besten erfüllt. Voraussetzung ist die Kenntnis über die Eigenschaften der Lösungsvarianten. In einer Systemanalyse werden deshalb zunächst diese Eigenschaften als Grundlage für die anschließende Systembewertung ermittelt. Die Bewertung ermöglicht dann das Herausfinden einer relativen Optimallösung und ist deshalb Grundlage für eine Systementscheidung. Die Informationsausgabe erfolgt schließlich mit der Phase der Systemausführungsplanung. Bild 1.10 deutet weiterhin an, daß die Arbeitsschritte nicht immer direkt das Entwicklungsziel

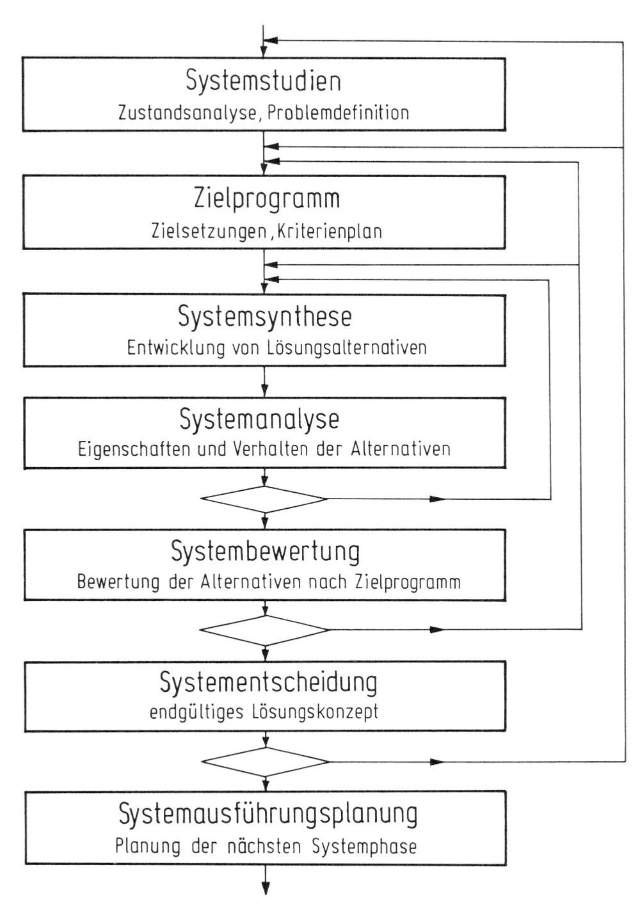

Bild 1.10. Vorgehensschritte der Systemtechnik

erreichen lassen, sondern daß häufig erst ein iteratives Vorgehen zu geeigneten Lösungen führt. Eingebaute Entscheidungsstufen erleichtern diesen Optimierungsprozeß, der einen Informationsumsatz darstellt.

Ein wichtiges Anwendungsgebiet systemtechnischer Methoden ist die *funktionsorientierte Synthese.* Aufbauend auf einem bekannten oder entwickelten Lösungskonzept wird für dieses ein Funktions- bzw. Strukturmodell (Funktionsstruktur, Funktionskette) entwickelt, dessen Eingangs- und Ausgangsgrößen sowie deren Verknüpfungen durch rechnerische Variation gezielt verändert und nach den Anforderungen der Aufgabenstellung optimiert werden. Voraussetzung für eine solche Verknüpfung mit rechnerischen Aussagen über das quantitative Verhalten von Lösungskonzepten ist das Vorhandensein mathematischer Beziehungen für das statische und dynamische Verhalten der Elemente, z. B. in Form von Übergangsfunktionen und die Formulierung einer Zielfunktion. Solche mathematischen Gesetzmäßigkeiten zur Beschreibung eines Systemmodells (mathematischen Ersatzmodells) lassen sich bisher vor allem für signalverarbeitende Geräte aufstellen. Mit entsprechenden Entwicklungsarbeiten befassen sich Richter [36, 37] und Findeisen [14], wobei die Optimierung dynamischer Systeme im Vordergrund steht.

2. Konstruieren als Lernprozeß

Eine Ergänzung zu den bisher dargelegten Methoden stellen die Gedanken dar, die die einseitige Betonung diskursiven Vorgehens als unbefriedigend und für den Konstrukteur nicht voll einsetzbar empfinden. Deshalb wird versucht, für das Konstruieren mit Hilfe der Methoden der Regelungstechnik eine ständige Rückkoppelung des Konstruktionsergebnisses auf das Vorgehen zu bewirken und die Korrelation von Konstrukteur und Umwelt sowie die Möglichkeiten menschlicher Denkprozesse zu erfassen.

So leitet Wächtler [56, 57] aus den bekannten kybernetischen Systemen wie Steuern, Regeln und Lernen durch Analogiebetrachtung ab, daß das schöpferische Konstruieren als die schwierigste Prozeßform „Lernen" aufgefaßt werden kann. Lernen stellt eine höhere Form von Regeln dar, bei der neben quantitativer Variation bei konstanter Qualität (Regeln) auch die Qualität selbst verändert wird. Das trifft auch für das Konstruieren zu, das nicht nur technische Kennwerte oder Maße, sondern auch Prinzipien ändert.

Strukturell sind „Lernen" und „Regeln" trotz unterschiedlicher Qualität in gleicher Weise als Kreisprozesse darstellbar. So ist auf Bild 1.11 ein Konstruktionskreis mit einem Lernsystem und einem Umweltsystem sowie dem Informationsfluß wiedergegeben. Das „Lernsystem Konstrukteur" erhält aus seiner Umwelt eine Aufgabe und teilt ihr die Lösung mit. Durch diskursive und intuitive Aktionen entstehen Lösungen (Ideen), die im Kurzzeitspeicher des Lernsystems aufbewahrt werden. Ein Vergleich des jeweiligen Lösungsstandes mit den Forderungen der Umwelt

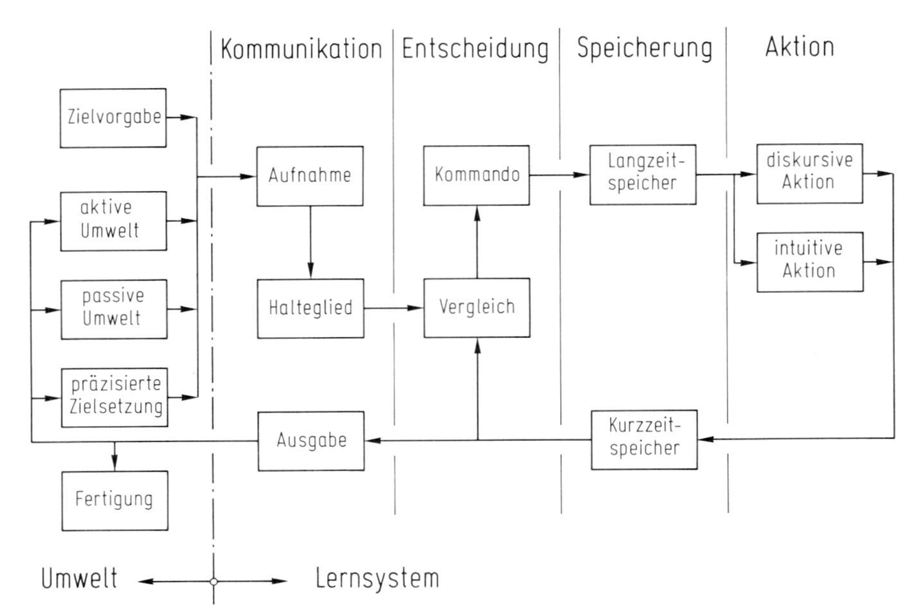

Bild 1.11. Konstruktionskreis mit Lernsystem und Umwelt nach Wächtler [57]

(Aufgabenstellung) ergibt Abweichungen. Die daraus abgeleiteten Entscheidungen führen zu neuen Aktionen. Erreicht die Abweichung ein Minimum, liegt die optimale Lösung vor. Ein Arbeitszyklus im Zuge dieser Optimierung wird als Lernelement bezeichnet. Das Lernsystem ist vom Umweltsystem nicht isoliert zu betrachten. Die Umwelt ist also nicht nur Aufgabensteller und Lösungsempfänger, sondern hat häufig entscheidenden Anteil an der Lösungsfindung. Man unterscheidet hier zwischen passiver Umwelt, die Unterlagen auf Anforderung bereitstellt, und aktiver Umwelt, die auf zurückkommende Informationen des Lernsystems reagiert, also an der Lösungsfindung unmittelbar beteiligt ist.

Entscheidend ist, daß im Zuge einer Optimierung der Konstruktionsprozeß nicht statisch, sondern dynamisch als Regelungsprozeß aufgefaßt wird, bei dem der Informationsrückfluß solange eine Rückschleife durchlaufen muß, bis der Informationsgehalt die zur optimalen Lösung erforderliche Höhe erreicht hat. Der Lernprozeß erhöht also ständig den Informationsstand und verbessert so die Eingangsvoraussetzungen für die eigentliche Aktion (Lösungsfindung). Ein solches iteratives Vorgehen wurde bereits bei den systemtechnischen Methoden angedeutet.

1.2.4. Vergleich und eigene Zielsetzung

Beschäftigt man sich mit den hier dargelegten Methoden eingehender, so ist festzustellen, daß einerseits die Methodenentwicklung stark von denjenigen Fachgebieten beeinflußt wird, die die Verfasser in ihrer bisherigen Berufspraxis betreuten, daß aber andererseits mehr Gemeinsamkeiten vorliegen, als es die zum Teil recht unterschiedlichen Begriffe und Definitionen zunächst aussagen.

So sind ein Teil der methodischen Ansätze stärker durch die Verhältnisse bei Produkten der Feinwerktechnik und Getriebetechnik geprägt, die ihrerseits größere Ähnlichkeiten mit elektrotechnischen Systemen aufweisen. Es lag deshalb nahe, Funktionen und zugehörige Teillösungen analog zu den Funktionsbausteinen der Elektrotechnik zu elementarisieren. Auch ist hier die Aufstellung von vollständigen Systematiken und Lösungskatalogen sowie die Kombination von Lösungselementen leichter als im Maschinenbau.

Alle Vorschläge abstrahieren die Aufgabenstellung, was zu allgemein einsetzbaren Funktionen führt. Ihr Elementarisierungsgrad ist jedoch unterschiedlich. Die Verfasser betonen die große Bedeutung des physikalischen Geschehens als erste Realisierungsstufe. Das schrittweise Vorgehen von einer qualitativen zu einer quantitativen Phase ist ebenfalls gemeinsam. Ferner arbeiten alle Autoren mit gezielter Variation und Kombination von Lösungselementen unterschiedlichen Komplexitätsgrades. Die Vorschläge haben zum Ziel, den Konstruktionsprozeß zu algorithmieren und durch eindeutige Gesetzmäßigkeiten auszudrücken. Die Gemeinsamkeiten führten auch zur Richtlinie VDI 2222 „Konzipieren technischer Produkte" [54].

Mit den genannten methodischen Vorschlägen aus der Literatur und eigenen Arbeiten, die sich vornehmlich mit Prinzipien und Richtlinien der Gestaltung befaßten sowie unter Beachtung praktischer Erfordernisse, die sich beim Konstruieren und bei der Leitung von Entwicklungs- und Konstruktionsarbeiten im Großmaschinenbau ergeben haben, aber auch aus der Erfahrung der Lehre wird versucht, eine umfassende Konstruktionslehre für den allgemeinen Maschinen-, Geräte- und Apparatebau darzustellen. Die Ausführungen stützen sich im wesentlichen auf eine von den Verfassern herausgegebene Aufsatzreihe „Für die Konstruktionspraxis" [32], deren Inhalt in der Zwischenzeit bei verschiedenen Gelegenheiten mit Konstrukteuren der Praxis und forschenden Ingenieuren diskutiert und durch zahlreiche Konstruktionsbeispiele bestätigt, modifiziert und ergänzt werden konnte. Diese Konstruktionslehre erhebt nicht den Anspruch, vollständig oder abgeschlossen zu sein. Sie bemüht sich, Methoden miteinander verträglich und praktikabel darzustellen. Dem Lernenden sei sie Einführung und Grundlage, dem Lehrenden Hilfe und Beispiel und dem Praktiker Information, Ergänzung und möglicherweise Weiterbildung.

1.3. Schrifttum

1. Bach, C.: Die Maschinenelemente. Stuttgart: Arnold Bergsträsser Verlagsbuchhandlung. 1. Aufl. 1880, 12. Aufl. 1920.
2. Bär, S.: Aufgabe und Stellung des Konstrukteurs bei der Schwerindustrie. Konstruktion 22 (1970) 1 – 5.
3. Beitz, W.: Systemtechnik im Ingenieurbereich. VDI-Berichte Nr. 174, Düsseldorf: VDI-Verlag 1971 (mit weiteren Literaturhinweisen).
4. — : Systemtechnik in der Konstruktion. DIN-Mitteilungen 49 (1970) 295 – 302.
5. — ; Eversheim, W.; Pahl, G.: Rechnerunterstütztes Entwickeln und Konstruieren im Maschinenbau. Forschungshefte Forschungskuratorium Maschinenbau, H. 28, Frankfurt: Maschinenbau-Verlag 1974.
6. Bischoff, W.; Hansen, F.: Rationelles Konstruieren. Konstruktionsbücher Bd. 5. Berlin: VEB-Verlag Technik 1953.
7. Bock, A.: Konstruktionssystematik — die Methode der ordnenden Gesichtspunkte. Feingerätetechnik 4 (1955) 4.
8. Brankamp, K.; Wiendahl, H. P.: Rechnergestütztes Konstruieren — Voraussetzung und Möglichkeiten. Konstruktion 23 (1971) 168 – 178.
9. Büchel, A.: Systems Engineering. Industrielle Organisation 38 (1969) 373 – 385.
10. Chestnut, H.: Systems Engineering Tools, New York: Wiley & Sons, Inc. 1965 8 ff.
11. Erkens, A.: Beiträge zur Konstruktionserziehung. Z. VDI 72 (1928) 17 – 21.
12. Eversheim, W.: Eine analytische Betrachtung von Konstruktionsaufgaben. Industrieanzeiger 91 (1969) H. 87.
13. Federn, K.: Wandel in der konstruktiven Gestaltung. Chem.-Ing.-Techn. 42 (1970) 729 – 737.
14. Findeisen, D.: Dynamisches System Schwingprüfmaschine. Fortschrittsberichte der VDI-Z. Reihe 11, Nr. 18. Düsseldorf: VDI-Verlag 1974.
15. Hansen, F.: Konstruktionssystematik. Berlin: VEB-Verlag Technik 1956.
16. — : Konstruktionssystematik. 2. Aufl. Berlin: VEB-Verlag Technik 1965.
17. — : Konstruktionswissenschaft — Grundlagen und Methoden. München, Wien: Hanser 1974.
18. Kesselring, F.: Die starke Konstruktion. Z. VDI 86 (1942) 321 – 330, 749 – 752.
19. — : Technische Kompositionslehre. Berlin, Göttingen, Heidelberg: Springer 1954.
20. — : Bewertung von Konstruktionen. Düsseldorf: VDI-Verlag 1951.
21. Koller, R.: Eine algorithmisch-physikalisch orientierte Konstruktionsmethodik. Z. VDI 115 (1973) 147 – 152, 309 – 317, 843 – 847, 1078 – 1085.
22. — : Konstruktionsmethode für den Maschinen-, Geräte- und Apparatebau. Berlin, Heidelberg, New York: Springer 1976.
23. Laudien, K.: Maschinenelemente. Leipzig: Dr. Max Junecke Verlagsbuchhandlung. 1931.
24. Leyer, A.: Maschinenkonstruktionslehre. Hefte 1 – 6 technica-Reihe. Basel, Stuttgart: Birkhäuser 1963 – 1971.
25. Martyrer, E.: Der Ingenieur und das Konstruieren. Konstruktion 12 (1960) 1 – 4.

26. Matousek, R.: Konstruktionslehre des allgemeinen Maschinenbaus. Berlin, Heidelberg, New York: Springer 1957 Reprint.
27. Müller, J.: Grundlagen der systematischen Heuristik. Schriften zur soz. Wirtschaftsführung. Berlin: Dietz 1970.
28. Niemann, G.: Maschinenelemente, Bd. 1. Berlin, Göttingen, Heidelberg: Springer 1. Aufl. 1950, 2. Aufl. 1965, 3. Aufl. 1975 (unter Mitwirkung von M. Hirt).
29. N. N.: Leonardo da Vinci. Das Lebensbild eines Genies. Wiesbaden, Berlin: Vollmer 1955, 493 – 505.
30. Opitz, H. und andere: Die Konstruktion — ein Schwerpunkt der Rationalisierung. Industrie-Anzeiger 93 (1971) 1491 – 1503.
31. Pahl, G.: Entwurfsingenieur und Konstruktionslehre unterstützen die moderne Konstruktionsarbeit. Konstruktion 19 (1967) 337 – 344.
32. — ; Beitz, W.: Für die Konstruktionspraxis. Aufsatzreihe in der Konstruktion 24 (1972), 25 (1973) und 26 (1974).
33. Penny, R. K.: Principles of engineering design. Postgraduate 46 (1970) 344 – 349.
34. Redtenbacher, F.: Prinzipien der Mechanik und des Maschinenbaus. Mannheim: Bassermann 1852, 257 – 290.
35. Reuleaux, F.; Moll, C.: Konstruktionslehre für den Maschinenbau. Braunschweig: Vieweg 1854.
36. Richter, A.: Nichtlineare Optimierung signalverarbeitender Geräte. VDI-Berichte 219. Düsseldorf: VDI-Verlag 1974 (mit weiteren Literaturhinweisen).
37. — ; Kranz, G.: Ein Beitrag zur nichtlinearen Optimierung und dynamischen Programmierung in der rechnerunterstützten Konstruktion. Konstruktion 26 (1974) 361 – 367.
38. Riedler, A.: Das Maschinenzeichnen. Berlin: Springer 1913.
39. Rodenacker, W. G.: Methodisches Konstruieren. Konstruktionsbücher Bd. 27. Berlin, Heidelberg, New York: Springer 1970. Zweite Auflage 1976.
40. — ; Claussen, U.: Regeln des Methodischen Konstruierens. Mainz: Krausskopf 1973/74.
41. Rötscher, F.: Die Maschinenelemente. Berlin: Springer 1927.
42. Roth, K.: Aufbau und Handhabung von Konstruktionskatalogen. VDI-Berichte 219. Düsseldorf: VDI-Verlag 1974.
43. — : Gliederung und Rahmen einer neuen Maschinen-Geräte-Konstruktionslehre. Feinwerktechnik 72 (1968) 521 – 528.
44. — : Systematik der Maschinen und ihrer mechanischen elementaren Funktionen. Feinwerktechnik 74 (1970) 453 – 460.
45. — : Methodisches Ermitteln von Funktionsstruktur und Gestalt. VDI-Berichte 219. Düsseldorf: VDI-Verlag 1974.
46. — ; Franke, H. J.; Simonek, R.: Die Allgemeine Funktionsstruktur, ein wesentliches Hilfsmittel zum methodischen Konstruieren. Konstruktion 24 (1972) 277 – 282.
47. — ; — ; — : Algorithmisches Auswahlverfahren zur Konstruktion mit Katalogen. Feinwerktechnik 75 (1971) 337 – 345.
48. — ; — ; — : Aufbau und Verwendung von Katalogen für das methodische Konstruieren. Konstruktion 24 (1972) 449 – 458.
49. Saling, K.-H.: Prinzip- und Variantenkonstruktion in der Auftragsabwicklung — Voraussetzungen und Grundlagen. VDI-Berichte Nr. 152. Düsseldorf: VDI-Verlag 1970.
50. Simonek, R.: Die konstruktive Funktion und ihre Formulierung für das rechnergestützte Konstruieren. Feinwerktechnik 75 (1971) 145 – 149.
51. Sörensen, E.: Konstruieren — Schöpferische Ingenieurarbeit. VDI-Z. 100 (1958) 1123 – 1128.
52. Tschochner, H.: Konstruieren und Gestalten. Essen: Girardet 1954.
53. VDI-Fachgruppe Konstruktion (ADKI): Engpaß Konstruktion. Konstruktion 19 (1967) 192 – 195.
54. VDI-Richtlinie 2222 Blatt 1 (Entwurf): Konzipieren technischer Produkte. Düsseldorf: VDI-Verlag 1973.
55. VDI-Richtlinie 2225: Technisch-wirtschaftliches Konstruieren. Düsseldorf: VDI-Verlag 1969.
56. Wächtler, R.: Die Dynamik des Entwickelns (Konstruierens). Feinwerktechnik 73 (1969) 329 – 333.

57. —: Beitrag zur Theorie des Entwickelns (Konstruierens). Feinwerktechnik 71 (1967) 353–357.
58. —: Entwickeln und Konstruieren — Tätigkeiten, die wachsendem Zeitdruck ausgesetzt sind. VDI-Nachrichten 25 (1971) Nr. 6.
59. Wögerbauer, H.: Die Technik des Konstruierens, 2. Aufl. München, Berlin: Oldenbourg 1943.
60. Zangemeister, C.: Zur Charakteristik der Systemtechnik. TU Berlin: Aufbauseminar Systemtechnik 1969.

2. Grundlagen

Konstruieren ist eine vielseitige und umfassende Tätigkeit. Grundlagen dazu sind eine Reihe von Disziplinen wie Mathematik, Physik mit ihren Teilgebieten Mechanik, Thermodynamik usw., aber auch Fertigungstechnik, Werkstoffkunde, Maschinenelemente, Betriebswirtschaftslehre und Kostenrechnung, die nicht Gegenstand dieses Buches sein sollen.

Für eine Konstruktionslehre, die als Strategie für das Entwickeln von Lösungen aufzufassen ist, müssen aber Grundlagen der maschinenbaulichen Systeme und der Vorgehensweise erläutert werden. Erst dann ist es möglich, im einzelnen Empfehlungen für das Konstruieren aufzustellen.

Am Schluß des Buches sind die wichtigsten Begriffe erläutert, in welcher Bedeutung sie benutzt werden.

2.1. Grundlagen maschinenbaulicher Systeme

2.1.1. System, Anlage, Apparat, Maschine, Gerät, Baugruppe, Einzelteil

Die Lösung technischer Aufgaben wird mit Hilfe *technischer Gebilde* erfüllt, die als Anlage, Apparat, Maschine, Gerät, Baugruppe, Maschinenelement oder Einzelteil bezeichnet werden. Diese bekannten Bezeichnungen sind grob nach dem Grad ihrer Komplexität geordnet. Je nach Fachgebiet und Betrachtungsstufe ist die Verwendung dieser Bezeichnungen u. U. unterschiedlich. So wird z. B. ein Apparat (Reaktor, Verdampfer usw.) als ein Glied bzw. Element höherer Komplexität in einer Anlage angesehen. In bestimmten Bereichen werden technische Gebilde als Anlagen bezeichnet, die anderenorts als Maschinen oder Maschinenanlagen benannt werden.

Eine Maschine setzt sich aus Baugruppen und Einzelteilen zusammen. Geräte zum Steuern und Überwachen werden sowohl in Anlagen als auch in Maschinen eingesetzt. Ein Gerät kann aus Baugruppen und Einzelteilen bestehen, vielleicht ist eine kleine Maschine sogar Teil dieses Gerätes. Ihre Benennung ist aus der geschichtlichen Entwicklung und dem jeweiligen Verwendungsbereich erklärbar.

Hubka [10] hat in umfassender Weise Klassifikationsmöglichkeiten aufgezeigt, die die Vielfalt solcher Einordnungen nach unterschiedlichen Gesichtspunkten widerspiegeln. Diese können nach Funktion, Lösungsprinzip, Komplexität, Fertigung, Produkt usw. gewählt sein. Es ist nicht möglich, eine eindeutige und allgemeingültige Ordnung oder Einteilung zu finden. Dazu sind Aufgaben, Verwendung und Gestalt zu unterschiedlich und zu komplex.

Vorteilhaft ist daher der Vorschlag von Hubka in Übereinstimmung mit systemtechnischer Betrachtung, die technischen Gebilde als *Systeme* aufzufassen, die durch *Eingangsgrößen* (Inputs) und *Ausgangsgrößen* (Outputs) mit ihrer Umgebung in Verbindung stehen. Ein System ist in Teilsysteme untergliederbar. Was zum betrachteten System gehört, wird durch die *Systemgrenze* jeweils festgelegt. Die Ein- und Ausgangsgrößen überschreiten die Systemgrenze (vgl. 1.2.3). Mit dieser Vorstellung ist es möglich, auf jeder Stufe der Abstraktion, der Einordnung oder der Aufgliederung für den jeweiligen Betrachtungszweck geeignete Systeme zu definieren. In der Regel sind sie Teile eines größeren übergeordneten Systems.

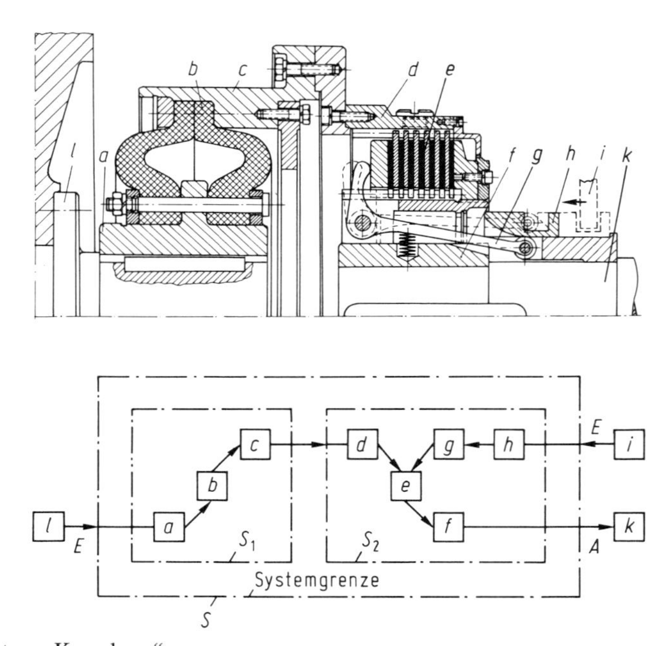

Bild 2.1. System „Kupplung"
a ... *h* Systemelemente (beispielsweise); *i* ... *l* Anschlußelemente; *S* Gesamtsystem; S_1 Teilsystem „Elastische Kupplung"; S_2 Teilsystem „Schaltkupplung"; *E* Eingangsgrößen (Inputs); *A* Ausgangsgrößen (Outputs)

Ein konkretes Beispiel ist die auf Bild 2.1 dargestellte kombinierte Kupplung. Sie ist als ein System „Kupplung" aufzufassen und stellt innerhalb einer Maschine oder zwischen zwei Maschinen eine Baugruppe dar, während für diese Baugruppe selbst die beiden *Teilsysteme* „Elastische Kupplung" und „Schaltkupplung" wiederum selbständige Baugruppen sein können. Das Teilsystem „Schaltkupplung" ließe sich weiter in die Systemelemente, hier „Einzelteile", zerlegen.

Das in Bild 2.1 dargestellte System orientiert sich an der Baustruktur. Es ist aber auch denkbar, es nach Funktionen (vgl. 2.1.3) zu betrachten. Man könnte das Gesamtsystem „Kuppeln" funktionsorientiert in die Teilsysteme „Ausgleichen" und „Schalten" gliedern, das letztere Teilsystem wiederum in die Untersysteme „Schaltkraft in Normalkraft wandeln" und „Reibkraft übertragen". Zum Beispiel könnte das Systemelement g auch als ein Untersystem aufgefaßt werden, das die Funktion hätte, die aus dem Schaltring kommende Kraft in die größere auf die Reibflächen wirkende Normalkraft zu wandeln und durch seine Nachgiebigkeit einen begrenzten Verschleißausgleich zu ermöglichen.

Je nach Zweck können solche Systemunterteilungen nach unterschiedlichen Gesichtspunkten mehr oder weniger weit getrieben werden. Der Konstrukteur muß für die einzelnen Zwecke solche Systeme bilden und sie mit ihren Ein- und Ausgängen durch die Systemgrenze gegenüber der Umgebung deutlich machen. Dabei kann er die ihm gewohnte oder allgemein übliche Bezeichnung beibehalten.

2.1.2. Energie-, Stoff- und Signalumsatz

Die Materie war grundlegende Erscheinung für den forschenden Menschen in historischer Zeit. Sie trat ihm in mannigfaltiger Gestalt entgegen. Ihre natürliche oder die von ihm geschaffene Form gab ihm Auskunft über eine mögliche Verwendung. Materie ohne Form ist nicht denkbar, die Form ist eine erste Information über ihren Zustand. Mit fortschreitender Entwicklung der Physik wurde der Begriff der Kraft unumgänglich. Die Kraft war die die Materie bewegende Größe. Schließlich begriff man diesen Vorgang durch die Vorstellung der Energie. Die Relativitätstheorie hat dann die Gleichheit von Energie und Materie gelehrt. Weizsäcker [30] stellt die Begriffe Energie, Materie und Information als grundlegend nebeneinander. Sind dabei Änderungen im Spiel, d. h. wenn etwas im Fluß ist, muß auf die Grundgröße Zeit bezogen werden. Erst durch diesen Bezug wird das Geschehen begreifbar. Das Zusammenspiel von Energie, Materie und Information kann dann zweckmäßig beschrieben werden.

Im technischen Bereich ist der Sprachgebrauch der genannten Begriffe teilweise anders. Sie sind in der Regel mit konkreten physikalischen oder technisch orientierten Vorstellungen verbunden.

Mit dem Begriff *Energie* wird oft sogleich die Erscheinungsform angegeben und wir sprechen von mechanischer, elektrischer, optischer Energie usw. Für Materie steht im technischen Bereich der Begriff *Stoff* mit den jeweils konkreten Eigenschaften, wie Gewicht, Farbe, Zustand usw. Auch der allgemeine Begriff der Information erhält im technischen Bereich eine konkrete Bedeutung durch *Signal* als die physikalische Form des Trägers einer Information. Die Information zwischen Menschen wird vielfach als Nachricht bezeichnet [11].

Analysiert man die technischen Systeme, die Anlage, Apparat, Maschine, Gerät, Baugruppe oder Einzelteil genannt werden, so wird offenbar, daß sie einem technischen Prozeß dienen, in dem Energien, Stoffe und Signale geleitet und/oder verändert werden. Bei Änderung haben wir es mit dem Energie-, Stoff- und/oder Signalumsatz zu tun, wie es Rodenacker [23] formuliert und dargestellt hat.

Der *Energieumsatz* betrifft, z. B. in einer Werkzeugmaschine, die Wandlung elektrischer in mechanische und thermische Energie. Die chemische Energie eines Brennstoffs wird beim Verbrennungsmotor ebenfalls in thermische und mechanische Energie gewandelt. In einem Kernkraftwerk wandelt sich Kernenergie in thermische Energie usw.

Mit *Stoffen* geschehen mannigfache Veränderungen. Viele Stoffe werden gemischt, getrennt, gefärbt, beschichtet, verpackt, transportiert oder in andere Zustände überführt. Aus Rohstoffen entstehen Halbzeug und Fertigprodukte. Mechanisch bearbeitete Teile erhalten besondere Oberflächen, Produkte durchlaufen Veredelungsanlagen, Teile werden zwecks Prüfung zerstört.

In jeder Anlage sind Informationen zu verarbeiten. Dies geschieht mittels *Signalen.* Sie werden eingegeben, gesammelt, aufbereitet, weitergeleitet, mit anderen verglichen oder verknüpft, ausgegeben, angezeigt, registriert usw.

In den technischen Prozessen ist von der Aufgabe oder von der Art der Lösung her entweder der Energie-, Stoff- oder Signalumsatz dominierend. Es ist zweckmäßig, diesen dann in Form eines Flusses als *Hauptfluß* zu betrachten. Meistens ist ein weiterer Fluß begleitend. Häufig sind alle drei beteiligt. So gibt es keinen Stoff- oder Signalfluß ohne einen begleitenden Energiefluß, auch wenn die benötigte Energie sehr klein ist oder problemlos bereitgestellt werden kann. Die Probleme der Energiebereitstellung oder des Energieumsatzes sind dann nicht dominierend, sie treten u. U. in den Hintergrund, aber der Energiefluß bleibt notwendig. Dabei kann es sich auch um den Fluß der Komponenten wie z. B. Kraft, Drehmoment, Strom usw. handeln, der dann als Kraftfluß, Drehmomentfluß oder Stromfluß bezeichnet wird.

Der Energieumsatz zur Gewinnung z. B. von elektrischer Energie ist mit einem Stoffumsatz verbunden, auch wenn in einem Kernkraftwerk im Gegensatz zu einem Steinkohlenkraftwerk der kontinuierliche Stofffluß nicht sichtbar ist. Der begleitende Signalfluß ist zur Steuerung und Regelung des gesamten Prozesses ein wichtiger Nebenfluß.

Andererseits werden in vielen Meßgeräten, ohne einen Stoffumsatz zu bewirken, Signale aufgenommen, gewandelt oder angezeigt. In manchen Fällen muß hierfür Energie bereitgestellt werden, in anderen kann latent vorhandene ohne weiteres benutzt werden. Jeder Signalfluß ist mit einem Energiefluß verbunden, ohne immer einen Stofffluß bewirken zu müssen.

Für die weiteren Betrachtungen soll verstanden werden:

Energie:	Mechanische, Thermische, Elektrische, Chemische, Optische Energie, Kernenergie . . ., aber auch Kraft, Strom, Wärme . . .
Stoff:	Gas, Flüssigkeit, Feste Körper, Staub . . ., aber auch Rohprodukt, Material, Prüfgegenstand, Behandlungsobjekt . . ., Endprodukt, Bauteil, geprüfter oder behandelter Gegenstand . . .
Signal:	Meßgröße, Anzeige, Steuerimpuls, Daten, Informationen . . .

Bei jedem Umsatz der beschriebenen Größen müssen *Quantität* und *Qualität* beachtet werden, um eindeutige Kriterien für die Präzisierung der Aufgabe, für die Auswahl der Lösungen und für eine Bewertung zu erhalten. Jede Aussage ist nur dann präzisiert, wenn sowohl deren Quantitäts- als auch Qualitätsaspekte berücksichtigt werden. So ist z. B. die Angabe: „100 kg/s Dampf von 80 bar und 500° C" als Eintrittsmenge für die Auslegung einer Dampfturbine erst ausreichend präzisiert, wenn bestimmt wird, daß es sich um die Nenndampfmenge und nicht z. B. um die maximale Schluckfähigkeit handeln soll, und daß ferner die dauernd zulässige Schwankungsbreite des Dampfzustandes z. B. mit 80 bar ± 5 bar und 500° C ± 10° C festgelegt, also um einen Qualitätsaspekt erweitert wurde.

Für sehr viele Anwendungen ist weiterhin eine sinnvolle Bearbeitung nur möglich, wenn die Eingangsgrößen in ihren Kosten bzw. ihrem Wert bekannt sind oder angegeben wurde, zu welchen Kosten die Ausgangsgrößen höchstens erstellt werden dürfen (vgl. [23] Kategorien: Menge — Qualität — Kosten).

In technischen Systemen findet also ein Umsatz von Energie, Stoff und/oder Signal statt, der durch Quantitäts-, Qualitäts- und Kostenangaben präzisiert werden muß: Bild 2.2.

Bild 2.2. Umsatz von Energie, Stoff und Signal. Lösung noch unbekannt, Aufgabe bzw. Funktion aufgrund der Ein- und Ausgänge beschreibbar

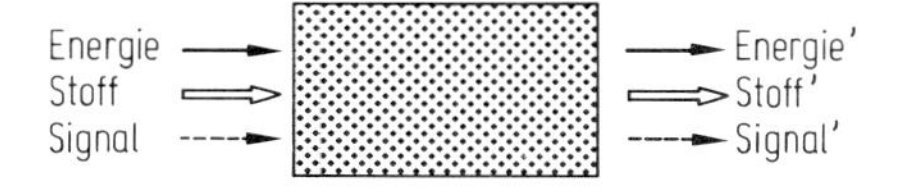

2.1.3. Funktionaler Zusammenhang

Für eine technische Aufgabe mit Energie-, Stoff- und Signalumsatz wird eine Lösung gesucht. Es muß dazu in einem System ein eindeutiger, reproduzierbarer Zusammenhang zwischen Eingang und Ausgang bestehen. Bei einer Stoffumwandlung soll z. B. unter gegebenen Eingangsgrößen stets das gleiche Ergebnis bezüglich der Ausgangsgrößen erzielt werden. Auch soll zwischen dem Beginn und dem Ende eines Vorganges, z. B. dem Füllen eines Speichers, immer ein eindeutiger, reproduzierbarer Zusammenhang gewährleistet sein. Diese Zusammenhänge sind im Sinne einer Aufgabenerfüllung stets gewollt. Zum Beschreiben und Lösen konstruktiver Aufgaben ist es zweckmäßig, unter

Funktion
den allgemeinen Zusammenhang zwischen Eingang und Ausgang eines Systems mit dem Ziel, eine Aufgabe zu erfüllen, zu verstehen.

Bei stationären Vorgängen genügt die Bestimmung der Eingangs- und Ausgangsgrößen, bei zeitlich sich verändernden, also instationären Vorgängen, ist darüber hinaus die Aufgabe durch Beschreiben der Größen zu Beginn und Ende auch zeitlich zu definieren. Dabei ist es zunächst nicht wesentlich zu wissen, durch welche Lösung eine solche Funktion erfüllt wird. Die Funktion wird damit zu einer Formulierung der Aufgabe auf einer abstrakten und lösungsneutralen Ebene.

Ist die *Gesamtaufgabe* ausreichend präzisiert, d. h. sind alle beteiligten Größen und ihre bestehenden oder geforderten Eigenschaften bezüglich des Ein- und Ausgangs bekannt, kann auch die *Gesamtfunktion* angegeben werden.

Eine Gesamtfunktion läßt sich in vielen Fällen sogleich in erkennbare *Teilfunktionen* aufgliedern, die dann Teilaufgaben innerhalb der Gesamtaufgabe entsprechen. Die Verknüpfung der Teilfunktionen zur Gesamtfunktion unterliegt dabei sehr häufig einer gewissen Zwangsläufigkeit, weil bestimmte Teilfunktionen erst erfüllt sein müssen, bevor andere sinnvoll nachgeschaltet werden können.

Andererseits besteht auch fast immer eine Variationsmöglichkeit bei der Verknüpfung von Teilfunktionen, wodurch Varianten entstehen. In jedem Fall muß die Verknüpfung der Teilfunktionen untereinander verträglich sein.

Die sinnvolle und verträgliche Verknüpfung von Teilfunktionen zur Gesamtfunktion führt zur sogenannten *Funktionsstruktur*, die zur Erfüllung der Gesamtfunktion variabel sein kann.

Mit Vorteil wird hierfür von einer Blockdarstellung Gebrauch gemacht, die sich um die Vorgänge und Teilsysteme innerhalb eines einzelnen Blockes (Schwarzer Kasten, Black-Box) zunächst nicht kümmert: Bild 2.2.

Die Funktionen werden durch eine Wortangabe mit einem Haupt- und Zeitwort wie „Druck erhöhen", „Drehmoment leiten", „Drehzahl verkleinern" beschrieben und von den in 2.1.2 genannten Flüssen des Energie-, Stoff- und Signalumsatzes abgeleitet. Soweit als möglich sollen diese Angaben durch die beteiligten physikalischen Größen ergänzt bzw. präzisiert werden. In den meisten maschinenbaulichen Anwendungen wird es sich stets um die Kombination aller drei Komponenten handeln, wobei entweder der Stoff- oder der Energiefluß die Funktionsstruktur maßgebend bestimmt.

Zweckmäßig ist es, zwischen Haupt- und Nebenfunktionen zu unterscheiden:

Hauptfunktionen sind solche Teilfunktionen, die unmittelbar der Gesamtfunktion dienen. *Nebenfunktionen* tragen nur mittelbar zur Gesamtfunktion bei. Sie haben unterstützenden oder ergänzenden Charakter und sind häufig von der Art der Lösung bedingt. Die Definitionen folgen den Vorstellungen der Wertanalyse [4, 28, 29] und sind von der jeweiligen Betrachtungsebene bestimmt. Nicht in allen Fällen sind Haupt- und Nebenfunktionen scharf unterscheidbar, sie nützen aber einer zweckmäßigen Unterteilung und Ansprache.

Weiterhin ist die Untersuchung des Zusammenhanges zwischen Teilfunktionen notwendig. Folgerichtige Abläufe oder zwingende Zuordnungen müssen beachtet werden.

Beispielsweise sollen Teppichfliesen, die aus einer mit Kunststoff beschichteten Teppichbahn gestanzt sind, an verschiedene Stellen versandt werden. Daraus entstand die Aufgabe, die Fliesen mindestens zuerst zu kontrollieren, die guten zu zählen und in vorgeschriebenen Losen zu verpacken. Als Hauptfluß ergibt sich ein Stofffluß in Form einer Funktionskette, die in diesem Fall eine Zwangsläufigkeit aufweist: Bild 2.3. Bei näherer Betrachtung stellt man fest, daß bei dieser Kette von Teilfunktionen Nebenfunktionen nötig werden, nämlich

— mit dem Stanzen aus der Bahn entsteht am Rand Abfall, der beseitigt werden muß,
— die Ausschußfliesen müssen getrennt abgeführt sowie weiter verarbeitet werden und
— das Verpackungsmaterial, gleich welcher Art, muß zugeführt werden,

so daß sich nun eine Funktionsstruktur nach Bild 2.4 ergibt. Man erkennt, daß die Funktion „Zählen" auch einen Impuls geben kann, um die Bildung von jeweils z Fliesen zu einem Verpackungslos zu ermöglichen, so daß die Einführung des Signalflusses mit der Teilfunktion „Impuls geben zur Bildung von z Fliesen" in die Funktionsstruktur hier bereits sinnvoll erscheint.

Außerhalb des Konstruktionsbereichs ist der *Funktionsbegriff* teils weiter, teils enger gefaßt. Das hängt davon ab, unter welchen Aspekten er gesehen und gebraucht wird:

Brockhaus [19] definiert für den allgemeinen Bereich Funktionen als Tätigkeiten, Wirken, Zweck, Obliegenheit. Für den mathematischen Bereich gilt Funktion als die Zuordnungsvorschrift, die eine Größe y einer Größe x in der Weise zuordnet, daß zu jedem Wert x ein bestimmter Wert (eindeutige Funktion) oder auch mehrere Werte von y (mehrdeutige Funktion) gehören. Die Wertanalyse definiert in

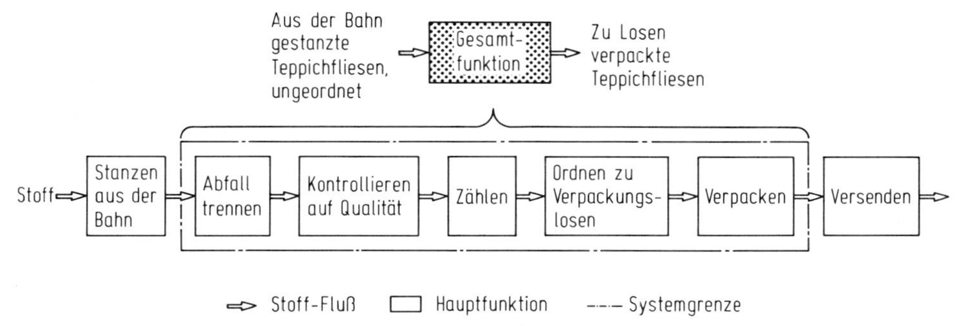

Bild 2.3. Funktionskette (Funktionsstruktur) beim Verarbeiten von Teppichfliesen

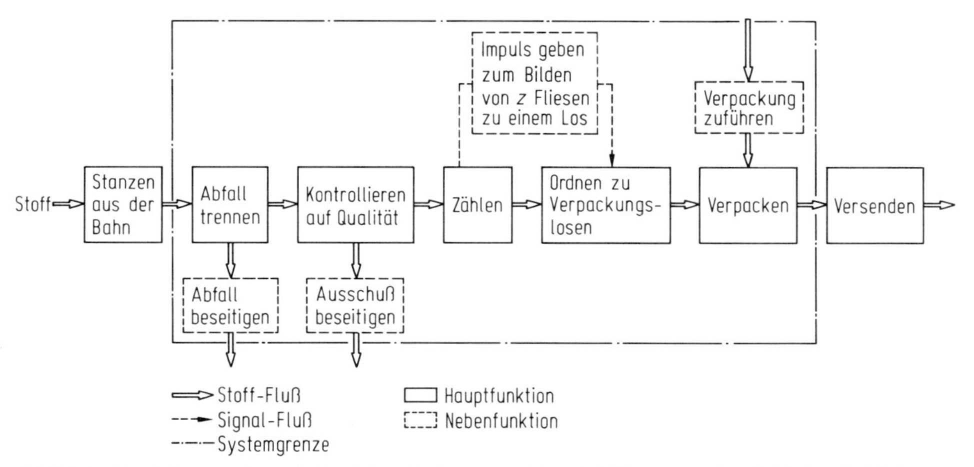

Bild 2.4. Funktionsstruktur beim Verarbeiten von Teppichfliesen nach Bild 2.3 mit Nebenfunktionen

DIN 69 910 [4]: Funktionen sind alle Wirkungen eines Objektes (Aufgabe, Tätigkeiten, Merkmale).

Autoren der Konstruktionsmethodik (vgl. 1.2.2) bemühten sich in einer teils verfeinerten, teils eingeschränkten Betrachtung um die Definition von allgemein gültigen Funktionen (vgl. 5.3).

Theoretisch lassen sich Funktionen so aufgliedern, daß die unterste Ebene der Funktionsstruktur nur aus Funktionen besteht, die sich hinsichtlich allgemeiner Anwendbarkeit praktisch nicht weiter unterteilen lassen.

Rodenacker [23] definiert sie aus der Sicht der zweiwertigen Logik, Roth [25] hinsichtlich einer allgemeinen Anwendbarkeit, Koller [12, 13] in bezug auf zu suchende physikalische Effekte. Krumhauer [14] untersucht die allgemeinen Funktionen im Hinblick auf eine Rechnerunterstützung in der Konzeptphase. Dabei betrachtet er den Zusammenhang der Eingangs- und Ausgangsgröße nach der Änderung von Art, Größe, Anzahl, Ort und Zeit. Er kommt im wesentlichen zu den gleichen Funktionen wie Roth, jedoch mit dem Unterschied, daß „Wandeln" nur die Änderung

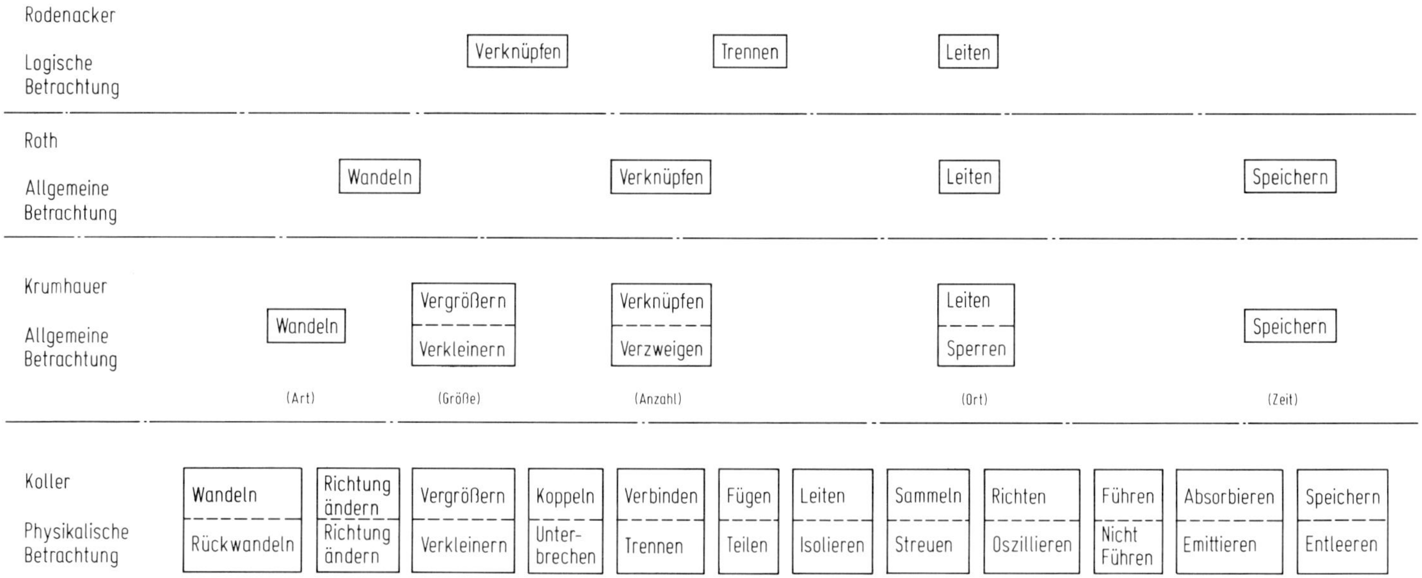

Rodenacker
Logische Betrachtung
Verknüpfen
Trennen
Leiten

Roth
Allgemeine Betrachtung
Wandeln
Verknüpfen
Leiten
Speichern

Krumhauer
Allgemeine Betrachtung
Wandeln (Art)
Vergrößern / Verkleinern (Größe)
Verknüpfen / Verzweigen (Anzahl)
Leiten / Sperren (Ort)
Speichern (Zeit)

Koller
Physikalische Betrachtung
Wandeln / Rückwandeln
Richtung ändern / Richtung ändern
Vergrößern / Verkleinern
Koppeln / Unterbrechen
Verbinden / Trennen
Fügen / Teilen
Leiten / Isolieren
Sammeln / Streuen
Richten / Oszillieren
Führen / Nicht Führen
Absorbieren / Emittieren
Speichern / Entleeren

Bild 2.5. Vergleich allgemein anwendbarer Funktionen nach Festlegung verschiedener Autoren [12 – 14, 23, 25]

der Art von Eingang und Ausgang, dagegen „Vergrößern bzw. Verkleinern" nur die Änderung nach der Größe beinhaltet.

Wie Bild 2.5 zeigt, sind diese Ansätze verträglich, wenn man berücksichtigt, daß Rodenacker die Begriffe „Verknüpfen" und „Trennen" nur bezüglich der logischen Zusammenhänge gebraucht.

2.1.4. Physikalischer Zusammenhang

Das Aufstellen einer Funktionsstruktur erleichtert das Finden von Lösungen, da durch die Strukturierung die Bearbeitung weniger komplex wird und die Lösungen für Teilfunktionen zunächst gesondert erarbeitet werden können.

Die einzelnen Teilfunktionen, die zunächst durch den angenommenen „Schwarzen Kasten" dargestellt wurden, werden nun durch eine konkretere Aussage ersetzt. Teilfunktionen werden in der Regel durch physikalische Geschehen erfüllt. Fast alle maschinenbaulichen Lösungen gründen auf Erscheinungen der Physik. Daneben können natürlich auch solche der Chemie oder der Biologie genutzt werden, sie sind aber in der Minderzahl. Wenn fortan von physikalischem Geschehen die Rede ist, so sind damit auch die Möglichkeiten einbezogen, die durch ein chemisches oder biologisches Geschehen nutzbar sind. Dies ist auch insofern gerechtfertigt, als alle Lösungen im Zuge der weiteren Realisierung in irgendeiner Weise vom *physikalischen Geschehen* Gebrauch machen.

Das physikalische Geschehen wird durch das Vorhandensein von *physikalischen Effekten* ermöglicht. Der physikalische Effekt ist durch physikalische Gesetze, die die beteiligten physikalischen Größen einander zuordnen, auch quantitativ beschreibbar: z. B. der Reibungseffekt durch das Coulombsche Reibungsgesetz $F_R = \mu F_N$ oder der Hebeleffekt durch das Hebelgesetz $F_A \cdot a = F_B \cdot b$ oder der Ausdehnungseffekt durch das lineare Ausdehnungsgesetz fester Stoffe $\Delta l = \alpha \cdot l \cdot \Delta\vartheta$. Vor allem Rodenacker [23] und Koller [12] haben solche Effekte zusammengestellt.

Die Erfüllung einer Teilfunktion kann möglicherweise erst durch Verknüpfen mehrerer physikalischer Effekte erzielt werden, z. B. die Wirkungsweise eines Bimetalls, die sich aus dem Effekt der thermischen Ausdehnung und dem des Hookschen Effekts (Spannungs-Dehnungs-Zusammenhang) aufbaut. Sind diese Effekte im konkreten Fall einer Teilfunktion zugeordnet, so erhält man das *physikalische Wirkprinzip* dieser Teilfunktion.

In Bild 2.6 sind die Stufen: Teilfunktion, physikalischer Effekt, physikalisches Wirkprinzip und Lösungsprinzip (vgl. 2.1.5) für drei Teilfunktionen veranschaulicht. Dabei sind nur die Ein- und Ausgänge des Hauptflusses eingetragen:

- Drehmoment übertragen durch Reibungseffekt nach dem Coulombschen Reibungsgesetz,
- Kraft vergrößern mit Hilfe des Hebeleffekts nach dem Hebelgesetz,
- elektrischen Kontakt herstellen mittels Wegüberbrückung unter Nutzung des Ausdehnungseffekts entsprechend dem linearen Ausdehnungsgesetz fester oder flüssiger Stoffe.

Eine Teilfunktion kann oft von verschiedenen physikalischen Effekten erfüllt werden, z. B. Kraft vergrößern mit dem Hebeleffekt, Keileffekt, elektromagnetischen Effekt, hydraulischen Effekt usw. Das gefundene Wirkprinzip einer Teilfunk-

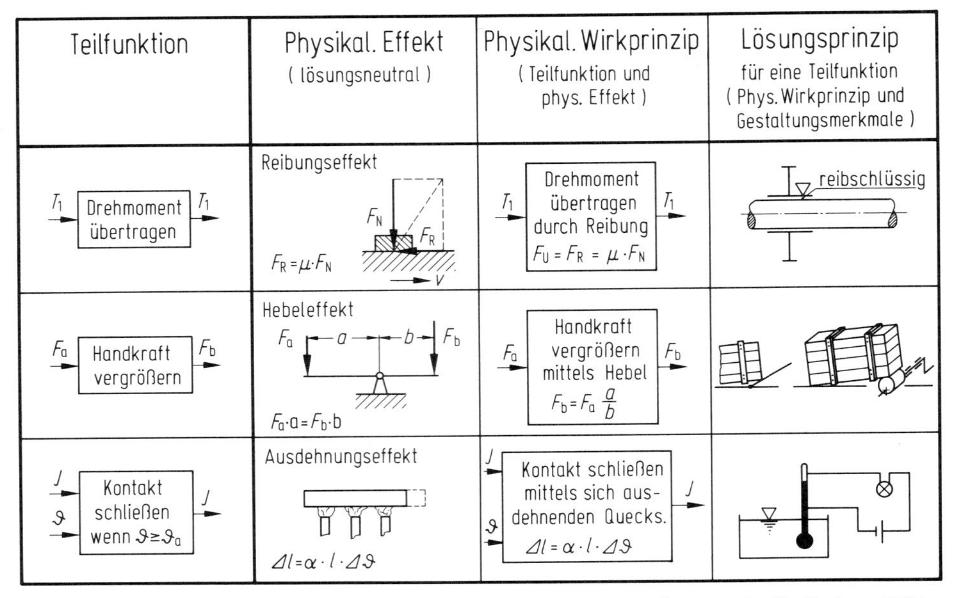

Bild 2.6. Erfüllen von Teilfunktionen durch Lösungsprinzipien, die aus physikalischen Effekten und Gestaltungsmerkmalen aufgebaut werden

tion muß aber mit den Wirkprinzipien von anderen benachbarten Teilfunktionen verträglich sein. So kann eine hydraulische Kraftverstärkung nicht ohne weiteres ihre Energie aus einer elektrischen Batterie beziehen. Es ist ferner einleuchtend, daß ein bestimmtes physikalisches Wirkprinzip nur unter gewissen Bedingungen die jeweilige Teilfunktion optimal erfüllt. Eine pneumatische Steuerung ist z. B. nur unter bestimmten Voraussetzungen einer mechanischen oder elektrischen überlegen.

Verträglichkeit und optimale Erfüllung kann in der Regel meist nur im Zusammenhang mit der Gesamtfunktion und erst bei konkreterer Gestaltung sinnvoll beurteilt werden. Deshalb sind Aussagen über die nähere Gestalt und über die beabsichtigte Anordnung nötig.

2.1.5. Gestalterischer Zusammenhang

Die Stelle, an der das physikalische Geschehen zur Wirkung kommt, kennzeichnet den Wirkort. Hier wird die Erfüllung der Funktion bei Anwendung des betreffenden physikalischen Wirkprinzips durch die Anordnung von *Wirkflächen* (bzw. -linien, -räumen) und durch die Wahl von *Wirkbewegungen* erzwungen [23].

Die Gestalt der Wirkfläche wird durch

— Art,
— Form,
— Lage,
— Größe und
— Anzahl

einerseits variiert und andererseits auch festgelegt [24]. Nach ähnlichen Gesichtspunkten wird die erforderliche Wirkbewegung bestimmt durch

— Art,	Translation – Rotation
— Form,	gleichförmig – ungleichförmig
— Richtung,	in x, y, z-Richtung oder/und um x, y, z-Achse
— Betrag und	Höhe der Geschwindigkeit
— Anzahl der Bewegung	eine, mehrere usw.

Darüber hinaus muß eine erste prinzipielle Vorstellung über die *Art des Werkstoffs* bestehen, mit dem die Wirkflächen realisiert werden sollen. Z. B. fest, flüssig oder gasförmig, starr oder nachgiebig, elastisch oder plastisch, hohe Festigkeit und Härte oder hochzäh, verschleißfest oder korrosionsbeständig usw. Eine Vorstellung über die Gestalt genügt oft nicht, sondern erst die Festlegung erforderlicher *Werkstoffeigenschaften* ermöglicht eine zutreffende Aussage über die vorzunehmende *Gestaltung* (vgl. Bild 5.30).

Nur die Gemeinsamkeit von physikalischem Wirkprinzip und prinzipiellen Gestaltungsmerkmalen (Gestalt der Wirkfläche, Wirkbewegung und Werkstoff) läßt das Prinzip der Lösung sichtbar werden. Dieser Zusammenhang wird als *Lösungsprinzip* bezeichnet (Hansen [7] z. B. nennt es Arbeitsweise). Das Lösungsprinzip stellt den Lösungsgedanken auf erster konkreter Stufe dar.

Die in 2.1.4 dargestellten Beispiele sind unter Hinzunahme prinzipieller Gestaltungsmerkmale zu Lösungsprinzipien in Bild 2.6 vervollständigt worden:

— Drehmoment übertragen durch Reibungseffekt nach dem Coulombschen Reibungsgesetz an einer *zylindrischen Wirkfläche* führt je nach Art der Aufbringung der Normalkraft zum Schrumpfverband oder zur Klemmverbindung als Lösungsprinzip.

— Kraft vergrößern mit Hilfe des Hebeleffekts nach dem Hebelgesetz unter Festlegen des *Dreh- und Kraftangriffspunktes (Wirkfläche)* führt gegebenenfalls unter Berücksichtigung der notwendigen *Wirkbewegung* zur Beschreibung des Lösungsprinzips als Hebellösung oder Exzenterlösung usw.

— Elektrischen Kontakt herstellen durch Wegüberbrückung unter Nutzung des Ausdehnungseffekts entsprechend dem linearen Ausdehnungsgesetz, führt erst nach Festlegen der notwendigen *Wirkflächen* hinsichtlich *Größe* (z. B. *Durchmesser und Länge*) und *Lage* zu einer gezielten *Wirkbewegung* des ausdehnenden Mediums, mit Wahl eines sich um einen bestimmten Betrag ausdehnenden *Werkstoffs* (Quecksilber) als Schaltelement, insgesamt zum Lösungsprinzip.

Zum Erfüllen der Gesamtfunktion werden die Lösungsprinzipien der Teilfunktionen zu einer Kombination verknüpft. Hier sind selbstverständlich auch mehrere unterschiedliche Kombinationen möglich. Richtlinie VDI 2222 bezeichnet diese Kombination als Prinzipkombination [27].

In vielen Fällen wird eine Kombination von Lösungsprinzipien aber auch erst beurteilbar, wenn sie konkretere Gestalt annimmt. Diese Konkretisierung umfaßt eine bestimmtere Vorstellung über vorzusehende Werkstoffe, meistens eine überschlägliche Auslegung (Bemessung) sowie die Rücksichtnahme auf technologische Möglichkeiten. In der Regel erhält man dann erst ein beurteilungsfähiges *Lösungskonzept*, das die Zielsetzung und bestehende Bedingungen im wesentlichen berücksichtigt (vgl. 2.1.6). Das Lösungskonzept ist die prinzipielle Vorstellung zu einer Lösung, die die Gesamtfunktion erfüllt und eine Realisierung angesichts der Bedingungen der Aufgabe, wie aber auch unter sonstigen allgemein bestehenden Einschränkungen möglich erscheinen läßt. Auch hier sind u. U. mehrere Konzeptvarianten denkbar.

2.1.6. Generelle Zielsetzung und Bedingungen

Die Lösung technischer Aufgaben wird bestimmt durch zu erreichende Ziele und durch einschränkende Bedingungen.

Die *Erfüllung der technischen Funktion*, ihre *wirtschaftliche Realisierung* und die Einhaltung der *Sicherheit für Mensch und Umgebung* können als generelle Zielsetzungen angesehen werden. Die Erfüllung der technischen Funktion allein wird einer Aufgabenstellung nicht gerecht, denn sie wäre nur Selbstzweck. Es ist immer eine wirtschaftliche Realisierung beabsichtigt. Die Sorge um die Sicherheit von Mensch und Umgebung ergibt sich dabei schon allein aus ethischen Gründen. Jede der genannten Zielsetzungen ist aber auch Bedingung für die anderen.

Daneben unterliegt die Lösung technischer Aufgaben aber auch noch Einschränkungen, die durch die Mensch-Maschine-Beziehung, durch Fertigung, Möglichkeiten des Transports, Gesichtspunkte des Gebrauchs usw. gegeben sind, gleichgültig, ob solche Einschränkungen durch die konkrete Aufgabe oder durch den allgemeinen Stand der Technik gesetzt werden. Im ersteren Fall handelt es sich um aufgabenspezifische, im zweiten Fall um allgemeine Bedingungen, die oft nicht explizit bei einer Aufgabe angegeben, aber dennoch stillschweigend vorausgesetzt werden und daher zu beachten sind.

Hubka [10] hat diese Einflüsse als Eigenschaftskategorien nach dem Bedarf der Konstruktionsarbeit bezeichnet und spricht von Betriebs-, Ergonomischen, Aussehens-, Distributions-, Lieferungs-, Planungs-, Fertigungs-, Konstruktions-, Wirtschaftlichen und Herstell-Eigenschaften.

Neben den funktionellen, physikalischen und gestalterischen Zusammenhängen muß die weitere Gestaltung einer Lösung also *Bedingungen* genügen, die sich sowohl allgemein als auch aus der konkreten Aufgabe ergeben können. Diese lassen sich durch folgende Merkmale übersichtlich und umfassend angeben:

Sicherheit	auch im Sinne der Zuverlässigkeit
Ergonomie	Mensch-Maschine-Beziehung, auch Formgestaltung (Design)
Fertigung	Fertigungsart und Fertigungsmittel für Teilefertigung
Kontrolle	zu jedem erforderlichen Zeitpunkt der Produktentstehung
Montage	innerhalb, nach und außerhalb der Teilefertigung
Transport	inner- und außerbetrieblich
Gebrauch	Betrieb, Handhabung
Instandhaltung	Wartung, Inspektion und Instandsetzung
Aufwand	Kosten, Zeiten und Termine

Die aus diesen Merkmalen ableitbaren Bedingungen wirken auf Funktion, Wirkprinzip und Gestaltung ein und beeinflussen sich gegenseitig. Sie werden daher im Laufe des Konstruktionsprozesses immer wieder als eine zu beachtende Leitlinie verwendet, die dem jeweiligen Konkretisierungsgrad angepaßt wird.

Die genannten Bedingungen sollten beim *Konzipieren* bereits im wesentlichen beachtet sein. In der Phase des *Entwerfens*, wo die Gestaltung durch Quantifizieren des mehr oder weniger qualitativ erarbeiteten Lösungskonzepts im Vordergrund steht, müssen sowohl die Zielsetzung der Aufgabe, als auch die bestehenden allgemeinen und aufgabenspezifischen Bedingungen im einzelnen und sehr konkret berücksichtigt werden. Dies wird in mehreren Arbeitsschritten durch weitere Information, Detailgestaltung und Schwachstellenbeseitigung mit erneuter, allerdings eingeschränkter Lösungssuche für Teilaufgaben verschiedenster Art erfolgen, bis durch das *Ausarbeiten* der Fertigungsangaben der Konstruktionsprozeß abgeschlossen werden kann.

2.2. Grundlagen methodischen Vorgehens

2.2.1. Allgemeine Arbeitsmethodik

Bevor auf spezielle Arbeitsschritte und Durchführungsregeln zum methodischen Konstruieren eingegangen wird, werden einige methodische Ansätze erläutert, die allgemein anwendbar und damit als Grundlage und Hilfsmittel für spezielle Methoden aufzufassen sind. Die Vorschläge für eine solche allgemein einsetzbare Arbeitsmethodik kommen von verschiedenen, auch nichttechnischen Disziplinen, und ihre Grundlagen sind meist interdisziplinär. Vor allem die Arbeitswissenschaft, die Psychologie und Philosophie sind hier angesprochen, da Methoden zur Arbeitserleichterung und -verbesserung die Eigenheiten, Fähigkeiten und Grenzen des menschlichen Denkens berücksichtigen müssen.

Folgende Voraussetzungen müssen beim methodischen Vorgehen erfüllt werden:

— *Motivation* für die Lösung der Aufgabe *sicherstellen*, was z. B. durch Mitteilen der einzelnen Teilziele und der Bedeutung des Vorhabens sowie durch Anregung der eigenen Einsicht unterstützt werden kann.
— *Grenzbedingungen aufzeigen*, d. h. Klarstellen von Rand- und Anfangsbedingungen.
— *Vorurteile auflösen*, was erst eine breit angelegte Lösungssuche und die Vermeidung von Denkfehlern ermöglicht.
— *Varianten suchen*, d. h. Lösungen finden, aus denen dann die günstigste ausgewählt werden kann.
— *Entscheidungen fällen*, was mit einer möglichst objektiven Bewertung erleichtert wird. Ohne Entscheidungen ist kein Fortschritt möglich.

Die folgenden Vorschläge stützen sich neben eigenen Berufserfahrungen vor allem auf die Arbeiten von Holliger [8, 9], Nadler [17, 18] und Müller [16]. Sie werden auch „heuristische Prinzipien" (heurica übersetzt: es ist da; Heuristik = Methode der Ideensuche und Lösungsfindung) oder „Kreativitätstechniken" genannt, wenn es sich um das Handwerkzeug zur methodischen Lösungssuche und zur Anleitung für ein Denken in geordneter und effektiver Form handelt.

Eine allgemeine Arbeitsmethodik soll branchenunabhängig und ohne fachspezifische Vorkenntnisse des Bearbeiters einsetzbar sein. Die aufgeführten Ansätze werden bei den speziellen Lösungs- und Vorgehensmethoden immer wieder auftauchen und z. T. auf die Belange technischer Produktentwicklung zugeschnitten. Anliegen dieses Abschnitts ist es, den Leser zunächst über methodisches Arbeiten allgemeiner zu unterrichten.

1. Intuitives und Diskursives Denken

Intuitives Denken und Vorgehen vollzieht sich stark einfallsbetont, wobei die Erkenntnis schlagartig in das Bewußtsein fällt und kaum beeinflußbar oder nachvollziehbar ist. In der Regel befaßt man sich beim intuitiven Arbeiten mit recht komplexen Zusammenhängen, die im Unterbewußtsein verarbeitet werden. Durch Intuition sind eine Vielzahl von guten oder sehr guten Lösungen gefunden worden und werden noch gefunden. Dennoch ist bei rein intuitiver Arbeitsweise nachteilig, daß

— der richtige Einfall selten zum gewünschten Zeitpunkt kommt, denn er kann ja nicht erzwungen oder erarbeitet werden,
— das Ergebnis stark von der Veranlagung und Erfahrung des Bearbeiters abhängt und
— die Gefahr besteht, daß sich Lösungen nur innerhalb eines fachlichen Horizontes des Bearbeiters vor allem durch dessen Vorfixierung einstellen.

Es ist deshalb anzustreben, ein bewußteres Vorgehen durchzuführen, das schrittweise ein zu lösendes Problem bearbeitet. Eine solche Arbeitsweise wird *diskursiv* genannt. Sie vollzieht die Arbeitsschritte bewußt, beeinflußbar und mitteilsam, in der Regel werden die einzelnen Ideen oder Lösungsansätze analysiert, variiert und kombiniert. Wichtiges Merkmal dieses Vorgehens ist also, daß eine zu lösende Aufgabe selten sofort in ihrer Gesamtheit angegangen wird, sondern daß man diese zunächst in übersehbare Teilaufgaben aufgliedert, um letztere dann leichter lösen zu können.

Es muß aber nachdrücklich betont werden, daß intuitives und diskursives Arbeiten keinen Gegensatz darstellen. Die Erfahrung zeigt, daß die Intuition durch diskursives Arbeiten angeregt wird. Stets sollte angestrebt werden, komplexe Aufgabenstellungen schrittweise zu bearbeiten, wobei es zugelassen bzw. erwünscht ist, Einzelprobleme intuitiv zu lösen.

Beim methodischen Arbeiten ist es hilfreich, bestimmte Eigenheiten des Denkprozesses zu kennen bzw. auszunutzen. So unterscheidet Holliger [9] zwischen unbewußten, vorbewußten und bewußten Denkvorgängen, wobei anzustreben ist, stereotypes und ziellos ablaufendes unbewußtes Vorgehen sowie ungeordnetes und phantasiegeladenes, vorbewußtes Vorgehen in ein *bewußtes Vorgehen* umzuwandeln. Dies wird durch *methodische Anleitungen, klare Aufgabenformulierungen* und durch *Ablaufstrukturen* erzwungen.

Ein weiteres Hilfsmittel zum bewußten Denken kann die Durchführung von *Ideenassoziationen* sein, d. h. die Nutzung der Verbindung mehrerer Ideen. Solche Ideenassoziationen können durch sog. *Leitideen* gesamthaft angesprochen, aktiviert und modifiziert werden. Leitideen sind bestimmte Hauptmerkmale, z. B. „Ordnende Gesichtspunkte“ wie bei Hansen, die dann kennzeichnend für ein umfangreiches Ideenpaket sein können. Man muß allerdings vermeiden, mit fixierten Ideenkomplexen zu arbeiten, da diese nicht mehr flexibel gewandelt werden können. Solche Ideenfixationen müssen bewußt aufgelöst werden. Es ist einsichtig, daß methodische Hilfen für zielgerichtetes Denken bei Neuentwicklungen ohne Vorbilder wesentlich wichtiger sind als bei Routineaufgaben, da diese in der Regel auch unbewußt richtig ablaufen.

Eine weitere wichtige Eigenart des menschlichen Denkprozesses besteht darin, daß *Denkfehler unvermeidbar* sind. Fehler oder unrichtige Einschätzungen sollten also möglichst von vornherein in Betracht gezogen werden. Das kann z. B. dadurch geschehen, daß man nur solche Lösungen vorsieht, die erkannte Fehlermöglichkeiten berücksichtigen. Holliger spricht in diesem Zusammenhang von „Katastrophenanalyse". Man sollte sich aber bemühen, Fehler bzw. die sich aus ihnen ergebenden Lösungsschwachstellen einzuschränken. Das kann dadurch geschehen, daß man

— Voraussetzungen und Bedingungen einer Aufgabenstellung präzis und eindeutig definiert,
— keine intuitive Lösung eines Problems erzwingt, sondern um ein diskursives Vorgehen bemüht ist,
— Ideenfixationen vermeidet und
— Methoden, Verfahren und Hilfsmittel der jeweiligen Aufgabenstellung richtig anpaßt.

2. Vorgang der Analyse

Analyse ist in ihrem Wesen Informationsgewinnung durch Zerlegen und Aufgliedern sowie durch Untersuchen der Eigenschaften einzelner Elemente und der Zusammenhänge zwischen ihnen. Es geht dabei um Erkennen, Definieren, Strukturieren und Einordnen. Die gewonnenen Informationen werden zu einer Erkenntnis verarbeitet.

Zur Vermeidung von Fehlern wurde gefordert, die Aufgabenstellung klar und eindeutig zu formulieren. Dabei ist es wichtig, das vorliegende Problem zu analysieren. *Problemanalyse* heißt, das Wesentliche vom Unwesentlichen zu trennen und bei komplexeren Problemstellungen durch Aufgliedern in einzelne, übersehbare Teilprobleme eine diskursive Lösungssuche vorzubereiten. Bereitet die Lösungssuche Schwierigkeiten, so kann durch Neuformulierung des Problems unter Umständen eine bessere Ausgangsposition geschaffen werden. Die Erfahrung zeigt, daß eine sorgfältige Problemanalyse und -formulierung zu den wichtigsten Schritten methodischen Arbeitens gehört.

Hilfreich bei der Lösung einer Aufgabe ist eine *Strukturanalyse,* d. h. das Suchen nach strukturellen Zusammenhängen, z. B. nach hierarchischen Strukturen oder logischen Zusammenhängen. Allgemein kann man dieses methodische Vorgehen dahingehend charakterisieren, daß es bemüht ist, über strukturelle Recherchen, z. B. mit Hilfe von Analogiebetrachtungen (vgl. 5.4) Gemeinsamkeiten oder auch Wiederholungen zwischen unterschiedlichen Systemen aufzuzeigen.

Ein weiteres wichtiges Hilfsmittel ist die *Schwachstellenanalyse.* Dieser methodische Ansatz geht davon aus, daß jedes System, also auch ein technisches Produkt, Schwachstellen und Fehler besitzt, die durch Unwissenheit und Denkfehler, durch Störgrößen und Grenzen, die im physikalischen Geschehen selbst liegen, sowie durch die Fülle fertigungsbedingter Fehler hervorgerufen werden. Im Zuge einer Systementwicklung ist es wichtig, Konzept oder Entwurf auf seine Schwachstellen hin zu analysieren und nach Verbesserungen zu suchen. Zum Erkennen solcher

Schwachstellen haben sich Bewertungsverfahren (vgl. 5.8) und Fehlererkennungsmethoden (vgl. 6.6) eingeführt. Die Erfahrung zeigt, daß nicht nur eine Detailverbesserung bei Beibehaltung des gewählten Lösungsprinzips möglich wird, sondern daß häufig auch die Anregung zu einem neuen Lösungsprinzip ausgelöst wird.

3. Vorgang der Synthese

Synthese ist in ihrem Wesenskern Informationsverarbeitung durch Bilden von Verbindungen, durch Verknüpfen von Elementen mit insgesamt neuen Wirkungen und das Aufzeigen einer zusammenfassenden Ordnung. Es ist der Vorgang des Suchens und Findens sowie des Zusammensetzens und Kombinierens. Wesentliches Merkmal konstruktiver Tätigkeit ist das Zusammenfügen einzelner Erkenntnisse oder Teillösungen zu einem funktionsfähigen Gesamtsystem, d. h. das Verknüpfen von Einzelheiten zu einer Einheit. Bei diesem Syntheseprozeß werden auch die durch Analysen gefundenen Informationen verarbeitet. Generell ist bei einer Synthese das sog. *Ganzheits- oder Systemdenken* zu empfehlen. Es bedeutet, daß bei der Bearbeitung einzelner Teilaufgaben oder bei zeitlich aufeinanderfolgenden Arbeitsschritten immer die Gegebenheiten der Gesamtaufgabe oder des Gesamtablaufs betrachtet werden müssen, will man nicht Gefahr laufen, trotz Optimierung einzelner Baugruppen oder Teilschritte keine günstige Gesamtlösung zu erreichen. Aus dieser Erkenntnis hat sich auch die interdisziplinäre Betrachtungsweise der Methode „Wertanalyse" entwickelt, die nach einer Problem- und Strukturanalyse durch frühzeitiges Hinzuziehen aller Betriebsbereiche ein ganzheitliches Systemdenken erzwingt. Ein weiteres Beispiel ist die Durchführung von Großprojekten, insbesondere auch ihre terminliche Abwicklung mit Hilfe der Netzplantechnik. Die gesamte Systemtechnik mit ihren Methoden beruht sehr stark auf diesem Ganzheitsdenken. Besonders bei der Bewertung mehrerer Lösungsvorschläge ist eine ganzheitliche Betrachtungsweise, die sich z. B. in der Wahl der Bewertungskriterien ausdrückt, wichtig, da der Wert einer Lösung nur bei Berücksichtigung aller Bedingungen, Wünsche und Erwartungen richtig abzuschätzen ist (vgl. 5.8).

4. Arbeitsteilung und Zusammenarbeit

Eine wesentliche arbeitswissenschaftliche Erkenntnis ist die Notwendigkeit einer Arbeitsteilung bei der Bearbeitung umfangreicher und komplexer Aufgabenstellungen. Eine solche Arbeitsteilung wird heute durch die ständig fortschreitende Spezialisierung immer notwendiger, sie ist aber auch durch die geforderten kurzen Bearbeitungszeiten erforderlich. Arbeitsteilung bedeutet aber auch interdisziplinäre Zusammenarbeit, wozu organisatorische und personelle Voraussetzungen, unter anderem die Aufgeschlossenheit des einzelnen gegenüber anderen, gegeben sein müssen. Es sei aber betont, daß interdisziplinäre Zusammenarbeit und Teamarbeit um so mehr die Schaffung klarer Verantwortlichkeiten erfordert. So ist beispielsweise in der Industrie die Stellung des sog. Produktmanagers entstanden, der über alle Abteilungsgrenzen hinweg die alleinige Verantwortung für die Entwicklung eines Produkts trägt.

5. Allgemein anwendbare Methoden

Die im folgenden dargestellten allgemeinen Methoden sind als weitere Grundlage für methodisches Arbeiten aufzufassen. Von ihnen wird immer wieder Gebrauch gemacht [9].

Methode des gezielten Fragens

Beim methodischen Vorgehen kann es häufig sehr nützlich sein, sich auf Fragen zu konzentrieren, *Fragen* zu *stellen.* Durch selbst gestellte oder vorgelegte Fragen werden zum einen der Denkprozeß und die Intuition angeregt, zum anderen fördert ein Fragenkatalog auch das diskursive Vorgehen. „Fragen stellen" gehört mit zu den wichtigsten methodischen Hilfsmitteln. Das drückt sich auch dadurch aus, daß die Mehrzahl der Autoren zu den einzelnen Arbeitsschritten Fragelisten vorschlagen, mit denen ihre Durchführung erleichtert werden soll. Sie liegen in der Praxis für verschiedene Arbeitsschritte, z. B. als Checklisten, vor.

Methode der Negation und Neukonzeption

Die Methode der *bewußten Negation* geht von einer bekannten Lösung aus, gliedert sie in einzelne Teile bzw. beschreibt sie durch einzelne Aussagen oder Begriffe und negiert diese Aussagen der Reihe nach für sich oder in Gruppen. Aus dieser bewußten Umkehrung können neue Lösungsmöglichkeiten entstehen. Beispielsweise wird man bei einem „rotierenden" Konstruktionselement auch eine „stehende" Konzeption verfolgen. Auch das Weglassen eines Elements kann eine Negation bedeuten. Dieses Vorgehen wird auch als „methodisches Zweifeln" bezeichnet [9].

Methode des Vorwärtsschreitens

Ausgehend von einem *ersten Lösungsansatz* versucht man, alle nur denkbaren oder möglichst *viele Wege einzuschlagen,* die von diesem Ansatz bzw. von dieser Anfangssituation wegführen und weitere Lösungen liefern. Man spricht auch von einem bewußten Auseinanderlaufen der Gedanken (divergentes Denken bzw. Vorgehen). Divergentes Denken bedeutet jedoch nicht immer ein systematisches Variieren, sondern häufig auch ein zunächst unsystematisches Auseinanderlaufen der Gedanken. Die Lösungssuche durch Vorwärtsschreiten soll beispielsweise mit Bild 2.7 bei der Entwicklung von Wellen-Naben-Verbindungen gezeigt werden. Die eingezeichneten Pfeile deuten die Denkrichtungen an.

Methode des Rückwärtsschreitens

Bei dieser Methode geht man nicht von der Anfangssituation des Problems, sondern von seiner Zielsituation aus. Man betrachtet hier das Entwicklungsziel und fängt an, *rückwärtsschreitend* alle nur denkbaren oder möglichst *viele Wege* zu entwickeln, die in dieses Ziel einmünden. Man spricht hier auch von einer Einengung oder von einem bewußten Zusammenführen der Gedanken (konvergentes Denken), da nur solche Gedanken verfolgt werden, die zum Ziel führen bzw. im Ziel zusammenlaufen.

Dieses Vorgehen ist typisch beim Erstellen von Arbeitsplänen und Fertigungssystemen zur Bearbeitung eines fest vorgegebenen Werkstücks (Zielsituation).

Dieser Methode kann auch das Vorgehen von Nadler [17] zugeordnet werden, der zur Lösungssuche vorschlägt, ein *ideales System* aufzubauen, das die gestellten Anforderungen vollkommen erfüllt. Es dient dann als Richtschnur für die Entwicklung des geforderten Systems. Dabei wird ein Idealsystem nicht im eigentlichen Sinne entworfen, vielmehr existiert es als theoretisches System nur auf einer gedanklichen Ebene. Wesentliches Merkmal dieses Idealsystems sind optimale Bedingun-

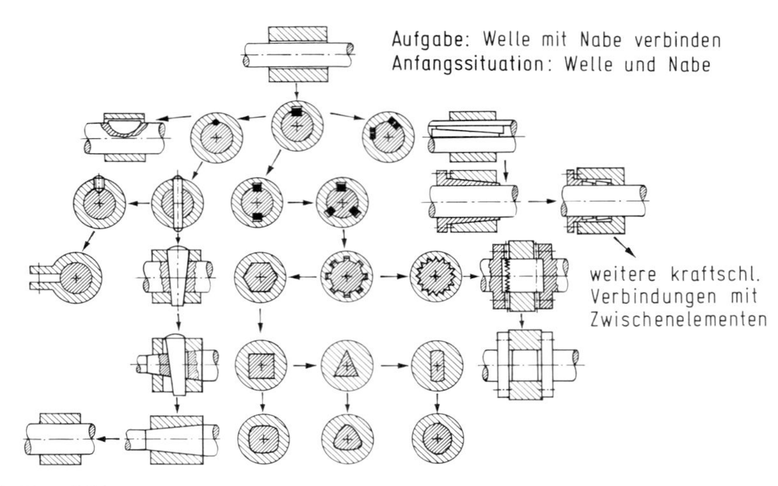

Bild 2.7. Entwicklung von Wellen-Naben-Verbindungen nach der Methode des Vorwärtsschreitens

gen, so z. B. ideale Umgebungsverhältnisse ohne irgendwelche Störeinflüsse. Im folgenden wird dann schrittweise überprüft, welche Zugeständnisse gemacht werden müssen, um das theoretische Idealsystem in ein technologisch realisierbares System und schließlich in ein, die konkreten Randbedingungen erfüllendes System überzuführen. Problematisch bei diesem Verfahren ist allerdings die Festlegung des „Ideals“, denn nicht für alle Funktionen, Systemelemente, Baugruppen ist von vornherein der Idealzustand eindeutig erkennbar, insbesondere nicht, wenn sie in einem komplexen System verknüpft sind.

Methode des Systematisierens

Beim Vorliegen von kennzeichnenden Merkmalen besteht die Möglichkeit, durch *systematische Variation* ein mehr oder weniger vollständiges Lösungsfeld zu erarbeiten. Charakteristisch ist das Aufstellen einer verallgemeinernden Ordnung, wodurch erst eine vollständige Lösungsübersicht erreicht wird. Unterstützt wird dieses Vorgehen durch eine schematisierte Darstellung von Merkmalen und Lösungen (vgl. 5.4.3). Auch vom arbeitswissenschaftlichen Standpunkt ist festzustellen, daß dem Menschen das Finden von Lösungen durch Aufbau und Ergänzung einer Ordnung leichter fällt. Praktisch alle Autoren zählen ein systematisches Variieren zu den wichtigsten methodischen Hilfsmitteln.

2.2.2. Lösungsprozeß als Informationsumsatz

1. Informationsumsatz

Bereits bei den Grundlagen systemtechnischen Vorgehens (vgl. 1.2.3) wurde festgestellt, daß bei einem Lösungsprozeß ein ständiger Informationsbedarf besteht. Informationen werden *gewonnen, verarbeitet* und *ausgegeben.* Man spricht von einem *Informationsumsatz.* Bild 2.8 zeigt schematisch diesen Sachverhalt.

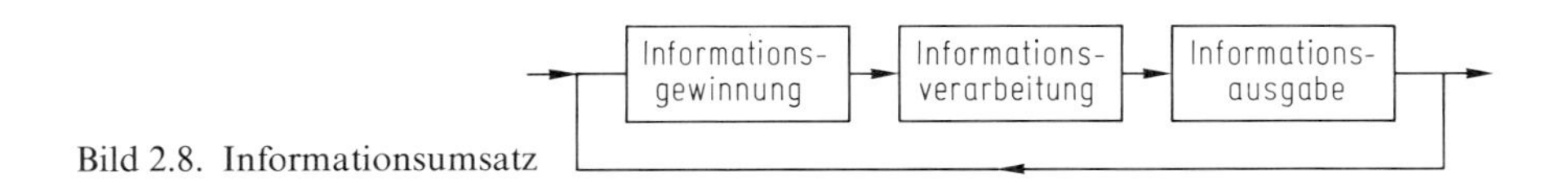

Bild 2.8. Informationsumsatz

Informationsgewinnung kann z. B. geschehen durch
Marktanalysen, Trendstudien, Patente, Fachliteratur jeglicher Art, Vorentwicklungen, Fremd- und Eigenforschungsergebnisse, Lizenzen, Kundenanfragen und vor allem konkrete Aufgabenstellungen, Lösungskataloge, Analysen natürlicher und künstlicher Systeme, Berechnungen, Versuche, Analogien, überbetriebliche und innerbetriebliche Normen und Vorschriften, Lagerlisten, Liefervorschriften, Kalkulationsunterlagen, Prüfberichte, Schadensstatistiken, aber auch durch „Fragen stellen".

Die Informationsbeschaffung stellt beim Lösen von Aufgaben einen wesentlichen Tätigkeitsanteil dar [1].

Informationsverarbeitung erfolgt z. B. durch
Analyse der Informationen, Synthese aus Überlegungen und Kombinationen, Ausarbeiten von Lösungskonzepten, Berechnen, Experimentieren, Durcharbeiten und Korrigieren von Skizzen, Entwürfen und Zeichnungen sowie durch Beurteilen von Lösungen.

Informationsausgabe erfolgt z. B. durch
Festlegen des Überlegten in Skizzen, Zeichnungen, Tabellen, Versuchsberichten, Montage- und Betriebsanweisungen, Bestellungen, Arbeitsplänen.
Häufig ist noch eine *Informationsspeicherung* notwendig.

Ein solcher Informationsumsatz läuft in der Regel sehr komplex ab. So werden zum Lösen von Aufgaben Informationen von sehr unterschiedlicher Art, unterschiedlichem Inhalt und Umfang benötigt, verarbeitet und ausgegeben. Darüber hinaus müssen zur Anhebung des Informationsniveaus und damit zur Verbesserung häufig bestimmte Einzelschritte des Informationsumsatzes iterativ mehrmals durchlaufen werden.

Entsprechend der Bedeutung, die ein optimaler und rationeller Informationsumsatz für das innerbetriebliche Geschehen eines Unternehmens und auch für das Zusammenwirken mit dem Markt hat, sind in den letzten Jahren eine Vielzahl von Aktivitäten entstanden, die diesen zu verbessern suchen. Hierzu gibt Zimmermann in seinem Buch „Produktionsfaktor Information" [32] mit 74 Thesen und 206 Literaturangaben eine umfassende Problemanalyse mit entsprechenden Vorgehensvorschlägen.

Wichtig erscheint zunächst, daß durch organisatorische Maßnahmen einerseits und entsprechende Hilfsmittel andererseits ein umfassender und schneller Informationsfluß zwischen den an einer Aufgabe beteiligten Fachgebieten bzw. Unternehmensbereichen erreicht wird. Es sind hierzu verschiedene Modelle bekannt geworden, die der Verarbeitung schriftlicher und mündlicher Informationen bei unterschiedlichem Informationsbedarf dienen sollen [22]. Es ist verständlich, daß Forschungsarbeiten auf diesem Gebiet zunächst von betriebswirtschaftlichen Disziplinen durchgeführt wurden. In letzter Zeit verstärken sich aber auch die Aktivitäten der Ingenieurwissenschaften [15], da diese erkannten, daß die technische Entwicklung in den Unternehmen maßgeblich von der Funktionsfähigkeit des betrieblichen Informationswesens und dessen Integrierung in die übrige betriebliche Organisation abhängig ist.

In [15] sind einige *Kriterien für Informationen* angegeben, die zu ihrer Kennzeichnung hilfreich sind und zur Formulierung von Forderungen des Informationsverbrauchers benutzt werden können. Im einzelnen werden genannt:

— Zuverlässigkeit, d. h. die Wahrscheinlichkeit ihres Eintreffens und ihre Aussagesicherheit.
— Informationsschärfe, d. h. die Exaktheit und Eindeutigkeit des Informationsinhaltes.
— Volumen und Dichte, d. h. Angaben über Wort- und Bildmenge, die zur Beschreibung eines Systems oder Vorganges notwendig sind.
— Wert, d. h. die Wichtigkeit der Information für den Empfänger.
— Aktualität, d. h. eine Angabe über den Zeitpunkt der Informationsverwendung.
— Informationsform, d. h. ob es sich um graphische oder alphanumerische Informationen handelt.
— Originalität, d. h. gegebenenfalls die Notwendigkeit zur Erhaltung des Originalcharakters einer Information.
— Komplexität, d. h. die Struktur bzw. der Verknüpfungsgrad von Informationssymbolen zu Informationselementen, -einheiten oder -komplexen.
— Feinheitsgrad, d. h. der Detaillierungsgrad einer Information.

2. Informationssysteme

Will man Informationssysteme aufbauen, so muß neben den bereits bekannten Informationskriterien noch gegebenenfalls die Benutzerebene (z. B. Gruppenführer, Konstrukteur, Zeichner), die Arbeitsphase (z. B. Konzipieren, Entwerfen, Ausarbeiten), die Arbeitsart (z. B. Neukonstruktion, Anpassungskonstruktion, Variantenkonstruktion) sowie die Komplexität des zu entwickelnden Systems (z. B. Anlagen, Maschinen, Baugruppen, Einzelteile) berücksichtigt werden. Als Phasen für den Aufbau eines Informationssystems können angesehen werden

— qualitatives Ermitteln des Informationsbedarfs,
— Festlegen der Informationsquellen,
— Sammeln der Informationen,
— Ordnen und Aufbereiten der Informationen mit Hilfe klassifizierender und identifizierender Ordnungssysteme,
— Aufbauen eines Speichersystems zum Abspeichern von Informationen,

— Entwickeln eines Systems zur Rückgewinnung abgespeicherter Informationen und
— Entwickeln des eigentlichen Informationsverarbeitungssystems, soweit die Informationen nicht vom Menschen selbst verarbeitet werden.

Zum Ordnen, Aufbereiten, Speichern und Rückgewinnen von Informationen haben sich eine Reihe von Informationssystemen bereits in der Praxis bewährt. Hier sollen nur einige wichtige Literaturstellen angegeben werden, die sich mit dem Klassifizieren und Ordnen von Informationen [6, 21, 34] sowie mit vollständigen Informationssystemen [5, 15, 20, 31, 33] befassen. Mewes [15] hat dazu eine Zuordnung von benötigten Informationen und Informationsquellen gegeben.

Abschließend ist zum Informationsumsatz festzustellen, daß eine schnelle, vollständige und problemorientierte Bereitstellung der unterschiedlichsten Informationen von größter Bedeutung ist [26]. Zur optimalen und rationellen Verarbeitung der Informationen ist ebenfalls ein methodisches Vorgehen anzustreben.

Die wichtigsten Begriffe zur Theorie des Informationsumsatzes sind in DIN 44 300 und DIN 44 301 festgelegt [2, 3].

2.3. Schrifttum

1. Brankamp, K.: Produktivitätssteigerung in der mittelständigen Industrie NRW. VDI-Taschenbuch, Düsseldorf: VDI-Verlag 1975.
2. DIN 44 300: Informationsverarbeitung — Begriffe. Berlin, Köln: Beuth-Vertrieb 1972.
3. DIN 44 301: Informationstheorie — Begriffe (Normentwurf). Berlin, Köln: Beuth-Vertrieb 1973.
4. DIN 69 910: Wertanalyse, Begriffe, Methode. Berlin, Köln: Beuth-Vertrieb 1973.
5. Domke, H., Mewes, D.: Lidok — ein Dokumentationssystem für Fachliteratur verschiedener Problembereiche. Industrie-Anzeiger 94 (1972) Nr. 19.
6. Hahn, R.; Kunerth, W.; Roschmann, K.: Die Teileklassifizierung (mit zahlreichen Literaturhinweisen). RKW Handbuch Nr. 21. Heidelberg: Gehlsen 1970.
7. Hansen, F.: Konstruktionssystematik. Berlin: VEB Verlag Technik 1966.
8. Holliger, H.: Handbuch der Morphologie — Elementare Prinzipien und Methoden zur Lösung kreativer Probleme. Zürich: MIZ Verlag 1972.
9. —: Morphologie — Idee und Grundlage einer interdisziplinären Methodenlehre. Kommunikation 1, Vol. V 1. Quickborn: Schnelle 1970.
10. Hubka, V.: Theorie der Maschinensysteme. Berlin, Heidelberg, New York: Springer 1973.
11. Klaus, G.: Wörterbuch der Kybernetik. Handbücher 6142 und 6143. Frankfurt, Hamburg: Fischer 1971.
12. Koller, R.: Eine algorithmisch-physikalisch orientierte Konstruktionsmethodik. VDI-Z. 115 (1973) 147 – 152, 309 – 317, 843 – 847, 1078 – 1085.
13. —: Kann der Konstruktionsprozeß in Algorithmen gefaßt und dem Rechner übertragen werden. VDI-Berichte Nr. 219. Düsseldorf: VDI-Verlag 1974.
14. Krumhauer, P.: Rechnerunterstützung für die Konzeptphase der Konstruktion. Diss. TU Berlin 1974. D 83.
15. Mewes, D.: Der Informationsbedarf im konstruktiven Maschinenbau. VDI-Taschenbuch T 49. Düsseldorf: VDI-Verlag 1973.
16. Müller, J.: Grundlagen der systematischen Heuristik. Schriften zur soz. Wirtschaftsführung. Berlin: Dietz 1970.
17. Nadler, G.: Arbeitsgestaltung — zukunftsbewußt. München: Hanser 1969. Amerikanische Originalausgabe: Work Systems Design: The Ideals Concept. Homewood Illinois: Richard D. Irwin, Inc. 1967.
18. —: Work Design, Homewood, Illinois: Richard D. Irwin, Inc. 1963.

19. N. N.: Lexikon der Neue Brockhaus. Wiesbaden: F. A. Brockhaus 1958.
20. Opitz, H.: INFOS — Informationszentrum für Schnittwerte. wt. — Z. industrielle Fertigung (1970) 13.
21. — ; Brankamp, K.; Wiendahl, H.-P.: Aufbau und Anwendung eines funktionsorientierten Baugruppenklassifizierungssystems. Industrie-Anzeiger 92 (1970) 31.
22. Petzold, H.-J.; Pöhlmann, J.; Haag, W.: Modelle der innerbetrieblichen Informationsversorgung. Betriebstechnische Schriftenreihe RKW/REFA. Berlin, Köln, Frankfurt: Beuth-Verlag GmbH 1974.
23. Rodenacker, W. G.: Methodisches Konstruieren. Konstruktionsbücher Bd. 27. Berlin, Heidelberg, New York: Springer 1970. Zweite Auflage 1976.
24. — ; Claussen, U.: Regeln des Methodischen Konstruierens. Bd. I u. II. Mainz: Krausskopf 1973 und 1975.
25. Roth, K.; Franke, H.-J.; Simonek, R.: Die allgemeine Funktionsstruktur, ein wesentliches Hilfsmittel zum methodischen Konstruieren. Konstruktion 24 (1972) 277 – 282.
26. Schön, F.: Wirtschaftlicher Konstruieren durch bessere Information. VDI-Berichte Nr. 191. Düsseldorf: VDI-Verlag 1973.
27. VDI-Richtlinie 2222. Blatt 1 (Entwurf): Konstruktionsmethodik, Konzipieren technischer Produkte. Düsseldorf: VDI-Verlag 1973.
28. VDI-Richtlinie 2801, Blatt 1 – 3. Wertanalyse. Düsseldorf: VDI-Verlag 1970/71.
29. Voigt, C.-D.: Systematik und Einsatz der Wertanalyse, 3. Aufl. München: Siemens-Verlag 1974.
30. Weizsäcker von, C. F.: Die Einheit der Natur — Studien. München: Hanser 1971.
31. Wolf, S.: Informationssystem für Maschinenbau-Unternehmen mit Einzel- und Serienfertigung. wt-Z. industrielle Fertigung 60 (1970) 26 – 39.
32. Zimmermann, D.: Produktionsfaktor Information. Bd. 12 der Reihe Wirtschaftsführung-Kybernetik-Datenverarbeitung. Neuwied: Luchterhand 1972.
33. — : Strukturgerechte Datenorganisation. Bd. 10 der Reihe Wirtschaftsführung-Kybernetik-Datenverarbeitung. Neuwied: Luchterhand 1971.
34. — : ZAFO — Eine allgemeine Formenordnung für Werkstücke. Stuttgart: Grossmann 1967.

3. Der Konstruktionsprozeß

In den vorangegangenen Kapiteln sind die Grundlagen dargestellt, auf die die konstruktive Arbeit Rücksicht nehmen muß und von denen sie Nutzen ziehen kann. Aus diesen Vorschlägen und Hinweisen wird ein für die Konstruktionspraxis branchenunabhängiges und allgemein anwendbares methodisches Vorgehen erarbeitet, das sich nicht nur auf eine Methode stützt, sondern bekannte oder noch darzustellende Methoden dort einsetzt, wo sie für die jeweilige Aufgabe und für den jeweiligen Arbeitsschritt angemessen und am wirksamsten sind.

3.1. Allgemeiner Lösungsprozeß

Ein wesentlicher Teil unserer Arbeitsweise beim Lösen von Aufgaben besteht in einem Vorgang der *Analyse* und in einem anschließenden Vorgang der *Synthese* und läuft in Arbeits- und Entscheidungsschritten ab. Dabei wird in der Regel vom *Qualitativen* immer konkreter werdend zum *Quantitativen* vorgegangen.

Diese Tätigkeit des Konstruierens wird nach 2.2.2 als *Informationsumsatz* aufgefaßt. Nach jeder Informationsausgabe kann es nötig werden, weitere Verbesserungen oder ein „Höherwertigmachen“ des Ergebnisses des gerade durchlaufenden Arbeitsschrittes vorzunehmen, d. h. er ist auf einer höheren Stufe an Informationsgehalt in einer Schleife nochmals zu durchlaufen und solange zu wiederholen, bis die nötige Verbesserung erzielt ist.

Insofern bewirkt jede Informationsausgabe wiederum eine Informationsgewinnung entweder für den nächsten geplanten Arbeitsschritt oder aber für den vorherigen. Dieser Vorgang gilt generell sowohl für den jeweils kleinsten vorzunehmenden Arbeitsschritt als auch im ungünstigsten Fall für den ganzen Konstruktionsvorgang.

Die Gliederung in Arbeits- und Entscheidungsschritte stellt sicher, daß der notwendige und unlösbare Zusammenhang zwischen *Zielsetzung, Planung, Durchführung* (Organisation) und *Kontrolle* besteht [1, 9].

Mit diesen grundsätzlichen Zusammenhängen läßt sich in Anlehnung an die Gedanken von Krick [2] und Penny [5] zum Vorgehen beim Lösen von Problemen bzw. Aufgaben ein Grundschema nach Bild 3.1 aufstellen:

Jede Aufgabenstellung bewirkt zunächst eine *Konfrontation,* eine Gegenüberstellung von Problemen und bekannten oder (noch) nicht bekannten Realisierungsmöglichkeiten. Wie stark eine solche Konfrontation ist, hängt vom Wissen, Können und der Erfahrung des Konstrukteurs und des Bereiches ab, in dem er tätig ist. In jedem Falle ist aber eine *Information* über nähere Aufgabenstellung, Bedingungen, mögliche Lösungsprinzipien und bekannte ähnliche Lösungen nützlich. Dadurch

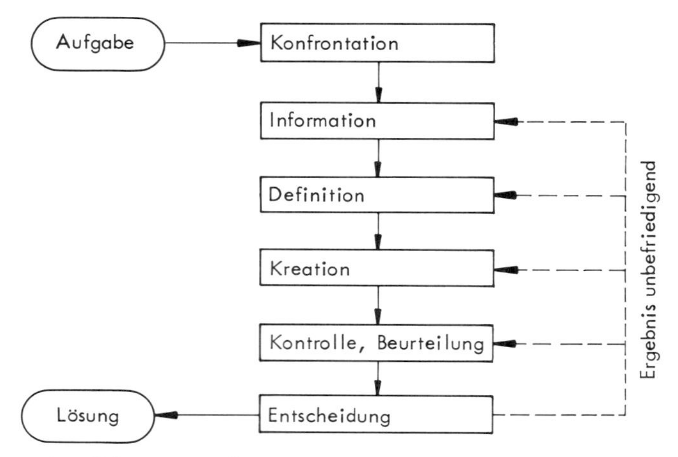

Bild 3.1. Allgemeiner Lösungsprozeß

wird im allgemeinen die Konfrontation abgeschwächt und der Mut zur Lösungsfindung erhöht. Zum mindesten wird aber die Schärfe der gestellten Anforderungen klarer erkannt.

Eine anschließende *Definition* der wesentlichen Probleme (Wesenskern der Aufgabe) auf abstrakterer Ebene ermöglicht es, die Zielsetzung festzulegen und die wesentlichen Bedingungen zu beschreiben. Eine solche Definition ohne Vorfixierung einer bestimmten Lösung öffnet gleichzeitig die denkbaren Lösungswege, da durch den Vorgang der abstrahierenden Definition ein Freiwerden vom Konventionellen und ein Durchbruch zu außergewöhnlichen Lösungen gefördert wird.

Anschließend ist die eigentlich schöpferische Phase zu sehen, die *Kreation*, in der Lösungsideen nach verschiedenen Lösungsmethoden entwickelt und mit Hilfe methodischer Anweisungen variiert und kombiniert werden.

Eine Vielzahl von Varianten erfordert eine *Beurteilung*, die Grundlage zur *Entscheidung* für die anscheinend bessere Variante ist. Da die Ergebnisse des Denkens und des Konstruktionsablaufs stets einem Beurteilungsschritt unterworfen werden, entspricht er einer *Kontrolle* im Hinblick auf das zu erreichende Ziel.

Entscheidungen führen zu grundsätzlichen Aussagen, wie in Bild 3.2 dargestellt:

— Die vorliegenden Ergebnisse sind hinsichtlich der Zielsetzung soweit befriedigend, daß der nächste Arbeitsschritt ohne Bedenken freigegeben werden kann (Entscheidung: ja, Freigabe des nächsten planmäßigen Arbeitsschrittes).
— Angesichts des vorliegenden Ergebnisses ist die Zielsetzung nicht erreichbar (Entscheidung: nein, nächsten planmäßigen Arbeitsschritt nicht einleiten).
— Wenn mit Wiederholung des Arbeitsschrittes (notfalls mehrere Arbeitsschritte) bei vertretbarem Aufwand ein befriedigendes Ergebnis aussichtsreich erscheint, so ist dieser auf höherer Informationsstufe zu wiederholen (Entscheidung: ja, Arbeitsschritt wiederholen).
— Muß die vorstehende Frage verneint werden, ist die Entwicklung einzustellen.

Für den Fall, daß die erzielten Ergebnisse eines Arbeitsschrittes nicht die Zielsetzung der vorliegenden Aufgabe treffen, ist es aber denkbar, daß sie bei modifizierter oder anderer Zielsetzung sehr interessant wären. Dann muß gefragt werden,

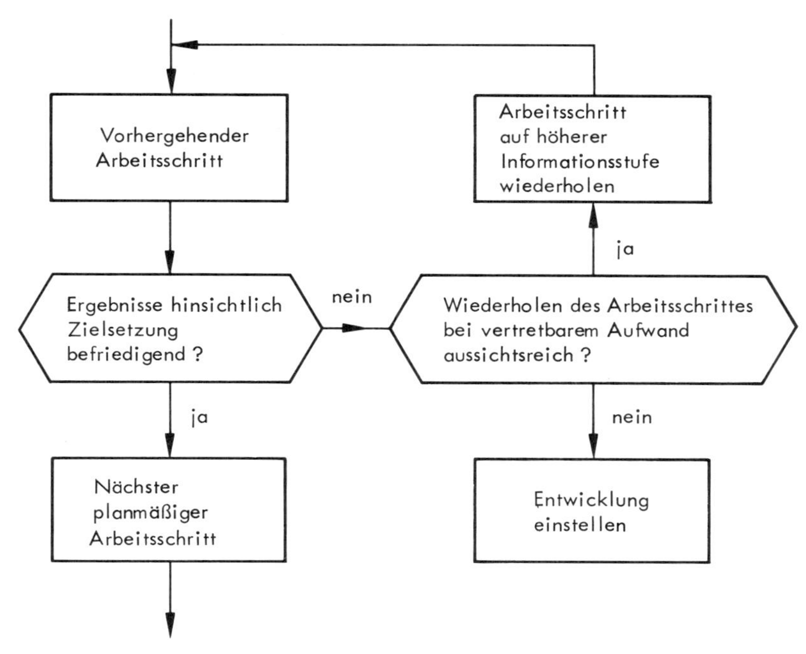

Bild 3.2. Allgemeiner Entscheidungsprozeß

ob im konkreten Fall eine Änderung der Aufgabenstellung möglich ist, oder ob das Ergebnis für andere Anwendungen genutzt werden kann.

Dieser gesamte Ablauf von Konfrontation über Kreation bis zur Entscheidung wiederholt sich an den verschiedenen Stellen des Konstruktionsprozesses und findet jeweils auf unterschiedlichen Konkretisierungsstufen der zu entwickelnden Lösung statt.

3.2. Arbeitsfluß beim Konstruieren

Der in 3.1 dargelegte allgemeine Lösungsprozeß muß beim Konstruktionsprozeß auf mehrere unterschiedliche Konkretisierungsstufen übertragen werden. Der Grobablauf gliedert sich in die Hauptphasen
— Klären der Aufgabenstellung
— Konzipieren
— Entwerfen
— Ausarbeiten.

Bild 3.3 stellt diesen Ablauf [4] dar, wobei deutlich in Arbeits- und Entscheidungsschritte unterschieden wird. Jeder Entscheidungsschritt muß den weiteren Fortgang oder ein erneutes Durchlaufen der Schleife zum Zwecke der Verbesserung bestimmen. Ein Durchlaufen bis zum Ende, um dann erst möglicherweise einen schweren Mangel festzustellen und beseitigen zu wollen, ist in jedem Fall zu vermeiden.

Die in 3.1 erwähnte und gegebenenfalls notwendig werdende Entscheidung des Abbruches einer Entwicklung, weil diese sich als nicht mehr lohnend erweist, wurde im Ablaufdiagramm bei den einzelnen Entscheidungsschritten nicht explizit eingezeichnet. Dies ist aber zu überprüfen, denn frühzeitiges, konsequentes Aufhören in einer aussichtslosen Situation bringt die geringsten Enttäuschungen und Kosten.

Klären der Aufgabenstellung

dient zur Informationsbeschaffung über die Anforderungen, die an die Lösung gestellt werden sowie über die bestehenden Bedingungen und ihre Bedeutung.

Diese Arbeit führt zum Erarbeiten der Anforderungsliste, die auf die Belange der konstruktiven Entwicklung und der weiteren Arbeitsschritte zugeschnitten und abgestimmt ist (vgl. 4.2). Von dieser stets auf dem neuesten Stand gehaltenen Unterlage — daher auch der im Schaubild zusätzlich angedeutete Informationsrückfluß — können die Freigabe zum Konzipieren und die weitere Arbeit ausgehen.

Konzipieren

ist der Teil des Konstruierens, der nach Klären der Aufgabenstellung durch Abstrahieren, Aufstellen von Funktionsstrukturen und durch Suche nach geeigneten Lösungsprinzipien und deren Kombination den grundsätzlichen Lösungsweg durch Erarbeiten eines Lösungskonzepts festlegt.

Die Konzeptphase wird in mehrere Arbeitsschritte unterteilt (vgl. 5.1). Diese Schritte sollen durchlaufen werden, damit von vornherein die Erarbeitung des bestmöglich erscheinenden Lösungskonzepts sichergestellt ist, denn die nachfolgende Arbeit des Entwerfens und Ausarbeitens kann grundlegende Mängel des Konzepts nicht oder nur schwer ausgleichen. Eine dauerhafte und erfolgreiche konstruktive Lösung entsteht durch die Wahl des zweckmäßigsten Prinzips und nicht durch die Überbetonung konstruktiver Feinheiten. Diese Feststellung widerspricht nicht der Tatsache, daß auch bei zweckmäßig erscheinenden Prinzipien oder ihrer Kombinationen auftretende Schwierigkeiten immer noch im Detail stecken können.

Die erarbeiteten Konzeptvarianten müssen bewertet werden. Varianten, die die Forderungen nach der Anforderungsliste nicht erfüllen, werden ausgeschieden, die übrigen nach Kriterien in einem festgelegten Verfahren bewertet. In dieser Phase urteilt man vornehmlich nach technischen Gesichtspunkten, wobei die wirtschaftlichen auch schon grob berücksichtigt werden (vgl. 5.8). Man entscheidet sich aufgrund der Bewertung für das weiterzuverfolgende Lösungskonzept.

Oft kann es sein, daß mehrere Konzeptvarianten nahezu gleichwertig erscheinen und eine endgültige Entscheidung erst nach weitergehender Konkretisierung möglich ist. Auch können sich zu einem Lösungskonzept mehrere Gestaltungsvarianten anbieten.

Der Konstruktionsprozeß wird auf der konkreteren Ebene des Entwerfens fortgesetzt.

Entwerfen

ist der Teil des Konstruierens, der für ein technisches Gebilde vom Konzept ausgehend die Gestaltung nach technischen und wirtschaftlichen Gesichtspunkten soweit vornimmt und durch weitere Angaben ergänzt, daß ein nachfolgendes Ausarbeiten zur Fertigungsreife eindeutig möglich ist (Formulierung in Anlehnung an [8], vgl. auch [7]).

In vielen Fällen wird man mehrere maßstäbliche Entwürfe neben- oder hintereinander anfertigen müssen, um zu einem besseren Informationsstand über Vor- und Nachteile der Varianten zu gelangen.

Dazu dient diese Phase, die nach entsprechender Durcharbeitung wiederum mit einer technisch-wirtschaftlichen Bewertung abgeschlossen werden muß. Dabei werden neue Erkenntnisse auf höherer Informationsebene gewonnen. Ein häufiger und typischer Vorgang ist es, daß nach dem Bewerten der einzelnen Varianten eine besonders favorisiert erscheint, aber durch Teillösungen der anderen, in der Gesamtheit nicht so günstig erscheinenden Vorschläge befruchtet und verbessert werden kann. Durch entsprechende Kombination und Übernahme solcher Teillösungen sowie durch Beseitigen von Schwachstellen, die durch die Bewertung auch offenbar werden, kann dann die endgültige Lösung gewonnen werden und die Entscheidung für die abschließende Gestaltung des endgültigen Entwurfs fallen.

Der endgültige Entwurf stellt dann schon eine Kontrolle der Funktion, der Haltbarkeit, der räumlichen Verträglichkeit usw. dar, wobei sich die Anforderungen bezüglich der Kostendeckung nun spätestens hier als erfüllbar darstellen müssen. Erst dann ist die Freigabe zur Ausarbeitung zulässig.

Ausarbeiten
ist der Teil des Konstruierens, der den Entwurf eines technischen Gebildes durch endgültige Vorschriften für Anordnung, Form, Bemessung und Oberflächenbeschaffenheit aller Einzelteile, Festlegen aller Werkstoffe, Überprüfung der Herstellmöglichkeit sowie der Kosten ergänzt und die verbindlichen zeichnerischen und sonstigen Unterlagen für seine stoffliche Verwirklichung schafft [8], vgl. auch [7].

Auch die Phase der Ausarbeitung erfordert noch die Aufmerksamkeit des die Entwicklung bestimmenden Entwurfsingenieurs, sollen seine Vorstellungen und Absichten dort nicht verwässert oder verfälscht werden. Es ist ein Irrtum zu glauben, die Detailfestlegung sei eine untergeordnete und nicht mehr so wichtige oder interessante Aufgabe. Wie schon erwähnt, stecken die Schwierigkeiten oft im Detail. Häufig beginnt hier eine erneute Korrektur und ist Anlaß zum Wiederdurchlaufen der genannten Schritte, weniger für die Gesamtlösung, mehr für Baugruppen und Einzelheiten.

Im Flußdiagramm sind die Schwerpunkte
— Optimieren des Prinzips
— Optimieren der Gestaltung
angedeutet. Sie beeinflussen sich gegenseitig. Die Form der Darstellung läßt erkennen, daß hier weitgehende Überschneidungen stattfinden. Es ist selbstverständlich, daß wichtige Fertigungsgesichtspunkte (z. B. maximal herstellbare Größe, angestrebtes oder auszuschließendes Fertigungsverfahren) bereits bei der Festlegung des Prinzips eine sehr maßgebende Rolle spielen können, wie auch Grenzen der Werkstoffe oder der Platzbedarf einer Lösung, also rein gestalterische Merkmale, die Auswahl und die Entscheidung für ein bestimmtes Lösungskonzept beeinflussen. Im allgemeinen wird aber die gestalterische und damit auch fertigungstechnische Optimierung bei fortschreitender Konkretisierung stärker in den Vordergrund treten.

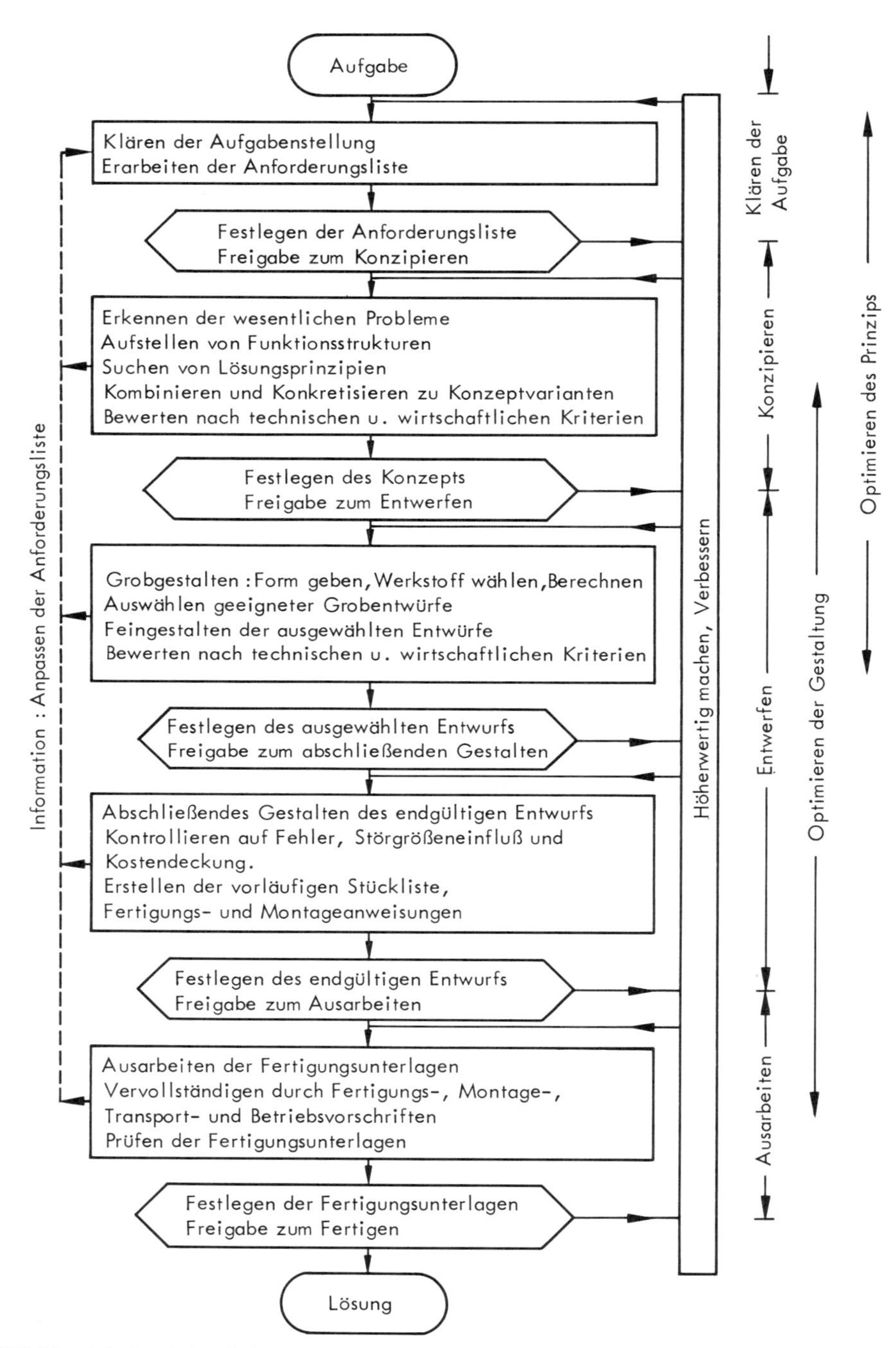

Bild 3.3. Arbeitsschritte beim Konstruieren

Die erläuterten Hauptphasen des Konstruierens sind in manchen Fällen nicht immer klar abgrenzbar, vielmehr bestehen auch Übergangsstadien, wenn z. B. für eine Konzeptentscheidung bereits eine maßstäbliche, wenn auch nur generelle Untersuchung der beabsichtigten Gestaltung erforderlich ist. Umgekehrt kann die Grobgestaltung am Anfang der Entwurfsphase vorerst auch durch grobmaßstäbliche Skizzen geschehen [3]. Ferner können Optimierungen, soweit sie sich auf einzelne Zonen beschränken und keine weiterreichenden Rückwirkungen haben, von der Entwurfsphase in die Ausarbeitungsphase verlegt werden. Solche abweichenden Verläufe sind je nach Problemstellung und Produktart denkbar, widersprechen damit aber nicht dem dargestellten generellen Vorgehen.

In Bild 3.3 ist das Herstellen von Modellen und Prototypen nicht enthalten, weil es sich dabei immer um einen Prozeß der Informationsgewinnung handelt und er dort eingesetzt werden soll, wo er erforderlich ist. In vielen Fällen sind Modelle und Prototypen schon in der Konzeptphase angebracht, besonders dann, wenn sie grundsätzliche Fragen klären sollen. Die Feinwerktechnik, Elektronik und Firmen der Großserie machen davon Gebrauch. Der Großmaschinenbau, wenn er Prototypen baut, braucht dagegen, von Detailproblemen abgesehen, vielfach vollständige Einzelangaben der Ausarbeitungsphase, bevor er an die Fertigung und Prüfung von Prototypen gehen kann.

Ebenfalls wurde nicht angegeben, zu welchem Zeitpunkt bereits Bestellangaben gemacht werden können, da dies wiederum von der Produktart abhängig ist.

Ferner wird darauf hingewiesen, daß das Abwickeln eines Auftrags (vgl. 1.1) sowohl durch den eigentlichen Konstruktionsprozeß als auch zu einem späteren Zeitpunkt, besonders bei Baureihen- und Baukastenentwicklungen, geschehen kann.

Die Tätigkeit „Auftrag abwickeln" wird insbesondere im Hinblick auf den EDV-Einsatz aber als eine Tätigkeit außerhalb des eigentlichen Konstruktionsprozesses verstanden, bei der im Falle eines Auftrags auf bereits erarbeitete Unterlagen unmittelbar zurückgegriffen wird und Fertigungsunterlagen, Bestellungen für Zulieferteile, Stücklisten usw. lediglich zusammengestellt werden. Abgesehen vom Anfertigen von Angebots- und Übersichtszeichnungen sowie Montageplänen sind keine gestalterischen oder zeichnerischen Tätigkeiten erforderlich.

Richtlinie VDI 2222 [6] stellt den erläuterten Konstruktionsprozeß in Form eines Strukturdiagramms dar, das wegen seiner Anschaulichkeit und zum Vergleich in Bild 3.4 wiedergegeben wird. Die Entwurfsphase wird hier nicht so weit aufgegliedert, wie es in Bild 3.3 geschehen ist und in Kap. 6 näher beschrieben und begründet wird.

Der in der Praxis stehende Konstrukteur wird beim Betrachten des geschilderten Ablaufdiagramms und der in den nachfolgenden Kapiteln dargestellten Methoden möglicherweise einwenden, daß so viele Arbeitsschritte aus zeitlichen Gründen nicht eingehalten werden können.

Er möge aber doch folgendes bedenken:

— Der Konstrukteur ist schon jetzt den angedeuteten Weg gegangen, nur daß manche Schritte unbewußt durchlaufen und häufig zum Nachteil für das Ergebnis zu stark zusammengefaßt oder zu rasch übersprungen wurden.
— Das bewußt schrittweise Vorgehen verleiht dagegen Sicherheit, nichts Wesentliches vergessen oder unberücksichtigt gelassen zu haben. Der gewonnene Überblick über mögliche Lösungswege ist dabei recht breit und fundiert. Bei der Su-

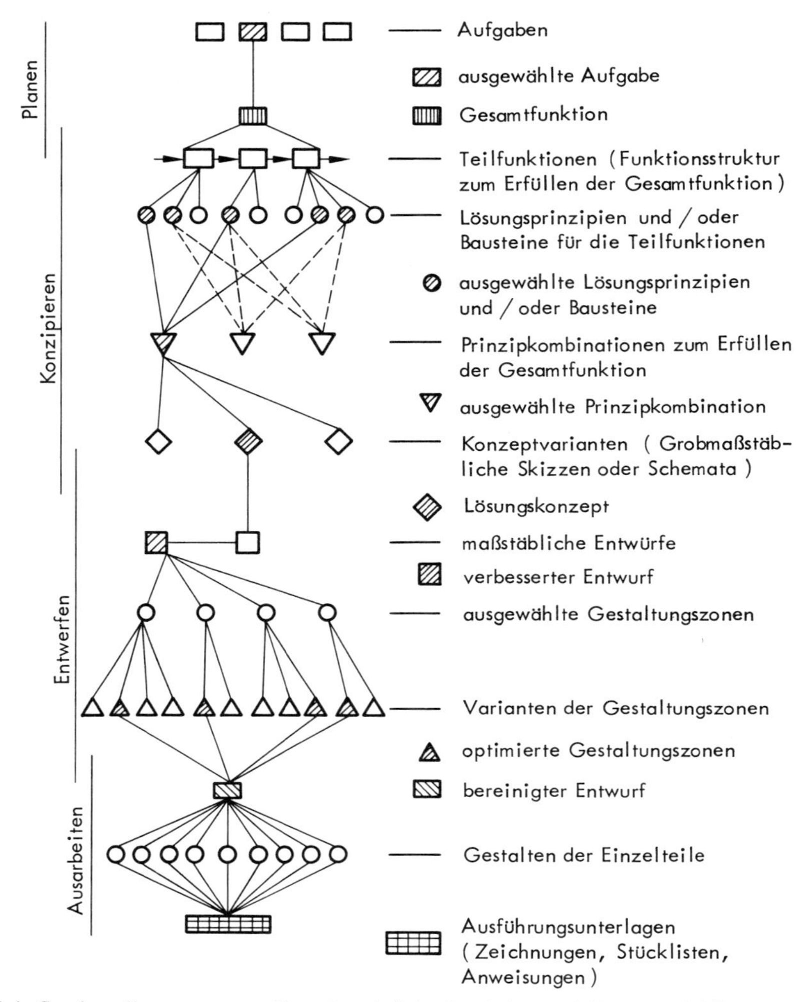

Bild 3.4. Strukturdiagramm zum Vorgehen bei der Produktentwicklung nach [6]

che nach neuen Lösungen, d. h. bei Neukonstruktionen, empfiehlt sich daher das schrittweise Vorgehen ausnahmslos.

— Bei der Anpassungskonstruktion wird man auf bekannte Vorbilder zurückgreifen können und nur dort das geschilderte Vorgehen einsetzen, wo es sich als zweckmäßig und notwendig erweist. Bei einer Detailverbesserung wären also die Anforderungsliste, die Lösungssuche, die Bewertung usw. auf diese Teilaufgabe beschränkt.

— Wird vom Konstrukteur ein besseres Ergebnis erwartet, so sollte er es durch methodisches Vorgehen anstreben, wofür ihm auch die angemessene Zeit zugebilligt werden muß. Eine solche Zeit ist durch Offenlegen und Befolgen der genannten Arbeitsschritte besser zu überschauen und abzuschätzen. Nach den bisherigen Erfahrungen ist der Zeitaufwand für schrittweises Vorgehen im Vergleich zu den konventionellen Tätigkeiten relativ klein (vgl. 10.2).

Die weiteren Ausführungen erläutern zu diesen Arbeitsschritten die jeweils geeigneten Methoden und Hilfsmittel.

3.3. Schrifttum

1. Beelich, K. H.; Schwede, H. H.: Lern- und Arbeitstechnik. Kamprath-Reihe kurz und bündig. Würzburg: Vogel 1974.
2. Krick, V.: An Introduction to Engineering and Engineering Design. Second Edition. New York, London, Sidney, Toronto: Wiley & Sons Inc. 1969.
3. Leyer, A.: Zur Frage der Aufsätze über Maschinenkonstruktion in der „technika". technika 26 (1973) 2495 – 2498.
4. Pahl, G.: Die Arbeitsschritte beim Konstruieren. Konstruktion 24 (1972) 149 – 153.
5. Penny, R. K.: Principles of Engineering Design. Postgraduate J. 46 (1970) 344 – 349.
6. VDI-Richtlinie 2222 Blatt 1 (Entwurf): Konzipieren technischer Produkte. Düsseldorf: VDI-Verlag 1973.
7. VDI-Richtlinie 2223: Begriffe und Bezeichnungen im Konstruktionsbereich. Düsseldorf: VDI-Verlag 1969.
8. Aus der Arbeit der VDI-Fachgruppe Konstruktion (ADKI). Empfehlungen für Begriffe und Bezeichnung im Konstruktionsbereich. Konstruktion 18 (1966) 390 – 391.
9. Wahl, M. P.: Grundlagen eines Management-Informationssystemes. Neuwied, Berlin: Luchterhand 1969.

4. Produkt planen und Aufgabe klären

Aufgabenstellungen ergeben sich nicht allein durch Kundenaufträge, sondern mehr und mehr, besonders bei Neukonstruktionen, durch einen von der Unternehmensleitung vorgenommenen Planungsvorgang, der in einer besonderen Gruppe außerhalb des Konstruktionsbereichs durchgeführt wird. Der Konstruktionsbereich ist nicht mehr frei, er muß die Planungsvorstellungen anderer berücksichtigen. Andererseits kann der Konstrukteur wegen seiner besonderen Kenntnisse zur Produktgestaltung aber auch wertvolle Hilfestellung für mittel- und langfristige Planungen von Produkten geben. Die Konstruktionsleitung muß nicht nur Kontakt mit der Fertigung, sondern auch mit der Produktplanung halten.

Ein Planungsprozeß kann auch von externen Stellen z. B. Kunde, Behörde, Planungsbüro usw. durchgeführt worden sein.

Mit Rücksicht auf den ersten Schritt „Klären der Aufgabenstellung" ist es wichtig, Gesichtspunkte und Vorgehen der Produktplanung zu kennen.

4.1. Planen des Produkts

4.1.1. Aufgabe und Vorgehen

Vor dem eigentlichen Konstruktionsprozeß zur Produktentwicklung muß zunächst eine Produktidee vorliegen, für die es sich lohnt, im Konstruktionsbereich nach technisch und wirtschaftlich günstigen Lösungen zu suchen und diese dann bis zur Fertigungsreife auszuarbeiten. Ein solcher Vorlauf ist naturgemäß nicht bei vom Kunden direkt georderten Aufträgen notwendig.

Nach [2, 17] umfaßt die *Produktplanung* — auf der Grundlage der Unternehmensziele — die systematische Suche und Auswahl zukunftsträchtiger Produktideen und deren Verfolgung. In zahlreichen Unternehmungen wird entsprechend organisatorisch dem Bereich der Produktplanung noch die Verfolgung (Kontrolle) der Produktideen im Konstruktions- und Fertigungsbereich (Produktrealisierung) und die Überwachung des Produkts in seinem Marktverhalten (Produktbetreuung) übertragen. Im Rahmen dieses Buches soll die Produktplanung im engeren Sinne, d. h. nur als Vorlauf zur Produktentwicklung betrachtet werden.

Die Produktplanung wird noch recht unterschiedlich gehandhabt. Während es in vielen Fällen dem richtigen „Riecher" des Unternehmers bzw. einzelner verantwortlicher Personen überlassen ist, zum richtigen Zeitpunkt das richtige Produkt zu entwickeln und auf den Markt zu bringen, wird heute zunehmend versucht, mit Hilfe methodischer Ansätze eine „Innovation nach Plan" durchzuführen. Ein wichtiger

Aspekt methodischen Vorgehens besteht auch in der Möglichkeit, Zeit und Kosten einer Produktplanung und -entwicklung besser überschauen zu können.

Auslösende Impulse für eine Produktplanung können sowohl von außen, d. h. durch Informationen außerhalb des Unternehmens, als auch durch innerbetriebliche Aspekte entstehen. Man unterscheidet entsprechend externe und interne Impulse.

Externe Impulse sind z. B.
— technisches und wirtschaftliches Veralten der eigenen Produkte, erkennbar vor allem durch Umsatzrückgang,
— Bekanntwerden neuer Forschungsergebnisse, Verfahren und/oder Technologien,
— Änderung der Marktwünsche,
— Eintreten wirtschaftspolitischer Ereignisse sowie
— technische und wirtschaftliche Vorteile von Produkten der Wettbewerber.

Interne Impulse sind z. B.
— Nutzung von Überkapazitäten und Beteiligungsmöglichkeiten,
— Ertragsrückgang,
— Nutzung von Eigenforschungsergebnissen in Entwicklung und Fertigung sowie
— Einführung neuer Fertigungsverfahren.

Die Vorschläge für eine systematische und organisierte Produktplanung sind recht vielfältig [4, 6, 7, 14, 15]. Sie haben aber alle folgendes Vorgehen gemeinsam:
— Durchführen einer Situationsanalyse des Markts und des Unternehmens.
— Finden von Produktideen für neue oder veränderte Produkte.
— Auswählen erfolgversprechender Produktideen durch eingehende und Kriterien berücksichtigende Bewertung.
— Aufstellen der wichtigsten Anforderungen und Bedingungen für die verfolgungswürdige Produktidee in Form einer Produktstudie oder einer vorläufigen Anforderungsliste.

Entsprechend gliedert man zweckmäßig die Produktplanungsphase in die Hauptarbeitsschritte
— Situationsanalyse und Unternehmensziele,
— Produktideenfindung,
— Produktauswahl und
— Produktdefinition.

Diese Arbeitsschritte stimmen in ihrem Wesenskern wieder mit dem generellen systemtechnischen Vorgehen überein (vgl. 1.2.3).

4.1.2. Situationsanalyse und Unternehmensziele

Eine Analyse der Markt- und Unternehmenssituation sowie eine Festlegung der Unternehmensziele gehören zu den wichtigsten Anfangsaktivitäten für eine erfolgreiche Produktplanung.

Eine „Lagebeurteilung“ erstreckt sich zunächst auf die Umsatz- und Ertragssituation. Wichtig ist das rechtzeitige Erkennen einer Ertragslücke und das Einleiten entsprechender Abhilfemaßnahmen.

Externe Analysebereiche sind:
- Gesellschaftspolitische Anforderungen und Umweltbedingungen (u. a. auch Gesetze und Vorschriften).
- Wachstumsgrenzen und -gesetze.
- Absatz- und Beschaffungsmarkt-Entwicklung.
- Wettbewerbssituation.
- Technologie-Entwicklung.

Schwierigkeiten bei der Analyse entstehen durch
- Labilität und Dynamik des Marktes,
- zunehmende Verkürzung des Lebenszyklusses der Produkte auf dem Markt und
- Prognoseunsicherheiten.

Wichtig für das Planen von Produkten ist nicht nur eine Analyse externer Bereiche, sondern insbesondere auch eine Analyse interner Gegebenheiten, die durch das sog. Unternehmenspotential und die Unternehmenssituation dargestellt werden. Das Unternehmenspotential kennzeichnet die Gesamtheit der Möglichkeiten eines Unternehmens, eine Nachfrage mit Hilfe vorhandener Unternehmensfunktionen zu befriedigen. Kehrmann [6] und Kramer [9] geben eine umfassende Übersicht über Arten und Bereiche eines Unternehmenspotentials: Bild 4.1.

Potentialbereich / Potentialart	Entwicklungs-potential	Beschaffungs-potential	Produktions-potential	Vertriebs-potential
Informations-potential	Erfahrung - Entwicklung von Funktionen und Eigenschaften - Arbeitsprinzipien - Organisations-methoden Schutzrechte - Patente - Lizenzen usw.	Erfahrung - Aushandeln von Lieferbedingungen - Organisations-methoden Beschaffungsorga-nisation Lieferantenbeziehungen - Material, Zukaufteile - Betriebsmittel usw.	Erfahrung - Verfahren - Bearbeitung Werkstoffe Abmessungen Genauigkeit - Organisations-methoden Organisationsstruktur usw.	Erfahrung - Werbung - Kundendienst - Organisations-methoden Vertriebsorganisation Abnehmerbeziehungen - Absatzmittler - Endabnehmer usw.
Sach-mittel-potential	Entwicklungsmittel - Versuchsfelder - Prüfmittel - Informationsmittel usw.	Ausstattung Transportmittel Informatiosmittel usw.	Grundstücke, Gebäude Infrastruktur Produktionsmittel Informationsmittel usw.	Niederlassungen Ausstattung Transportmittel Informationsmittel usw.
Personal-potential	Forschungspersonal Konstrukteure Zeichner usw.	Personal im - Innendienst - Außendienst usw.	Fachpersonal Hilfspersonal usw.	Personal im - Innendienst - Außendienst usw.
Finanz-mittel-potential-	Budgetisierung; langfristige Finanzierungsmöglickeiten			

Bild 4.1. Potentialarten und Potentialbereiche eines Unternehmens nach [6]

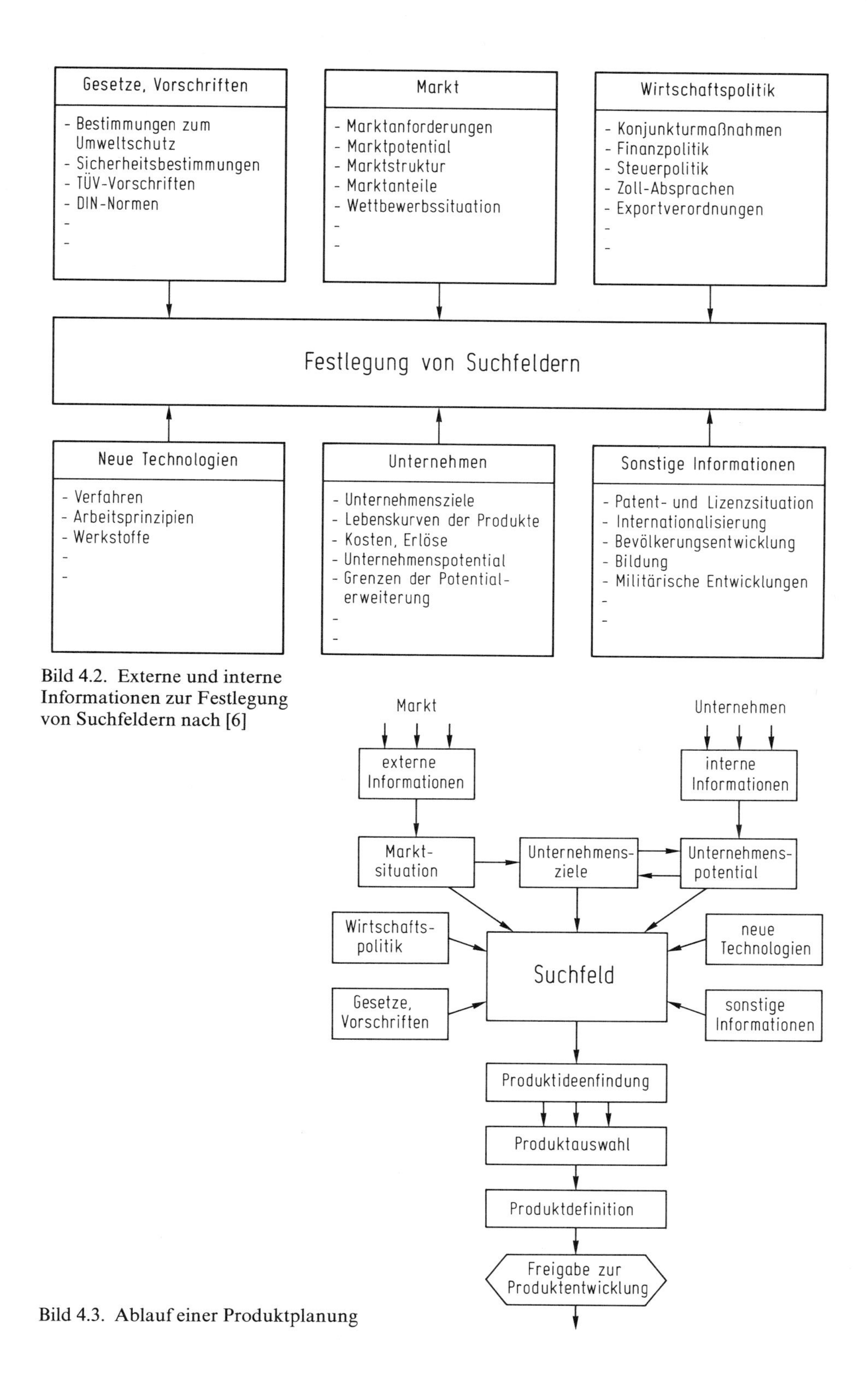

Bild 4.2. Externe und interne Informationen zur Festlegung von Suchfeldern nach [6]

Bild 4.3. Ablauf einer Produktplanung

Neben Informationen aus externen und internen Bereichen ist zur Produktplanung noch die Zielsetzung des Unternehmens wesentlich. Unternehmensziele sind z. B.

— hohe Marktzuwachsraten und gute Marktanteile,
— hohe Flexibilität bei Marktschwankungen,
— hohe Gewinne sowie eine
— gute Liquidität.

Marktsituation, Unternehmensziele und Unternehmenspotential stecken den Bereich ab, in dem die Suche nach neuen Produkten sinnvoll ist. Ein solcher Bereich wird nach [2, 6] auch Suchfeld genannt. Bei der endgültigen Definition eines Suchfeldes kann es notwendig sein, zusätzliche Bedingungen zu beachten. Kehrmann [6] hat diese in Bild 4.2 zusammengestellt. Die Einschränkung eines Suchfeldes hängt stark vom Planungshorizont ab, d. h. von der Frage, wie lang- bzw. kurzfristig der Zeitraum gewählt ist, für den die Produktplanung erfolgen soll.

Diese Schritte sind auch in dem in Bild 4.3 dargestellten Vorgehensplan der Produktplanung zu erkennen.

4.1.3. Produktideenfindung

Der Kern der Produktplanung ist die systematische Suche nach neuen Produktideen. Methoden der Ideenfindung sind in ihrem Wesenskern Methoden zur Lösungssuche, die in Kap. 5 für das Finden von Lösungskonzepten beschrieben werden und auch von der in 2.2.1 dargelegten Allgemeinen Arbeitsmethodik Gebrauch machen.

Es gibt Fälle, wo es nicht gelingt, mit diesem Vorgehen schon eine konkrete Produktidee abzuleiten. Vielmehr werden dann nur interessierende Fragestellungen erkennbar, für die dann erst Lösungsideen erarbeitet werden müssen, ehe man zu einer konkreteren Produktvorstellung bzw. Produktidee kommt.

4.1.4. Produktauswahl

Einer Auswahl wirklich zukunftsträchtiger Produktideen kommt eine große Bedeutung zu, da man bestrebt sein muß, den Aufwand für die weitere Konkretisierung nur dann anzusetzen, wenn sich diese für das Unternehmen auch lohnt. Eine solche Auswahl kann naturgemäß nur sehr grob und mit Unsicherheiten behaftet sein, da der Erkenntnisstand über die Realisierungsmöglichkeiten einer Produktidee oder gar über die Eigenschaften eines aus ihr entwickelten Produkts in der Regel noch sehr niedrig ist. Auch hier wird es in zahlreichen Fällen erforderlich sein, erste orientierende Untersuchungen durchzuführen, ohne aber damit eine konkrete Lösungssuche zu beginnen.

Bei einer großen Zahl von Produktideen empfiehlt es sich, zunächst durch ein Auswahlverfahren diejenigen Produktideen zu erkennen, die bedeutende Vorteile hinsichtlich Unternehmenszielen und sonstiger allgemeiner Zielsetzungen haben. In einem weiteren Bewertungsschritt (vgl. 5.8) mit technischen und wirtschaftlichen Kriterien werden dann diejenigen Produktideen ausgewählt, die für eine konstruktive Durcharbeitung lohnend erscheinen. Bewertungskriterien hierfür sind in [1, 9] zu finden.

4.1.5. Produktdefinition

Im letzten Schritt einer Produktplanung, der „Produktdefinition“ oder dem „Produktvorschlag“, sind nun die wichtigsten Hinweise und Anforderungen zum geplanten Produkt, das anschließend durch die Konstruktion konkretisiert werden soll, aufzunehmen. Ein solcher Produktvorschlag in Form eines Entwicklungsauftrags wird vor Weitergabe in der Regel der Unternehmensleitung zur Entscheidung vorgelegt. Als äußere Form dieser „Informationsausgabe“ der Produktplanung wird eine vereinfachte Form einer Anforderungsliste (vgl. 4.2) empfohlen, die anschließend durch Bearbeitung im Konstruktionsbereich zu vervollständigen ist.

4.2. Klären der Aufgabenstellung

4.2.1. Bedeutung einer geklärten Aufgabenstellung

Die konstruktive Arbeit beginnt in einer Konfrontation mit dem gestellten Problem. Jede Aufgabe hat ihre u. U. zeitlich veränderlichen Bedingungen, die vom Konstrukteur zur optimalen Lösung voll erfaßt werden müssen. Bereits zu Beginn sollte daher die Aufgabenstellung möglichst umfassend und vollständig geklärt werden, damit Ergänzungen und Korrekturen im Laufe der Bearbeitung auf das Notwendige beschränkt bleiben. Eine Hilfe hierfür und als Grundlage für die später zu treffenden Entscheidungen dient die erarbeitete Anforderungsliste [10, 11]. Stets notwendig ist sie bei Neuentwicklungen, auch wenn es sich nur um Teilaufgaben handelt.

Die Aufgabenstellung wird im allgemeinen an die Konstruktion oder an die Entwicklung in folgender Form herangetragen:

- Als Entwicklungsauftrag (extern oder intern durch die Produktplanung),
- als konkrete Bestellung,
- als Anregung aufgrund von z. B. Verbesserungsvorschlägen und Kritik durch Verkauf, Versuch, Prüffeld, Montage oder aus dem benachbarten bzw. eigenen Konstruktionsbereich.

Ohne enge Fühlungnahme zwischen dem Auftraggeber bzw. Initiator und der für die Konstruktion zuständigen Stelle ist keine optimale Lösung zu erwarten, da die außerhalb des Konstruktionsbereichs formulierte Aufgabe in vielen Fällen nicht alle zur Darstellung des Problems benötigten Informationen enthält. Eine Phase weiterer Informationsgewinnung ist nötig.
Daher muß geklärt werden:

- Um welches Problem handelt es sich eigentlich?
- Welche oft nicht ausgesprochenen Wünsche und Erwartungen bestehen?
- Sind die in der Aufgabenstellung angegebenen Bedingungen echt?
- Welche Wege sind für die Entwicklung frei?

In der Aufgabenstellung möglicherweise vorfixierte Lösungen oder konkrete Angaben zur Verwirklichung verhindern oft das bessere Ergebnis, wenn sie nicht zwingend sind.

Nur die geforderte Funktion mit den zugehörigen Eingangs- und Ausgangsgrößen und die aufgabenspezifischen Bedingungen dürfen festgelegt werden. Hierzu sind folgende Fragen nützlich:
— Welchen Zweck muß die beabsichtigte Lösung erfüllen?
— Welche Eigenschaften muß sie aufweisen?
— Welche Eigenschaften darf sie nicht haben?

Soweit nicht von der Produktplanung erfaßt, sollen allgemeine Anforderungen durch eine vom Konstruktionsbereich durchgeführte *Informationsgewinnung* berücksichtigt und geprüft werden. Man prüfe:

1. Eigene Unvollkommenheit
— Auswertung der Kundenanfragen an die Verkaufsabteilung wegen eines Angebots. Bei dieser Auswertung werden die Anforderungen der Verbraucher offenbar. Dabei ist wichtig, daß nicht die Aufträge, sondern die Anfragen ausgewertet werden, weil die Aufträge bereits eine firmenspezifische Aussonderung darstellen.
— Reklamation von Kunden.
— Montage- und Prüfberichte.

2. Stand der Technik
— Programme der Wettbewerber.
— Darstellung ähnlicher Problemlösungen in Fachbüchern, technischen Zeitschriften und Prospekten.
— Studium der Patentliteratur.

3. Feste Daten und Schwerpunkte
— Internationale Empfehlungen.
— Nationale Normen.
— Richtlinien von einschlägigen Ausschüssen.

4. Zukünftige Entwicklungen
— Erfassen von Struktur- und Modeänderungen.
— Beobachten neuer Projekte zur Feststellung des Trends der zukünftigen technisch-wirtschaftlichen Entwicklung.
— Entwickeln eigener Vorstellungen einer gewissen utopischen Erfüllung von Verbraucherwünschen.

Nach dem Zusammentragen aller Informationen ist deren Verarbeitung und Festlegung in einer den konstruktiven Arbeits- und Entscheidungsschritten angepaßten Ordnung zweckmäßig. Hierzu dient das Aufstellen der Anforderungsliste, die damit über etwaige Lastenhefte, Pflichtenlisten o. ä. der Auftraggeber hinausgeht.

4.2.2. Die Anforderungsliste

1. Inhalt

Für die Anforderungsliste müssen die Ziele und Bedingungen durch Anforderungen in Form von Forderungen und Wünschen klar herausgearbeitet werden, weil sonst Fehlentwicklungen kaum vermeidbar sind:
— *Forderungen,* die unter allen Umständen erfüllt werden müssen, d. h. ohne deren Erfüllung die vorgesehene Lösung keinesfalls akzeptabel ist (z. B. bestimmte zu erfüllende Leistungsdaten, Qualitätsforderungen wie tropenfest oder spritzwas-

sergeschützt usw.). Mindestforderungen sind als solche durch entsprechende Formulierung (z. B. $P > 20$ kW, $L \leqq 400$ mm) anzugeben.

— *Wünsche*, die nach Möglichkeit berücksichtigt werden sollen, evtl. mit dem Zugeständnis, daß ein begrenzter Mehraufwand dabei zulässig ist (z. B. zentrale Bedienung, größere Wartungsfreiheit usw.). Dabei wird empfohlen, die Wünsche u. U. nach hoher, mittlerer und geringer Bedeutung zu klassifizieren [13].

Diese Unterscheidung und Kennzeichnung ist auch wegen der späteren Beurteilung notwendig, weil beim Auswählen (vgl. 5.6) nach der Erfüllung von Forderungen gefragt wird, während beim Bewerten (vgl. 5.8) nur Varianten in Betracht kommen, die Forderungen bereits erfüllen.

Ohne bereits eine bestimmte Lösung festzulegen, sind die Forderungen und Wünsche mit Quantitäts- und Qualitätsaspekten aufzustellen. Erst dadurch ergibt sich eine ausreichende Information:

Quantität: Alle Angaben über Anzahl, Stückzahl, Losgröße und Menge, oft auch pro Zeiteinheit wie Leistung, Durchsatz, Volumenstrom usw.

Qualität: Alle Angaben über zulässige Abweichungen und besondere Anforderungen wie tropenfest, korrosionsbeständig, schocksicher usw.

Die Anforderungen sollen so weit als möglich durch Zahlenangaben präzisiert werden, wo das nicht möglich ist, müssen verbale Aussagen möglichst klar formuliert werden. Besondere Hinweise auf wichtige Einflüsse, Absichten oder solche zur Durchführung können ebenfalls in die Anforderungsliste aufgenommen werden. Die Anforderungsliste ist somit ein internes Verzeichnis aller Forderungen und Wünsche in der Sprache der Abteilungen, die die Konstruktion durchzuführen haben. Auf diese Weise stellt die Anforderungsliste Ausgangspositionen und, da sie stets auf neuestem Stand gehalten wird, aktuelle Arbeitsunterlagen zugleich dar. Sie ist daneben Ausweis gegenüber der Geschäftsleitung und dem Verkauf, denn sie zwingt den auftraggebenden Partner zu einer klaren Stellungnahme, wenn er mit den in der Anforderungsliste festgelegten Tatbeständen nicht einverstanden ist.

2. Aufbau

Für den Aufbau einer Anforderungsliste werden folgende Empfehlungen entsprechend Bild 4.4 gegeben:

Im linken oberen Feld wird die ausführende Firma bzw. der Benutzer eingetragen, das obere Mittelfeld enthält die Kennzeichnung des zu entwickelnden Projekts oder Produkts, und das rechte obere Feld dient zur Identifikation und/oder Klassifizierung und zur Angabe des Blatts bzw. der Seite.

Ganz oben rechts wird die Ausgabe mit Ausgabezeitpunkt durchlaufend numeriert angegeben. Eine Neuausgabe enthält die nächste fortlaufende Nummer.

Die erste Spalte benutzt man zur Kennzeichnung einer vorgenommenen Änderung mit Datum. Die nächste Spalte gibt an, ob es sich um Forderungen oder Wünsche handelt. In das Mittelfeld werden die Anforderungen geordnet eingetragen. In der letzten Spalte kann die jeweils verantwortliche Konstruktionsgruppe angegeben werden.

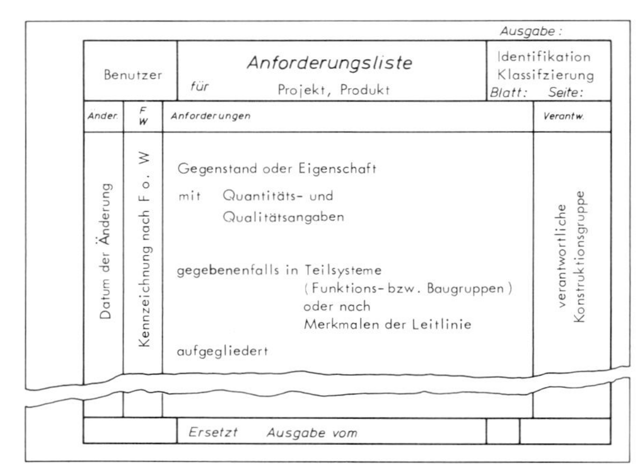

Bild 4.4. Aufbau einer Anforderungsliste

Die äußere Form der Anforderungsliste muß mit der Organisation (Normenabteilung) des Unternehmens abgestimmt werden, damit sie in möglichst vielen Bereichen unverändert übernommen, weiterverarbeitet und eingeordnet werden kann. Bild 4.4 stellt somit nur einen Vorschlag dar, der durchaus abgewandelt werden kann.

Zur Benutzung einer Anforderungsliste kann es nützlich sein, nach Teilsystemen (Funktions- bzw. Baugruppenstruktur) zu unterteilen, wenn solche schon erkennbar sind oder sie nach Merkmalen der Leitlinie (vgl. 4.2.2 – 3) zu gliedern. Bei der Weiterentwicklung schon bestehender Lösungen, bei denen die zu entwickelnden oder zu verbessernden Baugruppen bereits festliegen, wird nach diesen geordnet. In der Mehrzahl der Fälle wird dafür dann auch eine jeweils getrennte Konstruktionsgruppe verantwortlich sein. So kann bei der Entwicklung eines Automobils die Anforderungsliste z. B. in die Motoren-, Getriebe-, Fahrwerk- und Karosseriekonstruktion usw. zusätzlich unterteilt werden.

Als außerordentlich zweckmäßig hat sich erwiesen, bei wichtigen Anforderungen oder bei solchen, deren Anlaß nicht offensichtlich ist, auch die *Quelle anzugeben,* aufgrund derer die Forderungen oder Wünsche entstanden sind. Es ist dann möglich, auf den Urheber der Beschlüsse und auf seine eigentlichen Beweggründe zurückzugehen und sie nachzulesen. Dieses Vorgehen wird besonders wichtig bei der Frage, ob im Laufe einer Entwicklung die gestellte Forderung aufrechterhalten werden soll oder modifiziert werden kann.

Änderungen und *Ergänzungen* der Aufgabenstellung, wie sie sich im Laufe der Entwicklung nach besserer Kenntnis der Lösungsmöglichkeiten oder infolge zeitbedingter Verschiebung der Schwerpunkte ergeben können, müssen stets in der Anforderungsliste nachgetragen werden. Sie stellt so die jeweils aktuelle Aufgabenstellung dar.

Federführend ist der verantwortliche Konstruktions- oder Entwicklungsleiter. Die Anforderungsliste ist allen mit der Entwicklung des neuen Produkts in Berührung stehenden Stellen (Geschäftsleitung, Verkauf, Berechnung, Versuch, Lizenznehmer usw.) zuzustellen und wie eine Zeichnung mit einem ordentlichen Änderungsdienst auf dem neuesten Stand zu halten. Die Anforderungsliste wird nur auf Beschluß der verantwortlichen Entwicklungsleitung (Entwicklungskonferenz) geändert bzw. erweitert.

3. Aufstellen der Anforderungen

In der Regel ist das erstmalige Aufstellen einer Anforderungsliste den Beteiligten ungewohnt und verursacht einige Mühe. Nach relativ kurzer Zeit werden aber für den jeweiligen Bereich, in dem man tätig ist, mehrere Vorbilder entstanden sein, an die man sich bei weiteren Anforderungslisten anlehnen kann. Sie sind dann unentbehrliche und nützliche Hilfsmittel geworden.

Den Anforderungen wird zweckmäßigerweise die wesentliche Aufgabe oder die typische Produktbezeichnung mit den charakteristischen Daten der künftigen Lösung vorangestellt, z. B. Asynchronmotor 63 kW Nennleistung, 4polig. Dadurch wird sogleich eine Vorstellung über Art und Umfang der Aufgabe erzeugt.

Die weitere Informationssammlung geschieht nach einer *Hauptmerkmalliste*, die vom Zusammenhang Funktion — Wirkprinzip — Gestaltung (Erfüllung der Zielsetzung) und den bestehenden Bedingungen (allgemein und auftragsspezifisch) abgeleitet ist. Das Durchschauen dieser Merkmalliste angesichts der konkreten Aufgabenstellung bewirkt beim Bearbeiter eine Assoziation, indem er die dort angegebenen Begriffe auf die vorliegende konkrete Problemstellung überträgt und Fragen stellt, zu denen er eine Antwort benötigt.

Franke [3] hat für die Anforderungsliste einen bedeutend feiner aufgeschlüsselten Katalog nach einer Suchmatrix erstellt, der als Checkliste benutzt werden kann. Frage- und Checklisten sind dann zweckmäßig, wenn sie nur einen begrenzten Bereich zu erfassen suchen, längere Zeit aktuell bleiben und ihr Umfang nur so groß wird, daß das Abarbeiten überschaubar bleibt und nicht ermüdend ist. Im Bedarfsfall können solche Listen entsprechend erstellt werden. Von umfangreichen Fragelisten wurde hier und wird auch an anderer Stelle dieses Buches bewußt abgesehen. Die Vorstellung der Autoren ist, daß anhand einer im Prinzip gleichbleibenden Leitlinie, die dazu leicht einprägsam ist, wiederkehrende Merkmale den Denkprozeß bei der konkreten Problemlösung so steuern, daß der Bearbeiter ohne weitere umfangreiche Hilfsmittel von sich aus auf die wesentlichen Fragestellungen stößt.

Beim Klären der Aufgabenstellung sollen zunächst die notwendigen Funktionen und die bestehenden aufgabenspezifischen Bedingungen im Zusammenhang mit dem Energie-, Stoff- und Signalumsatz erfaßt werden. Dies wird durch folgende Merkmale bewirkt: Geometrie – Kinematik – Kräfte – Energie – Stoff – Signal. Die Begriffszusammenstellung weist eine wünschenswerte Redundanz auf, so daß sie eine wichtige Hilfe darstellt, nichts Wesentliches zu vergessen.

Die weiterhin bestehenden allgemeinen oder aufgabenspezifischen Bedingungen folgen der Leitlinie aus 2.1.6 und werden später immer wieder herangezogen. Beispiele in Bild 4.5 verdeutlichen, welche Fragestellungen sich hieraus ergeben können.

Liegen die Informationen vor, werden sie geordnet und sinnfällig zusammengestellt. Dabei kann eine Numerierung der einzelnen Positionen zweckmäßig sein.

Unter Berücksichtigung des in diesem Kapitel Dargestellten ergibt sich folgende *Anweisung zum Aufstellen* einer Anforderungsliste:

1. Anforderungen sammeln:

— Gehe nach den Hauptmerkmalen in Bild 4.5 vor und lege Quantitäts- und Qualitätsangaben fest.

Hauptmerkmal	Beispiele
Geometrie	Größe, Höhe, Breite, Länge, Durchmesser, Raumbedarf, Anzahl, Anordnung, Anschluß, Ausbau und Erweiterung
Kinematik	Bewegungsart, Bewegungsrichtung, Geschwindigkeit, Beschleunigung
Kräfte	Kraftrichtung, Kraftgröße, Krafthäufigkeit, Gewicht, Last, Verformung, Steifigkeit, Federeigenschaften, Massenkräfte, Stabilität, Resonanzlage
Energie	Leistung, Wirkungsgrad, Verlust, Reibung, Ventilation, Zustand, Druck, Temperatur, Erwärmung, Kühlung, Anschlußenergie, Speicherung, Arbeitsaufnahme, Energieumformung
Stoff	Materialfluß und Materialtransport Physikalische und chemische Eigenschaften des Eingangs- und Ausgangsproduktes, Hilfsstoffe, vorgeschriebene Werkstoffe (Nahrungsmittelgesetz u. ä.)
Signal	Eingangs- und Ausgangsmeßgrößen, Signalform, Anzeige, Betriebs- und Überwachungsgeräte
Sicherheit	Unmittelbare Sicherheitstechnik, Schutzsysteme, Arbeits- und Umweltsicherheit
Ergonomie	Mensch-Maschine-Beziehung : Bedienung, Bedienungshöhe, Bedienungsart, Übersichtlichkeit, Sitzkomfort, Beleuchtung, Formgestaltung
Fertigung	Einschränkung durch Produktionsstätte, größte herstellbare Abmessung, bevorzugtes Fertigungsverfahren, Fertigungsmittel, mögliche Qualität und Toleranzen, Ausschußquote
Kontrolle	Meß- und Prüfmöglichkeit, besondere Vorschriften (TÜV, ASME, DIN, ISO, AD-Merkblätter)
Montage	Besondere Montagevorschriften, Zusammenbau, Einbau, Baustellenmontage, Fundamentierung
Transport	Begrenzung durch Hebezeuge, Bahnprofil, Transportwege nach Größe und Gewicht, Versandart und -bedingungen
Gebrauch	Geräuscharmut, Verschleißrate, Anwendung und Absatzgebiet, Einsatzort (z. B. schwefelige Atmosphäre, Tropen ...)
Instandhaltung	Wartungsfreiheit bzw. Anzahl und Zeitbedarf der Wartung, Inspektion, Austausch und Instandsetzung, Anstrich, Säuberung
Kosten	Max. zulässige Herstellkosten, Werkzeugkosten, Investition und Amortisation
Termin	Ende der Entwicklung, Netzplan für Zwischenschritte, Lieferzeit

Bild 4.5. Leitlinie mit Hauptmerkmalen zum Aufstellen einer Anforderungsliste

— Präzisiere durch die Fragestellung:
  Welchen Zweck muß die Lösung erfüllen?
  Welche Eigenschaften muß sie aufweisen?
  Welche Eigenschaften darf sie nicht haben?
— Betreibe zusätzliche Informationsgewinnung.
— Arbeite Forderungen und Wünsche klar heraus.
— Klassifiziere wenn möglich die Wünsche nach hoher, mittlerer und geringer Bedeutung.

2. Anforderungen sinnfällig ordnen:
— Stelle Hauptaufgabe und charakteristische Hauptdaten voran.
— Gliedere nach erkennbaren Teilsystemen (auch Vor-, Nach- oder Nachbarsystemen), Funktionsgruppen, Baugruppen oder nach Hauptmerkmalen der Leitlinie.

3. Anforderungsliste auf Formblättern erstellen und beteiligten Abteilungen, Lizenznehmern, Geschäftsleitung usw. zustellen.
4. Einwände und Ergänzungen prüfen und in Anforderungsliste einarbeiten.

Ist die Aufgabe hinreichend geklärt und sind die beteiligten Stellen der Auffassung, daß die formulierten Anforderungen in bezug auf Technik und Wirtschaftlichkeit realisiert werden sollten, kann die Konstruktion nach Festlegen der Anforderungsliste und Freigabe zum Konzipieren begonnen werden.

4. Beispiele

Das erste Beispiel beschreibt die Teilaufgabe „Karton aufrichten" bei der Neukonstruktion einer Verpackungsmaschine: Bild 4.6. Zu bemerken ist die Beachtung von Quantität und Qualität z. B. bei der Angabe der zugelieferten Kartonzuschnitte. Eine erste Änderung der Anforderungsliste (15. Dez. 1970) wurde nach der Feststellung durchgeführt, daß das Preßluftnetz zwar nominell für 8 bar ausgelegt ist, mit Sicherheit aber im Betrieb nur 6 bar zur Verfügung stehen. Die nähere Beschäftigung mit dem Problem zeigte, daß das Klebverfahren aufwendiger sein müßte, als ursprünglich vorgesehen. Daher wurden am 21. Jan. 1971 die maximalen Kosten korrigiert, nachdem die Zulässigkeit der Mehrkosten geprüft war.

In 5.2, Bild 5.2 und in 5.9, Bilder 5.65 und 5.81 sind vollständige Anforderungslisten nach den gegebenen Empfehlungen als weitere Beispiele vorgestellt.

5. Weitere Verwendung

Auch wenn es sich nicht um Neukonstruktionen handelt, sondern Lösungsprinzip und konstruktive Gestaltung festliegen und so nur *Anpassungen* oder *Größenvarianten* in einem bekannten Bereich vorzunehmen sind, sollten die Aufträge auch mit Hilfe von Anforderungslisten abgewickelt werden. Sie müssen dann aber nicht neu aufgestellt werden, sondern stehen als Vordrucke oder Fragelisten zur Verfügung. Sie werden auf der Grundlage der bei Neukonstruktionen erarbeiteten Anforderungsliste gewonnen. Dabei ist es zweckmäßig, Listen so aufzubauen, daß aus ihnen Auftragsbestätigung, Angaben für die elektronische Datenverarbeitung zwecks Auftragsabwicklung und Abnahmespezifikationen direkt entnommen werden können. Die Anforderungsliste ist dann reine Informationsübermittlung zum unmittelbaren Handeln.

1. Ausgabe: Nov. 1971

VEPAG	Anforderungsliste für Teilaufgabe: Karton aufrichten	Blatt: 1 Seite: 1

Änder.	F/W	Anforderungen	Verantw.
		15 Kartons / min aufrichten und verkleben	
	W	Angelieferter Kartonzuschnitt Wahlweise 500 x 500 mm 400 x 400 mm 450 x 450 mm (nur 10 %)	Gruppe Schmidt
		Zu erwartende Maßabweichung: ± 1 mm	
		Zuführung des Kartonzuschnitts zunächst von Hand. Späterer Umbau auf automatische Zuführung soll möglich sein. (Entwicklungsprotokoll 16/70)	
		Aufgerichteten und verklebten Karton liegend nach unten auf Transportband ausstoßen. Transportbandhöhe über Flur: 300 mm	
	W	Abtransport soll wahlweise nach drei Richtungen in der Transportebene möglich sein.	
15.12. 1970		Vorhandener Preßluftanschluß 6 bar	
		Zählwerk zum Zählen der aufgerichteten Kartons notwendig	
	W	Maschine ohne erneute Justierarbeiten schnell versetzbar	
		Klebverfahren: Karton muß nach Verlassen der Aufrichtmaschine abgebunden und voll belastbar sein.	
	W	Arbeitsprinzip soll Leistungssteigerung auf 30 Karton/min mit automatischer Zuführung gestatten	
		Max. Herstellkosten DM 15.000,-- (Fabrikkonferenz 20.10.1970)	
		Termine: Abschluß der Entwicklung 31.3.1971 Geplanter Liefertermin 1.7.1971	
21.1.71		Schmelzkleber mit Abbindezeit 1 s verwenden (Entwicklungsprotokoll 2/71 Punkt 2)	
29.1.71		Leimgerät vom Markt beziehen. Mehrkosten DM 6000.--	
8.2.71		Auslösung des Bewegungsablaufs manuell durch 2-Handsteuerung (Arbeitssicherheit)	
8.2.71		Notstop vorsehen	

	Ersetzt Ausgabe vom	

Bild 4.6. Anforderungsliste für die Neuentwicklung einer Karton-Aufrichtmaschine (Forderungen F sind nicht gekennzeichnet)

Über diese Anwendung von Anforderungslisten hinaus stellen sie — einmal ausgearbeitet — einen sehr wertvollen *Informationsspeicher* für die geforderten und gewünschten Eigenschaften des Produkts dar. Eine solche Eigenschaftsfestlegung ist für spätere Weiterentwicklungen, Verhandlungen mit Zulieferfirmen usw. zweckmäßig.

Aber auch das nachträgliche Aufstellen von Anforderungslisten schon vorhandener Produkte ist eine sehr wertvolle Informationsquelle für Weiterentwicklungen und Rationalisierungsmaßnahmen.

Es hat sich weiter gezeigt, daß das Durchsehen der Anforderungsliste, z. B. bei Entwicklungs- und Konstruktionsbesprechungen, vor der Beurteilung von Entwürfen ein äußerst hilfreiches Vorgehen ist. Alle Teilnehmer werden rasch auf gleichen Informationsstand gebracht, wobei alle wesentlichen Beurteilungsmerkmale deutlich werden.

4.3. Schrifttum

1. Arlt, J.: Dynamische Produktionsprogrammplanung. Diss. TH Aachen 1971.
2. Brankamp, K.: Produktplanung — Instrument der Zukunftssicherung im Unternehmen. Konstruktion 26 (1974) 319 – 321.
3. Franke, H.-J.: Methodische Schritte beim Klären konstruktiver Aufgabenstellungen. Konstruktion 27 (1975) 395 – 402.
4. Geyer, E.: Marktgerechte Produktplanung und Produktentwicklung. Teil I: Produkt und Markt, Teil II: Produkt und Betrieb. RKW-Schriftenreihe Nr. 18 und 26. Heidelberg: Gehlsen 1972 (mit zahlreichen weiteren Literaturstellen).
5. Hansen, F.: Konstruktionssystematik. Berlin: VEB Verlag Technik 1966.
6. Kehrmann, H.: Die Entwicklung von Produktstrategien. Diss. TH Aachen 1972.
7. —: Systematik zum Finden und Bewerten neuer Produkte. wt-Z. ind. Fertigung 63 (1973) 607 – 612.
8. Kesselring, F.; Arn, E.: Methodisches Planen, Entwickeln und Gestalten technischer Produkte. Konstruktion 23 (1971) 212 – 218.
9. Kramer, F.: Produktinnovations- und Produkteinführungssystem eines mittleren Industriebetriebes. Konstruktion 27 (1975) 1 – 7.
10. Pahl, G.: Klären der Aufgabenstellung und Erarbeitung der Anforderungsliste, Konstruktion 24 (1974) 195 – 199.
11. —: Wege zur Lösungsfindung. Industrielle Organisation 39 (1970) 155 – 161.
12. Rodenacker, W. G.: Methodisches Konstruieren. Konstruktionsbücher Bd. 27. Berlin, Heidelberg, New York: Springer 1970. Zweite Auflage 1976.
13. Roth, K.; Birkhofer, H.; Ersoy, M.: Methodisches Konstruieren neuer Sicherheitsschlösser. VDI-Z. 117 (1975) 613 – 618.
14. Schmitz, H.: Produktplanung. VDI-Taschenbuch T 32. Düsseldorf: VDI-Verlag 1972.
15. Stotko, C.: Produktplanung — maßgebend für den Unternehmenserfolg. Industrielle Organisation 42 (1973) 211 – 214.
16. VDI-Berichte Nr. 229: Produktinnovation — Herausforderung und Aufgabe. Düsseldorf: VDI-Verlag 1976.
17. VDI-Taschenbuch T 46: Systematische Produktplanung — ein Mittel zur Unternehmenssicherung. Düsseldorf: VDI-Verlag 1975.

5. Konzipieren

Konzipieren ist der Teil des Konstruierens, der nach Klären der Aufgabenstellung durch Abstrahieren, Aufstellen von Funktionsstrukturen und durch Suche nach geeigneten Lösungsprinzipien und deren Kombination den grundsätzlichen Lösungsweg durch Erarbeiten eines Lösungskonzepts festlegt.

In Bild 3.3 ist erkennbar, daß der Phase Konzipieren ein Entscheidungsschritt vorgeschaltet ist. Er dient nach geklärter Aufgabenstellung durch Vorliegen der bereinigten Anforderungsliste dazu, über folgende Fragen zu entscheiden:

— Ist die Aufgabenstellung soweit geklärt, daß die Entwicklung der konstruktiven Lösung eingeleitet werden kann?
— Ist eine weitere Informationsgewinnung bezüglich der Aufgabe noch erforderlich?

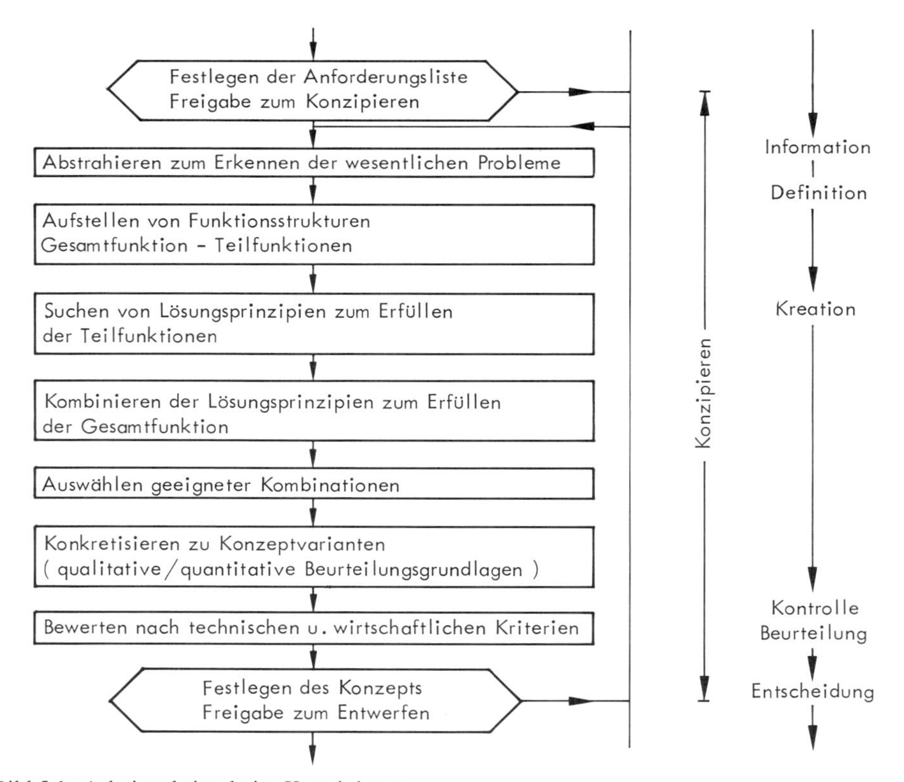

Bild 5.1. Arbeitsschritte beim Konzipieren

— Besteht bei vertretbarem Aufwand von vornherein keine Aussicht, das gesetzte Ziel zu erreichen?
— Ist eine Konzepterarbeitung notwendig oder können schon bekannte Lösungen direkt Grundlage der Entwurfs- bzw. Ausarbeitungsphase sein?
— Wenn die Konzeptphase durchlaufen werden muß, wie und in welchem Umfang ist sie in Anlehnung an das methodische Vorgehen zu gestalten?

5.1. Arbeitsschritte beim Konzipieren

Nach dem Vorgehensplan beim Konstruieren (vgl. 3.2) ist nach dem Klären der Aufgabenstellung die Konzeptphase vorgesehen. Bild 5.1 zeigt die Arbeitsschritte im einzelnen; sie sind so aufeinander abgestimmt, daß auch den in 3.1 erwähnten Gesichtspunkten des allgemeinen Lösungsprozesses Rechnung getragen wird.

Die zu den einzelnen Schritten eingetragenen Inhalte brauchen angesichts der in Kap. 3 gegebenen Begründungen nicht weiter erklärt zu werden. Es soll erwähnt werden, daß Verbesserungen jeder dieser Teilschritte durch nochmaliges Durchlaufen mit höherem Informationsstand erforderlichenfalls sofort vorgenommen werden sollen, obwohl diese Teilschleifen in Bild 5.1 der Übersichtlichkeit wegen nicht eingetragen wurden.

Die Arbeitsschritte der Konzeptphase und ihre zugehörigen Arbeitsmethoden werden nun im einzelnen erläutert.

5.2. Abstrahieren zum Erkennen der wesentlichen Probleme

5.2.1. Ziel der Abstraktion

Fast kein Lösungsprinzip und keine bisher technologisch bedingte konstruktive Gestaltung sind auf Dauer als optimal anzusehen. Neue Technologien, Werkstoffe und Arbeitsverfahren sowie naturwissenschaftliche Erkenntnisse eröffnen möglicherweise in neuartiger Kombination andere und bessere Lösungen.

In jedem Betrieb und in jedem Konstruktionsbüro bestehen Erfahrungen, aber auch Vorurteile und Konventionen, die zusammen mit dem Streben nach geringstem Risiko den Durchbruch zu ungewohnten Lösungen verhindern, die besser und wirtschaftlicher sein können. Vom Aufgabensteller sind beim Erarbeiten der Anforderungsliste möglicherweise bereits Lösungsprinzipien oder Vorschläge, z. B. von der Produktplanung, für eine bestimmte Lösung geäußert worden. Unter Umständen wurden bei der Diskussion der einzelnen Anforderungen schon Ideen und Vorstellungen zur Verwirklichung entwickelt. Wenigstens im Unterbewußtsein können gewisse Lösungen vorbereitet sein. Vielleicht liegen schon sehr feste Vorstellungen (Vorfixierungen) vor.

Beim Vorgehen zum Erreichen eines Optimums darf man sich aber nicht von Vorfixierungen oder konventionellen Vorstellungen allein leiten lassen oder sich mit ihnen zufriedengeben. Vielmehr muß sehr sorgfältig geprüft werden, ob nicht neuartige und zweckmäßigere Lösungswege gangbar sind. Zum Auflösen von Vorfixierungen und zum Befreien von konventionellen Vorstellungen dient die Abstraktion.

Beim *Abstrahieren* sieht man vom Individuellen und vom Zufälligen ab und versucht das Allgemeingültige und Wesentliche hervorzuheben.

Eine solche Verallgemeinerung, die das Wesentliche hervortreten läßt, führt dabei aber auch auf den Wesenskern der Aufgabe. Wird dieser treffend formuliert, so werden die Gesamtfunktion und die die Problematik kennzeichnenden, wesentlichen Bedingungen erkennbar, ohne daß damit schon eine bestimmte Art der Lösung festgelegt wird.

Betrachten wir als Beispiel die Aufgabe, eine Labyrinthdichtung unter bestimmten gegebenen Bedingungen zu entwickeln oder entscheidend zu verbessern. Die Aufgabe sei durch eine Anforderungsliste genau umrissen, das zu erreichende Ziel ist also beschrieben. Im Sinne einer abstrahierenden Betrachtung würde der Wesenskern nicht darin bestehen, eine Labyrinthdichtung zu konstruieren, sondern

eine Wellendurchführung berührungslos abzudichten, wobei bestimmte Betriebseigenschaften zu garantieren sind und ein gewisser Raumbedarf nicht überschritten werden soll. Ferner sind Kostengrenzen und Lieferzeiten zu beachten.

Im konkreten Fall wäre zu fragen, ob der Wesenskern der Aufgabe darin liegt,

— die technischen Funktionen, z. B. Dichtigkeit oder die Betriebssicherheit beim Anstreifen zu erhöhen,
— das Gewicht oder den Raumbedarf zu verringern,
— die Kosten entscheidend zu senken,
— die Lieferzeit merklich zu kürzen oder
— die Abwicklung und den Fertigungsablauf zu verbessern?

Neuentwicklungen für Produkte nach einem bekannten und bewährten Lösungsprinzip werden oft allein wegen der Kosten- und Lieferzeitsenkungen, verbunden mit einer Umstrukturierung der Abwicklung und Fertigung, nötig.

Alle genannten Fragen können Teile der Gesamtaufgabe sein, aber ihre Bedeutung ist unter Umständen stark unterschiedlich. Sicherlich müssen sie alle angemessen berücksichtigt werden. Eine der genannten Teilaufgaben wird ein wichtiger Anlaß sein, weswegen ein neues und besseres Lösungsprinzip gefunden werden muß.

Ist man sich über den Wesenskern der vorliegenden Aufgabe klarer geworden, kann man sehr viel zweckmäßiger die Gesamtaufgabe im Zusammenhang mit den sichtbar werdenden Teilaufgaben formulieren.

Wenn im oben erwähnten Beispiel eine Verbesserung der Dichtigkeit eine wichtige Forderung darstellt, werden neue Dichtsysteme zu suchen sein, folglich muß man sich mit der Physik der Strömung in engen Spalten beschäftigen und aus der gewonnenen Erkenntnis Anordnungen vorsehen, die bei erzielter höherer Dichtigkeit die anderen genannten Teilfragen ebenfalls lösen können.

Wäre die Kostenminderung wesentlich, so wird man nach einer Analyse der Kostenstruktur zu untersuchen haben, ob bei gleicher physikalischer Wirkungsweise durch andere Wahl der Materialien, durch Verminderung der Zahl der Teile oder durch eine andere Fertigungsart eine Kostensenkung möglich erscheint. Man könnte aber auch neue Dichtsysteme suchen, allerdings mit dem Ziel, mit geringerem Kostenaufwand eine größere oder wenigstens die gleiche bisherige Dichtigkeit zu erreichen.

Das Herausfinden des Wesenskerns der Aufgabe mit den funktionalen Zusammenhängen und den aufgabenspezifischen, wesentlichen Bedingungen zeigt erst das Problem auf, für das eine Lösung zu finden ist. Deshalb ist es notwendig, durch Erfassen des Wesenskerns der Aufgabe die bestehenden wesentlichen Probleme zu erkennen [16, 35, 57].

5.2.2. Abstrahieren und Problem formulieren

Das Klären der Aufgabenstellung durch Erarbeiten der Anforderungsliste hat bei den Beteiligten bereits ein eingehendes Befassen mit der bestehenden Problematik und einen hohen Informationsstand hervorgerufen. Insofern diente das Aufstellen der Anforderungsliste zur Vorbereitung dieses Arbeitsschrittes. Anfangs hat der Konstrukteur noch keine oder nur eine unzureichende Lösung bereit. Je nach Kenntnissen, Erfahrungen und bekannten Vorbildern wird die Aufgabe mehr oder weniger neu sein.

Der erste Schritt zur Lösung besteht darin, die *Anforderungsliste* auf die geforderte Funktion und auf wesentliche Bedingungen hin zu *analysieren*, damit der Wesenskern klarer hervortritt. Roth [50] hat darauf hingewiesen, die in der Anforderungsliste enthaltenen funktionalen Zusammenhänge in Form von Sätzen herauszuschreiben und nach ihrer Wichtigkeit zu ordnen.

Das Allgemeingültige und Wesentliche einer Aufgabe kann durch eine Analyse hinsichtlich funktionaler Zusammenhänge und wesentlicher aufgabenspezifischer Bedingungen bei gleichzeitig schrittweiser Abstraktion aus der Anforderungsliste gewonnen werden:

1. Schritt: Gedanklich Wünsche weglassen.
2. Schritt: Forderungen weglassen, die die Funktion und wesentliche Bedingungen nicht unmittelbar betreffen.
3. Schritt: Quantitative Angaben in qualitative umsetzen und dabei auf wesentliche Aussagen reduzieren.
4. Schritt: Erkanntes sinnvoll erweitern.
5. Schritt: Problem lösungsneutral formulieren.

Je nach Aufgabe und/oder Umfang der Anforderungsliste können entsprechende Schritte weggelassen werden.

Am Beispiel einer Anforderungsliste für einen Geber eines Tankinhaltsmeßgerätes bei einem Kraftfahrzeug nach Bild 5.2 wird der Vorgang der Abstraktion entsprechend der genannten Anweisung in Tab. 5.1 gezeigt. Durch die allgemeine Formulierung wird erkennbar, daß bezüglich des funktionalen Zusammenhangs Flüssigkeitsmengen zu messen sind und daß diese Meßaufgabe unter den wesentlichen Bedingungen steht, die sich ändernden Mengen in beliebig geformten Behältern fortlaufend zu erfassen.

Damit ist das Ergebnis dieses Schrittes eine Definition der Zielsetzung auf abstrakter Ebene, ohne eine bestimmte Art der Lösung festzulegen.

5.2.3. Systematische Erweiterung der Problemformulierung

Ist der Wesenskern der Aufgabe mit Hilfe der Problemformulierung erkannt worden, sollte davon ausgehend schrittweise geprüft werden, ob eine Erweiterung oder

2. Ausgabe 27.6.1973

Anforderungsliste

für Geber für Tankinhaltsmeßgerät — Blatt: 1 Seite: 1

Änder.	F W	Anforderungen	Verantw.
		1. Behälter, Anschluß, Entfernung	
	F	Volumen: 20 dm³ bis 160 dm³	
		Behälterform gegeben aber beliebig (formstabil)	
	F	Werkstoff: Stahl oder Kunststoff	
		Anschluß am Behälter:	
	W	Flanschverbindung Form A DIN 75612	
	F	Anschluß oben	
	F	Anschluß seitlich	
		H = 150 mm bis 600 mm	
	W	d = Ø 71 mm, h = 20 mm	
	F	Entfernung Behälter - Anzeigegerät:	
		≠ 0 m, 3 m bis 4 m	
	W	1 m bis 20 m	
		2. Behälterinhalt, Temperaturbereich, Stoff	
	F	Medium — Meßbereich — Lagerbereich	
		Benzin oder Dieselkraftstoff — -25 bis +65 °C — -40 bis +100 °C	
		3. Meßsignal, Energie	
	W	Ausgang des Gebers: elektrisches Signal (Spannungsänderung bei Mengenänderung)	
	F	Vorhandene Energiequelle: Gleichstrom mit Spannung 6V, 12V, 24V	
		Toleranz der Spannung - 15 % bis + 25 %	
	F	Meßtoleranz: Ausgangssignal bezogen auf max. Wert ± 3 %	
	W	± 2 %	
		(zusammen mit Anzeige ± 5 %)	
		bei normalem Fahrbetrieb, waagerechte Ebene, v = konst.,	
		Erschütterungen durch normale Fahrbahn	
	F	Ansprechempfindlichkeit: 1 % des max. Ausgangssignals	
	W	0,5 % des max. Ausgangssignals	
	W	Signal unbeeinflußt durch Neigung der Flüssigkeitsoberfläche	
		Signal eichbar	

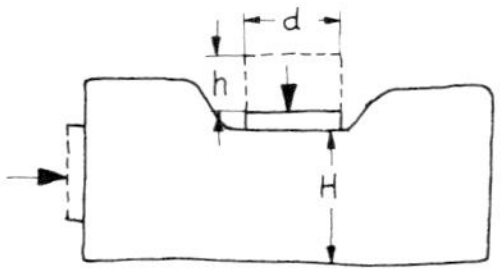

Dhz/Sch 6. 73 — Ersetzt 1. Ausgabe vom 14. 5. 1973

Bild 5.2. Anforderungsliste: Geber für Tankinhaltsmeßgerät in einem Kraftfahrzeug

2. Ausgabe 27.6.1973

	Anforderungsliste für Geber für Tankinhaltsmeßgerät	Blatt: 2 Seite: 1

Änder.	F W	Anforderungen	Verantw.
	W	Signal bei vollem Behälter eichbar minimal meßbarer Inhalt: 3 % des max. Wertes	
	W	Reserveinhaltsanzeige durch besonderes Signal	
		4. Betriebszustände	
	F	Beschleunigung in Fahrtrichtung bis $\pm$ 10 m/s ^{2}	
	F	Beschleunigung quer zur Fahrtrichtung bis 10 m/s ^{2}	
	F	Beschleunigung senkrecht zur Fahrbahn (Erschütterungen) bis 30 m/s ^{2}	
	W	Stöße in Fahrtrichtung ohne Schädigung bis -30 m/s ^{2}	
	F	Neigung in Fahrtrichtung bis $\pm$ 30°	
	F	Neigung quer zur Fahrtrichtung max. 45°	
	F	Behälter druckfrei (belüftet)	
		5. Prüfbedingungen	
	F	Salzsprühtest für Innenteile und Außenteile nach Angaben der Abnehmer (DIN 90905 beachten)	
	F	Prüfdruck für Behälter 0,3 kp/cm ^{2}	
		6. Lebensdauer, Haltbarkeit des Gebers	
	F	Lebensdauer 5 Jahre bezüglich Korrosion durch die zu messenden Medien und Schwitzwasser	
	F	Geber betriebsfest unter Berücksichtigung der Fahrzeuglastkollektive	
		7. Fertigung	
	W	Geber möglichst einfach umrüstbar auf verschiedene Volumina	
		8. Gebrauch, Instandhaltung	
	W	Einbau durch Laien	
	F	Geber austauschbar und wartungsfrei	
		9. Stückzahl	
		10 000/Tag bei umrüstbarem Geber, 5 000/Tag der gängigsten Variante	
		10. Kosten	
		Herstellkosten $\leqq$ 3,-- DM / Stück	

Dhz/Sch 6. 73	Ersetzt 1. Ausgabe vom 14. 5. 1973	

Tabelle 5.1. Vorgehen bei der Abstraktion: Geber für Tankinhaltsmeßgerät in einem Kraftfahrzeug nach Anforderungsliste in Bild 5.2

Ergebnis des 1. und 2. Schrittes:

— Volumen: 20 dm^3 bis 160 dm^3
— Behälterform gegeben aber beliebig (formstabil)
— Anschluß oben oder seitlich
— Behälterhöhe: 150 mm bis 600 mm
— Entfernung Behälter – Anzeigegerät: $\neq 0$ m, 3 m bis 4 m
— Benzin und Diesel, Temperaturbereich: –25° C bis +65° C
— Ausgang des Gebers: beliebiges Meßsignal
— Fremdenergie: (Gleichstrom 6 V, 12 V, 24 V, Toleranz – 15% bis +25%)
— Meßtoleranz: Ausgangssignal bezogen auf max. Wert $\pm 3\%$
(zusammen mit Anzeige $\pm 5\%$)
— Ansprechempfindlichkeit: 1% des max. Ausgangssignals
— Signal eichbar
— Minimal meßbarer Inhalt: 3% des max. Wertes

Ergebnis des 3. Schrittes:

— Unterschiedliche Volumen
— Unterschiedliche Behälterformen
— Verschiedene Anschlußrichtungen
— Unterschiedliche Behälterhöhen (Flüssigkeitshöhen)
— Entfernung Behälter – Anzeigegerät $\neq 0$ m
— Flüssigkeitsmenge zeitlich veränderlich
— Beliebiges Meßsignal
— (Mit Fremdenergie)

Ergebnis des 4. Schrittes:

— Unterschiedliche Volumen
— Unterschiedliche Behälterformen
— Anzeige in unterschiedlicher Entfernung
— Flüssigkeitsmenge (zeitlich veränderlich) messen
— (Mit Fremdenergie)

Ergebnis des 5. Schrittes (Problemformulierung):

„Zeitlich sich ändernde Flüssigkeitsmengen in beliebig geformten Behältern fortlaufend messen und in unterschiedlicher Entfernung anzeigen“.

---

sogar Abänderung der ursprünglichen Aufgabe zweckmäßig erscheint, um zukunftssichere Lösungen zu finden.

Ein einleuchtendes Beispiel zu diesem Vorgehen lieferte Krick [29]. Die Aufgabe war, das Abfüllen und Versenden von Futtermitteln von einem gegebenen Zustand aus zu verbessern. Eine Analyse ergab die in Bild 5.3 dargestellte Situation. Ein schwerwiegender Fehler wäre es, von der vorgefundenen Lage ausgehend die sich darstellenden Teilaufgaben als solche zu akzeptieren und zu verbessern. Mit einem solchen Vorgehen würde man andere, zweckmäßigere und wirtschaftlichere Lösungsmöglichkeiten außer acht lassen.

Im Prinzip sind folgende Problemformulierungen denkbar, wobei der Abstraktionsgrad jeweils schrittweise erhöht wird:

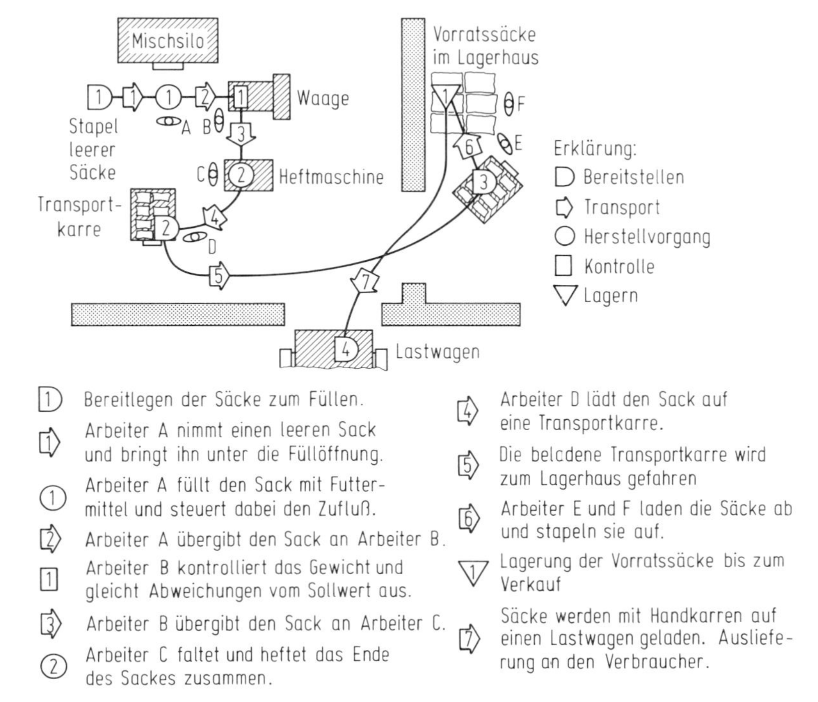

Bild 5.3. Vorgefundener Zustand beim Futtermittelversand (Krick [29])

1. Füllen, Wiegen, Verschließen und Stapeln der mit Futtermittel gefüllten Säcke.
2. Übergabe des Futtermittels vom Mischsilo in Vorratssäcke im Lagerhaus.
3. Übergabe von Futtermittel aus dem Mischsilo in Säcken auf den Lieferwagen.
4. Übergabe von Futtermittel aus dem Mischsilo an den Lieferwagen.
5. Übergabe von Futtermittel aus dem Mischsilo an ein Transportmittel.
6. Übergabe von Futtermittel aus dem Mischsilo an den Vorratsbehälter des Verbrauchers.
7. Übergabe von Futtermittel aus den Vorratsbehältern der Futtermittelkomponenten an den Vorratsbehälter des Verbrauchers.
8. Übergabe von Futtermittel vom Erzeuger zum Verbraucher.

Einen Teil dieser Formulierungen hat Krick in einem Schaubild dargestellt: Bild 5.4.

Kennzeichnend für dieses Vorgehen ist:

Die Problemformulierung wird schrittweise *so breit als möglich* entwickelt.

Man bleibt also nicht bei der vorgefundenen oder naheliegenden Formulierung, sondern bemüht sich um eine *systematische Erweiterung*, die eine Verfremdung darstellt, um sich von der vorgegebenen Lösung zu befreien und damit andere Möglichkeiten zu eröffnen. So ist z. B. die 8. Formulierung in diesem Fall die denkbar breiteste, allgemeinste und an die geringsten Voraussetzungen gebundene.

Der Wesenskern ist in der Tat der mengen- und qualitätsgerechte wirtschaftliche Transport vom Erzeuger zum Konsumenten und nicht z. B. die beste Art und

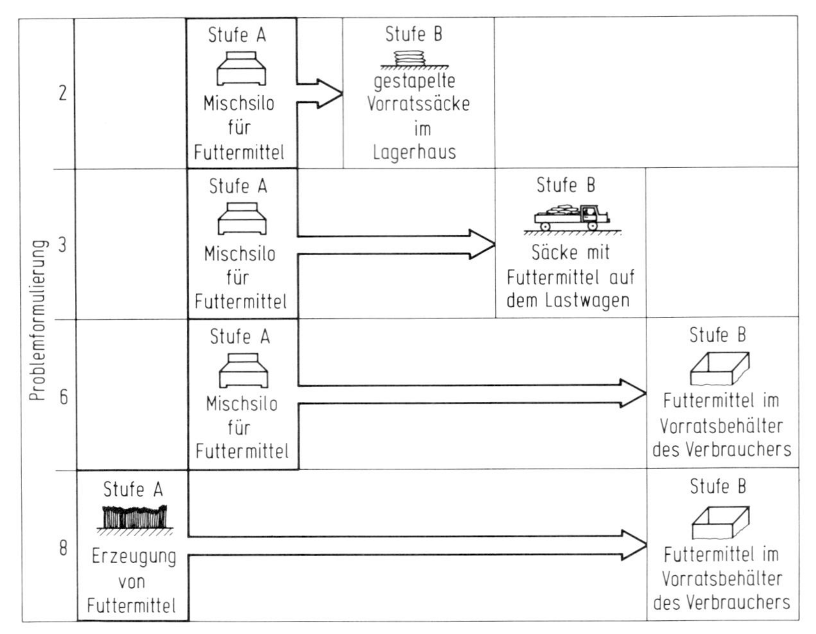

Bild 5.4. Problemformulierung zum Futtermittelversand entsprechend Bild 5.3 nach [29]
A Ausgangszustand, B Endzustand

Weise des Verschließens der Futtermittelsäcke oder des Stapelns und Förderns der Futtermittel im Lagerhaus. Bei einer breiteren Formulierung können sich Lösungen anbieten, die das Abfüllen in Säcke und Stapeln im Magazin überflüssig machen.

Wie *weit* man nun eine solche Problemformulierung treibt, hängt von den jeweiligen Bedingungen der Aufgabe ab. Im vorliegenden Beispiel wird sich die Formulierung 8 aus technischen, zeitlichen und witterungsbedingten Gründen überhaupt nicht durchführen lassen: der Verbrauch des Futtermittels ist gerade nicht an die Zeit der Ernte gebunden, der Konsument wird aus verschiedenen Gründen die Speicherung über ein Jahr nicht in Kauf nehmen wollen, darüber hinaus müßte er die jeweils gewünschte Mischung der einzelnen Futtermittelkomponenten selbst durchführen. Aber der Transport des Futtermittels auf Abruf, z. B. mit Silowagen, unmittelbar vom Mischbehälter zum Vorratsbehälter des Verbrauchers (Formulierung 6), ist ein wirtschaftlicheres Verfahren als die Zwischenlagerung und der Transport kleinerer Mengen in Säcken. Man denke in diesem Zusammenhang auch an die Entwicklung, die der Zementtransport für Großverbraucher genommen hat. Eine Fortführung dieses Lösungsgedankens führte dazu, den Fertigbeton mit Spezialfahrzeugen direkt an die Baustelle zu liefern.

An diesem Beispiel wurde gezeigt, wie die umfassende und treffende Problemformulierung auf abstrakter Ebene durch eine systematische Erweiterung oder sinnvolle Abänderung den Weg zur besseren Lösung öffnet. Dieses Vorgehen schafft auch grundsätzlich die Möglichkeit, die Einwirkung und Verantwortlichkeit des Ingenieurs in einer breiten, alle Gesichtspunkte umfassenden Sicht zu erhöhen und so auch andere Fragen, z. B. des Umweltschutzes oder der Wiederverwertung (recycling), sinnvoll miteinzubeziehen.

Spätestens zu diesem Zeitpunkt dürfen aber nur noch *echte Einschränkungen* gelten bleiben. Oft werden aber *scheinbare Einschränkungen* unbewußt vom Konstrukteur oder vom Aufgabensteller vorgenommen oder angenommen.

Im technischen Bereich gibt es vielfach scheinbare Einschränkungen, die durch Gewohnheit und mangelnden Überblick gegeben sind. So wäre eine Lösung des Futtermittelversandes entsprechend der Formulierung 6 nicht möglich gewesen, wenn der bearbeitende Ingenieur sich selbst die scheinbare Einschränkung gesetzt hätte, der Versand sei nur in Säcken zulässig.

Ein weiteres Beispiel: Mitarbeiter einer Firma, die seit Beginn ihres Bestehens nur hydraulische Steuerungen gebaut oder verwendet hat, unterliegen sehr leicht der scheinbaren Einschränkung, auch künftig seien alle steuerungstechnischen Probleme nur nach dem hydraulischen Prinzip zu lösen. Eine solche Einschränkung wird erst dann zu einer echten Bedingung, wenn nach reiflicher Überlegung und klarem Beschluß versucht werden soll, das hydraulische Steuerungsprinzip beizubehalten, um z. B. den Umsatz eigener Produkte zu erhöhen oder das gleiche Prinzip aus Gründen der Einheitlichkeit in Lagerhaltung und Wartung beizubehalten.

Grundsätzlich müssen bei einer Neuentwicklung alle Wege offenbleiben, bis klar erkennbar ist, welches Lösungsprinzip für den vorliegenden Fall das geeignetste ist. So muß der Konstrukteur die gegebenen Bedingungen in Frage stellen und sich davon überzeugen, inwieweit sie berechtigt sind, und mit dem Aufgabensteller klären, ob sie als echte Einschränkungen bestehen bleiben müssen. Scheinbare Einschränkungen in seinen eigenen Ideen und Vorstellungen muß der Konstrukteur durch kritisches Fragen und Prüfen bei sich selbst überwinden lernen. Hierzu sind die bereits bei der Aufstellung der Anforderungsliste erwähnten Fragestellungen hilfreich:

— Welche Eigenschaften muß die Lösung aufweisen?
— Welche Eigenschaften darf sie nicht haben?

Der Vorgang der Abstraktion hilft, scheinbare Einschränkungen zu erkennen und nur echte weitergelten zu lassen.

Abschließend einige Beispiele für eine zweckmäßige Abstraktion und Problemformulierung:

Entwerfe kein Garagentor, sondern suche einen Garagenabschluß, der es gestattet, einen Wagen diebstahlsicher und witterungsgeschützt abzustellen.

Konstruiere keine Paßfederverbindung, sondern suche die zweckmäßigste Weise, Rad und Welle zur Drehmomentübertragung bei definierter Lage zu verbinden.

Projektiere keine Verpackungsmaschine, sondern suche die beste Art, das Produkt geschützt zu versenden, oder bei eingeschränkter Betrachtung, das Produkt schützend, raumsparend und automatisch zu verpacken.

Konstruiere keine Spannvorrichtung, sondern suche nach einer Möglichkeit, das Werkstück für den Bearbeitungsgang schwingungsfrei zu fixieren.

Aus vorstehenden Problemformulierungen ist erkennbar und für den nächsten Arbeitsschritt sehr hilfreich, die endgültige Formulierung *lösungsneutral* und sogleich als *Funktionen* vorzunehmen:

„Welle berührungslos abdichten“
und nicht „Labyrinthstopfbüchse konstruieren“.

„Flüssigkeitsmenge fortlaufend messen“
und nicht „Flüssigkeitshöhe mit Schwimmer abtasten“.
„Futtermittel dosieren“
und nicht „Futtermittel in Säcke wiegen“.

5.3. Aufstellen von Funktionsstrukturen

5.3.1. Gesamtfunktion

Nach 2.1.3 bestimmen die Anforderungen an eine Anlage, Maschine oder Baugruppe die Funktion, die den allgemeinen, gewollten Zusammenhang zwischen Eingang und Ausgang eines Systems darstellt. In 5.2 wurde erläutert, daß die durch Abstraktion gewonnene Problemformulierung auch den funktionalen Zusammenhang enthält. Ist also die Gesamtaufgabe im Wesenskern formuliert, so kann die *Gesamtfunktion* angegeben werden, die unter Bezug auf den *Energie-, Stoff- und/oder Signalumsatz* unter Verwendung einer *Blockdarstellung* lösungsneutral den Zusammenhang zwischen *Eingangs-* und *Ausgangsgrößen* angibt. Dieser soll dabei so konkret wie möglich beschrieben werden.

Beim in Bild 5.2 angegebenen Beispiel eines Tankinhaltsmeßgeräts werden Flüssigkeitsmengen einem Behälter zugeführt und aus ihm entnommen, wobei die im Behälter jeweils befindliche Menge zu messen und anzuzeigen ist. Daraus ergeben sich zunächst im Flüssigkeitssystem ein Stofffluß mit der Funktion: „Flüssigkeit speichern“ und im Meßsystem ein Signalfluß mit der Funktion: „Flüssigkeitsmenge messen und anzeigen“. Letztere ist die Gesamtfunktion der vorliegenden Aufgabe zur Entwicklung des Tankinhaltsmeßgeräts: Bild 5.5. Die Gesamtfunktion kann in einem weiteren Schritt in Teilfunktionen gegliedert werden.

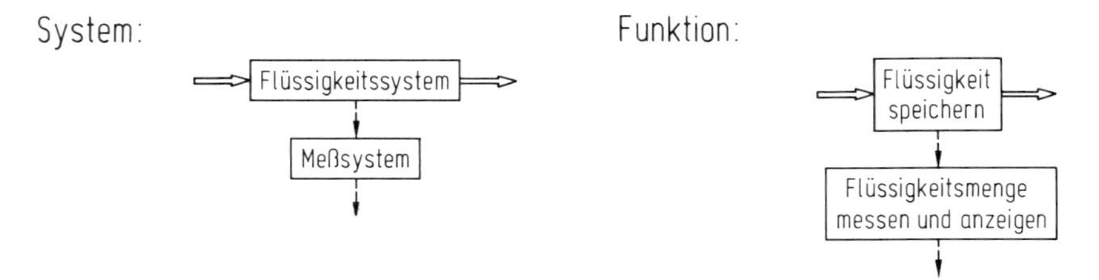

Bild 5.5. Gesamtfunktionen der beteiligten Systeme zu einer Tankinhaltsmessung

5.3.2. Aufgliedern in Teilfunktionen

Je nach Komplexität der zu lösenden Aufgabe wird die sich ergebende Gesamtfunktion ebenfalls mehr oder weniger komplex sein. Unter Komplexität wird in diesem Zusammenhang der Grad der Übersichtlichkeit des Zusammenhangs zwischen Eingang und Ausgang, die Vielschichtigkeit der notwendigen physikalischen Vorgänge sowie die sich ergebende Anzahl der zu erwartenden Baugruppen und Einzelteile verstanden.

So wie ein technisches System in Teilsysteme und Systemelemente unterteilbar ist (vgl. 2.1.1), läßt sich auch der Zusammenhang komplexer Funktionen in mehrere übersehbarere Teilfunktionen niedrigerer Komplexitität auflösen. Die mit der Aufgabenstellung geforderte *Gesamtfunktion* kann also in *Teilfunktionen* aufgegliedert werden. Die Verknüpfung der einzelnen Teilfunktionen ergibt die *Funktionsstruktur*, die die Gesamtfunktion darstellt. Bild 5.6 zeigt diesen Sachverhalt.

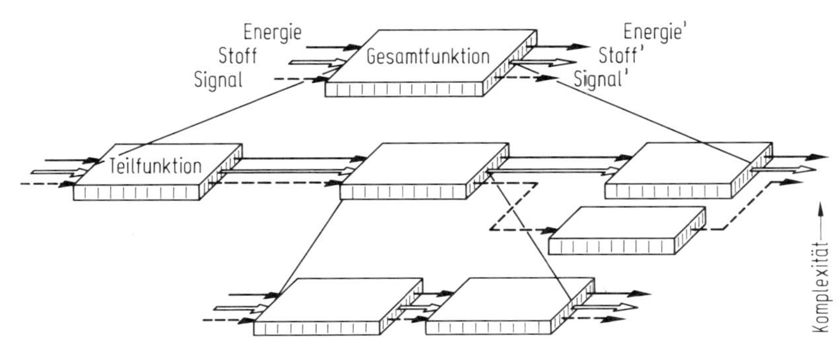

Bild 5.6. Bilden einer Funktionsstruktur durch Aufgliedern einer Gesamtfunktion in Teilfunktionen

Zielsetzung vorliegenden Arbeitsschrittes ist
— ein für die anschließende Lösungssuche erleichterndes Aufteilen der geforderten Gesamtfunktion in Teilfunktionen und
— das Verknüpfen dieser Teilfunktionen zu einer einfachen und eindeutigen Funktionsstruktur.

Der zweckmäßige Auflösungsgrad einer Gesamtfunktion, d. h. die Anzahl der Teilfunktions-Ebenen sowie die Zahl der Teilfunktionen je Ebene, wird durch den Neuigkeitsgrad der Aufgabenstellung, aber auch von der anschließenden Lösungssuche bestimmt.

Bei ausgesprochenen *Neukonstruktionen* sind im allgemeinen sowohl die einzelnen Teilfunktionen als auch deren Verknüpfung unbekannt. Bei diesen gehört deshalb das Suchen und Aufstellen einer optimalen Funktionsstruktur zu den wichtigsten Teilschritten der Konzeptphase. Für *Anpassungskonstruktionen* ist dagegen die Baustruktur mit ihren Baugruppen und Einzelelementen weitgehend bekannt. Eine Funktionsstruktur kann daher durch Analyse des weiterzuentwickelnden Produkts aufgestellt werden. Sie kann entsprechend den speziellen Anforderungen der Anforderungsliste durch Variation, Hinzufügen oder Weglassen einzelner Teilfunktionen und Verändern ihrer Zusammenschaltung modifiziert werden. Große Bedeutung hat das Aufstellen von Funktionsstrukturen bei der Entwicklung von Baukastensystemen. Für diese Möglichkeit einer *Variantenkonstruktion* muß sich der stoffliche Aufbau, d. h. die als Bausteine einsetzbaren Baugruppen und Einzelteile sowie deren Fügestellen, bereits in der Funktionsstruktur widerspiegeln.

Ein weiterer Aspekt beim Aufstellen einer Funktionsstruktur liegt darin, daß man bekannte Teilsysteme eines Produkts oder neuzuentwickelnden Teilsysteme *gut abgrenzen* und auch *getrennt bearbeiten* kann. So werden bekannte Baugruppen entsprechend komplexen Teilfunktionen unmittelbar zugeordnet. Die Aufgliederung der Funktionsstruktur wird dann bereits auf hoher Komplexitätsebene unterbrochen, während für die weiter- oder neu zu entwickelnden Baugruppen eines Produkts das Strukturieren in Teilfunktionen abnehmender Komplexität soweit getrieben wird, bis eine Lösungssuche aussichtsreich erscheint. Durch diese dem Neuigkeitsgrad der Aufgabe bzw. des Teilsystems angepaßte Funktionsgliederung ist das Arbeiten mit Funktionsstrukturen auch zeit- und kostensparend.

Außer zur Lösungssuche werden Funktionsstrukturen bzw. ihre Teilfunktionen auch zu *Ordnungs- und Klassifizierungszwecken* eingesetzt. Als Beispiel wären hier „Ordnende Gesichtspunkte" von Ordnungsschemata (vgl. 5.4.3) und die Gliederung von Katalogen zu nennen.

Neben der Möglichkeit, aufgabenspezifische Funktionen zu bilden, kann es zweckmäßig sein, die Funktionsstruktur aus *allgemein anwendbaren Teilfunktionen* aufzubauen. Solche allgemeinen Funktionen sind in technischen Systemen immer wiederkehrende Funktionen, die bei der Lösungssuche dann vorteilhaft sein können, wenn mit ihrer Hilfe aufgabenspezifische Teilfunktionen gefunden werden sollen (vgl. 5.3.3) oder wenn für sie bereits erarbeitete Lösungen in Katalogen vorliegen. Unter Aufgreifen eines Vorschlags von Krumhauer [30], der eine Ordnung nach allgemeinen Merkmalen vorsieht, und unter Berücksichtigung eigener Erfahrungen in der Lehre sowie bekannter Vorschläge [26, 44, 50] werden in Bild 5.7 allgemein anwendbare Funktionen festgelegt und erläutert.

In zahlreichen Fällen der Praxis wird es dagegen nicht zweckmäßig sein, eine Funktionsstruktur aus allgemeinen Teilfunktionen aufzubauen, weil sie zu allgemein formuliert sind und dadurch keine genügend konkrete Vorstellung des Zusammenhangs hinsichtlich der anschließenden Lösungssuche gegeben ist. Diese entsteht im allgemeinen erst durch Ergänzen mit aufgabenspezifischen Begriffen.

Merkmal Eingang E / Ausgang A	Allgemein anwendbare Funktionen	Symbole	Erläuterungen
Art	Wandeln		Art und Erscheinungsform von E und A unterschiedlich
Größe	Ändern		$E < A$ $E > A$
Anzahl	Verknüpfen		Anzahl von $E > A$ Anzahl von $E < A$
Ort	Leiten		Ort von $E \neq A$ Ort von $E = A$
Zeit	Speichern		Zeitpunkt von $E \neq A$

Bild 5.7. Allgemein anwendbare Funktionen abgeleitet von den Merkmalen Art, Größe, Anzahl, Ort und Zeit in bezug auf den Energie-, Stoff- und Signalumsatz

5.3.3. Logische Betrachtung

Bei der logischen Betrachtung funktionaler Zusammenhänge wird zunächst allgemein der Zusammenhang gesucht, der sich folgerichtig oder zwangsläufig in einem System ergeben muß, damit die Gesamtaufgabe erfüllt werden kann. Dabei kann es sowohl auf den Zusammenhang zwischen Teilfunktionen als auch zwischen Eingangs- und Ausgangsgrößen einer Teilfunktion ankommen.

Wenden wir uns zuerst den Beziehungen zwischen Teilfunktionen zu.

Wie schon in 2.1.3 angeführt, werden gewisse Teilfunktionen erst erfüllt sein müssen, bevor eine andere Teilfunktion sinnvollerweise eingesetzt werden darf. Sogenannte Wenn-Dann-Beziehungen machen solche Zusammenhänge deutlich. Erst wenn Teilfunktion A vorhanden, dann kann Teilfunktion B wirken usw. Oft sind mehrere Teilfunktionen erst alle zugleich zu erfüllen, bevor eine anschließende Teilfunktion wirksam werden darf. Auch kann es sein, daß schon die Erfüllung einer Teilfunktion neben anderen dazu ausreicht. Diese Art der Zuordnung von Teilfunktionen bestimmt damit die Struktur des jeweiligen Energie-, Stoff- und Signalflusses. So muß bei einer Zerreißprüfung zuerst die Teilfunktion „Prüfling belasten" erfüllt sein, bevor die anderen Teilfunktionen „Kraft messen" und „Verformung messen" vorgesehen werden können. Die beiden letztgenannten müssen auf jeden Fall gleichzeitig durchgeführt werden. Folgerichtiges Zuordnen innerhalb des betrachteten Flusses muß beachtet werden und geschieht durch eindeutiges Verbinden der Teilfunktionen.

Logische Zusammenhänge sind aber auch zwischen Ein- und Ausgängen einer Teilfunktion notwendig. In der Mehrzahl der Fälle bestehen dabei mehrere Eingangs- und Ausgangsgrößen, die in ihrem Zusammenhang eine Schaltungslogik ermöglichen sollen. Dazu dienen *logische Grundverknüpfungen* der Eingangs- und Ausgangsgrößen, die in einer zweiwertigen Logik Aussagen sind wie wahr – unwahr, ja – nein, ein – aus, erfüllt – nicht erfüllt, vorhanden – nicht vorhanden und mit Hilfe der Booleschen Algebra berechnet werden können.

Man unterscheidet zwischen UND-Funktion, ODER-Funktion und NICHT-Funktion sowie deren Kombinationen zu komplexeren Funktionen wie NOR-Funktion (ODER mit NICHT), NAND-Funktion (UND mit NICHT) oder Speicherfunktionen mit Hilfe von Flip-Flops [10, 38, 44]. Diese werden als *logische Funktionen* bezeichnet.

Bei einer UND-Funktion müssen alle Aussagen des Eingangs mit gleicher Wertigkeit erfüllt bzw. vorhanden sein, damit am Ausgang eine gleiche Aussage eintritt.

Bei einer ODER-Funktion muß nur eine Aussage des Eingangs erfüllt bzw. vorhanden sein, damit am Ausgang die gleiche Aussage eintritt.

Bei einer NICHT-Funktion wird die Aussage des Eingangs negiert, so daß die negierte Aussage am Ausgang entsteht.

Für diese logischen Funktionen sind in DIN 40 700 Schaltsymbole festgelegt. Die Logik der Aussage kann einer Funktionstabelle in Bild 5.8, die die Eingänge systematisch unter den nur zwei möglichen Aussagen (ja – nein, ein – aus, usw.) kombiniert und dann die jeweiligen ebenfalls nur zweiwertigen Aussagen des Ausgangs darstellt, entnommen werden. Ergänzend wurden die Gleichungen der Booleschen Algebra hinzugefügt. Mit den logischen Funktionen können komplexe Schaltungen

Bezeichnung	UND-Funktion (Konjunktion)	ODER-Funktion (Disjunktion)	NICHT-Funktion (Negation)
Schaltsymbol (nach DIN 40700)	X_1, X_2 — Y	X_1, X_2 — Y	X — Y
Funktions-tabelle	X_1: 0 1 0 1 X_2: 0 0 1 1 Y: 0 0 0 1	X_1: 0 1 0 1 X_2: 0 0 1 1 Y: 0 1 1 1	X: 0 1 Y: 1 0
Boolesche Algebra (Funktion)	$Y = X_2 \wedge X_1$	$Y = X_1 \vee X_2$	$Y = \overline{X}$

Bild 5.8. Logische Funktionen
X unabhängige Aussage; *Y* abhängige Aussage; „0", „1" Wert der Aussage, z. B. „aus", „ein"

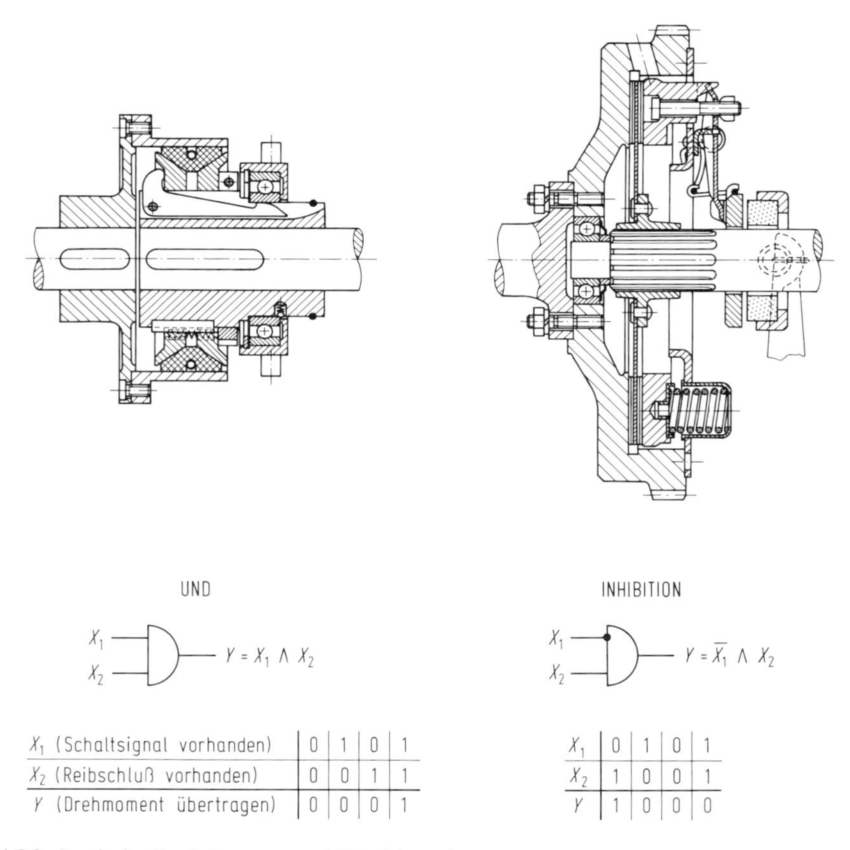

X_1 (Schaltsignal vorhanden)	0	1	0	1
X_2 (Reibschluß vorhanden)	0	0	1	1
Y (Drehmoment übertragen)	0	0	0	1

X_1	0	1	0	1
X_2	1	0	0	1
Y	1	0	0	0

Bild 5.9. Logische Funktion von zwei Schaltkupplungen

Baustruktur

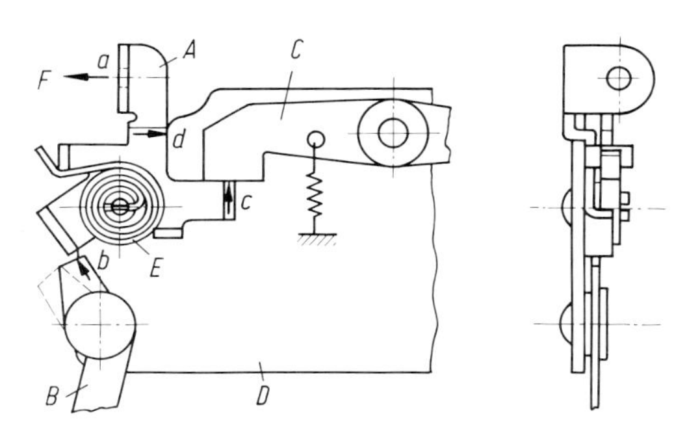

A, B, C : Hebel
D : Grundplatte
E : Spiralfeder
a, b, c, d: Wirkflächen des Hebels *A*
F : in das System eingeleitete Kraft

Ersatzbild mit Wirkbewegungen

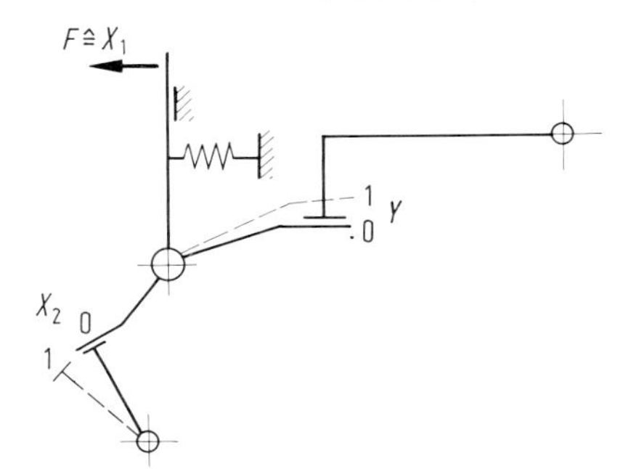

X_1: Eingangskraft *F* (1. Eingangsvariable)
X_2: Stellung des Sicherungshebels *B* (2. Eingangsvariable)
Y: Stellung des Verschlußhebels *C* (Ausgangsgröße)

Logische Funktion des Systems

X_1	0	1	0	1
X_2	0	0	1	1
Y	0	0	0	1

UND

X_1, X_2 — $Y = X_1 \wedge X_2$

$X_1 = 1$ für $F > 0$
$X_1 = 0$ für $F = 0$
$X_2 = 0$ Hebel *B* verhindert Drehung des Hebels *A*
$X_2 = 1$ Stellung des Hebels *B* gibt Drehung des Hebels *A* frei
$Y = 0$ Türverschluß geschlossen
$Y = 1$ Türverschluß geöffnet

Bild 5.10. Verschlußmechanismus einer Pkw-Tür nach [16] mit Baustruktur, Ersatzbild mit Wirkbewegungen und logische Funktion des Systems

aufgebaut werden, die in vielen Fällen eine Sicherheitserhöhung bei Steuerungs- und Meldesystemen erzwingt.

Bild 5.9 zeigt als Beispiel zwei Ausführungsarten mechanischer Schaltkupplungen mit den ihnen eigentümlichen logischen Funktionen. Bei der linken Bauart findet man eine einfache UND-Funktion (Schaltsignal und Reibschluß müssen beide vorhanden sein, damit das Drehmoment übertragen werden kann). Die rechte Kupplung als Kraftfahrzeugkupplung ist so konzipiert, daß beim Auftreten des Schaltsignals entkuppelt werden soll, also die Aussage von X_1 muß negativ sein, um das Drehmoment zu übertragen. Oder anders ausgedrückt: Nur die Aussage X_2 darf vorhanden oder positiv sein, um die gewünschte Wirkung zu erzielen.

Als weiteres Beispiel diene der mit Bild 5.10 dargestellte Mechanismus einer Pkw-Tür nach Gerber [16]. Auch hier entspricht der logische Zusammenhang einer einfachen UND-Verknüpfung, denn der Verschlußhebel C kann durch die am Hebel A angreifende Eingangskraft F nur dann gedreht werden, wenn der Sicherungshebel B die Stellung „1" hat. Legt die Anforderungsliste weitere, den logischen Zusammenhang betreffende Forderungen fest, so wird die Funktionsstruktur entsprechend komplizierter [16].

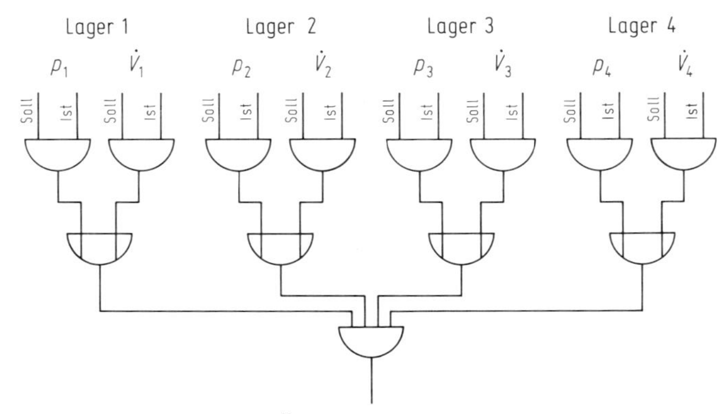

Bild 5.11. Logische Funktionen zur Überwachung einer Lagerölversorgung. Eine positive Aussage an jeder Lagerstelle (Öl vorhanden) soll in diesem Fall schon genügen, um Inbetriebnahme zu gestatten. Druckwächter überwachen p, Strömungswächter überwachen $\dot{V}$

Bild 5.11 zeigt einen logischen Zusammenhang bei der Überwachung der Lagerölversorgung einer mehrfach gelagerten Großmaschinenwelle unter Einsatz von UND- und ODER-Funktionen. Jede Lagerstelle wird durch eine Öldrucküberwachung und durch einen Strömungswächter jeweils mit einem Soll-Ist-Vergleich kontrolliert. Eine positive Aussage an jeder Lagerstelle soll jedoch schon genügen, um eine Inbetriebnahme zu erlauben.

Aus den Beispielen können folgende Hinweise abgeleitet werden:

- Logische Zusammenhänge leiten sich direkt aus entsprechenden Forderungen der Aufgabenstellung (Anforderungsliste) ab. Solche Forderungen betreffen z. B. die Betriebsweise, die Sicherheit, die Zuverlässigkeit oder die Verhinderung von Störungen. Sie werden durch bestimmte Bedingungen eines Systems festgelegt.
- Es ist hilfreich, den logischen Inhalt von Forderungen der Anforderungsliste durch „Wenn – Dann"-Sätze zu erfragen.
- Durch Variation der logischen Zusammenhänge können Voraussetzungen für unterschiedliche Lösungen geschaffen werden.
- Die Erfahrung zeigt, daß eine Präzisierung der logischen Zusammenhänge die Lösungssuche erleichtert.
- Für die Entscheidung, ob für die Lösungssuche eine logische Funktionsstruktur aufgestellt werden muß, ist es zweckmäßig, die Anforderungsliste dahingehend

zu analysieren, welche Forderungen und Wünsche logische Inhalte besitzen. Dabei ist es wichtig zu erkennen, ob diese logischen Inhalte durch logische Funktionen allein mit den Grundverknüpfungen UND, ODER oder NICHT erfüllt werden oder ob ihre Kombination in komplizierteren Schaltungen notwendig ist. Nur in letzterem Fall ist es in der Regel nötig, den logischen Zusammenhang weiter zu verfolgen.

— Zur Durchrechnung und Optimierung von logischen Strukturen wird die Boolesche Algebra verwendet.

5.3.4. Physikalische Betrachtung

Neben logischen Inhalten ergeben die Forderungen und Wünsche der Anforderungsliste vor allem physikalische Zusammenhänge des Energie-, Stoff- und/oder Signalumsatzes, die durch eine entsprechende Funktionsstruktur mit Verknüpfungen der beteiligten physikalischen Größen dargestellt werden. Hierzu sind in Bild 5.12 entsprechende Symbole festgelegt.

Es ist zweckmäßig, zunächst den *Hauptfluß* in einer Struktur, soweit eindeutig vorhanden, aufzustellen, um dann erst bei der weiteren Lösungssuche die Nebenflüsse zu berücksichtigen. Ist eine einfache Funktionsstruktur mit ihren wichtigsten Verknüpfungen gefunden, fällt es in einem weiteren Schritt leichter, nun auch die ergänzenden Flüsse mit ihren entsprechenden Teilfunktionen zu berücksichtigen sowie eine weitere Aufgliederung komplexer Teilfunktionen zu erreichen. Dabei ist es oft hilfreich, sich für die *vereinfachte Funktionsstruktur* bereits ein erstes Lösungskonzept gedanklich vorzustellen, ohne jedoch damit eine Vorfixierung einer Lösung vorzunehmen.

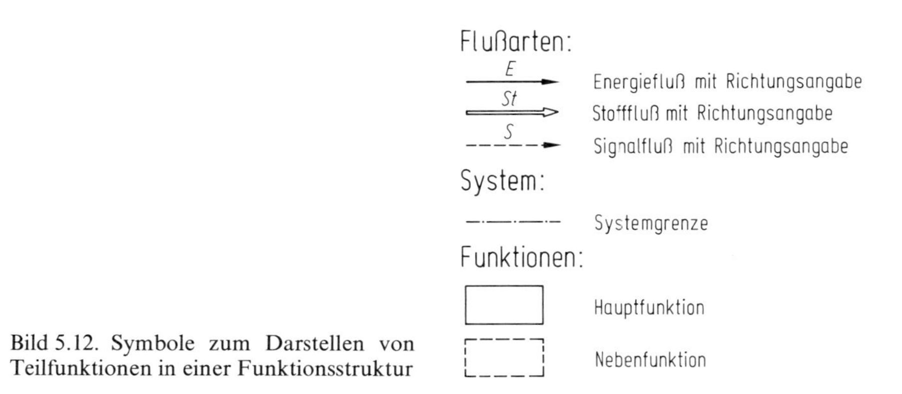

Bild 5.12. Symbole zum Darstellen von Teilfunktionen in einer Funktionsstruktur

Bild 5.13 und Bild 5.14 zeigen als Beispiel die Funktionsstruktur einer Prüfmaschine mit einem komplexeren Energie-, Stoff- und Signalfluß. Bei solcher Gesamtfunktion wird die Funktionsstruktur aus Teilfunktionen schrittweise aufgebaut, wobei zunächst nur wesentliche Hauptfunktionen betrachtet werden. So sind in einer ersten Funktionsebene nur diejenigen Teilfunktionen aufgeführt, die unmittelbar der Erfüllung der geforderten Gesamtfunktion dienen. Auch sind zunächst noch komplexe Teilfunktionen, wie in vorliegendem Beispiel „Energie in Kraft und Weg

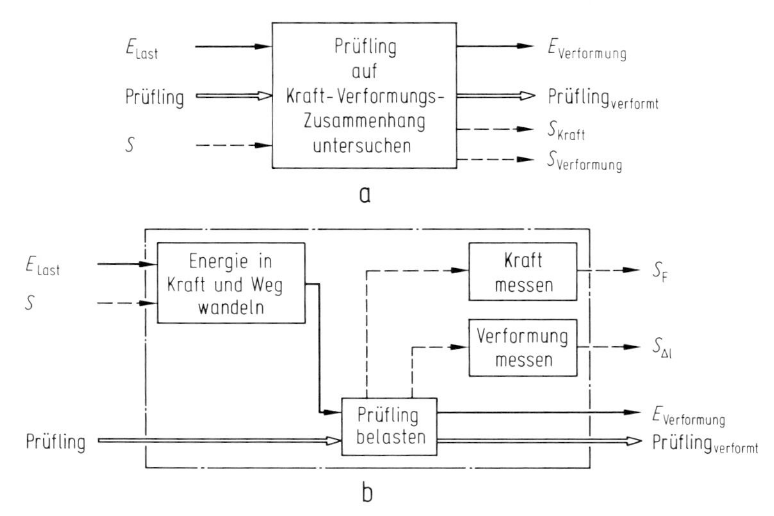

Bild 5.13. Gesamtfunktion a) und Teilfunktionen (Hauptfunktionen) b) einer Prüfmaschine

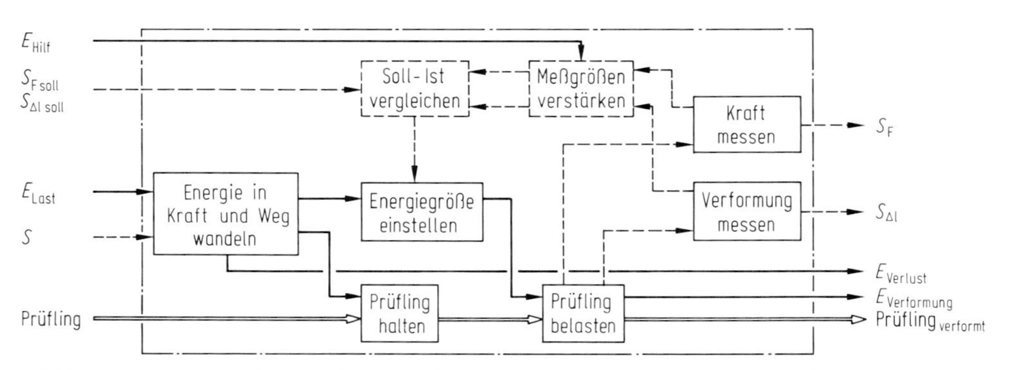

Bild 5.14. Vervollständigte Funktionsstruktur für die Gesamtfunktion gemäß Bild 5.13

wandeln" und „Prüfling belasten", formuliert, um zunächst zu einer einfachen Funktionsstruktur zu kommen.

Bei vorliegender Aufgabe sind Energiefluß und Signalfluß etwa gleichberechtigt für die Lösungssuche anzusehen, während der Stofffluß, d. h. das Auswechseln des Prüflings, nur wesentlich für die Haltefunktion ist, die in Bild 5.14 ergänzt wurde. Es ist deshalb nicht möglich, nur einen Hauptfluß anzugeben. Bei der Funktionsstruktur in Bild 5.14 wurden beim Energiefluß noch eine Einstellfunktion für die Lastgrößen und am Ausgang des Systems die Verlustenergie bei der Energiewandlung eingetragen, weil sie durchaus konstruktive Konsequenzen haben kann. Die Verformungsenergie des Prüflings geht mit dem Stofffluß beim Auswechseln verloren. Weiterhin wurden die Nebenfunktionen „Meßgrößen verstärken" und „Soll-Ist vergleichen" zum Einstellen der Energiegröße notwendig.

Als weiteres Beispiel diene die Funktionsstruktur einer Formmaschine für Teig, z. B. zur Herstellung von Keksen. Zum Erfüllen der Gesamtfunktion dieses Stoff-

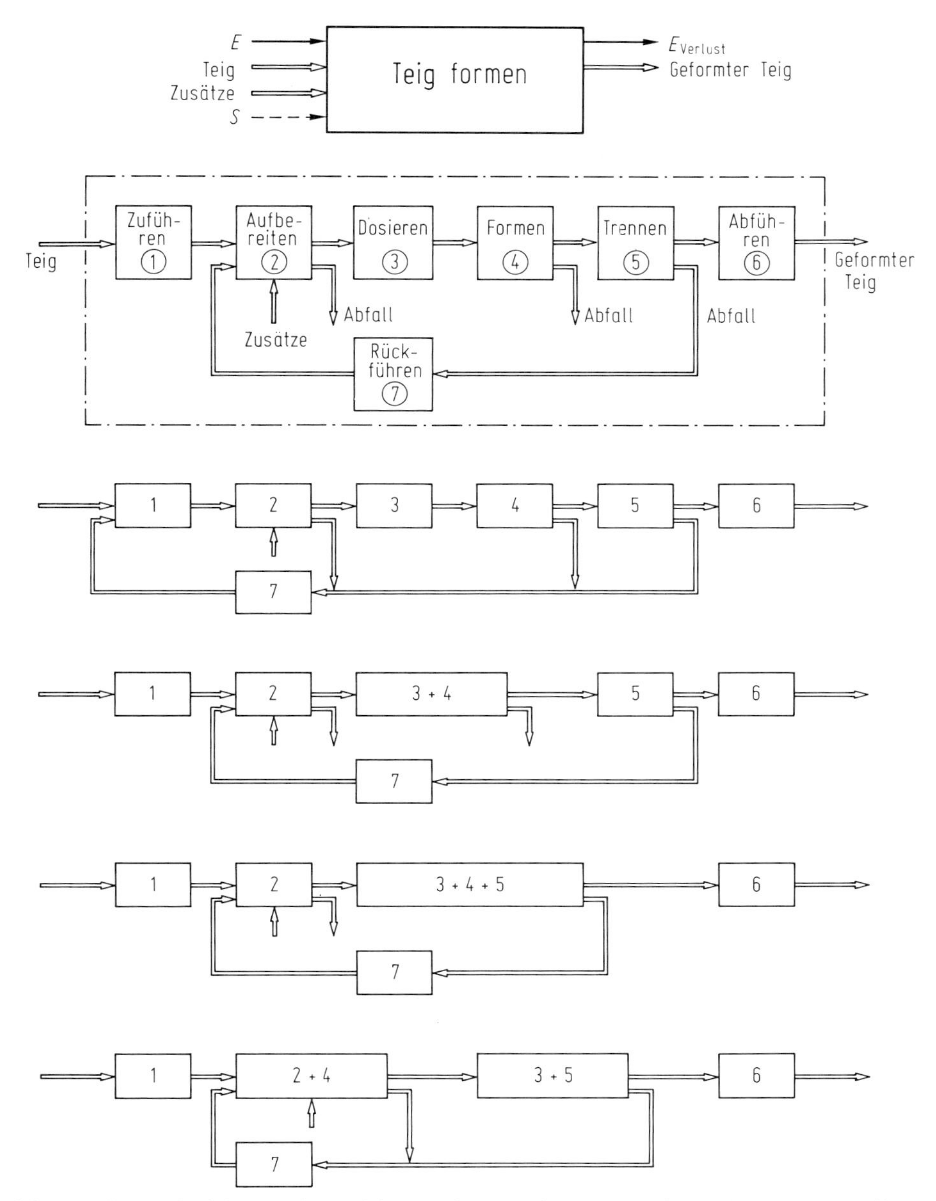

Bild 5.15. Gesamtfunktion und Funktionsstruktur-Varianten für eine Teig-Form-Maschine zur Herstellung von Keksen nur bei Berücksichtigung des Hauptumsatzes

umsatzes gemäß Bild 5.15 muß nun nach geeigneten bzw. notwendigen Teilfunktionen des Hauptflusses gesucht werden. Die wichtigsten lassen sich oft ohne größere Schwierigkeiten aus der Technologie bzw. Verfahrenstechnik des geforderten Prozesses, hier also der Backwaren-Herstellung ableiten. Dabei kann durch Fragenstellen die Funktionsstruktur vervollständigt werden. Z. B. führt die Verneinung der

Frage „Kann der Abfall unmittelbar mit dem Neuteig gemischt und weiterverarbeitet werden?“ zu der notwendigen Teilfunktion „Aufbereiten“. Für den vorliegenden Prozeß ergaben sich sieben Teilfunktionen, die zu verschiedenen Funktionsstruktur-*Varianten* verknüpft werden können. In Bild 5.15 erkennt man weiterhin die Möglichkeit, Funktionen zusammenzufassen, was häufig zu einfachen und kostengünstigen Lösungen führt.

Es gibt aber auch Aufgabenstellungen, bei denen eine Variation allein des Hauptflusses zur Lösungssuche nicht ausreichend ist, weil auch die anderen, *begleitenden Flüsse* stark *konstruktionsbestimmend* sind. Als Beispiel hierfür diene die Funktionsstruktur einer Kartoffel-Vollerntemaschine: Bild 5.16 zeigt die Gesamtfunktion und die Funktionsstruktur bei Berücksichtigung des Stoffumsatzes als Hauptfluß und der begleitenden Energie- und Signalflüsse. In Bild 5.16 b ist zum Vergleich die Funktionsstruktur auch mit allgemein anwendbaren Funktionen dargestellt. Man erkennt dort die eindeutige Verknüpfung der Flüsse besser. Bei Verwendung allgemeiner Funktionen ist der Auflösungsgrad in Teilfunktionen in der Regel größer als beim Arbeiten mit aufgabenspezifischen Teilfunktionen. So wird

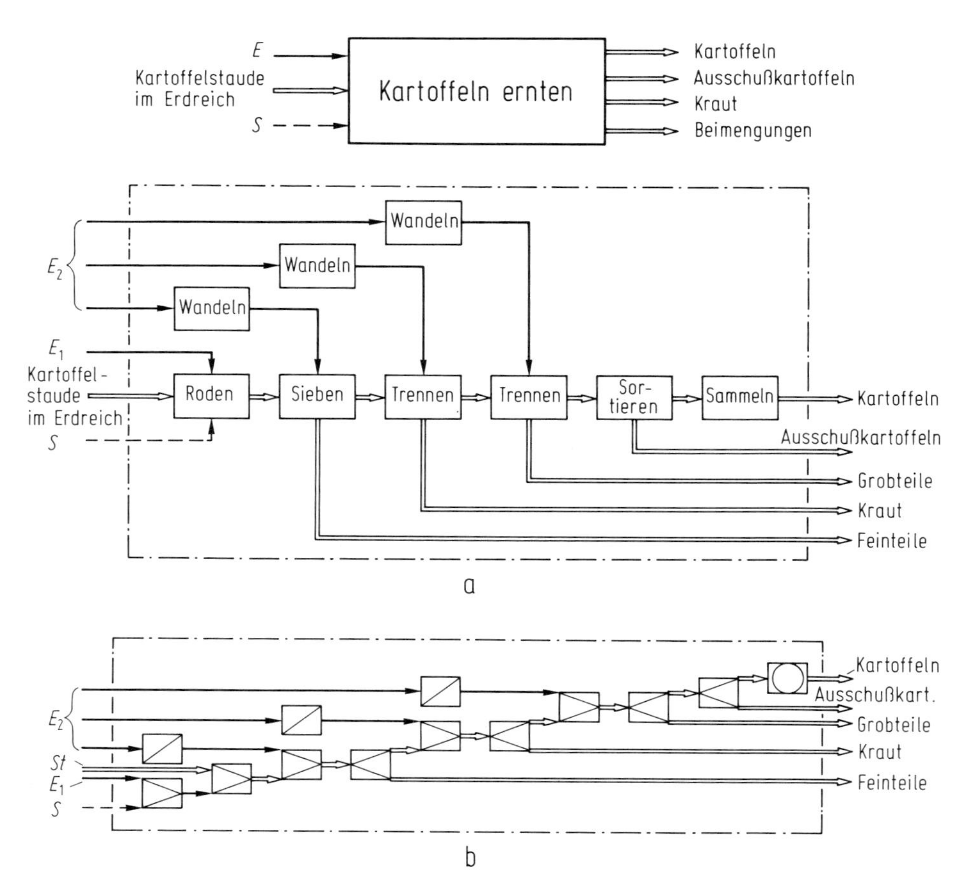

Bild 5.16. a) Funktionsstruktur für eine Kartoffel-Vollerntemaschine
b) Zum Vergleich auch Darstellung mit allgemein anwendbaren Funktionen nach Bild 5.7

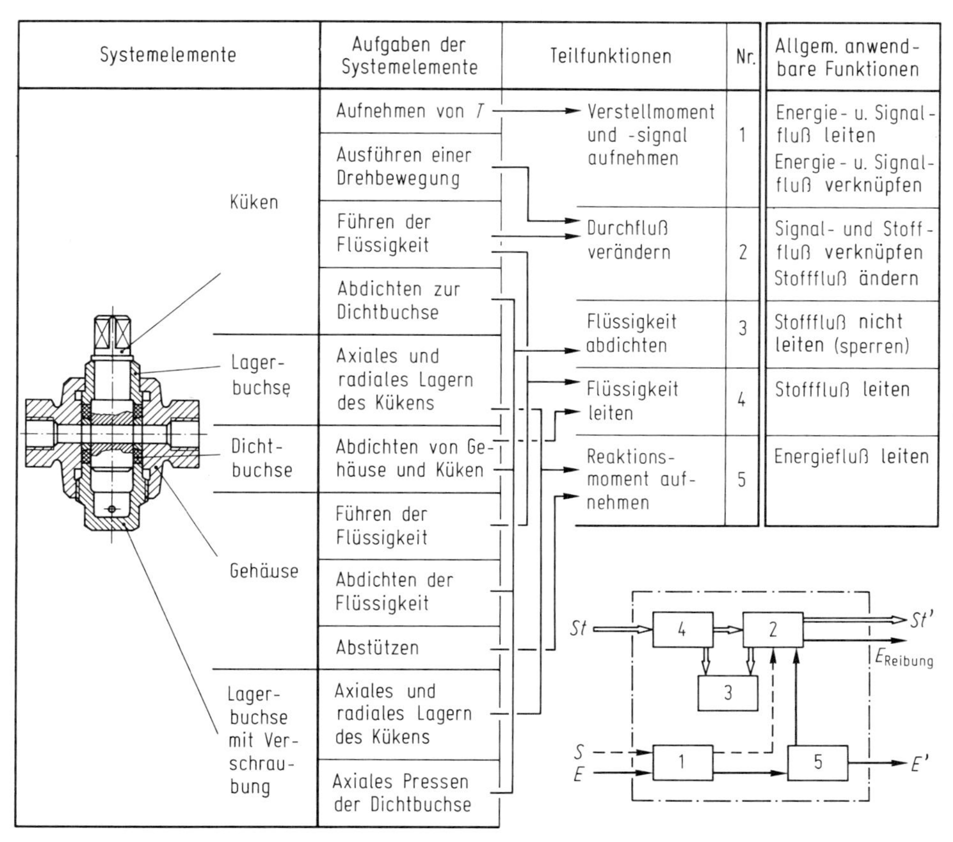

Bild 5.17. Analyse eines Durchgangshahns hinsichtlich seiner Funktionsstruktur

im vorliegenden Beispiel die Teilfunktion „Trennen“ durch die allgemein anwendbaren Funktionen „Energie und Stoffgemisch verknüpfen“ und „Stoffgemisch trennen“ (Inversion von Verknüpfen) ersetzt.

Ein weiteres Beispiel soll die Ableitung von *Funktionsstrukturen* durch die *Analyse bekannter Systeme* andeuten. Diese Vorgehensweise ist insbesondere für Weiterentwicklungen angebracht, bei denen ja mindestens eine Lösung mit der dazugehörigen Funktionsstruktur bekannt ist und es darum geht, verbesserte Lösungen zu finden. Bild 5.17 zeigt die Analyseschritte für einen Durchgangshahn, verallgemeinert Rohrschalter, beginnend bei der Auflistung der enthaltenen Elemente, der einzelnen Aufgaben je Element und der vom System erfüllten Teilfunktionen. Aus letzteren läßt sich dann die vorhandene Funktionsstruktur zusammenstellen. Diese kann dann für Produktverbesserungen variiert werden.

Die in 5.9 in einem geschlossenen Beispiel dargelegte Funktionsstruktur zeigt, daß die Untersuchung von Funktionsstrukturen auch nach Festlegen des physikalischen Effekts sehr nützlich sein kann, um das Systemverhalten bereits in einem sehr frühen Entwicklungsstadium zu studieren und daraus die die Aufgabenstellung am besten erfüllende Struktur zu erkennen.

5.3.5. Praxis der Funktionsstruktur

Beim Aufstellen von Funktionsstrukturen muß zwischen Neukonstruktionen und Anpassungskonstruktionen unterschieden werden. Bei *Neukonstruktionen* ist der Ausgangspunkt für Funktionsstrukturen die *Anforderungsliste und die abstrakte Problemformulierung.* Aus den Forderungen und Wünschen sind funktionale Zusammenhänge erkennbar, zumindest ergeben sich aus diesen oft die Teilfunktionen am Eingang und Ausgang einer Funktionsstruktur. Es ist hilfreich, die in der Anforderungsliste enthaltenen funktionalen Zusammenhänge in Form von Sätzen herauszuschreiben und diese in der Reihenfolge ihrer voraussichtlichen Wichtigkeit oder logischen Zuordnung zu ordnen.

Bei Weiterentwicklungen in Form von *Anpassungskonstruktionen* ergibt sich als erster Ansatz die *Funktionsstruktur aus der bekannten Lösung* durch Analyse der Bauelemente. Sie dient als Grundlage für Varianten der Funktionsstruktur, die zu anderen Lösungsmöglichkeiten führen können. Sie kann ferner zu Optimierungszwecken oder für Baukastenentwicklungen herangezogen werden. Das Erkennen funktionaler Beziehungen kann durch Fragenstellen erleichtert werden.

Bei Baukastensystemen bestimmt die Funktionsstruktur entscheidend die Bausteine und die Baugruppengliederung. Hier beeinflussen neben funktionalen Gesichtspunkten verstärkt auch fertigungstechnische Forderungen die Funktionsstruktur und die von ihr abgeleitete Baustruktur.

Zum Aufstellen von Funktionsstrukturen werden folgende Anweisungen gegeben:

1. Es ist zweckmäßig, aus den in der Anforderungsliste erkennbaren funktionalen Zusammenhängen zunächst eine grobe Struktur mit nur wenigen Teilfunktionen zu bilden, um diese dann schrittweise durch Zerlegen komplexer Teilfunktionen weiter aufzugliedern. Dieses ist einfacher, als sofort mit komplizierten Strukturen zu beginnen. Unter Umständen ist es dafür hilfreich, für die grobe Struktur zunächst ein *erstes Lösungskonzept* aufzustellen, um dann durch dessen Analyse zu weiteren wichtigen Teilfunktionen zu kommen. Ein möglicher Weg besteht auch darin, zunächst mit einer bekannten Teilfunktion am Eingang oder Ausgang zu beginnen, deren Größen die gedachte Systemgrenze überschreiten. Von den Nachbarfunktionen kennt man dazu dann schon zumindest die Eingangs- oder Ausgangsgrößen.
2. Können eindeutige Verknüpfungen zwischen Teilfunktionen noch nicht erkannt und angegeben werden, genügt zur Suche nach einem ersten Lösungsprinzip unter Umständen auch die bloße *Aufzählung wichtiger Teilfunktionen* ohne logische oder physikalische Verknüpfung, möglichst jedoch nach ihrem Komplexitätsgrad geordnet.
3. *Logische Zusammenhänge* können zu Funktionsstrukturen führen, anhand derer unmittelbar Logikelemente verschiedener Wirkprinzipien (mechanisch, elektrisch u. a.) vorgesehen werden.
4. Funktionsstrukturen sind grundsätzlich nur bei Angabe des vorliegenden bzw. zu erwartenden Energie-, Stoff- und Signalflusses vollständig. Trotzdem ist es zweckmäßig, zunächst den *Hauptfluß* zu verfolgen, da er in der Regel konstruktionsbestimmend und aus den beabsichtigten Verfahren leichter ableitbar ist. Die

begleitenden Flüsse sind dann für die konstruktive Durcharbeitung, für Störgrößenbetrachtungen, für Antriebs- und Regelungsfragen usw. maßgebend. Die vollständige Funktionsstruktur unter Berücksichtigung aller Flüsse und deren Verknüpfungen erhält man dann durch iteratives Vorgehen, indem man für den Hauptfluß zunächst eine Struktur sucht, diese anschließend hinsichtlich der begleitenden Flüsse ergänzt und dann die Gesamtstruktur aufstellt.

5. Beim Aufstellen von Funktionsstrukturen ist es hilfreich zu wissen, daß beim Energie-, Stoff- und Signalumsatz einige *Teilfunktionen* in den meisten Strukturen häufig *wiederkehren* und deshalb zweckmäßigerweise zunächst angesetzt werden. Es handelt sich im wesentlichen um die allgemein anwendbaren Funktionen nach Bild 5.7, die zur Suche nach aufgabenspezifischen Funktionen anregen können.

   Energieumsatz:
   - Energie wandeln — z. B. elektrische in mechanische Energie wandeln.
   - Energiekomponente ändern — z. B. Drehmoment vergrößern.
   - Energie mit Signal verknüpfen — z. B. elektrische Energie einschalten.
   - Energie leiten — z. B. Kraft übertragen.
   - Energie speichern — z. B. kinetische Energie speichern.

   Stoffumsatz:
   - Stoff wandeln — z. B. Luft verflüssigen.
   - Stoffabmessungen ändern — z. B. Blech walzen.
   - Stoff mit Energie verknüpfen — z. B. Teile bewegen.
   - Stoff mit Signal verknüpfen — z. B. Dampf absperren.
   - Stoffe miteinander verknüpfen — z. B. Stoffe mischen oder Stoffe trennen.
   - Stoff leiten — z. B. Kohle fördern.
   - Stoff speichern — z. B. Stoffe lagern.

   Signalumsatz:
   - Signal wandeln — z. B. mechanisches in elektrisches Signal wandeln oder stetiges in unstetiges Signal umsetzen.
   - Signalgröße ändern — z. B. Ausschlag vergrößern.
   - Signal mit Energie verknüpfen — z. B. Meßgröße verstärken.
   - Signal mit Stoff verknüpfen — z. B. Kennzeichnung vornehmen.
   - Signale verknüpfen — z. B. Soll-Ist-Vergleich durchführen.
   - Signal leiten — z. B. Daten übertragen.
   - Signal speichern — z. B. Daten bereithalten.

6. Aus einer Grobstruktur oder einer durch Analyse bekannter Systeme ermittelten *Funktionsstruktur* können weitere *Varianten* im Interesse einer Lösungsvariation und damit Lösungsoptimierung *gewonnen* werden durch
   - Zerlegen oder Zusammenlegen einzelner Teilfunktionen,
   - Ändern der Reihenfolge einzelner Teilfunktionen,
   - Ändern der Schaltungsart (Reihenschaltung, Parallelschaltung, Brückenschaltung) sowie durch
   - Verlegen der Systemgrenze.

   Da durch Strukturvariation bereits unterschiedliche Lösungen initiiert werden können, ist die Aufstellung von Funktionsstrukturen bereits ein Schritt der Lösungssuche.

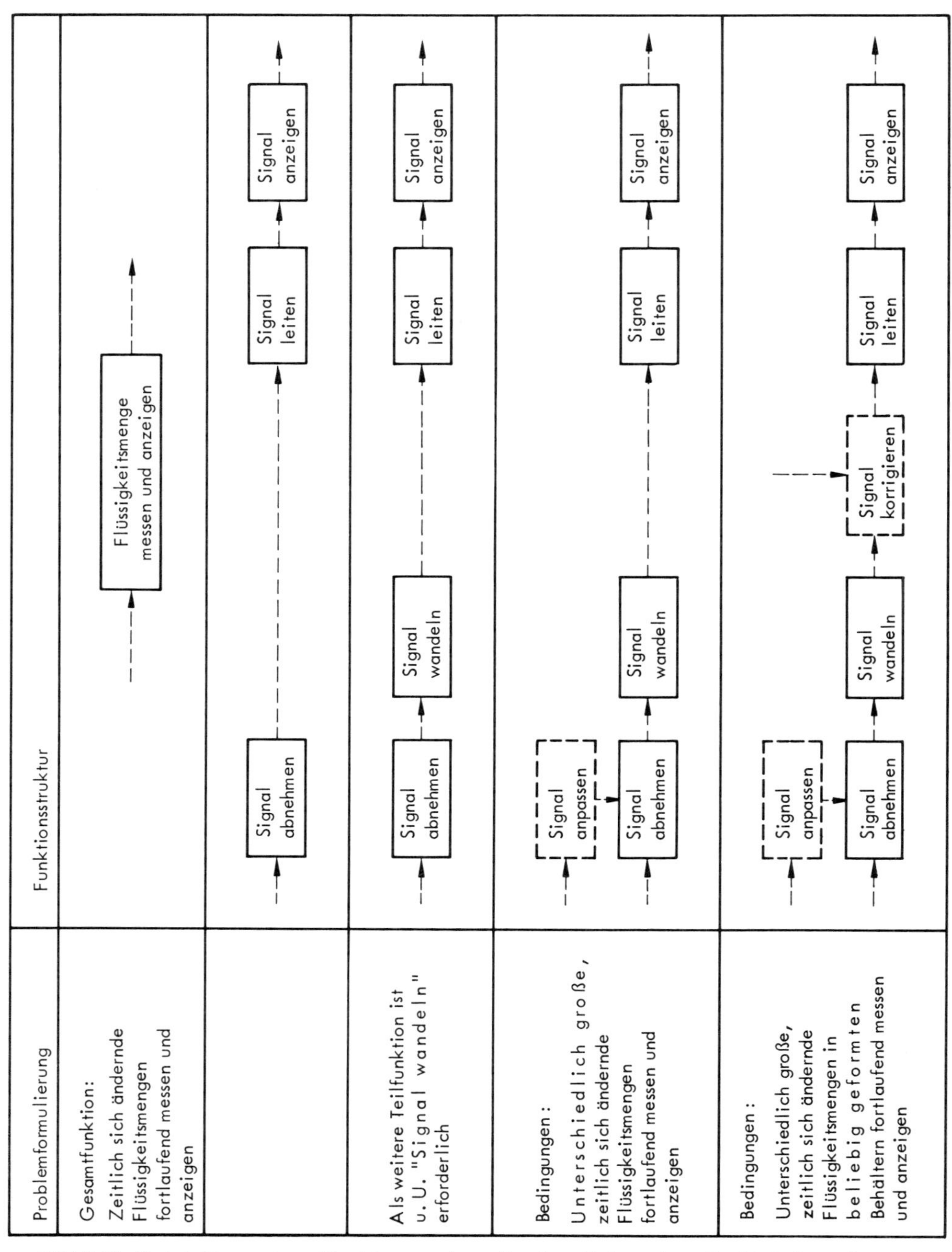

Bild 5.18. Entwicklung einer Funktionsstruktur für den Geber eines Tankinhaltsmeßgeräts.

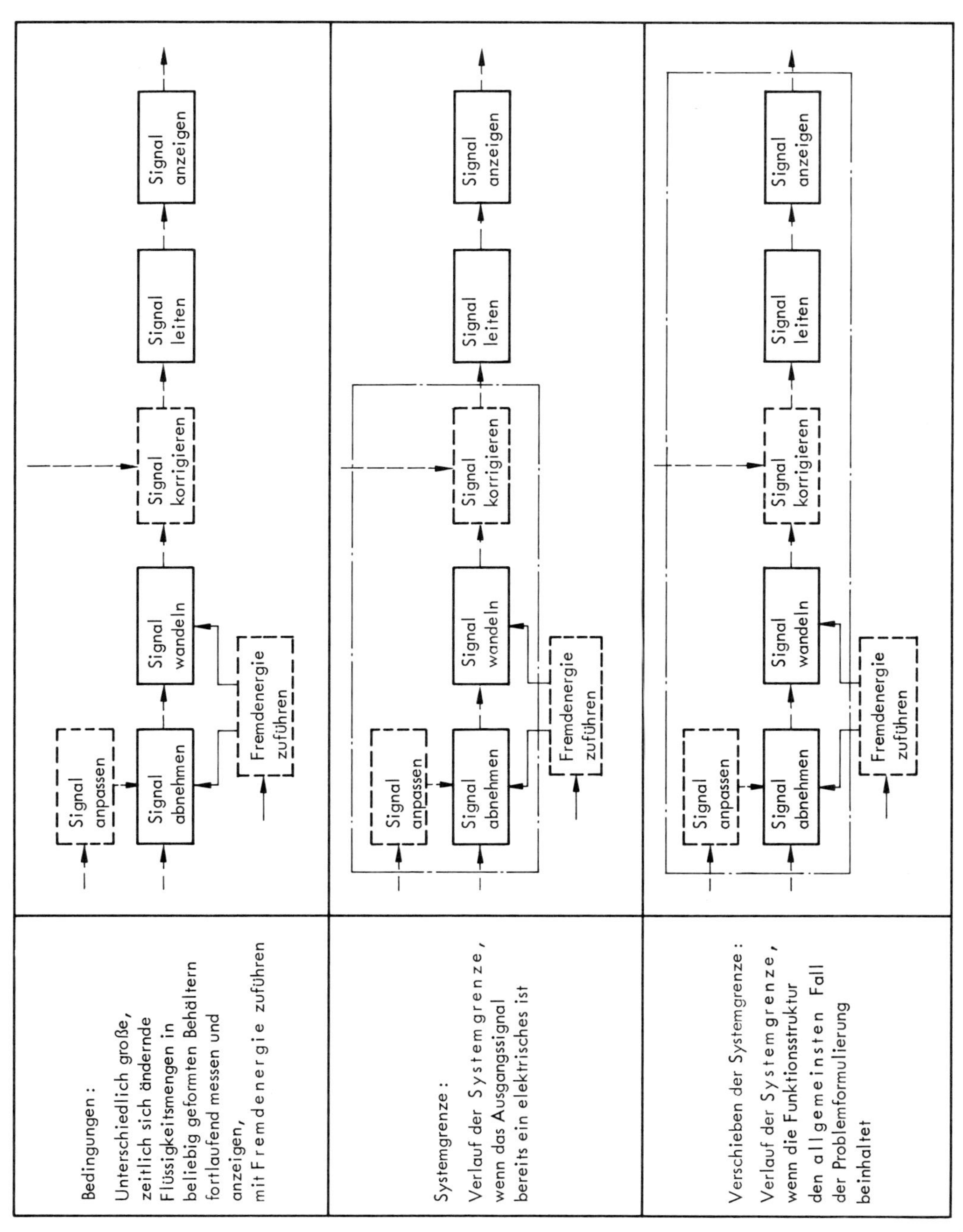

Von der Problemformulierung ausgehend schrittweise Vervollständigung

7. *Funktionsstrukturen* sollen so *einfach* wie möglich aufgebaut sein, weil sie dann in der Regel auch zu einfachen und kostengünstigen Systemen führen. Hierzu ist auch das Zusammenlegen von Funktionen anzustreben, die dann Grundlage für integrierte Funktionsträger sind. Es gibt aber auch Aufgabenstellungen, bei denen man bewußt Funktionen verschiedenen Funktionsträgern zuordnen muß, wenn z. B. erhöhte Forderungen an die Eindeutigkeit einer Lösung sowie extreme Belastungs- und Qualitätsforderungen vorliegen. In diesem Zusammenhang sei auf das „Prinzip der Aufgabenteilung“ (vgl. 6.4.2) hingewiesen.
8. Es sollen zur Lösungssuche nur *aussichtsreiche Funktionsstrukturen* verwendet werden, wozu in dieser Phase bereits *Auswahlverfahren* einsetzbar sind (vgl. 5.6).
9. Zur *Darstellung* von *Funktionsstrukturen* werden *einfache, aussagefähige Symbole* in Bild 5.12 vorgeschlagen, die zweckmäßigerweise durch verbale aufgabenspezifische Angaben ergänzt werden.

Die Aufstellung einer Funktionsstruktur soll die Lösungsfindung erleichtern. Sie ist also kein Selbstzweck, sondern wird nur soweit entwickelt, wie sie auch dieser Zielsetzung nutzt. Es hängt deshalb sehr vom Neuigkeitsgrad der Aufgabenstellung und dem Erfahrungsschatz des Bearbeiters ab, wie vollständig und wie stark untergliedert sie aufgebaut wird.

Ferner muß festgestellt werden, daß die Aufstellung einer Funktionsstruktur selten ganz frei ist von der Vorstellung bestimmter physikalischer Wirkprinzipien bzw. Gestaltungsmerkmale, d. h. eine gewisse Einschränkung von Lösungsmöglichkeiten hat bereits stattgefunden. Aus dieser Tatsache kann man ableiten, daß es durchaus nicht falsch sein kann, zunächst für die Aufgabenstellung eine erste Lösung zu konzipieren und dann in einer Schleifenbildung die Funktionsstruktur und ihre Varianten zu komplettieren.

Das in 5.2.2 begonnene Beispiel eines Gebers für ein Tankinhaltsmeßgerät wird weiter verfolgt. Bild 5.18 läßt die Entwicklung und die Variation einer Funktionsstruktur entsprechend den in diesem Abschnitt gegebenen Hinweisen erkennen.

Als Hauptfluß wird der Signalfluß zugrunde gelegt. Naheliegende Teilfunktionen werden in zwei Teilschritten entwickelt. Da nach der Aufgabenstellung die Messung auch an unterschiedlich großen Behältern, also für unterschiedlich große Mengen vorgesehen werden soll, ist eine Anpassung des Signals an die jeweilige Behältergröße zweckmäßig, was als Nebenfunktion eingeführt wird. Die Messung an beliebig geformten Behältern macht unter Umständen eine Korrektur des Signals als weitere Nebenfunktion nötig. Die Meßaufgabe wird möglicherweise Fremdenergie erfordern, so daß dieser Energiefluß als weiterer Fluß eingeführt wird. Schließlich wird durch die Variation der Systemgrenze deutlich, daß der Geber dieses Meßgeräts angesichts der vorliegenden Aufgabenstellung ein elektrisches Ausgangssignal abgeben muß, wenn bereits vorhandene Anzeigegeräte verwendet werden sollen. Anderenfalls muß auch die Teilfunktion „Signal leiten“ und „Signal anzeigen“ in die Lösungssuche einbezogen werden. Eine wichtige Teilfunktion, für die zunächst eine Lösung gesucht werden muß und von deren Wirkprinzip offensichtlich die anderen abhängen, ist die Teilfunktion „Signal abnehmen“. Auf diese wird sich die Lösungssuche zunächst konzentrieren. Von diesem Ergebnis wird es im wesentlichen abhängen, inwieweit eine Vertauschung einzelner Teilfunktionen sinnvoll oder ihr Wegfall möglich ist.

5.4. Suche nach Lösungsprinzipien

Zu den Teilfunktionen müssen Lösungsprinzipien gefunden werden, die später zu Prinzipkombinationen zusammengefügt werden. Das Lösungsprinzip enthält den für die Erfüllung einer Funktion erforderlichen physikalischen Effekt und die prinzipielle Gestaltung (vgl. 2.1.5). Bei vielen Aufgabenstellungen ist die Suche nach einem neuen physikalischen Effekt aber nicht notwendig, weil die Problematik in der Gestaltung liegt. Hinzu kommt, daß es bei der Lösungssuche oft schwer fällt, gedanklich den Effekt von den Gestaltungsmerkmalen zu trennen. Wir suchen in der Regel nach Lösungsprinzipien, die das physikalische Geschehen mit den dazu notwendigen Gestaltungsmerkmalen beinhalten. Diese prinzipiellen Vorstellungen über die Art und Gestaltung der Funktionsträger werden in der Regel als Prinzipskizze oder bereits als grobmaßstäbliche Handskizze dargestellt.

Betont wird, daß der hier betrachtete Arbeitsschritt zu mehreren Lösungsvarianten führen soll (Lösungsfeld). Ein Lösungsfeld kann durch Variation der physikalischen Effekte und der Gestaltung aufgebaut werden. Dabei können zur Erfüllung einer Teilfunktion mehrere physikalische Effekte an einem oder mehreren Funktionsträgern wirksam sein.

Die folgenden Hilfsmittel und Methoden zur Lösungssuche sind nicht nur für die vorliegende Phase, sondern auch beim späteren Entwurfsprozeß einsetzbar. Mit konventionellen Hilfsmitteln gewonnene Lösungsansätze können durch intuitiv und diskursiv betonte Methoden wirksam fortgeführt und bedeutend vervollständigt werden, wenn durch sie nicht überhaupt erst neuartige Lösungen entstehen.

Wenn nachfolgend zwischen konventionellen Hilfsmitteln, intuitiv und diskursiv betonten Methoden unterschieden wird, so erfolgt dies aus didaktischen und arbeitsmethodischen Gründen. Sie schließen sich nicht gegenseitig aus, sondern ergänzen einander vielfach. Welche von den angeführten Vorschlägen in einzelnen Fällen angewandt werden, hängt von der jeweiligen Problematik, dem Informationsstand und der Art der Vorarbeiten ab.

5.4.1. Konventionelle Hilfsmittel

1. Literaturrecherchen

Wichtige Grundlage für den Konstrukteur sind Informationen über den Stand der Technik. Solche Informationen kann er sich z. B. aus den vielseitig angebotenen Fachbüchern und Fachzeitschriften, aus Patentrecherchen sowie aus Darstellungen der Produkte des Wettbewerbs beschaffen. Sie ermöglichen einen wichtigen Überblick über die bereits bekannten Lösungsmöglichkeiten. Zur besseren Nutzung dieser Informationsquellen dienen zunehmend Datenverarbeitungsanlagen als Informationsspeicher.

2. Analyse natürlicher Systeme

Das Studium von Formen, Strukturen, Organismen und Vorgängen unserer Natur sowie die Nutzung der in der Biologie gewonnenen Erkenntnisse können zu vielseitig anwendbaren und neuartigen technischen Lösungen führen. Die Zusammenhän-

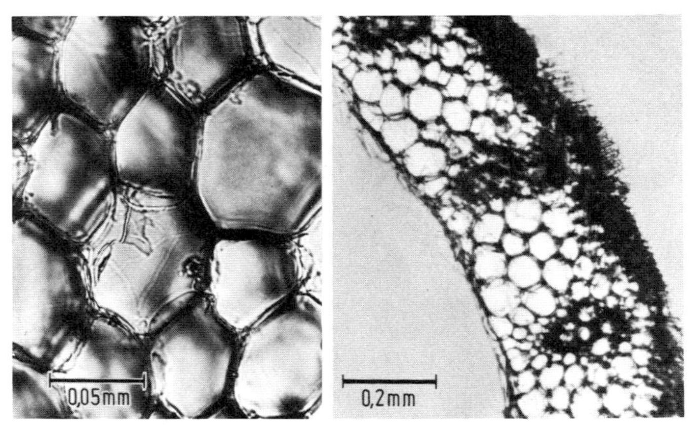

Bild 5.19. Rohrwand eines Weizenhalmes nach [21]

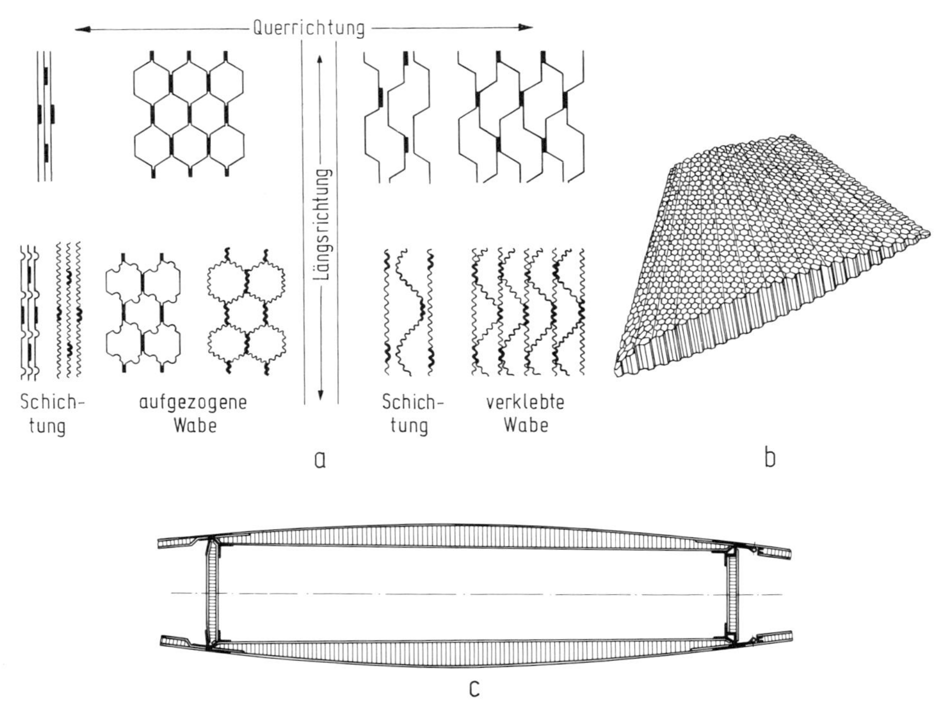

Bild 5.20. Sandwich-Bauweise im Leichtbau nach [22];
a) Einige Formen von Sandwichwaben b) Fertige Sandwichwabe c) Sandwichkastenträger

ge zwischen Biologie und Technik werden heute zunehmend erforscht und unter den Begriffen „Bionik" oder „Biomechanik" behandelt. Für die schöpferische Phantasie des Konstrukteurs kann die Natur viele Anregungen geben [21].

Die Übertragung von Lösungs- und Konstruktionsprinzipien natürlicher Systeme auf technische Gebilde sind z. B. Leichtbaustrukturen mit Schalen, Waben,

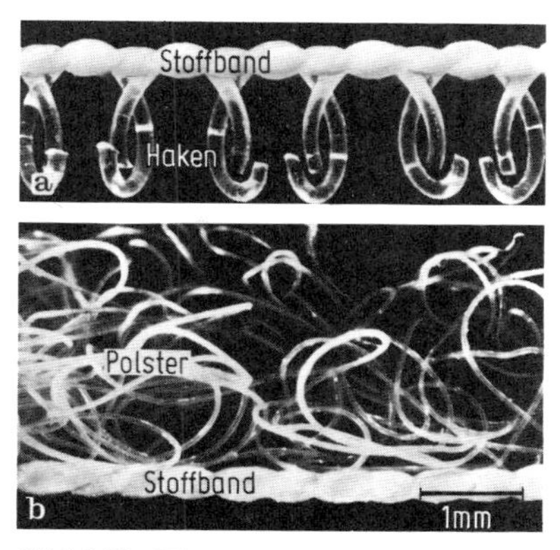

Bild 5.21. Haken einer Klettenfrucht nach [21]

Bild 5.22. Kletten-Reißverschluß nach [21]

Rohren, Stäben und Geweben, strömungsgerechte Profile unserer Flugkörper und Schiffe sowie Start- und Flugtechniken unserer Flugzeuge. Von großer Bedeutung sind Leichtbaustrukturen auf der Basis der Halmkonstruktion: Bild 5.19. Eine technische Anwendung ist die Sandwich-Bauweise. Bild 5.20 zeigt hiervon abgeleitete Beispiele aus dem Flugzeugbau.

Die Stacheln einer Klettenfrucht sind Anregung für die Lösung von Verschlußaufgaben mit Hilfe eines davon abgeleiteten Kletten-Reißverschlusses nach Bild 5.21 und Bild 5.22.

3. Analyse bekannter technischer Systeme

Die Analyse bekannter technischer Systeme gehört zu den wichtigsten Hilfsmitteln, mit denen man schrittweise und nachvollziehbar zu neuen oder verbesserten Varianten bekannter Lösungen kommt.

Eine solche Analyse besteht in einem gedanklichen oder sogar stofflichen Zerlegen ausgeführter Produkte. Sie kann als Strukturanalyse (vgl. 2.2.1) aufgefaßt werden, die nach Zusammenhängen in logischer, physikalischer und gestalterischer Hinsicht sucht. Als Beispiel für eine solche Analyse dient Bild 5.17. Dort wurden aus der Baustruktur die Teilfunktionen ermittelt. Von diesen ausgehend würden sich bei weiterer Analyse auch die beteiligten physikalischen Effekte erkennen lassen, die ihrerseits Anregung zu neuen Lösungsprinzipien für entsprechende Teilfunktionen der zu lösenden Aufgabenstellung geben können. Ebenso ist es möglich, aus der Analyse gefundene Lösungsprinzipien als solche zu übernehmen.

Bekannte Systeme zum Zwecke der Analyse können sein:
- Produkte oder Verfahren des Wettbewerbs,
- ältere Produkte und Verfahren des eigenen Unternehmens,
- ähnliche Produkte oder Baugruppen, bei denen einige Teilfunktionen bzw. Teile ihrer Funktionsstrukturen mit denen übereinstimmen, für die Lösungen gesucht werden sollen.

Da man sinnvollerweise nur solche Systeme analysiert, die zu der neuen Aufgabe einen gewissen Bezug haben oder sie sogar bereits zum Teil erfüllen, kann man bei dieser Art der Informationsgewinnung auch von einer systematischen Nutzung von Bewährtem bzw. von Erfahrung sprechen. Sie dürfte vor allem nützlich sein, wenn es gilt, zunächst ein erstes Lösungskonzept als Ausgangspunkt für weitere gezielte Variationen zu finden. Zu diesem Vorgehen ist kritisch zu bemerken, daß man Gefahr läuft, bei bekannten Lösungen zu bleiben und neue Wege nicht zu beschreiten.

4. Analogiebetrachtungen

Zur Lösungssuche und zur Ermittlung von Systemeigenschaften ist die Übertragung eines vorliegenden Problems oder beabsichtigten Systems auf ein analoges nützlich. Hierbei wird das analoge System als Modell des beabsichtigten Systems zur weiteren Betrachtung verwendet. Analogien werden bei technischen Systemen z. B. durch Änderung der Energieart gewonnen [4, 52]. Wichtig sind auch Analogiebetrachtungen zwischen technischen und nichttechnischen Systemen (vgl. 5.4.1 – 2).

Neben der Anregung für die Lösungssuche bieten Analogien die Möglichkeit, durch Simulations- und Modelltechnik das Systemverhalten in einem frühen Entwicklungsstadium zu studieren, um daraus notwendige neue Teillösungen zu erkennen und/oder gegebenenfalls schon eine Optimierung einzuleiten.

Soll das analoge Modell auf Systeme mit bedeutend anderen Abmessungen und Zuständen übertragen werden, müssen Ähnlichkeitsbetrachtungen unterstützend vorgenommen werden (vgl. 7.1.1).

5. Messungen, Modellversuche

Messungen an ausgeführten Systemen, Modellversuche unter Ausnutzung der Ähnlichkeitsmechanik und sonstige experimentelle Untersuchungen gehören zu den wichtigsten Informationsquellen des Konstrukteurs [2]. Besonders Rodenacker [43] betrachtet das Experiment als wichtiges Hilfsmittel, und zwar aus der Erkenntnis heraus, daß die Konstruktion als Umkehrung des physikalischen Experiments aufgefaßt werden kann.

Bei feinwerktechnischen Produkten und Geräten der Massenfertigung sind experimentelle Untersuchungen wichtig und auch üblich, um Lösungen zu finden. Die Bedeutung experimenteller Zwischenschritte drückt sich auch in organisatorischer Hinsicht aus, da für solche Produktentwicklungen oft das Labor in den Konstruktionsbereich einbezogen ist (vgl. 1.1.1).

5.4.2. Intuitiv betonte Methoden

Der Konstrukteur sucht und findet seine Lösungen zu schwierigen Problemen vielfach intuitiv, d. h., die Lösung ergibt sich ihm nach einer Such- und Überlegungsphase durch einen guten Einfall oder durch eine neue Idee, die mehr oder weniger ganzheitlich ins Bewußtsein fällt und deren Herkunft und Entstehung oft nicht hergeleitet werden kann. So wird Johan Galtung, Professor am internationalen Friedensforschungsinstitut in Oslo, zitiert: „The good idea is not discovered or undiscovered, it comes, it happens". Der Einfall wird dann weiterentwickelt, gewandelt und korrigiert, solange bis die Lösung des Problems möglich ist.

Der Einfall ist fast immer im Unter- bzw. Vorbewußtsein aufgrund der Fachkenntnisse, der Erfahrung und angesichts der bekannten Aufgabenstellung schon weitgehend auf Eignung untersucht und aus verschiedenen Möglichkeiten ausgesondert worden, so daß oft dann nur ein Anstoß durch eine Ideenverbindung genügt, um ihn ins Bewußtsein treten zu lassen. Dieser Anstoß kann auch eine scheinbar nicht im Zusammenhang stehende äußere Erscheinung oder eine dem Thema fernliegende Diskussion sein. Häufig trifft der Konstrukteur mit seinem Einfall ins Schwarze, und auf dieser Basis sind dann nur noch Abwandlungen und Anpassungen nötig, die zur endgültigen Lösung führen. Wenn der Prozeß so abläuft und ein erfolgreiches Produkt entsteht, war dies ein optimales Vorgehen und auch für den Konstrukteur selbst sehr befriedigend. Sehr viele gute Lösungen sind so geboren und erfolgreich weiterentwickelt worden. Eine Konstruktionsmethode soll und darf einen solchen Prozeß nicht unterbinden. Sie kann ihn aber unterstützen.

Für ein Unternehmen ist es unter Umständen gefährlich, sich allein auf die Intuition seiner Konstrukteure zu verlassen. Die Konstrukteure selbst sollten sich hinsichtlich ihrer Kreativität auch nicht allein dem Zufall oder dem mehr oder weniger seltenen Einfall überlassen. Die rein intuitive Arbeitsweise hat folgende Nachteile:

— Der richtige Einfall kommt nicht zur rechten Zeit, denn er kann nicht erzwungen werden.
— Wegen bestehender Konventionen und eigener fixierter Vorstellungen werden neue Wege nicht erkannt.
— Aufgrund mangelnder Information dringen neue Technologien oder Verfahren nicht in das Bewußtsein der Konstrukteure.

Diese Gefahren werden um so größer, je mehr die Spezialisierung fortschreitet, die Tätigkeit der Mitarbeiter einer stärkeren Aufgabenteilung unterliegt und der Zeitdruck zunimmt.

Mehrere Methoden haben zum Ziel, die Intuition zu fördern und durch Gedankenassoziationen neue Lösungswege anzuregen. Die einfachste und vielfach geübte Methode sind Gespräche und kritische Diskussionen mit Kollegen, aus denen Anregungen, Verbesserungen und neue Lösungen entstehen. Führt man eine solche Diskussion sehr straff und beachtet man dabei die allgemein anwendbaren Methoden des gezielten Fragens, der Negation und Neukonzeption, des Vorwärtsschreitens usw. (vgl. 2.2.1), so kann sie sehr wirksam und fördernd sein.

Intuitiv betonte Methoden, wie Brainstorming, Synektik, Delphi-Methode, Methode 635 u. a. nutzen gruppendynamische Effekte, wie Anregungen durch unbefangene Äußerungen von Partnern mit Hilfe von Assoziationen.

Diese Vorgehensweisen waren zum größten Teil für nichttechnische Probleme vorgeschlagen worden. Sie sind auf jedem Gebiet anwendbar, um neue unkonventionelle Ideen zu erzeugen, und daher auch im konstruktiven Bereich einsetzbar.

1. Brainstorming

Brainstorming läßt sich am besten mit Gedankenblitz, Gedankensturm oder Ideenfluß bezeichnen, wobei gemeint ist, daß Denken sich zu einem Sturm, zu einer Flut von neuen Gedanken und Ideen freimachen soll. Die Vorschläge für dieses Vorgehen stammen von Osborn [34]. Sie beabsichtigen die Voraussetzungen dafür zu schaffen, daß eine Gruppe von aufgeschlossenen Menschen, die aus möglichst vielen unterschiedlichen Erfahrungsbereichen stammen sollten, vorurteilslos Ideen produziert und sich von den geäußerten Gedanken wiederum zu weiteren neuen Vorschlägen anregen läßt [63]. Dieses Vorgehen macht vom unbefangenen Einfall Gebrauch und spekuliert weitgehend auf Assoziation, d. h. auf Erinnerung und auf Verknüpfung von Gedanken, die bisher noch nicht im vorliegenden besonderen Zusammenhang gesehen wurden oder einfach nocht nicht bewußt geworden sind.

Ein zweckmäßiges Vorgehen ist:

Zusammensetzung der Gruppe

— Eine Gruppe mit einem Leiter wird gebildet. Sie sollte mindestens 5, jedoch höchstens 15 Personen umfassen. Weniger als 5 Personen haben ein zu geringes Anschauungs- und Erfahrungsspektrum und geben damit zu wenig Anregungen. Bei mehr als 15 Personen ist eine intensive Mitwirkung fraglich, weil Passivität und Absonderung auftreten können.
— Die Gruppe muß nicht allein aus Fachleuten zusammengesetzt sein. Wichtig ist, daß möglichst viele unterschiedliche Fach- und Tätigkeitsbereiche vertreten sind, wobei durch Hinzuziehen von Nichttechnikern eine ausgezeichnete Bereicherung erzielt werden kann.
— Die Gruppe sollte nicht hierarchisch, sondern möglichst aus Gleichgestellten zusammengesetzt sein, damit Hemmungen in der Gedankenäußerung, die möglicherweise durch Rücksicht auf Vorgesetzte oder auf unterstellte Mitarbeiter entstehen können, entfallen.

Leitung der Gruppe

— Der Leiter der Gruppe sollte nur im organisatorischen Teil (Einladung, Zusammensetzung, Dauer und Auswertung) initiativ wirken. Vor Beginn des eigentlichen Brainstorming muß er das Problem schildern und bei der Sitzung für das Einhalten der Spielregeln, vor allen Dingen für eine aufgelockerte Atmosphäre sorgen. Dies kann er erzielen, indem er selbst am Anfang einige absurd erscheinende Ideen vorbringt. Auch ein Beispiel aus anderen Brainstorming-Sitzungen kann geeignet sein. Er darf keine Lenkungsrolle in der Ideenfindung übernehmen. Dagegen kann er Anstoß zu neuen Ideen geben, wenn die Produktivität der Gruppe nachläßt. Der Gruppenleiter verhindert Kritik am Vorgebrachten. Er bestimmt ein oder zwei Protokollführer.

Durchführung

— Alle Beteiligten müssen in der Gedankenäußerung ihre Hemmungen überwinden, d. h., nichts sollte bei einem selbst oder in der Gruppe als absurd, als falsch, als blamabel, als dumm oder als schon bekannt angesehen werden.
— Niemand darf am Vorgebrachten Kritik üben, und jeder muß sich sogenannter „Killerphrasen" enthalten, wie „Ist alles schon da gewesen!", „Haben wir noch nie gemacht!", „Geht niemals!", „Gehört doch nicht hierher!" usw.
— Die vorgebrachten Ideen werden von den anderen Teilnehmern aufgegriffen, abgewandelt und weiterentwickelt. Ferner können und sollen mehrere Ideen kombiniert und als neuer Vorschlag vorgebracht werden.

— Alle Ideen oder Gedanken werden aufgeschrieben, skizziert oder auf ein Tonband aufgenommen.
— Die Vorschläge sollten soweit konkretisiert sein, daß eine Lösungsidee bezogen auf das vorliegende Problem erkennbar wird.
— Zunächst wird die Realisationsmöglichkeit der Vorschläge nicht beachtet.
— Die Sitzung soll im allgemeinen nicht viel länger als eine halbe bis dreiviertel Stunde dauern. Längere Zeiten bringen erfahrungsgemäß nichts Neues und führen zu unnötigen Wiederholungen. Es ist besser, später mit einem neuen Informationsstand oder anderer personeller Zusammensetzung einen neuen Anlauf zu versuchen.

Auswertung

— Die Ergebnisse werden von den zuständigen Fachleuten gesichtet, wenn möglich in eine systematische Ordnung gebracht und auf Brauchbarkeit hinsichtlich einer möglichen Realisierung untersucht. Auch sollen aus den Vorschlägen neue mögliche Ideen entwickelt werden.
— Das gewonnene Ergebnis sollte mit der Gruppe nochmals diskutiert werden, damit etwaige Mißverständnisse oder einseitige Auslegung der Fachleute vermieden werden. Auch könnten bei dieser Gelegenheit nochmals neue, weiterführende Gedanken entwickelt werden.

Vorteilhafterweise macht man vom Brainstorming Gebrauch, wenn
— noch kein realisierbares Lösungsprinzip vorliegt,
— das physikalische Geschehen einer möglichen Lösung noch nicht erkennbar ist,
— das Gefühl vorherrscht, mit bekannten Vorschlägen nicht weiterzukommen oder
— eine völlige Trennung vom Konventionellen angestrebt wird.

Dieses Vorgehen ist auch dann zweckmäßig, wenn es sich um die Bewältigung von Teilproblemen innerhalb bekannter oder bestehender Systeme handelt. Das Brainstorming hat außerdem einen nützlichen Nebeneffekt: Alle Beteiligten erhalten indirekt neue Informationen, wenigstens aber Anregungen über mögliche Verfahren, Anwendungen, Werkstoffe, Kombinationen usw., weil der vielseitig zusammengesetzte Kreis über ein sehr breites Spektrum verfügt (z. B. Konstrukteur, Montageingenieur, Fertigungsingenieur, Werkstoff-Fachmann, Einkäufer usw.). Man ist überrascht, wie groß die Vielfalt und Breite von Ideen ist, die ein solcher Kreis produzieren kann. Der Konstrukteur wird sich aber auch bei anderer Gelegenheit an die in einer Sitzung geäußerten Ideen erinnern. Sie gibt neue Impulse, weckt Interesse an Entwicklungen und stellt eine Abwechslung in der Routine dar.

Kritisch ist zu bemerken, daß man von einer Brainstorming-Sitzung keine großen Überraschungen oder Wunder erwarten darf. Die meisten Vorschläge sind technisch oder wirtschaftlich nicht realisierbar oder den Fachleuten bekannt. Das Brainstorming soll in erster Linie Anstoß zu neuen Ideen geben, kann aber keine fertigen Lösungen produzieren, weil die Probleme meistens zu komplex und zu schwierig sind, als daß sie durch spontane Ideen allein lösbar wären. Wenn aber aus den Äußerungen ein bis zwei brauchbare neue Gedanken entspringen, die es wert sind, weiter verfolgt zu werden, oder wenn es gelingt, eine Vorklärung möglicher Lösungsrichtungen zu entwickeln, ist viel gewonnen.

Ein Beispiel für ein Brainstorming-Ergebnis ist in 5.9.2 zu finden. Dort ist auch erkennbar, wie die Vorschläge ausgewertet und aus ihnen ordnende Gesichtspunkte für die weitere Lösungssuche gewonnen wurden.

2. Methode 635

Von Rohrbach [45] wurde das Brainstorming zur Methode 635 weiterentwickelt: Nach Bekanntgabe der Aufgabe und ihrer sorgfältigen Analyse werden die Teilnehmer aufgefordert, jeweils drei Lösungsansätze zu Papier zu bringen und stichwortartig zu erläutern. Nach einiger Zeit gibt man diese Unterlage an seinen Nachbarn weiter, der wiederum nach Durchlesen der vom Vorgänger gemachten Vorschläge drei weitere Lösungen, gegebenenfalls in einer Weiterentwicklung hinzufügt. Bei 6 Teilnehmern wird dies solange fortgesetzt, bis alle 3 Lösungsansätze von den jeweils 5 anderen Teilnehmern ergänzt oder assoziativ weiterentwickelt wurden. Daher auch die Bezeichnung Methode 635.

Gegenüber dem vorbeschriebenen Brainstorming ergeben sich folgende Vorteile:

— Eine tragende Idee wird systematischer ergänzt und weiterentwickelt.
— Es ist möglich, den Entwicklungsvorgang zu verfolgen und den Urheber des zum Erfolg führenden Lösungsprinzips annähernd zu ermitteln, was aus rechtlichen Gründen von Bedeutung sein kann.
— Die Problematik der Gruppenleitung entfällt weitgehend.

Als nachteilig kann sich einstellen:

— eine geringere Kreativität des Einzelnen durch Isolierung und mangelnde Stimulierung, weil die Aktivität der Gruppe nicht unmittelbaren Ausdruck findet.

3. Delphi-Methode

Bei dieser Methode werden Fachleute, von denen man eine besondere Kenntnis der Zusammenhänge erwartet, schriftlich befragt und um eine entsprechende schriftliche Äußerung gebeten [9]. Die Befragung läuft nach folgendem Schema ab:

1. Runde: Welche Lösungsansätze zur Bewältigung des angegebenen Problems sehen Sie? Geben Sie spontan Lösungsansätze an!
2. Runde: Sie erhalten eine Liste von verschiedenen Lösungsansätzen zu dem angegebenen Problem! Bitte gehen Sie diese Liste durch und nennen Sie dann weitere Vorschläge, die Ihnen neu einfallen oder durch die Liste angeregt wurden.
3. Runde: Sie erhalten die Endauswertung der beiden Ideen-Befragungsrunden. Bitte gehen Sie diese Liste durch und schreiben Sie die Vorschläge nieder, die Sie im Hinblick auf eine Realisierung für die besten halten.

Dieses aufwendige Vorgehen muß sorgfältig geplant werden und wird im allgemeinen auf generelle Fragen, die mehr grundsätzliche und unternehmenspolitische Aspekte haben, beschränkt bleiben. Im technisch-konstruktiven Bereich kann die Delphi-Methode eigentlich nur bei sehr langfristigen Entwicklungen in der Grundsatzdiskussion Bedeutung erlangen.

4. Synektik

Der Name Synektik ist ein aus dem Griechischen abgeleitetes Kunstwort und bedeutet Zusammenfügen verschiedener und scheinbar voneinander unabhängiger

Begriffe. Synektik ist ein dem Brainstorming verwandtes Verfahren mit dem Unterschied, daß die Absicht besteht, sich durch Analogien aus dem nichttechnischen oder dem halbtechnischen Bereich anregen und leiten zu lassen.

Vorgeschlagen wurde diese Methode von Gordon [18]. Sie ist im Vorgehen systematischer als das willkürliche Sammeln von Ideen beim Brainstorming. Bezüglich der Unbefangenheit sowie Vermeidung von Hemmungen und Kritik gilt dasselbe wie bereits beim Brainstorming dargelegt.

Der Leiter der Gruppe hat hier eine zusätzliche Aufgabe: Er versucht anhand der geäußerten Analogien den Gedankenfluß entsprechend dem nachstehenden Schema weiterzuführen. Die Gruppe sollte nur bis zu sieben Teilnehmer umfassen, damit ein Zerfließen der Gedankengänge vermieden wird.
Man hält sich dabei an folgende Schritte:
— Darlegen des Problems.
— Vertrautmachen mit dem Problem (Analyse).
— Das Problem wird verstanden, es ist damit jedem vertraut.
— Verfremden des Vertrauten, d. h. Analogien und Vergleiche aus anderen Lebensbereichen anstellen.
— Analysieren der geäußerten Analogie.
— Vergleichen zwischen Analogie und bestehendem Problem.
— Entwickeln einer neuen Idee aus diesem Vergleich.
— Entwickeln einer möglichen Lösung.

Unter Umständen beginnt man wieder mit einer anderen Analogie, wenn das Ergebnis unbefriedigend ist.

Ein Beispiel soll das Finden von Lösungen mit Hilfe von Analogien und die schrittweise Weiterentwicklung zu einem Vorschlag zeigen. In einem Seminar zur Suche nach Möglichkeiten zur Entfernung von Harnleitersteinen aus dem menschlichen Körper wurden mechanische Vorrichtungen diskutiert, mit denen der Harnleiterstein umfaßt, dann fest gespannt und herausgezogen werden sollte. Die Vorrichtung hätte dazu im Harnleiter aufgespannt und geöffnet werden müssen. Das Stichwort „Spannen“ bzw. „Aufspannen“ regte einen der Teilnehmer an, nach Analogien zu suchen, was gespannt werden kann: Bild 5.23.

Assoziation: Regenschirm a. Frage: Wie kann man das Regenschirmprinzip nutzen? — Stein durchbohren, Schirm durchstecken, aufspannen b. Technisch schlecht realisierbar — Schlauch durchstecken und aufblasen am dünneren Ende c. Loch bohren irreal — Schlauch vorbeischieben d. Stein beim Rückzug vorn, ergibt

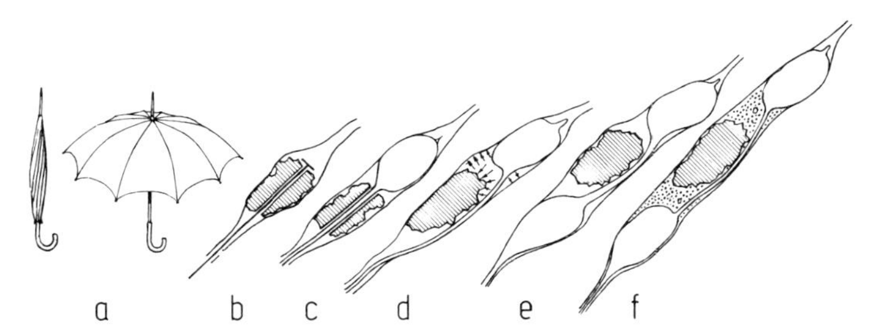

Bild 5.23. Schrittweise Entwicklung eines Lösungsprinzips zur Entfernung von Harnleitersteinen durch Bilden einer Analogie und schrittweiser Verbesserung (nach Handskizzen), Bezeichnungen vgl. Text

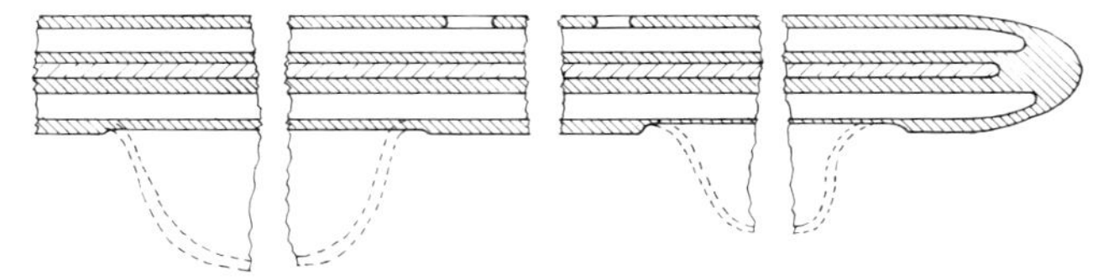

Bild 5.24. Realisierungsvorschlag zum Lösungsvorschlag nach Bild 5.23 (nach Handskizze)

Widerstand und möglicherweise Zerstören des Harnleiters — zweiten Ballon vorschalten als Wegbereiter e. Stein zwischen beiden Ballons in ein Gel einbetten und herausziehen f. Realisierungsvorschlag: Bild 5.24.

Dieses Beispiel zeigt die Assoziation zu einer halbtechnischen Analogie (Regenschirm), von der aus die Lösung angesichts der bestehenden speziellen Bedingungen weiterentwickelt wurde. (Die gezeigte Lösung ist nicht die vorgeschlagene Endlösung des zitierten Seminars, sondern nur ein Beispiel für beobachtetes Vorgehen.)

Kennzeichnend ist die unbefangene Vorgehensweise unter Benutzung einer Analogie, die bei technischen Problemen zweckmäßigerweise aus dem nichttechnischen oder halbtechnischen Bereich und bei nichttechnischen Problemen umgekehrt aus dem technischen Bereich gewählt wird. Die Analogiebildung wird im ersten Anlauf meist spontan geschehen, bei Weiterverfolgung und Analyse von bestehenden Vorschlägen ergeben sich diese dann meist stärker schrittweise und systematisch abgeleitet.

5. Kombinierte Anwendung

Ein strenges Vorgehen nur nach der einen oder anderen Methode stellt sich oft nicht ein. Erfahrungen zeigten, daß
- beim Brainstorming der Gruppenleiter oder eine andere Person bei Nachlassen der Produktivität der Ideen durch ein teilweise synektisches Vorgehen — Ableitung von Analogien, systematisches Suchen nach dem Gegenteil oder nach der Vervollständigung — eine neue Ideenflut entfachen kann,
- eine neue Idee oder eine Analogie die Denkrichtung und Vorstellung der Gruppe stark ändert,
- eine Zusammenfassung des bisher Erkannten auch wiederum zu neuen Ideen führt.

In dem zitierten Seminar ergab der geäußerte Gedanke „Stein zerstören" neue Vorschläge wie: Bohren, Zerschlagen, Hämmern, Ultraschallanwendung. Bei Nachlassen der Ideenproduktivität stellte dann der Gruppenleiter die Frage: „Wie zerstört die Natur?", was sofort neue Vorschläge hervorrief: Verwittern, Hitze- und Kälteeinfluß, Vermodern, Verfaulen, Bakterien, Sprengen mit Hilfe von Eis, chemisch auflösen. Eine Zusammenfassung der zwei Prinzipien: „Stein umfassen" und „Stein zerstören" provozierte die Frage: „Was könnte noch fehlen?" Hierauf folgte der Vorschlag „Stein nicht umfassen, sondern nur berühren", was wiederum zu neuen Ideen führte: Ansaugen, Ankleben, Kraftangriffspunkt erzeugen.

Die angeführten Methoden sind gegebenenfalls in Kombination so anzuwenden, wie sie sich nach den jeweiligen Umständen zwanglos anbieten und sich am besten nutzen lassen. Pragmatische Handhabung sichert den größeren Erfolg.

5.4.3. Diskursiv betonte Methoden

Die diskursiv betonten Methoden ermöglichen Lösungen durch bewußt schrittweises Vorgehen. Die Arbeitsschritte sind beeinflußbar und mitteilsam. Diskursives Vorgehen schließt Intuition nicht aus. Diese soll stärker für die Einzelschritte und Einzelprobleme benutzt werden, nicht aber sofort zur Lösung der Gesamtaufgabe.

1. Systematische Untersuchung des physikalischen Geschehens

Ist zur Lösung einer Aufgabe bereits der physikalische Effekt bzw. die ihn bestimmende physikalische Gleichung bekannt, so lassen sich insbesondere bei Beteiligung von mehreren physikalischen Größen verschiedene Lösungen dadurch ableiten, daß man die Beziehung zwischen ihnen, also den *Zusammenhang* zwischen einer abhängigen und einer unabhängigen Veränderlichen analysiert, wobei alle übrigen Einflußgrößen konstant gehalten werden. Liegt z. B. eine Gleichung der Form $y=f(u, v, w)$ vor, so werden nach dieser Methode Lösungsvarianten für die Beziehung $y_1=f(u, \underline{v}, \underline{w})$, $y_2=f(\underline{u}, v, \underline{w})$ und $y_3=f(\underline{u}, \underline{v}, w)$ untersucht, wobei jeweils die unterstrichenen Größen konstant bleiben sollen.

Rodenacker gibt Beispiele für dieses Vorgehen, wovon eines die Entwicklung eines Kapillarviskosimeters darstellt [42]. Von dem bekannten physikalischen Gesetz einer Kapillare $\eta \sim \Delta p \cdot r^4/(Q \cdot l)$ ausgehend, werden vier Lösungsvarianten abgeleitet. Bild 5.25 zeigt diese in prinzipieller Anordnung:

1. Eine Lösung, bei der der Differenzdruck Δp als Maß der Viskosität, $\Delta p \sim \eta$, ausgenutzt wird (Q, r und $l=$ konst.).
2. Eine Lösung, bei der der Kapillardurchmesser, $\Delta r \sim \eta$, herangezogen wird (Q, Δp und $l=$ konst.).
3. Eine Lösung unter Ausnutzung einer Längenveränderung der Kapillare, $\Delta l \sim \eta$ (Δp, Q und $r=$ konst.).
4. Eine Lösung, bei der die Durchflußmenge verändert wird, $\Delta Q \sim \eta$ (Δp, r und $l=$ konst.).

Eine weitere Möglichkeit, durch die Analyse physikalischer Gleichungen zu neuen oder verbesserten Lösungen zu kommen, liegt darin, bekannte *physikalische Wirkungen* in *Einzeleffekte* zu zerlegen. So hat vor allem Rodenacker [42] eine solche Aufgliederung komplexer physikalischer Beziehungen in Einzeleffekte dazu benutzt, völlig neue Geräte zu bauen bzw. für bekannte Geräte neue Anwendungen zu entwickeln.

Zur Erläuterung eines solchen Verfahrens wird für die Entwicklung einer reibschlüssigen Schraubensicherung die bekannte physikalische Beziehung für das Lösen einer Schraube analysiert:

$$T_L = F_V[(d_2/2)\tan(\varrho_G - \beta) + (D_M/2)\,\mu_M] \tag{1}$$

In Gl. (1) sind folgende Teildrehmomente enthalten:
Reibmoment im Gewinde:

$$T_G \sim F_V(d_2/2)\tan\varrho_G = F_V\,(d_2/2)\,\mu_G \tag{2}$$

wobei

$$\tan\varrho_G = \mu/\cos(\alpha/2) = \mu_G$$

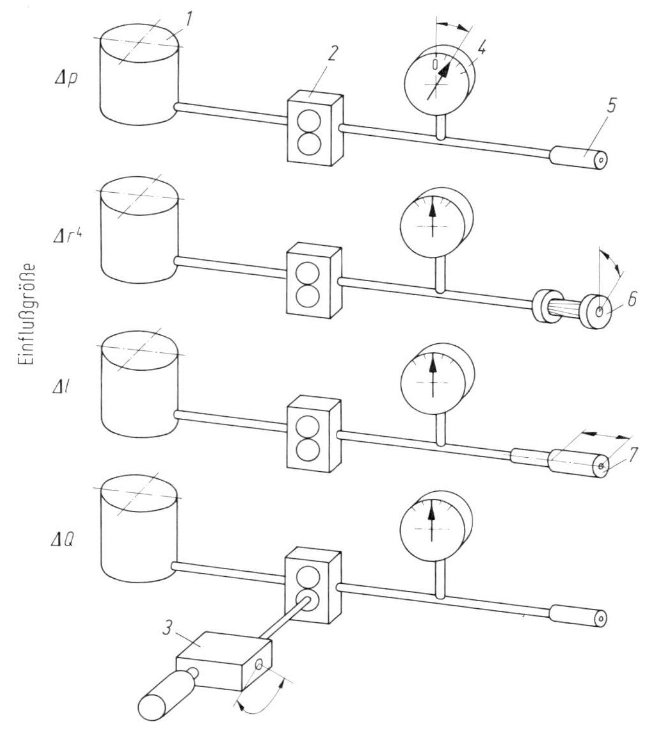

Bild 5.25. Schematische Darstellung von vier Viskosimetern nach [42]
1 Behälter; *2* Zahnradpumpe; *3* Stellgetriebe; *4* Manometer; *5* Feste Kapillare; *6* Kapillare mit veränderbarem Durchmesser; *7* Kapillare mit veränderbarer Länge

Reibmoment an der Kopf- bzw. Mutterauflage:

$$T_M = F_V(D_M/2) \tan \varrho_M = F_V(D_M/2)\mu_M \tag{3}$$

Losdrehmoment der Schraube, herrührend von der Vorspannkraft und der Gewindesteigung:

$$T_{L_0} \sim F_V(d_2/2) \tan(-\beta) = -F_V \cdot P/2\pi \tag{4}$$

(P Gewindesteigung, β Steigungswinkel, d_2 Flankendurchmesser, F_V Schraubenvorspannkraft, D_M mittlerer Auflagedurchmesser, μ_G fiktiver Reibwert im Gewinde, μ tatsächlicher Reibwert im Gewinde, μ_M Reibwert an der Kopf- bzw. Mutterauflage, α Flankenwinkel).

Zum Erkennen von Lösungsprinzipien zur Verbesserung der Sicherung gegen Lösen der Schraube ist es nun sinnvoll, die aufgestellten physikalischen Beziehungen weiter nach den vorkommenden physikalischen Effekten zu analysieren.

Als Einzeleffekte stecken in den Gln. (2) und (3):

— Reibungseffekt (Coulombsche Reibkraft)
  $F_{RG} = \mu_G \cdot F_V$ bzw. $F_{RM} = \mu_M \cdot F_V$
— Hebeleffekt
  $T_G = F_{RG} \cdot d_2/2$ bzw. $T_M = F_{RM} \cdot D_M/2$

— Keileffekt
$\mu_G = \mu / \cos(\alpha/2)$

Einzeleffekte der Gl. (4):

— Keileffekt
$F_{L_0} \sim F_V \cdot \tan(-\beta)$

— Hebeleffekt
$T_{L_0} = F_{L_0} \cdot d_2/2$

Bei der Betrachtung der einzelnen physikalischen Effekte lassen sich z. B. folgende Lösungsprinzipien zur Verbesserung der Schraubensicherung angeben:

— Ausnutzung des Keileffekts zur Herabsetzung der Lösekraft durch Verkleinern des Steigungswinkels β.
— Ausnutzung des Hebeleffekts zur Vergrößerung des Reibmoments an der Kopf- bzw. Mutterauflage durch Vergrößerung des Auflagedurchmessers D_M.
— Ausnutzung des Reibungseffekts zur Erhöhung der Reibkräfte durch Vergrößerung des Reibungskoeffizienten μ.
— Ausnutzung des Keileffekts zur Vergrößerung der Reibkraft an der Auflage durch kegelförmige Auflagefläche. ($F_V \cdot \mu / \sin\gamma$ mit 2γ Kegelwinkel). Beispiel: Kfz-Radnabenbefestigung.
— Vergrößerung des Flankenwinkels α zur Erhöhung des fiktiven Gewindereibwertes.

2. Systematische Suche mit Hilfe von Ordnungsschemata

Bereits bei den allgemeinen Arbeitsmethoden (vgl. 2.2.1) wurde festgestellt, daß eine Systematisierung und geordnete Darstellung von Informationen bzw. Daten in zweierlei Hinsicht sehr hilfreich sind. Einerseits regt ein Ordnungsschema zum Suchen nach weiteren Lösungen in bestimmten Richtungen an, andererseits wird das Erkennen wesentlicher Lösungsmerkmale und entsprechender Verknüpfungsmöglichkeiten erleichtert. Aufgrund dieser Vorteile sind eine Reihe von Ordnungssystemen bzw. Ordnungsschemata entstanden, die alle einen im Prinzip ähnlichen Aufbau haben. In einer Zusammenstellung über die Möglichkeiten für solche Ordnungsschemata hat Dreibholz [11] ausführlich und umfassend berichtet.

Das allgemein übliche zweidimensionale Schema besteht aus Zeilen und Spalten, denen Parameter zugeordnet werden, die unter Ordnende Gesichtspunkte zusammengefaßt sind. Bild 5.26 zeigt den allgemeinen Aufbau von Ordnungsschemata, wenn für Zeilen und Spalten jeweils Parameter vorgesehen sind a und für den anderen Fall, wenn Parameter nur für die Zeilen zweckmäßig sind b, weil eine Ordnung für die Spalten nicht sichtbar wurde. Ist es zur Informationsdarstellung oder zum Erkennen möglicher Merkmalsverknüpfungen zweckmäßig, können die Ordnenden Gesichtspunkte durch eine weitergehende Parameter- bzw. Merkmalsaufgliederung nach Bild 5.27 erweitert werden, was aber schnell zu einer Unübersichtlichkeit führt. Durch Zuordnen der Spaltenparameter zu den Zeilen läßt sich jedes Ordnungsschema mit Zeilen- und Spaltenparametern in ein Schema überführen, bei dem nur noch Zeilenparameter vorhanden sind und die Spalten eine Numerierung erhalten: Bild 5.28.

Solche Ordnungsschemata sind beim Konstruktionsprozeß recht vielfältig einsetzbar. So können sie als Lösungskataloge mit geordneter Speicherung von Lö-

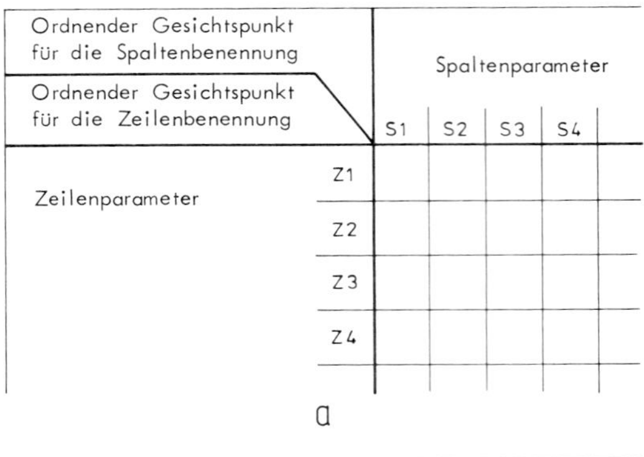

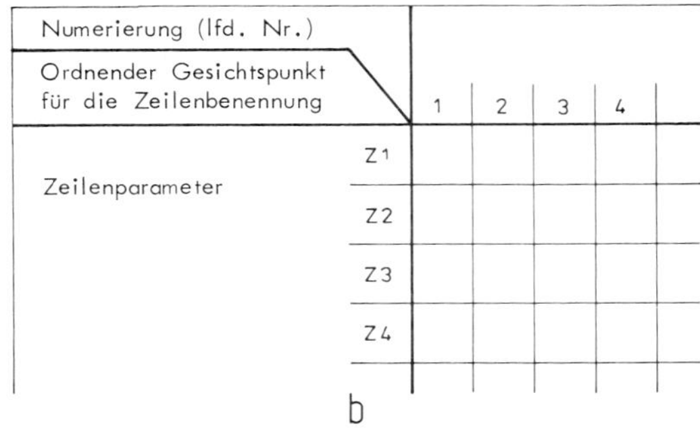

Bild 5.26. Allgemeiner Aufbau von Ordnungsschemata nach [11]

S 1
S 2
S 11
S 12
S 21
S 111
S 112
S 121
S 122
S 211
S1111
S1112
S1121
S1122
S1211
. . .
Z 1111
Z 1112
Z 1113
Z 1121
Z 1122
Z 1123
Z 1131
. . .
Z 111
Z 112
Z 113
Z 11
Z 1
Z 121
Z 122
Z 12
Z 211
Z 212
Z 2
Z 21

Bild 5.27. Ordnungsschema mit erweiterter Parameteraufgliederung nach [11]

		1	2	3	4	5
S1	Z1					
	Z2					
	Z3					
	Z4					
	...					
S2	Z1					
	Z2					
	Z3					
	Z4					
	...					
S3	Z1					
	Z2					
	Z3					
	Z4					
	...					

Bild 5.28. Modifiziertes Ordnungsschema nach [11]

Ordnende Gesichtspunkte:	
Energiearten, physikalische Effekte und Erscheinungsformen	
Merkmale:	**Beispiele:**
Mechanisch:	Gravitation, Trägheit, Fliehkraft
Hydraulisch:	hydrostatisch, hydrodynamisch
Pneumatisch:	aerostatisch, aerodynamisch
Elektrisch:	elektrostatisch, elektrodynamisch induktiv, kapazitiv, piezoelektrisch Transformation, Gleichrichtung
Magnetisch:	ferromagnetisch, elektromagnetisch
Optisch:	Reflexion, Brechung, Beugung, Interferenz, Polarisation, infrarot, sichtbar, ultraviolett
Thermisch:	Ausdehnung, Bimetalleffekt, Wärmespeicher, Wärmeübertragung, Wärmeleitung, Wärmeisolierung
Chemisch:	Verbrennung, Oxidation, Reduktion auflösen, binden, umwandeln Elektrolyse exotherme, endotherme Reaktion
Nuklear:	Strahlung, Isotopen, Energiequelle
Biologisch:	Gärung, Verrottung, Zersetzung

Bild 5.29. Ordnende Gesichtspunkte und Merkmale zur Variation auf physikalischer Suchebene

Ordnende Gesichtspunkte:	
	Wirkfläche, Wirkbewegung und prinzipielle Stoffeigenschaften
Wirkfläche	
Merkmale:	Beispiele:
Art:	Punkt, Linie, Fläche, Körper
Form:	Rundung, Kreis, Ellipse, Hyperbel, Parabel Dreieck, Quadrat, Rechteck, Fünf-, Sechs-, Achteck Zylinder, Kegel, Rhombus, Würfel, Kugel symmetrisch, asymmetrisch
Lage:	axial, radial, vertikal, horizontal parallel, hintereinander
Größe:	klein, groß, schmal, breit, hoch, niedrig
Anzahl:	ungeteilt, geteilt einfach, doppelt, mehrfach
Wirkbewegung	
Merkmale:	Beispiele:
Art:	ruhend, translatorisch, rotatorisch
Form:	gleichförmig, ungleichförmig, oszillierend sowie eben oder räumlich
Richtung:	in x, y, z - Richtung und/oder um x, y, z - Achse
Betrag:	Höhe der Geschwindigkeit
Anzahl:	eine, mehrere, zusammengesetzte Bewegungen
Prinzipielle Stoffeigenschaften	
Merkmale:	Beispiele:
Zustand:	fest, flüssig, gasfömig
Verhalten:	starr, elastisch, plastisch, zähflüssig
Form:	Festkörper, Körner, Pulver, Staub

Bild 5.30. Ordnende Gesichtspunkte und Merkmale zur Variation auf gestalterischer Suchebene

sungen je nach Art und Komplexität in allen Phasen zur Lösungssuche dienen. Zum Erarbeiten von Gesamtlösungen aus Teillösungen können sie als Kombinationshilfe eingesetzt werden (vgl. 5.5.1). Zwicky [65] hat ein solches Hilfsmittel als Morphologischen Kasten bezeichnet.

Entscheidende Bedeutung kommt der Wahl der *Ordnenden Gesichtspunkte* bzw. ihrer Parameter zu. Beim Aufstellen eines Ordnungsschemas geht man zweckmäßigerweise schrittweise vor:

— Zunächst wird man in die Zeilen Lösungsvorstellungen in ungeordneter Reihenfolge eintragen,

Energieart / Wirkprinzip	mechanisch	hydraulisch	elektrisch	thermisch
1	Θ, ω Schwungrad (Rot.)	Hydrospeicher a. Blasensp. b. Kolbensp. c. Membransp. (Druckenergie)	Batterie U	Masse m c $\Delta\vartheta$
2	v m Schwungmasse (Transl.)	h Flüssigkeitssp. (Pot. Energ.)	Kondensator (elektr. Feld) C	Aufgeheizte Flüssigkeit
3	m h Pot. Energie	Strömende Flüssigkeit	Magnet (magn. Feld)	Überhitzter Dampf
4	Metallfeder f F F			
5	Θ v ω Rad auf schiefer Ebene (Rot.+Transl.+Pot.)			
6	Sonstige Federn (Kompr. v. Fl.+Gas) Δp; ΔV			

Bild 5.31. Unterschiedliche Wirkprinzipien zum Erfüllen der Funktion „Energie speichern" bei Variation der Energieart

— diese dann im zweiten Schritt nach kennzeichnenden Merkmalen analysieren, z. B. Energieart, Bewegungsart und dgl. und
— schließlich im dritten Schritt nach solchen Merkmalen ordnen.

Dieses Vorgehen ist nicht nur zum Erkennen der Verträglichkeiten bei einer Kombination hilfreich, sondern regt vor allem an, ein möglichst reichhaltiges Lösungsfeld zu erarbeiten. Dabei können die in Bild 5.29 und Bild 5.30 für die Ordnenden Gesichtspunkte zusammengestellten Merkmale zur systematischen Lösungssuche und zur Variation eines Lösungsansatzes zweckmäßig sein. Sie beziehen sich auf Energiearten, physikalische Effekte und Erscheinungsformen, wie aber auch auf Gestaltungsmerkmale der Wirkfläche, der Wirkbewegung und prinzipielle Stoffeigenschaften.

Als einfaches Beispiel einer Lösungssuche für *eine Teilfunktion* diene Bild 5.31, bei dem man durch Variation der Energieart zu unterschiedlichen Wirkprinzipien zur Erfüllung einer Funktion gekommen ist.

In Bild 5.32 ist ein Beispiel für die Variation nach den Wirkbewegungen dargestellt. Für die komplexe Funktion „Teppichbahnen mit Kunststoff beschichten"

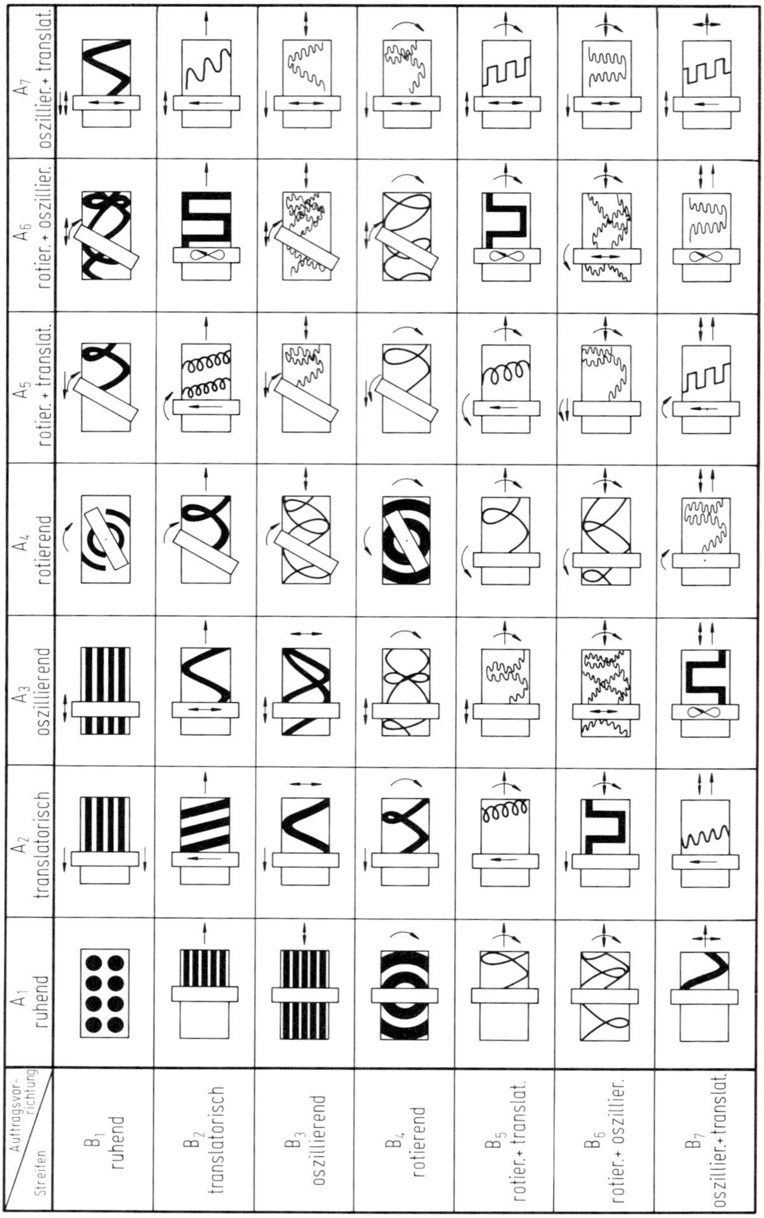

Streifen \ Auftragsvorrichtung	A_1 ruhend	A_2 translatorisch	A_3 oszillierend	A_4 rotierend	A_5 rotier. + translat.	A_6 rotier. + oszillier.	A_7 oszillier. + translat.
B_1 ruhend							
B_2 translatorisch							
B_3 oszillierend							
B_4 rotierend							
B_5 rotier.+ translat.							
B_6 rotier.+ oszillier.							
B_7 oszillier.+translat.							

Bild 5.32. Möglichkeiten zum Beschichten von Teppichbahnen durch Kombination von Bewegungen der Teppichbahn (allg. Streifen) und der Auftragsvorrichtung

werden in einem Ordnungsschema für die *zwei Teilfunktionen* „Teppichbahn (allg. Streifen) bewegen" und „Auftragungsvorrichtung bewegen" als Ordnende Gesichtspunkte die Bewegungsarten und ihre Kombinationen gewählt. Durch die Vollständigkeit der Wirkbewegungen (Zeilen- und Spaltenparameter) gibt das Schema im Prinzip alle denkbaren Möglichkeiten wieder und kann auch als allgemeines Suchschema für ähnlich gelagerte Aufgaben dienen.

Als Beispiel zur Variation von Wirkbewegungen in allen Koordinaten diene die Funktion „Strebenschlangen für Filigranträger prägen". Der Aufbau solcher Träger geht aus Bild 5.33 hervor. In Bild 5.34 a – c sind Variationsmöglichkeiten für die Werkzeugbewegungen dargestellt. Die Verformung der Strebenschlange geschieht durch zugeordnete Bewegungen von zwei Werkzeugen (Patrize-Matrize). Durch Variation der in a ersichtlichen Grundbewegungen konnten 20 mögliche Zuordnungen der Patrizen- und Matrizenbewegung in b und unter Ausnutzung der Bewegungen in und um alle Koordinaten für diese 239 sinnvolle Kombinationsmöglichkeiten in c gefunden werden. Bild 5.35 gibt ausgewählte Lösungsprinzipien für diese Wirkbewegungen wieder.

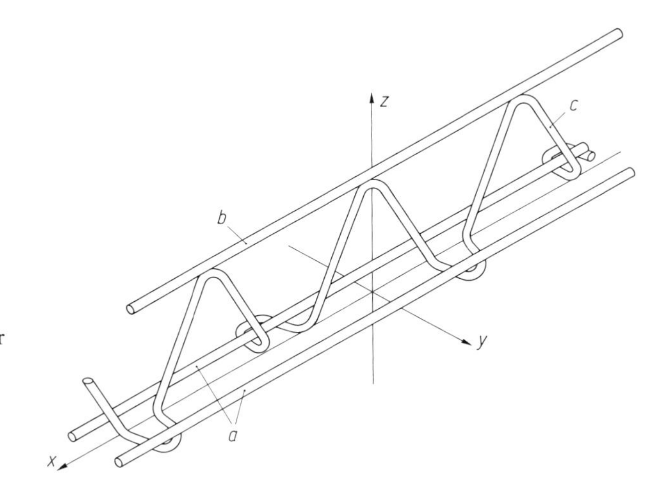

Bild 5.33. Prinzipieller Aufbau eines Filigranträgers nach [23]
a Untergurt;
b Obergurt;
c Strebenschlange

Bild 5.36 zeigt eine Wirkflächenvariation bei der Verbindung von Wellen und Naben. Hierdurch kann die Lösungsvielfalt, die z. B. durch „Vorwärtsschreiten" erreicht wird (vgl. 2.2, Bild 2.7) geordnet und vervollständigt werden.

Werden Lösungen für *mehrere Teilfunktionen* gesucht, ist es zweckmäßig, zunächst die Funktion als Ordnenden Gesichtspunkt und damit die zu erfüllenden Teilfunktionen als Zeilenparameter zu wählen und in die zugehörigen Spalten mögliche Lösungsprinzipien mit ihren Merkmalen numeriert einzutragen. Bild 5.37 zeigt den prinzipiellen Aufbau dieses Ordnungsschemas. Den Funktionen F_i (Teilfunktionen) werden in den Zeilen Lösungen E_{ij} zugeordnet: Je nach Konkretisierungsstufe der Lösungssuche können diese wiederum physikalische Effekte, Wirk- bzw. Lösungsprinzipien, Funktionsträger, stofflich bereits festgelegte Bauelemente oder auch nur Merkmale einzelner Lösungen sein. Der Variation ist in der Regel eine Kombination der Lösungsprinzipien nachgeschaltet. Auf Kombinationsverfahren wird in 5.5 ausführlich eingegangen.

Zur Suche von Lösungsprinzipien für Teilfunktionen können zusammenfassend folgende Anweisungen gegeben werden:

— Zur Lösungssuche Hauptfunktionen vorziehen, die für die Gesamtlösung prinzipbestimmend sind und für die noch kein Lösungsprinzip vorliegt.

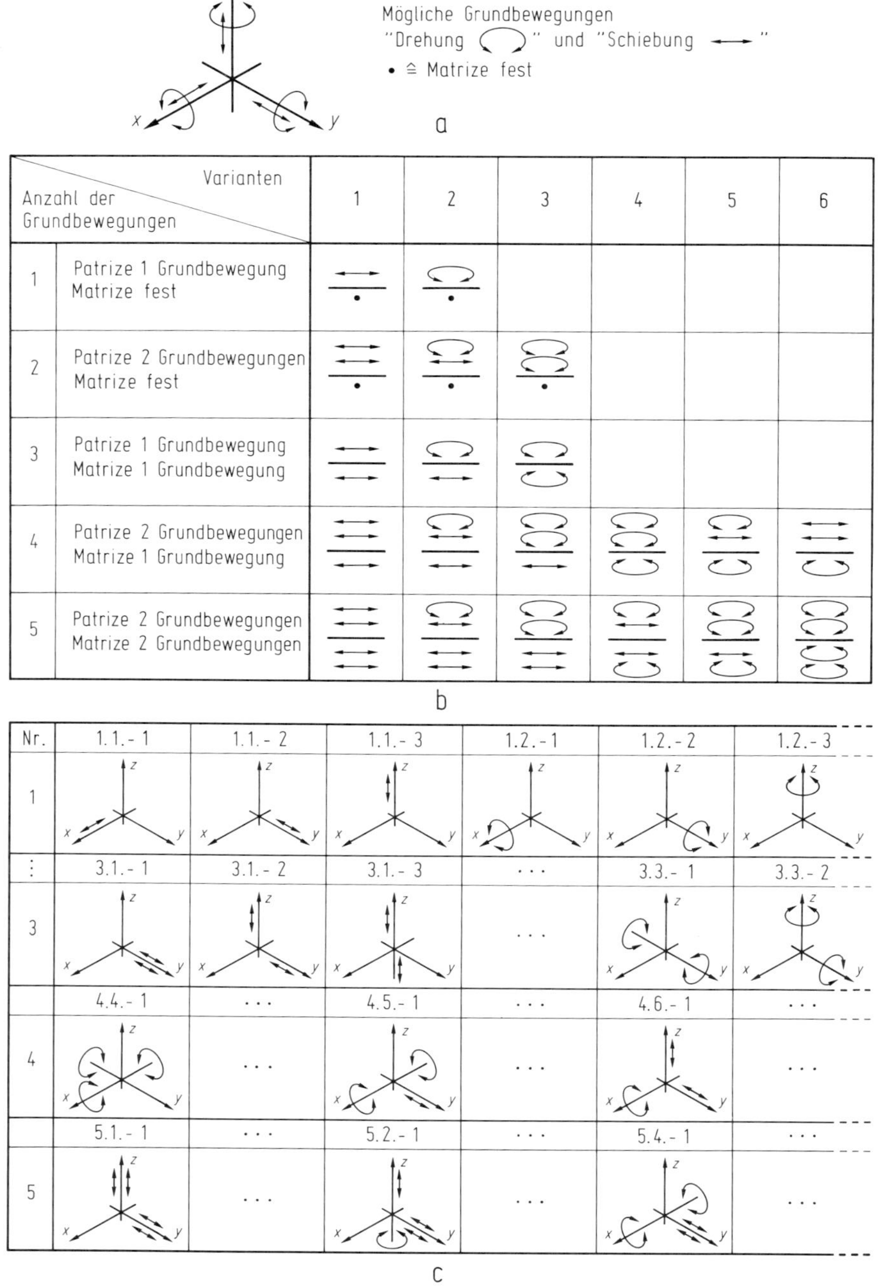

Bild 5. 34. Variationsmöglichkeiten für Werkzeugbewegungen zum Prägen von Strebenschlangen für Filigranträger nach [23];
a) Grundsätzliche Bewegungsmöglichkeiten (Grundbewegungen)
b) Ordnungsschema für mögliche Patrizen- und Matrizenbewegungen
c) Sinnvolle räumliche Kombination von Patrizen- und Matrizenbewegungen (Ausschnitt)

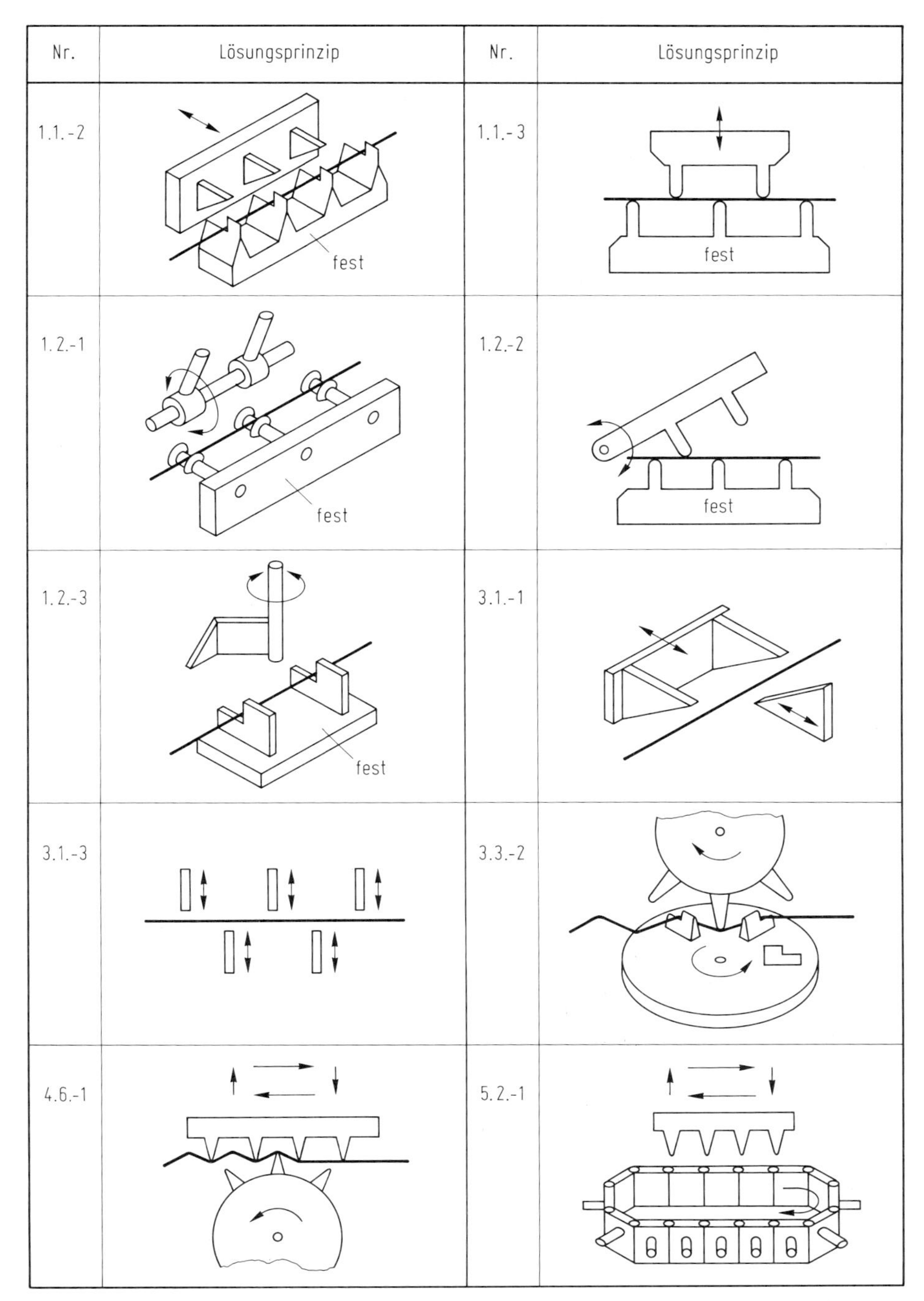

Bild 5.35. Ausgewählte Lösungsprinzipien zum Prägen von Strebenschlangen für Filigranträger auf der Grundlage der Werkzeugbewegungen gemäß Bild 5.34 c) nach [23]

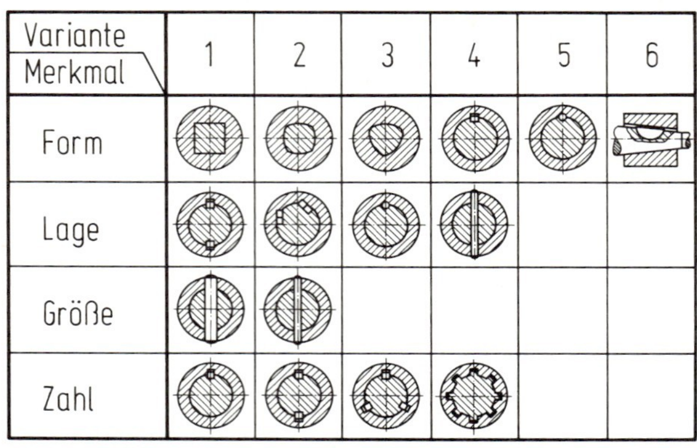

Bild 5.36. Variation der Wirkfläche bei formschlüssigen Wellen-Naben-Verbindungen in Anlehnung an [44]

- Ordnende Gesichtspunkte und zugehörige Merkmale aus erkennbaren Zusammenhängen des Energie-, Stoff-, und/oder Signalflusses oder aus anschließenden Systemen ableiten.
- Wenn physikalisches Wirkprinzip unbekannt, dieses aus physikalischen Effekten und z. B. Energiearten gewinnen. Liegt das physikalische Wirkprinzip fest, festlegende Gestaltungsmerkmale (Wirkfläche, Wirkbewegung, Werkstoff) suchen und variieren. Merkmallisten zur Anregung benutzen (Bilder 5.29 und 5.30).
- Ordnungsschema schrittweise aufbauen, korrigieren und weitgehend vervollständigen. Unverträglichkeiten beseitigen und nur lösungsträchtige Ansätze weiterverfolgen. Dabei analysieren, welche Ordnenden Gesichtspunkte zur Lösungsfindung beitragen, diese durch Parameter näher variieren, evtl. aber auch verallgemeinern oder einschränken.
- Mit Hilfe von Auswahlverfahren (vgl. 5.6) günstig erscheinende Lösungen aussuchen und kennzeichnen.
- Für weitere wichtige Teilfunktionen in gleicher Weise vorgehen, dabei Verträglichkeit zu bereits bearbeiteten Funktionen beachten.
- Kombinieren der Lösungsprinzipien zur Prinzipkombination nach 5.5.
- Ordnungsschemata möglichst allgemeingültig zur Wiederverwendung aufbauen, aber nicht Systematik um der Systematik willen betreiben.

Funktionen \ Lösungen		1	2	...	j	...	m
1	F_1	E_{11}	E_{12}		E_{1j}		E_{1m}
2	F_2	E_{21}	E_{22}		E_{2j}		E_{2m}
⋮		⋮	⋮		⋮		⋮
i	F_i	E_{i1}	E_{i2}		E_{ij}		E_{im}
⋮		⋮	⋮		⋮		⋮
n	F_n	E_{n1}	E_{n2}		E_{nj}		E_{nm}

Bild 5.37. Prinzipieller Aufbau eines Ordnungsschemas mit Teilfunktionen einer Gesamtfunktion und zugeordneten Lösungen

3. Verwendung von Katalogen

Kataloge sind eine Sammlung bekannter und bewährter Lösungen für bestimmte konstruktive Aufgaben oder Teilfunktionen. Kataloge können Informationen recht verschiedenen Inhalts und Lösungen unterschiedlichen Konkretisierungsgrades enthalten. So können in ihnen physikalische Effekte, Lösungsprinzipien, Lösungskonzepte für komplexe Aufgabenstellungen, Maschinenelemente, Normteile, Werkstoffe, Zukaufteile und dgl. gespeichert sein. Die bisherigen Quellen für solche Daten waren Fach- und Handbücher, Firmenkataloge, Prospektsammlungen, Normenhandbücher und ähnliches. Ein Teil von ihnen enthält neben reinen Objektangaben und Lösungsvorschlägen auch Angaben über Berechnungsverfahren, Lösungsmethoden sowie sonstige Konstruktionsregeln. Auch für letztere sind katalogartige Sammlungen denkbar.

An Konstruktionskataloge sind folgende Forderungen zu stellen:
— Schneller, aufgabenorientierter Zugriff zu den gesammelten Lösungen bzw. Daten.
— Weitgehende Vollständigkeit des gesammelten Lösungsspektrums. Zumindest muß eine Ergänzung möglich sein.
— Möglichst weitgehend branchen- und firmenunabhängig, um breit einsetzbar zu sein.
— Eine Anwendung sollte sowohl beim herkömmlichen Konstruktionsablauf als auch beim Rechnereinsatz möglich sein.

Mit dem Aufbau und der Entwicklung von Katalogen hat sich vor allem Roth mit seinen Mitarbeitern beschäftigt [46, 51]. Er schlägt zum Erfüllen der genannten Forderungen einen grundsätzlichen Aufbau gemäß Bild 5.38 vor.

Entscheidende Bedeutung kommt auch hier den *Ordnenden Gesichtspunkten* zu, die Roth als Gliederungsgesichtspunkte bezeichnet. Sie beeinflussen die Handhabbarkeit und den schnellen Zugriff. Sie richten sich nach dem Konkretisierungsgrad und der Komplexität der gespeicherten Lösungen sowie nach der Konstruktionsphase, für die der Katalog eingesetzt werden soll. Für die Konzeptphase ist es z. B. zweckmäßig, als Gliederungsgesichtspunkte die von den Lösungen zu erfüllenden Funktionen zu wählen, da die Konzepterarbeitung ja von den Teilfunktionen ausgeht. Diese Gliederungsmerkmale sollten die allgemein anwendbaren Funktionen sein (vgl. 5.3), um die Lösungen möglichst produktunabhängig abrufen zu können.

<table>
<tr><th colspan="3">Gliederungsgesichtspunkte</th><th rowspan="2">Lösungen oder Elemente</th><th rowspan="2"></th><th colspan="3">Auswahlmerkmale</th></tr>
<tr><th>1</th><th>2</th><th>3usw.</th><th>1</th><th>2</th><th>3usw.</th></tr>
<tr><td rowspan="6">1</td><td rowspan="2">1.1</td><td>1.1.1</td><td rowspan="10">Anordnungsbeispiele, Gleichungen, Schaubilder</td><td>1</td><td colspan="3" rowspan="10">Beurteilung oder Beschreibung der Lösungen oder Elemente</td></tr>
<tr><td>1.1.2</td><td>2</td></tr>
<tr><td rowspan="4">1.2</td><td>1.2.1</td><td>3</td></tr>
<tr><td>1.2.2</td><td>4</td></tr>
<tr><td>1.2.3</td><td>5</td></tr>
<tr><td>1.2.4</td><td>6</td></tr>
<tr><td rowspan="4">2</td><td rowspan="3">2.1</td><td>2.1.1</td><td>7</td></tr>
<tr><td>2.1.2</td><td>8</td></tr>
<tr><td>2.1.3</td><td>9</td></tr>
<tr><td>usw.</td><td>usw.</td><td>10</td></tr>
</table>

Bild 5.38. Grundsätzlicher Aufbau von Konstruktionskatalogen nach [46]

Weitere Gliederungsgesichtspunkte können z. B. Art und Merkmale von Energie (Mechanische, Elektrische, Optische usw.), Stoff oder Signal, Wirkfläche, Wirkbewegung und physikalischem Effekt sein. Bei Katalogen zur Entwurfsphase sind entsprechende Gliederungsgesichtspunkte zweckmäßig: z. B. Werkstoffeigenschaften, Schlußarten von Verbindungen, Schaltungsarten bei Kupplungen und Merkmale konkreter Maschinenelemente. Eigenschaften von Lösungen, z. B. Abmessungen, Geräuschentwicklung u. ä. sind dagegen als Gliederungsgesichtspunkte zu vermeiden, da sie für den Kataloganwender unterschiedliche Bedeutung haben.

In der Spalte der eigentlichen *Lösungen* können je nach Konkretisierungs- und Komplexitätsgrad des Katalogs physikalische Gleichungen, Lösungsprinzipien in Form von Prinzipskizzen, Konstruktionszeichnungen, Werkstoffnamen, Abbildungen usw. aufgeführt sein. Die Art und Vollständigkeit der Informationsausgabe richtet sich hier wieder nach der Anwendung.

Große Bedeutung für die Lösungsauswahl kommt den Spalten über die *Auswahlmerkmale* zu. Solche Auswahlmerkmale können unterschiedlichste Eigenschaften beinhalten wie z. B. charakteristische Abmessungen, Einfluß bzw. Auftreten bestimmter Störgrößen, Federungsverhalten, Zahl der Elemente und dgl. Sie dienen dem Konstrukteur zur Vorauswahl und Beurteilung von Lösungen und können bei EDV-gespeicherten Katalogen Kenngrößen für den Auswahl- und Bewertungsvorgang sein.

Eine weitere wichtige Forderung zum Aufbau von Katalogen ist die Verwendung einheitlicher und eindeutiger Definitionen und Symboliken zur Informationsdarstellung.

Je konkreter und ins einzelne gehend die gespeicherte Information ist, um so unmittelbarer, aber auch begrenzter ist der Katalog einsetzbar. Mit zunehmender Konkretisierung steigt die Vollständigkeit der Angaben über eine bestimmte Lösungsmöglichkeit, aber die Möglichkeit für ein vollständiges Lösungsspektrum fällt, da die Vielfalt der Details, z. B. bei den Gestaltungsvarianten, enorm wächst. So ist es möglich, die zur Erfüllung der Funktion „Leiten“ in Frage kommenden physikalischen Effekte vollständig zusammenzustellen, es dürfte aber kaum möglich sein, eine Vollständigkeit aller Gestaltungsmöglichkeiten z. B. von Lagerungen (Kraft vom rotierenden zum ruhenden System leiten) zu erreichen. Eine Sammlung eigener und von anderen Autoren [46, 51] erarbeiteter Lösungskataloge hat Ewald [12] zusammengestellt. Zur Verfügung stehen u. a. Lösungssammlungen für Krafterzeuger, mechanische Wegumformer, Prinzipien zur Spielbeseitigung bei Rädergetrieben, Lagerungen, Führungen, Kupplungen und Federn. Koller hat Kataloge mit physikalischen Effekten zum Erfüllen der Funktionen „Energieart wandeln“, „Signalart wandeln“ und „Physikalische Größen vergrößern oder verkleinern“ veröffentlicht [27].

Im folgenden sind deshalb nur wenige Beispiele bzw. Auszüge von bereits zur Verfügung stehenden Katalogen angeführt.

Bild 5.39 zeigt für die allgemein anwendbaren Funktionen „Energie wandeln“ und „Energiekomponente ändern“ einen Katalog für physikalische Effekte unter Berücksichtigung von Koller [27] und Krumhauer [30]. Für diese Funktionen können aus ihm nach den Gliederungsgesichtspunkten „Eingangs- und Ausgangsgröße“ in Frage kommende Effekte gefunden werden. Die zur Auswahl benötigten Merkmale müssen der Fachliteratur entnommen werden.

Funktion	Eingang	Ausgang	Physikalische Effekte						
E_{mech} → E_{mech}	Kraft, Druck, Drehmoment	Länge, Winkel	Hooke (Zug/Druck/Biegung)	Schub, Torsion	Auftrieb, Querkontraktion	Boyle-Mariotte	Coulomb I und II	...	...
		Geschwindigkeit	Energiesatz	Impulssatz (Drall)	Drallsatz (Kreisel)	...	...	...	...
		Beschleunigung	Newton Axiom	...	...	...	...	...	...
	Länge, Winkel	Kraft, Druck, Drehmoment	Hooke	Schub, Torsion	Gravitation, Schwerkraft	Auftrieb	Boyle-Mariotte	Kapillare	
			Coulomb I und II	...	...	...	...	...	...
	Geschwindigkeit		Coriolis-Kraft	Impulssatz	Magnuseffekt	Energiesatz	Zentrifugalkraft	Wirbelstrom	
	Beschleunigung		Newton Axiom	...	...	...	...	...	...
E_{mech} → E_{hyd}	Kraft, Länge, Geschwindigk., Druck	Geschwindigkeit, Druck	Bernoulli	Zähigkeit (Newton)	Torricelli	Gravitationsdruck	Boyle-Mariotte	Impulssatz	...
E_{hyd} → E_{mech}	Geschwindigkeit	Kraft, Länge	Profilauftrieb	Turbulenz	Magnuseffekt	Strömungswiderstand	Staudruck	Rückstoßprinzip	...
E_{mech} → E_{therm}	Kraft, Geschwindigk.	Temperatur, Wärmemenge	Reibung (Coulomb)	1. Hauptsatz	Thomson-Joule	Hysterese (Dämpfung)	Plastische Verformung	...	...
E_{therm} → E_{mech}	Temperatur, Wärme	Kraft, Druck, Länge	Wärmedehnung	Dampfdruck	Gasgleichung	Osmotischer Druck	...	...	...
E_{elektr} → E_{mech}	Spannung, Strom, Feld, Magn. Feld	Kraft, Geschwindigk., Druck	Biot-Savart-Effekt	Elektrokinetischer Effekt	Coulomb I	Kondensatoreffekt	Johnsen-Rhabeck-Effekt	Piezoeffekt	...
E_{mech} → E_{elektr}	Kraft, Länge, Geschwindigk., Druck	Spannung, Strom	Induktion	Elektrokinetik	Elektrodynamischer Effekt	Piezoeffekt	Reibungselektrizität	Kondensatoreffekt	...
E_{elektr} → E_{therm}	Spannung, Strom	Temperatur, Wärme	Joulsche Wärme	Peltiereffekt	Lichtbogen	Wirbelstrom	...	...	...
E_{therm} → E_{elektr}	Temperatur, Wärme	Spannung, Strom	Elektr. Leitung	Thermoeffekt	Thermische Emission	Pyroelektrizität	Rauscheffekt	Halbleiter, Supraleiter	...
E_{mech} ⇄ E_{mech}	Kraft, Länge, Druck, Geschwindigk.	Kraft, Länge, Druck, Geschwindigk.	Hebel	Keil	Querkontraktion	Reibung	Kniehebel	Fluideffekt	...
E_{hyd} ⇄ E_{hyd}	Druck, Geschwindigk.	Druck, Geschwindigk.	Kontinuität	Bernoulli	...	...	...	...	...
E_{therm} ⇄ E_{therm}	Temperatur, Wärme	Temperatur, Wärme	Wärmeleitung	Konvektion	Strahlung	Kondensieren	Verdampfen	Erstarren	...
E_{elektr} ⇄ E_{elektr}	Spannung, Strom	Spannung, Strom	Transformator	Röhre	Transistor	Transduktor	Thermokreuz	Ohmsches Gesetz	...
...	...	...	...	...	...	...	...	...	...

Bild 5.39. Katalog physikalischer Effekte unter Berücksichtigung von [27, 30] für die allgemein anwendbaren Funktionen „Energie wandeln" und „Energiekomponente ändern". Auch auf Signalfluß übertragbar

Gliederungsgesichtspunkte: Sperrkraft erzeugen (1)	Differenz f. Hin- u. Rückl. erzeugen (2)	Normalkraft verstärken (3)	Lösungen: Gleichung für: Sperrrichtung S und Laufrichtung L (1)	Lösungen: Anordnungsbeispiel →S Sperrichtung (2)	Nr.	Auswahlmerkmale: Zahl und Art der Sperrlagen (1)	Kräfte auf Führungslager (2)	Sperrkraft federabhängig (3)	In beiden Richtgn. klemm- o. blockierbar (4)	Charakteristische Länge (5)	Zahl der belasteten Sperrflächen (6)	Zahl der Getriebeglieder (7)
Tangentialkraft (Reibkraft)	unterschiedliche Normalkraft $N_{Lauf} < N_{Sperr}$	Kraftzerlegung in 2 Kräfte, Keil (Drehkeil)	S: $F_r = \frac{\tan\alpha \cdot \sin\varphi + \cos\varphi}{\tan\alpha - \mu_1}\mu_1 F_c$	$\mu_2 \ll \mu_1$	1	beliebig viele, beliebig und nicht streng definiert gelegene Sperrlagen	groß	im Klemmbereich nein, sonst ja	nein	Führungslänge	4	3+1 (Feder)
		Kraftzerlegung in 2 Kräfte, Kniehebel (Exzenter)	L: $F_r = \frac{\tan\alpha \cdot \sin\varphi + \cos\varphi}{\tan\alpha + \mu_1}\mu_1 F_c$		2					Führungs- und Hebellänge	3	
		Momentzerlegung in Kräftepaar, Hebel (Flaschenzug)	S: $F_r = \frac{l_1/l_3}{1-\mu\, l_2/l_3}\mu F$ L: $F = (l_1/l_3)\,\mu F_c$		3		klein	nein		Führungs- und Hebellänge	5	
	unterschiedlicher wirksamer Reibwert $\mu_{Lauf} < \mu_{Sperr}$	Kraftzerlegung in 2 Kräfte, Keil (Drehkeil)	S: $F_r = \frac{\mu_1\tan\alpha}{\tan\alpha-\mu_1}\left(1+\frac{\mu_2}{\mu_1}\frac{\tan\alpha-\mu_1}{\tan\alpha+\mu_2}\right)F_c$	$\mu_3 \ll \mu_2;\ \mu_2 < \mu_1;\ \mu_2 < \tan\alpha$	4		groß	im Klemmbereich nein, sonst ja	ja	Führungslänge	6	3
		Kraftzerlegung in 2 Kräfte, Kniehebel (Exzenter)	L: $F_r = \frac{\mu_2\tan\alpha}{\tan\alpha-\mu_2}\left(1+\frac{\mu_1}{\mu_2}\frac{\tan\alpha-\mu_2}{\tan\alpha+\mu_1}\right)F_c$	$\mu_2 < \mu_1$; $\mu_2 < \tan\alpha$	5					Führungs- und Hebellänge	5	4
		Momentzerlegung in Kräftepaar, Hebel (Flaschenzug)	S: $F_r = \frac{\mu_1 l_1/l_3}{1-\mu_1 l_2/l_3}\left[1+\frac{\mu_2}{\mu_1}\left(1-\frac{l_2}{l_3}\mu_1\right)\right]F$ L: $F_r = \frac{\mu_2 l_1/l_3}{1-\mu_2 l_2/l_3}\left[1+\frac{\mu_1}{\mu_2}\left(1-\frac{l_2}{l_3}\mu_2\right)\right]F$	$\mu_2 < \mu_1$; $\mu_2 < \frac{l_3}{l_2}$	6		klein	nein		Führungs- und Hebellänge	6	3
Normalkraft	unterschiedliche Normalkraft $N_{Lauf} < N_{Sperr}$	(Druck- oder Zug-Klinken, Riegel)	Sperrbedingung (ohne Reibung): $F < \frac{\sin\alpha_1}{\cos(\alpha_1+\beta)}\sin\beta \cdot F_c$ Keil: $\beta = \pi/2$		7	begrenzte Zahl definierter Lagen	sehr klein	für $\beta \geq 0$ nein		Führungslänge	2× Zahl der Sperrlagen + 2	3+1 (Feder)
Normal- und Tangentialkraft		Kraftzerlegung, Keil, Drehkeil, Kniehebel	S: $F_{Sp} = \frac{\mu_1\tan\alpha+1}{\tan\alpha(1-\mu_1\mu_2)-\mu_1-\mu_2}F_c$ L: $F_L = \frac{\mu_1\tan\alpha-1}{\tan\alpha(1-\mu_1\mu_2)+\mu_1+\mu_2}F_c$		8	beliebig viele nicht definiert	klein	ja	nein	Führungs- und Keillänge	4	

Bild 5.40. Ausschnitt aus einem Katalog für Lösungen der Funktion „Sperren translatorischer Rücklaufbewegungen" nach [46]

Bild 5.40 zeigt einen Katalog für mechanische Lösungsprinzipien zum Erfüllen der Funktion „Translatorische Rücklaufbewegungen sperren". Im Gegensatz zum vorhergehenden Katalog sind hier die Lösungen bereits durch Angabe von Gestaltungsmerkmalen soweit konkretisiert, daß in der Entwurfphase unmittelbar mit der Bemessung begonnen werden kann.

5.5. Kombinieren von Lösungsprinzipien

Die bisher dargestellten Methoden dienten vor allem der Suche nach Lösungsprinzipien und dem Aufbau eines Feldes von Lösungen für Teilfunktionen. Zum Erfüllen der in der Aufgabenstellung geforderten Gesamtfunktion müssen nun aus diesem Feld der Lösungen (Lösungsprinzipien) Gesamtlösungen durch Verknüpfen zu Prinzipkombinationen erarbeitet werden (Systemsynthese). Grundlage für einen solchen Verknüpfungsprozeß ist die aufgestellte Funktionsstruktur, die die in logischer und/oder physikalischer Hinsicht mögliche bzw. zweckmäßige Reihenfolge und Schaltung der Teilfunktionen angibt.

Wenn auch mit den genannten Methoden zur Lösungssuche, insbesondere mit den intuitiv betonten, sich bereits Kombinationen ergaben oder erkennbar wurden, so gibt es auch spezielle Methoden zur Synthese. Grundsätzlich müssen sie eine anschauliche und eindeutige Kombination von Lösungsprinzipien unter Berücksichtigung der begleitenden physikalischen Größen und der betreffenden Gestaltungsmerkmale gestatten.

Hauptproblem solcher Kombinationsschritte ist das Erkennen von physikalischen Verträglichkeiten zwischen den zu verbindenden Lösungsprinzipien zum Erreichen eines weitgehend störungsfreien Energie-, Stoff- und/oder Signalflusses sowie von Kollisionsfreiheit in geometrischer Hinsicht. Ein weiteres Problem liegt bei der Auswahl technisch und wirtschaftlich günstiger Prinzipkombinationen aus dem Feld theoretisch möglicher Kombinationen. Hierauf wird in 5.6 ausführlich eingegangen.

5.5.1. Systematische Kombination

Zur systematischen Kombination eignet sich in besonderem Maße das von Zwicky [65] als Morphologischer Kasten bezeichnete Ordnungsschema entsprechend Bild 5.37, wo in den Zeilen die Teilfunktionen der Funktionsstruktur und die dazugehörigen Lösungen (z. B. Lösungsprinzipien) eingetragen sind.

Will man dieses Schema zum Erarbeiten von Gesamtlösungen heranziehen, so wird für jede Teilfunktion (also jede Zeile) ein Lösungsprinzip ausgewählt und diese zur Gesamtlösung nach der Reihenfolge in der Funktionsstruktur untereinander verknüpft. Stehen m_1 Lösungsprinzipien für die Teilfunktion F_1, m_2 für die Teilfunktion F_2 usw. zur Verfügung, so erhält man nach einer vollständigen Kombination $N = m_1 \cdot m_2 \cdot m_3 \cdot \ldots \cdot m_n$ theoretisch mögliche Gesamtlösungsvarianten.

Hauptproblem dieser Kombinationsmethode ist die Entscheidung, welche Lösungsprinzipien miteinander verträglich und kollisionsfrei, d. h. wirklich kombinierbar sind. Das theoretisch mögliche Lösungsfeld muß also auf ein realisierbares Lösungsfeld eingeschränkt werden.

Lösungen
Funktionen
1
2
...
j
...
m
1 F_1 E_{11} E_{12} E_{1j} E_{1m}
2 F_2 E_{21} E_{22} E_{2j} E_{2m}
i F_i E_{i1} E_{i2} E_{ij} E_{im}
n F_n E_{n1} E_{n2} E_{nj} E_{nm}
② ① Prinzipkombinationen

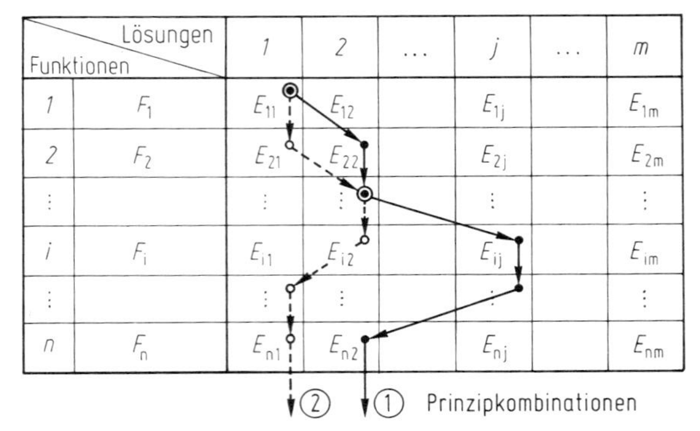

Bild 5.41. Kombination von Lösungsprinzipien zu Prinzipkombinationen (schematisch)
Prinzipkombination 1: $E_{11}+E_{22}+\ldots+E_{n2}$
Prinzipkombination 2: $E_{11}+E_{21}+\ldots+E_{n1}$

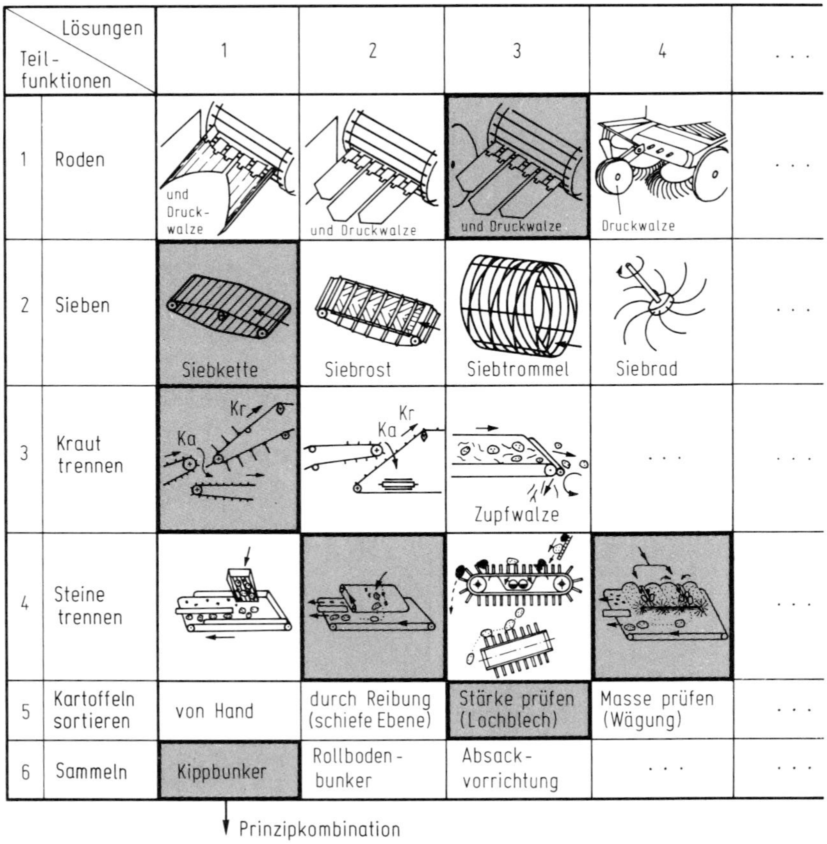

Lösungen
Teil-funktionen
1
2
3
4
...
1 Roden
und Druck-walze
und Druckwalze
und Druckwalze
Druckwalze
2 Sieben
Siebkette
Siebrost
Siebtrommel
Siebrad
3 Kraut trennen
Kr
Ka
Kr
Ka
Zupfwalze
4 Steine trennen
5 Kartoffeln sortieren
von Hand
durch Reibung (schiefe Ebene)
Stärke prüfen (Lochblech)
Masse prüfen (Wägung)
6 Sammeln
Kippbunker
Rollboden-bunker
Absack-vorrichtung
Prinzipkombination

Bild 5.42. Kombination zu einer Prinzipkombination zum Erfüllen der Gesamtfunktion einer Kartoffel-Vollerntemaschine gemäß Bild 5.16

Das Erkennen von Verträglichkeiten zwischen den zu verknüpfenden Teillösungen wird erleichtert, wenn

— die Teilfunktionen der Kopfspalte in der Reihenfolge aufgeführt werden, in der sie auch in der Funktionsstruktur bzw. Funktionskette stehen, gegebenenfalls getrennt nach Energie-, Stoff- und Signalfluß,
— die Lösungsprinzipien durch zusätzliche Spaltenparameter, z. B. die Energieart, zweckmäßig geordnet werden,
— die Lösungsprinzipien nicht nur verbal, sondern in Prinzipskizzen dargestellt werden und
— für die Lösungsprinzipien die wichtigsten Merkmale und Eigenschaften mit eingetragen werden.

Dieser Kombinationsprozeß wird in Bild 5.41 nochmals verdeutlicht. Ein Anwendungsbeispiel zeigt Bild 5.42 für die Gesamtfunktion einer Kartoffel-Vollerntemaschine gemäß der Funktionsstruktur in Bild 5.16. Die markierten Felder stellen die ausgewählte Prinzipkombination dar, wobei für die Teilfunktion „Steine trennen" zwei Lösungsprinzipien hintereinander geschaltet zur Anwendung kommen [3].

Weitere Beispiele für diese Kombinationsmethode sind in 5.9 mit den Bildern 5.68, 5.69, 5.90 und 5.91 wiedergegeben.

Auch die Beurteilung von Verträglichkeiten wird durch Aufstellen von Ordnungsschemata erleichtert. Ordnet man zwei zu verknüpfende Teilfunktionen, bei-

Energie wandeln / mechan. Energiekomponente ändern		Elektromotor	Schwingspule	Bimetallspirale in Warmwasser	oszillierender Hydraulikkolben	...
		1	2	3	4	...
Viergelenkkette	A	wenn A umlauffähig	langsame Bewegung	ja	zusätzl. Hebelanlenkung, nur bei langsamer Bewegung des Kolbens	...
Stirnradgetriebe	B	ja	langsame Drehbewegung nur über zusätzl. Elemente (Freilauf usw.), schwierig besonders für Drehrichtungsumkehr	je nach Drehwinkel genügen Zahnsegmente	mit Zahnstange Schwenkbewegung, nur bei langsamer Bewegung des Kolbens	...
Maltesergetriebe	C	ja bei normalem Malteser-trieb Ruck beachten	siehe B 2	ja (wenn Drehwinkel klein, Hebel mit Kulissenstein)	Hebel mit Kulissenstein, nur bei langsamer Bewegung des Kolbens	...
Scheibenreibrad-getriebe	D	ja	siehe B 2	große Kräfte wegen Drehmoment bei langsamer Bewegung, ungenaue Positionierung	siehe D 3	...
...	...	...	...	...	...	...

☒ nur sehr schwierig (mit großem Aufwand) erfüllbar (nicht weiter verfolgen)

☒ (gestrichelt) nur unter bestimmten Bedingungen erfüllbar (zurückstellen)

Bild 5.43. Verträglichkeitsmatrix für Kombinationsmöglichkeiten der Teilfunktion „Energie wandeln" und „mechanische Energiekomponente ändern" nach [11]

spielsweise „Energie wandeln“ und „Mechanische Energiekomponente ändern“, in die Kopfspalte und Kopfzeile einer Matrix und schreibt die kennzeichnenden Merkmale in ihre Felder, so kann man die Verträglichkeit der Teillösungen untereinander leichter überprüfen, als wenn solche Überlegungen nur im Kopf des Konstrukteurs vorgenommen werden müßten. Bild 5.43 zeigt eine solche Verträglichkeitsmatrix.

Zusammenfassend ergeben sich folgende Hinweise:
— Nur Verträgliches miteinander kombinieren.
— Nur weiterverfolgen, was die Forderungen der Anforderungsliste erfüllt und zulässigen Aufwand erwarten läßt (vgl. Auswahlverfahren in 5.6).
— Günstig erscheinende Kombinationen herausheben und analysieren, warum diese im Vergleich zu den anderen weiterverfolgt werden sollen.

Abschließend sei betont, daß es sich hier um eine allgemein anwendbare Methode des Kombinierens von Teillösungen zu Gesamtlösungen handelt. Sie kann sowohl zur Kombination von Lösungsprinzipien in der Konzeptphase als auch von Teillösungen in der Entwurfphase oder bereits von stark konkretisierten Bauteilen oder Baugruppen angewendet werden. Da sie im Kern Informationen verarbeitet, ist sie nicht nur auf technische Probleme beschränkt, sondern kann auch zur Entwicklung z. B. von Organisationssystemen eingesetzt werden.

5.5.2. Kombinieren mit Hilfe mathematischer Methoden

Den Einsatz von mathematischen Methoden und EDV-Anlagen zur Kombination von Lösungsprinzipien wird man nur dann anstreben, wenn wirklich Vorteile aus diesem Vorgehen erkennbar sind. So sind Eigenschaften von Lösungsprinzipien bei dem niedrigen Konkretisierungsgrad der Konzeptphase oft nur so unvollständig und ungenau bekannt, daß eine quantitative Bearbeitung, d. h. eine mathematische Kombination mit gleichzeitiger Optimierung, nicht durchführbar ist oder sogar zu falschen Ergebnissen führt. Ausgenommen sind hier Kombinationen bekannter Elemente und Baugruppen, wie sie z. B. bei Variantenkonstruktionen oder in Schaltungen vorkommen. Ferner können mathematische Elementverknüpfungen bei Vorliegen rein logischer Funktionen durch Anwenden der Booleschen Algebra durchgeführt werden [15, 44], z. B. für das Verhalten von Sicherheitsschaltungen und für Schaltungsoptimierungen der Elektrotechnik oder Hydraulik.

Grundsätzlich müssen zur Kombination von Teillösungen zu Gesamtlösungen mit Hilfe mathematischer Methoden diejenigen Merkmale bzw. Eigenschaften der Teillösungen bekannt sein, die mit entsprechenden Eigenschaften der zu verknüpfenden Nachbarlösung korrespondieren sollen. Dabei ist es notwendig, daß die Eigenschaften eindeutig und in Form von quantifizierbaren Größen vorliegen. Zur Bildung von Lösungskonzepten reichen Angaben über physikalische Beziehungen oft nicht aus, da auch geometrische Verhältnisse einschränkend wirken können und damit unter Umständen die Verträglichkeit ausschließen. Eine Zuordnung zwischen physikalischer Gleichung und geometrischer Struktur wird dann notwendig. Solche Zuordnungen lassen sich in der Regel nur für physikalische Vorgänge und geometrische Strukturen niedriger Komplexität aufstellen und im Rechner speichern. Für physikalische Vorgänge höherer Komplexität werden solche Zuordnungen dagegen oft mehrdeutig, so daß doch wieder der Konstrukteur zwischen Varianten entscheiden muß. Insofern bieten sich hier Dialogsysteme an, bei denen ein Kombinationsprozeß aus mathematischen und kreativen Teilschritten besteht.

Hieraus wird einsichtig, daß es mit zunehmender stofflicher Verwirklichung eines Lösungsprinzips einerseits einfacher wird, quantitative Verknüpfungsregeln aufzustellen, andererseits steigt die Zahl der sich gegenseitig beeinflussenden Eigenschaften und mit ihnen die Zahl der Verträglichkeitsbedingungen sowie oft auch die der Optimierungskriterien, so daß der numerische Aufwand sehr hoch wird. Da bei einem Kombinieren mit Hilfe mathematischer Methoden der Einsatz elektronischer Datenverarbeitungsanlagen notwendig ist, wird ausführlicher auf entsprechende Möglichkeiten in Kap. 9 eingegangen [6, 8, 26, 30].

5.6. Auswählen geeigneter Varianten

Beim methodischen Vorgehen ist ein möglichst breites Lösungsfeld erwünscht. Bei Berücksichtigung der denkbaren Ordnenden Gesichtspunkte und Merkmale gelangt man häufig zu einer größeren Zahl von Lösungsvorschlägen. In dieser Fülle liegen zugleich Stärke und Schwäche systematischer Betrachtung. Die große, theoretisch denkbare, aber praktisch nicht verarbeitbare Zahl von oft nicht tragbaren Lösungen muß so früh wie möglich eingeschränkt werden. Andererseits ist darauf zu achten, daß geeignete Lösungsprinzipien nicht entfallen, weil oft erst in der Kombination mit anderen eine vorteilhafte Gesamtlösung sichtbar wird. Ein absolut sicheres Verfahren, das Fehlentscheidungen vermeidet, gibt es nicht, aber mit Hilfe eines geordneten und nachprüfbaren Auswahlverfahrens ist die Auswahl aus einer Fülle von Lösungsvorschlägen leichter zu bewältigen [37].

Ein derartiges Auswahlverfahren ist durch die beiden Tätigkeiten *Ausscheiden* und *Bevorzugen* gekennzeichnet:

Zunächst wird das absolut Ungeeignete ausgeschieden. Bleiben dann noch zu viele mögliche Lösungen übrig, sind die offenbar besseren zu bevorzugen. Nur die besser erscheinenden unterzieht man am Schluß der Konzeptphase einer Bewertung.

Bei zahlreichen Lösungsvorschlägen ist eine *Auswahlliste* nach Bild 5.44 zweckmäßig. Grundsätzlich sollte nach jedem Arbeitsschritt, also schon nach dem Aufstellen von Funktionsstrukturen und auch bei allen folgenden Schritten der Lösungssuche nur das weiter verfolgt werden, was

- mit der Aufgabe und/oder untereinander verträglich ist (Kriterium A),
- die Forderungen der Anforderungsliste erfüllt (Kriterium B),
- eine Realisierungsmöglichkeit hinsichtlich Wirkungshöhe, Größe, notwendiger Anordnung usw. erkennen läßt (Kriterium C),
- einen zulässigen Aufwand erwarten läßt (Kriterium D).

Man scheidet die ungeeigneten Lösungen nach den genannten Kriterien in der beschriebenen Reihenfolge aus. Die Kriterien A und B eignen sich zu einer Ja-Nein-Entscheidung und können relativ problemlos angewandt werden. Zu den Kriterien C und D ist oft eine mehr quantitativ angelegte Untersuchung nötig. Man wird dies aber nur tun, wenn die beiden vorherigen Kriterien A und B positiv beantwortet werden konnten.

Tabelle 5.2. Auszug aus der Lösungsliste für den Geber zu einem Tankinhaltsmeßgerät

Nr.	Lösungsprinzip (Hinweise)	Signal
	1. mechanisch statisch	
	1.1. Flüssigkeit	
a1	Gewicht der Flüssigkeit	Kraft
a2	Massenanziehung	Kraft
a3	Lösung eines Mittels in der Flüssigkeit	Konzentration Restmenge (des Mittels)
a4	Schwebstoffe in der Flüssigkeit	Konzentration
	1.2. Gas	
b1	Gasblase über der Flüssigkeit	Weg Druck (des Gases)
b2	Abgeschlossenes Gasvolumen durch dichten Behälter	Druck (des Gases)
	1.3. Abbildung	
c1	Analoge Flüssigkeitsmenge in einem Behälter mit geometrisch ähnlichen Querschnitten	Kraft
c2	Analoges Gasvolumen (ähnliche Querschnitte)	Weg Druck (des Gases)
c3	Behälterähnlicher Auftriebskörper mit $\gamma \lesseqgtr \gamma_{\text{Flüssigkeit}}$ Hinweis: Durch federnde Aufhängung → Weg Am Körper befestigte Lichtquelle → Weg-Lichtsignal	Kraft
	2. mechanisch dynamisch	
	2.1. Flüssigkeit	
d1	Massenträgheit der Flüssigkeit ausnutzen (Beschleunigungsvorgänge)	Kraft (Moment)
d2	Flüssigkeitsmasse schwingen lassen	Frequenz, Zeitintervall
d3	In Zeitintervallen Flüssigkeit von einem in einen anderen Behälter umpumpen Umgepumpte Menge messen	Stoffmenge (direkt) Zeit Energie (elektrisch)
d4	Differenzdurchflußmessung in Zu- und Abfluß des Behälters	Stoffmenge (±)
d5	Impulsmessung durch Anstoßen des Behälters. Am Behälter geklebter Schwinger, Schwingverhalten abhängig von der Flüssigkeitsmasse	Frequenz Zeit (Ausschwingen) Leistung
	2.2. Gas	
e1	Bei dichtem Behälter Gas zupumpen oder abpumpen bis bestimmter Druck oder bis bestimmte Gasmenge erreicht	Stoffmenge (Gas) Druck (des Gases)
	3. elektrisch	
f1	Flüssigkeit als Ohmscher Widerstand (volumenabhängig)	Ohmscher Widerstand
f2	Flüssigkeit als Dielektrikum (volumenabhängig)	Kapazität kapazitiv. Widerstand

Die Beurteilung hinsichtlich der Kriterien C und D hängt stärker vom Ermessen ab, so daß neben dem Ausscheiden wegen z. B. zu geringer Wirkungshöhe oder zu hoher Kosten, auch eine Bevorzugung wegen besonders hoher Wirkungshöhe, geringen Raumbedarfs und zu erwartender niedriger Kosten maßgebend sein kann, wenn deren Über- bzw. Unterschreitung wichtige Vorteile bringt.

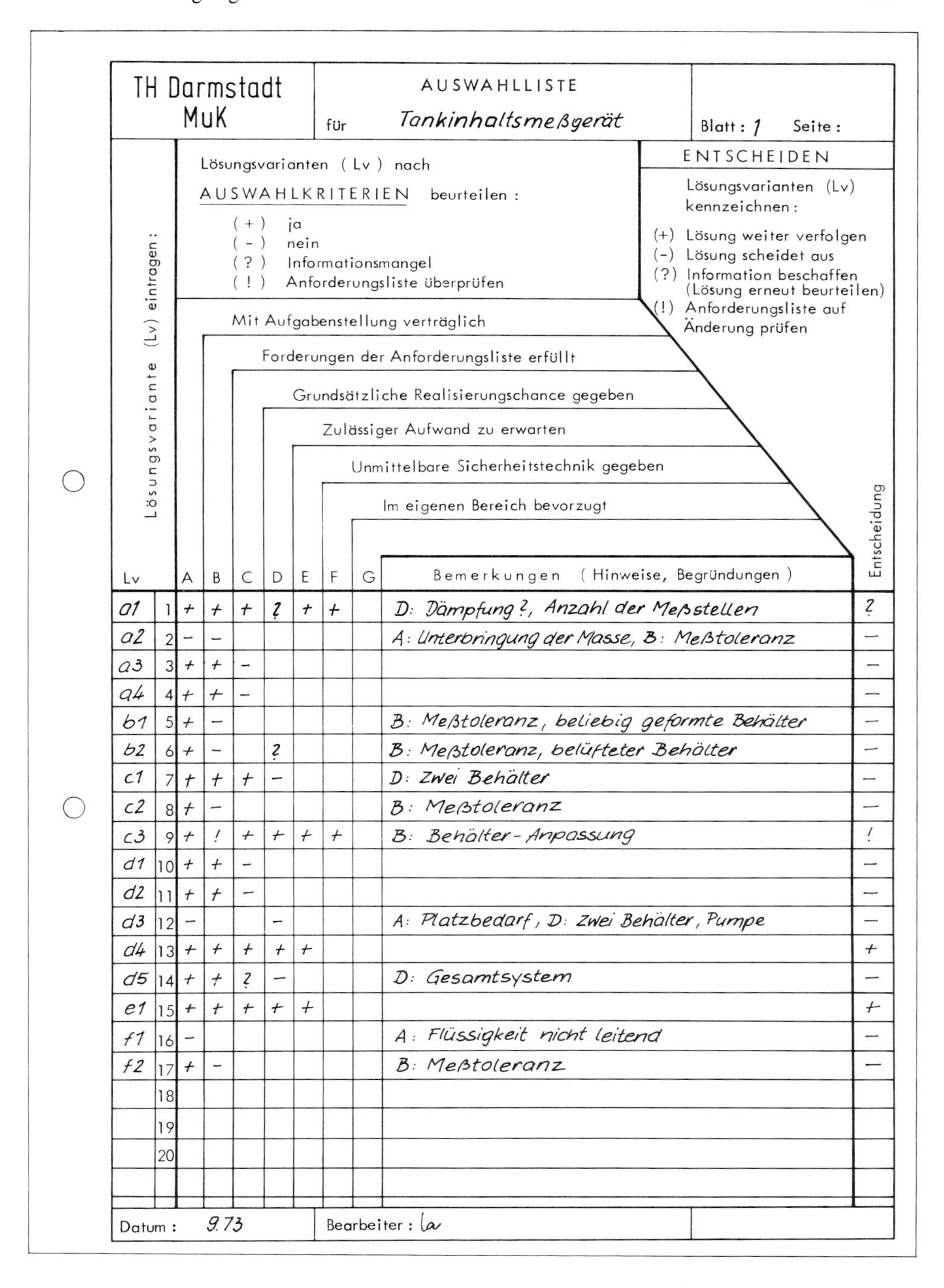

TH Darmstadt MuK

AUSWAHLLISTE für *Tankinhaltsmeßgerät* — Blatt: 1 Seite:

Lösungsvarianten (Lv) nach AUSWAHLKRITERIEN beurteilen:
(+) ja
(−) nein
(?) Informationsmangel
(!) Anforderungsliste überprüfen

ENTSCHEIDEN
Lösungsvarianten (Lv) kennzeichnen:
(+) Lösung weiter verfolgen
(−) Lösung scheidet aus
(?) Information beschaffen (Lösung erneut beurteilen)
(!) Anforderungsliste auf Änderung prüfen

A: Mit Aufgabenstellung verträglich
B: Forderungen der Anforderungsliste erfüllt
C: Grundsätzliche Realisierungschance gegeben
D: Zulässiger Aufwand zu erwarten
E: Unmittelbare Sicherheitstechnik gegeben
F: Im eigenen Bereich bevorzugt

Lv (Lösungsvariante (Lv) eintragen)	Nr.	A	B	C	D	E	F	G	Bemerkungen (Hinweise, Begründungen)	Entscheidung
a1	1	+	+	+	?	+	+		D: Dämpfung ?, Anzahl der Meßstellen	?
a2	2	−	−						A: Unterbringung der Masse, B: Meßtoleranz	−
a3	3	+	+	−						−
a4	4	+	+	−						−
b1	5	+	−						B: Meßtoleranz, beliebig geformte Behälter	−
b2	6	+	−		?				B: Meßtoleranz, belüfteter Behälter	−
c1	7	+	+	+	−				D: Zwei Behälter	−
c2	8	+	−						B: Meßtoleranz	−
c3	9	+	!	+	+	+	+		B: Behälter-Anpassung	!
d1	10	+	+	−						−
d2	11	+	+	−						−
d3	12	−			−				A: Platzbedarf, D: Zwei Behälter, Pumpe	−
d4	13	+	+	+	+	+				+
d5	14	+	+	?	−				D: Gesamtsystem	−
e1	15	+	+	+	+	+				+
f1	16	−							A: Flüssigkeit nicht leitend	−
f2	17	+	−						B: Meßtoleranz	−
	18									
	19									
	20									

Datum: 9.73 — Bearbeiter: La

Bild 5.44. Beispiel einer Auswahlliste zum methodischen Auswählen. a1, b1 usw. sind Lösungsvarianten der in Tab. 5.2 aufgeführten Vorschläge. Die Bemerkungsspalte gibt Gründe für mangelnden Informationsstand oder für das Ausscheiden an

Eine Bevorzugung läßt sich dann rechtfertigen, wenn bei sehr vielen möglichen Lösungen solche dabei sind,
— die eine unmittelbare Sicherheitstechnik oder günstige ergonomische Voraussetzungen erlauben (Kriterium E) oder
— die im eigenen Bereich mit bekannten Know-how, Werkstoffen oder Arbeitsverfahren sowie günstiger Patentlage leicht realisierbar erscheinen (Kriterium F).

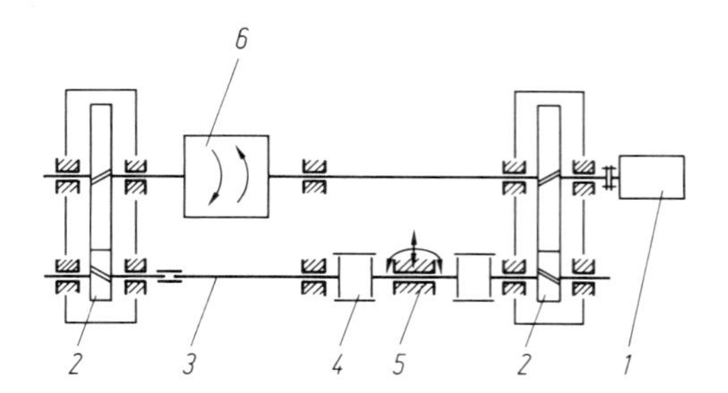

Bild 5.45. Prinzipskizze eines Verspannungsprüfstands zur Untersuchung von Zahnkupplungen
1 Antrieb; *2* Getriebe; *3* Schnelllaufende Welle; *4* Prüfzahnkupplung; *5* Verstellagerbock zum Einstellen der Fluchtfehler; *6* Vorrichtung zum Aufbringen des Drehmoments

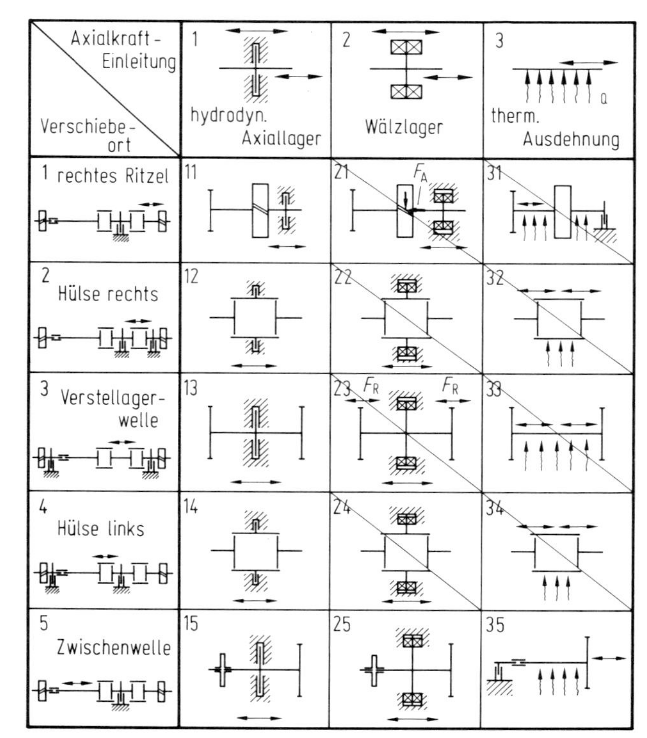

Bild 5.46. Systematische Kombination zu Prinzipkombinationen und Ausscheiden prinzipiell ungeeigneter Varianten.
Komb. 21: F_A zu groß (Lebensdauer der Wälzlager zu klein)
Komb. 23: $2 \cdot F_R$ dadurch Lebensdauer der Wälzlager zu klein
Komb. 22; 24: Umfangsgeschw. zu groß (Lebensdauer der Wälzlager zu klein)
Komb. 31 – 34: thermische Länge u. a. zu klein

Betont sei, daß eine Auswahl nach bevorzugten Gesichtspunkten nur dann zweckmäßig ist, wenn so viele Varianten zur Verfügung stehen, daß angesichts der großen Zahl ein Bewerten wegen des größeren Aufwands noch nicht zweckmäßig erscheint.

Bei Funktionsstrukturen und Lösungsprinzipien wird man im allgemeinen mit den Kriterien A und B auskommen.

Erst nach dem Kombinieren der Lösungsprinzipien müssen in der Regel die Merkmale C und D mit herangezogen und notfalls durch Bevorzugen nach den Merkmalen E und F eine weitere Auswahl vorgenommen werden.

Führt in der vorgeschlagenen Reihenfolge ein Kriterium zum Ausscheiden, werden die anderen auf diesen Lösungsvorschlag zunächst nicht angewandt. Vorerst sind nur die Lösungsvarianten weiter zu verfolgen, die alle Kriterien erfüllen. Manchmal ist wegen Informationsmangels keine Aussage möglich. Bei lohnend erscheinenden Varianten, bei denen die Kriterien A und B erfüllt sind, muß diese Lücke ausgefüllt (vgl. 5.7) und der Vorschlag erneut beurteilt werden, damit man nicht an guten Lösungen vorbeigeht.

Die genannte Reihenfolge der Kriterien wurde gewählt, um ein arbeitssparendes Verfahren zu erhalten; damit ist keine aufgabenspezifische Reihenfolge in der Bedeutung der Kriterien beabsichtigt.

Das Auswahlverfahren ist nach Bild 5.44 schematisiert worden, damit es übersichtlich und nachprüfbar wird. Dort sind die Kriterien aufgeführt und die Gründe des Ausscheidens für jeden einzelnen Lösungsvorschlag festgehalten. Der beschriebene Auswahlvorgang läßt sich erfahrungsgemäß sehr rasch durchführen, gibt einen guten Überblick über die Gründe der Auswahl und bildet bei Verwendung der Auswahlliste eine dokumentfähige Unterlage.

Bei einer geringeren Zahl von Lösungsvorschlägen wird formlos nach gleichen Kriterien ausgeschieden.

Das eingetragene Beispiel bezieht sich auf Lösungsvorschläge für einen Geber zur Tankinhaltsmessung nach der Anforderungsliste in Bild 5.2 und einem Auszug der Lösungszusammenstellung nach Tab. 5.2.

Ein weiteres Beispiel zeigt Bild 5.45. Bei der Weiterentwicklung eines Verspannprüfstands zur Untersuchung von Zahnkupplungen bestand die Aufgabe, eine Axialverschiebung innerhalb der Prüfkupplung zum Messen der dann auftretenden Axialkräfte einzuleiten. Die möglichen und erkannten Varianten des Verschiebeorts (Ordnender Gesichtspunkt der Kopfspalte) und der Krafteinleitung (Ordnender Gesichtspunkt der Kopfzeile) wurden im Ordnungsschema Bild 5.46 kombiniert. Die Kombination wurde überprüft und ungeeignete Varianten konnten aus verschiedenen, aber sofort erkennbaren Gründen ausgeschieden werden.

5.7. Konkretisieren zu Konzeptvarianten

Die in 5.4 und 5.5 erarbeiteten prinzipiellen Vorstellungen für ein Lösungskonzept sind in der Regel noch zu wenig konkret, um eine Entscheidung für die Konzeptfestlegung treffen zu können. Das liegt daran, daß ausgehend von der Funktionsstruktur die Lösungssuche in erster Linie auf die Erfüllung der technischen Funktion gerichtet ist. Ein Konzept muß aber die in 2.1.6 dargestellten Bedingungen, die in einer Leitlinie festgelegt sind, wenigstens im wesentlichen auch noch berücksichtigen. Erst dann sind Konzeptvarianten beurteilbar. Zu ihrer Beurteilungsfähigkeit ist eine Konkretisierung auf prinzipieller Ebene notwendig, wozu, wie die Erfahrung zeigt, fast immer noch ein erheblicher Arbeitsaufwand erforderlich ist.

Beim Auswählen sind u. U. schon Informationslücken über sehr wichtige Eigenschaften offenbar geworden, so daß manchmal auch eine nur grob sortierende Entscheidung nicht möglich gewesen ist. Erst recht kann mit diesem Informationsstand keine Bewertung durchgeführt werden. Die wichtigsten Eigenschaften der vorgeschlagenen Prinzipkombinationen müssen *qualitativ* und oft auch wenigstens grob *quantitativ* konkreter erfaßt werden.

Wichtige Aussagen zum Wirkprinzip, z. B. Wirkungshöhe, Störanfälligkeit, aber auch zur Gestaltung, z. B. Raumbedarf, Gewicht, Lebensdauer oder auch zu bestehenden wichtigen aufgabenspezifischen Bedingungen sind wenigstens angenähert erforderlich. Diese tiefergehende Informationsgewinnung wird nur für die aussichtsreich erscheinenden Kombinationen angestellt. Gegebenenfalls muß auf besserem Informationsstand ein zweites oder auch drittes Auswählen stattfinden.

Die erforderlichen Informationen werden im wesentlichen mit allgemein bekannten Methoden gewonnen:

— Orientierende Berechnungen unter vereinfachten Annahmen,
— skizzenhafte, oft schon grobmaßstäbliche Anordnungs- und/oder Gestaltungsstudien über mögliche Form, Platzbedarf, räumliche Verträglichkeit usw.,
— Vor- oder Modellversuche zur Feststellung prinzipieller Eigenschaften oder angenäherter quantitativer Aussagen über Wirkungshöhe oder Optimierungsbereich,
— Bau von Anschauungsmodellen, aus denen der prinzipielle Wirkungsablauf zu ersehen ist, z. B. kinematische Modelle,
— Analogiebetrachtungen mit Hilfe des Rechners oder simulierende Schaltungen und Festlegen von Größen, die die wesentlichen Eigenschaften sicherstellen, z. B. schwingungstechnische und verlustmäßige Durchrechnung von hydraulischen Systemen mit Hilfe einfacher Gesetze der Elektrotechnik,
— erneute Patent- und/oder Literaturrecherchen mit engerer Zielsetzung sowie
— Marktforschung über beabsichtigte Technologien, Werkstoffe, Zulieferteile o. ä.

Mit diesen neugewonnenen Informationen werden die aussichtsreichen Prinzipkombinationen soweit konkretisiert, daß sie einer Bewertung (vgl. 5.8) zugänglich sind. Die Konzeptvarianten müssen durch ihre Eigenschaften technische als auch wirtschaftliche Gesichtspunkte offenbar werden lassen, damit eine Bewertung mit möglichst hoher Zuverlässigkeit in der Aussage vorgenommen werden kann. Es ist daher zweckmäßig, beim Konkretisieren zu Konzeptvarianten sich schon mit den möglichen späteren Bewertungskriterien (vgl. 5.8.3) zu beschäftigen, damit die Informationsbereitstellung zielgerichtet erfolgt.

Ein Beispiel soll verdeutlichen, wie aus der Prinzipdarstellung die Konzeptvariante konkretisiert wird. Es handelt sich dabei um die mehrfach angeführte Entwicklung von Lösungsmöglichkeiten für einen Geber eines Tankinhaltsmeßgeräts bei beliebig geformten Kraftstofftanks.

In Bild 5.47 ist das Lösungsprinzip des ersten Lösungsvorschlags wiedergegeben. Es werden abschätzende Berechnungen hinsichtlich der auftretenden Gewichts- und Trägheitskräfte durchgeführt und die für die Konkretisierung notwendigen Folgerungen gezogen:

Gesamtkraft der Flüssigkeit (statisch):

$$F_{ges} = \gamma \cdot V = 7{,}5\ \mathrm{N/dm^3} \cdot (20 \ldots 160)\ \mathrm{dm^3} = 150 \ldots 1200\ \mathrm{N}\ \text{(Benzin)}$$

Zusätzliche Kräfte aus Beschleunigungsvorgängen (nur die Flüssigkeit betrachtet):

$$F_{zus} = m \cdot a = (15 \ldots 120)\ \mathrm{kg} \cdot \pm 30\ \mathrm{m/s^2} = \pm (450 \ldots 3600)\ \mathrm{N}$$

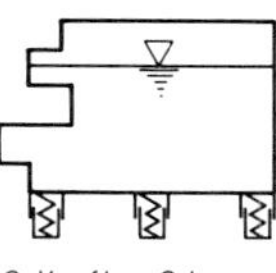

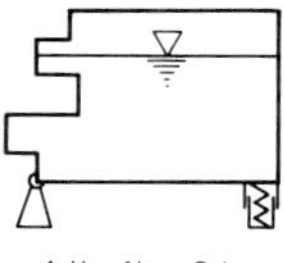

Bild 5.47. Zum Lösungsvorschlag a1 aus Tab. 5.2 Gewicht der Flüssigkeit messen, erzeugtes Signal: Kraft

Durch Umsetzen der Kraft in einen Weg ist der Abgriff z. B. an einem Potentiometer möglich. Zum Unterdrücken der Wege aus den Beschleunigungskräften ist eine starke Dämpfung erforderlich.

Man kann die Gesamtkraft statisch bestimmt aus drei vertikalen Auflagekräften gewinnen oder nur durch einen Teil von ihnen auf die Gesamtkraft und damit auf die Flüssigkeitsmenge schließen.

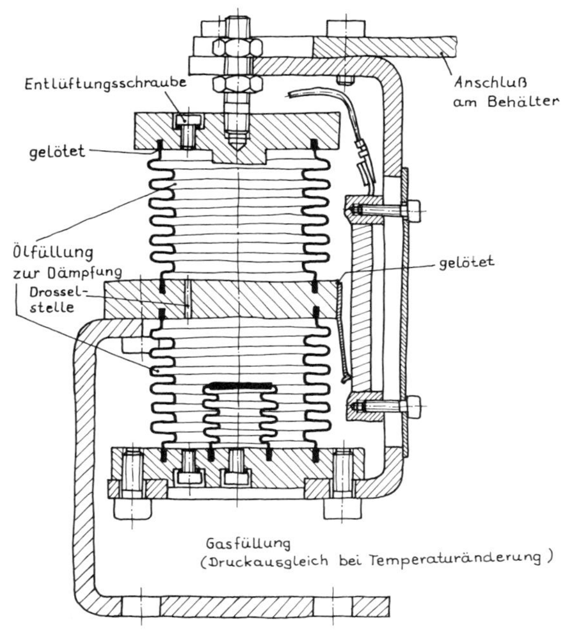

Bild 5.48. Konzeptvariante aus Lösungsprinzip nach Bild 5.47 durch Konkretisieren entwickelt

Ergebnis:
Lösung weiter verfolgen, Dämpfungsmöglichkeit vorsehen, Lösungen dafür suchen und konkretisieren durch grobmaßstäbliche Darstellung des Gebers. Bild 5.48 zeigt das Ergebnis. Dieser Vorschlag kann jetzt bei Kenntnis der erforderlichen Teile und ihrer Gestaltung einer Bewertung unterzogen werden.

5.8. Bewerten von Konzeptvarianten

Im folgenden Arbeitsschritt müssen die zu Konzeptvarianten konkretisierten Lösungsvorschläge beurteilt werden, um eine objektive Entscheidungsgrundlage zu erhalten. Hierzu haben sich Bewertungsverfahren eingeführt. Diese sind so aufgebaut, daß sie nicht nur für die vorliegende Konzeptentscheidung, sondern allgemein zur Beurteilung von Lösungsvarianten in jeder Konstruktionsphase eingesetzt werden können.

5.8.1. Grundlagen

Eine *Bewertung* soll den „Wert" bzw. den „Nutzen" oder die „Stärke" einer Lösung in bezug auf eine vorher aufgestellte Zielvorstellung ermitteln. Letztere ist unbedingt notwendig, da der Wert einer Lösung nicht absolut, sondern immer nur für bestimmte Anforderungen gesehen werden kann. Eine Bewertung führt zu einem Vergleich von Lösungsvarianten untereinander oder, bei einem Vergleich mit einer gedachten Ideallösung, zu einer „Wertigkeit" als Grad der Annäherung an dieses Ideal.

Ein wichtiges und bisher vor allem in der Konstruktionspraxis geübtes Verfahren besteht in einer Kostenanalyse. So werden z. B. bei einer *Wertanalyse* [19, 58, 61, 62] sog. „Funktionskosten" ermittelt, d. h. es werden den zu erfüllenden Teilfunktionen entsprechende Funktionsträger zugeordnet und für diese dann die Herstellkosten ermittelt. Die Problematik liegt in einer meist starken Verflechtung von Funktionen und Bauteilen, d. h. ein Bauteil ist oft Träger mehrerer Teilfunktionen, oder eine Funktion wird durch mehrere Bauteile erfüllt, was zu einer nicht eindeutigen Kostenaufteilung führt, sowie darin, daß eine Kostenerfassung bereits ausführliche Entwurfsunterlagen voraussetzt. Die Beurteilung und Auswahl von Lösungen nach reinen Herstellkostenkalkulationen birgt darüber hinaus die Gefahr, daß wesentliche technische Kriterien und auch weitere wirtschaftliche Gesichtspunkte, z. B. die Reaktion des Marktes auf das Produkt, die häufig nicht mit absoluten Geldbeträgen quantifizierbar ist, unberücksichtigt bleiben.

Es werden deshalb Methoden notwendig, die eine umfassendere Bewertung zulassen. Sie berücksichtigen eine Vielzahl von Zielen (aufgabenspezifische Anforderungen und allgemeine Bedingungen) und die sie erfüllenden Eigenschaften. Die Methoden sollen nicht nur quantitativ vorliegende Eigenschaften der Varianten verarbeiten können, sondern auch qualitative, damit sie für die Konzeptphase mit ihrem niedrigen Konkretisierungsgrad und entsprechendem Erkenntnisstand einsetzbar sind. Dabei müssen die Ergebnisse hinreichend aussagesicher sein. Ferner sind ein geringer Aufwand sowie eine weitgehende Transparenz und Reproduzierbarkeit zu fordern. Als wichtigste Methoden haben sich hier die Nutzwertanalyse (NWA) der Systemtechnik [64] und die technisch-wirtschaftliche Bewertung nach der Richtlinie VDI 2225 [60], die im wesentlichen auf Kesselring [24] zurückgeht, eingeführt.

Im folgenden wird das grundsätzliche Vorgehen einer Bewertung dargestellt, wobei die unterschiedlichen Vorschläge und die Begriffe der Nutzwertanalyse sowie die der Richtlinie VDI 2225 eingearbeitet sind. Eine abschließende Gegenüberstellung zeigt die Gemeinsamkeiten und Unterschiede beider Methoden.

1. Erkennen von Bewertungskriterien

Erster Schritt einer Bewertung ist das Aufstellen von Zielvorstellungen, aus denen sich Bewertungskriterien ableiten und nach diesen Lösungsvarianten beurteilt werden können. Solche Ziele ergeben sich für technische Aufgaben vor allem aus den Anforderungen der Anforderungsliste und aus allgemeinen Bedingungen (vgl. Leitlinie in 2.1.6), die oft erst im Zusammenhang mit der erarbeiteten Lösung erkennbar werden.

Eine Zielvorstellung umfaßt in der Regel mehrere Ziele, die nicht nur die verschiedensten technischen, wirtschaftlichen und sicherheitstechnischen Gesichtspunkte enthalten, sondern auch noch eine unterschiedliche Bedeutung haben können.

Beim Aufstellen der Ziele müssen folgende Voraussetzungen möglichst weitgehend erfüllt sein:

— Die Ziele sollen die entscheidungsrelevanten Anforderungen und allgemeinen Bedingungen möglichst *vollständig* erfassen, damit bei der Bewertung keine wesentlichen Gesichtspunkte unberücksichtigt bleiben.
— Die einzelnen Ziele, nach denen eine Bewertung durchgeführt wird, müssen weitgehend *unabhängig* voneinander sein, d. h., Maßnahmen zur Erhöhung des Werts einer Variante hinsichtlich eines Ziels dürfen die Werte hinsichtlich der anderen Ziele nicht beeinflussen.
— Die Eigenschaften des zu bewertenden Systems in bezug auf die Ziele sollten bei vertretbarem Aufwand der Informationsbeschaffung möglichst *quantitativ*, zumindest aber *qualitativ* (verbal) konkret erfaßbar sein.

Die Zusammenstellung solcher Ziele hängt in starkem Maße von der Absicht der jeweiligen Bewertung, d. h. von der Konstruktionsphase und dem Neuigkeitsgrad des Produkts ab.

Aus den ermittelten Zielen leiten sich unmittelbar die *Bewertungskriterien* ab. Alle Kriterien werden wegen der späteren Zuordnung zu den Wertvorstellungen positiv formuliert, d. h. mit einer einheitlichen Bewertungsrichtung versehen:

z. B. „geräuscharm“ und nicht „laut“
„hoher Wirkungsgrad“ und nicht „große Verluste“
„wartungsarm“ und nicht „Wartung erforderlich“.

Die Nutzwertanalyse systematisiert diesen Arbeitsschritt durch Aufstellen eines Zielsystems, das die einzelnen Ziele als Teilziele vertikal in mehrere Zielstufen abnehmender Komplexität und horizontal in unterschiedliche Zielbereiche, z. B. in technische und wirtschaftliche oder in solche unterschiedlicher Bedeutung (Haupt- und Nebenziele), hierarchisch gliedert: Bild 5.49. Wegen der gewollten Unabhängigkeit sollen Teilziele einer höheren Zielstufe nur mit einem Ziel der nächst niedrigeren Zielstufe verbunden sein. Diese hierarchische Ordnung erleichtert dem Konstrukteur die Beurteilung, ob er alle entscheidungsrelevanten Teilziele aufgestellt hat. Ferner vereinfacht sie die Abschätzung der Bedeutung der Teilziele für den Gesamtwert der zu bewertenden Lösungen. Aus den Teilzielen der Zielstufe mit der jeweils niedrigsten Komplexität leiten sich dann die Bewertungskriterien ab, die bei der Nutzwertanalyse auch Zielkriterien genannt werden.

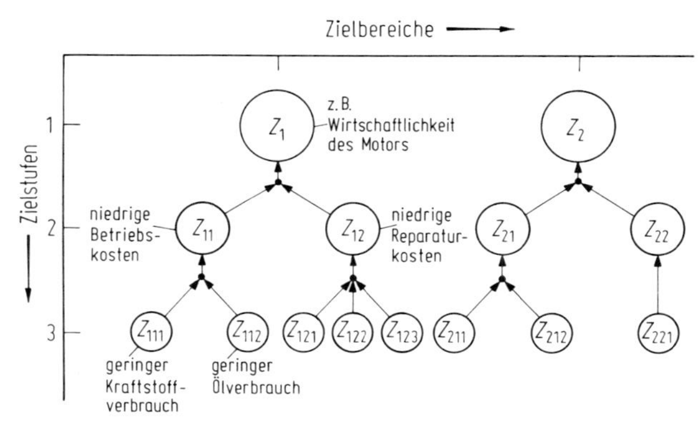

Bild 5.49. Struktur eines Zielsystems

Bild 5.76 zeigt ein solches Zielsystem für ein Anwendungsbeispiel.

Richtlinie VDI 2225 bildet dagegen für die Bewertungskriterien keine hierarchische Ordnung, sondern leitet sie aus den Mindestforderungen und Wünschen sowie aus allgemein technischen Eigenschaften anhand einer Liste ab.

2. Untersuchen der Bedeutung für den Gesamtwert

Beim Aufstellen der Bewertungskriterien ist es notwendig, ihre Bedeutung (Gewicht) für den Gesamtwert einer Lösung zu erkennen, damit bereits vor der eigentlichen Bewertung gegebenenfalls unbedeutende Bewertungskriterien ausgeschieden werden können. Trotz unterschiedlicher Bedeutung verbleibende Bewertungskriterien werden durch „Gewichtungsfaktoren" gekennzeichnet, die beim späteren Bewertungsschritt dann berücksichtigt werden. Ein Gewichtungsfaktor ist eine reelle, positive Zahl. Er gibt die Bedeutung eines Bewertungskriteriums (Ziels) gegenüber anderen an.

Es sind Vorschläge bekannt, solche Gewichtungen bereits den Wünschen der Anforderungsliste zuzuordnen [49]. Das erscheint jedoch nur zweckmäßig, wenn bereits bei der Aufstellung der Anforderungsliste die Wünsche geordnet werden können. Eine solche Ordnung ist jedoch in diesem frühen Stadium oft nicht möglich, da die Erfahrung zeigt, daß eine Reihe von Bewertungskriterien sich erst noch im Zuge der Lösungsentwicklung ergeben und sich dann mit den anderen in einer geänderten Bedeutung zeigen. Erleichternd ist es aber durchaus, wenn die Bedeutung der Wünsche bereits beim Aufstellen der Anforderungsliste abgeschätzt wird, da in der Regel dann die geeigneten Gesprächspartner zur Verfügung stehen (vgl. 4.2.2).

Bei der Nutzwertanalyse wird mit Faktoren zwischen 0 und 1 (oder 0 – 100) gewichtet. Dabei soll die Summe der Faktoren aller Bewertungskriterien (Teilziele der niedrigsten Komplexitätsstufe) gleich 1 (bzw. 100) sein, um eine prozentuale Gewichtung der Teilziele untereinander zu erreichen. Die Aufstellung eines Zielsystems erleichtert eine solche Gewichtung.

Auf Bild 5.50 wird dieses Vorgehen prinzipiell gezeigt. Hier sind die Ziele z. B. in vier Zielstufen abnehmender Komplexität geordnet und mit Gewichtungsfaktoren versehen. Die Beurteilung wird stufenweise von einer Zielstufe höherer Komplexität zu der nachfolgenden unteren Zielstufe vorgenommen. So werden zunächst die drei Teilziele Z_{11}, Z_{12}, Z_{13} der 2. Stufe in bezug auf das Ziel Z_1 gewichtet, hier mit 0,5; 0,25 und 0,25. Die Quersumme der Gewichtungsfaktoren je Zielstufe muß stets $\Sigma g_i = 1{,}0$ betragen. Dann folgt die Gewichtung der Ziele der 3. Stufe in bezug auf die Teilziele der 2. Stufe. So wurde die Bedeutung der Ziele Z_{111} und Z_{112} in bezug auf das höhere Ziel Z_{11} mit 0,67 und 0,33 festgelegt. Entsprechend wird mit den anderen Zielen verfahren. Der jeweilige Gewichtungsfaktor eines Ziels einer bestimmten Stufe in bezug auf das Ziel Z_1 ergibt sich dann durch Multiplikation des Gewichtungsfaktors der jeweiligen Zielstufe mit den Gewichtungsfaktoren der höheren Zielstufen, z. B. hat danach das Teilziel Z_{1111}, bezogen auf das Teilziel Z_{111} der nächsten höheren Stufe, die Gewichtung 0,25, bezogen auf das Ziel Z_1 die Gewichtung $0{,}25 \times 0{,}67 \times 0{,}5 \times 1 = 0{,}09$. Eine solche stufenweise Gewichtung erlaubt in der Regel eine wirklichkeitsgerechte Einstufung, da es leichter ist, zwei oder drei Teilziele gegenüber einem höher geordneten Ziel abzuwägen, als wenn man alle Teilziele einer Zielstufe, besonders der unteren Zielstufe, nur gegeneinander abwägen soll. Bild 5.76 gibt hierzu ein konkretes Beispiel.

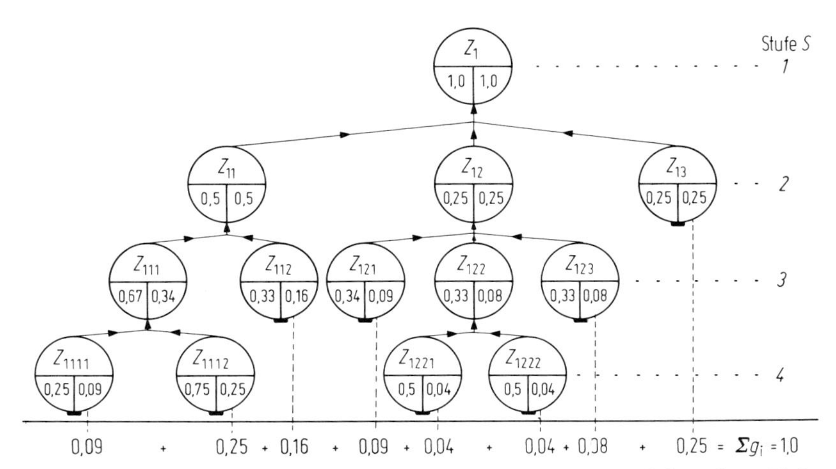

Bild 5.50. Stufenweise Bestimmung der Gewichtungsfaktoren von Zielen eines Zielsystems nach [64]

Beim Vorgehen nach Richtlinie VDI 2225 wird versucht, in erster Linie ohne Gewichtung auszukommen, indem annähernd gleich bedeutende Bewertungskriterien aufgestellt werden. Nur bei stark unterschiedlicher Bedeutung werden ebenfalls Gewichtungsfaktoren vorgesehen (2mal, 3mal gewichtiger oder ähnlich). Kesselring [24], Lowka [31] und Stahl [56] haben den Einfluß solcher Gewichtungsfaktoren auf den Gesamtwert einer Lösung untersucht. Sie kamen zum Ergebnis, daß dann ein merklicher Einfluß besteht, wenn die zu bewertenden Varianten stark unterschiedliche Eigenschaften und die betreffenden Bewertungskriterien hohe Bedeutung haben.

3. Zusammenstellen der Eigenschaftsgrößen

Nach Aufstellen der Bewertungskriterien und Festlegen ihrer Bedeutung werden im nächsten Arbeitsschritt für die zu bewertenden Lösungsvarianten die bekannten bzw. durch Analyse ermittelten Eigenschaftsgrößen den Bewertungskriterien zugeordnet. Die Eigenschaftsgrößen können zahlenmäßige Kennwerte sein, oder, wo dies nicht möglich ist, verbale, möglichst konkrete Aussagen. Es hat sich als sehr zweckmäßig erwiesen, diese Eigenschaftsgrößen vor der eigentlichen Bewertung den Bewertungskriterien in einer Bewertungsliste zuzuordnen. Bild 5.51 zeigt eine solche Liste, in der zunächst die für die Bewertungskriterien wichtigen bzw. die diese erfüllenden Eigenschaftsgrößen in die jeweilige Variantenspalte eingetragen sind. Als Beispiel mögen einige Eigenschaftsgrößen zur Bewertung von Verbrennungsmotoren dienen. Man erkennt, daß Bewertungskriterien und Eigenschaftsgrößen, besonders bei verbalen Aussagen, gleich formuliert sein können.

Man spricht auch von einem „Objektivschritt", der dem „Subjektivschritt" der Bewertung vorangestellt wird.

Die Nutzwertanalyse bezeichnet diese Eigenschaftsgrößen als Zielgrößen und stellt sie mit den Bewertungskriterien (Zielkriterien) in einer Zielgrößenmatrix zusammen. Bild 5.77 gibt hierzu ein praktisches Beispiel.

Richtlinie VDI 2225 sieht eine solche tabellarische Zusammenstellung objektiver Eigenschaftsgrößen nicht vor, sondern führt nach Aufstellung der Bewertungskriterien eine Bewertung unmittelbar durch.

4. Beurteilen nach Wertvorstellungen

Der nächste Arbeitsschritt führt nun durch Vergeben von Werten die eigentliche Bewertung durch. Dabei ergeben sich die „Werte" aus den vorher ermittelten Eigenschaftsgrößen durch Zuordnen von Wertvorstellungen des Beurteilers. Solche Wertvorstellungen werden einen mehr oder weniger starken subjektiven Anteil haben, man spricht deshalb auch von einem „Subjektivschritt".

Die Wertvorstellungen werden durch Vergabe von Punkten ausgedrückt. Die Nutzwertanalyse benutzt ein großes Wertspektrum von 0 bis 10, Richtlinie VDI 2225 ein kleineres von 0 bis 4 Punkten: Bild 5.52. Für das große Wertspektrum mit 0 bis 10 Punkten spricht die Erfahrung, daß eine Zuordnung und anschließende Auswertung durch ein Zehnersystem mit Anlehnung an Prozentvorstellungen erleichtert wird. Für das kleine Wertspektrum mit 0 bis 4 Punkten spricht die Tatsache, daß bei den häufig nur unzulänglich bekannten Eigenschaften der Varianten eine Grobbewertung ausreicht bzw. nur sinnvoll erscheint, wobei die einfachen Urteilsstufen

weit unter Durchschnitt
unter Durchschnitt
Durchschnitt
über Durchschnitt
weit über Durchschnitt zugrundeliegen.

Bewertungskriterien			Eigenschaftsgrößen		Variante V_1 (z. B. M_I)			Variante V_2 (z. B. M_V)			...	Variante V_j			...	Variante V_m		
Nr.		Gew.		Einh.	Eigensch. e_{i1}	Wert w_{i1}	Gew. Wert wg_{i1}	Eigensch. e_{i2}	Wert w_{i2}	Gew. Wert wg_{i2}		Eigensch. e_{ij}	Wert w_{ij}	Gew. Wert wg_{ij}		Eigensch. e_{im}	Wert w_{im}	Gew. Wert wg_{im}
1	geringer Kraftstoffverbr.	0,3	Kraftstoff-verbrauch	$\frac{g}{kWh}$	240			300			...	e_{1j}			...	e_{1m}		
2	leichte Bauart	0,15	Leistungs-gewicht	$\frac{kg}{kW}$	1,7			2,7			...	e_{2j}			...	e_{2m}		
3	einfache Fertigung	0,1	Einfachheit der Gußteile	-	niedrig			mittel			...	e_{3j}			...	e_{3m}		
4	hohe Lebensdauer	0,2	Lebens-dauer	Fahr-km	80 000			150 000			...	e_{4j}			...	e_{4m}		
⋮	⋮	⋮	⋮	⋮	⋮			⋮				⋮				⋮		
i		g_i			e_{i1}			e_{i2}			...	e_{ij}			...	e_{im}		
⋮	⋮	⋮	⋮	⋮	⋮			⋮				⋮				⋮		
n		g_n			e_{n1}			e_{n2}			...	e_{nj}			...	e_{nm}		
		$\sum_{i=1}^{n} g_i=1$																

Bild 5.51. Zuordnung von Bewertungskriterien und Eigenschaftsgrößen in einer Bewertungsliste (Bewertungskriterien und Eigenschaftsgrößen beispielsweise)

Hilfreich ist es, wenn man zunächst innerhalb eines Bewertungskriteriums die Varianten mit den extremen guten und schlechten Eigenschaften sucht und diesen entsprechende Punktzahlen zuordnet. Die extremen Punktzahlen 0 und 4 bzw. 10 sollte man aber nur dann vergeben, wenn die Eigenschaften wirklich extrem sind, also unbefriedigend für 0 und ideal bzw. sehr gut für 4 bzw. 10. Nach dieser Extrembetrachtung lassen sich die übrigen Varianten relativ dazu leichter zuordnen.

Für die Zuordnung von Punkten zu den Eigenschaftsgrößen der Varianten ist es notwendig, daß der Beurteiler sich wenigstens über die Beurteilungsspanne (Spanne der Eigenschaftsgrößen) und über den qualitativen Verlauf der sog. „Wertfunktion“ im klaren wird. Wertfunktionen zeigt Bild 5.53. Eine Wertfunktion ist ein Zusam-

<table>
<tr><th colspan="4">Wertskala</th></tr>
<tr><th colspan="2">Nutzwertanalyse</th><th colspan="2">Richtlinie VDI 2225</th></tr>
<tr><th>Pkt.</th><th>Bedeutung</th><th>Pkt.</th><th>Bedeutung</th></tr>
<tr><td>0</td><td>absolut unbrauchbare Lösung</td><td rowspan="2">0</td><td rowspan="2">unbefriedigend</td></tr>
<tr><td>1</td><td>sehr mangelhafte Lösung</td></tr>
<tr><td>2</td><td>schwache Lösung</td><td rowspan="2">1</td><td rowspan="2">gerade noch tragbar</td></tr>
<tr><td>3</td><td>tragbare Lösung</td></tr>
<tr><td>4</td><td>ausreichende Lösung</td><td rowspan="2">2</td><td rowspan="2">ausreichend</td></tr>
<tr><td>5</td><td>befriedigende Lösung</td></tr>
<tr><td>6</td><td>gute Lösung mit geringen Mängeln</td><td rowspan="2">3</td><td rowspan="2">gut</td></tr>
<tr><td>7</td><td>gute Lösung</td></tr>
<tr><td>8</td><td>sehr gute Lösung</td><td rowspan="3">4</td><td rowspan="3">sehr gut (ideal)</td></tr>
<tr><td>9</td><td>über die Zielvorstellung hinausgehende Lösung</td></tr>
<tr><td>10</td><td>Ideallösung</td></tr>
</table>

Bild 5.52. Wertskala für Nutzwertanalyse und Richtlinie VDI 2225

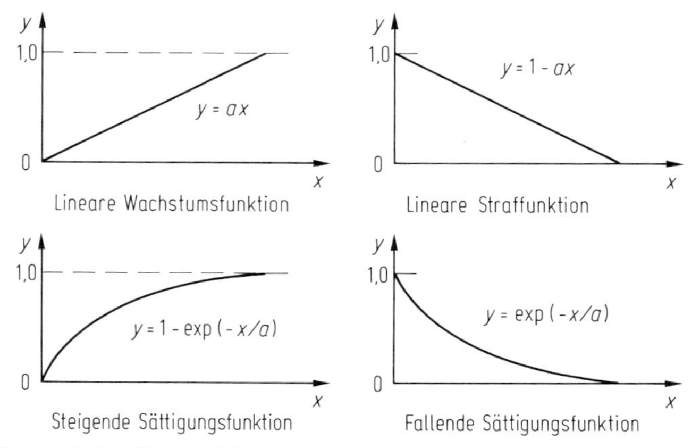

Bild 5.53. Gebräuchliche Wertfunktionen nach [64]; $x \triangleq e_{ij}$, $y \triangleq w_{ij}$

menhang zwischen Werten und Eigenschaftsgrößen. Beim Aufstellen solcher Wertfunktionen ergibt sich der gesuchte Wertverlauf entweder aus einem bekannten mathematischen Zusammenhang zwischen Wert und Eigenschaftsgröße oder, was häufiger vorliegt, als geschätzter Verlauf [20].

Eine Hilfe ist es, sich ein Urteilsschema aufzustellen, in dem die verbal oder zahlenmäßig angegebenen Eigenschaftsgrößen für die Bewertungskriterien durch Punktvergabe stufenweise den Wertvorstellungen zugeordnet werden. Bild 5.54 zeigt ein solches Urteilsschema sowohl für Wertstufungen nach der Nutzwertanalyse als auch nach der Richtlinie VDI 2225.

Zusammenfassend muß zur Ermittlung der Werte festgestellt werden, daß sowohl beim Aufstellen einer Wertfunktion als auch eines Urteilsschemas eine starke

Wertskala		Eigenschaftsgrößen			
Nutzwert Pkt.	VDI 2225 Pkt.	Kraftstoffverbrauch g/kWh	Leistungsgewicht kg/kW	Einfachheit der Gußteile -	Lebensdauer Fahr-km
0	0	400	3,5	extrem kompliziert	$20 \cdot 10^3$
1		380	3,3		30
2	1	360	3,1	kompliziert	40
3		340	2,9		60
4	2	320	2,7	mittel	80
5		300	2,5		100
6	3	280	2,3	einfach	120
7		260	2,1		140
8	4	240	1,9	extrem einfach	200
9		220	1,7		300
10		200	1,5		$500 \cdot 10^3$

Bild 5.54. Urteilsschema zum Festlegen von Werten zu den Eigenschaftsgrößen

subjektive Beeinflussungsmöglichkeit vorliegt. Ausnahmen bilden nur die seltenen Fälle, in denen es gelingt, eindeutige, möglichst experimentell belegbare Zuordnungen zwischen Wertvorstellungen und Eigenschaftsgrößen zu finden, wie z. B. bei der Geräuschbewertung von Maschinen, bei denen man die Zuordnung zwischen dem Wert, d. h. der Schonung des menschlichen Gehörs, und der Eigenschaftsgröße Lautstärke in dB von der Arbeitswissenschaft her kennt.

Die so ermittelten Werte w_{ij} jeder Lösungsvariante hinsichtlich jedes Bewertungskriteriums (Teilwerte) werden zur Auswertung in die mit Bild 5.51 bereits aufgestellte Bewertungsliste eingetragen: Bild 5.55.

Bei unterschiedlicher Bedeutung der Bewertungskriterien für den Gesamtwert einer Lösung werden die im 2. Arbeitsschritt festgelegten Gewichtungsfaktoren mit berücksichtigt. Dies geschieht so, daß die jeweils ermittelten Teilwerte w_{ij} mit dem Gewichtungsfaktor g_i multipliziert werden. Der gewichtete Teilwert ergibt sich dann zu: $wg_{ij} = g_i \cdot w_{ij}$.

Nr.	Bewertungskriterien	Gew.	Eigenschaftsgrößen	Einh.	Variante V_1 (z. B. M_I) Eigensch. e_{i1}	Wert w_{i1}	Gew.Wert wg_{i1}	Variante V_2 (z. B. M_{V}) Eigensch. e_{i2}	Wert w_{i2}	Gew.Wert wg_{i2}	...	Variante V_j Eigensch. e_{ij}	Wert w_{ij}	Gew.Wert wg_{ij}	...	Variante V_m Eigensch. e_{im}	Wert w_{im}	Gew.Wert wg_{im}
1	geringer Kraftstoffverbr.	0,3	Kraftstoff-verbrauch	$\frac{g}{kWh}$	240	8	2,4	300	5	1,5	...	e_{1j}	w_{1j}	wg_{1j}	...	e_{1m}	w_{1m}	wg_{1m}
2	leichte Bauart	0,15	Leistungs-gewicht	$\frac{kg}{kW}$	1,7	9	1,35	2,7	4	0,6	...	e_{2j}	w_{2j}	wg_{2j}	...	e_{2m}	w_{2m}	wg_{2m}
3	einfache Fertigung	0,1	Einfachheit der Gußteile	-	kompli-ziert	2	0,2	mittel	5	0,5	...	e_{3j}	w_{3j}	wg_{3j}	...	e_{3m}	w_{3m}	wg_{3m}
4	hohe Le-bensdauer	0,2	Lebens-dauer	Fahr-km	80 000	4	0,8	150 000	7	1,4	...	e_{4j}	w_{4j}	wg_{4j}	...	e_{4m}	w_{4m}	wg_{4m}
⋮	⋮	⋮	⋮	⋮	⋮	⋮	⋮	⋮	⋮	⋮		⋮	⋮	⋮		⋮	⋮	⋮
i		g_i			e_{i1}	w_{i1}	wg_{i1}	e_{i2}	w_{i2}	wg_{i2}	...	e_{ij}	w_{ij}	wg_{ij}	...	e_{im}	w_{im}	wg_{im}
⋮	⋮	⋮	⋮	⋮	⋮	⋮	⋮	⋮	⋮	⋮		⋮	⋮	⋮		⋮	⋮	⋮
n		g_n			e_{n1}	w_{n1}	wg_{n1}	e_{n2}	w_{n2}	wg_{n2}	...	e_{nj}	w_{nj}	wg_{nj}	...	e_{nm}	w_{nm}	wg_{nm}
		$\sum_{i=1}^{n} g_i = 1$				Gw_1 W_1	Gwg_1 Wg_1		Gw_2 W_2	Gwg_2 Wg_2			Gw_j W_j	Gwg_j Wg_j			Gw_m W_m	Gwg_m Wg_m

Bild 5.55. Mit Werten ergänzte Bewertungsliste, Zahlenwerte beispielsweise (vgl. Bild 5.51)

Bild 5.77 zeigt hierzu ein praktisches Beispiel mit Gewichtung. Die Nutzwertanalyse bezeichnet die ungewichteten Teilwerte als Zielwerte und die gewichteten Werte als Nutzwerte.

5. Bestimmen des Gesamtwerts

Nachdem die Teilwerte für jede Variante vorliegen, ist es notwendig, ihren Gesamtwert zu errechnen.

Für die Bewertung technischer Produkte hat sich die Summation der Teilwerte durchgesetzt, die exakt natürlich nur bei klarer Wertunabhängigkeit der Bewertungskriterien gilt. Aber auch wenn diese Voraussetzung nur annähernd erfüllt ist, dürfte die Annahme einer additiven Struktur für den Gesamtwert die Verhältnisse am besten treffen.

Der Gesamtwert einer Variante j errechnet sich dann zu

Ungewichtet: $$Gw_j = \sum_{i=1}^{n} w_{ij}$$

Gewichtet: $$Gwg_j = \sum_{i=1}^{n} g_i \cdot w_{ij} = \sum_{i=1}^{n} wg_{ij}$$

6. Vergleichen der Lösungsvarianten

Auf der Grundlage der Summationsregel ist nun die Beurteilung der Varianten verschieden möglich.

Feststellen des maximalen Gesamtwerts

Bei diesem Verfahren wird diejenige Variante am besten beurteilt, die den maximalen *Gesamtwert* hat.

$$Gw_j \rightarrow \text{Max. bzw. } Gwg_j \rightarrow \text{Max.}$$

Es handelt sich also um einen relativen Vergleich der Varianten untereinander. Hiervon macht die Nutzwertanalyse Gebrauch.

Ermitteln einer Wertigkeit

Will man nicht nur einen relativen Vergleich der Varianten untereinander, sondern eine Aussage über die absolute *Wertigkeit* einer Variante erhalten, ist der Gesamtwert auf einen gedachten Idealwert zu beziehen, der sich dabei aus dem maximal möglichen Wert ergibt.

Ungewichtet: $$W_j = \frac{Gw_j}{w_{max} \cdot n} = \frac{\sum_{i=1}^{n} w_{ij}}{w_{max} \cdot n}$$

Gewichtet: $$Wg_j = \frac{Gwg_j}{w_{max} \cdot \sum_{i=1}^{n} g_i} = \frac{\sum_{i=1}^{n} g_i \cdot w_{ij}}{w_{max} \cdot \sum_{i=1}^{n} g_i}$$

Lassen die Informationen über die Eigenschaften aller Lösungsvarianten konkrete wirtschaftliche Aussagen zu, so empfiehlt sich, eine *Technische Wertigkeit* W_t und eine *Wirtschaftliche Wertigkeit* W_w getrennt zu ermitteln. Während die Technische Wertigkeit immer nach der aufgeführten Regel durch Division des technischen Gesamtwerts der jeweiligen Varianten mit dem Idealwert berechnet wird, ist die Wirtschaftliche Wertigkeit durch Bezug auf Vergleichskosten in entsprechender Weise zu berechnen. Letzteres Vorgehen wird in der Richtlinie VDI 2225 vorgeschlagen, indem die für eine Variante ermittelten Herstellkosten auf „Vergleichskosten H_0" bezogen werden. Die Wirtschaftliche Wertigkeit ist dann: $W_w = H_0 / H_{\text{Variante}}$. Dabei

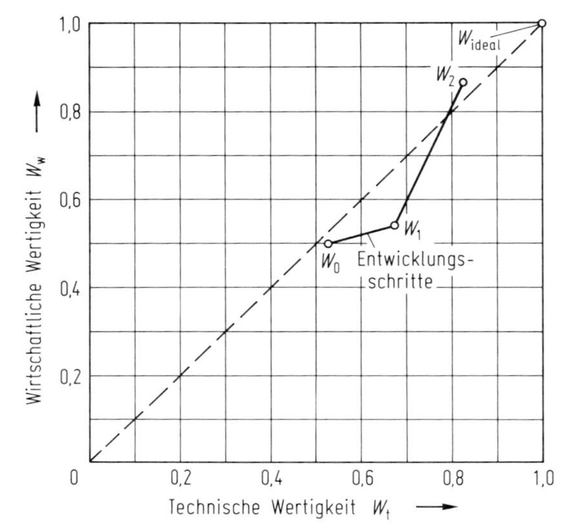

Bild 5.56. Wertigkeitsdiagramm nach Richtlinie VDI 2225

kann $H_0 = 0{,}8 \cdot H_{\text{zulässig}}$ oder $H_0 = 0{,}8 \cdot H_{\text{Minimum}}$ der jeweils billigsten Variante gesetzt werden. Ist die Technische und Wirtschaftliche Wertigkeit getrennt ermittelt worden, ist die Bestimmung der „Gesamtwertigkeit" einer Variante interessant. Die Richtlinie VDI 2225 schlägt hierfür vor, ein sog. „s-Diagramm" (Stärke-Diagramm) aufzustellen, bei dem auf der Abszisse die Technische Wertigkeit W_t und auf der Ordinate die Wirtschaftliche Wertigkeit W_w aufgetragen sind: Bild 5.56. Ein solches Diagramm eignet sich besonders zur Begutachtung von Varianten im Zuge einer Weiterentwicklung, da man bei ihm sehr gut die Auswirkungen konstruktiver Maßnahmen erkennen kann.

Es gibt Fälle, wo man aus diesen Teilwertigkeiten die Gesamtwertigkeit in einer Zahlenangabe bilden möchte, z. B. zur numerischen Weiterverarbeitung in Rechnerprogrammen. Hierzu schlägt Baatz [1] zwei Verfahren vor, und zwar:

— Das Geradenverfahren, das den arithmetischen Mittelwert

$$W = \frac{W_t + W_w}{2} \text{ bildet}$$

und

— das Hyperbelverfahren, das eine multiplikative Verknüpfung beider Wertigkeiten mit anschließender Umrechnung auf Werte zwischen 0 und 1 vornimmt:

$$W = \sqrt{W_t \times W_w}$$

Bild 5.57 zeigt beide Verfahren zum Vergleich.

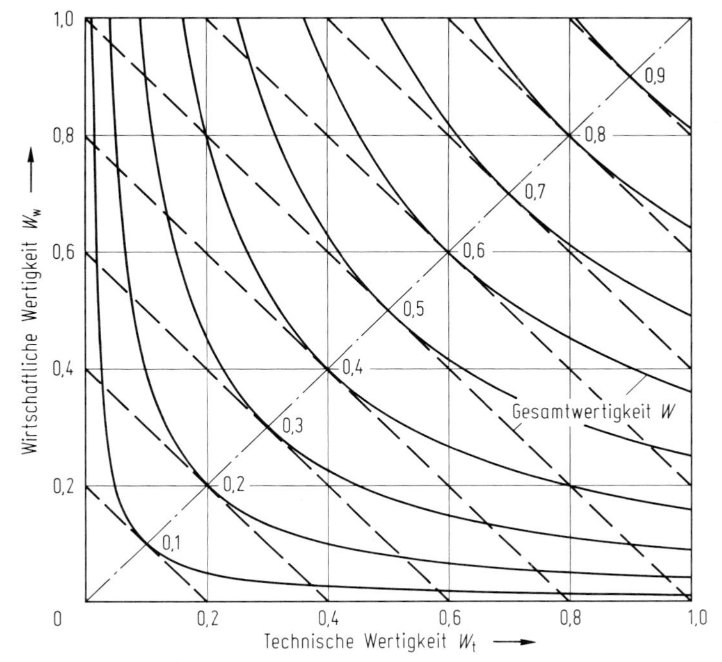

Bild 5.57. Bestimmung der Gesamtwertigkeit nach dem Geraden- und Hyperbelverfahren nach [1]

Das Geradenverfahren kann bei großen Unterschieden zwischen Technischer und Wirtschaftlicher Wertigkeit noch eine höhere Gesamtwertigkeit errechnen als bei niedrigeren, aber ausgeglichenen Einzelwertigkeiten. Da ausgeglichenen Lösungen aber der Vorzug gegeben werden soll, ist das Hyperbelverfahren geeigneter, da es große Wertigkeitsunterschiede durch seinen progressiv wirkenden Reduzierungscharakter ausgleicht. Je größer die Unausgeglichenheit, um so größer der Reduzierungseffekt auf niedrigere Gesamtwerte.

Grobvergleich von Lösungsvarianten

Das bisher dargelegte Verfahren verwendet differenzierte Wertskalen. Es ist dann aussagefähig, wenn für die Bewertungskriterien die „objektiven" Eigenschaftsgrößen einigermaßen genau angebbar und eine sinnvolle Zuordnung der Werte zu Eigenschaftsgrößen möglich sind. In Fällen, bei denen diese Voraussetzungen nicht gegeben sind, wird die relativ feine Bewertung mittels differenzierter Wertskala fragwürdig und auch in ihrem Aufwand unangemessen. In solchen Fällen besteht die Möglichkeit einer Grobbewertung bzw. eines Grobvergleichs dadurch, daß alle Varianten paarweise hinsichtlich eines Bewertungskriteriums miteinander verglichen werden und jeweils nur binär entschieden wird, welche von beiden Varianten die stärkere ist. Diese Ergebnisse können für jedes Bewertungskriterium in einer sog. Dominanzmatrix [13] zusammengefaßt werden: Bild 5.58. Aus den Spaltensummen kann dann eine Rangfolge abgeleitet werden. Faßt man solche Matrizen der Einzelkriterien zu einer Gesamtmatrix zusammen, so kann man entweder durch

Addition der Vorziehungshäufigkeiten oder durch Addition aller Spaltensummen wiederum eine Rangfolge bestimmen.

Dem vergleichsweise geringen Aufwand steht eine verminderte Aussagequalität gegenüber.

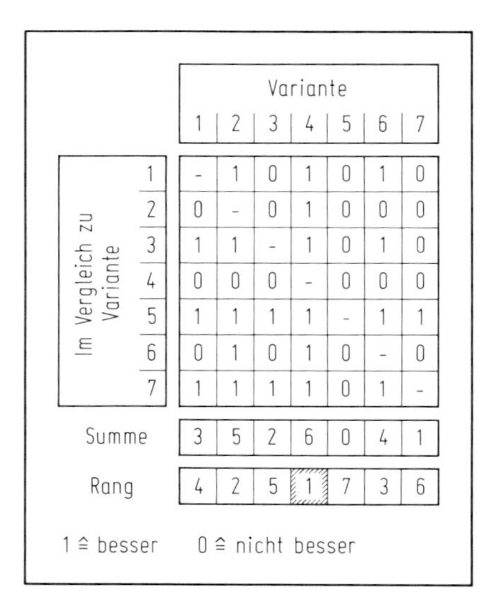

Im Vergleich zu Variante	Variante 1	2	3	4	5	6	7
1	-	1	0	1	0	1	0
2	0	-	0	1	0	0	0
3	1	1	-	1	0	1	0
4	0	0	0	-	0	0	0
5	1	1	1	1	-	1	1
6	0	1	0	1	0	-	0
7	1	1	1	1	0	1	-
Summe	3	5	2	6	0	4	1
Rang	4	2	5	1	7	3	6

1 ≙ besser   0 ≙ nicht besser

Bild 5.58. Binäre Bewertung von Lösungsvarianten nach [13]

7. Abschätzen von Beurteilungsunsicherheiten

Mögliche Fehler oder Unsicherheiten der vorgeschlagenen Bewertungsmethoden können in zwei Hauptgruppen gegliedert werden, und zwar in personenbedingte Urteilsfehler und in grundsätzliche Mängel, die im Verfahren selbst begründet liegen.

Personenbedingte Fehler können entstehen durch

— Abweichen des Beurteilers vom neutralen Standpunkt, d. h. durch starke Subjektivität. Eine solche nicht mehr objektive Bewertung kann z. B. einem Konstrukteur durchaus auch ohne Absicht unterlaufen, der seine eigene Konstruktion mit Lösungsvorschlägen anderer vergleicht. Daher ist die Bewertung durch *mehrere Personen*, möglichst auch aus unterschiedlichen Konstruktions- und Betriebsbereichen, nötig. Es empfiehlt sich ebenfalls dringend, die Varianten mit einer *neutralen Bezeichnung*, z. B. A, B, C usw. und nicht mit Lösung „Müller“ oder „Vorschlag Werk Neustadt“ zu versehen, weil sonst unnötige Identifikationen mit schädlichen Emotionen entstehen.
  Eine weitgehende Schematisierung des Vorgehens führt auch zum Abbau subjektiver Einflüsse.

— Vergleich von Varianten nach gleichen Bewertungskriterien, die aber nicht für alle Varianten passen. Einen solchen Fehler kann man bereits bei der Ermittlung der Eigenschaftsgrößen und deren Zuordnung zu Bewertungskriterien erkennen. Sind für einzelne Varianten Eigenschaftsgrößen hinsichtlich bestimmter Bewertungskriterien nicht zu ermitteln, so sollte man diese *Bewertungskriterien*

umformulieren oder *weglassen* und sich nicht zu einer unzutreffenden Beurteilung einzelner Varianten verleiten lassen.
— Varianten werden für sich und nicht entsprechend den aufgestellten Bewertungskriterien nacheinander beurteilt. Es muß stets *ein Kriterium nach dem anderen* für alle Varianten (Zeile für Zeile in der Bewertungsliste) behandelt werden, damit eine Voreingenommenheit für eine Variante verringert wird.
— Starke Abhängigkeit der Bewertungskriterien untereinander.
— Wahl ungeeigneter Wertfunktionen.
— Unvollständigkeit der Bewertungskriterien. Diesem Fehler wird durch Befolgen einer der jeweiligen Konstruktionsphase angepaßten *Leitlinie für Bewertungskriterien* entgegengewirkt (vgl. 5.8.3 und 6.7).

Verfahrensbedingte Fehler der vorgeschlagenen Bewertungsmethoden liegen in der kaum zu vermeidenden „Prognosenungewißheit", die dadurch entsteht, daß die vorausgesagten Eigenschaftsgrößen und damit auch die Werte nicht eindeutig feste Größen, sondern mit Ungewißheit behaftet und Zufallsvariable sind. Man könnte diese Fehler abbauen, wenn man für die Eigenschaftsgrößen eine Abschätzung der Streuungen vornimmt.

Bezüglich einer Prognoseunsicherheit ist daher zu empfehlen, die Eigenschaftsgrößen nur dann quantitativ in Zahlenwerten anzugeben, wenn das mit genügender Genauigkeit auch möglich ist. Andernfalls ist es richtiger, verbale Schätzangaben (z. B. hoch, mittel, tief) zu machen, deren Ungenauigkeitsgrad klar zu erkennen ist. Fehlerhafte Zahlenwerte sind dagegen gefährlich, da sie eine Sicherheit der Angaben vortäuschen.

Eine genauere Analyse der Bewertung hinsichtlich der erreichbaren Aussagesicherheit sowie einen Vergleich der Verfahren führen Feldmann [13] und Stabe [55] durch. Letzterer gibt auch weiteres Schrifttum zur Bewertung an. Bei einer hinreichend großen Anzahl von Bewertungskriterien und wenn das Niveau der Teilwerte der betreffenden Variante einigermaßen ausgeglichen ist, unterliegt der Gesamtwert einer ausgleichenden statistischen Wirkung aus den teils zu optimistisch, teils zu pessimistisch ermittelten Einzelwerten, so daß der Gesamtwert sich recht zutreffend ergibt.

8. Suchen nach Schwachstellen

Schwachstellen werden durch unterdurchschnittliche Werte bezüglich einzelner Bewertungskriterien erkennbar. Sie sind besonders bei günstigen Varianten mit guten Gesamtwerten sorgfältig zu beachten und möglichst bei der Weiterentwicklung zu beseitigen. Zum Erkennen von Schwachstellen bei den Lösungsvarianten können graphische Darstellungen der Teilwerte hilfreich sein. Man benutzt hier sog. Wertprofile gemäß Bild 5.59. Während die Balkenlängen der Werthöhe entsprechen, sind die Balkendicken ein Maß für die Gewichtung. Die Flächeninhalte der Balken geben dann die gewichteten Teilwerte und die schraffierte Fläche den Gesamtwert einer Lösungsvariante an. Es ist einsichtig, daß es für die Verbesserung einer Lösung vor allem wichtig ist, denjenigen Teilwert zu verbessern, der einen größeren Beitrag zum Gesamtwert liefert. Das trifft bei vorliegender Darstellung für solche Bewertungskriterien zu, die eine große Balkendicke (große Bedeutung) und eine noch zu kleine Balkenlänge haben. Neben einem hohen Gesamtwert ist es darüber

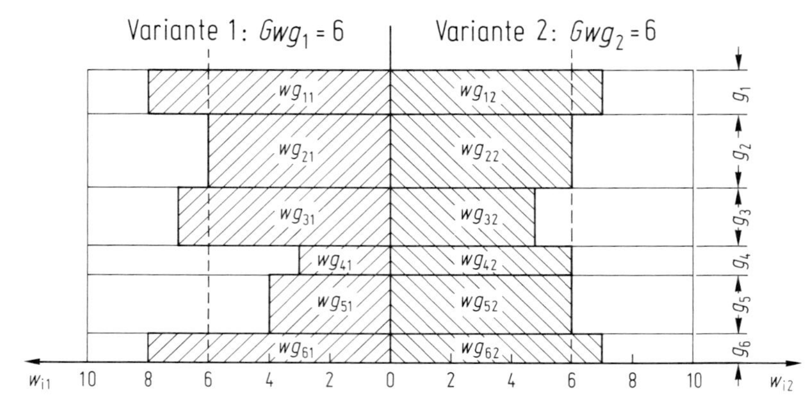

Bild 5.59. Wertprofile zum Vergleich zweier Varianten ($\Sigma g_i = 1$)

hinaus wichtig, ein *ausgeglichenes Wertprofil* zu erreichen, bei dem keine gravierende Schwachstelle auftritt. So ist in Bild 5.59 Variante 2 günstiger als Variante 1, obwohl beide denselben Gesamtwert haben.

Es gibt auch Fälle, bei denen ein Mindestwert für alle Teilwerte gefordert wird, wo also eine Variante ausgeschieden wird, wenn sie diese Bedingung nicht erfüllt. Andererseits werden aber alle Varianten, die diese Bedingung erfüllen, weiterverfolgt. Im Schrifttum wird solches Vorgehen als „Feststellen befriedigender Lösungen" bezeichnet [64].

5.8.2. Vergleich von Bewertungsverfahren

In Tab. 5.3 sind die Teilschritte der dargelegten Bewertung sowie die Gemeinsamkeiten und Unterschiede der beiden Bewertungsmethoden „Nutzwertanalyse" und „Richtlinie VDI 2225" zusammengestellt. Beide Verfahren gehen grundsätzlich gleich vor.

Die Schritte der Nutzwertanalyse sind differenzierter und eindeutiger aufgebaut. Der Arbeitsaufwand ist höher als beim Vorgehen nach der Richtlinie VDI 2225. Letztere eignet sich besser bei Vorliegen relativ weniger und annähernd gleichgewichtiger Bewertungskriterien, was in der Konzeptphase häufig der Fall ist, aber auch bei der Beurteilung abgegrenzter Gestaltungszonen im Zuge der Entwurfsphase.

Das Wesen eines Bewertungsvorgangs ist auf der Grundlage der bekannten Bewertungsmethoden dargestellt worden. Durch Straffung und Begriffsbereinigungen ergab sich eine Weiterentwicklung. Für die Konzeptphase werden in 5.8.3 und für die Entwurfsphase in 6.7 besondere Gesichtspunkte erläutert und Empfehlungen für die Anwendung gegeben.

5.8.3. Bewertungspraxis der Konzeptphase

Im vorhergehenden Abschnitt sind die Grundlagen und das allgemeine Vorgehen beim Bewerten (Tab. 5.3) dargestellt worden. In der Konzeptphase soll bei den einzelnen Teilschritten wie folgt vorgegangen werden:

Tabelle 5.3. Teilschritte beim Bewerten und Vergleich zwischen Nutzwertanalyse und Richtlinie VDI 2225

Reihenfolge	Teilschritt	Nutzwertanalyse	VDI-Richtlinie 2225
1	*Erkennen* der Ziele bzw. *Bewertungskriterien,* die zur Beurteilung der Lösungsvarianten herangezogen werden müssen unter Verwenden der Anforderungsliste und einer Leitlinie.	Aufstellen eines hinsichtlich Abhängigkeiten und Komplexitäten abgestuften Zielsystems (Zielhierarchie) auf der Grundlage der Anforderungsliste und weiterer allgemeiner Bedingungen.	Zusammenstellen wichtiger technischer Eigenschaften sowie von Wünschen und Mindestforderungen der Anforderungsliste.
2	*Untersuchen* der Bewertungskriterien hinsichtlich ihrer *Bedeutung für den Gesamtwert* der Lösungen. Ggf. Festlegen von Gewichtungsfaktoren.	Stufenweises Gewichten der Zielkriterien (Bewertungskriterien) und ggf. Ausscheiden unbedeutender Kriterien.	Festlegen von Gewichtungsfaktoren nur bei stark unterschiedlicher Bedeutung der Bewertungskriterien.
3	*Zusammenstellen* der für die einzelnen Lösungsvarianten zutreffenden *Eigenschaftsgrößen.*	Aufstellen einer Zielgrößenmatrix.	Nicht generell vorgesehen.
4	*Beurteilen* der Eigenschaftsgrößen *nach Wertvorstellungen* (0 – 10 oder 0 – 4 Punkte).	Aufstellen einer Zielwertmatrix mit Hilfe einer Punktbewertung oder mit Wertfunktionen; 0 bis 10 Punkte.	Punktbewertung der Eigenschaften; 0 bis 4 Punkte.
5	*Bestimmen des Gesamtwerts* der einzelnen Lösungsvarianten, in der Regel unter Bezug auf eine Ideallösung (Wertigkeit).	Aufstellen einer Nutzwertmatrix mit Berücksichtigung von Gewichten; Ermitteln von Gesamtnutzwerten durch Summenbildung.	Ermitteln einer Technischen Wertigkeit durch Summenbildung ohne oder mit Berücksichtigung von Gewichten unter Bezug auf eine Ideallösung; ggf. Ermitteln einer Wirtschaftlichen Wertigkeit aufgrund von Herstellkosten.
6	*Vergleichen der Lösungsvarianten*	Vergleichen der Gesamtnutzwerte	Vergleichen der Techn. u. Wirtschaftl. Wertigkeiten; Aufstellen eines s-(Stärke)-Diagramms.
7	*Abschätzen von Beurteilungsunsicherheiten.*	Abschätzen von Zielgrößenstreuungen und Nutzwertverteilungen.	Nicht explizit vorgesehen.
8	*Suchen* nach *Schwachstellen* zur Verbesserung ausgewählter Varianten.	Aufstellen von Nutzwertprofilen	Feststellen der Eigenschaften mit geringer Punktzahl.

Erkennen von Bewertungskriterien

Wichtige Grundlage ist zunächst die *Anforderungsliste.* In einem gegebenenfalls vorgängigen Auswahlverfahren (vgl. 5.6) führten nicht erfüllte Forderungen bereits zu einem Ausscheiden prinzipiell ungeeigneter Varianten. Durch den Konkretisie-

Hauptmerkmal	Beispiele
Funktion	Eigenschaften erforderlicher Nebenfunktionsträger, die sich aus dem gewählten Lösungsprinzip oder aus der Konzeptvariante zwangsläufig ergeben
Wirkprinzip	Eigenschaften des oder der gewählten Prinzipien hinsichtlich einfacher und eindeutiger Funktionserfüllung, ausreichende Wirkung, geringe Störgrößen
Gestaltung	Geringe Zahl der Komponenten, wenig Komplexität, geringer Raumbedarf, keine besonderen Werkstoff- und Auslegungsprobleme
Sicherheit	Bevorzugung der unmittelbaren Sicherheitstechnik (von Natur aus sicher), keine zusätzlichen Schutzmaßnahmen nötig, Arbeits- und Umweltsicherheit gewährleistet
Ergonomie	Mensch-Maschine - Beziehung befriedigend, keine Belastung oder Beeinträchtigung, gute Formgestaltung
Fertigung	Wenige und gebräuchliche Fertigungsverfahren, keine aufwendigen Vorrichtungen, geringe Zahl einfacher Teile
Kontrolle	Wenige Kontrollen oder Prüfungen notwendig, einfach und aussagesicher durchführbar
Montage	Leicht, bequem und schnell, keine besonderen Hilfmittel
Transport	Normale Transportmöglichkeiten, keine Risiken
Gebrauch	Einfacher Betrieb, lange Lebensdauer, geringer Verschleiß, leichte und sinnfällige Bedienung
Instandhaltung	Geringe und einfache Wartung und Säuberung, leichte Inspektion, problemlose Instandsetzung
Aufwand	Keine besonderen Betriebs- oder sonstige Nebenkosten, keine Terminrisiken

Bild 5.60. Leitlinie mit Hauptmerkmalen zum Bewerten in der Konzeptphase

rungsprozeß zu Konzeptvarianten sind weitere Informationen und Erkenntnisse gewonnen worden. Es ist daher zweckmäßig, auf neuestem Informationsstand zuerst zu prüfen, ob alle Konzeptvarianten, die bewertet werden sollen, die Forderungen der Anforderungsliste wirklich erfüllen. Dies führt u. U. zu einer erneuten Ja/Nein-Entscheidung, d. h. Auswahl.

Zu erwarten ist, daß auch auf der vorliegenden Konkretisierungsstufe diese Entscheidung nicht bei allen Forderungen für alle Varianten mit Sicherheit möglich ist. Dazu wäre ein weiterer Aufwand nötig, den man aber zu diesem Zeitpunkt nicht mehr investieren will oder kann. Mit dem vorliegenden Informationsstand kann u. U. nur beurteilt werden, wie wahrscheinlich es ist, daß bestimmte Forderungen erfüllbar sind. Damit werden die betreffenden Forderungen möglicherweise Bewertungskriterien.

Eine Reihe von Forderungen sind Mindestforderungen. Es muß festgestellt werden, ob ein möglichst weites Überschreiten der Grenzen nach welchen Wertvorstellungen erwünscht ist. Ist dies der Fall, können sich daraus ebenfalls Bewertungskriterien ergeben.

Für die Bewertung in der Konzeptphase ist wesentlich, daß sowohl *technische* als auch *wirtschaftliche Eigenschaften* so früh wie möglich erfaßt werden [28]. Auf der Konkretisierungsstufe des Konzepts ist es aber in der Regel nicht möglich, die Kosten zahlenmäßig anzugeben. Der wirtschaftliche Aspekt muß aber mindestens qualitativ einfließen. Daneben rücken bei der Entscheidung über Konzepte verstärkt Fragen der Arbeits- und Umweltsicherheit in den Vordergrund.

Daher ist es nötig, technische, wirtschaftliche und die Sicherheit betreffende Kriterien zugleich zu berücksichtigen, damit das Konzept beurteilt werden kann. Infolgedessen werden entsprechend der Leitlinie, die schon Merkmale der Entwurfsbeurteilung enthält (vgl. 6.2) und unter Einbeziehung anderer Vorschläge folgende Hauptmerkmale vorgeschlagen [37], aus denen die Kriterien für die Bewertung von Konzepten abzuleiten sind: Bild 5.60.

Jedes Hauptmerkmal muß, sofern es für die Aufgabe zutreffend ist, mindestens mit einem Bewertungskriterium vertreten sein. Dabei müssen diese hinsichtlich des Gesamtziels unabhängig voneinander sein, um Mehrfachbewertungen zu vermeiden. Verbrauchergesichtspunkte sind im wesentlichen in den ersten fünf und den letzten drei Hauptmerkmalen, Herstellergesichtspunkte in den Hauptmerkmalen Gestaltung, Fertigung, Kontrolle, Montage und Aufwand enthalten.

Damit werden die Bewertungskriterien gewonnen aus:

a) Anforderungen der Anforderungsliste
— Wahrscheinlichkeit der Erfüllung von Forderungen (wie wahrscheinlich, unter welchen Schwierigkeiten möglich)
— Erstrebenswerte Überschreitung von Mindestforderungen (wie weit überschritten)
— Wünsche (erfüllt — nicht erfüllt, wie gut erfüllt)

b) Allgemeine technische und wirtschaftliche Eigenschaften (wie gut vorhanden, wie erfüllt)

Vgl. Hauptmerkmalliste zum Bewerten der Konzeptphase Bild 5.60.

Die Gesamtzahl der Bewertungskriterien soll in der Konzeptphase nicht zu hoch sein, wobei 8 bis 15 Kriterien im allgemeinen angemessen sind. Ein Beispiel ist in Bild 5.96 dargestellt, worin die genannten Gesichtspunkte erkennbar sind.

Bedeutung für den Gesamtwert (Gewichtung)

Die nunmehr erkannten Bewertungskriterien sind in ihrer Bedeutung u. U. unterschiedlich. Für die Konzeptphase, in der der Informationsstand wegen der nicht so hohen Konkretisierung noch relativ niedrig ist, lohnt sich im allgemeinen keine Gewichtung.

Es ist zweckmäßiger, bei der Auswahl der Bewertungskriterien auf eine annähernde Gleichgewichtigkeit zu achten und weniger gewichtige Eigenschaften zunächst unberücksichtigt zu lassen. So konzentriert sich die Bewertung auf die wesentlichen, prinzipiellen Merkmale und bleibt überschaubar. Absolut unterschiedliche und zunächst nicht zurückstellbare Bedeutung muß allerdings durch Gewichtungsfaktoren erfaßt werden.

Zusammenstellen der Eigenschaftsgrößen

Es hat sich als zweckmäßig erwiesen, die erkannten Bewertungskriterien in der Reihenfolge der Hauptmerkmale aufzulisten und ihnen die Eigenschaftsgrößen der Varianten zuzuordnen. Quantitative Angaben sollen, soweit sie schon angebbar sind, hinzugefügt werden. Diese werden im allgemeinen aus dem Arbeitsschritt „Konkretisieren zu Konzeptvarianten" gewonnen. Dennoch lassen sich in der Konzeptphase nicht alle Eigenschaften quantifizieren. Die qualitativen Aussagen müssen dann wenigstens verbal ausgedrückt werden, um sie den Wertvorstellungen zuordnen zu können.

Beurteilen nach Wertvorstellungen

Die Zuordnung von Punkten ist nicht ganz problemlos. In der Konzeptphase sollte aber nicht zu ängstlich geurteilt werden.

Bei der Punktskala 0 – 4 nach Richtlinie VDI 2225 wird öfter der Wunsch auftreten, einen Zwischenwert zu erteilen, besonders dann, wenn viele Varianten vorliegen oder die beurteilende Gruppe sich nicht auf eine bestimmte Zahl (Wertstufe) einigen kann. Eine Abhilfe besteht darin, zunächst neben der erteilten Punktzahl die Tendenz durch ↓ oder ↑ anzudeuten (vgl. Bild 5.96). Bei der Beurteilung der Bewertungsunsicherheit können dann erkennbare Tendenzen berücksichtigt werden. Die Punktskala 0 – 10 läßt u. U. eine Genauigkeit vortäuschen, die in Wirklichkeit nicht gegeben ist. Deswegen ist ein Streit um eine Stufe dort oft überflüssig. Besteht eine absolute Unsicherheit in der Punktezuordnung, was bei der Beurteilung von Konzeptvarianten häufiger vorkommen wird, sollte die erteilte Punktzahl mit einem Fragezeichen gekennzeichnet werden (vgl. Bild 5.96).

In der Konzeptphase können oft noch nicht die Kosten zahlenmäßig erfaßt werden. Die Aufstellung z. B. einer *Wirtschaftlichen Wertigkeit* W_w bezogen auf Herstellkosten ist daher im allgemeinen nicht möglich. Dennoch können technische und wirtschaftliche Aspekte mehr oder weniger gut qualitativ besonders ausgewiesen werden. Das „Stärke-Diagramm" (vgl. Bild 5.56) wird in analoger Weise verwendet (vgl. Bilder 5.61 – 5.63 als Bewertungsbeispiel von Varianten zur Ergänzung eines Verspannungsprüfstands aus 5.6).

In manchen Fällen hat sich eine Aufteilung nach Verbraucher- und Herstellermerkmalen in ähnlicher Weise als zweckmäßig erwiesen. Da in den Verbrauchergesichtspunkten in der Regel die Technischen Wertigkeiten, in den Herstellergesichtspunkten die Wirtschaftlichen enthalten sind, kann in analoger Weise aufgeteilt werden.

Welche Darstellungsform, nämlich

— Technische Wertigkeit mit implizit wirtschaftlichen Aspekten (vgl. Bilder 5.77 u. 5.96) oder
— getrennte Technische und Wirtschaftliche Wertigkeiten (vgl. Bilder 5.61 bis 5.63) oder
— ein *zusätzlicher* Vergleich der Verbraucher- und Herstellermerkmale

gewählt wird, hängt von der Aufgabe und dem Informationsstand ab.

Bestimmen des Gesamtwerts

Die Bestimmung des Gesamtwerts ist nach Vergabe der einzelnen Punkte zu den Bewertungskriterien und Varianten Sache einer einfachen Addition. Hat man bei

Variante / techn. Kriterien	11 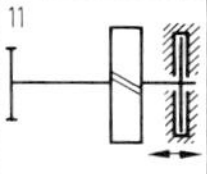	12 / 14 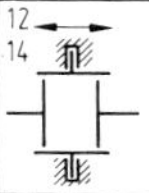	13 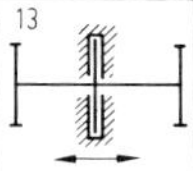	15 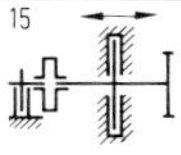	25 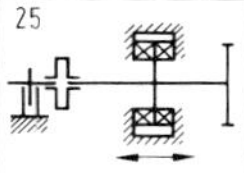	35 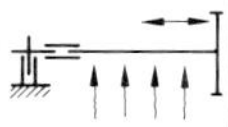
1) Geringe Störung der Kuppl.-Kinem.	(1) 3	1	4	4	4	3
2) Einfache Bedienung	3	4	4	4	4	3
3) Leichter Austausch der Kupplung	4	1	3	4	4	4
4) Funktions-sicherheit Folgeschäden	2	3	4	3	3	3
5) Einfacher Aufbau	(1) 2	2	2	2	2	3
Summe	14	11	17	17	17	16
$W_t = \frac{\text{Summe}}{20}$	0,7	0,55	0,85	0,85	0,85	0,80

(1) Bei Axialverschiebung des Ritzels ändert sich das Drehmoment

Bild 5.61. Technische Bewertung der verbliebenen Konzeptvarianten, vgl. Bild 5.46

Variante / wirtsch. Kriterien	11 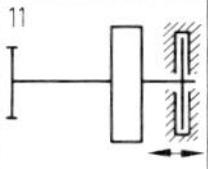	12 / 14 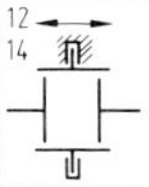	13 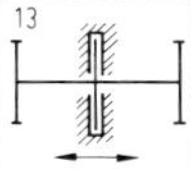	15 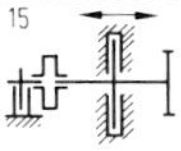	25 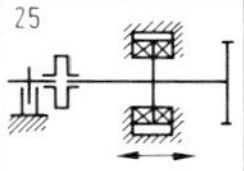	35 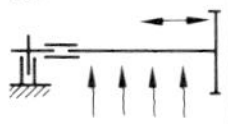
1) Geringe Materialkosten	2	2	3	4	4	(1) 2
2) Geringe Umbaukosten	2	2	(2) 1	3	3	3
3) Kurze Erprobungs-zeit	2	2	4	3	3	2
4) Möglichst in eigener Werkstatt fertigbar	3	3	3	3	3	2
Summe	9	9	11	13	13	9
$W_w = \frac{\text{Summe}}{16}$	0,56	0,56	0,69	0,81	0,81	0,56

(1) Austenitische Welle (2) Drehmomentenmeßwelle muß verlegt werden

Bild 5.62. Wirtschaftliche Bewertung der verbliebenen Konzeptvarianten, vgl. Bild 5.46

der vorhergehenden Einzelbewertung wegen der Bewertungsunsicherheit nur Bereiche angeben können, oder sind Tendenzzeichen verwendet worden, kann man noch die sich daraus mindestens bzw. maximal möglich ergebende Gesamtpunktzahl zusätzlich ermitteln und erhält den wahrscheinlichen Wertbereich (vgl. Bild 5.96).

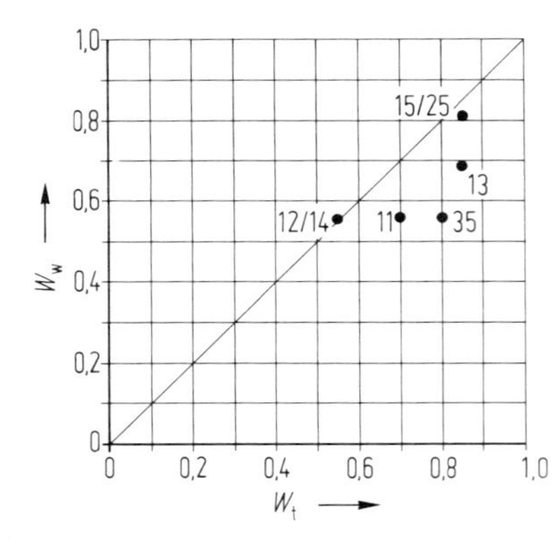

Bild 5.63. Vergleich der Technischen und Wirtschaftlichen Wertigkeiten der Konzeptvarianten nach Bild 5.61 und 5.62.

Vergleichen der Konzeptvarianten

Die bezogene Wertvorstellung ist im allgemeinen zum Vergleichen geeigneter. Aus ihr ist recht gut erkennbar, ob die einzelnen Varianten relativ dicht oder weit von der Zielvorstellung entfernt sind. Konzeptvarianten, die etwa unter 60% der Zielvorstellung liegen, sind stark verbesserungswürdig und dürfen so nicht weitere Entwicklungsgrundlage sein.

Varianten mit Wertigkeiten etwa größer 80% und einem ausgeglichenen Wertprofil, also ohne extrem schlechte Einzeleigenschaften, können im allgemeinen ohne weitere Verbesserung Grundlage des Entwurfs sein.

Dazwischenliegende Varianten können allerdings nach punktuellem Beseitigen der Schwachstellen oder in verbesserter Kombination ebenfalls zum Entwurf freigegeben werden.

Oft werden nahezu gleichwertig erscheinende Varianten ermittelt. Ein schwerwiegender Fehler wäre es, bei nahezu Punktgleichheit nun die Entscheidung aus dieser geringen formalen Differenz abzuleiten. In einem solchen Fall müssen Beurteilungsunsicherheit, Schwachstellen und das Wertprofil eingehend betrachtet werden. Gegebenenfalls sind solche Varianten in einem weiteren Arbeitsschritt evtl. im Entwurfsprozeß erst noch weiter zu konkretisieren. Termine, Trend, Unternehmenspolitik usw. müssen gesondert beurteilt und bei der Entscheidung zusätzlich berücksichtigt werden [28].

Abschätzen von Beurteilungsunsicherheiten

Dieser Schritt ist besonders in der Konzeptphase sehr wichtig und darf nicht unterlassen werden. Bewertungsmethoden sind nur Entscheidungshilfen und stellen keinen Automatismus dar. Unsicherheitsbereiche sind in Grenzbetrachtungen zu erfassen und abzuschätzen, wie bereits angedeutet wurde. Offenbar gewordene Informationslücken müssen allerdings nur noch für die favorisierten Konzeptvarianten geschlossen werden (Beispiel Variante D in Bild 5.96).

Suche nach Schwachstellen

In der Konzeptphase spielt das Wertprofil eine bedeutende Rolle. Varianten mit hoher Wertigkeit aber mit einer ausgesprochenen Schwachstelle (nichtausgeglichenes Wertprofil) sind in der Weiterentwicklung geradezu tückisch. Erweist sich in einer nicht erkannten Bewertungsunsicherheit, die grundsätzlich in der Konzeptphase größer als in der Entwurfsphase ist, diese Eigenschaft später als noch weniger befriedigend, dann kann das ganze Konzept in Frage gestellt sein, und die hineingesteckte Entwicklungsarbeit war umsonst.

In solchen Fällen ist es oft viel weniger risikoreich, eine Variante vorzuziehen, die insgesamt etwas weniger Wertigkeit aufweist, aber über alle Eigenschaften ein ausgeglichenes Wertprofil besitzt.

Schwachstellen an sich favorisierter Varianten lassen sich in vielen Fällen beseitigen, indem versucht wird, bessere Teillösungen anderer Varianten auf die mit der höheren Gesamtwertigkeit zu übertragen. Auch kann auf dem neuen Informationsstand nun eine enger definierte Lösungssuche für die als unbefriedigend angesehene Teillösung erneut angestellt werden. Die vorstehenden Gesichtspunkte spielten bei der Entscheidung für die bessere Konzeptvariante des in 5.9.2 gegebenen Beispiels (Bild 5.96) eine wesentliche Rolle. Beim Abschätzen von Beurteilungsunsicherheiten und bei der Suche nach Schwachstellen sollte das mögliche Risiko nach Wahrscheinlichkeit und Tragweite beurteilt werden, wenn es sich um Entscheidungen mit schwerwiegenden Folgen handelt.

5.9. Beispiele zum Konzipieren

In diesem Abschnitt werden für einen Energiefluß und für einen Stofffluß geschlossene Beispiele vorgestellt, aus denen Vorgehen und Anwendung ersichtlich sind. Ein Signalfluß-Beispiel ist vorher ausschnittweise in verschiedenen Abschnitten des Kap. 5 zitiert worden.

5.9.1. Prüfmaschine zur stoßartigen Drehmomentbelastung von Paßfeder-Verbindungen

1. Arbeitsschritt: Klären der Aufgabenstellung und Erarbeiten der Anforderungsliste

Die Aufgabenstellung bestand darin, eine Prüfmaschine als Eigenbau eines Forschungsinstituts zu entwickeln, die in der Lage ist, Wellen-Naben-Paßfeder-Verbindungen stoßartig mit definierten Drehmomenten zu belasten. Vor dem Erarbeiten einer Anforderungsliste mußten einige Fragen geklärt werden:

— Was versteht man unter stoßartiger Belastung?
— Welche Drehmomentstöße treten in der Praxis bei rotierenden Maschinen auf?
— Welche Beanspruchungsmessungen sind bei einer Paßfederverbindung möglich und zweckmäßig?

Während die erste Frage durch die physikalischen Grundlagen zu dem Stoßbegriff und zu den Möglichkeiten beim Zusammenstoß zweier oder mehrerer Massen führte und für die dritte Frage Grundsatzuntersuchungen vorlagen, die später in [32] veröffentlicht wurden, mußten zur Beantwortung der zweiten Frage umfangreiche Recherchen vorgenommen werden. Da mit dem Prüfstand ein definierter Drehmomentenstoß nach Höhe und Anstieg gemäß Bild 5.64 eingestellt werden sollte, galt es vor allem, Drehmomentverläufe der Praxis hinsichtlich ihres maximalen Stoßanstiegs dT/dt zu analysieren. Es wurden hierzu Drehmomentverläufe bei

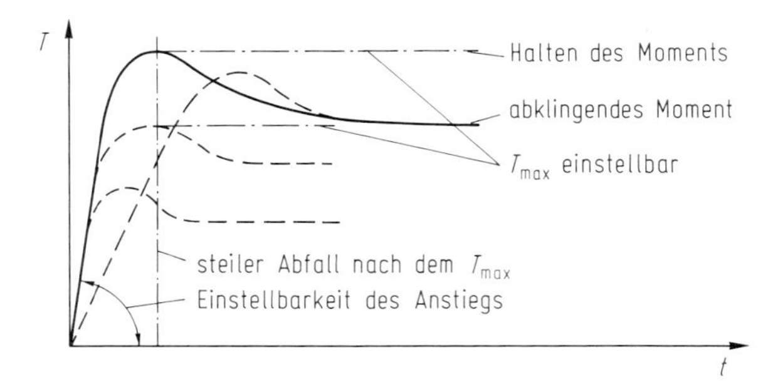

Bild 5.64. Einstellgrößen bei einem Drehmomentenstoß: Anstieg, Größe und Dauer des Drehmoments

Drehmaschinen, Krantriebwerken, Landmaschinen und Walzwerksantrieben für jeweils instationäre Betriebsfälle betrachtet [53]. Als maximaler Anstieg wurde $dT/dt = 125 \cdot 10^3$ Nm/s ermittelt und der Prüfstandsauslegung zugrunde gelegt.

Nach diesen Vorklärungen ist das Erarbeiten einer *Anforderungsliste* möglich: Bild 5.65. Die Anforderungen werden nach den in 4.2.2 vorgeschlagenen Hauptmerkmalen geordnet.

2. Arbeitsschritt: Abstrahieren zum Erkennen der wesentlichen Probleme

Entsprechend 5.2.2 wird die Anforderungsliste schrittweise abstrahiert, um das Allgemeingültige und die zu lösenden wesentlichen Probleme zu erkennen.
— Erster und zweiter Abstraktionsschritt: Weglassen von Wünschen sowie von Forderungen, die die Funktion und wesentliche Bedingungen nicht unmittelbar betreffen.
— Dritter Abstraktionsschritt: Quantitative Angaben auf wesentliche qualitative Aussagen reduzieren.
— Vierter Abstraktionsschritt: Sinnvolle Erweiterung des Erkannten.
— Fünfter Abstraktionsschritt: Problemlösung neutral formulieren.
Tab. 5.4 zeigt das Ergebnis dieser Abstraktionsschritte.

3. Arbeitsschritt: Aufstellen von Funktionsstrukturen

Das Aufstellen von Funktionsstrukturen beginnt mit der Formulierung der Gesamtfunktion, die sich direkt aus der Problemformulierung ergibt: Bild 5.66.

Wesentliche Teilfunktionen zum Erfüllen dieser komplexen Gesamtfunktion beziehen sich vor allem auf den Energiefluß und, für die Messungen, auf den Signalfluß:
— Eingangs*energie* in Lastgröße (Drehmoment) *wandeln.*
— Eingangsenergie in Hilfs*energie* für Steuerfunktionen *wandeln.*
— *Energie speichern.*
— Last*energie* bzw. Lastgrößen *steuern.*
— Last*größe ändern.*
— Lastenergie *leiten.*
— Last auf Prüfling (Wirkfläche) aufbringen.
— Last messen.
— Bauteilbeanspruchung messen.

Tabelle 5.4. Abstraktion und Problemformulierung ausgehend von Anforderungsliste im Bild 5.65

Ergebnis des 1. und 2. Schrittes:

— Zu prüfender Wellendurchmesser $\leqq 100$ mm
— Nabenseitige Lastableitung in Längsrichtung variabel
— Belastung soll bei ruhender Welle erfolgen
— Einstellbare, reine Drehmomentbelastung der Prüfverbindung bis max. 15 000 Nm. Max. Drehmoment mind. 3 s halten
— Drehmoment muß schlagartig abfallen können
— Maximal möglicher Momentenanstieg $\mathrm{d}T/\mathrm{d}t = 125 \cdot 10^3$ Nm/s
— Drehmomentverlauf reproduzierbar
— Meßgrößen T_{vor}, T_{nach} und p registrierbar

Ergebnis des 3. Schrittes:

— Drehmomentbelastung für Wellen-Naben-Paßfeder-Verbindungen einstellbar hinsichtlich Höhe, Anstieg, Haltezeit und Abfall des Drehmoments aufbringen
— Drehmoment- bzw. Beanspruchungsprüfung soll bei ruhender Prüfwelle erfolgen

Ergebnis des 4. Schrittes:

— Einstellbare dynamische Drehmomentbelastung zur Bauteilprüfung aufbringen
— Messungen der Eingangsbelastungen und der Bauteilbeanspruchungen ermöglichen

Ergebnis des 5. Schrittes:

„Dynamisch sich ändernde Drehmomente bei gleichzeitiger Messung von Belastung und Bauteilbeanspruchungen aufbringen".

Bei einem schrittweisen Aufbau ergeben sich durch Kombination, unterschiedliche Reihenfolge und Hinzufügen bzw. Weglassen dieser Teilfunktionen mehrere Funktionsstruktur-Varianten. Bild 5.67 zeigt diese in der Reihenfolge ihrer Entstehung. Bei dieser Aufgabenstellung erscheinen die Meßaufgaben nicht konzeptbestimmend, so daß die Funktionsstruktur nur für den Energie- und Stofffluß entwikkelt wird. Weiterverfolgt wird für die Lösungssuche Funktionsstruktur-Variante 4, weil sie die Teilfunktionen der ebenfalls verfolgungswürdig erscheinenden Variante 5 beinhaltet. Eine feinere Aufgliederung einzelner Teilfunktionen, z. B. „Energie wandeln" in „Drehmoment in Kraft wandeln", „Kraft leiten" und „Kraft in Drehmoment zurückwandeln" erscheint vor der Lösungssuche nicht zweckmäßig.

4. Arbeitsschritt: Suche nach Lösungsprinzipien zum Erfüllen der Teilfunktionen

Zur Suche nach Lösungsprinzipien werden von den in 5.4 dargelegten Methoden folgende vor allem herangezogen:
— Von den konventionellen Hilfsmitteln:
  Literaturrecherche und
  Analyse einer vorhandenen Universalprüfmaschine.
— Von den intuitiv betonten Methoden:
  Brainstorming.

1. Ausgabe 10.6.1973

TU Berlin KT	Anforderungsliste für Stossprüfstand	Blatt: 1 Seite: 1

Änder.	F W	Anforderungen	Verantw.
		<u>Geometrie</u>	
	F	Prüfverbindung soll raumfest sein	
	F	Durchmesser der zu prüfenden Welle : ≤ 100 mm (Paßfederabmessungen in Anlehnung an DIN 6885)	
	F	Lastausleitung nabenseitig in Längsrichtung variabel	
		<u>Kinematik</u>	
	F	Belastung soll bei ruhender Welle erfolgen	
	F	Belastung nur in einer Richtung (schwellende Belastung)	
	W	Belastungsrichtung wählbar	
	W	Momenteneinleitung wahlweise von der Nabe in die Welle oder von der Welle in die Nabe	
		<u>Kräfte</u>	
	F	Belastung der Wellen-Naben-Verbindung durch reine Torsion (d. h. frei von Querkraft- und Biegemomenteinflüssen)	
	F	Maximales Drehmoment mindestens 3 s halten	
	F	Häufigkeit der Lastaufbringung (Lastfrequenz): gering (Grund: Meßprinzip)	
	W	Schwingungen im System Welle-Nabe-Paßfeder weitgehend ausschalten	
	F	Maximales Drehmoment einstellbar bis 15 000 Nm entsprechend Belastbarkeit einer Welle von 100 mm Ø	
	F	Steiler Momentabfall nach dem Momentenmaximum muß möglich sein	
	F	Drehmomentenanstieg $\left(\frac{dT}{dt}\right)$ einstellbar Maximal $\frac{dT}{dt} = 125 \cdot 10^3$ Nm/s	
	F	Drehmomentverlauf bestmöglich reproduzierbar	
	W	Plastische Verformung und ggf. Zerstörung der Verbindung soll erreichbar sein	
		<u>Energie</u>	
	F	Leistungsaufnahme ≤ 5 kW / 380 Volt	
		<u>Stoff</u>	
	W	Wellen- und Nabenwerkstoff : Ck 45	

	Ersetzt Ausgabe vom	

Bild 5.65. Anforderungsliste für Stoßprüfstand nach [53]

1. Ausgabe 10.6.1973

TU Berlin KT	Anforderungsliste für Stossprüfstand	Blatt: 2 Seite: 1

Änder.	F W	Anforderungen	Verantw.
		Signal	
	F	Meßgrößen : Drehmoment vor und nach Prüfverbindung Flächenpressung über Länge und Paßfeder	
	F	Meßgrößen registrierbar	
	W	Meßstellen gut zugänglich	
		Sicherheit und Ergonomie	
	W	Bedienung des Prüfstandes möglichst einfach (d. h. schneller und einfacher Umbau des Prüfstandes)	
	W	Arbeitsprinzip des Prüfstandes umweltfreundlich (wenig Lärm, Schmutz, Erschütterungen ...)	
		Fertigung und Kontrolle	
	F	Einzelfertigung aller Teile	
	F	Qualität der Wellen-Naben-Verbindung nach DIN 6885 (soweit dort festgelegt), sonst nach den Normen für Wellenenden an Getrieben, Elektromotoren usw: DIN 748, Blatt 2 und 3	
	W	Herstellung des Prüfstandes nach Möglichkeiten der eigenen Werkstatt	
	W	Möglichst Ankauf- und Normteile verwenden	
		Montage und Transport	
	W	Prüfstand : geringe Abmessungen niedriges Gewicht	
	W	Kein eigenes Fundament	
		Gebrauch und Instandsetzung	
	W	Wenige und einfache Verschleißteile	
	W	Möglichst wartungsarm	
		Kosten	
		Herstellkosten $\leq$ 20 000,-- DM (s. Forschungsantrag)	
		Termine	
	F	Abschluß der Konzeptphase : Juli 73	
28.6.73		Abschluß der Konzeptphase : 20. Juli 73	Herr Militzer

	Ersetzt Ausgabe vom	

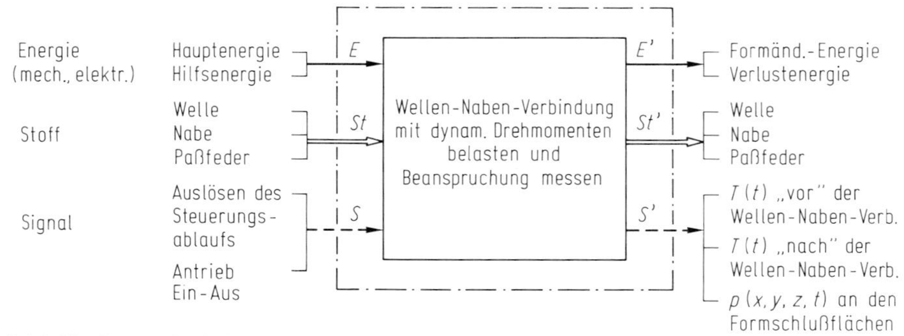

Bild 5.66. Gesamtfunktion des Stoßprüfstands

— Von den diskursiv betonten Methoden:
 Systematische Suche mit Hilfe von Ordnungsschemata,
 speziell Variation der Energieart, Wirkbewegung
 und Wirkfläche.
 Verwendung eines Katalogs über Prinzipien zur Änderung von Kräften.

Zur Zusammenstellung der gefundenen Lösungsprinzipien wird ein Ordnungsschema herangezogen: Bild 5.68. Aus Umfangsgründen sind hier nur die wichtigsten Teilfunktionen und Lösungsprinzipien eingetragen. Von vornherein unbrauchbare Lösungsprinzipien wurden bereits ausgeschieden bzw. im Schema durchgestrichen. Insbesondere bei den mechanischen Steuerprinzipien lassen sich weitere durch gezielte Variation der Wirkflächen und der Wirkbewegungen angeben. Bei vorliegendem Beispiel ist sowohl für die Teilfunktion „Energie wandeln" als auch für die übrigen Teilfunktionen vor allem die Energieart ein wichtiger Ordnender Gesichtspunkt hinsichtlich der Lösungsprinzipien.

Für die Teilfunktion „Energie freigeben" (Schalten) kommen als Lösungsprinzipien die verschiedenen Schaltkupplungsarten sowie Sperrgetriebe, für die Teilfunktion „Belasten" (Last zum Wirkort leiten) Wellen mit verschiedenen Wellen-Naben-Verbindungen sowie Starrkupplungen und für die Teilfunktion „Messen", die nicht konzeptbestimmend ist, vor allem Dehnungsmeßstreifen, induktive und kapazitive Geber in Verbindung mit entsprechenden elektronischen Meßverstärkern in Frage.

5. Arbeitsschritt: Kombinieren der Lösungsprinzipien zu Prinzipkombinationen zum Erfüllen der Gesamtfunktion

Die mit dem vorigen Arbeitsschritt gefundenen Teillösungen müssen nun zu Gesamtlösungen kombiniert werden. Bei vorliegendem Beispiel erfolgt dies mit Hilfe desselben Ordnungsschemas. Aus dem Feld der Lösungsprinzipien werden durch Kombination der Lösungen zu einer Teilfunktion mit den Lösungen der benachbarten Teilfunktionen verschiedene Prinzipkombinationen abgeleitet.

Dabei dienen die Funktionsstrukturvarianten 4 und 5 als Grundlage für die Verknüpfung, wobei die Reihenfolge der Teilfunktionen zum Teil noch geändert wird. Bei diesem Kombinationsprozeß werden die Verträglichkeiten und die technischen Realisierungsmöglichkeiten unsystematisch durch Diskussion betrachtet.

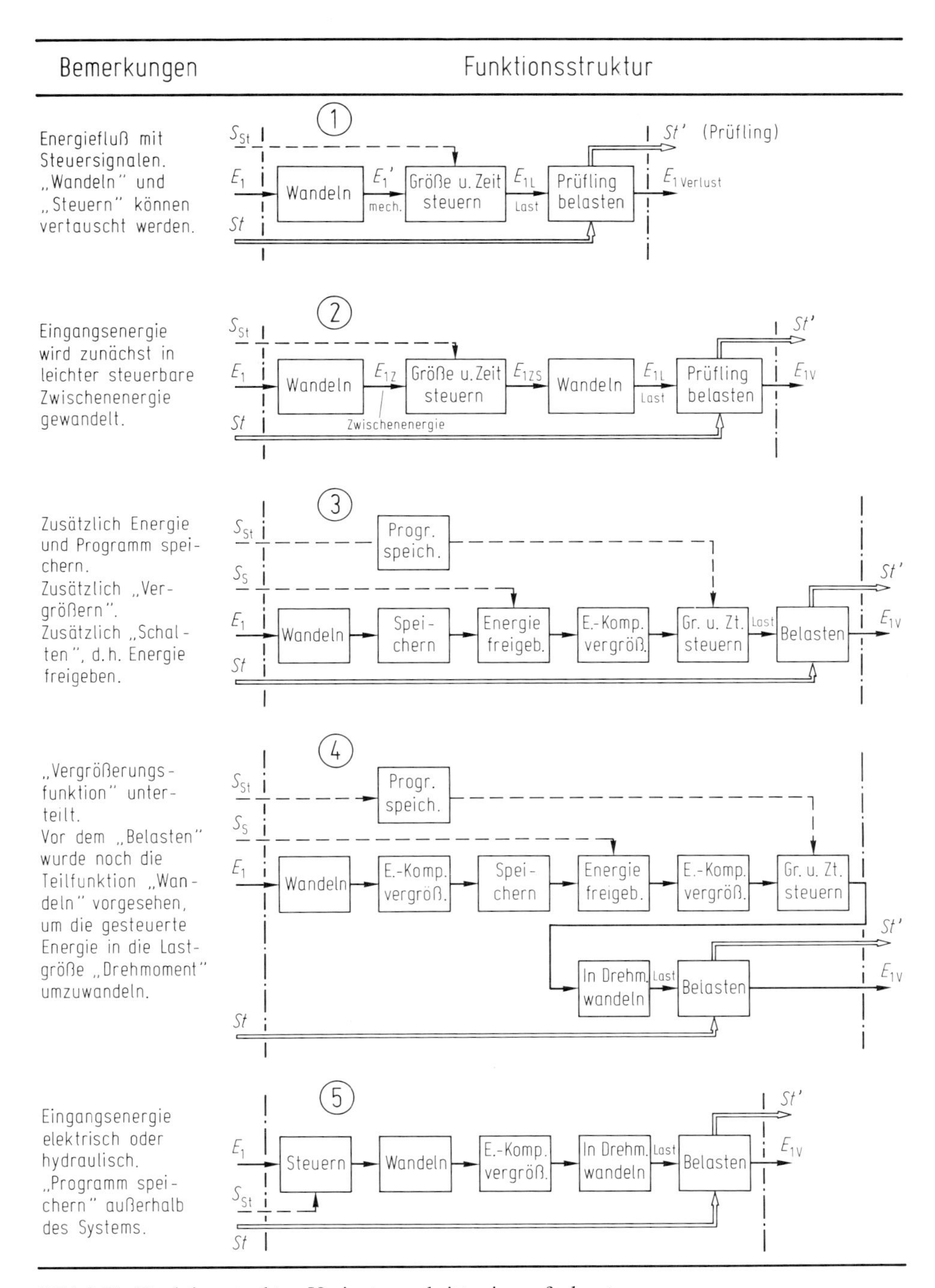

Bild 5.67. Funktionsstruktur-Varianten, schrittweise aufgebaut

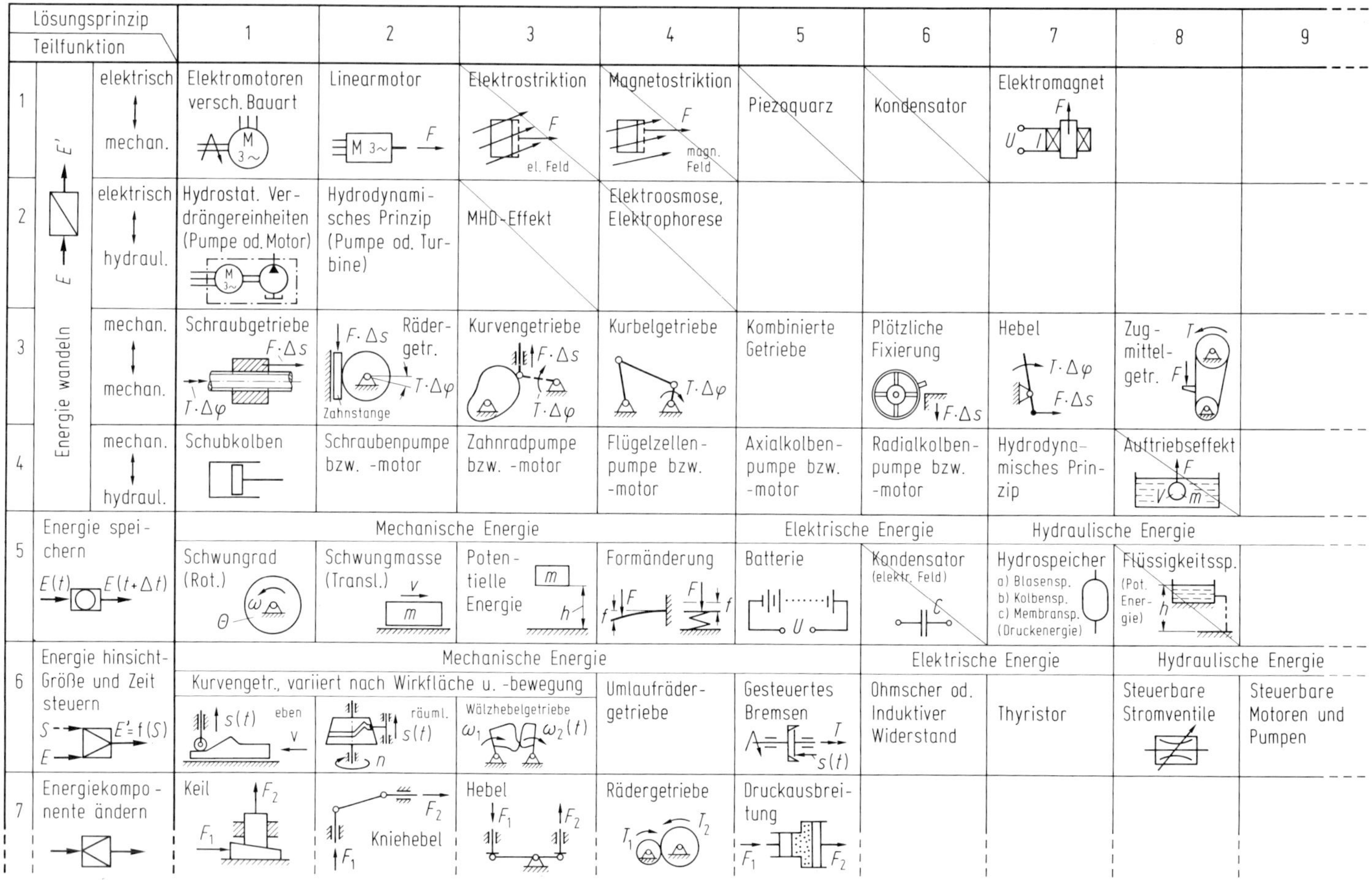

	Teilfunktion \ Lösungsprinzip	1	2	3	4	5	6	7	8	9
1	Energie wandeln: elektrisch ↕ mechan.	Elektromotoren versch. Bauart	Linearmotor	Elektrostriktion (el. Feld)	Magnetostriktion (magn. Feld)	Piezoquarz	Kondensator	Elektromagnet		
2	Energie wandeln: elektrisch ↕ hydraul.	Hydrostat. Verdrängereinheiten (Pumpe od. Motor)	Hydrodynamisches Prinzip (Pumpe od. Turbine)	MHD-Effekt	Elektroosmose, Elektrophorese					
3	Energie wandeln: mechan. ↕ mechan.	Schraubgetriebe	Rädergetr. (Zahnstange)	Kurvengetriebe	Kurbelgetriebe	Kombinierte Getriebe	Plötzliche Fixierung	Hebel	Zugmittelgetr.	
4	Energie wandeln: mechan. ↕ hydraul.	Schubkolben	Schraubenpumpe bzw. -motor	Zahnradpumpe bzw. -motor	Flügelzellenpumpe bzw. -motor	Axialkolbenpumpe bzw. -motor	Radialkolbenpumpe bzw. -motor	Hydrodynamisches Prinzip	Auftriebseffekt	
5	Energie speichern $E(t) \rightarrow E(t+\Delta t)$	Mechanische Energie: Schwungrad (Rot.)	Schwungmasse (Transl.)	Potentielle Energie	Formänderung	Elektrische Energie: Batterie	Kondensator (elektr. Feld)	Hydraulische Energie: Hydrospeicher a) Blasensp. b) Kolbensp. c) Membransp. (Druckenergie)	Flüssigkeitssp. (Pot. Energie)	
6	Energie hinsichtlich Größe und Zeit steuern $E' = f(S)$	Mechanische Energie: Kurvengetr., variiert nach Wirkfläche u. -bewegung: eben	räuml.	Wälzhebelgetriebe	Umlaufrädergetriebe	Gesteuertes Bremsen	Elektrische Energie: Ohmscher od. Induktiver Widerstand	Thyristor	Hydraulische Energie: Steuerbare Stromventile	Steuerbare Motoren und Pumpen
7	Energiekomponente ändern	Keil	Kniehebel	Hebel	Rädergetriebe	Druckausbreitung				

Bild 5.68. Ausschnitt aus dem Ordnungsschema nach [53] für den Stoßprüfstand

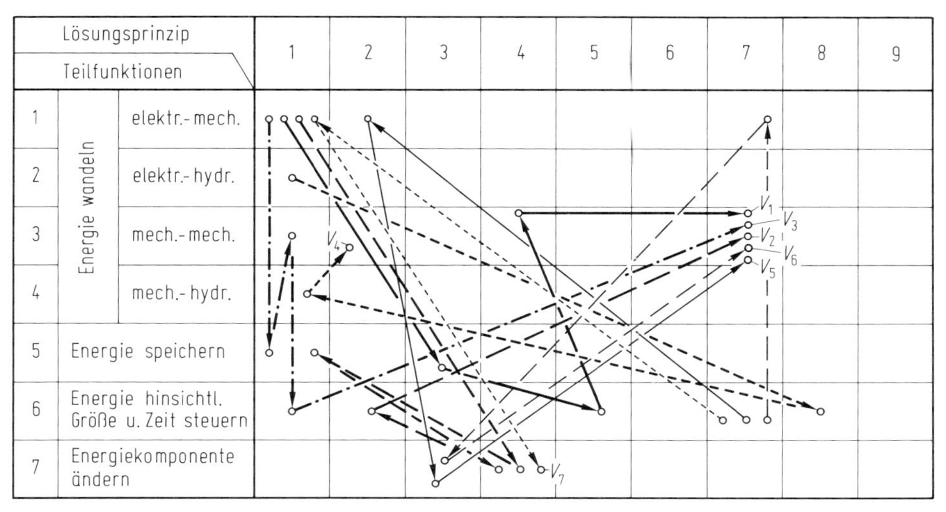

Bild 5.69. Kombinationsschema für sieben Prinzipkombinationen mit Lösungsprinzipien gemäß Bild 5.68

Variante 1 : 1.1 – 5.3 – 6.5 – 3.4 – 3.7
Variante 2 : 1.1 – 7.4 – 5.1 – 7.4 – 6.2 – 3.7
Variante 3 : 1.1 – 5.1 – 3.1 – 6.1 – 3.7
Variante 4 : 2.1 – 6.8 – 4.1 – 3.2
Variante 5 : 6.7 – 1.2 – 7.3 – 3.7
Variante 6 : 6.7 – 1.7 – 7.3 – 3.7
Variante 7 : 6.7 – 1.1 – 7.4

Hilfreich könnte hier die Aufstellung von Verträglichkeitsmatrizen gemäß Bild 5.43 sein. Bild 5.69 zeigt die Felder realisierbarer Prinzipkombinationen.

6. Arbeitsschritt: Auswählen geeigneter Varianten

Wie in 5.6 dargelegt, empfiehlt es sich bei Vorliegen einer größeren Variantenzahl, bereits vor dem weiteren Konkretisieren eine Vorauswahl zu treffen, damit der Aufbau umfangreicherer Entwurfsskizzen und orientierender Rechnungen nur für diejenigen Prinzipkombinationen durchgeführt wird, die verfolgungswürdig erscheinen. In Bild 5.70 wird eine solche Auswahl durchgeführt. Von den zunächst ermittelten sieben Prinzipkombinationen werden nach dem Auswählen nur vier weiterverfolgt.

7. Arbeitsschritt: Konkretisieren zu Konzeptvarianten

Um eine sichere Entscheidung über die günstigste Konzeptvariante finden zu können, müssen die ausgewählten Prinzipkombinationen beurteilungsfähig gemacht werden. Zunächst ist es notwendig, für die entstandenen Prinzipkombinationen Prinzipzeichnungen anzufertigen: Bilder 5.71 bis 5.74.

Eine Strichskizze reicht aber oft nicht aus, um die Funktionstüchtigkeit einer Lösung beurteilen zu können. Hierzu sind dann orientierende Rechnungen oder auch Modellversuche nützlich. Als Beispiel für dieses Vorgehen sollen bei vorliegender Aufgabenstellung für Konzeptvariante V_2 das Kurvengetriebe zur Steuerung

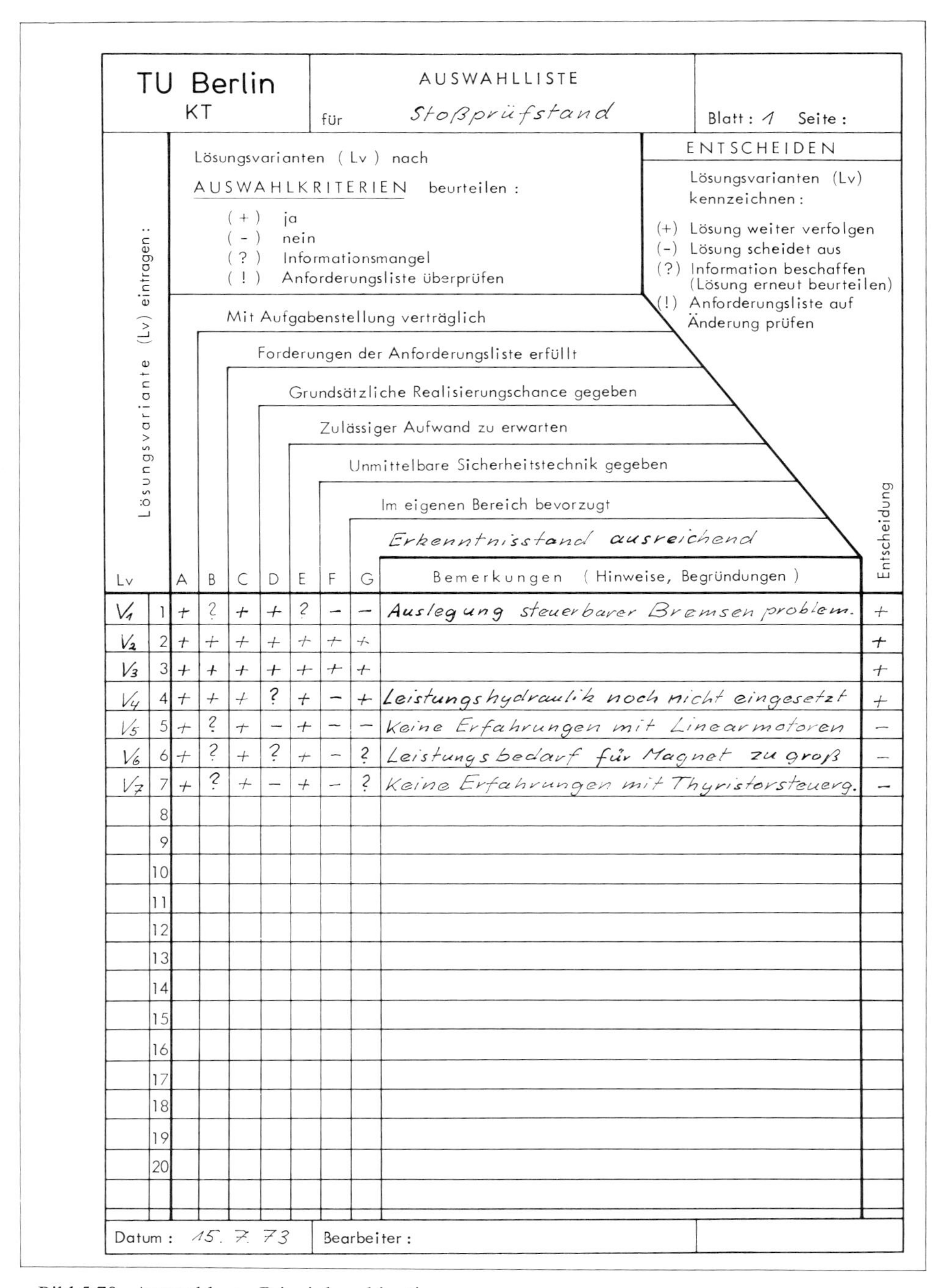

TU Berlin KT | AUSWAHLLISTE für *Stoßprüfstand* | Blatt: *1* Seite:

Lösungsvarianten (Lv) nach AUSWAHLKRITERIEN beurteilen:

- (+) ja
- (-) nein
- (?) Informationsmangel
- (!) Anforderungsliste überprüfen

ENTSCHEIDEN

Lösungsvarianten (Lv) kennzeichnen:

- (+) Lösung weiter verfolgen
- (-) Lösung scheidet aus
- (?) Information beschaffen (Lösung erneut beurteilen)
- (!) Anforderungsliste auf Änderung prüfen

Lösungsvariante (Lv) eintragen:

- A: Mit Aufgabenstellung verträglich
- B: Forderungen der Anforderungsliste erfüllt
- C: Grundsätzliche Realisierungschance gegeben
- D: Zulässiger Aufwand zu erwarten
- E: Unmittelbare Sicherheitstechnik gegeben
- F: Im eigenen Bereich bevorzugt
- G: *Erkenntnisstand ausreichend*

Lv		A	B	C	D	E	F	G	Bemerkungen (Hinweise, Begründungen)	Entscheidung
V_1	1	+	?	+	+	?	–	–	Auslegung steuerbarer Bremsen problem.	+
V_2	2	+	+	+	+	+	+	+		+
V_3	3	+	+	+	+	+	+	+		+
V_4	4	+	+	+	?	+	–	+	Leistungshydraulik noch nicht eingesetzt	+
V_5	5	+	?	+	–	+	–	–	Keine Erfahrungen mit Linearmotoren	–
V_6	6	+	?	+	?	+	–	?	Leistungsbedarf für Magnet zu groß	–
V_7	7	+	?	+	–	+	–	?	Keine Erfahrungen mit Thyristorsteuerg.	–
	8									
	9									
	10									
	11									
	12									
	13									
	14									
	15									
	16									
	17									
	18									
	19									
	20									

Datum: *15. 7. 73* Bearbeiter:

Bild 5.70. Auswahl von Prinzipkombinationen

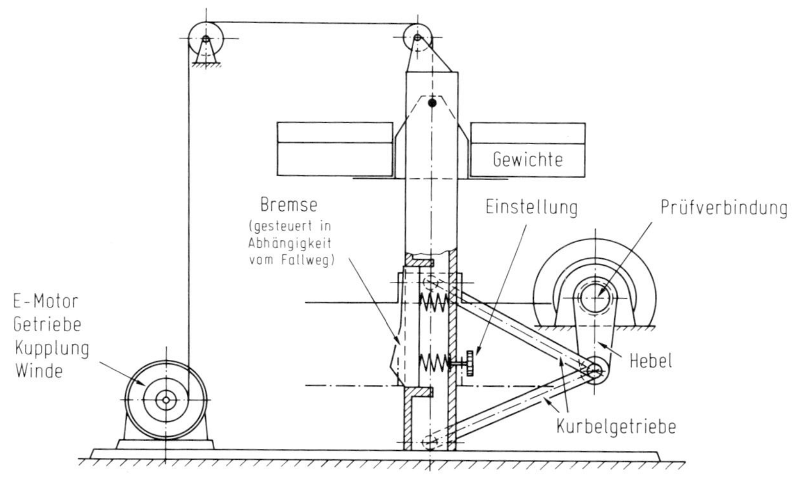

Bild 5.71. Konzeptvariante V_1 nach [53]

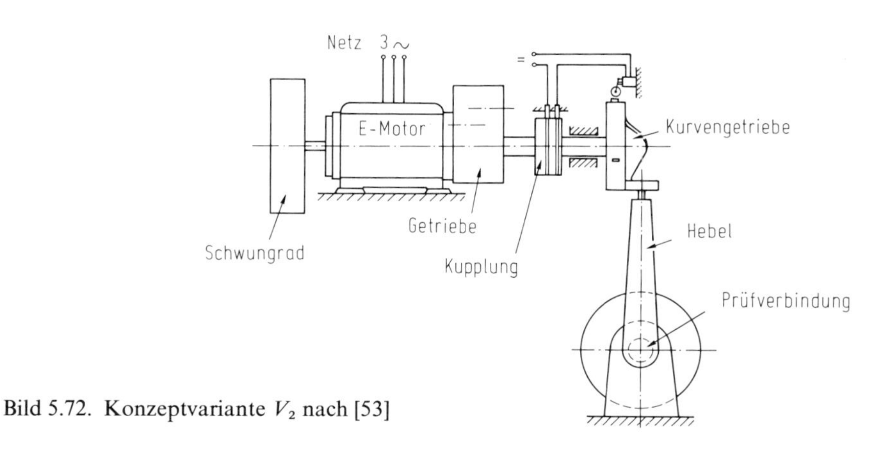

Bild 5.72. Konzeptvariante V_2 nach [53]

des Drehmomentstoßes sowie das benötigte Massenträgheitsmoment des Schwungrades (Energiespeicher) rechnerisch abgeschätzt werden.

Kann der in Bild 5.75 entworfene Kurvenzylinder den geforderten Stoßanstieg von $dT/dt = 125 \cdot 10^3$ Nm/s und das maximale Drehmoment von $T_{max} = 15 \cdot 10^3$ Nm aufbringen?

Rechenschritte:

— Zeit, bei der das max. Drehmoment bei dem geforderten Stoßanstieg erreicht wird: $\Delta t = \frac{15 \cdot 10^3}{125 \cdot 10^3} = 0{,}12$ s

— Kraft am Ende des Belastungshebels: $F_{max} = T_{max}/l = \frac{15 \cdot 10^3}{0{,}85} = 17{,}6 \cdot 10^3$ N

Der Belastungshebel wird als weiche Biegefeder so ausgelegt, daß er sich um den gewählten Kurvenhub von $h = 30$ mm bei der Kraft F_{max} durchbiegt, wobei die zulässige Biegespannung nicht überschritten werden darf.

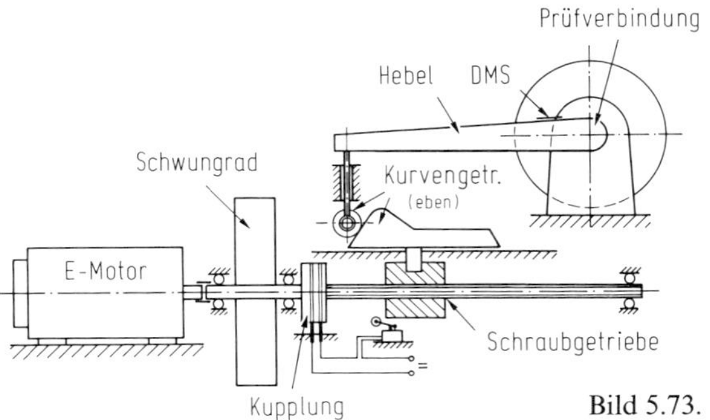

Bild 5.73. Konzeptvariante V_3 nach [53]

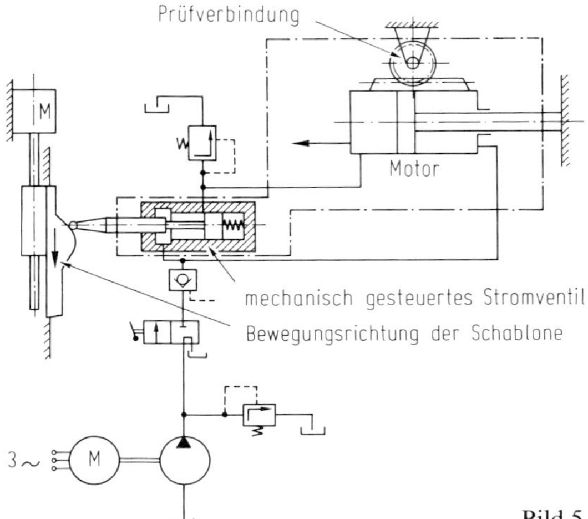

Bild 5.74. Konzeptvariante V_4 nach [53]

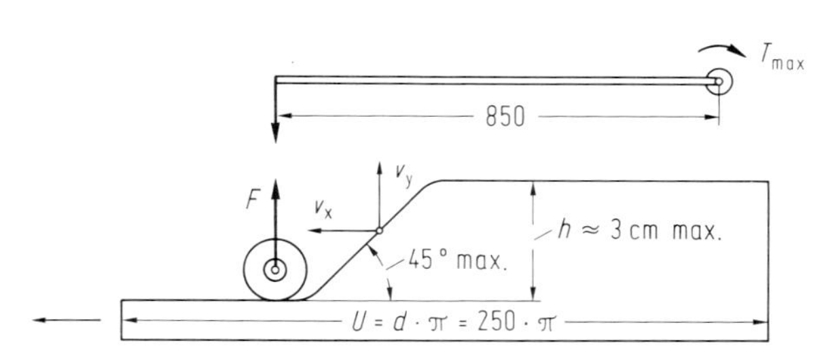

Bild 5.75. Abwicklung des Kurvenzylinders

— Umfangsgeschwindigkeit des Kurvenzylinders:

$$v_x = v_y = \frac{h}{\Delta t} = \frac{30}{0{,}12} = 250 \text{ mm/s}$$

— Winkelgeschwindigkeit und Drehzahl des Kurvenzylinders:

$$\omega = \frac{0{,}25}{0{,}125} = 2{,}0 \text{ s}^{-1}; \; n = \frac{60\,\omega}{2\,\pi} = 19 \text{ min}^{-1}$$

— Umlaufzeit: $t_u = \dfrac{2\,\pi}{\omega} = 3{,}14$ s

Da die Schaltzeit von elektromagnetisch betätigten Schaltkupplungen zum Ein- und Auskuppeln des Kurvengetriebes im Bereich weniger Zehntelsekunden liegt, dürfte es bei der Realisation dieses Prinzips keine Schwierigkeiten geben. Höhe und Anstieg des Drehmomentstoßes können durch auswechselbare Kurvenzylinder sowie durch Variation der Umlaufzeit leicht verändert werden.

Rechenschritte zur Abschätzung des Massenträgheitsmoments des Schwungrades:

— Die Abschätzung der beim Stoß benötigten und damit zu speichernden Energie erfolgt unter der Annahme, daß alle im Kraftfluß liegenden Teile sich elastisch verformen.
Gespeicherte Energie bei max. Stoßdrehmoment:

$$W_{max} = \frac{1}{2} F_{max} \cdot h = 260 \text{ Nm} = 260 \text{ Ws}$$

Dieser Energiebetrag wird in einer Zeitspanne von $\Delta t = 0{,}12$ s benötigt.

— Schwungradabmessung:
Gewählt: Max. Drehzahl $n_{max} = 1200 \text{ min}^{-1}$; $\omega \approx 126 \text{ s}^{-1}$
Bei gewählten Schwungradabmessungen von $D = 0{,}4$ m und $B = 0{,}1$ m ergibt sich eine Schwungradmasse zu $m_s = 100$ kg. Das Massenträgheitsmoment beträgt dann $J_s = \frac{1}{2} m_s r^2 = 2 \text{ kgm}^2$

Gespeicherte Energie des Schwungrades:

$$W_s = \frac{1}{2} J_s \omega^2 = 159 \cdot 10^2 \text{ Nm bzw. Ws}$$

— Abfall der Drehzahl nach Stoß:
$W_{Rest} = W_s - W_{max} = 15\,640$ Ws

$$\omega_{Rest} = \sqrt{\frac{2\, W_{Rest}}{J_s}} = 125 \text{ s}^{-1}$$

$n_{Rest} = 1190 \text{ min}^{-1}$, d. h. der Drehzahlabfall ist sehr niedrig. Entsprechend wird auch nur eine geringe Antriebsmotorleistung benötigt.

8. Arbeitsschritt: Bewerten der Konzeptvarianten

Aufgrund der durchgeführten Konkretisierung können nun die wesentlichen Eigenschaften der Konzeptvarianten soweit abgeschätzt werden, daß eine Bewertung aussagefähig erscheint. Bewertet werden die im Arbeitsschritt 6 ausgewählten vier Varianten.

Aus wichtigen Wünschen der Anforderungsliste ergeben sich zunächst eine Reihe von unterschiedlich komplexen Bewertungskriterien. Diese werden mit Hilfe der Leitlinie in Bild 5.60 überprüft und ergänzt. Anschließend wird eine hierarchische Ordnung (Zielsystem) entwickelt, um Gewichtungsfaktoren und Eigenschaftsgrößen der Varianten besser erkennen und zuordnen zu können: Bild 5.76.

Die wesentlichen Eigenschaftsgrößen der Varianten, bezogen auf die Bewertungskriterien, sind mit den vergebenen Werten in einer Bewertungsliste zusammengestellt: Bild 5.77.

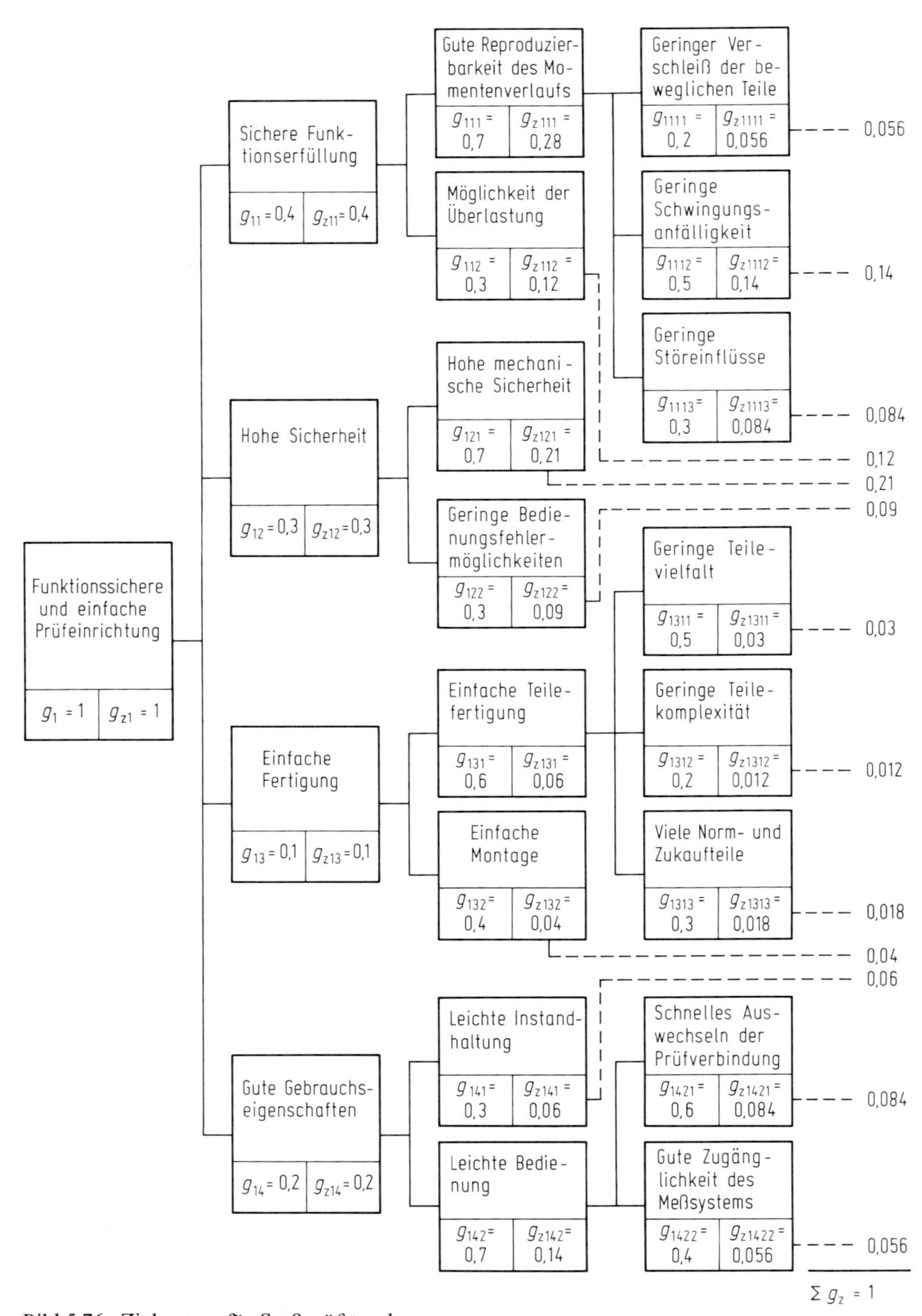

Bild 5.76. Zielsystem für Stoßprüfstand

Nr.	Bewertungskriterien	Gew.	Eigenschaftsgrößen	Einh.	Variante V_1 Eigensch. e_{i1}	Variante V_1 Wert w_{i1}	Variante V_1 Gew. Wert wg_{i1}	Variante V_2 Eigensch. e_{i2}	Variante V_2 Wert w_{i2}	Variante V_2 Gew. Wert wg_{i2}	Variante V_3 Eigensch. e_{i3}	Variante V_3 Wert w_{i3}	Variante V_3 Gew. Wert wg_{i3}	Variante V_4 Eigensch. e_{i4}	Variante V_4 Wert w_{i4}	Variante V_4 Gew. Wert wg_{i4}
1	Geringer Verschleiß	0,056	Größe des Verschleißes	-	hoch	3	0,168	mittel	6	0,336	mittel	4	0,224	niedrig	6	0,336
2	Geringe Schwingungsanfälligkeit	0,14	Eigenkreisfrequenz	s^{-1}	410	3	0,420	2370	7	0,980	2370	7	0,980	< 410	2	0,280
3	Geringe Störeinflüsse	0,084	Störeinflüsse	-	hoch	2	0,168	niedrig	7	0,588	niedrig	6	0,504	(mittel)	4	0,336
4	Möglichkeit der Überlastung	0,12	Belastungsreserve	%	5	5	0,600	10	7	0,840	10	7	0,840	20	8	0,960
5	Hohe mechanische Sicherheit	0,21	Erwartete mechan. Sicherheit	-	mittel	4	0,840	hoch	7	1,470	hoch	7	1,470	sehr hoch	8	1,680
6	Geringe Bedienungsfehlermöglichkeiten	0,09	Bedienungsfehlermöglichkeiten	-	hoch	3	0,270	niedrig	7	0,630	niedrig	6	0,540	mittel	4	0,360
7	Geringe Teilevielfalt	0,03	Teilevielfalt	-	mittel	5	0,150	mittel	4	0,120	mittel	4	0,120	niedrig	6	0,180
8	Geringe Teilekomplexität	0,012	Teilekomplexität	-	niedrig	6	0,072	niedrig	7	0,084	mittel	5	0,060	hoch	3	0,036
9	Viele Norm- und Zukaufteile	0,018	Anteil der Norm- und Zukaufteile	-	niedrig	2	0,036	mittel	6	0,108	mittel	6	0,108	hoch	8	0,144
10	Einfache Montage	0,04	Einfachheit der Montage	-	niedrig	3	0,120	mittel	5	0,200	mittel	5	0,200	hoch	7	0,280
11	Leichte Instandhaltung	0,06	Zeitl. und kostenm. Instandhaltungsaufw.	-	mittel	4	0,240	niedrig	8	0,480	niedrig	7	0,420	hoch	3	0,180
12	Schnelles Auswechseln d. Prüfverbind.	0,084	Geschätzte Auswechselzeit d. Prüfverb.	min	180	4	0,336	120	7	0,588	120	7	0,588	180	4	0,336
13	Gute Zugänglichkeit der Meßsysteme	0,056	Zugänglichkeit der Meßsysteme	-	gut	7	0,392	gut	7	0,392	gut	7	0,392	mittel	5	0,280
		$\Sigma g_i = 1,0$				$Gw_1 = 51$ $W_1 = 0,39$	$Gwg_1 = 3,812$ $Wg_1 = 0,38$		$Gw_2 = 85$ $W_2 = 0,65$	$Gwg_2 = 6,816$ $Wg_2 = 0,68$		$Gw_3 = 78$ $W_3 = 0,60$	$Gwg_3 = 6,446$ $Wg_3 = 0,64$		$Gw_4 = 68$ $W_4 = 0,52$	$Gwg_4 = 5,388$ $Wg_4 = 0,54$

Bild. 5.77. Bewertung der vier Konzeptvarianten für den Stoßprüfstand

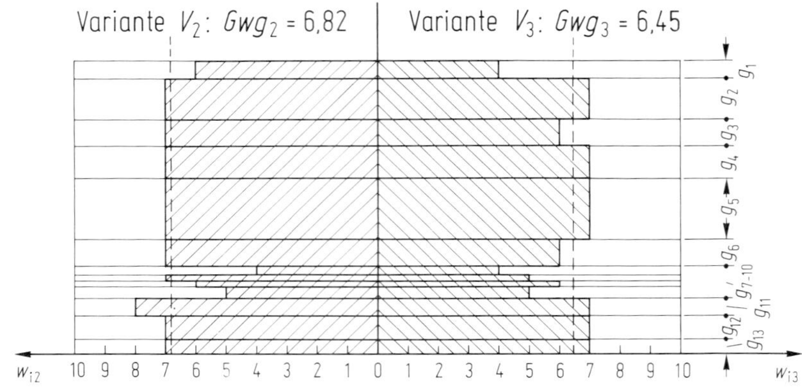

Bild 5.78. Wertprofil zum Erkennen der Schwachstellen

Bild 5.79. Ausgeführter Stoßprüfstand entsprechend Konzeptvariante V_2 nach [53]

Es ergibt sich, daß Variante V_2 den höchsten Gesamtwert und die beste Gesamtwertigkeit hat. Allerdings liegt Variante V_3 dicht dabei.

Zum Erkennen der Schwachstellen wird ein Wertprofil aufgestellt: Bild 5.78. Man erkennt die Ausgeglichenheit der Variante V_2 hinsichtlich der bedeutenden Bewertungskriterien. Mit einer gewichteten Wertigkeit von 68% stellt Variante V_2 ein günstiges Ausgangskonzept für den anschließenden Entwurf dar.

9. Ergebnis

Die weitere Konkretisierung durch maßstäbliche Entwürfe sowie die Ausarbeitung und der Bau des Prüfstands erfolgte auf der Grundlage der Konzeptvariante V_2. Bild 5.79 zeigt den ausgeführten Prüfstand.

5.9.2. Eingriff-Mischbatterie für Haushalte

Eine Eingriff-Mischbatterie ermöglicht mit einem Griff das Einstellen von Temperatur und Wassermenge. Die Aufgabe wird von der Produktplanung an die Konstruktion entsprechend Bild 5.80 herangetragen.

Eingriff-Mischbatterie

Es soll eine Eingriff-Mischbatterie für Haushalte mit folgenden Daten entwickelt werden:

Durchsatz	10 l/min
max. Druck	6 bar
norm. Druck	2 bar
Warmwassertemperatur	60 °C
Anschlußgröße	1/2"

Es ist auf gute Formgestaltung zu achten. Das Firmenzeichen soll optisch einprägsam angebracht werden. Das entwickelte Produkt soll in zwei Jahren auf den Markt kommen. Die Herstellkosten dürfen bei etwa 3000 Stck. pro Monat DM 30,-- nicht übersteigen.

Bild 5.80. Beispiel Eingriff-Mischbatterie: Aufgabenstellung durch die Produktplanung

1. Arbeitsschritt: Klären der Aufgabenstellung und Erarbeiten der Anforderungsliste

Informationen über Anschlußverhältnisse, gültige Normen und Vorschriften sowie über ergonomische Bedingungen führen nach Überarbeitung einer ersten Anforderungsliste zur in Bild 5.81 dargestellten zweiten Ausgabe.

2. Arbeitsschritt: Abstrahieren und Erkennen der wesentlichen Probleme

Grundlage der Abstraktion ist die Anforderungsliste, deren Aussagen zum Bild 5.82 führen. Wegen bekannter einfacher Lösungen für Haushalt-Mischbatterien kann ohne weiteres festgelegt werden, daß als Lösungsprinzip die Dosierung über Blende oder Drossel gewählt werden soll. Es hätten andere Effekte ins Auge gefaßt werden können:

Z. B. Erhitzen und Kühlen durch Fremdenergie über Wärmetauscher usw. Sie sind aber aufwendiger und mit einer Zeitabhängigkeit behaftet. In Branchen, die bewährte Lösungsprinzipien anwenden, sind derartige „à priori-Festlegungen“ häufig und zulässig.

Nachfolgend sind die physikalischen Beziehungen des Blendendurchflusses und der Mischung von Volumenströmen gleichen Stoffs zusammengestellt: Bild 5.83.

Temperatur- und Volumenstromänderung werden nach dem gleichen physikalischen Prinzip — Drossel oder Blende — vorgenommen.

Bei *Änderung der Mischmenge* $\dot{V}_m$ müssen die Volumenströme linear und gleichsinnig mit der Signalstellung $s_{\dot{V}}$ für die Menge geändert werden. Dabei muß die Temperatur ϑ_m unverändert, d. h. das Verhältnis $\dot{V}_k / \dot{V}_w$ muß konstant bleiben und darf nicht von der Signalstellung $s_{\dot{V}}$ abhängig sein.

Bei *Mischtemperaturänderung* ϑ_m soll der Volumenstrom $\dot{V}_m$ unverändert, d. h. die Summe von $\dot{V}_k + \dot{V}_w = \dot{V}_m$ muß konstant bleiben. Die hierfür zu verändernden Volumenströme $\dot{V}_k$ und $\dot{V}_w$ müssen sich linear und gegenläufig mit der Signalstellung s_ϑ für die Mischtemperatur ändern.

2. Ausgabe 20. 8. 1973

TH Darmstadt MuK	*Anforderungsliste* für Eingriff – Mischbatterie	*Blatt:* 1 *Seite:* 1

Änder.	*F W*	*Anforderungen*	*Verantw.*
	F	1 Durchsatz (Mischstrom) max. 10 l/min. bei 2 bar vor Armatur	
	F	2 Druck max. 10 bar (Prüfdruck 15 bar nach DIN 2401)	
	F	3 Wassertemperatur norm. 60°C, max. 100°C (kurzzeitig)	
	F	4 Temperatureinstellung unabhängig vom Durchsatz und Druck	
	W	5 Zulässige Temperaturschwankung ± 5°C bei einem Differenzdruck von ± 0,5 bar zwischen warmer und kalter Zuleitung	
	F	6 Anschluß: 2 x Cu – Rohr 10 x 1 mm, L = 400 mm	
	F	7 Einlochbefestigung Ø 35^{+2}_{-1} mm, Beckendurchbruchhöhe 0 bis 18 mm, Beckenabmessungen beachten (DIN EN 31, DIN EN 32, DIN 1368)	
	F	8 Auslaufhöhe über Beckenoberkante 50 mm	
	F	9 Lösung als Beckenarmatur	
	W	10 Als Wandarmatur umrüstbar	
	F	11 Geringe Bedienkräfte (Kinder) (Rohmert, W., Hettinger, Th.: Körperkräfte im Bewegungsraum. Berlin 1963)	
	F	12 Keine Fremdenergie	
	F	13 Wasserzustand kalkhaltig (Bedingungen für Trinkwasserqualität beachten)	
	F	14 Eindeutige Erkennbarkeit der Temperatureinstellung	
	F	15 Firmenzeichen optisch einprägsam anbringen	
	F	16 Kein Kurzschluß der beiden Wasserstränge bei Ruhestellung	
	W	17 Kein Kurzschluß bei Entnahme	
	F	18 Griff darf nur bis + 35°C warm werden	
	W	19 Kein Verbrennen beim Berühren der Armatur	
	W	20 Verbrühschutz vorsehen, wenn Mehraufwand gering	
	F	21 Sinnfällige Bedienung, einfache und bequeme Handhabung (Rohmert, W.: Arbeitswiss. Prüfliste zur Arbeitsgestaltung. Berlin 1966)	
	F	22 Glatte, leicht reinigbare äußere Kontur, keine scharfen Kanten	
	F	23 Geräuscharme Ausführung (Armaturengeräuschpegel $L_{AG} \leq 20$ dB (A), gemessen nach DIN 52218)	
	W	24 Lebensdauer: 10 Jahre bei etwa 300 000 Betätigungen	
	F	25 Leichte Wartung und einfache Instandsetzung der Batterie, handelsübliche Ersatzteile verwenden	
	F	26 Max. Herstellkosten DM 30,-- (3000 Stück/Monat)	
	F	27 Termine ab Entwicklungsbeginn: Konzept / Entwurf / Ausarbeitung / Prototyp nach 2 / 4 / 6 / 9 Monaten	

	Ersetzt 1. *Ausgabe vom* 12. 6. 1973	

Bild 5.81. Anforderungsliste für Eingriff-Mischbatterie

Problemformulierung:

Stofffluß von warmem und kaltem Wasser, der wechselweise gesperrt oder so dosiert werden soll, daß unabhängig vom Durchsatz jede gewünschte Mischtemperatur eingestellt werden kann.

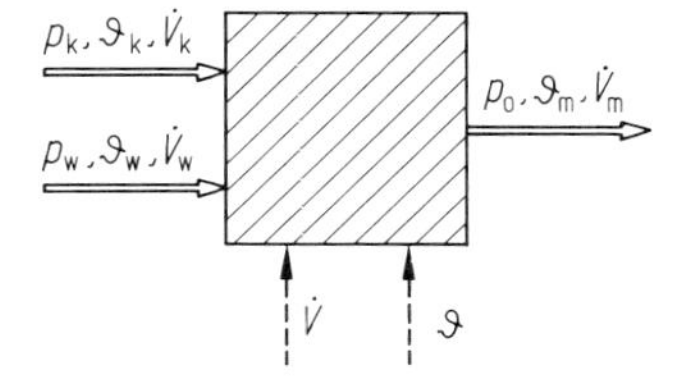

Funktionen

Sperren	S	Stofffluß	⇒
Dosieren	D	Signalfluß	- - - - ►
Mischen	M		
Einstellen	E	Systemgrenze	—·—·—

Bild 5.82. Problemformulierung und Gesamtfunktion nach Anforderungsliste gemäß Bild 5.81, sowie Symbolerläuterung
$\dot V$ Volumenstrom; p Druck; ϑ Temperatur
Index: k kalt; w warm; m gemischt; o Umgebung

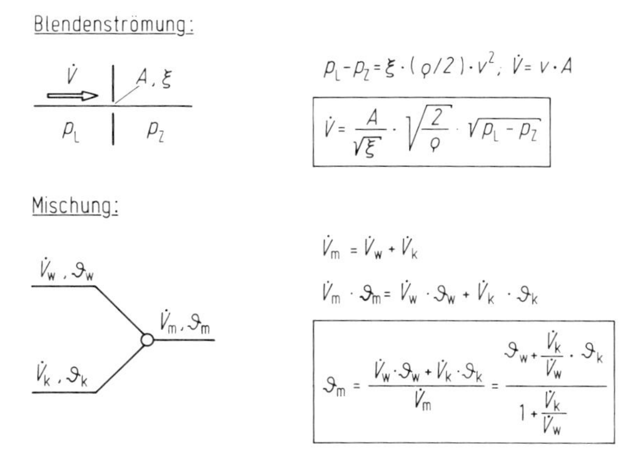

Bild 5.83. Physikalische Beziehungen des Blendendurchflusses und der Mischtemperatur von Volumenströmen gleichen Stoffs

3. Arbeitsschritt: Aufstellen der Funktionsstruktur

Aufstellen einer ersten Funktionsstruktur aus den erkennbaren Teilfunktionen:

Sperren — Dosieren — Mischen
Durchsatz einstellen
Mischtemperatur einstellen

Bei bekanntem physikalischen Wirkprinzip wird die Funktionsstruktur zum Erkennen des besten Systemverhaltens entwickelt und variiert: Bilder 5.84 bis 5.86. Daraus wird die Funktionsstruktur nach Bild 5.86 wegen des günstigsten Verhaltens ausgewählt.

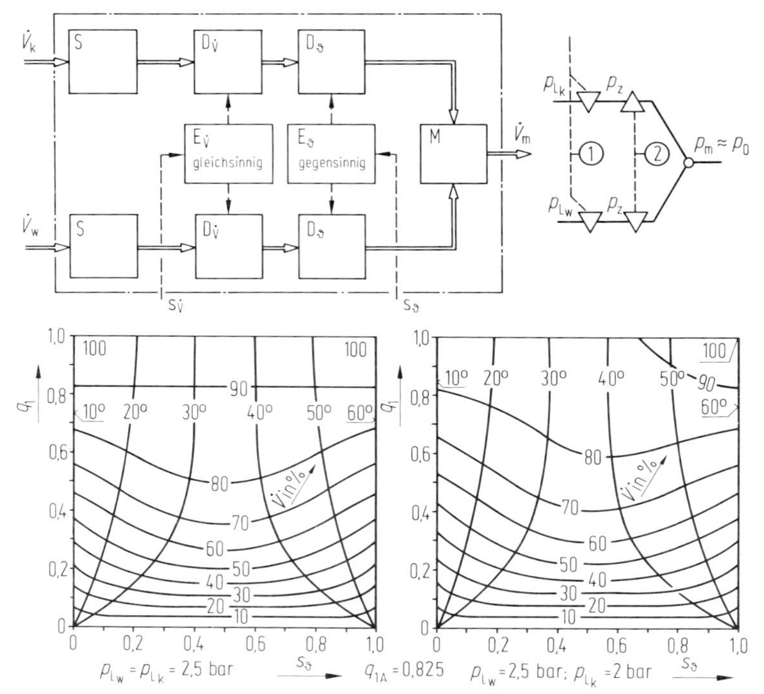

Bild 5.84. Funktionsstruktur für eine Eingriff-Mischbatterie ausgehend von Bild 5.82. Mengendosierung 1 und Temperatureinstellung 2 an getrennten Stellen vor dem Mischen. In den Diagrammen sind abhängig von einer bezogenen Temperatureinstellung (s_ϑ) und Mengeneinstellung (q_1 entsprechend $s_{\dot{V}}$) Linien konstanter Temperatur bzw. konstanter relativer Durchsätze aufgetragen. Durch gegenseitige Beeinflussung der Drücke an den Blenden bei 1 und 2 ist außer im Auslegungspunkt ($q_{1A} = 0{,}825$) die Temperatur- und Mengencharakteristik nicht linear und bei geringen Mengen unbrauchbar. Bei einer Druckdifferenz (hier 0,5 bar) zwischen Kalt- und Warmwasserstrang verschieben sich die Linien. Die Einstellungen sind auch für den Auslegungspunkt nicht mehr unabhängig voneinander (rechtes Diagramm)

4. Arbeitsschritt: Suche nach Lösungsprinzipien zum Erfüllen von Teilfunktionen

Für die sich aus der Teilfunktion „Dosieren von Volumenstrom und Temperatur" gemäß Funktionsstruktur in Bild 5.86 ergebende Aufgabe: „Zwei Querschnitte gleichzeitig oder nacheinander durch eine Bewegung gleichsinnig und durch eine zweite, unabhängige Bewegung gegensinnig zu ändern" wurde als erste Lösungssuche ein *Brainstorming* durchgeführt. Ablauf und Ergebnis ist aus Bild 5.87 ersichtlich.

Analysieren des Brainstorming-Ergebnisses

Bei den im Brainstorming vorgeschlagenen Lösungen wird überprüft, ob die Unabhängigkeit der $\dot{V}$- und ϑ-Einstellung vorhanden ist. Aus der Analyse hinsichtlich der erkennbaren Bewegungsverknüpfungen zeichnen sich folgende Lösungsprinzipien ab:

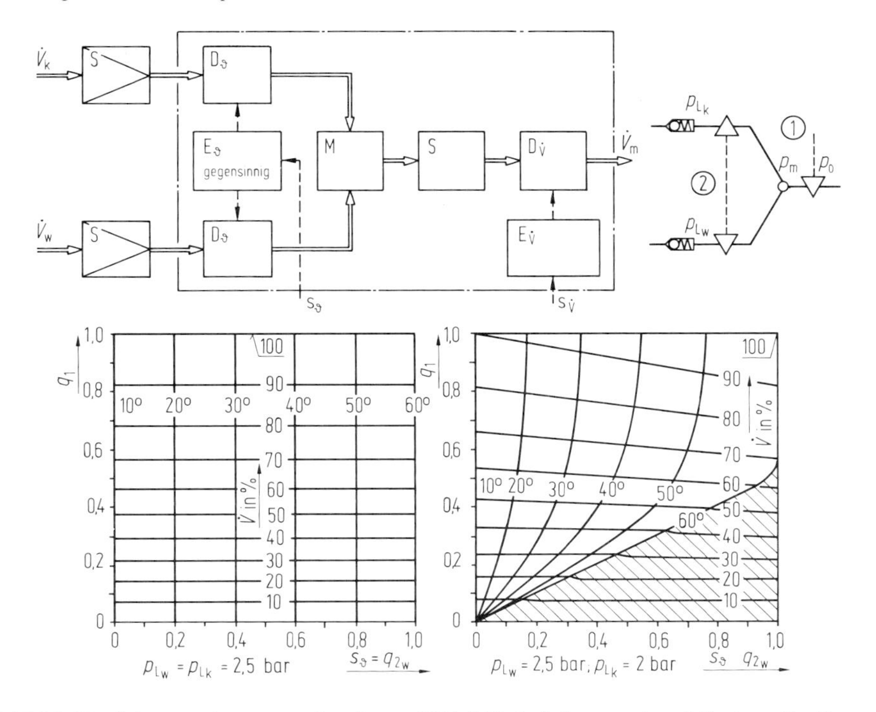

Bild 5.85. Funktionsstruktur ausgehend von Bild 5.82, bei der vor dem Mischen die Temperatur eingestellt und nach dem Mischen die Menge dosiert wird. Bei gleichen Vordrücken in den Zuflußleitungen ist die Mengen- und Temperatureinstellung infolge stets gleicher Druckdifferenzen an den Temperatur-Dosierungsblenden unabhängig voneinander. Das Verhalten ist linear. Bei unterschiedlichen Vordrücken allerdings ist die Charakteristik nicht mehr linear und besonders bei kleinen Mengen stark verschoben, da sich der Mischkammerdruck dem kleineren Vordruck nähert. Wird er überschritten, fließt unabhängig von der Temperatureinstellung nur noch kaltes oder (hier) warmes Wasser

1. Lösungen mit Bewegungen für $\dot{V}$ und ϑ tangential zur Sitzfläche

— Die Unabhängigkeit der $\dot{V}$- und ϑ-Einstellung voneinander ist nur gewährleistet, wenn die Drosselquerschnitte durch jeweils zwei Kanten parallel zu den entsprechenden Bewegungen begrenzt werden. Das bedingt, daß die Bewegungen in einem Winkel zueinander und geradlinig verlaufen müssen. Jede Drosselstelle hat also vier geradlinige, paarweise parallele Begrenzungskanten (Bild 5.88). Dadurch wird vermieden, daß bei einer Einstellbewegung gleichzeitig eine Änderung in der anderen Bewegungsrichtung erfolgt.

— Aufteilen der Begrenzungskanten:
Die die Drosselquerschnitte erzeugenden Teile müssen mindestens je zwei im Winkel der Bewegungsrichtung zueinander liegende Kanten haben.

— Bei der $\dot{V}$-Einstellung müssen beide Drosselflächen gleichzeitig gegen Null gehen.

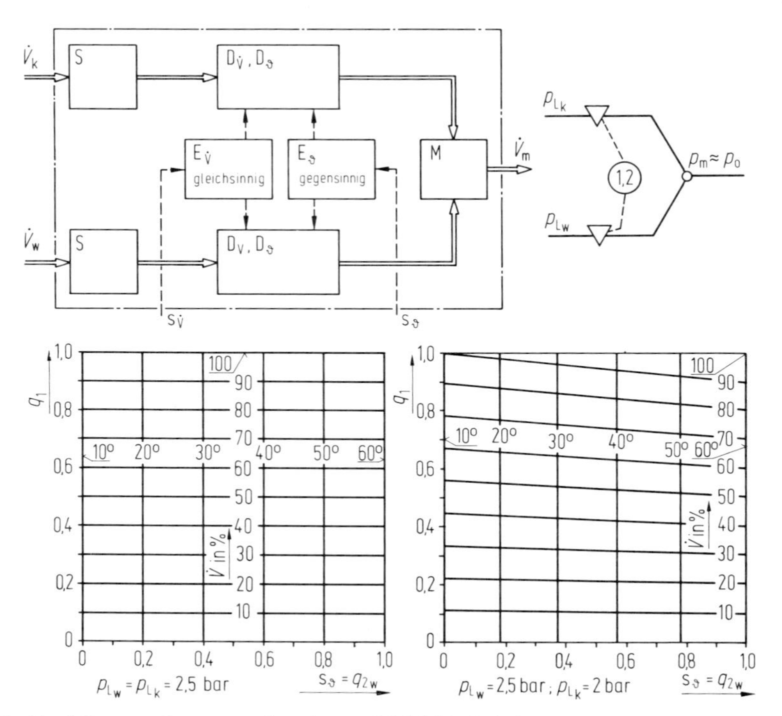

Bild 5.86. Funktionsstruktur ausgehend von Bild 5.82, bei der Temperatur- und Mengendosierung an der jeweils gleichen Blende unabhängig voneinander erfolgt und erst dann gemischt wird. Lineare Temperatur- und Mengencharakteristik. Auch bei unterschiedlichen Vordrükken keine gravierende Änderung

Bei der ϑ-Einstellung muß die eine Fläche gegen Null gehen, während die andere gleichzeitig das Maximum entsprechend $\dot V_{max}$ erreicht.
Daraus folgt: Bei $\dot V$-Einstellung müssen sich die Begrenzungskanten an beiden Drosselstellen gleichsinnig aufeinander zu oder voneinander weg bewegen. Bei ϑ-Einstellung müssen sich die Begrenzungskanten gegensinnig bei einer Drosselstelle aufeinander zu und gleichzeitig an der anderen Drosselstelle voneinander weg bewegen.

— Die Sitzfläche kann eben, zylindrisch oder sphärisch gekrümmt sein.
— Lösungen dieser Art sind mit einem Element als Drosselorgan möglich und scheinen konstruktiv einfach zu sein.

2. Lösungen mit Bewegungen für $\dot V$ und ϑ normal zur Sitzfläche

— Hierunter werden alle Bewegungen verstanden, die ein Abheben von der Sitzfläche bewirken. Senkrecht zur Sitzfläche ist aber nur eine Bewegung möglich.
— Die Unabhängigkeit der $\dot V$- und ϑ-Einstellung voneinander ist nur mit zusätzlichen Elementen der Steuerung möglich (Kopplungsmechanismus).
— Der konstruktive Aufwand scheint größer zu sein.

- Zylinder → Rohr
  Axialbewegung = ϑ
  Drehbewegung = $\dot{V}$
- Waagebalken
- Negation des Waagebalkens
- Negation des Zylinderrohrs
- Zwei Flächen
- Waagebalken mit Stöpseln
- Gegenläufige Ventile
  Betätigung durch Schere
  Zahnstange, Spindel
- Keilschieber → Plattenschieber
- Negation des Plattenschiebers
  (wie Waagebalken)
- Kugeln in Leitung durch Nocken betätigen
  (Kegelnocken)
- Drehschieber mit axialer Bewegung
  (scharfe Kanten wegen Blendencharakter)
- Zwei Keile
- Einspritzpumpe (nicht weiterverfolgt) — Drosselklappe
- Zwei Drosselklappen
- Dreiwegemischer
- Abgeschrägter Zylinder
- Drehen und schwenken
  - Schaltknüppel
  - Kugel
    zentrische Bohrung
    exzentrische Bohrung
- Zwei Schläuche
  (mit eiförmigem Gebilde
  oder Keil abquetschen)
- Keil zwischen zwei Öffnungen bewegen
- Membran
- Grundsätzlich zwei Möglichkeiten:
  starr koppeln / getrennt über Mechanismen
- Irisblende
- Schließmuskel
- Zwirbeleffekt

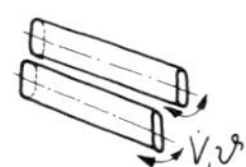

Bild 5.87. Ergebnis einer Brainstorming-Sitzung zur Suche nach Lösungsprinzipien für die Aufgabe „Zwei Querschnitte gleichzeitig oder nacheinander durch eine Bewegung gleichsinnig und durch eine zweite, unabhängige Bewegung gegensinnig zu ändern“

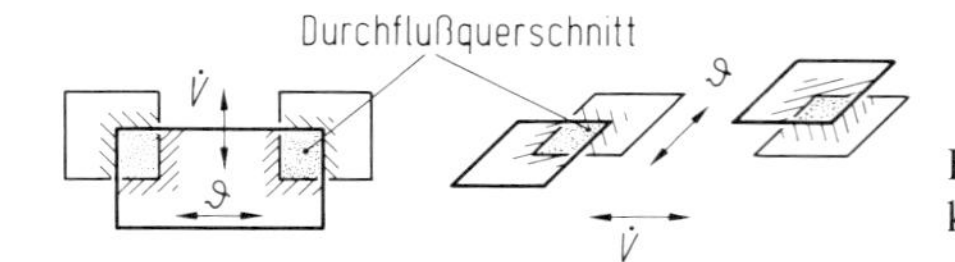

Bild 5.88. Bewegungen und Begrenzungskanten der Drosselstelle

Ordnende Gesichtspunkte	Zugehörige Parameter
Bewegungsrichtung	tangential zur Sitzfläche normal zur Sitzfläche
Bewegungskopplung	zwei Bewegungen im Winkel zueinander für $\dot{V}$ und ϑ, Bewegung ungekoppelt Bewegung in einer Richtung für $\dot{V}$ und ϑ, Bewegung gekoppelt
Bewegungsart	Rotation Translation
Form der Drosselstellen	Ebene Platte, Keil Zylinder Kegel Kugel Sonderformen Elastische Körper
Sitzflächenanordnung	einander gegenüber in einer Ebene unter einem Winkel zueinander

Bild 5.89. Ordnende Gesichtspunkte und zugehörige Parameter zur Ordnung von Lösungsprinzipien für die Eingriff-Mischbatterie

Form der Drosselstellen \ Bewegungsart		trans./trans.	trans./rot.	rot./rot.
		1	2	3
ebene Platte	A	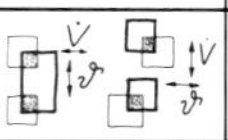	○	○
Zylinder	B	○	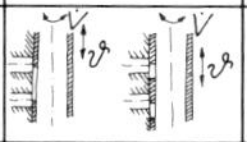	○
Kegel	C	○	○	○
Kugel	D	○	○	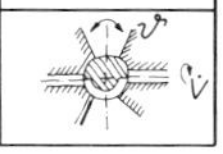

Bild 5.90. Ordnungsschema I für Lösungen der Eingriff-Mischbatterie
Bewegungsrichtung tangential zur Sitzfläche
Zwei ungekoppelte Bewegungen im Winkel zueinander für $\dot{V}$ und ϑ

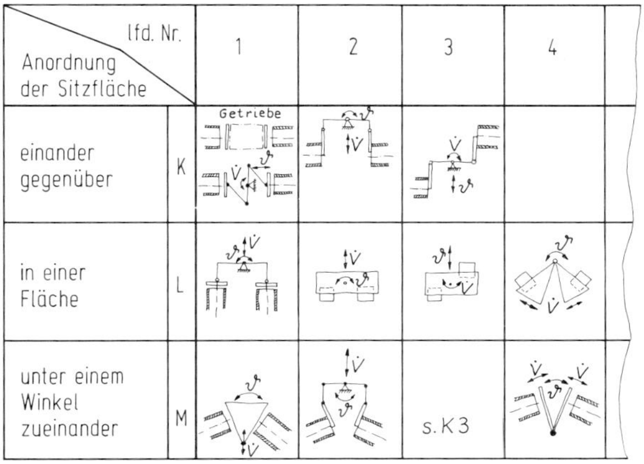

Anordnung der Sitzfläche \ lfd. Nr.		1	2	3	4
einander gegenüber	K				
in einer Fläche	L				
unter einem Winkel zueinander	M			s. K3	

Bild 5.91. Ordnungsschema II für Lösungen der Eingriff-Mischbatterie
Bewegungsrichtung tangential oder normal zur Sitzfläche
Eine gekoppelte Bewegung in einer Richtung für $\dot{V}$ und ϑ

3. Lösungen mit einer Bewegung für $\dot{V}$ und ϑ tangential zur Sitzfläche

— Um die Unabhängigkeit der $\dot{V}$- und ϑ-Einstellung zu gewährleisten, sind auch hier zusätzliche Elemente zur Kopplung notwendig.

— Die Lösungen entsprechen in ihrem Aufbau denen unter 2. Sie unterscheiden sich von diesen nur durch die Form der Sitzfläche und die dadurch bedingte Bewegung.

4. Lösungen mit je einer Bewegung für $\dot{V}$ normal und einer für ϑ tangential zur Sitzfläche und umgekehrt

— Diese Lösungen erfüllen nicht (auch nicht mit Hilfe von Kopplungsmechanismen) die Forderung nach Unabhängigkeit der Einstellung für $\dot{V}$ und ϑ. Die Funktion ist nicht gewährleistet.

Diskursive Lösungssuche mit Hilfe von Ordnungsschemata nach unabhängiger Einstellung vom Volumenstrom $\dot{V}$ und Mischtemperatur ϑ_m.

Unter Berücksichtigung der erkennbaren Lösungsprinzipien können Ordnende Gesichtspunkte nach Bild 5.89 verwendet werden.

Das Einordnen der gefundenen Lösungen in *ein* Schema war aus folgenden Gründen unzweckmäßig:

1. Lösungen mit Bewegungen für $\dot{V}$ und ϑ tangential zur Sitzfläche lassen sich günstig nach der Bewegungsart und der Drosselstellenform variieren und einordnen (Ordnungsschema in Bild 5.90).
2. Bei den Lösungen mit nur einer Bewegung für $\dot{V}$ und ϑ an der Sitzfläche (tangential oder normal) ist die Anordnung der Sitzfläche und der Kopplungsmechanismus ausschlaggebend für die Lösung (Ordnungsschema in Bild 5.91).

5. Arbeitsschritt: Auswählen geeigneter Lösungen

Die Lösungsprinzipien, die Forderungen der Anforderungsliste erfüllen und einen geringen Aufwand erwarten lassen, sind im Ordnungsschema nach Bild 5.90 zu finden und führen zu ihrer Bevorzugung.

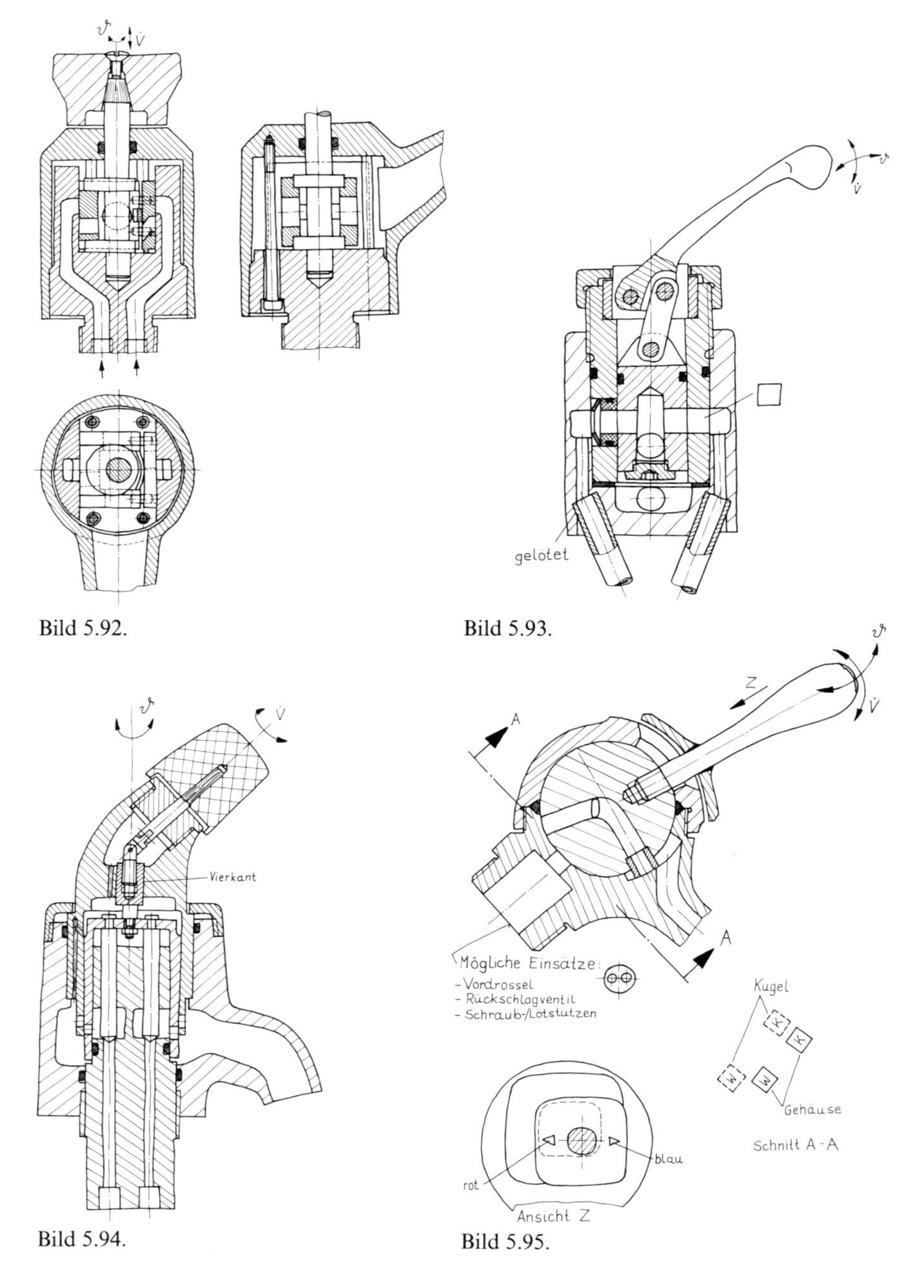

Bild 5.92.

Bild 5.93.

Bild 5.94.

Bild 5.95.

Bild 5.92. Eingriff-Mischbatterie Lösungsvariante A: „Plattenlösung mit Exzenter und Hub-Dreh-Griff"

Bild 5.93. Eingriff-Mischbatterie Lösungsvariante B: „Zylinderlösung mit Hebel"

Bild 5.94. Eingriff-Mischbatterie Lösungsvariante C: „Zylinderlösung mit Endabsperrung" und zusätzlicher Abdichtung

Bild 5.95. Eingriff-Mischbatterie Lösungsvariante D: „Kugellösung"

TH Darmstadt MuK	BEWERTUNGSLISTE für *Eingriff – Mischbatterie*	Blatt: 1 Seite: 1

Nach Hauptmerkmalen der Leitlinie geordnet	Nr	P: vorhandene Variante (P): mögl. bei Verbess. / Bewertungskriterium	g	A P	A (P)	B P	B (P)	C P	C (P)	D P	D (P)	E P	E (P)	F P	F (P)
Funkt.	1	Zuverlässigkeit des Sperrens ohne Tropfen	1	1		3		3 V	4	1					
Wirkpr.	2	Zuverlässige, reprod. Einstellung (kalkunempf., wenig Verschleißst.)	1	2		3		2 V	3	3					
Gest.	3	geringer Platzbedarf (auch bei Umrüstung)	1	3↑		2		2		4					
Fert.	4	wenig Teile	1	1		2 V		1 S		4					
	5	einfache Fertigung	1	1		3		2		1?	4				
Mont.	6	leichte Montage	1	2		3		2		2↑ B	3				
Gebr.	7	Bedienkomfort (sinnfällige Bed., feinfühlige Einst., Bed.-Kräfte)	1	1		3		4		2					
	8	leichte Pflege (leicht reinigbar)	1	4↓		2 V		3		2					
Inst.	9	einfache Wartung (normales Werkz., kein Abbauen d. Armatur)	1	1		3		2 S		1? B	3				
	10														
	11														
	12														
	13														
	14														
? Beurteilung unsicher		P_{max} = 4	Σ	16		24	(26)	21	(23)	20	(26)				
↑ Tendenz: besser		W_t		0,45		0,67		0,58		0,56					
↓ Tendenz: schlechter		Rangfolge		4		1	(1)	2	(3)	3	(2)				

Bemerkung/Begründung (B), Schwachstelle (S), Verbesserung (V) für Variante/Kriterium (z.B. E3)

C1	Gummidichtung vorsehen
B4	Hebelmechanismus vereinfachen
D6 D9	Kugelposition bei Montage unbestimmt
B8	Mit B4 verbessern
D9	Befestigung des Hebels nicht montagegerecht

Entscheidung	Lösung B maßstäblich weiterverfolgen mit Verbesserung der Bedienelemente Lösung D: Fertigungsmöglichkeiten studieren, Vorlage in 2 Monaten.

Datum: 11. 10. 73	Bearbeiter: Dhz	

Bild 5.96. Eingriff-Mischbatterie: Bewertung der Konzeptvarianten A, B, C, D

6. Arbeitsschritt: Konkretisieren zu Konzeptvarianten

Die Prinzipien werden hinsichtlich möglicher Gestaltungsvarianten unter Einbeziehung hier nicht dargestellter Untersuchungen von möglichen Einstell- bzw. Bedienorganen soweit konkretisiert, daß sie als Konzeptvarianten beurteilungsfähig werden: Bilder 5.92 bis 5.95.

7. Arbeitsschritt: Bewerten der Konzeptvarianten

Die Bewertung erfolgt nach Richtlinie VDI 2225 mit Hilfe einer Bewertungsliste. Weiter werden Bewertungsunsicherheiten und Schwachstellen untersucht: Bild 5.96.

Die Bewertung ergab wegen des ausgeglicheneren Wertprofils und der erkennbaren Verbesserungsmöglichkeiten eine Bevorzugung der Lösung B nach Bild 5.93. Die Kugellösung D nach Bild 5.95 ist nur dann interessant, wenn die Informationslücken über Fertigung und Montage durch weitere Untersuchungen geschlossen werden und sich dann eine positivere Beurteilung ergibt.

8. Ergebnis:

Maßstäbliches Entwerfen der Lösung B unter Verbesserung des Bedienhebels hinsichtlich Platzbedarf, leichter Reinigungsmöglichkeit und weniger Teile. Für Lösung D Informationsstand verbessern und Wiedervorlage zur endgültigen Beurteilung.

5.10. Schrifttum

1. Baatz, U.: Bildschirmunterstütztes Konstruieren. Diss. RWTH Aachen 1971.
2. Beitz, W.: Meßtechnische Hilfsmittel des Konstrukteurs, gezeigt an Beispielen aus dem Elektrogroßmaschinenbau. Antriebstechnik 7 (1968) 358 – 362.
3. — : Methodisches Konzipieren technischer Systeme, gezeigt am Beispiel einer Kartoffel-Vollerntemaschine. Konstruktion 25 (1973) 65 – 71.
4. Bengisu, Ö.: Elektrohydraulische Analogie. Ölhydraulik und Pneumatik 14 (1970) 122 – 127.
5. Boesch, W.: Die Organisation industrieller Forschung. Industrielle Organisation 23 (1954) 335 – 344.
6. Brader, C.; Höhl, G.: Rechnereinsatz in der Konzeptphase des Konstruktionsprozesses. VDI-Berichte Nr. 219. Düsseldorf: VDI-Verlag 1974.
7. Chladek, W.: Technologische Voraussagen. VDI-Z. 113 (1971) 1217 – 1225.
8. Claussen, U.: Konstruieren mit Rechnern. Konstruktionsbücher Bd. 29. Berlin, Heidelberg, New York: Springer 1971.
9. Dalkey, N. D.; Helmer, O.: An Experimental Application of the Delphi Method to the Use of Experts. Management Science Bd. 9, No. 3, April 1963.
10. DIN 40 700: Schaltzeichen — Digitale Informationsverarbeitung. Berlin, Köln: Beuth-Vertrieb 1963.
11. Dreibholz, D.: Ordnungsschemata bei der Suche von Lösungen. Konstruktion 27 (1975) 233 – 240.
12. Ewald, O.: Lösungssammlungen für das methodische Konstruieren. Düsseldorf: VDI-Verlag 1975.
13. Feldmann, K.: Beitrag zur Konstruktionsoptimierung von automatischen Drehmaschinen. Diss. TU Berlin 1974.

14. Findeisen, D.: Dynamisches System Schwingprüfmaschine. Fortschritt-Berichte der VDI-Zeitschriften, Reihe 11, Nr. 18. Düsseldorf: VDI-Verlag 1974.
15. Föllinger, O.; Weber, W.: Methoden der Schaltalgebra. München: Oldenbourg 1967.
16. Gerber, H.: Ein Konstruktionsverfahren für Geräte mit logischer Funktionsweise. Konstruktion 25 (1973) 13 – 17.
17. Geschka, H.; Wiggert, H.: Suche mit System. Der Volkswirt (1968) 36 – 37.
18. Gordon, W. J. J.: Synectics, the development of creative capacity. New York: Harper 1961.
19. Günther, W.: Die Grundlagen der Wertanalyse. VDI-Z. 113 (1971) 238 – 241.
20. Herrmann, J.: Beitrag zur optimalen Arbeitsraumgestaltung an numerisch gesteuerten Drehmaschinen. Diss. TU Berlin 1970.
21. Hertel, H.: Biologie und Technik — Struktur, Form, Bewegung. Mainz: Krauskopf 1963.
22. —: Leichtbau. Berlin, Göttingen, Heidelberg: Springer 1960.
23. Keller, K.: Entwicklung eines Fertigungsautomaten zur Fertigung von Filigranträgern. Unveröffentlichte Diplomarbeit, TU Berlin 1971.
24. Kesselring, F.: Bewertung von Konstruktionen, ein Mittel zur Steuerung von Konstruktionsarbeit. Düsseldorf: VDI-Verlag 1951.
25. Koller, R.: Eine algorithmisch-physikalisch orientierte Konstruktionsmethodik. VDI-Z. 115 (1973) 147 – 152, 309 – 317, 843 – 847, 1078 – 1085.
26. —: Kann der Konstruktionsprozeß in Algorithmen gefaßt und dem Rechner übertragen werden. VDI-Berichte Nr. 219. Düsseldorf: VDI-Verlag 1974.
27. —: Konstruktionsmethode für den Maschinen-, Geräte- und Apparatebau. Berlin, Heidelberg, New York: Springer 1976.
28. Kramer, F.: Produktinnovations- und Produkteinführungssystem eines mittleren Industriebetriebes. Konstruktion 27 (1975) 1 – 7.
29. Krick, E. V.: An Introduction to Engineering and Engineering Design. 2nd Edition. New York: Wiley & Sons, Inc. 1969.
30. Krumhauer, P.: Rechnerunterstützung für die Konzeptphase der Konstruktion. Diss. TU Berlin 1974.
31. Lowka, D.: Methoden zur Entscheidungsfindung im Konstruktionsprozeß. Feinwerktechnik und Meßtechnik 83 (1975) 19 – 21.
32. Militzer, O.: Rechenmodell für die Auslegung von Wellen-Naben-Paßfederverbindungen. Diss. TU Berlin 1975.
33. NN: Kreativität. Dokumentation der 43 Kreativ-Methoden. Manager Magazin 11 (1972) 51 – 57.
34. Osborn, A. F.: Applied Imagination — Principles and Procedures of Creative Thinking. New York: Scribner 1957.
35. Pahl, G.: Analyse und Abstraktion des Problems, Aufstellen von Funktionsstrukturen. Konstruktion 24 (1972) 235 – 240.
36. —: Methodisches Konstruieren. VDI-Berichte 219. Düsseldorf: VDI-Verlag 1974.
37. —: Rückblick zur Reihe „Für die Konstruktionspraxis". Konstruktion 26 (1974) 491 – 495.
38. Pütz, J.: Digitaltechnik. Düsseldorf: VDI-Verlag 1975.
39. Richter, A; Aschoff, H.-J.: Problemstellungen bei der funktionsorientierten Konstruktionssynthese signalverarbeitender Geräte aus der Sicht der Systemdynamik. Feinwerktechnik 75 (1971) 374 – 379.
40. —; —: Über die funktionsorientierte konstruktive Gestaltung von signalverarbeitenden Geräten nach statistischen und dynamischen Gesichtspunkten. Feinwerktechnik 75 (1971) 443 – 446.
41. Rodenacker, W. G.: Festlegung der Funktionsstruktur von Maschinen, Apparaten und Geräten. Konstruktion 24 (1972) 335 – 340.
42. —: Methodisches Konstruieren. Konstruktionsbücher Bd. 27. Berlin, Heidelberg, New York: Springer 1970.
43. —: Methodisches Konstruieren. Konstruktionsbücher Bd. 27. Berlin, Heidelberg, New York: Springer, 2. Auflage 1976.
44. —; Claussen, U.: Regeln des Methodischen Konstruierens. Mainz: Krausskopf 1973.
45. Rohrbach, B.: Kreativ nach Regeln — Methode 635, eine neue Technik zum Lösen von Problemen. Absatzwirtschaft 12 (1969) 73 – 75.

46. Roth, K.: Aufbau und Handhabung von Konstruktionskatalogen. VDI-Berichte Nr. 219. Düsseldorf: VDI-Verlag 1974.
47. —: Systematik der Maschinen und ihrer mechanischen elementaren Funktionen. Feinwerktechnik 74 (1970) 453 – 460.
48. —: Systematik mechanischer Flip-Flops und ihre Bedeutung für die Konstruktion von Schaltelementen. Feinwerktechnik und Meßtechnik 82 (1974) 384 – 392.
49. —; Birkhofer, H.; Ersoy, M.: Methodisches Konstruieren neuer Sicherheitsgurtschlösser. VDI-Z. 117 (1975) 613 – 618.
50. —; Franke, H.-J.; Simonek, R.: Die Allgemeine Funktionsstruktur, ein wesentliches Hilfsmittel zum methodischen Konstruieren. Konstruktion 24 (1972) 277 – 282.
51. —; —; —: Aufbau und Verwendung von Katalogen für das methodische Konstruieren. Konstruktion 24 (1972) 449 – 458.
52. Schlösser, W. M. J.; Olderaan, W. F. T. C.: Eine Analogontheorie der Antriebe mit rotierender Bewegung. Ölhydraulik und Pneumatik 5 (1961) 413 – 418.
53. Schmidt, H. G.: Entwicklung von Konstruktionsprinzipien für einen Stoßprüfstand mit Hilfe konstruktionssystematischer Methoden. Studienarbeit am Institut für Maschinenkonstruktion TU Berlin 1973.
54. Simonek, R.: Ein Verfahren zur Ermittlung der Speziellen Funktionsstruktur mit Hilfe der EDV. Feinwerktechnik und Micronic 78 (1974) 10 – 17.
55. Stabe, H.; Gerhard, E.: Anregungen zur Bewertung technischer Konstruktionen. Feinwerktechnik und Meßtechnik 82 (1974) 378 – 383 (einschließlich weiterer Literaturhinweise).
56. Stahl, U.: Überlegungen zum Einfluß der Gewichtung bei der Bewertung von Alternativen. Konstruktion 28 (1976) 273 – 274.
57. Steuer, K.: Theorie des Konstruierens in der Ingenieurausbildung. Leipzig: VEB Fachbuchverlag 1968.
58. VDI-Taschenbuch 135. Wertanalyse — Idee, Methode, System —. Düsseldorf: VDI-Verlag 1972.
59. VDI-Richtlinie 2222 Blatt 1 (Entwurf): Konzipieren technischer Produkte. Düsseldorf: VDI-Verlag 1975.
60. VDI-Richtlinie 2225: Technisch-wirtschaftliches Konstruieren. Düsseldorf: VDI-Verlag 1969.
61. VDI-Richtlinie 2801: Wertanalyse. Düsseldorf: VDI-Verlag 1970.
62. Voigt, C.-D.: Systematik und Einsatz der Wertanalyse. Berlin, München: Siemens 1974.
63. Withing, Ch.: Creative Thinking. New York: Reinhold 1958.
64. Zangemeister, Ch.: Nutzwertanalyse in der Systemtechnik. München: Wittemannsche Buchhandlung 1970.
65. Zwicky, F.: Entdecken, Erfinden, Forschen im Morphologischen Weltbild. München, Zürich: Droemer-Knaur 1966/1971.

6. Entwerfen

Unter Entwerfen wird der Teil des Konstruierens verstanden, der für ein technisches Gebilde vom Konzept ausgehend die *Gestaltung* nach technischen und wirtschaftlichen Gesichtspunkten soweit vornimmt und durch weitere Angaben ergänzt, daß ein nachfolgendes Ausarbeiten zur Fertigungsreife *eindeutig* möglich ist (vgl. 3.2).

In einer Reihe von Veröffentlichungen (vgl. 1.2.1) ist auf den Entwurfsprozeß eingegangen worden, ohne jedoch einen Vorgehensplan oder eine methodische Anleitung im einzelnen zu entwickeln. Zu den Vorstellungen dieser Autoren ist heute das methodische Vorgehen (vgl. 1.2.2 und Kap. 5) hinzugekommen, das eine stärkere Betonung der Konzeptphase mit unterstützenden Einzelmethoden und festgelegten Arbeitsschritten vorsieht. Dadurch läßt sich auch die Entwurfsphase besser definieren, unterteilen und einordnen.

6.1. Arbeitsschritte beim Entwerfen

Da in der Konzeptphase das Lösungskonzept bereits erarbeitet wurde, steht die konkrete Gestaltung dieser prinzipiellen Vorstellung nun im Vordergrund. Eine solche Gestaltung erfordert spätestens jetzt die Wahl von Werkstoffen und Fertigungsverfahren, die Festlegung der Hauptabmessungen und die Untersuchung der räumlichen Verträglichkeit, ferner die Vervollständigung durch Teillösungen für sich ergebende Nebenfunktionen. Technologische und wirtschaftliche Gesichtspunkte spielen eine beherrschende Rolle. Die Gestaltung wird unter maßstäblicher Darstellung entwickelt und kritisch untersucht. Sie muß durch eine technisch-wirtschaftliche Bewertung abgeschlossen werden.

In vielen Fällen sind für ein befriedigendes Ergebnis mehrere Entwürfe oder Teilentwürfe nötig, bis eine endgültige Gestaltung für die angestrebte Lösung erkennbar wird.

So muß in einem Entscheidungsschritt der *endgültige Entwurf* bestimmt und danach soweit bearbeitet werden, daß eine definitive *Kontrolle* von Funktion, Haltbarkeit, Fertigungs- und Montagemöglichkeit, Gebrauchseigenschaften und Kostendeckung durchgeführt werden kann. Erst dann darf an eine Ausarbeitung der Fertigungsunterlagen gedacht werden.

Die *Tätigkeit* des Entwerfens enthält im Gegensatz zum Konzipieren neben kreativen viel mehr korrektive Arbeitsschritte, wobei sich Vorgänge der Analyse und Synthese dauernd abwechseln und ergänzen. Daher treten neben den schon bekannten Methoden zur *Lösungssuche* und *Bewertung* solche zur *Fehlererkennung* und *Optimierung* hinzu. Eingehende *Informationsbeschaffung* über Werkstoff, Fertigungsverfahren, Details, Wiederholteile und Normen erfordert einen nicht unerheblichen Aufwand.

Wegen der Komplexität des Entwurfsvorgangs
— viele Tätigkeiten müssen zeitlich parallel ausgeführt werden,
— manche Arbeitsschritte sind auf höherer Informationsstufe zu wiederholen,
— Zufügungen oder Änderungen beeinflussen schon gestaltete Zonen,
ist ein strenger Ablaufplan beim Entwerfen nur begrenzt aufstellbar. Er kann aber in Form eines prinzipiellen Vorgehensplans angegeben werden. Abweichungen und Nebenschritte sind je nach Aufgabe und vorliegenden Einzelfragen denkbar und oft nicht im einzelnen vorhersagbar.

Das Vorgehen sollte aber grundsätzlich eingehalten werden, wobei vom Qualitativen zum Quantitativen, vom Abstrakten zum Konkreten oder auch von einer Grobgestaltung zu einer Feingestaltung mit anschließender Kontrolle und Vervollständigung übergeleitet wird: Bild 6.1.

1. Als erster Schritt sind bei Kenntnis des Lösungskonzepts aus der Anforderungsliste, gegebenenfalls unter Herausschreiben, die *Anforderungen zu erarbeiten*, die im wesentlichen *gestaltungsbestimmend* sein werden:
   — Abmessungsbestimmende Anforderungen
   wie Leistung, Durchsatz, Anschlußmaße usw.
   — Anordnungsbestimmende Anforderungen
   wie Fluß- und Bewegungsrichtungen, Lage usw.
   — Werkstoffbestimmende Anforderungen
   wie Korrosionsbeständigkeit, Standzeitverhalten, vorgeschriebene Werk- und Hilfsstoffe usw.

   Anforderungen aus Gründen der Sicherheit, Ergonomie, Fertigung und Montage ergeben besondere Gestaltungsrücksichten (vgl. 6.2) und können sich in abmessungs-, anordnungs- und werkstoffbestimmende Anforderungen niederschlagen.
2. Maßstäbliches *Darstellen* der die Gestaltung des Entwurfs bestimmenden oder begrenzenden räumlichen *Randbedingungen* (z. B. geforderte Abstände, einzuhaltende Achsenrichtungen, Einbaubegrenzungen).
3. Nach Bewußtwerden der gestaltungsbestimmenden Anforderungen mit den räumlichen Randbedingungen ist aus dem Lösungskonzept eine *Baustruktur* nach Grobgestalt und vorläufiger Werkstoffwahl *zu entwickeln*, wobei zunächst die die Gesamtgestaltung bestimmenden *Hauptfunktionsträger* vornehmlich in Betracht gezogen werden. Hauptfunktionsträger sind solche Bauteile, die Hauptfunktionen erfüllen.

   Unter Beachtung von Gestaltungsprinzipien (vgl. 6.4) sind wichtige Teilfragen zu entscheiden:
   — Welche Hauptfunktion und welcher zugehörige Funktionsträger bestimmt maßgebend die Gesamtgestaltung nach Abmessung, Anordnung und Form? (Z. B. Schaufelkanal bei Turbomaschinen, Durchtrittsquerschnitt und -richtung bei Ventilen.)
   — Welche Hauptfunktionen sollen durch welche Funktionsträger gemeinsam oder besser getrennt erfüllt werden? (Z. B. Drehmoment leiten und Radialversatz aufnehmen durch biegeweiche Welle oder durch zusätzliche Ausgleichskupplung.)

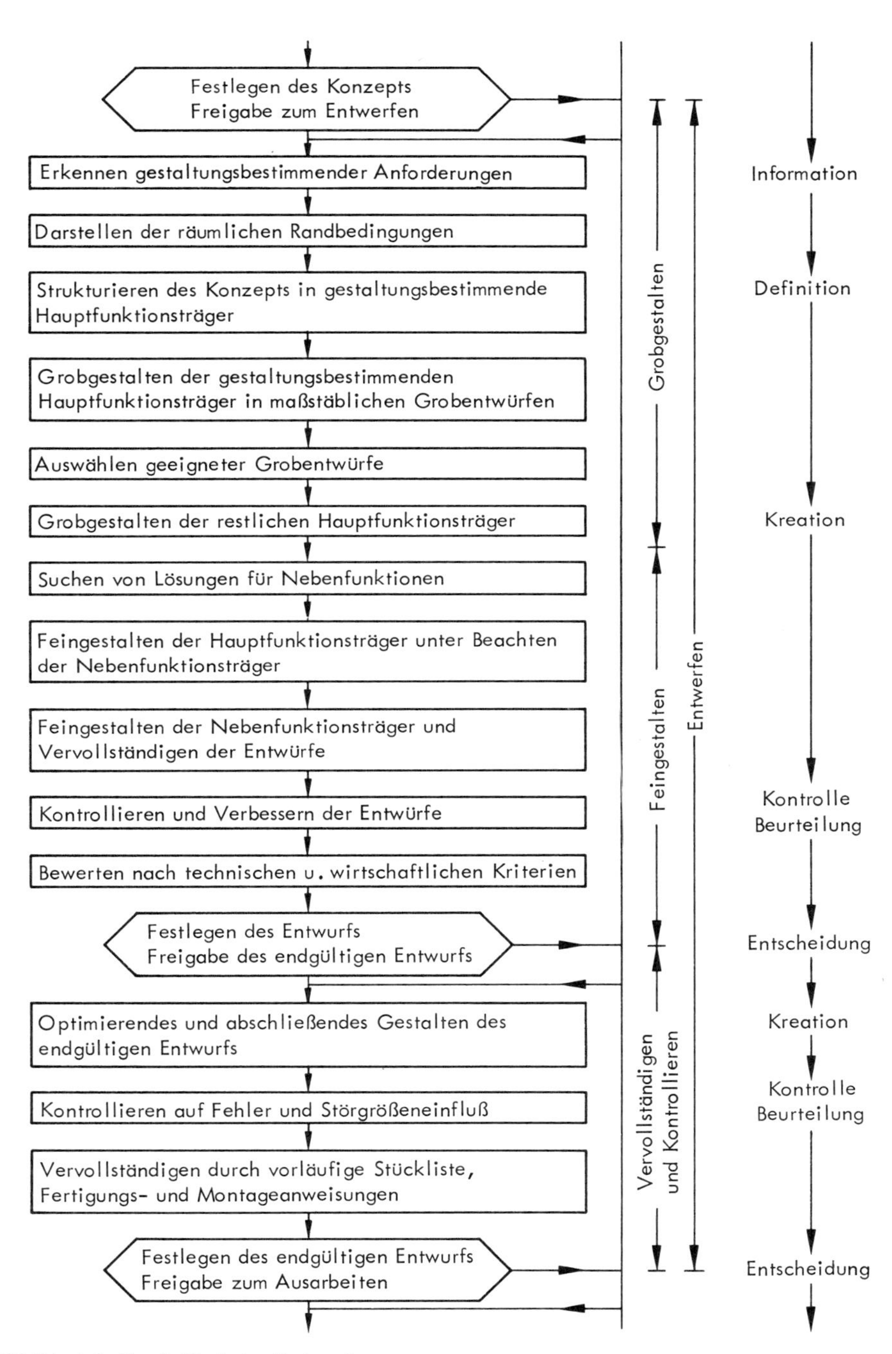

Bild 6.1. Arbeitsschritte beim Entwerfen

4. Die gestaltungsbestimmenden Hauptfunktionsträger sind zunächst *grob zu gestalten,* d. h. Werkstoff und Gestalt sind vorläufig auszulegen. Dabei nach 6.2 in der Reihenfolge der Untermerkmale zum Hauptmerkmal „Auslegen" vorgehen. Ergebnis in die gesetzten Randbedingungen maßstäblich einfügen. Dann soweit vervollständigen bis alle maßgebenden Hauptfunktionen erfüllbar sind (z. B. durch Mindestdurchmesser von Antriebswellen, durch vorläufige Zahnradabmessung, durch Mindestwanddicke von Behältern). Vorhandene Lösungen oder festgelegte Bauteile (Wiederholteile, Normteile usw.) in vereinfachter Weise darstellen. Es kann zweckmäßig sein, zunächst nur Teilzonen zu bearbeiten und diese dann zu Grobentwürfen zu kombinieren.
5. Grobentwürfe nach gleichen, gegebenenfalls modifizierten Gesichtspunkten des in 5.6 aufgezeigten Auswahlverfahrens unter Hinzuziehen zutreffender Gesichtspunkte der Leitlinie nach 6.2 beurteilen. Einen oder mehrere Grobentwürfe zur Weiterbearbeitung *auswählen.*
6. Noch nicht untersuchte Hauptfunktionsträger, weil sie schon bekannt, festgelegt, untergeordnet oder bisher nicht gestaltungsbestimmend waren, im erforderlichen Umfang *ergänzend grob gestalten.*
7. Feststellen, welche *Nebenfunktionen* nötig sind (z. B. Stütz- und Haltefunktionen, Dicht- und Kühlfunktionen) und vorhandene *Lösungen nutzen* (z. B. auch Wiederholteile, Normteile, Kataloglösungen). Wenn dies nicht möglich ist, sind für diese Funktionen *Lösungen* eventuell in abgekürzter Vorgehensweise zu *suchen* (vgl. Kap. 5).
8. *Feingestalten der Hauptfunktionsträger* nach Gestaltungsregeln (vgl. 6.3 und 6.5) unter Hinzuziehen von Normen, Vorschriften, genaueren Berechnungen und Versuchsergebnissen, aber auch im Hinblick auf die Gestaltung der Zonen, die durch Nebenfunktionen beeinflußt werden und deren Lösungen jetzt bekannt sind. Gegebenenfalls Aufteilen in Baugruppen oder Zonen, die getrennt bearbeitet werden können.
9. *Feingestalten auch der Nebenfunktionsträger,* Zufügen von Norm- und Zulieferteilen, nötigenfalls Hauptfunktionsträger abschließend gestalten und alle Funktionsträger gemeinsam darstellen.
10. *Kontrollieren* des bzw. der Entwürfe auf Fehler bezüglich Funktion, räumlicher Verträglichkeit, Wirkungshöhe, Nebeneffekte, Haltbarkeit usw. (vgl. Leitlinie in 6.2 und Fehlererkennungsmethoden in 6.6). Anschließend *punktuell verbessern.*
11. *Bewerten* nach technischen und wirtschaftlichen Kriterien (vgl. Bewerten von Entwürfen in 6.7).

Müssen zu einer Aufgabe mehrere Entwürfe bearbeitet werden, wird die Konkretisierung selbstverständlich nur soweit getrieben, wie sie zur Beurteilung der Entwurfsvarianten erforderlich ist, damit möglichst rasch und ohne unnötigen Arbeitsaufwand der endgültige Entwurf festgelegt und bearbeitet werden kann.

Die Entscheidung ist so je nach Umständen bereits nach einer Grobgestaltung der Hauptfunktionsträger oder erst nach eingehenderer Feingestaltung und Hinzufügen aller Komponenten möglich. Wichtig ist nur, daß die zu vergleichenden Entwürfe auf der gleichen Konkretisierungsstufe stehen, weil sonst eine sachgerechte Beurteilung nicht möglich ist.

12. Festlegen des Entwurfs.

13. Ausgewählten Entwurf durch *Beseitigen* der beim Bewerten erkannten *Schwachstellen* und Übernahme geeigneter Teillösungen oder Gestaltungszonen anderer weniger favorisierter Gesamtlösungen gegebenenfalls unter nochmaligem Durchlaufen vorheriger Arbeitsschritte *optimieren* und *endgültig gestalten.*
14. Diesen Entwurf auf Fehler und Störgrößeneinfluß bezüglich Funktion, räumliche Verträglichkeit usw. (vgl. Leitlinie in 6.2) *kontrollieren* und gegebenenfalls verbessern. Spätestens jetzt muß das Erreichen der Zielsetzung auch hinsichtlich der Kosten gesichert und nachgewiesen sein.
15. *Endgültigen Entwurf* durch Aufstellen der vorläufigen *Stückliste* sowie vorläufiger *Fertigungs-* und *Montageanweisungen abschließen.*
16. Festlegen des endgültigen Entwurfs und Freigabe zum Ausarbeiten.

Im Gegensatz zur Konzeptphase ist es für die Entwurfsphase nicht nötig, für jeden einzelnen Schritt besondere Methoden festzulegen:

Die *Darstellung* der räumlichen Randbedingungen und der Gestaltung wird nach genormten Zeichenregeln oder gegebenenfalls durch maßstäbliche Zeichnungsvereinfachungen, wie z. B. von Lüpertz [122] vorgeschlagen, vorgenommen.

Die *Lösungssuche* für Nebenfunktionen oder für neue notwendige Teillösungen folgt nach Kap. 5 in einem möglichst abgekürzten Verfahren oder direkt nach Katalogen. Anforderungen, Funktion, Lösungen mit zugehörigen Ordnenden Gesichtspunkten sind bereits erarbeitet.

Die *Auslegung* der Funktionsträger geschieht, orientiert an der Leitlinie, in konventioneller Arbeitsweise nach Regeln der Mechanik, Festigkeitslehre und Werkstoffkunde mit entsprechend angepaßten überschlägigen oder genaueren Rechenmethoden von einer einfachen Beziehung bis zu Differentialgleichungen oder z. B. mit Hilfe der Methode der finiten Elemente unter Einsatz von EDV-Anlagen. Für Auslegungsrechnungen wird auf die bei der Gestaltungsrichtlinie „Beanspruchungsgerecht" (vgl. 6.5.1) angeführte Literatur aufmerksam gemacht. Für weitergehende Rechnungen wird auf die Spezialliteratur verwiesen. Selbstverständlich sind dazu die Berechnungsverfahren und -vorschriften der jeweiligen Fachgebiete heranzuziehen.

Das *Gestalten* als Schwerpunkt dieser Phase muß bestimmten Prinzipien und Regeln folgen, die noch näher erläutert werden.

Wegen der grundsätzlichen Bedeutung der *Fehlererkennung* in einigen Arbeitsschritten wird noch auf 6.6 verwiesen.

Bei der Durcharbeitung der Entwürfe müssen viele Einzelheiten geklärt, festgelegt oder optimiert werden. Je tiefer in die Gestaltung dieser Einzelheiten eingedrungen wird, um so mehr zeigt es sich, ob das ausgewählte Lösungskonzept richtig gewählt ist. Möglicherweise ergibt sich, daß diese oder jene Anforderung nicht erfüllbar ist oder daß bestimmte Eigenschaften des ausgewählten Konzepts sich als störend erweisen. Stellt man dies während des Entwerfens fest, ist es besser, aufgrund des neuen Erkenntnisstands das Vorgehen in der Konzeptphase zu überprüfen, denn eine auch sehr sorgfältige Gestaltung kann ein ungünstiges Lösungskonzept nicht entscheidend verbessern. Dies gilt auch für Teilfunktionen hinsichtlich ihrer zugehörigen Lösungsprinzipien.

Aber auch bei einem sehr günstig erscheinenden Lösungskonzept können Schwierigkeiten noch im Detail auftreten. Sie entstehen oft, weil manche Gesichtspunkte zunächst als untergeordnet oder als schon gelöst angesehen werden. Unter Beibehaltung des gewählten Lösungskonzepts und der prinzipiellen Anordnungen sucht man dann diese Teilprobleme durch erneutes Durchlaufen entsprechender Arbeitsschritte zu überwinden.

6.2. Leitlinie beim Gestalten

Das Gestalten ist durch einen stets *wiederkehrenden Überlegungs- und Überprüfungsvorgang* gekennzeichnet (vgl. 6.1):

Bei jedem Gestaltungsvorgang wird zunächst durch Auslegen mit Werkstoffwahl versucht, die Funktion zu erfüllen. Dies geschieht häufig mit Hilfe einer Vorauslegung, die die ersten maßstäblichen Darstellungen und eine grobe Beurteilung der räumlichen Verträglichkeit gestattet. Im weiteren Verlauf spielen dann Gesichtspunkte der Sicherheit, der Mensch-Maschine-Beziehung (Ergonomie), der Fertigung, der Montage, des Gebrauchs, der Instandhaltung und des Aufwands eine bestimmende Rolle. Dabei stellt man eine Vielzahl gegenseitiger Beeinflussungen fest, so daß der Überlegungsvorgang und der Arbeitsablauf sowohl vorwärtsschreitend als auch im Sinne einer Überprüfung und Korrektur rückwärtsschreitend in einer Schleifenbildung verläuft. Hierbei sollte der Arbeitsprozeß so ablaufen, daß trotz der geschilderten Komplexität und der gegenseitigen Durchdringung gewichtige Probleme möglichst früh erkannt und zuerst gelöst werden.

Trotz gegenseitiger Abhängigkeit einzelner Gesichtspunkte können von der generellen Zielsetzung und den allgemeinen Bedingungen (vgl. 2.1.6) wichtige Merkmale abgeleitet werden, die außerdem eine zweckmäßige Reihenfolge beim Vorgehen wie auch hinsichtlich der Überprüfung bei einem Arbeitsschritt darstellen. Die angeführten Merkmale sind dabei als Anregung (Denkanstoß) wie aber auch als Hilfe, nichts Wesentliches beim Gestalten zu vergessen, gedacht: Bild 6.2.

Die Beachtung dieser Hauptmerkmale hilft, die Gestaltung und ihre Überprüfung in vollständiger und arbeitssparender Weise vorzunehmen. Der jeweils vorhergehende Gesichtspunkt sollte in der Regel erst beachtet sein, bevor der folgende intensiver bearbeitet oder überprüft wird, auch wenn die Probleme und Fragen einander in komplexer Weise durchdringen.

Die Reihenfolge hat nichts mit der Bedeutung der Merkmale zu tun, sondern dient zweckmäßigem Vorgehen, weil es z. B. nicht sinnvoll ist, eine Frage der Montage oder des Gebrauchs näher zu bearbeiten, wenn nicht klar ist, ob die notwendige Wirkungshöhe oder die geforderte Mindesthaltbarkeit sichergestellt ist. Die vorgeschlagene Leitlinie ist so einer folgerichtigen Gedankenkette hinsichtlich des Gestaltungsvorgangs und hinsichtlich der Produktentstehung angepaßt und so auch gut merkbar.

6.3. Grundregeln zur Gestaltung

Die folgenden Grundregeln stellen Anweisungen zur Gestaltung dar. Ihre Nichtbeachtung führt zu mehr oder weniger großen Nachteilen, Fehlern, Schäden oder gar Unglücken. Sie sind Grundlagen für fast alle Arbeitsschritte nach 6.1. Mit Hilfe der

Hauptmerkmal	Beispiele
Funktion	Wird die vorgesehene Funktion erfüllt? Welche Nebenfunktionen sind erforderlich?
Wirkprinzip	Bringen die gewählten Wirkprinzipien den gewünschten Effekt, Wirkungsgrad und Nutzen? Welche Störungen sind aus dem Prinzip zu erwarten?
Auslegung	Garantieren die gewählten Formen und Abmessungen mit dem vorgesehenen Werkstoff bei der festgelegten Gebrauchszeit und unter der auftretenden Belastung ausreichende Haltbarkeit, zulässige Formänderung, genügende Stabilität, genügende Resonanzfreiheit, störungsfreie Ausdehnung, annehmbares Korrosions- und Verschleißverhalten?
Sicherheit	Sind die Bauteil-, Funktions-, Arbeits- und Umweltsicherheit beeinflussenden Faktoren berücksichtigt?
Ergonomie	Sind die Mensch-Maschine-Beziehungen beachtet? Sind Belastungen oder Beeinträchtigungen vermieden? Wurde auf gute Formgestaltung (Design) geachtet?
Fertigung	Sind Fertigungsgesichtspunkte in technologischer und wirtschaftlicher Hinsicht berücksichtigt?
Kontrolle	Sind die notwendigen Kontrollen während und nach der Fertigung oder zu einem sonst erforderlichen Zeitpunkt möglich und als solche veranlaßt?
Montage	Können alle inner- und außerbetrieblichen Montagevorgänge einfach und eindeutig vorgenommen werden?
Transport	Sind inner- und außerbetriebliche Transportbedingungen und -risiken überprüft und berücksichtigt?
Gebrauch	Sind alle beim Gebrauch oder Betrieb auftretenden Erscheinungen, wie z. B. Geräusch, Erschütterung, Handhabung in ausreichendem Maße beachtet?
Instandhaltung	Sind die für eine Wartung, Inspektion und Instandsetzung erforderlichen Maßnahmen in sicherer Weise durchführ- und kontrollierbar?
Kosten	Sind vorgegebene Kostengrenzen einzuhalten? Entstehen zusätzliche Betriebs- oder Nebenkosten?
Termin	Sind die Termine einhaltbar? Gibt es Gestaltungsmöglichkeiten, die die Terminsituation verbessern können?

Bild 6.2. Leitlinie mit Hauptmerkmalen beim Gestalten

in 6.2 gegebenen Leitlinie und mit Fehlererkennungsmethoden (vgl. 6.6) unterstützen sie auch Auswahl- und Bewertungsschritte.

Die Grundregeln *eindeutig*, *einfach* und *sicher* leiten sich von der generellen Zielsetzung

— Erfüllung der technischen Funktion,
— wirtschaftliche Realisierung und
— Sicherheit für Mensch und Umgebung
ab. Sie gelten stets.

Im Schrifttum finden sich zahlreiche Gestaltungsregeln und -hinweise [121, 128, 145, 152, 170]. Untersucht man sie auf Allgemeingültigkeit und Bedeutung, so kann ebenfalls festgestellt werden, daß Forderungen nach Eindeutigkeit, Einfachheit und Sicherheit grundlegend sind. Mit ihnen sind wichtige Voraussetzungen für den späteren Erfolg einer Lösung sichergestellt:

Die Beachtung der Eindeutigkeit hilft Wirkung und Verhalten zuverlässig vorauszusagen und erspart in vielen Fällen Zeit und aufwendige Untersuchungen.

Einfachheit stellt normalerweise eine wirtschaftliche Lösung sicher. Eine geringere Zahl der Teile und einfache Gestaltungsformen lassen sich schneller und besser fertigen.

Die Forderung nach Sicherheit zwingt zur konsequenten Behandlung der Fragen nach Haltbarkeit, Zuverlässigkeit und Unfallfreiheit sowie zum Umweltschutz.

Die Einhaltung der Grundregeln „eindeutig", „einfach" und „sicher" läßt ein hohes Maß guter Realisierungschancen erwarten, weil mit ihnen Funktionserfüllung, Wirtschaftlichkeit und Sicherheit angesprochen und miteinander verknüpft sind. Ohne diese Verknüpfung dürfte eine befriedigende Lösung nicht erreichbar sein.

6.3.1. Eindeutig

Die Grundregel „eindeutig" wird im folgenden unter Beachtung der in 6.2 dargestellten Leitlinie angewandt:

Funktion

Innerhalb einer Funktionsstruktur muß eine
— klare Zuordnung der Teilfunktionen mit zugehörigen Eingangs- und Ausgangsgrößen sichergestellt werden.

Wirkprinzip

Das gewählte Wirkprinzip muß hinsichtlich der physikalischen Effekte
— beschreibbare Zusammenhänge zwischen Ursache und Wirkung aufweisen,
damit richtig und wirtschaftlich ausgelegt werden kann. Die prinzipielle Anordnung einer ausgeführten Lösung muß
— eine geordnete Führung des Energie- bzw. Kraftflusses, des Stoff- und Signalflusses sicherstellen.

Anderenfalls kommt es zu ungewollten und unübersehbaren Zwangszuständen mit erhöhten Kräften, Verformungen und möglicherweise raschem Verschleiß. Schon aus diesen Gründen sind die sogenannten Doppelpassungen zu vermeiden, die darüber hinaus bei der Fertigung und Montage weitere Schwierigkeiten ergeben können.

Unter Beachtung der mit der Belastung zwangsweise verbundenen Verformungen sowie der Ausdehnungen unter Temperatur müssen
— definierte Dehnungsrichtungen und -möglichkeiten konstruktiv vorgesehen werden.

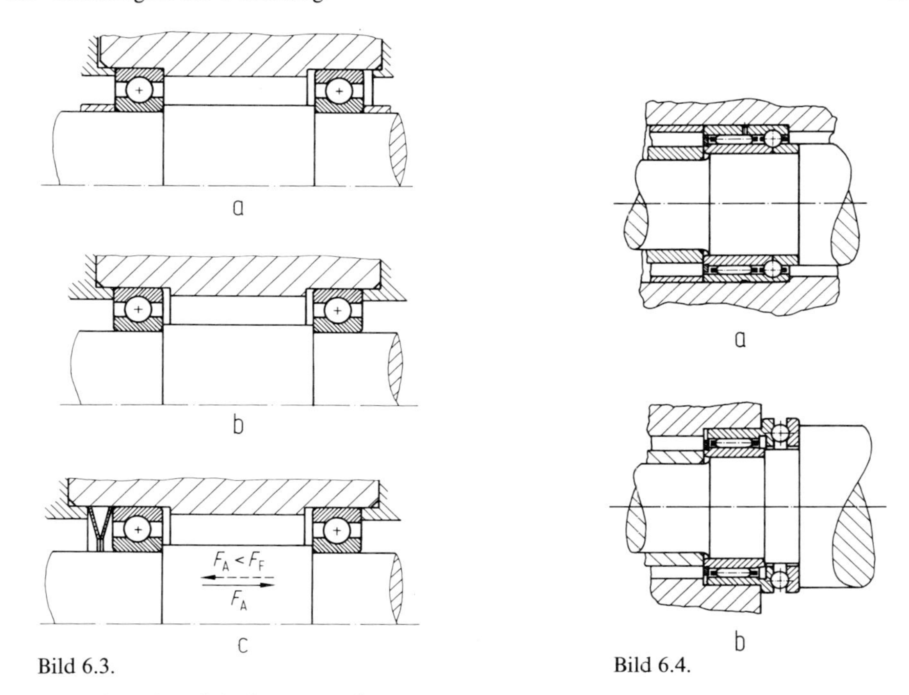

Bild 6.3.

Bild 6.4.

Bild 6.3. Grundsätzliche Lageranordnungen;
a) Fest- und Loslageranordnung, linkes Festlager nimmt allein alle Axialkräfte auf, rechtes Loslager gestattet ungehinderte Axialbewegung infolge Wärmedehnung, Berechnungsmöglichkeit eindeutig
b) Stützlageranordnung, keine klare Zuordnung, da Axialbelastung der Lager von der Anstellung (Vorspannung) abhängig ist und Kräfte infolge Wärmedehnung nicht eindeutig beschreibbar sind; Abwandlung ist die „Schwimmende Anordnung", bei der die Lager z. B. am Gehäuse mit Axialluft eingesetzt werden; Wärmedehnung ist dann begrenzt möglich, es besteht aber keine eindeutige Wellenlage
c) elastisch verspannte Lager, Nachteile der Stützlageranordnung werden weitgehend aufgehoben, die dauernd aufgebrachte axiale Verspannkraft wirkt u. U. lebensdauermindernd; Kräfte aus Wärmedehnung sind über Kraft-Federweg-Diagramm eindeutig beschreibbar; Wellenlage eindeutig, solange Axialkraft F_A nur nach rechts wirkt oder die Vorspannkraft F_F nicht übersteigt

Bild 6.4. Kombiniertes Wälzlager;
a) Übernahme der Radialkräfte nicht eindeutig b) Kombiniertes Wälzlager mit den Elementen wie bei a), aber eindeutige Kraftleitung der Radial- und Axialkräfte

Bekannt sind die sich eindeutig verhaltenden Fest- und Loslageranordnungen: Bild 6.3. Sogenannte Stützlageranordnungen dürfen dagegen nur vorgesehen werden, wenn die zu erwartenden Längenänderungen vernachlässigbar klein sind oder ein entsprechendes Spiel in der Lagerung zulässig ist. Mittels elastischer Verspannung, wobei die betriebsbedingte Axialkraft F_A die Vorspannkraft F_F nicht übersteigen darf, kann dagegen eine eindeutig definierte Lasthöhe sichergestellt werden: Bild 6.3 c.

Kombinierte Lageranordnungen sind oft problematisch. Die Lagerkombination in Bild 6.4 a besteht aus einem Nadellagerteil, das die Radialkräfte, und einem Kugellagerteil, das die Axialkräfte übernehmen soll. Die gewählte Anordnung gestattet aber keine eindeutige Radialkraftübernahme, da sowohl der Innen- als auch der Außenring beide Wälzkörper abstützen und so der Kraftleitungsweg nicht klar definierbar ist. Unsicherheiten in der Auslegung oder Lebensdauer sind die Folge. Die Anordnung auf Bild 6.4 b folgt dagegen mit gleichen Elementen der Regel „eindeutig“, wenn der Konstrukteur beim Einbau dafür sorgt, daß der rechte Lagerring dem Stützkörper gegenüber stets ausreichendes Radialspiel erhält und so das Kugellager ausschließlich nur Axialkräfte übernimmt.

Auslegung

Zur Auslegung und Werkstoffwahl ist die Kenntnis eines

— eindeutig definierten Lastzustands nach Größe, Art und Häufigkeit oder Zeit unumgänglich.

Fehlen solche Angaben, muß unter zweckentsprechenden Annahmen ausgelegt und danach eine erwartete Lebensdauer oder Betriebszeit angegeben werden.
Aber auch die Gestaltung sollte so gewählt werden, daß

— stets zu allen Betriebszuständen sich ein beschreibbarer Beanspruchungszustand ergibt, der in entsprechender Weise berechnet werden kann.

Zustände dürfen nicht zugelassen werden, die die Funktion beeinträchtigen sowie die Haltbarkeit des Bauteils in Frage stellen können.

In ähnlicher Weise muß anhand der genannten Leitlinie eindeutiges Verhalten hinsichtlich Stabilität, Resonanzlagen, Verschleiß und Korrosionsverhalten überprüft werden.

Sehr oft findet man Doppelanordnungen, die „zur Sicherheit“ vorgenommen werden. So wird eine Wellen-Naben-Verbindung, die man als Schrumpfverband konzipiert hat, mit einer zusätzlichen Paßfederverbindung nicht tragfähiger: Bild 6.5. Das zusätzliche formschlüssige Element sorgt nur für eine Positionstreue in Umfangsrichtung, vermindert aber infolge Querschnittschwächung bei A, einer jetzt merklich hohen Kerbwirkung bei B, eines der Berechnung kaum zugänglichen, komplizierten Beanspruchungszustands bei C wegen der Nähe der Krafteinleitung mit hoher Konzentration die Haltbarkeit in drastischer Weise und macht sie nicht sicher voraussagbar.

Schmid [185] wies darauf hin, wie z. B. bei einem Kegelpreßverband mit axialer Vorspannung zur Torsionsübertragung eine schraubenförmige Aufschubbewegung der Nabe auf der Welle für einen tragfähigen Schrumpfsitz notwendig ist und mit einer formschlüssigen Paßfeder zum Nachteil der Verbindung unterbunden würde.

Bild 6.6 zeigt einen Gehäuseeinsatz zu einer Kreiselpumpe, der zum Anpassen an den jeweilig notwendigen Schaufelkanal verwendet wird, um nicht jedesmal ein neues Gehäuse konstruieren oder abgießen zu müssen. Würde man keine eindeutigen Druckverhältnisse in dem Raum zwischen Einsatz und Gehäuse schaffen, könnte der Einsatz nach oben wandern und die Schaufeln durch Anstreifen beschädigen, oder es müßten entsprechend ausgelegte Befestigungsmittel vorgesehen werden.

Dies besonders, wenn gleiche Passungen an den Zentrierrändern bei annähernd gleichen Durchmessern gewählt würden, denn je nach Fertigungstoleranzen und Betriebstemperaturzustand können Spalte entstehen, die in ihrer Größe zueinander nicht sicher voraussagbar sind und so unbekannte Zwischendrücke im Raum zwi-

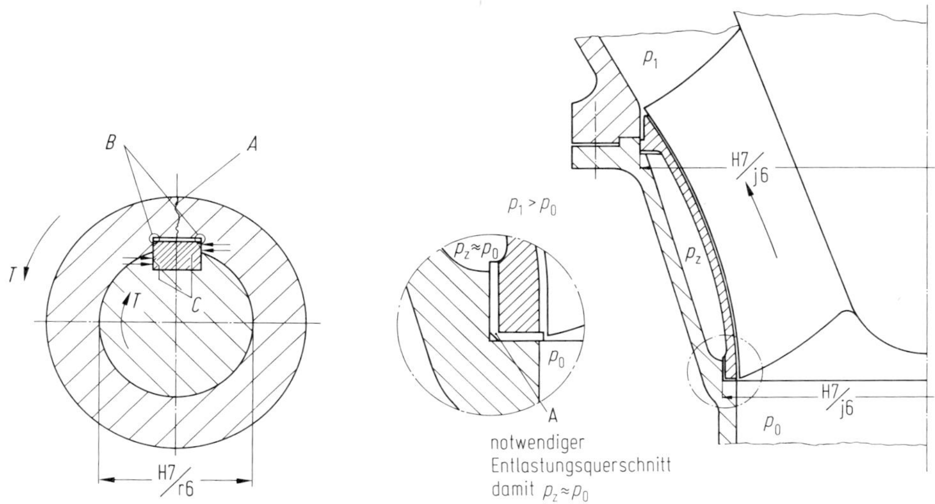

Bild 6.5. Bild 6.6.

Bild 6.5. Kombinierte Wellen-Naben-Verbindung mittels Schrumpfsitz und Paßfeder, Verbindung nicht eindeutig berechen- und ausnutzbar

Bild 6.6. Gehäuseeinsatz in einer Kühlwasserpumpe

schen Einsatz und Gehäuse entstehen lassen. Die im Bildausschnitt dargestellte Lösung sorgt mit konstruktiv vorgesehenen Verbindungsquerschnitten A, die in diesem Fall etwa 4- bis 5mal größer sein müssen als der extreme Spaltquerschnitt, der am oberen Zentrierrand jeweils auftreten könnte, für einen stets eindeutigen Druck, der dem niedrigeren Eintrittsdruck der Pumpe entspricht. So wird der Gehäuseeinsatz im Betrieb stets nach unten gepreßt, die Befestigungsmittel brauchen nur als Positionierungshilfen im Montagezustand und gegen mögliche Umlauftendenzen des Einsatzes ausgelegt zu werden.

Bekannt geworden sind schwere Schäden an Schieberkonstruktionen, die ebenfalls einen stets eindeutigen Betriebs- bzw. Beanspruchungszustand vermissen ließen [80, 81]. Schieber trennen im geschlossenen Zustand zwei Rohrleitungsstränge voneinander, schließen dabei aber auch zugleich den Innenraum des Schiebergehäuses gegenüber diesen Rohrleitungssträngen ab. Damit ergibt sich ein kleiner, für sich abgeschlossener Druckbehälter: Bild 6.7. Hat sich im unteren Teil des Schiebergehäuses Kondensat angesammelt und wird die Leitung bei geschlossenem Schieber wieder angefahren, d. h. erwärmt, kann eine Verdampfung des eingeschlossenen Kondensats eintreten, die von nicht vorhersagbaren Drucksteigerungen im Schiebergehäuse begleitet ist. Die Folge ist entweder ein Reißen des Schiebergehäuses oder eine schwere Beschädigung der Gehäusedeckelverbindung. Ist letztere als selbstdichtender Verschluß ausgebildet, kann es zu schweren Unfällen kommen, da im Gegensatz zu überlasteten Schraubenflanschverbindungen kein Undichtwerden und somit keine Warnung stattfinden.

Die Gefährlichkeit liegt in einem nicht eindeutigen Betriebs- und Belastungszustand. Abhilfe ist je nach Bauweise und Anordnung wie folgt denkbar:

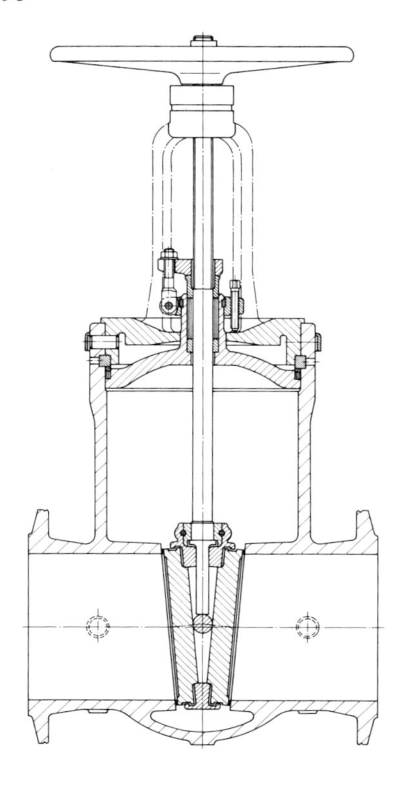

Bild 6.7. Schieber mit relativ großem, unterem Sammelraum

— Verbindung des Innenraums des Schiebergehäuses mit einem geeigneten Rohrleitungsstrang, soweit dies betrieblich zulässig ist ($p_{\text{Schieber}} = p_{\text{Rohr}}$),
— Überdrucksicherung des Schiebergehäuses (p_{Schieber} begrenzt),
— Entwässerung des Schiebergehäuses (Kondensatansammlung beim Anfahren vermieden ($p_{\text{Schieber}} \approx p_{\text{außen}}$)),
— Schieberbauformen mit geringstmöglichem Volumen im unteren Gehäuseteil (Kondensatansammlung gering).

Auf ähnliche Erscheinungen an Schweißmembrandichtungen wurde bereits in [154] hingewiesen.

Sicherheit

Siehe Grundregel „sicher" in 6.3.3.

Ergonomie

Bei der Mensch-Maschine-Beziehung sollen
— Reihenfolge und Ausführung von Bedienung mittels entsprechender Anordnung und Schaltungsart in folgerichtiger Weise erzwungen werden.

Fertigung und Kontrolle

Diese sollen anhand
— eindeutiger und vollständiger Angaben in Zeichnungen, Stücklisten und Anweisungen erleichtert werden. Der Konstrukteur darf sich nicht scheuen, die

— Erfüllung der festgelegten Ausführungsmerkmale gegebenenfalls in Form besonderer organisatorischer Maßnahmen, z. B. Protokollen usw., von der Fertigung zu fordern.

Montage und Transport

Ähnliches gilt für Montage- und Transportvorgänge.

— Eine zwangsläufige und Irrtümer ausschließende Montagefolge sollte aufgrund der konstruktiven Gestaltung gegeben sein (vgl. 6.5.7).

Gebrauch und Instandhaltung

Hierfür sollten eindeutiger Aufbau und entsprechende Gestaltung dafür sorgen, daß

— Betriebsergebnisse übersichtlich anfallen und kontrollierbar sind,
— Wartungen mit möglichst wenig unterschiedlichen Hilfsstoffen und Werkzeugen ausführbar sind,
— Wartungen überprüft werden können.

6.3.2. Einfach

Unter dem Stichwort „einfach" findet man in Lexika die Begriffe: „nicht zusammengesetzt", wie aber auch „übersichtlich", „leicht verständlich", „schlicht" und „ohne Aufwand".

Für die technische Anwendung sind hier wichtig: nicht zusammengesetzt, übersichtlich, geringer Aufwand.

Eine Lösung erscheint uns einfacher, wenn sie mit wenigen Komponenten oder Teilen verwirklicht werden kann, weil die Wahrscheinlichkeit, z. B. geringere Bearbeitungskosten, weniger Verschleißstellen und kleineren Wartungsaufwand zu erhalten, dann größer ist. Dies trifft aber nur zu, wenn bei wenigen Komponenten oder Teilen ihre Anordnung und ihre geometrische Form einfach bleiben können. Möglichst wenige Teile mit einfacher Gestaltung sind daher grundsätzlich anzustreben [118, 144, 154].

In der Regel muß aber ein Kompromiß geschlossen werden: Die Erfüllung der Funktion erfordert stets ein Mindestmaß von Komponenten oder Teilen. Eine wirtschaftliche Fertigung sieht sich oft der Notwendigkeit gegenüber, zwischen mehreren Teilen mit einfacher Form, aber mit größerem Bearbeitungsaufwand und z. B. einem komplizierteren Gußteil mit geringerem Bearbeitungsaufwand einschließlich des dann oft größeren Terminrisikos entscheiden zu müssen.

Anhand der Leitlinie sollen wieder die Zusammenhänge umfassender betrachtet werden:

Funktion

Grundsätzlich wird man schon bei der Diskussion der Funktionsstruktur nur

— eine möglichst geringe Anzahl und
— eine übersichtliche und folgerichtige Verknüpfung von Teilfunktionen

weiterverfolgen.

Wirkprinzip

Auch bei der Auswahl des Wirkprinzips wird man nur solche mit
— einer geringen Anzahl von Vorgängen und Komponenten,
— mit durchschaubaren Gesetzmäßigkeiten und
— mit wenig Aufwand
berücksichtigen.

Was im Einzelfall als einfacher angesehen werden kann, hängt von der Aufgabenstellung und ihren Bedingungen ab.

Beim Entwickeln der in 5.9.2 behandelten Eingriff-Mischbatterie sind mehrere Lösungsprinzipien vorgeschlagen worden. Die eine Gruppe (Bild 5.90) kommt mit zwei voneinander unabhängigen Einstellbewegungen tangential zur Sitzfläche an einem Element aus (Bewegungsarten: Translation und Rotation). Die andere Gruppe (Bild 5.91) mit zwar nur einer Bewegung normal oder tangential zur Sitzfläche für die Mengen- und Temperatureinstellung benötigt einen zusätzlichen Kopplungsmechanismus, der die eingeleiteten Einstellbewegungen in die eine Bewegung am Drosselsitz umsetzt. Abgesehen davon, daß in vielen Fällen der letzten Gruppe die gewählte Temperatureinstellung beim Schließen der Armatur aufgehoben wird, benötigen alle Lösungen nach Bild 5.91 einen größeren konstruktiven Aufwand als die erste Gruppe. Infolgedessen wird man zunächst stets Lösungen der Gruppe nach Bild 5.90 verfolgen.

Auslegung

Beim Vorgang der Auslegung weist die Regel „einfach" daraufhin,
— geometrische Formen zugrunde zu legen, die direkt für die mathematischen Ansätze in der Festigkeits- und Elastizitätslehre tauglich sind.
— mit der Wahl symmetrischer Formen übersichtlichere Verformungen bei der Fertigung, unter Last und unter Temperatur zu erzwingen.

Bei vielen Objekten kann der Konstrukteur also sehr entscheidend Rechenarbeit und experimentellen Aufwand mindern, wenn er sich bemüht, mit einfacher Gestaltung die Vorbedingungen für einen leicht gangbaren Rechenansatz zu ermöglichen.

Sicherheit

Siehe Grundregel „sicher" in 6.3.3.

Ergonomie

Die Mensch-Maschine-Beziehung soll ebenfalls einfach sein und kann mit
— sinnfälligen Bedienvorgängen,
— übersichtlichen Anordnungen und
— leicht verständlichen Signalen
entscheidend verbessert werden.

Fertigung und Kontrolle

Fertigung und Kontrolle können einfacher, d. h. rascher und genauer vorgenommen werden, wenn
— geometrische Formen gängige, wenig zeitraubende Bearbeitungen ermöglichen,
— wenige Fertigungsverfahren mit geringen Umspann-, Rüst- und Wartezeiten möglich sind,
— übersichtliche Formen die Kontrolle erleichtern und beschleunigen.

Leyer hat unter Hinweis auf Wandlungen im Produktionsprozeß [119] am Beispiel eines etwa 100 mm langen Steuerschiebers dargelegt, wie mit dem Übergang von einem komplizierten Gußteil auf ein Lötteil aus geometrisch einfachen Drehteilen im genannten Fall Schwierigkeiten umgangen und eine wirtschaftlichere Fertigung erzielt werden konnten.

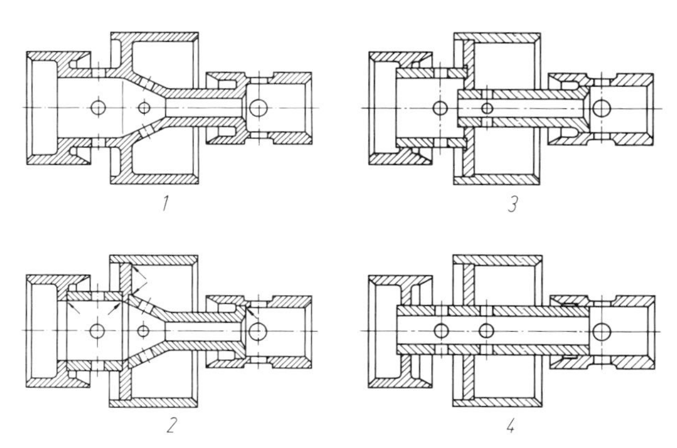

Bild 6.8. Vereinfachung eines 100 mm langen Steuerschiebers nach [119], ergänzt durch die Schritte *3* und *4*
1 Fertigung durch Gießen schwierig und teuer; *2* Verbesserung durch Auflösen in einfache Teile, die hart verlötet werden; *3* Vereinfachung des zentralen rohrförmigen Teils; *4* weitere Vereinfachungsmöglichkeit, wenn keine entsprechenden axialen Wirkflächen erforderlich sind

Verfolgt man seine Vorgehensweise, so sind weitere auf Bild 6.8 dargestellte Vereinfachungen denkbar. Der Schritt *3* vereinfacht die geometrische Form des zylinderförmigen zentralen Teils, der Schritt *4* (weniger Teile) wäre dann möglich, wenn die senkrecht zur Schieberachse stehenden Flächen keine Flächen mit gleicher Kraftwirkung sein müssen.

Ein weiteres Beispiel ergibt sich bei der bereits zitierten Eingriff-Mischbatterie.

Der in Bild 6.9 dargestellte Entwurf einer Hebelanordnung befriedigt hinsichtlich des Fertigungsaufwands und auch aus Gründen der Formgestaltung und Sauberhaltung (Schlitze, offene Kanäle) nicht. Unter dem Gesichtspunkt der Einfachheit kann für größere Stückzahlen eine bessere Lösung entwickelt werden: Bild 6.10. Hier spart die anders ausgebildete Hebelform mit einem in Umfang- und Radialrichtung „gleitenden" Gelenk Teile und vermeidet Verschleißstellen, die nicht einfach nachstellbar wären. Man erhält eine insgesamt wirtschaftlichere sowie auch für den Gebrauch (Sauberhaltung) und in der Form ansprechendere Lösung.

Montage und Transport

Die Montage wird ebenfalls vereinfacht, d. h. erleichtert, beschleunigt und zuverlässiger ausgeführt, wenn
— die zu montierenden Teile leicht erkennbar sind,
— eine schnell durchschaubare Montage möglich ist,
— jeder Einstellvorgang nur einmal nötig ist,
— eine Wiedermontage bereits montierter Teile vermieden wird (vgl. 6.5.7).

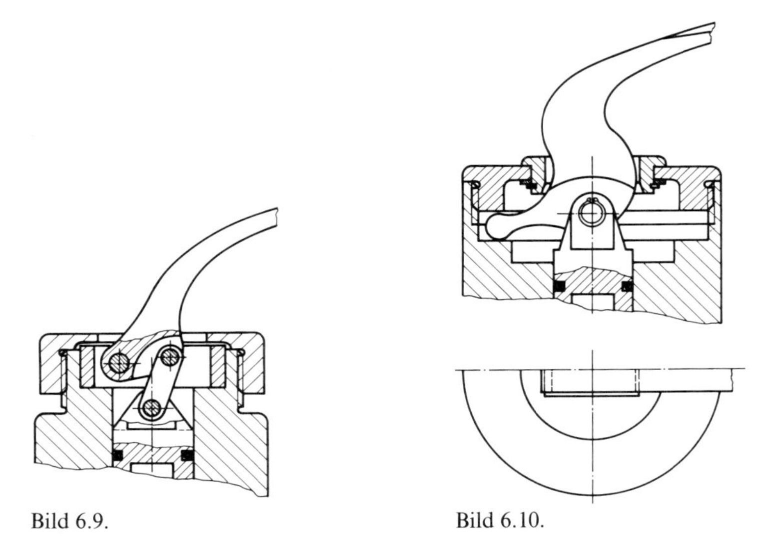

Bild 6.9. Vorschlag einer Hebelanordnung für eine Eingriff-Mischbatterie mit translatorischer und drehender Einstellbewegung

Bild 6.10. Einfachere und zugleich formgestalterisch verbesserte Lösung des Vorschlags nach Bild 6.9 (ähnlich Bauart Schulte)

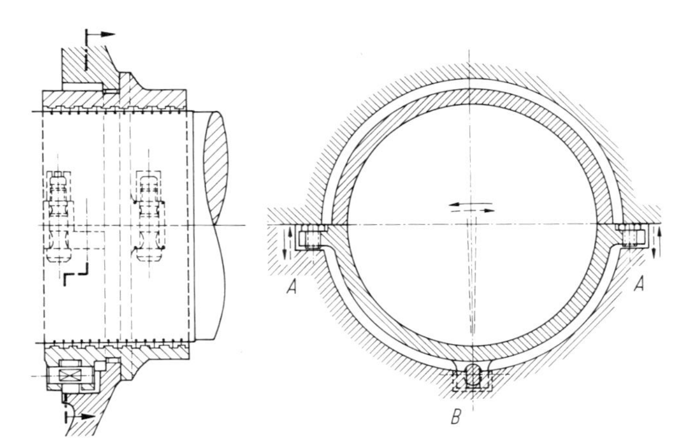

Bild 6.11. Einstellbare Ausgleichskolbenbüchse einer Industrie-Dampfturbine; gleichsinniges Drehen bei *A* ergibt Vertikalbewegung, gegensinniges Drehen bei *A* ergibt nahezu horizontale Schwenkbewegung um *B*

Bei der Montage und Einstellung einer Ausgleichskolbenbüchse einer kleineren Dampfturbine stellt sich das Problem, sie sowohl vertikal als auch horizontal bei eingelegter Turbinenwelle auf ein allseits gleichmäßiges Spiel an den Dichtungsstreifen des abdichtenden Labyrinths einzustellen, ohne daß die Welle zur Korrektur mehrmals herausgenommen werden muß. Die in Bild 6.11 gezeigte Ausführungsform gestattet diesen Vorgang von der Teilfuge aus, indem gleichsinniges Drehen der Einstellschrauben (*A*) die Vertikalbewegung allein, gegensinniges Drehen eine der Horizontalbewegung sehr nahe kommende Schwenkbewegung um den Drehpunkt (*B*) bewirkt. Der Drehpunkt seinerseits muß aber die Vertikalbewegung beim Einstellen wie auch die radiale Wärmedehnung im Betrieb ungehindert gestatten. Erreicht wird dies mit wenigen Elementen einfacher Form und Bearbeitung. Eine geschickte Anordnung der Flächen vermeidet darüber hinaus zusätzliche sichernde Elemente für den Drehpunktbolzen, der allein infolge der Position nach der Montage festgelegt ist und keine ungewollte Wanderbewegung mehr ausführen kann.

Gebrauch und Instandhaltung

Hinsichtlich Gebrauch und Instandhaltung bedeutet die Regel „einfach":
— Der Gebrauch soll ohne besondere, komplizierte Einweisung möglich sein,
— Übersichtlichkeit der Vorgänge und leichte Erkennbarkeit von Abweichungen oder von Störungen sind erwünscht,
— Wartungsvorgänge unterbleiben, wenn sie umständlich, unbequem und zeitraubend vorgenommen werden müssen.

6.3.3. Sicher

1. Art und Bereiche der Sicherheitstechnik

Die Grundregel „sicher" betrifft sowohl die zuverlässige Erfüllung einer technischen Funktion als auch den Menschen und seine Umgebung. Der Konstrukteur bedient sich dabei einer Sicherheitstechnik, die nach DIN 31 000 [43] als eine Drei-Stufen-Methode aufgefaßt werden kann:

Unmittelbare —
Mittelbare —
Hinweisende —
Sicherheitstechnik

Grundsätzlich wird angestrebt, die Forderung nach Sicherheit durch die *unmittelbare* Sicherheitstechnik zu befriedigen, d. h. die Lösung so zu wählen, daß von vornherein und aus sich heraus eine Gefährdung überhaupt nicht besteht. Erst dann, wenn eine solche Möglichkeit nicht wahrgenommen werden kann, wird die *mittelbare* Sicherheitstechnik, d. h. der Aufbau von Schutzsystemen (vgl. 6.3.3 – 3) und die Anordnung von Schutzeinrichtungen [44] ins Auge gefaßt. Eine *hinweisende* Sicherheitstechnik, die nur noch vor Gefahren warnen kann und durch Hinweise den Gefährdungsbereich kenntlich macht, soll vom Konstrukteur nicht als Mittel zur Lösung dieses Teilproblems angesehen werden. Er muß die unmittelbare Sicherheitstechnik anstreben und sich bei deren Nichterfüllung der mittelbaren Sicherheitstechnik bedienen. Es verbleiben aber dennoch genügend Anlässe, wie z. B. Behinderungen oder Belästigungen, von der hinweisenden Sicherheitstechnik Gebrauch zu machen, die nicht als bequemer Ausweg mißbraucht werden darf.

Bei der Lösung einer technischen Aufgabe sieht sich der Ingenieur mehreren einschränkenden Bedingungen gegenüber, die es nicht gestatten, eine davon vollkommen zu erfüllen.

Sein Streben ist daher auf das Optimum aus allen bestehenden Forderungen und Wünschen gerichtet. Die Schwere einer Bedingung kann unter Umständen die Realisation des Ganzen in Frage stellen.

Eine hohe Sicherheitsforderung kann eine große Kompliziertheit bewirken, die dann z. B. wegen mangelnder Eindeutigkeit sogar zum Absinken der Sicherheit führt. Weiterhin kann eine Sicherheitsforderung auch im Gegensatz zu wirtschaftlichen Bedingungen stehen, d. h. die gegebenen wirtschaftlichen Möglichkeiten lassen eine Realisierung wegen einer bestimmten Sicherheitsforderung nicht zu.

Letzteres dürfte aber eine Ausnahme sein, denn in zunehmendem Maße gehen die Forderungen nach Sicherheit und Wirtschaftlichkeit langfristig gesehen Hand in Hand. Dies trifft für die immer hochwertiger und komplexer werdenden Anlagen und Maschinen besonders zu. Nur der ungestörte, unfallfreie und funktionssichere Betrieb einer richtig konzipierten Anlage oder Maschine stellt den wirtschaftlichen Erfolg auf Dauer sicher. Sicherheit gegen Unfall oder Schaden gehen überdies konform mit Zuverlässigkeit [48, 226] zur Wahrung einer hohen Verfügbarkeit, obwohl mangelnde Zuverlässigkeit nicht immer zum Unfall oder direkten Schaden führen muß. Es ist daher zweckmäßig, Sicherheit durch unmittelbare Sicherheitstechnik als homogener und integrierter Bestandteil in einem System zu verwirklichen.

Vier Bereiche der Sicherheitstechnik können angegeben werden:

1. *Bauteilsicherheit* ist die Sicherheit eines Bauteils gegen Bruch, unzulässige Verformung, Instabilität usw. Hierbei wird die Haltbarkeit eines Bauteils unter bestimmten Lastfällen über eine bestimmte Zeit im Zusammenhang mit dem Werkstoff und der Fertigung betrachtet.

2. *Funktionssicherheit* ist die Sicherheit und Zuverlässigkeit einer Maschine oder Anlage, mit der die gestellte Aufgabe im vorgesehenen Zusammenhang von mehreren Komponenten und Elementen erfüllt wird oder inwieweit gefährliche und wirtschaftlich unerwünschte, also nicht gewollte Betriebszustände vermieden werden. Hier spielt die Zuverlässigkeit im Hinblick auf die Verfügbarkeit, die auch ohne Unfall- und Schadensgeschehen beeinträchtigt werden kann, eine von der Funktionssicherheit oft nicht trennbare Rolle.

3. *Arbeitssicherheit* ist die Sicherheit für den Menschen, inwieweit er beim beabsichtigten Betrieb einer Anlage oder Maschine im Zuge des Arbeitsprozesses ungefährdet bleibt und auch in seinem physischen und psychischen Wohlbefinden nicht beeinträchtigt wird.

4. *Umweltsicherheit* ist die Sicherheit des mit dem Arbeits- oder Produktionsprozeß nicht unmittelbar beschäftigten Menschen oder der Natur, also der Umwelt, damit sie von Schädigungen oder Beeinträchtigungen frei bleibt. Angesichts der industriellen oder bevölkerungsmäßigen Ballung und der immer größer werdenden Produktionseinheiten in unseren Lebensräumen ist sie von akuter Bedeutung.

Für den Konstrukteur stehen alle Bereiche hinsichtlich Konzept und Gestaltung in engem Zusammenhang. So beeinflußt die Sicherheit eines Bauteils die Funktions- und Arbeitssicherheit, die Funktionssicherheit unter Umständen die Bauteilsicherheit, und alle gefährden im Schadensfall vielfach den Menschen und die Umwelt. Eine Sicherheitstechnik muß daher allen Auswirkungsbereichen gleichermaßen ihre Aufmerksamkeit schenken [158].

2. Prinzipien der unmittelbaren Sicherheitstechnik

Die unmittelbare Sicherheitstechnik versucht, die Sicherheit mittels der an der Aufgabe aktiv beteiligten Systeme oder Bauteile zu gewinnen.

Zur Bestimmung und Beurteilung des sicheren Erfüllens der Funktion und der Haltbarkeit von Bauteilen muß man sich für ein Sicherheitsprinzip entscheiden [158]. Grundsätzlich ergeben sich drei Möglichkeiten:

1. Prinzip des „Sicheren Bestehens" (safe-life-Verhalten),
2. Prinzip des „Beschränkten Versagens" (fail-safe-Verhalten),
3. Prinzip der „Redundanten Anordnung".

Das Prinzip des sicheren Bestehens geht davon aus, daß alle Bauteile und ihr Zusammenhang so beschaffen sind, daß während der vorgesehenen Einsatzzeit alle wahrscheinlichen oder sogar möglichen Vorkommnisse ohne ein Versagen oder eine Störung überstanden werden können.

Dies wird sichergestellt durch
- entsprechende Klärung der einwirkenden Belastungen und Umweltbedingungen, wie zu erwartende Kräfte, Zeitdauer, Art der Umgebung usw.,
- ausreichend sichere Auslegung aufgrund bewährter Hypothesen und Rechenverfahren,
- zahlreiche und gründliche Kontrollen des Fertigungs- und Montagevorgangs,
- Bauteil- oder Systemuntersuchung zur Ermittlung der Haltbarkeit unter zum Teil erhöhten Lastbedingungen (Lasthöhe und/oder Lastspielzahl) und den jeweiligen Umgebungseinflüssen,
- Festlegen des Anwendungsbereichs außerhalb des Streubereichs möglicher Versagensumstände.

Kennzeichnend ist, daß hier die Sicherheit nur in der genauen Kenntnis aller Einflüsse hinsichtlich Quantität und Qualität bzw. in der Kenntnis des versagensfreien Bereichs liegt.

Dieses Prinzip zu verfolgen, erfordert entweder einschlägige Erfahrung oder sehr oft erheblichen Aufwand an Voruntersuchungen und eine laufende Überwachung des Werkstoff- und Bauteilzustands, also Geld und Zeit. Sollte dennoch ein Versagen eintreten und war man auf das sichere Bestehen angewiesen, handelt es sich dann in der Regel um einen schweren Unfall, z. B. Bruch eines Flugzeugtragflügels, Einsturz einer Brücke.

Das Prinzip des beschränkten Versagens läßt während der Einsatzzeit eine Funktionsstörung und/oder einen Bruch zu, ohne daß es dabei zu schwerwiegenden Folgen kommen darf. In diesem Fall muß
- eine wenn auch eingeschränkte Funktion oder Fähigkeit erhalten bleiben, die einen gefährlichen Zustand vermeidet,
- die eingeschränkte Funktion vom versagenden Teil oder einem anderen übernommen und solange ausgeübt werden, bis die Anlage oder Maschine gefahrlos außer Betrieb genommen werden kann,
- der Fehler oder das Versagen erkennbar werden,
- die Versagensstelle ein Beurteilen ihres für die Gesamtsicherheit maßgebenden Zustands ermöglichen.

Im wesentlichen wird unter gleichzeitiger Einschränkung einer Hauptfunktion von einer Vorwarnung Gebrauch gemacht, die auf viele Arten eintreten kann: Zunehmende Laufunruhe, Undichtwerden, Leistungsrückgang, Bewegungsbehinderung, jeweils ohne schon gleich eine Gefährdung zu bewirken. Auch sind besondere Warnsysteme denkbar, die dem bedienenden Menschen den Versagensbeginn melden. Sie sollten dann nach den Prinzipien von Schutzsystemen ausgelegt sein.

Das Prinzip des beschränkten Versagens setzt die Kenntnis des Schadenablaufs und eine solche konstruktive Lösung voraus, die die eingeschränkte Funktion im Falle des Versagens übernimmt oder erhält.

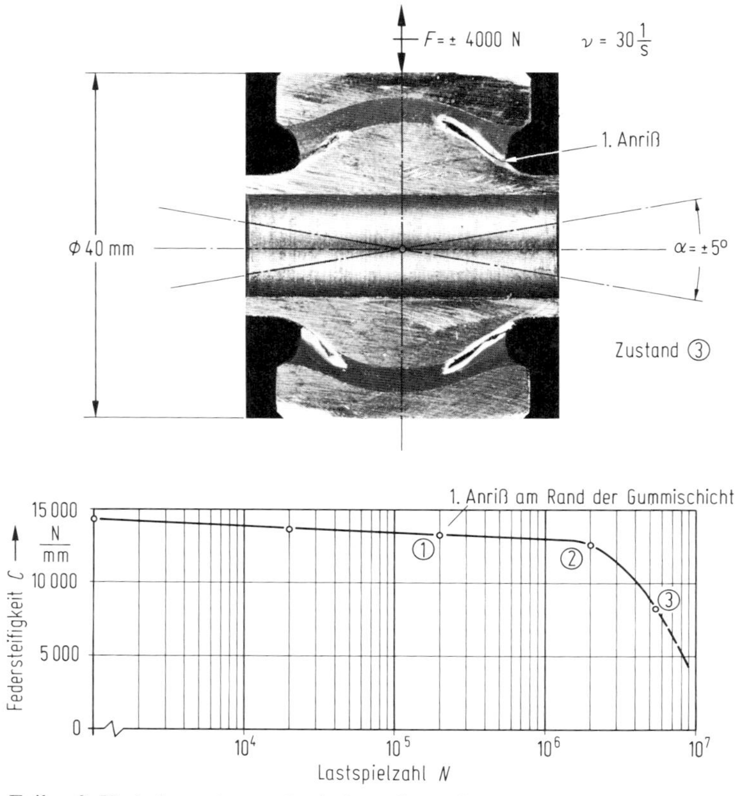

Bild 6.12. Fail-safe-Verhalten eines sphärischen Gummigelenks, Rißzustand und Abhängigkeit der Federsteifigkeit von der Lastspielzahl

Als Beispiel sei das Verhalten eines sphärischen Gummielements in einer elastischen Kupplung genannt: Bild 6.12. Der erste sichtbare Anriß tritt an der Gummiaußenschicht auf, die Funktionsfähigkeit ist aber noch nicht beeinträchtigt (Zustand 1). Erst nach einer weiteren Größenordnung von Lastspielzahlen beginnt das Absinken der Federsteifigkeit und damit eine Veränderung der Verhaltenseigenschaften, die z. B. am Absinken der kritischen Drehzahl bemerkt wird (Zustand 2). Bei anhaltender Belastungsdauer schreitet der Riß fort, läßt die Federsteifigkeit weiter absinken (Zustand 3) und würde auch bei vollständigem Durchriß zwar die elastischen Kupplungseigenschaften mehr oder weniger schnell abbauen, aber keine Entkupplung bewirken. Ein Überraschungseffekt mit schweren Folgen ist nicht möglich.

Bekannt ist ferner das Verhalten von Flanschschrauben aus zähem Werkstoff, die bei Überlastung in der Vorspannung nachlassen und so zunächst die Dichtkraft abbauen. Ihre eingeschränkte Funktionsfähigkeit zeigt ein Undichtwerden ohne explosionsartigen Sprödbruch an.

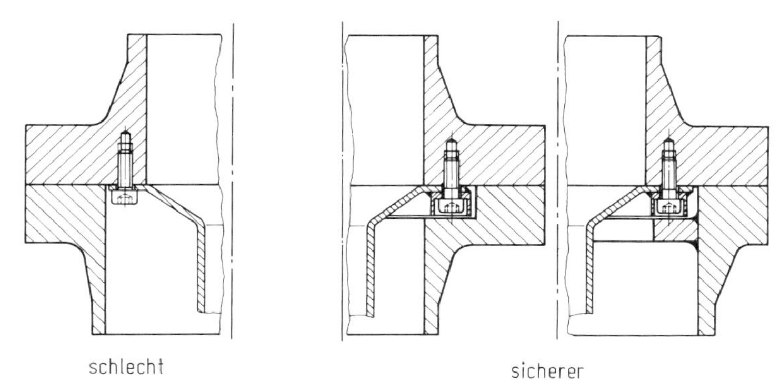

Bild 6.13. Befestigung von Einbauten; Abdeckung der Schraubenverbindung verhindert bei ihrem Versagen Funktionsuntüchtigkeit und Wandern von Bruchstücken

Schließlich zeigt Bild 6.13 zwei Beispiele zur Befestigung von Einbauten. Sie sollen so gestaltet sein, daß auch beim Versagen der Befestigungsschrauben die Einbauten am Platz verbleiben, keine Teile wandern können und noch eine eingeschränkte Funktionsfähigkeit erhalten bleibt [154].

Das Prinzip der redundanten Anordnung ist ein weiteres sowohl die Sicherheit als auch die Zuverlässigkeit von Systemen erhöhendes Mittel.

Ganz allgemein bedeutet Redundanz Überfluß oder Weitschweifigkeit. Die Informationstheorie versteht unter Redundanz den Überschuß an Informationsgehalt, der über das hinaus gegeben wurde, was zum Verständnis der jeweiligen Nachricht gerade notwendig gewesen wäre. In diesem Überschuß liegt ein Maß von Übertragungssicherheit [69].

Bezüglich der Probleme der maschinenbaulichen Sicherheit sind Verwandtschaften erkennbar, die im Hinblick auf die gemeinsame Anwendung von Elektrotechnik, Nachrichtentechnik und Maschinenbau bei neuzeitlichen Anlagen auszubauen wünschenswert sind.

Eine Mehrfachanordnung bedeutet eine Erhöhung der Sicherheit, solange das möglicherweise ausfallende Systemelement von sich aus keine Gefährdung hervorruft und das entweder parallel oder in Serie angeordnete weitere Systemelement die volle oder wenigstens eingeschränkte Funktion übernehmen kann.

Die Anordnung von mehreren Triebwerken beim Flugzeug, das mehrsträngige Seil einer Hochspannungsleitung mit Stützelementen, parallele Versorgungsleitungen oder Stromerzeugungsanlagen dienen in vielen Fällen der Sicherheit, damit

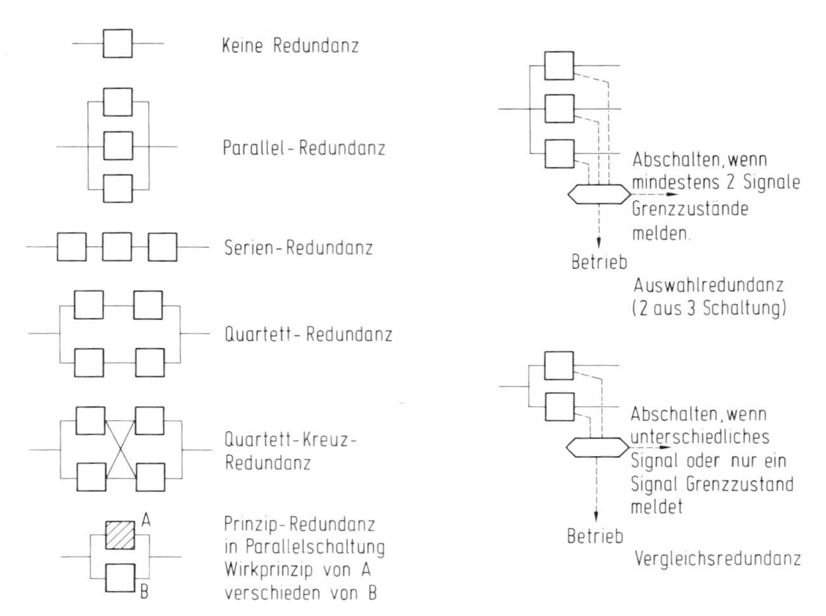

Bild 6.14. Redundante Anordnungen

bei Ausfall einer einzigen großen Einheit die Funktion nicht völlig unterbunden wird. Man spricht hier von *aktiver* Redundanz, weil alle Komponenten sich aktiv an der Aufgabe beteiligen. Bei einem Teilausfall entsteht eine entsprechende Energie- oder Leistungsminderung.

Sieht man in Reserve stehende Einheiten — meist von gleicher Art und Größe — vor, die bei Ausfall den aktiven Einheiten zugeschaltet werden, z. B. Ersatz-Kesselspeisepumpen, kann man von *passiver* Redundanz sprechen, deren Aktivierung einen Schaltvorgang nötig macht.

Will man festlegen, daß eine Mehrfach-Anordnung nach der Funktion gleich, nach Wirkprinzip aber unterschiedlich sein soll, so liegt *Prinzipredundanz* vor.

Je nach Schaltungsart können sicherheitserhöhende Einheiten parallel (*Parallelredundanz*), z. B. Ersatzölpumpen, oder aber auch in Serie (*Serienredundanz*), z. B. Filteranlagen, angeordnet werden. In vielen Fällen genügt nicht eine einfache Parallel- oder Serienschaltung, sondern es kommen Schaltungen mit kreuzweiser Verknüpfung in Frage, um z. B. stets einen Durchgang trotz Ausfall mehrerer Komponenten zu gewährleisten: Bild 6.14.

Bei einer Reihe von Überwachungseinrichtungen werden Signale parallel erfaßt und miteinander verglichen. Bei der sogenannten Zwei-aus-Drei-Schaltung wird das mehrheitliche Signal ausgewählt und weiterverarbeitet (*Auswahlredundanz*). Eine andere Art vergleicht die Signale und veranlaßt bei einer Differenz der Signale Meldung oder Abschaltung (*Vergleichsredundanz*): Bild 6.14.

Die redundante Anordnung vermag aber nicht das Prinzip des sicheren Bestehens oder des beschränkten Versagens zu ersetzen. Zwei parallel angelegte Seilbahnen können zwar die Zuverlässigkeit in der Personenförderung erhöhen, tragen aber nichts hinsichtlich der Sicherheit der zu fördernden Personen bei. Die redun-

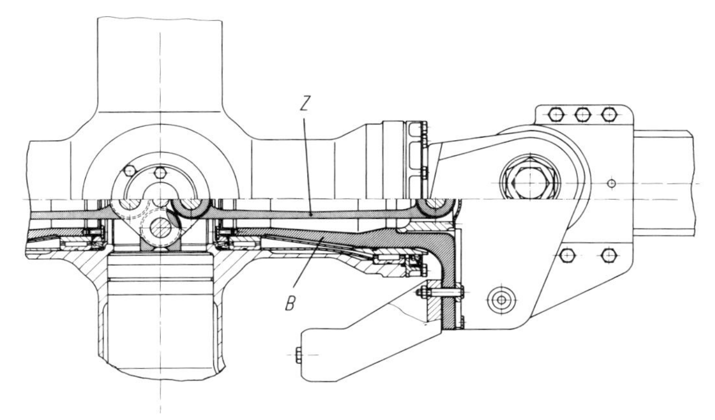

Bild 6.15. Rotorblattbefestigung eines Hubschraubers nach dem Prinzip der Aufgabenteilung (Bauart Messerschmitt-Bölkow)

dante Anordnung von Triebwerken in einem Flugzeug hat keinen sicherheitserhöhenden Effekt, wenn das Triebwerk selbst zur Explosion neigt und dadurch das ganze System gefährdet.

Sicherheitserhöhung ist nur dann gegeben, wenn die systembildenden redundanten Elemente einem der vorgenannten Prinzipien des sicheren Bestehens (safe-life-Verhalten) oder des beschränkten Versagens (fail-safe-Verhalten) genügen.

Für die Einhaltung aller vorgenannten Prinzipien, also zum Erreichen eines sicheren Verhaltens überhaupt, tragen das Prinzip der Aufgabenteilung (vgl. 6.4.2) und die beiden Grundregeln, „eindeutig" und „einfach" in besonderem Maße bei, was durch ein Beispiel unterstrichen werden soll:

Sehr konsequent wird das Prinzip der Aufgabenteilung und die Regel „eindeutig" bei der Konstruktion des Rotorkopfes eines Hubschraubers verfolgt (Bild 6.15), wodurch eine besonders sichere Bauart nach dem Prinzip des sicheren Bestehens (safe-life) entsteht. Alle vier Rotorblätter üben auf den Rotorkopf eine Zugkraft infolge Zentrifugalkraft und ein Biegemoment infolge der aerodynamischen Belastung aus. Zugleich müssen die Rotorblätter zwecks Blattverstellung drehbar gelagert sein. Hohe Sicherheit wird mit folgenden Maßnahmen erzielt:

— Total symmetrische Anordnung und dadurch gegenseitiges Aufheben der äußeren Biegemomente und der Zugkräfte aus der Zentrifugalwirkung am Rotorkopf,
— die Zugkräfte werden allein über das torsionsweiche Glied *Z* vom Rotorblatt auf das mittige Herzstück geleitet, wo sie sich eliminieren,
— das Biegemoment wird allein über das Teil *B* auf die Rollenlager im Rotorkopf abgestützt.

Dadurch kann jedes Bauteil seiner Aufgabe entsprechend zweckmäßig und ohne störende Einflüsse optimal gestaltet werden. Komplizierte Anschlüsse und Formen werden vermieden und somit die notwendige hohe Sicherheit erreicht.

3. Prinzipien der mittelbaren Sicherheitstechnik

Zur mittelbaren Sicherheitstechnik gehören *Schutzsysteme* und *Schutzeinrichtungen.* Sie sind Einrichtungen, die eine Schutzfunktion haben, soweit die unmittelbare Sicherheitstechnik den nötigen Schutz nicht zu bieten vermag. Im folgenden werden nur Schutzsysteme behandelt. Für Schutzeinrichtungen, das sind Einrichtungen zur Sicherung von Gefahrenstellen (z. B. Verkleidung, Verdeckung, Umwehrung), wird auf [44] verwiesen.

Schutzsysteme

— Sie dienen entweder dazu, eine Anlage oder Maschine bei Gefahr *selbsttätig aus dem Gefahrenzustand zu bringen,* d. h. in der Regel außer Betrieb zu nehmen oder den Energie- bzw. Stofffluß zu begrenzen,
— oder das *Inbetriebnehmen* bei Vorliegen eines Gefahrenzustands zu *verhindern.*

Vielfach lassen sich unmittelbare und mittelbare Sicherheitstechnik nicht trennen. So ist z. B. ein Steuer- und Regelsystem zunächst kein Schutzsystem, läßt sich aber oft sehr gut als erster Wächter (primärer Schutz) in einer Sicherheitskette anwenden. In einem solchen Falle muß das Steuer- und Regelsystem Eigenschaften von Schutzsystemen haben.

Eigenschaften von Schutzsystemen sind prinzipiell für jedes System erwünscht, soweit sie sich ohne unzulässigen Mehraufwand verwirklichen lassen. Insofern sind Prinzipien für Schutzsysteme auch nützlich und anwendbar für die unmittelbare Sicherheitstechnik [127].

Struktur und Komponenten von Schutzsystemen müssen dabei der unmittelbaren Sicherheitstechnik folgen.

Zur Auslegung von Schutzsystemen sind folgende Forderungen zu beachten:

Warnung oder Meldung

Bevor ein Schutzsystem eine Änderung des Betriebszustands einleitet, ist eine *Warnung* zu geben, damit seitens der Bedienung und Überwachung wenn möglich noch eine Beseitigung des Gefahrenzustands, wenigstens aber notwendige Folgemaßnahmen eingeleitet werden können. Soweit als möglich sollte ein Überraschungseffekt vermieden werden. Wenn ein Schutzsystem eine Inbetriebnahme verhindert, soll es den Grund der *Verhinderung anzeigen.*

Selbstüberwachung

Ein Schutzsystem muß sich hinsichtlich seiner steten Verfügbarkeit selbst überwachen, d. h. nicht nur der eintretende Gefahrenfall, gegen den geschützt werden soll, soll das System zum Auslösen bringen, sondern auch ein Fehler im Schutzsystem selbst. Am besten stellt das *Ruhestromprinzip* diese Forderung sicher, weil in einem solchen System stets Energie zur Sicherheitsbetätigung gespeichert ist und eine Störung bzw. ein Fehler im System diese Energie zur Schutzauslösung freigibt und dabei die Maschine oder Anlage abschaltet. Das Ruhestromprinzip kann nicht nur in elektrischen Schutzsystemen, sondern auch in Systemen anderer Energiearten angewandt werden.

In einem hydraulischen Schutzsystem nach dem Ruhestromprinzip (Bild 6.16) sorgt eine Pumpe *1* mit einem Druckhalteventil *2* für einen steten Vordruck p_P. Das Schutzsystem mit dem Druck p_s steht mit dem Vordrucksystem über eine Blende *3* in Verbindung. Im Normalfall sind alle Abläufe geschlossen, so daß das Schnellschlußventil *4* für die Energiezufuhr der Maschine vom Druck p_s geöffnet wird. Wird eine unzulässige Wellenlage erreicht, gibt der Schieberkolben des Wellenlage-

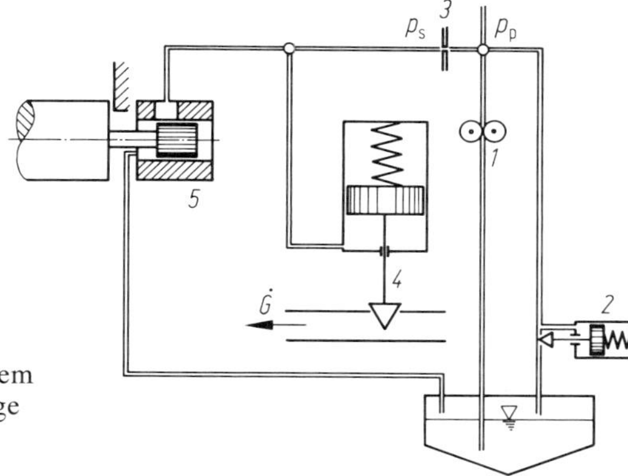

Bild 6.16. Hydraulisches Schutzsystem gegen unzulässige axiale Wellenlage nach dem Ruhestromprinzip (Bezeichnungen vgl. Text)

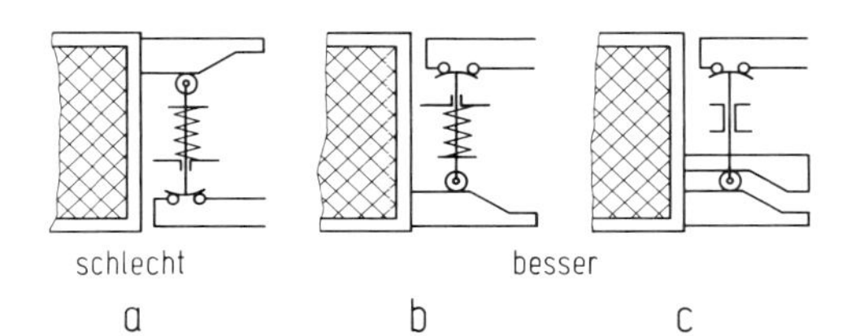

Bild 6.17. Schutzgitterkontaktanordnung;
a) nicht selbstüberwachend bei Federbruch
b) auch bei Federbruch öffnet der Kontakt durch Eigengewicht
c) Kulisse erzwingt durch Formschluß Öffnen des Kontakts

wächters *5* eine Öffnung im Schutzsystem frei und der Druck p_s fällt. Eine weitere Energiezufuhr wird mit dem Schließen des Schnellschlußventils unterbunden. Der gleiche Effekt tritt bei einem Schaden im Vordruck- oder Schutzsystem auf, wie z. B. Rohrbruch, Ölmangel oder Versagen der Pumpe. Das System ist selbstüberwachend.

Bild 6.17 weist auf die zweckmäßige Anordnung von Schutzgitterkontakten hin, die so angeordnet sein sollen, daß z. B. bei Federbruch der Kontakt nicht ungewollt geschlossen werden kann. Die beiden Fälle b und c vermeiden auf verschiedene Weise solche Fehlschaltungen.

Mehrfache, prinzipverschiedene und unabhängige Schutzsysteme

Sind Menschenleben in Gefahr oder Schäden größeren Ausmaßes zu erwarten, müssen die Schutzsysteme *mindestens zweifach, prinzipverschieden* und *unabhängig voneinander* vorgesehen werden (primärer und sekundärer Schutzkreis).

Das Versagen eines Schutzsystems kann als ein glaubwürdiger Umstand angesehen werden. Die reine Verdoppelung bzw. Vervielfältigung eines Schutzsystems erhöht schon die Sicherheit, da es unwahrscheinlicher ist, daß alle vorgesehenen Schutzsysteme auf einmal versagen. Dies gilt aber nur, wenn bei gleichen Schutzsystemen kein systematischer Fehler vorliegt. Man erhöht die Sicherheit bedeutend, wenn die doppelt oder mehrfach vorgesehenen Systeme nach verschiedenen Wirkprinzipien unabhängig voneinander arbeiten. Auf diese Weise werden systematische Fehler, z. B. infolge Korrosion, nicht zur Katastrophe führen, weil bei prinzipverschiedener, gegenseitig völlig unabhängiger Technik das gleichzeitige Versagen der beteiligten Schutzsysteme nach menschlichem Ermessen ausgeschlossen ist.

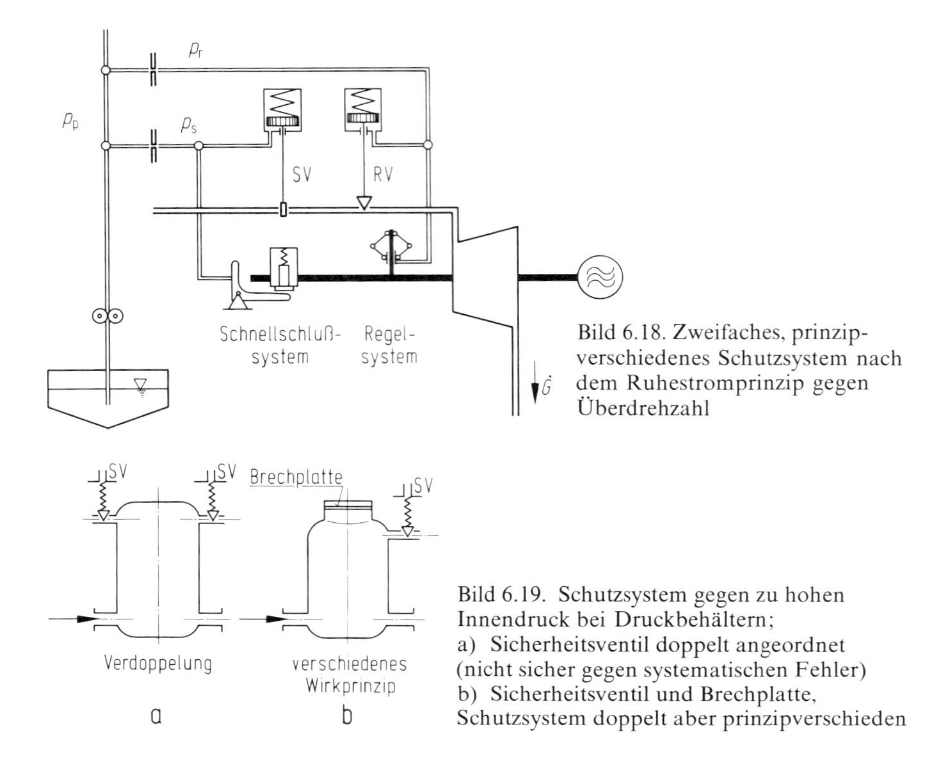

Bild 6.18. Zweifaches, prinzipverschiedenes Schutzsystem nach dem Ruhestromprinzip gegen Überdrehzahl

Bild 6.19. Schutzsystem gegen zu hohen Innendruck bei Druckbehältern;
a) Sicherheitsventil doppelt angeordnet (nicht sicher gegen systematischen Fehler)
b) Sicherheitsventil und Brechplatte, Schutzsystem doppelt aber prinzipverschieden

Diese Forderung wird z. B. bei Dampfturbinensteuerungen erfüllt: Bild 6.18. Die Energiezufuhr bei Überdrehzahl kann auf zweifache, prinzipverschiedene Weise unterbunden werden. Bei Drehzahlerhöhung greift zunächst das Regelsystem ein, das hinsichtlich Messung der Drehzahl und Abschlußorgan (Regelventil) vom Schnellschlußsystem unabhängig und prinzipverschieden aufgebaut ist. (Die gleichzeitige hydraulische Versorgung nach dem Ruhestromprinzip ist zulässig, da ihr ein gemeinsamer Selbstüberwachungseffekt zugrunde liegt.) Messung bzw. Auslösung bei Überdrehzahl und Abschlußorgan im Schnellschlußsystem arbeiten nach einem anderen mechanischen Prinzip. Die Ansprechwerte sind gestaffelt, damit stets zuerst das Regelsystem und erst bei seinem Versagen das Schnellschlußsystem eingreift.

Bild 6.19 erläutert die gleiche Problematik für die Überdrucksicherung an einem Druckbehälter. Die reine Verdoppelung würde vor systematischen Fehlern, z. B. Korrosion, Materialverwechslung usw., nicht schützen. Der Wechsel des Wirkprinzips macht gleichzeitiges Versagen unwahrscheinlicher.

Zu beachten ist, daß in Schutzsystemen das gleichzeitige Auftreten von verschiedenen Redundanzarten möglich oder notwendig ist, z. B. in Bild 6.18 und Bild 6.19: Parallel- und Prinzipredundanz.

4. Sicherheitstechnische Auslegung und Kontrolle

Auch hier kann die in 6.2 aufgezeigte Leitlinie mit ihren Merkmalen eine Hilfe darstellen. Sicherheitstechnische Gesichtspunkte müssen hinsichtlich aller Merkmale angewandt und überprüft werden.

Funktion und Wirkprinzip

Eine wichtige Frage ist, ob die Funktion mit der gewählten Lösung sicher und zuverlässig erfüllt wird. Naheliegende und wahrscheinliche *Störungen* müssen mitbetrachtet werden. Dabei ist die Frage oft nicht leicht, wie weit außergewöhnliche Umstände, die auf die Funktion einwirken können, mit einzubeziehen sind, d. h. inwieweit zu berücksichtigen ist, was nicht mehr naheliegend und wahrscheinlich, sondern eher hypothetisch ist.

Richtiges *Abschätzen eines Risikos* nach Wahrscheinlichkeit und Tragweite sollte vorgenommen werden, indem die zu erfüllenden Funktionen nacheinander negiert werden und unter Annahme der denkbaren Störung der sich einstellende Ablauf oder Zustand analysiert wird (vgl. 6.6). Sabotagemöglichkeiten und -auswirkungen werden dabei nicht unbedingt mit einbezogen. Mit Hilfe einer entsprechenden Technik sollten diese zwar vermindert werden, aber das Konzept und seine Realisierung werden nicht vornehmlich nach diesem Gesichtspunkt ausgerichtet. Oft erfassen Maßnahmen gegen menschliches Versagen diesen Komplex weitgehend.

Es werden diejenigen Ereignisse berücksichtigt, die sich aus Bauart, Betriebsweise und Umgebung einer Anlage, Maschine oder eines Apparats bei naheliegenden und wahrscheinlichen, auch durch Unverstand sich einstellenden Störungen ergeben und zu verhindern sind. Einflüsse, die von der jeweiligen Technik nicht selbst verursacht oder beeinflußt sind, hätte das technische System nicht abzuwehren, sondern nach den jeweils gegebenen Möglichkeiten zu überstehen und in den schädlichen Auswirkungen einzuschränken.

Eine weitere Frage ergibt sich, ob mit der unmittelbaren Sicherheitstechnik nach den genannten Sicherheitsprinzipien allein auszukommen ist oder ob durch zusätzliche Schutzsysteme die Sicherheit erhöht werden muß. Schließlich kann auch die Frage entstehen, ob wegen eines nicht ausreichend erscheinenden Sicherheitsgrades auf eine Realisierung überhaupt verzichtet werden muß.

Die Antwort hängt vom *Grad der erreichten Sicherheit*, von der *Wahrscheinlichkeit* eines vom Objekt nicht abwehrbaren schädlichen oder unfallträchtigen Einflusses und der *Tragweite möglicher Folgen* ab. Objektive Maßstäbe fehlen vielfach, besonders bei neuen Techniken und ihrer Anwendung. Es gibt Überlegungen, die sicherstellen wollen, daß das technische Risiko nicht höher wird, als der Mensch durch Naturereignisse ohnehin eingehen muß [92]. Immer wird aber ein mehr oder weniger breiter Ermessensspielraum bleiben. Die Entscheidung ist in jedem Fall durch Übereinkunft in Verantwortung dem Menschen gegenüber zu treffen.

Auslegung

Die äußeren Belastungen rufen im Bauteil Beanspruchungen hervor. Erstere werden mittels Analyse nach Größe und Häufigkeit (ruhende und/oder wechselnde Belastungen) erfaßt. Sie verursachen im Innern des Bauteils verschiedene Arten von Beanspruchungen, die rechnerisch und/oder experimentell ermittelt werden.

Die Werkstoffkunde liefert dem Konstrukteur für die einzelnen elementaren Beanspruchungsarten (Zug, Druck, Biegung, Schub und Torsion) am Probestab, d. h. im allgemeinen nicht am Bauteil selbst, Werkstoffgrenzwerte, bei deren Überschreiten Bruch eintritt. Die Beanspruchungen des Bauteils müssen daher stets unter diesen Grenzwerten bleiben, um eine ausreichende *Haltbarkeit* zu gewährleisten.

Das Verhältnis zwischen Werkstoffgrenzwert σ_G und zulässiger Beanspruchung σ_{zul} im Bauteil nennt man die *Sollsicherheit* $\nu = \sigma_G / \sigma_{zul}$.

Die Höhe der Sollsicherheit richtet sich nach den Unsicherheiten beim Ermitteln der jeweiligen Werkstoffgrenzwerte, nach den Ungewißheiten der Lastannahmen, nach den angewendeten Berechnungs- und Fertigungsverfahren, den ungewissen Form-, Größen- und Umgebungseinflüssen sowie nach der Wahrscheinlichkeit und Tragweite eines möglichen Versagens.

Die Festlegung von Sollsicherheiten entbehrt noch allgemeingültiger Kriterien. Eine Untersuchung der Autoren zeigt, daß veröffentlichte Sollsicherheiten sich weder nach Produktart, Branche oder anderen Kriterien, wie Zähigkeit des Werkstoffs, Größe des Bauteils, Wahrscheinlichkeit des Versagens usw. sinnvoll einordnen lassen. Tradition, Festlegung nach einmaligen, oft nicht restlos geklärten Schadensfällen oder auch das Gefühl oder die Erfahrung, führen zu Zahlenangaben, denen allgemeingültige Aussagen nicht entnommen werden können.

Wenn in der Literatur Zahlen angegeben werden, dann dürfen sie nicht kritiklos übernommen werden. Ihre Festlegung bedarf in der Regel der Kenntnis der Einzelumstände und der Branchenpraxis, soweit sie nicht durch Vorschriften festgelegt wurden.

Die *Zähigkeit,* d. h. die plastische Verformbarkeit, ermöglicht bei ungleichmäßig verteilten Beanspruchungen den Abbau von Spannungsspitzen und ist eine der bedeutendsten Sicherheitsfaktoren, die uns der Werkstoff bieten kann. Die bei Rotoren übliche Schleuderprobe mit entsprechend hoher Beanspruchung sowie die vorgeschriebene Druckprobe bei Druckbehältern sind — zäher Werkstoff vorausgesetzt — ein gutes Mittel der unmittelbaren Sicherheitstechnik, um örtlich hohe Spannungsspitzen am fertigen Bauteil abzubauen.

Da die Zähigkeit eine wesentlich sicherheitsbestimmende Werkstoffeigenschaft ist, genügt es nicht, eine höhere Festigkeit allein anzustreben. Zu beachten ist, daß im allgemeinen die Zähigkeit der Werkstoffe mit höherer Festigkeit abnimmt. Aus diesem Grunde ist es ein Fehler, nur die Mindeststreckgrenze festzulegen. Es muß zusätzlich eine Mindestzähigkeit gefordert werden, weil sonst die vorteilhaften Eigenschaften der plastischen Verformbarkeit nicht mehr gewährleistet sind.

Gefährlich sind auch Fälle, in denen der Werkstoff mit der Zeit oder aus anderen Gründen versprödet (z. B. Strahlung, Korrosion, Temperatur oder durch Oberflächenschutz) und dadurch die Fähigkeit verliert, sich bei Überbeanspruchung plastisch zu verformen. Dieses Verhalten trifft besonders für Kunststoffe zu.

Die vorhandene Sicherheit eines Bauteils allein nach dem Abstand der berechneten Beanspruchung zur maßgebenden, maximal ertragbaren Grenzbeanspruchung zu beurteilen, geht daher an der Problematik vorbei.

Von wesentlichem Einfluß ist der Spannungszustand und die durch Alterung, Temperatur, Strahlung, Witterung, Betriebsmedium und Fertigungseinflüsse, z. B. Schweißen und Wärmebehandlung, sich verändernden Werkstoffeigenschaften. Eigenspannungen sind dabei nicht zu unterschätzen. Der auftretende Sprödbruch ohne plastische Deformation tritt plötzlich und ohne Vorwarnung auf.

Das Vermeiden von gleichsinnig mehrachsigen Spannungszuständen und von versprödenden Werkstoffen sowie Fertigungsverfahren, die Sprödbruch begünstigen, sind daher Hauptforderungen einer unmittelbaren Sicherheitstechnik.

Die Vorwarnung infolge plastischer Deformation, die entweder an einer kritischen Stelle regelmäßig überwacht wird oder aber die Funktion so stört, daß sich der einstellende Gefahrenzustand rechtzeitig ohne Gefährdung des Menschen und der Anlage bemerkbar macht, ist eine im Sinne des fail-safe-Verhaltens einbaubare Sicherung [154].

Elastische Verformungen dürfen im Betriebszustand, z. B. infolge Spielüberbrükkung, nicht zu Funktionsstörungen führen, da sonst Eindeutigkeit des Kraftflusses oder der Ausdehnung nicht mehr sichergestellt sind und Überlastungen bzw. Bruch die Folge sein können. Dies gilt sowohl für ruhende als auch für bewegte Teile (vgl. 6.4.1).

Mit dem Stichwort *Stabilität* werden alle Probleme der Standsicherheit und Kippgefahr, aber auch die des stabilen Betriebs einer Maschine oder Anlage angesprochen. Störungen sollen möglichst durch ein stabiles Verhalten, d. h. durch selbsttätige Rückkehr in die Ausgangs- bzw. Normallage vermieden werden. Es ist darauf zu achten, daß nicht indifferentes oder gar labiles Verhalten Störungen verstärkt, aufschaukelt oder sie außer Kontrolle bringt (vgl. 6.4.4).

Resonanzen haben erhöhte, nicht sicher abschätzbare Beanspruchungen zur Folge. Sie sind daher zu vermeiden, wenn die Ausschläge nicht hinreichend gedämpft werden können. Dabei soll nicht nur an die Festigkeitsprobleme gedacht werden, sondern auch an die Begleiterscheinungen wie Lärm, Geräusch und Schwingungsausschläge, die den Menschen in seiner Leistungsfähigkeit und in seinem Wohlbefinden beeinträchtigen.

Die *thermische Ausdehnung* muß in allen Betriebszuständen, besonders auch bei instationären Vorgängen sorgfältig beachtet werden, um Überbeanspruchungen und Funktionsstörungen zu vermeiden (vgl. 6.5.2).

Ein vielfacher Anlaß zu Unsicherheiten und Ärgernissen sind nicht ordnungsgemäß arbeitende *Abdichtungen*. Sorgfältige Dichtungsauswahl, bewußte Druckentlastungen an kritischen Dichtstellen und die Beachtung der Strömungsgesetze hilft, Abdichtschwierigkeiten zu überwinden.

Verschleiß und seine Abriebteilchen können die Funktionssicherheit und die Wirtschaftlichkeit negativ beeinflussen. Er muß auch im Interesse der Sicherheit in vertretbaren Grenzen bleiben. Konstruktiv ist dafür zu sorgen, daß Verschleißpartikel nicht an anderen Stellen Schäden oder Störungen verursachen. Sie sind in der Regel möglichst dicht hinter dem Entstehungsort abzusondern.

Korrosiver Angriff vermindert die konstruktiv gewählte Bauteildicke und setzt bei dynamischer Belastung empfindlich die Kerbwirkung herauf, die ihrerseits zu verformungslosen Brüchen Anlaß gibt. Eine Dauerhaltbarkeit unter Korrosion gibt es nicht. Mit zunehmender Einsatzzeit sinkt die Tragfähigkeit des Bauteils. Gravierend ist neben der Reibkorrosion und Schwingungsrißkorrosion die Erscheinung der Spannungsrißkorrosion an hierfür besonders anfälligen Werkstoffen bei Gegenwart eines Korrosionsmittels und von Zugspannungen. Schließlich können Korrosionsprodukte zur Funktionseinschränkung führen, z. B. Festsitzen von Ventilspindeln, Steuerteilen usw. (vgl. 6.5.4).

Ergonomie

Unter Ergonomie sind im Rahmen der Sicherheitsbetrachtung die Arbeitssicherheit und die davon oft nicht trennbare Mensch-Maschine-Beziehung zu überprüfen.

Tabelle 6.1. Schädliche Einwirkungen aus Energiearten abgeleitet

Mensch und Umgebung vor schädlichen Einwirkungen schützen:	
Hauptmerkmal:	Beispiele:
Mechanisch	Relativbewegung Mensch-Maschine, mech. Schwingung, Staub
Akustisch	Lärm, Geräusche
Hydraulisch	Flüssigkeitsstrahlen
Pneumatisch	Gasstrahlen, Druckwellen
Elektrisch	Stromdurchgang durch Körper, elektrost. Entladungen
Optisch	Blendung, Ultraviolettstrahlung, Lichtbogen
Thermisch	Heiße/kalte Teile, Strahlung, Entflammung
Chemisch	Säuren, Laugen, Gifte, Gase, Dämpfe
Radioaktiv	Kernstrahlung, Röntgenstrahlung

Tabelle 6.2. Allgemeine Mindestanforderungen der Arbeitssicherheit bei mechanischen Gebilden

Bei mechanischen Gebilden vorstehende oder bewegte Teile im Berührbereich vermeiden.

Schutzeinrichtungen sind unabhängig von der Geschwindigkeit erforderlich bei
— Zahnrad-, Riemen-, Ketten- und Seiltrieben
— allen umlaufenden Teilen länger als 50 mm, auch wenn sie völlig glatt sind!
— allen Kupplungen
— Gefahr wegfliegender Teile
— Quetschstellen (Schlitten gegen Anschlag; Teile, die aneinander vorbeifahren oder -drehen)
— herunterfallenden oder -sinkenden Teilen (Spanngewichte, Gegengewichte)
— Einlege- oder Einzugstellen. Der zwischen den Werkzeugen verbleibende Spalt darf 8 mm nicht überschreiten, bei Walzen Sonderuntersuchung der geometrischen Verhältnisse, gegebenenfalls Berührschutzleisten oder -kontakte gegen Einzugsgefahr vorsehen.

Elektrische Anlagen nur zusammen mit dem Elektrofachmann planen. Bei *akustischen, chemischen und radioaktiven Gefahren* Fachleute zur Erarbeitung von Abhilfe- und Schutzmaßnahmen zuziehen.

Eine sehr umfangreiche Literatur steht zur Verfügung [26, 46, 134, 163, 195]. Weiterhin weist DIN 31 000 [43] auf Grundforderungen für sicherheitsgerechtes Gestalten hin. DIN 31 001 Blatt 1, 2 und 10 [44] gibt Anweisungen für Schutzeinrichtungen. Vorschriften der Berufsgenossenschaften, der Gewerbeaufsichtsämter und der Technischen Überwachungsvereine sind branchen- und produktabhängig zu befolgen. Aber auch das Gesetz über technische Arbeitsmittel [68] verpflichtet den Konstrukteur zum verantwortungsvollen Handeln. In einer allgemeinen Verwaltungsvorschrift sowie Verzeichnissen zu diesem Gesetz sind inländische Normen und sonstige Regeln bzw. Vorschriften mit sicherheitstechnischem Inhalt zusammengestellt [68]. Es ist im Rahmen dieses Buches unmöglich, alle Gesichtspunkte der Arbeitssicherheit anzusprechen. Der mögliche Unverstand und die Ermüdung des Menschen müssen ebenfalls einkalkuliert werden. Die Maschine ist deshalb ergonomisch richtig zu gestalten (vgl. 6.5.1). Tab. 6.1 und Tab. 6.2 geben Mindestanforderungen für eine arbeitssichere Gestaltung an.

Fertigung und Kontrolle

Die Gestaltung der Bauteile ist so vorzunehmen, daß ihre geforderten Qualitätseigenschaften auch durch die Fertigung ermöglicht und eingehalten werden können. Diese sind durch entsprechende Kontrolle, die nötigenfalls durch Vorschriften erzwungen werden muß, sicherzustellen. Der Konstrukteur muß durch die Gestaltung helfen, sicherheitsgefährdende Schwachstellen infolge Fertigung zu vermeiden (vgl. 6.3.1, 6.3.2 und 6.5.6).

Montage und Transport

Schon beim Entwurf müssen die Belastungen während der Montage hinsichtlich Festigkeit und Stabilität erkannt und berücksichtigt werden. Das gleiche gilt für Transportzustände. Montageschweißungen müssen geprüft und je nach Werkstoff wärmebehandelt werden können. Jeder größere Montagevorgang soll wenn möglich durch eine Funktionskontrolle abgeschlossen werden.

Es sind stets stabile Standflächen und Stützpunkte zu schaffen und zu markieren. Gewichtsangaben bei Teilen über 100 kg müssen deutlich sichtbar angebracht werden. Bei häufiger Zerlegung (Werkzeug- oder Produktwechsel) sind entsprechend angepaßte Hebezeuge in die Anlage zu integrieren. Geeignete Anschlageinrichtungen müssen für den Transport vorgesehen und deutlich gekennzeichnet werden.

Gebrauch

Der Gebrauch und die Bedienung müssen sicher möglich sein [43, 44]. Bei Ausfall einer Automatik soll der Mensch unterrichtet werden und in der Lage sein, eingreifen zu können.

Instandhaltung

Wartung und Instandsetzung nur bei energieloser Anlage oder Maschine zulassen. Besondere Vorsicht ist bei Montagewerkzeugen oder Einstellhilfen (steckengebliebene Kurbeln, Stangen, Hebel) nötig. Gegen unbeabsichtigte Inbetriebnahme müssen Einschaltsicherungen vorgesehen werden. Zentrale, einfach erreichbare und kontrollierbare Wartungs- und Einstellorgane sind anzustreben. Bei Inspektion oder Instandsetzung ist ein sicheres Begehen der Bereiche zu ermöglichen (Roste, Haltegriffe, Trittstufen, Gleitschutz).

Kosten und Termine

Kosten- und Terminrestriktionen dürfen sich nicht auf die Sicherheit auswirken. Die Einhaltung von Kostengrenzen und Terminvorgaben wird durch sorgfältige Planung, richtiges Konzept und durch methodisches Vorgehen erzielt, aber nicht durch sicherheitsgefährdende Sparmaßnahmen. Folgen von Unfällen und Ausfällen sind immer viel höher und schwerwiegender als ein bei sachgemäßer Bearbeitung unbedingt erforderlicher Aufwand.

6.4. Gestaltungsprinzipien

Übergeordnete Prinzipien zur zweckmäßigen Gestaltung sind in der Literatur mehrfach formuliert worden. Kesselring [98] stellte die Prinzipien der minimalen Herstellkosten, des minimalen Raumbedarfs, des minimalen Gewichts, der minimalen Verluste und der günstigsten Handhabung auf (vgl. 1.2.1). Leyer [120] spricht vom Prinzip des Leichtbaus. Es ist einsichtig, daß nicht alle Prinzipien zugleich in einer technischen Lösung verwirklicht werden können oder sollen. Eines der genannten Prinzipien kann wichtig und maßgebend sein, andere wünschenswert. Was im einzelnen vorherrschend sein muß, läßt sich immer nur aus der Aufgabe und durch den Branchen- oder Firmenhintergrund ableiten. Ihre übergeordnete Bedeutung ist damit eingeschränkt. Durch methodisches Vorgehen und Aufstellen einer Anforderungsliste und einem Abstraktionsvorgang zum Erkennen des Wesenskerns der Aufgabe sowie durch Befolgen der in 4.2.2 genannten Leitlinie werden die obengenannten übergeordneten Prinzipien nunmehr sofort in konkrete, zur Aufgabe in Relation stehende Angaben umgeformt. Durch die geklärte Aufgabenstellung werden maximale Herstellkosten, größter Raumbedarf, zulässiges Gewicht usw. im allgemeinen angegeben und festgelegt.

Dagegen stellt sich beim methodischen Vorgehen mehr die Frage, wie bei gegebener Aufgabenstellung und festgelegtem Lösungsprinzip eine Funktion durch welche Art und welchen Aufbau von Funktionsträgern am besten erfüllt werden kann. Gestaltungsprinzipien solcher Art helfen eine Baustruktur entwickeln, die den jeweiligen Anforderungen gerecht wird. Sie unterstützen damit in erster Linie die Arbeitsschritte 3 und 4 aber auch hilfsweise die Arbeitsschritte 7 bis 9 nach 6.1.

Für die häufig wiederkehrende Aufgabe, Kräfte oder Momente zu leiten, ist es naheliegend, „Prinzipien der Kraftleitung" aufzustellen.

Aufgaben, die eine Wandlung der Art oder Änderung der Größe erfordern, werden in erster Linie durch entsprechendes physikaliches Geschehen erfüllt, aber der Konstrukteur hat dabei das „Prinzip der minimalen Verluste" [98] aus energetischen und wirtschaftlichen Gründen zu beachten, was durch Wandlungen mit hohem Wirkungsgrad und mit wenigen Wandlungsstufen erreicht wird. Eine Umkehrung dieses Prinzips ermöglicht die Vernichtung einer bestimmten Energieart und Wandlung in eine andere für die Fälle, wo das gefordert oder nötig wird. Die Gestaltungsprobleme konzentrieren sich dann im wesentlichen auf Fragen der Leitung, Verknüpfung und Speicherung.

Speicheraufgaben führen zu einer Ansammlung von potentieller und kinetischer Energie, sei es durch direkte Energiespeicherung oder auch nur indirekt durch die Anhäufung von Stoffmassen oder von Trägerenergie für zu speichernde Signale. Die Speicherung von Energie wirft aber die Frage nach stabilem oder labilen Verhalten des Systems auf, so daß sich Gestaltungsprinzipien der Stabilität und der gewollten Instabilität hiervon ableiten und entwickeln lassen.

Oft sind mehrere Funktionen mit einem oder mit mehreren Funktionsträgern zu erfüllen. So kann hinsichtlich der Trennung von Teilfunktionen mit Hilfe des „Prinzips der Aufgabenteilung" aber auch zur sinnvollen Verknüpfung zwecks Ausnutzung unterstützender Hilfswirkungen das „Prinzip der Selbsthilfe" wertvolle Hinweise zur Gestaltung im Gesamten wie auch im Einzelnen geben.

Bei der Anwendung von Gestaltungsprinzipien ist es durchaus denkbar, daß sie gewissen Anforderungen widersprechen. Z. B. kann das Prinzip gleicher Gestaltfestigkeit als ein Prinzip der Kraftleitung der Forderung nach Minimierung der Kosten entgegenstehen. Auch kann das Prinzip der Selbsthilfe ein gewünschtes fail-safe-Verhalten (vgl. 6.3.3) ausschließen oder das aus Gründen der Fertigungsvereinfachung gewählte Prinzip der gleichen Wanddicke [118] den Forderungen nach Leichtbau oder gleich hoher Ausnutzung nicht genügen.

Diese Prinzipien stellen somit Strategien dar, die nur unter bestimmten Voraussetzungen zweckmäßig, aber nicht immer total anwendbar sind. Der Konstrukteur muß unter Nutzung dieser Prinzipien zwischen den einzelnen konkurrierenden Gesichtspunkten abwägen und sich für das jeweils geeignetere Gestaltungsprinzip entscheiden. Nachfolgend werden aus der Sicht der Autoren wichtige Gestaltungsprinzipien vorgestellt. Sie stammen vorwiegend aus der Betrachtung des Energieflusses. Im übertragenen Sinne gelten sie auch für Stoff- und Signalflüsse.

6.4.1. Prinzipien der Kraftleitung

1. Kraftfluß und Prinzip der gleichen Gestaltfestigkeit

Bei Aufgaben und Lösungen im Maschinenbau sowie in der Feinwerktechnik handelt es sich fast immer um die Erzeugung von Kräften und/oder Bewegungen und deren Verknüpfung, Wandlung, Änderung und Leitung im Zusammenhang mit dem Stoff-, Energie- und Signalumsatz. Eine häufig wiederkehrende Teilfunktion ist dabei die Aufnahme und Leitung von Kräften.

In einer Reihe von Veröffentlichungen wird auf eine kraftflußgerechte Gestaltung hingewiesen [18, 27, 118].

Diese sucht Änderungen des Kraftflusses unter scharfen Umlenkungen und mit schroffen Querschnittsübergängen zu vermeiden.

Leyer [118, 120] hat die Gestaltung im Hinblick auf Kraftleitungsprobleme unter der Vorstellung *Kraftfluß* mit instruktiven Beispielen ausführlich und deutlich in seiner Gestaltungslehre dargelegt, so daß auf eine Wiederholung der angeführten Gesichtspunkte verzichtet wird. Der Konstrukteur möge sich diese wichtige Literatur zu eigen machen. Die Darstellungen Leyers zeigen aber auch die Komplexität im Zusammenwirken von Funktions-, Auslegungs- und Fertigungsgesichtspunkten.

Der Begriff *Kraftleitung* soll im weiten Sinne verstanden werden, also das Leiten von Biege- und Drehmomenten einschließen.

Zunächst ist es aber gut, sich daran zu erinnern, daß

die äußeren Lasten,	die am Bauteil angreifen,
Schnittgrößen —	Längs- und Querkräfte, Biege- und Drehmomente — bewirken, die im Bauteil
Beanspruchungen —	Normalspannungen als Zug- und Druckspannungen sowie Schubspannungen als Scher- und Torsionsspannungen — hervorrufen und ihrerseits stets
elastische oder plastische Verformungen —	Verlängerungen, Verkürzungen, Querkontraktionen, Durchbiegungen, Schiebungen und Verdrehungen —

zur Folge haben.

Die aus den äußeren Lasten herrührenden Schnittgrößen werden gewonnen, indem die Bauteile an der betrachteten Stelle gedanklich aufgeschnitten werden — Bilden einer Schnittstelle.

Die Schnittgrößen an den jeweiligen Schnittufern als Summe der Beanspruchungen müssen dann mit den äußeren Lasten dieses Ufers im Gleichgewicht stehen.

Die Beanspruchungen, ermittelt aus den Schnittgrößen, werden mit den Werkstoffgrenzwerten:

Zugfestigkeit, Fließgrenze, Schwell- und Wechselfestigkeit, Zeitstandfestigkeit usw.

unter Beachten von *Kerbwirkung, Oberflächen-* und *Größeneinfluß* nach *Festigkeitshypothesen* verglichen.

Das *Prinzip der gleichen Gestaltfestigkeit* [7, 205] strebt mittels geeigneter Wahl von Werkstoff und Form eine über die vorgesehene Betriebszeit überall gleich hohe Ausnutzung der Festigkeit an. Es ist wie auch das Streben nach Leichtbau [120] dann anzuwenden, wenn wirtschaftliche Gesichtspunkte nicht entgegenstehen.

Diese wichtige Festigkeitsbetrachtung, die der Konstrukteur sehr häufig vornimmt, verführt oft dazu, die die Beanspruchung begleitenden Verformungen zu vernachlässigen. Sie ihrerseits vermitteln aber vielfach erst das Verständnis für das Verhalten der Bauteile, also für ihr Bewähren oder Versagen.

2. Prinzip der direkten und kurzen Kraftleitung

In Übereinstimmung mit Leyer [118] ist dieses Prinzip sehr bedeutsam:

Ist eine Kraft oder ein Moment von einer Stelle zu einer anderen bei möglichst *kleiner Verformung* zu leiten, dann ist der *direkte* und *kürzeste* Kraftleitungsweg der zweckmäßigste.

Die direkte und kurze Kraftleitung belastet nur wenige Zonen. Die Kraftleitungswege, deren Querschnitte ausgelegt werden müssen, sind ein Minimum hinsichtlich

— Werkstoffaufwand (Volumen, Gewicht) und
— resultierender Verformung.

Das ist besonders dann der Fall, wenn es gelingt, die Aufgabe nur unter Zug- oder Druckbeanspruchung zu lösen, weil diese Beanspruchungsarten im Gegensatz zur Biege- und Torsionsbeanspruchung die geringeren Verformungen zur Folge haben. Beim druckbeanspruchten Bauteil muß allerdings die Knick- und Beulgefahr besonders beachtet werden.

Wünscht man hingegen ein nachgiebiges, mit *großer elastischer Verformung* behaftetes Bauteil, so ist die Gestaltung unter einer *Biege-* und/oder *Torsionsbeanspruchung* im allgemeinen der wirtschaftlichere Weg.

Das in Bild 6.20 dargestellte Problem der Auflage eines Maschinengrundrahmens auf ein Betonfundament unter verschiedenen Aufgabenstellungen zeigt, wie mit der Wahl unterschiedlicher Lösungen andere Federsteifigkeiten der Abstützung entstehen und ein ganz verschiedenes Kraft-Verformungs-Verhalten erzielt wird. Das hat wiederum Konsequenzen für die betriebliche Eignung: Eigenfrequenz und Resonanzlage, Nachgiebigkeit bei zusätzlicher Belastung usw. Die steiferen Lösungen erreicht man hier bei gleichem oder geringerem Material- und Raumauf-

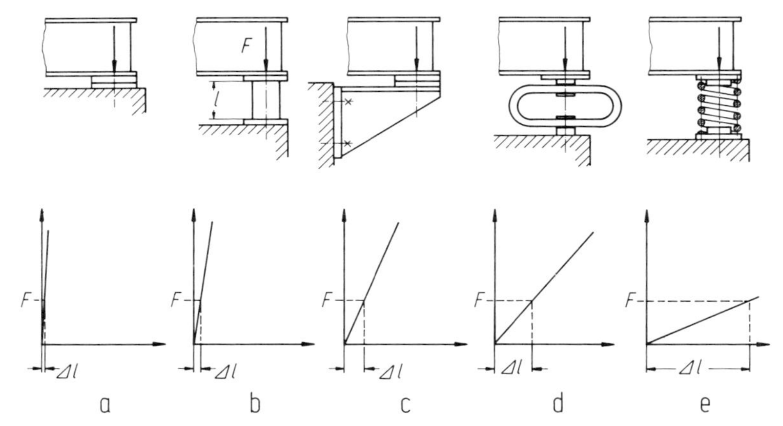

Bild 6.20. Abstützung eines Maschinenrahmens auf dem Betonfundament;
a) sehr steifer Kraftleitungsweg infolge kleiner Wege und geringer Beanspruchung in Auflageplatten
b) längere, aber noch steife Kraftleitung mittels druckbeanspruchter Rohre oder Kastenprofile
c) wenig steifer Träger mit merklicher Biegeverformung, steifere Konstruktion nur mit größerem Materialaufwand möglich
d) gewollt nachgiebiger, biegebeanspruchter Bügel zum Messen von Auflagekräften nach Größe und Verlauf, z. B. mittels Dehnungsmeßstreifen
e) sehr nachgiebige Auflage mittels torsionsbeanspruchter Feder zur Abstimmung in bezug auf Resonanzlage

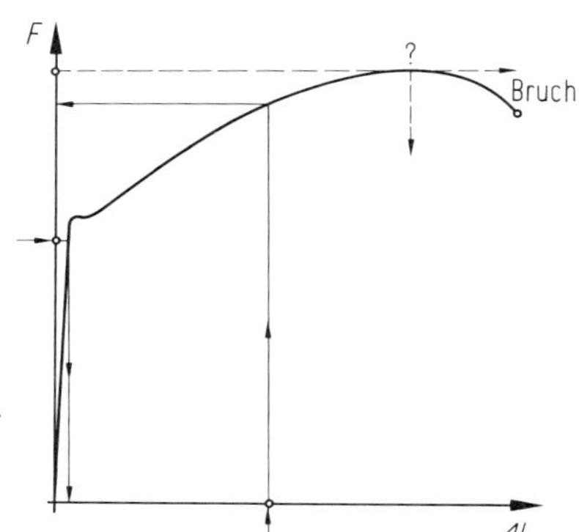

Bild 6.21. Kraft-Verformungs-Diagramm zäher Werkstoffe. Pfeile deuten Zusammenhang von Ursache und Wirkung an

wand mit einem kurzen druckbeanspruchten Bauteil, die nachgiebigere mit der torsionsbeanspruchten Feder. Verfolgt man viele konstruktive Lösungen, findet man diese Erscheinung bestätigt: z. B. Torisionsstabfeder beim Auto oder weichverlegte Rohrleitungen, die von Biege- und Torsionsverformungen Gebrauch machen.

Die Wahl der Mittel hängt also primär von der Art der Aufgabe ab, ob es sich um eine Kraftleitung handelt, bei der

— die Haltbarkeit bei möglichst hoher Steifigkeit des Bauteils eine bestimmende Rolle spielt oder
— ob gewünschte Kraft-Verformungs-Zusammenhänge erfüllt werden müssen und die Haltbarkeit nur eine begleitende, aber zu beachtende Frage ist.

Wird die *Fließgrenze überschritten*, so ist gemäß Bild 6.21 folgendes zu beachten:

1. Wird ein Bauteil durch eine Kraft belastet, ist die sich einstellende Verformung eine zwangsläufige Folge. Wird dabei die Fließgrenze überschritten, ist die in der Rechnung vorausgesetzte Proportionalität zwischen Kraft und Verformung mehr oder weniger unkontrolliert gestört: bei relativ geringen Kraftänderungen in der Nähe des Gipfels der Kraft-Verformungs-Kurve können instabile Zustände auftreten, die zum Bruch führen, weil die tragenden Querschnitte sich stärker vermindern können als der Verfestigung des Werkstoffes bei plastischer Verformung entspricht. Beispiel: Zugstab, Zentrifugalkraft auf Scheibe, Gewichtslast am Seil. Entsprechende Sicherheit gegenüber der Fließgrenze ist nötig.

2. Wird ein Bauteil verformt, ist eine sich einstellende Reaktionskraft die Folge. Solange sich die aufgezwungene Verformung nicht ändert, ändern sich auch die Kraft und die Beanspruchung nicht. Verbleibt man vor dem Gipfel, ist ein stabiler Zustand vorhanden, der es gestattet, auch ohne Gefahr die Fließgrenze zu überschreiten. Oberhalb der Fließgrenze hat eine größere Änderung der Verformung nur eine geringe Kraftänderung zur Folge. Es dürfen allerdings zu der so gewonnenen Vorspannlast keine weiteren gleichsinnigen Betriebslasten hinzukommen, da dann die Verhältnisse wie unter 1. gelten. Eine weitere Voraussetzung ist Verwendung zäher Werkstoffe und Vermeidung gleichsinnig mehrachsiger Spannungszustände. Beispiele: Hochverformter Schrumpfverband, vorgespannte Schraube ohne Betriebslast, Klemmverbindung.

3. Prinzip der abgestimmten Verformungen

Eine kraftflußgerechte Gestaltung sucht scharfe „Kraftflußumlenkungen" und eine Änderung der „Kraftflußdichte" infolge schroffer Querschnittsübergänge zu vermeiden, damit keine ungleichmäßigen Beanspruchungsverteilungen mit hohen Spannungsspitzen auftreten. Diese so entwickelte Kraftflußvorstellung ist zwar recht anschaulich, genügt aber oft nicht, die maßgeblichen Einflüsse erkennbar werden zu lassen. Auch hier liegt der Schlüssel zum Verständnis im Verformungsverhalten der beteiligten Bauteile.

Nach dem Prinzip der abgestimmten Verformungen sind die beteiligten Komponenten so zu gestalten, daß unter Last eine weitgehende *Anpassung* mit Hilfe entsprechender, jeweils *gleichgerichteter Verformungen* bei möglichst *kleiner Relativverformung* entsteht.

Als Beispiel seien zunächst die Löt- und Klebverbindungen angeführt, bei denen die Löt- oder Klebschicht einen anderen Elastizitätsmodul hat als das zu verbindende Grundmaterial. Bild 6.22 a zeigt den Verformungszustand, wie er in [129] dargestellt wurde. Die Verformungen und die Löt- bzw. Klebschicht sind der Anschaulichkeit halber stark übertrieben: Unter der Last F, die an der Verbindungsstelle von Teil 1 an das Teil 2 weitergeleitet wird, entstehen zunächst unterschiedliche Verformungen in den einzelnen überlappten Teilen. Die verbindende Klebschicht wird besonders an den Randzonen infolge der von Teil 1 und 2 verursachten unterschiedlichen Relativverformung verzerrt, denn Teil 1 hat an dieser Stelle noch die volle Kraft F und ist daher gedehnt; Teil 2 hat noch keine Kraft übernommen, diese Zone ist nicht gedehnt. Die unterschiedliche Schiebung in der Klebschicht er-

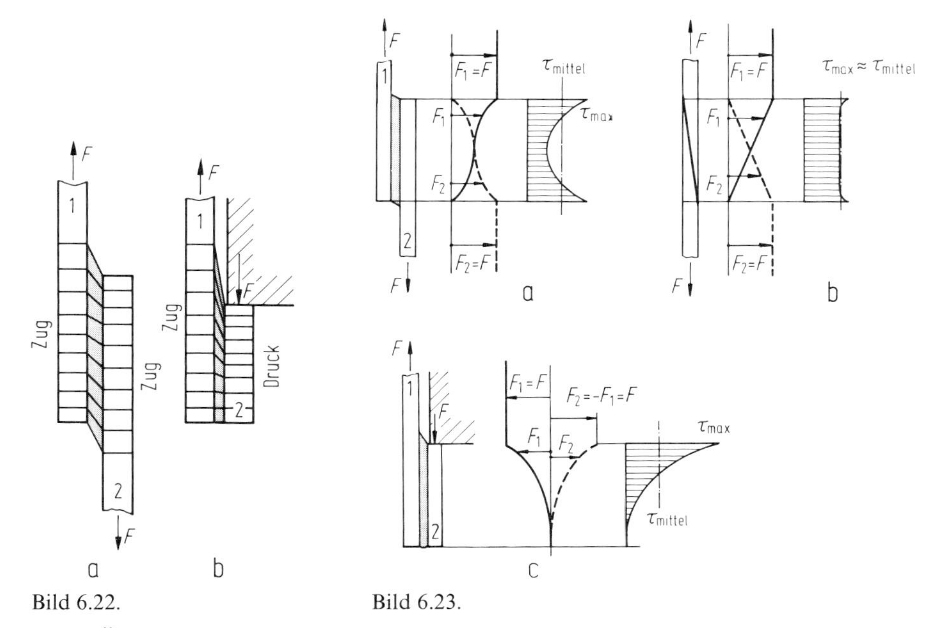

Bild 6.22. Bild 6.23.

Bild 6.22. Überlappte Kleb- oder Lötverbindung mit stark übertriebenen Verformungen nach [129];
a) gleichgerichtete Verformung in Teil 1 und 2
b) entgegengerichtete Verformung in Teil 1 und 2

Bild 6.23. Kraft- und Scherspannungsverteilung in überlappter Verbindung mit Kleb- oder Lötschicht nach [125];
a) einseitig überlappt (Biegebeanspruchung vernachlässigt)
b) geschäftet mit linear abnehmender Blechdicke
c) starke „Kraftflußumlenkung“ mit entgegengerichteter Verformung (Biegebeanspruchung vernachlässigt)

zeugt eine wesentlich über die mittlere rechnerische Scherspannung hinausgehende örtlich höhere Beanspruchung.

Ein besonders schlechtes Ergebnis mit sehr hohen Verformungsunterschieden ist bei der Anordnung Bild 6.22 b gegeben, weil infolge entgegengerichteter, nicht aufeinander abgestimmter Verformungen der Teile 1 und 2 die Schiebung in der Klebschicht stark vergrößert wird. Hieraus ist zu lernen, daß die Verformungen gleichgerichtet und die Verformungsbeträge wenn möglich gleich sein sollen. Magyar [125] hat die Kraft- und Schubspannungsverhältnisse rechnerisch untersucht. Das Ergebnis ist auf Bild 6.23 qualitativ wiedergegeben.

Bekannt ist diese Erscheinung auch bei Schraubenverbindungen unter Anwendung sogenannter Druck- und Zugmuttern [244]. Die Druckmutter (Bild 6.24 a) wird gegenüber der zugbelasteten Schraube entgegengerichtet verformt. Bei Annäherung an eine Zugmutter (Bild 6.24 b) ergibt sich in den ersten Gewindegängen eine gleichgerichtete Verformung, die eine geringere Relativverformung und daher eine gleichmäßigere Beanspruchungsverteilung bewirkt. Wiegand [244] hat dies mit dem Nachweis einer besseren Dauerhaltbarkeit bestätigen können. Nach neueren

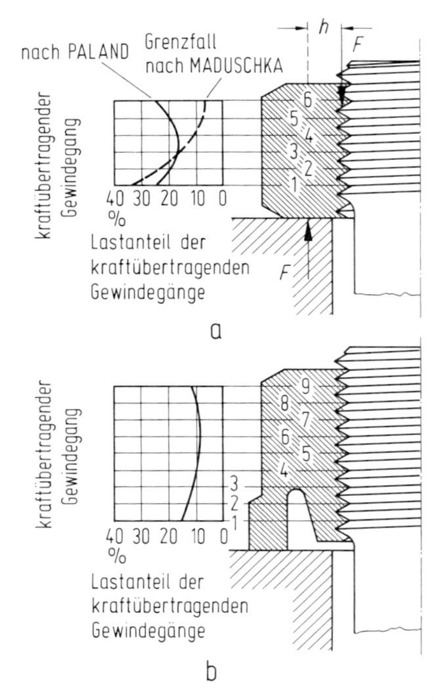

Bild 6.24. Mutterformen und Beanspruchungsverteilung nach [244];
a) Druckmutter, Grenzfall nach Maduschka [123], nach Paland [160] mit Rücksicht auf Verformung unter Umstülpmoment $F \cdot h$
b) Kombinierte Zug-Druck-Mutter mit gleichgerichteter Verformung im Zugteil

Untersuchungen von Paland [160] ist die Druckmutter allerdings nicht so ungünstig wie von Maduschka [123] angegeben, weil das auf sie einwirkende Stülpmoment $F \cdot h$ eine zusätzliche Verformung der Mutter an der Druckauflage nach außen erzwingt und so die ersten Gewindegänge entlastet. Eine solche entlastende Verformung der Mutter infolge des Stülpmoments sowie aber auch infolge Biegung der Gewindezähne kann ebenso mit der Wahl eines geringeren Elastizitätsmoduls, z. B. Titan [102], merklich verstärkt werden. Würden dagegen die entlastenden Verformungen mit Hilfe einer sehr steifen Mutter oder eines sehr kleinen Hebelarms h unterbunden, entsteht eine Lastverteilung ähnlich der, wie sie Maduschka angegeben hat.

Als weiteres Beispiel sei eine Wellen-Naben-Verbindung in Form eines Schrumpfsitzes angeführt. Im wesentlichen ist dies wieder ein Verformungsproblem der beiden beteiligten Bauteile (bezüglich Biegemomentübertragung vgl. [82]). Beim Durchleiten des Torsionsmoments erleidet die Welle eine Torsionsverformung, die in dem Maße abgebaut wird, wie das Torsionsmoment an die Nabe übergeben wird. Die Nabe ihrerseits verformt sich entsprechend dem nun zunehmenden Torsionsmoment.

Nach Bild 6.25 treffen die maximalen Verformungen mit entgegengesetzten Vorzeichen bei A aufeinander (entgegengerichtete Verformung) und bewirken damit eine merkliche Verschiebung der Oberflächen am Nabensitz gegeneinander. Bei Wechsel- oder Schwellmomenten kann dies zu einer Reibrostbildung führen, abgesehen davon, daß die Zonen am rechten Ende praktisch an einer Verformung nicht mehr teilnehmen und so auch nichts zur Drehmomentenübertragung beitragen.

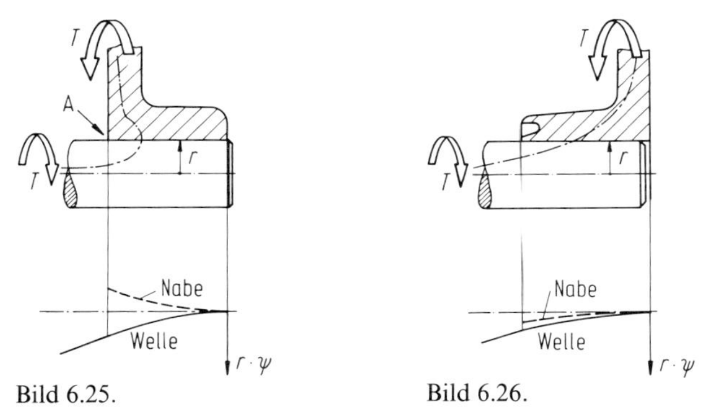

Bild 6.25. Bild 6.26.

Bild 6.25. Wellen-Naben-Verbindung mit starker „Kraftflußumlenkung", hier entgegengerichtete Torsionsverformung bei A zwischen Welle und Nabe (ψ Verdrehwinkel)

Bild 6.26. Wellen-Naben-Verbindung mit allmählicher „Kraftflußumlenkung", hier gleichgerichtete Torsionsverformung über der ganzen Nabenlänge (ψ Verdrehwinkel)

Die Lösung in Bild 6.26 ist hinsichtlich des Beanspruchungsverlaufs sehr viel günstiger, weil die resultierenden Verformungen gleichgerichtet sind. Die beste Lösung ergibt sich, wenn die Nabenverdrehsteifigkeit so abgestimmt ist, daß sie der Torsionsverformung der Welle entspricht. Auf diese Weise müssen sich alle Zonen an der Kraftübertragung beteiligen, und man gewinnt eine gleichmäßigere Kraftflußverteilung, die das geringste Beanspruchungsniveau ohne größere Beanspruchungsspitzen hat.

Auch wenn statt des Schrumpfsitzes eine Paßfederverbindung vorgesehen wäre, würde die Anordnung nach Bild 6.25 wegen der entgegengerichteten Torsionsverformung in der Nähe der Stelle A eine hohe Flächenpressungsspitze bewirken. Die Anordnung nach Bild 6.26 hingegen kann wegen der gleichgerichteten Verformung eine gleichmäßige Pressungsverteilung sicherstellen [133].

Angewandt wird das Prinzip der abgestimmten Verformung außerdem bei Lagerstellen, die so gestaltet werden, daß das Lager eine der Wellenverformung entsprechend abgestimmte Verformung oder Einstellung ermöglicht: Bild 6.27.

Erinnert sei noch an die Maßnahmen bei der Gestaltung von Schweißverbindungen; hier werden Schrumpfspannungen, die beim Erkalten entstehen, und Beanspruchungsspitzen durch Kraftflußumlenkungen mit Hilfe von „elastischen Zungen" abgebaut [8, 12].

Das Prinzip der abgestimmten Verformungen ist nicht nur bei der Leitung von Kräften von einem Bauteil an das andere zu beachten, sondern auch bei der Verzweigung oder Sammlung von Kräften bzw. Momenten. Bekannt ist das Problem des gleichzeitigen Antriebs von Rädern, die in großem Abstand angeordnet werden müssen, z. B. bei Kranlaufwerken. Die auf Bild 6.28 a gezeigte Anordnung hat links wegen des kurzen Kraftleitungswegs eine relativ hohe, der rechte Teil eine im Verhältnis der Längen l_1/l_2 niedrigere Torsionssteifigkeit. Beim Aufbringen des Drehmoments wird sich daher das linke Rad zuerst in Bewegung setzen, während das rechte noch stillsteht, weil erst die Abrollbewegung links die nötige Torsionsverformung rechts zur Momentenübertragung ermöglicht. Das Laufwerk erhält stets eine Schieflauftendenz.

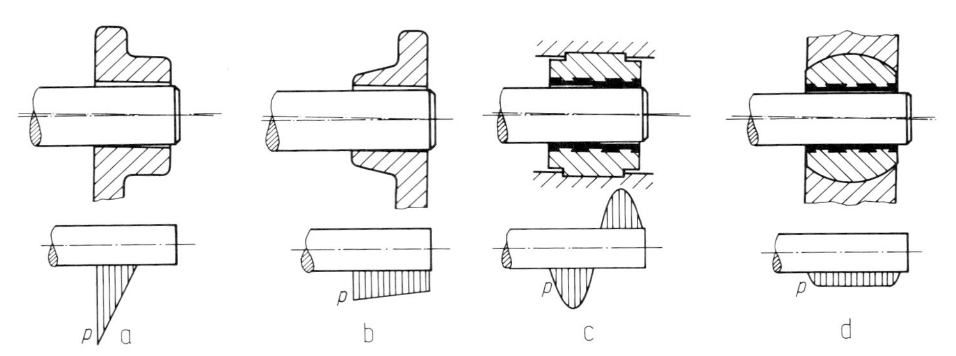

Bild 6.27. Krafteinleitung bei Lagerstellen;
a) Kantenpressung infolge mangelnder Anpassung des Lagerauges an die verformte Welle
b) gleichmäßigere Lagerpressung infolge Abstimmung der Verformungen
c) fehlende Einstellbarkeit auf Wellenverformung
d) gleichmäßiger Lagerdruck infolge Anpassungsfähigkeit der Lagerbuchse

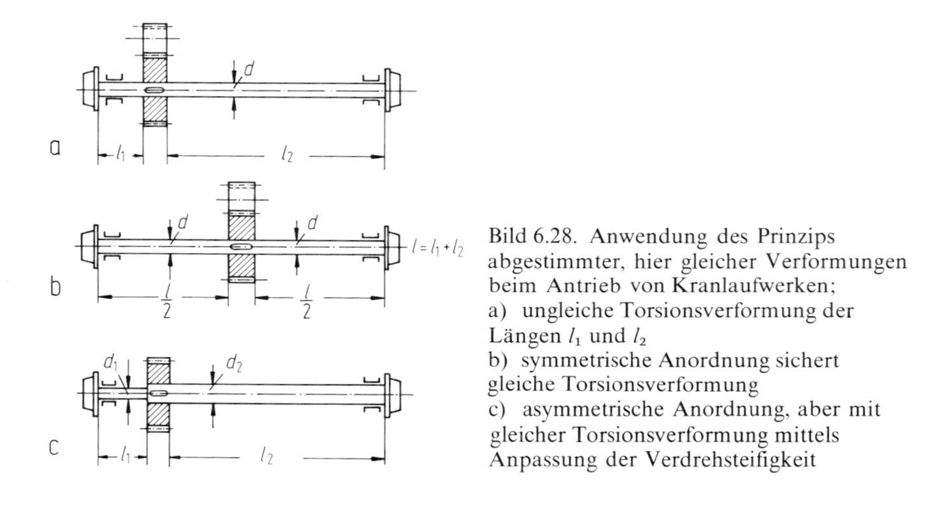

Bild 6.28. Anwendung des Prinzips abgestimmter, hier gleicher Verformungen beim Antrieb von Kranlaufwerken;
a) ungleiche Torsionsverformung der Längen l_1 und l_2
b) symmetrische Anordnung sichert gleiche Torsionsverformung
c) asymmetrische Anordnung, aber mit gleicher Torsionsverformung mittels Anpassung der Verdrehsteifigkeit

Wesentlich ist, für beide Wellenteile die gleiche Torsionssteifigkeit vorzusehen, die eine entsprechende Aufteilung des Anfahrdrehmoments bewirkt. Sie kann auf zwei verschiedene Weisen erzielt werden, wenn man bei nur einer Drehmomenteinleitungsstelle bleibt:
— Symmetrische Anordnung (Bild 6.28 b) oder
— Anpassen der Verdrehsteifigkeit der entsprechenden Wellenteile (Bild 6.28 c).

4. Prinzip des Kraftausgleichs

Diejenigen Kräfte und Momente, die der direkten Funktionserfüllung dienen, wie Antriebsmoment, Umfangskraft, aufzunehmende Last usw. können entsprechend der Definition der Hauptfunktion als *funktionsbedingte Hauptgrößen* angesehen werden.

Daneben entstehen aber sehr oft Kräfte und Momente, die nicht zur direkten Funktionserfüllung beitragen, sich aber nicht vermeiden lassen, z. B.

— der Axialschub einer Schrägverzahnung,
— die resultierenden Kräfte aus einer Druck × Flächen-Differenz, z. B. an der Beschaufelung einer Strömungsmaschine oder an Stell- und Absperrorganen,
— Spannkräfte zur Erzeugung einer reibschlüssigen Verbindung,
— Massenkräfte bei einer hin- und hergehenden oder rotierenden Bewegung,
— Strömungskräfte, sofern sie nicht Hauptgrößen sind.

Solche Kräfte oder Momente begleiten die Hauptgrößen und sind ihnen fest zugeordnet. Sie werden als *begleitende Nebengrößen* bezeichnet und können entsprechend der Definition der Nebenfunktion unterstützend wirken oder aber nur zwangsläufig begleitend auftreten.

Die Nebengrößen belasten die Kraftleitungszonen der Bauteile zusätzlich und erfordern entsprechende Auslegung oder weitere aufnehmende Wirkflächen und Elemente wie Absteifungen, Bunde, Lager usw. Dabei werden Gewichte und Massen größer, und oft entstehen noch zusätzliche Reibungsverluste. Daher sollen die Nebengrößen möglichst an ihrem Entstehungsort ausgeglichen werden, damit ihre Weiterleitung nicht eine schwerere Bauart oder verstärkte Lager und Aufnahmeelemente nötig machen.

Wie schon in [151] ausgeführt, kommen für einen solchen Kraftausgleich im wesentlichen zwei Lösungsarten in Betracht:

— Ausgleichselemente oder
— symmetrische Anordnung.

Auf Bild 6.29 ist schematisch dargestellt, wie an einer Strömungsmaschine, einem schrägverzahnten Getriebe und einer Kupplung die Kräfte solcher Nebengrößen grundsätzlich ausgeglichen werden können. Dabei ist das Prinzip der kurzen und direkten Kraftleitung, die möglichst wenig Kraftleitungszonen erfaßt, beachtet worden. Auf diese Weise werden keine Lagerstellen zusätzlich belastet und der Bauaufwand insgesamt so gering wie möglich gehalten.

Bezüglich des Ausgleichs von Massenkräften ist die rotationssymmetrische Anordnung von Natur aus in sich ausgeglichen, bei hin- und hergehenden Massen wendet man dieselben prinzipiellen Lösungsarten an, wie Beispiele aus dem Motorenbau zeigen, wenn eine geringe Zylinderzahl einen Ausgleich untereinander nur unvollkommen ermöglicht. Verwendet werden Ausgleichselemente bzw. -gewichte oder -wellen [168] sowie symmetrische Zylinderanordnungen, z. B. Boxermotor.

In der Regel, die aber von übergeordneten Gesichtspunkten durchbrochen werden kann, wird man das Ausgleichselement bei relativ mittleren, die symmetrische Anordnung bei relativ großen auszugleichenden Kräften vorziehen.

Zusammenfassend ergibt sich bei der Leitung von Kräften, wobei das physikalisch nicht definierbare aber anschauliche Vorstellungsbild des *Kraftflusses* hilfreich ist:

— Der Kraftfluß muß stets geschlossen sein,
— scharfe Umlenkungen des Kraftflusses und eine Änderung der Kraftflußdichte infolge
— schroffer Querschnittsänderungen

sind zu vermeiden.

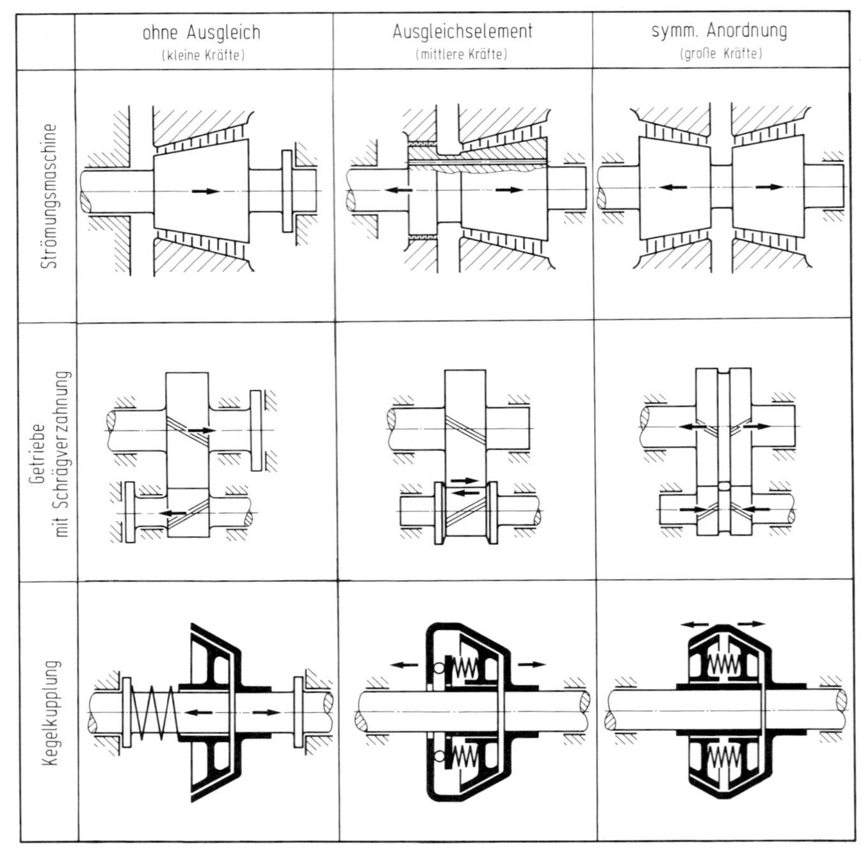

Bild 6.29. Grundsätzliche Lösungen für Kraftausgleich am Beispiel einer Strömungsmaschine, eines Getriebes und einer Kupplung

Die Kraftflußvorstellung sollte durch Beachtung folgender Prinzipien ergänzt werden:

Das *Prinzip der gleichen Gestaltfestigkeit*
strebt mittels geeigneter Wahl von Werkstoff und Form eine über die vorgesehene Betriebszeit überall gleich hohe Ausnutzung der Festigkeit an.

Das *Prinzip der direkten und kurzen Kraftleitung*
bewirkt ein Minimum an Werkstoffaufwand, Volumen, Gewicht und Verformung und ist besonders dann anzuwenden, wenn ein steifes Bauteil erwünscht ist.

Das *Prinzip der abgestimmten Verformungen*
beachtet die von der Beanspruchung hervorgerufenen Verformungen, sucht Anordnungen mit einem gegenseitig abgestimmten Verformungsmechanismus, damit Beanspruchungserhöhungen vermieden werden und die Funktion zuverlässig erfüllt wird.

Das *Prinzip des Kraftausgleichs*
sucht mit Ausgleichselementen oder mit Hilfe einer symmetrischen Anordnung die die Hauptgrößen begleitenden Nebengrößen auf kleinstmögliche Zonen zu beschränken, damit Bauaufwand und Verluste so gering wie möglich bleiben.

6.4.2. Prinzip der Aufgabenteilung

1. Zuordnung der Teilfunktionen

Schon beim Aufstellen der Funktionsstruktur und deren Variation stellt sich die Frage, inwieweit mehrere Funktionen durch nur eine ersetzt werden können oder ob eine Funktion in mehrere weitere Teilfunktionen aufgeteilt werden muß (vgl. 5.3).

Diese Fragen ergeben sich in analoger Form auch jetzt, wenn es gilt, die erforderlichen Funktionen mit der zweckmäßigen Wahl und Zuordnung von Funktionsträgern zu erfüllen:

— Welche Teilfunktionen können mit nur einem Funktionsträger erfüllt werden?
— Welche Teilfunktionen müssen mit mehreren voneinander abgegrenzten Funktionsträgern realisiert werden?

Hinsichtlich der Zahl der Komponenten und des Raum- und Gewichtsbedarfs wäre nur ein Funktionsträger anzustreben, der mehrere Funktionen umfaßt. Bezüglich des Fertigungs- und Montagevorgangs kann aber wegen der möglichen Kompliziertheit eines solchen Bauteils bereits dieser Vorteil in Frage gestellt sein. Dennoch wird man aus wirtschaftlichen Gründen zunächst danach trachten, mehr als eine Funktion mit einem Funktionsträger zu verwirklichen.

Eine Reihe von Baugruppen und Einzelteilen übernehmen mehrere Funktionen gleichzeitig oder nacheinander:

So dient die Welle, auf die ein Zahnrad aufgesetzt ist, gleichzeitig zur Leitung des Torsionsmoments und der Drehbewegung sowie zur Aufnahme der aus der Zahnnormalkraft entstehenden Biegemomente und Querkräfte. Weiterhin übernimmt sie die axialen Führungskräfte, bei Schrägverzahnung zusätzlich die Axialkraftkomponente aus der Verzahnung und sorgt zusammen mit dem Radkörper für genügende Formsteifigkeit, damit ein gleichmäßiger Zahneingriff über der Radbreite gewährleistet ist.

Eine Rohrflanschverbindung ermöglicht Verbindung und Trennung von Rohrleitungsstücken, stellt die Dichtigkeit der Trennstelle her und leitet alle Rohrkräfte und -momente weiter, die entweder aus der Rohrvorspannung oder aus Folgeerscheinungen des Betriebs durch Wärmedehnung oder durch nicht ausgeglichene Rohrkräfte entstehen.

Ein Turbinengehäuse normaler Bauart bildet den strömungsrichtigen Zu- und Abfluß für das energietragende Medium, bietet die Halterung für die Leitschaufeln, leitet die Reaktionskräfte an das Fundament bzw. die Auflage und sichert den dichten Abschluß nach außen.

Eine Druckbehälterwand in einer Chemieanlage muß ohne Beeinflussung des chemischen Prozesses eine Haltbarkeits- und Dichtungsaufgabe bei gleichzeitiger Korrosionsabwehr über lange Zeit erfüllen.

Ein Rillenkugellager vermag neben der Zentrieraufgabe sowohl Radial- als auch Axialkräfte bei relativ geringem Bauvolumen zu übertragen und ist in dieser Eigenschaft ein beliebtes Maschinenelement.

Die Vereinigung mehrerer Funktionen auf nur einen Funktionsträger stellt oft eine recht wirtschaftliche Lösung dar, solange dadurch keine schwerwiegenden Nachteile entstehen. Solche Nachteile ergeben sich aber meist dann, wenn

— die Leistungsfähigkeit des Funktionsträgers bis zur Grenzleistung bezüglich einer oder mehrerer Funktionen gesteigert werden muß,
— das Verhalten des Funktionsträgers bezüglich einer wichtigen Bedingung unbedingt eindeutig und unbeeinflußt bleiben muß.

In der Regel ist es bei mehreren Funktionen dann nicht mehr möglich, den Funktionsträger hinsichtlich der zu fordernden Grenzleistung oder hinsichtlich seines eindeutigen Verhaltens optimal zu gestalten. In diesen Fällen macht man vom Prinzip der Aufgabenteilung Gebrauch [155]. Nach dem *Prinzip der Aufgabenteilung* wird jeder Funktion ein besonderer Funktionsträger zugeordnet. Die Aufteilung einer Funktion auf mehrere Funktionsträger kann in Grenzfällen zweckmäßig sein.

Das Prinzip der Aufgabenteilung

— gestattet eine weitaus bessere Ausnutzung des betreffenden Bauteils,
— erlaubt eine höhere Leistungsfähigkeit,
— sichert ein eindeutiges Verhalten und unterstützt dadurch die Grundregel „eindeutig" (vgl. 6.3.1),

weil mit der Trennung der einzelnen Aufgaben eine für jede Teilfunktion angepaßte optimale Gestaltung und eindeutigere Berechnung möglich sind. Im allgemeinen wird der bauliche Aufwand größer.

Um zu prüfen, ob das Prinzip der Aufgabenteilung sinnvoll angewandt werden kann, *analysiert* man die *Funktionen* und prüft nach, ob bei der gleichzeitigen Erfüllung mehrerer Funktionen

— Einschränkungen oder
— gegenseitige Behinderungen bzw. Störungen

entstehen.

Ergibt die Funktionsanalyse eine solche Situation, ist eine Aufgabenteilung auf eigens abgestimmte Funktionsträger, die jeweils nur die spezielle Funktion erfüllen, zweckmäßig.

2. Aufgabenteilung bei unterschiedlichen Funktionen

Beispiele aus verschiedenen Gebieten zeigen, wie vom Prinzip der Aufgabenteilung bei unterschiedlichen Funktionen vorteilhaft Gebrauch gemacht werden kann.

Bei großen Getrieben als Vermittler zwischen Turbine und Generator bzw. Kompressor besteht der Wunsch, an der Abtriebsseite des Getriebes aus Gründen der Wärmedehnung des Fundaments und der Lager sowie wegen der torsionsschwingungsmäßigen Eigenschaften eine radialnachgiebige und torsionsweiche Welle bei möglichst kurzer axialer Länge zu haben [150]. Die Getrieberadwelle muß aber wegen der Zahneingriffsverhältnisse möglichst starr sein. Hier hilft das Prinzip der Aufgabenteilung, indem das Getrieberad auf einer steifen Hohlwelle

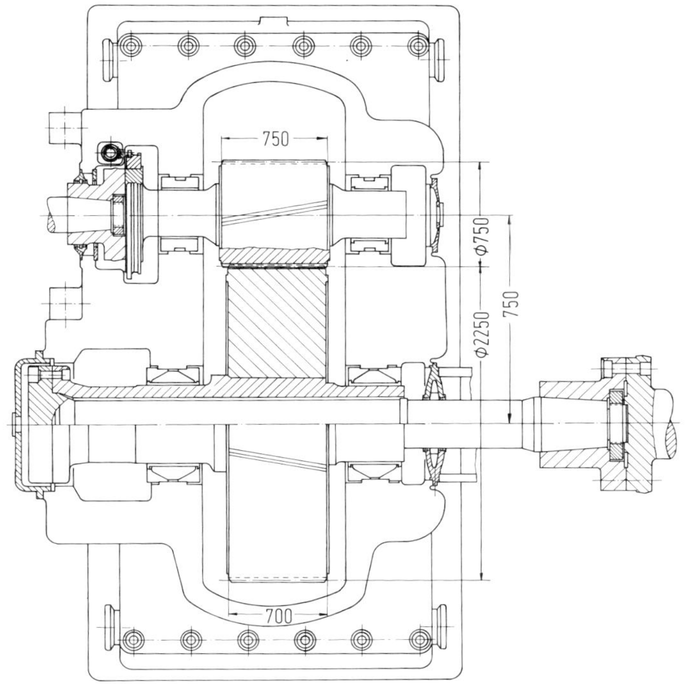

Bild 6.30. Großes Leistungsgetriebe mit Torsionswelle im Abtrieb; Lagerkräfte gehen über steife Hohlwelle, Torsionswelle radial nachgiebig und torsionsweich nach [150] (Bauart Siemens-Maag)

mit möglichst kurzem Lagerabstand angeordnet wird, der radial- und torsionsnachgiebige Wellenteil als innere Torsionswelle ausgebildet wird: Bild 6.30.

Rohrwände moderner Zwangsdurchlaufkessel werden als Membranrohrwände nach Bild 6.31 gebaut. Der Feuerraum muß gasdicht sein, wenn eine Druckfeuerung verwendet wird. Weiterhin soll die Wärmeübertragung an das Kesselwasser möglichst gut sein, was geringe Wanddicken bei großen Oberflächen bedingt. Andererseits bestehen Wärmedehnprobleme und Druckdifferenzen zwischen Feuerraum und Umgebung. Hinzu kommt das Eigengewicht der Wände. Das komplexe Problem wird nach dem Prinzip der Aufgabenteilung gelöst: Die Rohrwände mit den aneinandergeschweißten Lippen bilden den dichten, abgeschlossenen Feuerraum. Die Kräfte aus der Druckdifferenz werden an gesonderte Tragkonstruktionen außerhalb des warmen Bereichs weitergegeben, die auch das Eigengewicht der meist hängenden Wände aufnehmen. Gelenkige Abstützungen zwischen Rohrwand und Tragkonstruktion sorgen für weitgehend unbehinderte Wärmedehnung.

Jedes Teil kann so seiner speziellen Aufgabe gemäß zweckentsprechend gestaltet werden.

Die Klammerverbindung einer Heißdampfleitung (Bild 6.32) ist ebenfalls nach dem Prinzip der Aufgabenteilung aufgebaut. Kraftleiten und Abdichten werden von verschiedenen Funktionsträgern übernommen: Die Dichtfunktion übernimmt die Schweißmembrandichtung, gleichzeitig wird über den Stützteil der Schweißmembrandichtung eine Druckkraft aus der Verspannung durch die Klammer gelei-

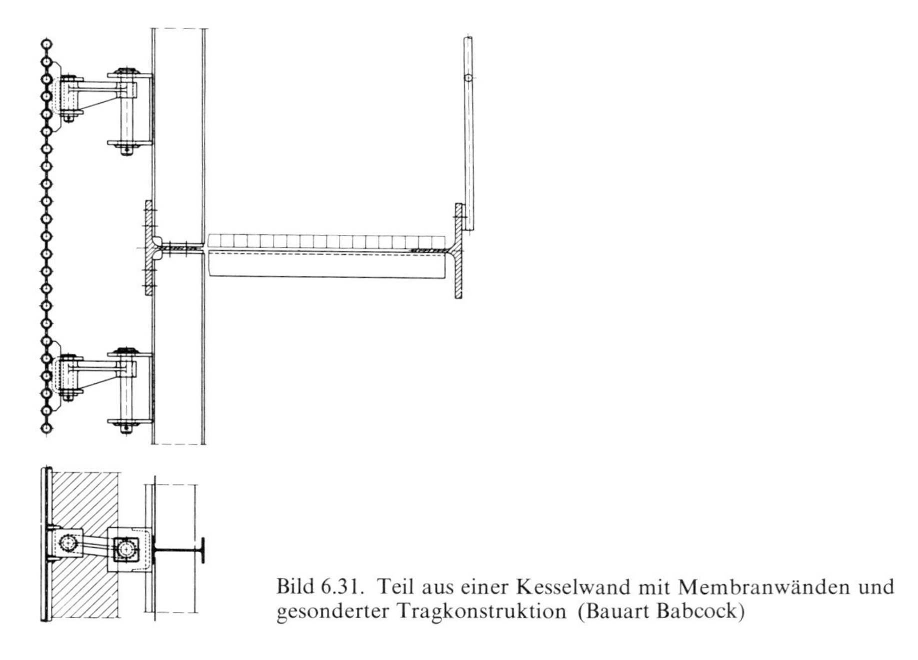

Bild 6.31. Teil aus einer Kesselwand mit Membranwänden und gesonderter Tragkonstruktion (Bauart Babcock)

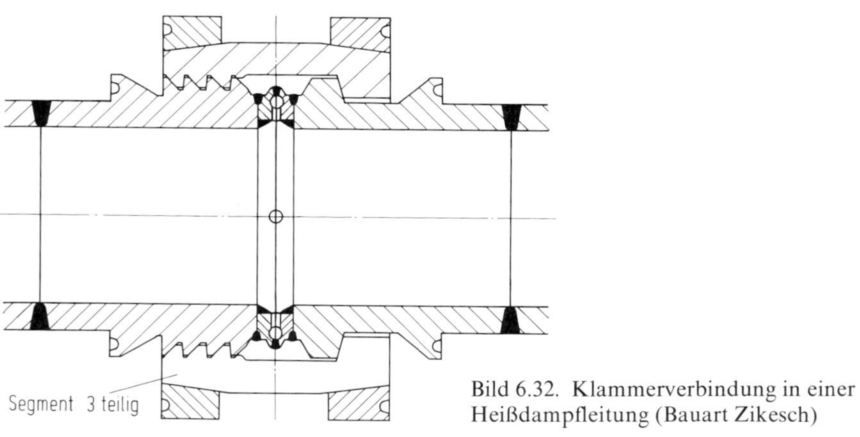

Bild 6.32. Klammerverbindung in einer Heißdampfleitung (Bauart Zikesch)

tet. Zugkräfte oder Biegemomente vermag die Dichtung kaum aufzunehmen, ihre Funktion und Haltbarkeit wären gestört. Alle Rohrleitungskräfte und -momente werden von der Klammerverbindung übernommen, die wiederum nach dem Prinzip der Aufgabenteilung gestaltet ist. Mittels Formschluß gibt die aus Segmenten gebildete Klammer Kräfte und Biegemomente weiter. Die Schrumpfringe halten ihrerseits die Klammersegmente reibschlüssig auf einfache und zweckmäßige Weise zusammen. Jedes Teil läßt sich seiner Aufgabe gemäß optimal gestalten und ist für sich gut berechenbar.

Gehäuse von Strömungsmaschinen müssen für einen in allen Betriebs- und Wärmezuständen dichten Abschluß sorgen, sollen das Strömungsmedium möglichst

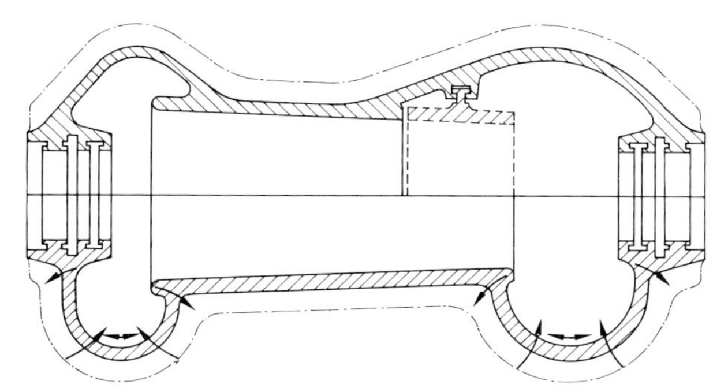

Bild 6.33. Axialgeteiltes Turbinengehäuse nach [166]; untere Hälfte konventionell, obere Hälfte mit Schaufelträger

verlust- und wirbelfrei führen, müssen den Leitschaufelkanal bilden und die Leitschaufeln selbst halten. Vor allem geteilte Gehäuse mit einem axialen Teilflansch neigen bei Temperaturänderungen an den Übergangsstellen von Einlauf bzw. Auslauf zum Schaufelkanal wegen der erzwungenen starken Gehäuseformänderung zum Verzug und Undichtwerden [166].

Weitgehende Abhilfe bringt ein Schaufelträger, der eine Aufgabenteilung ermöglicht. Der Leitschaufelkanal und die Schaufelbefestigung können ohne Rücksicht auf das größere Gehäuse mit seinen Ein- und Auslaufpartien gestaltet werden. Das äußere Gehäuse vermag man nun ausschließlich nach Haltbarkeits- und Dichtigkeitsgesichtspunkten auszulegen: Bild 6.33.

Ein weiteres Beispiel sei dem Apparatebau im Zusammenhang mit der Ammoniak-Synthese entnommen. Stickstoff und Wasserstoff werden in einem Behälter bei hohen Drücken und Temperaturen zusammengeführt. Bei ferritischen Stählen würde der Wasserstoff in den Stahl eindringen, ihn entkohlen und eine Zersetzung an den Korngrenzen unter Bildung von Methan bewirken [72]. Die konstruktive Lösung wird ebenfalls nach dem Prinzip der Aufgabenteilung möglich. Die Dichtungsaufgabe übernimmt ein austenitisches, also gegen Wasserstoffkorrosion beständiges Futterrohr, die Stütz- und Haltbarkeitsaufgabe erfüllt der umschließende Druckbehälter aus hochfestem, aber nicht gegen Wasserstoff beständigen ferritischem Stahl.

Bei elektrischen Leistungsschaltern gemäß Bild 6.34 werden zwei oder sogar drei Kontaktsysteme vorgesehen, bei denen Kontaktpaar *1* beim Schließen oder Öffnen des Schalters zunächst den Spannungsstoß (Lichtbogen) aufnimmt, während die Hauptschaltstücke *3* die eigentliche Stromübertragung im Beharrungszustand ermöglichen. Die Abreißschaltstücke werden dabei von einem Abbrand befallen, d. h. sie sind als Verschleißteile zu betrachten, während die Hauptkontakte hinsichtlich Berührungsfläche für die spezielle Strombelastung ausgelegt werden müssen.

Eine Aufgabenteilung ist z. B. auch auf Bild 6.35 zu erkennen: Die Ringfeder-Spannelemente übertragen das Drehmoment, und die daneben angeordnete Zylinderfläche stellt den zentrischen und taumelfreien Sitz der Riemenscheibe sicher, was das Spannelement allein, wenigstens bei höheren Genauigkeitsansprüchen, nicht zu bieten vermag.

Ein weiteres Beispiel findet man in Wälzlageranordnungen, bei denen zur Erhöhung der Lebensdauer des Festlagers die Aufnahme von Radial- und Axialkräften

Bild 6.34.

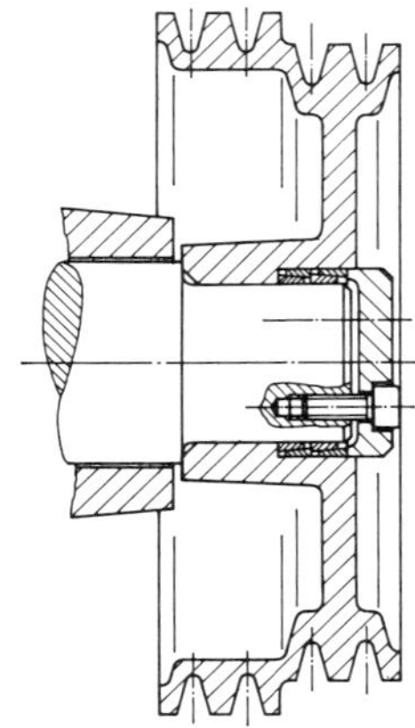

Bild 6.35.

Bild 6.34. Kontaktanordnung eines Leistungsschalters (Bauart AEG)
1 Abreißschaltstück; *2* Zwischenschaltstücke; *3* Hauptschaltstücke

Bild 6.35. Ringfeder-Spannelemente mit besonderer Zentrierung

sehr klar getrennt wird: Bild 6.36. Das Rillenkugellager ist am Außenring radial nicht geführt und dient so bei kleinem Raumbedarf ausschließlich zur Aufnahme von Axialkräften, das Rollenlager übernimmt dagegen nur die Radialkräfte.

Konsequent ist weiterhin das Prinzip der Aufgabenteilung bei den Mehrstoff-Flachriemen verfolgt. Sie bestehen einerseits aus einem Kunststoffband, das in der Lage ist, die hohen Zugkräfte zu übertragen, andererseits ist die Laufseite dieses Bandes mit einer Chromlederschicht versehen, die für einen hohen Reibwert zur Leistungsübertragung sorgt. Ein weiteres Beispiel ist in Bild 6.15 für eine Rotorblattbefestigung eines Hubschraubers zu finden.

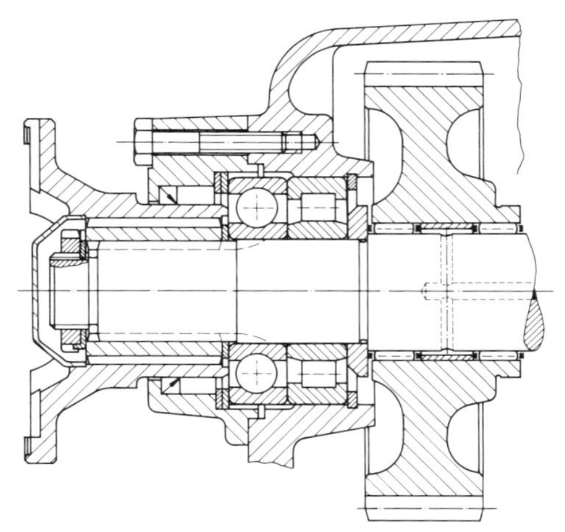

Bild 6.36. Festlager mit Trennung der Radial- und Axialkraftübernahme

3. Aufgabenteilung bei gleicher Funktion

Wird infolge Leistungs- oder Größensteigerung eine Grenze erreicht, kann sie durch Aufteilen der gleichen Funktion auf mehrere gleiche Funktionsträger überwunden werden. Im Prinzip handelt es sich um eine Leistungsverzweigung und eine anschließende Sammlung. Hierfür können ebenfalls viele Beispiele angeführt werden:

Die Übertragungsfähigkeit eines Keilriemens, der selbst nach dem Prinzip der Aufgabenteilung aufgebaut ist, kann nicht durch eine Querschnittsvergrößerung (Zahl der übertragenden Zugstränge pro Riemen) beliebig gesteigert werden, weil bei gleichem Scheibendurchmesser eine steigende Riemenhöhe h (Bild 6.37) die Biegebeanspruchung steigen läßt. Die damit verbundene Verformungsarbeit wächst, und das wärmeflußhemmende, mit Hystereseeigenschaften behaftete Gummifüllmaterial erfährt eine zu große Erwärmung, was die Lebensdauer verringern

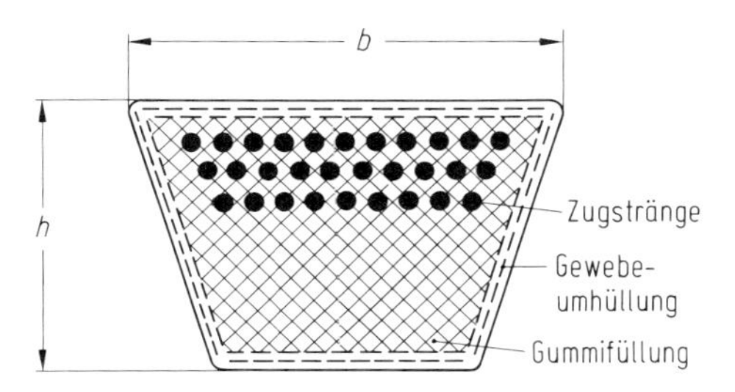

Bild 6.37. Querschnitt durch einen Keilriemen

würde. Eine überproportionale Breite des Riemens dagegen würde seine notwendige Quersteifigkeit zur Aufnahme der an den Keilflächen wirkenden Normalkräfte unzulässig herabsetzen. Die Leistungssteigerung ergibt sich, wenn die Gesamtleistung in entsprechende Teilleistungen aufgeteilt wird, die jeweils die Grenzleistung des Einzelriemens unter Berücksichtigung seiner Lebensdauer darstellen (Mehrfachanordnungen paralleler Keilriemen).

Heißdampfleitungen aus Austenit mit dem um etwa 50% höheren Wärmeausdehnungskoeffizienten gegenüber üblichem ferritischen Rohrstahl haben eine hohe Steifigkeit. Bei gleichem Innendruck und gleichen Werkstoffgrenzwerten bleibt das Verhältnis Außen-/Innendurchmesser einer Rohrleitung konstant, wenn man den Innendurchmesser variiert. Der Durchsatz hängt bei konstanter Strömungsgeschwindigkeit von der 2. Potenz, die Biege- und Torsionssteifigkeit von der 4. Potenz des Innendurchmessers ab. Eine Aufteilung in z Rohrstränge statt eines großen Rohrs würde bei gleichem Querschnitt, allerdings steigenden Druck- und Wärmeverlusten, die für die Wärmedehnung so hinderliche Steifigkeit um $1/z$ herabsetzen. Bei vier bzw. acht Rohrsträngen ergibt sich dann nur noch $\frac{1}{4}$ bzw. $\frac{1}{8}$ der Reaktionskräfte bei einem großen steifen Rohr [30, 206]. Außerdem werden durch Wanddikkenreduzierung die Wärmespannungen herabgesetzt.

Zahnradgetriebe, insbesondere Planetengetriebe, machen durch Mehrfacheingriff vom Prinzip der Aufgabenteilung, hier Leistungsteilung, Gebrauch. Da das Ritzel ohnehin dauerfest ausgelegt ist, kann, solange die Erwärmung in beherrschbaren Grenzen bleibt, mit Mehrfacheingriff die übertragbare Leistung gesteigert werden. Bei der rotationssymmetrischen Anordnung von Planetengetrieben nach Kraftausgleichsprinzipien (vgl. 6.4.1 – 4) entfällt sogar die Wellenbiegung infolge der Zahnnormalkräfte, allerdings wird die Torsionsverformung wegen des größeren Leistungsflusses stärker: Bild 6.38. In großen Leistungsgetrieben macht man von diesem Prinzip in den sogenannten Mehrweggetrieben, die dann nur mit den genauer herstellbaren außenverzahnten Stirnrädern ausgerüstet sind, vorteilhaft Gebrauch. Wie in [57] dargestellt, ist eine der Anzahl der Leistungsflüsse entsprechende Leistungssteigerung möglich. Allerdings kann sie nicht ganz proportional stei-

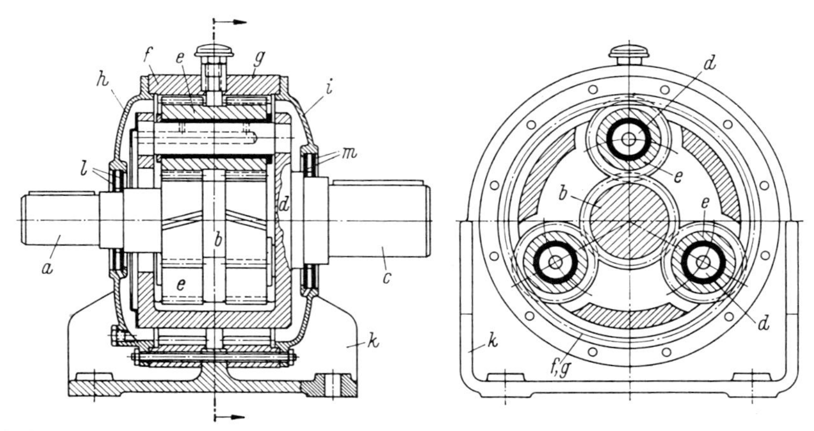

Bild 6.38. Planetengetriebe mit Leistungsverzweigung und frei einstellbarem Ritzel nach [2]

gen, weil in den einzelnen Stufen eine andere Flankengeometrie mit etwas höherer Flankenbeanspruchung entsteht. Grundsätzliche Anordnungen zeigt Bild 6.39.

Problematisch bleibt beim Prinzip der Aufgabenteilung mit gleicher Funktion die gleichmäßige Heranziehung aller Teilelemente zur vollen Funktionserfüllung, d. h. die Sicherstellung einer gleichmäßigen Kraft- bzw. Leistungsverteilung. Sie kann im allgemeinen nur erreicht werden, wenn die beteiligten Elemente

- sich entweder auf die Kraftwirkung im Sinne eines Kraftausgleichs selbsttätig einstellen können oder
- eine flache Kennlinie zwischen maßgebender Größe (Kraft, Moment usw.) und ausgleichender Eigenschaft (Federweg, Nachgiebigkeit usw.) haben.

Im Fall des Keilriemenantriebs muß der Umfangskraft eine hinreichend große Riemendehnung gegenüberstehen, die Toleranzabweichungen in der Riemenlänge und unterschiedliche Wirkdurchmesser infolge von Abmessungstoleranzen am Riemen und in der Scheibenrille oder von Parallelitätsfehlern der Wellen mit nur sehr geringer Kraftänderung ausgleicht.

Beim Beispiel der Rohrleitung müssen die einzelnen Rohrwiderstände, Zu- und Abströmverhältnisse sowie auch die Geometrie der Rohranordnung möglichst gleich bzw. die einzelnen Verlustbeiwerte klein und von der Strömungsgeschwindigkeit wenig beeinflußbar sein.

Bezüglich der Mehrweggetriebe muß eine streng symmetrische Anordnung für gleiche Steifigkeiten und Temperaturverteilungen über dem Umfang sorgen. Mittels gelenkiger oder sehr nachgiebiger Anordnungen oder Einstellelemente [58] ist das gleichmäßige Teilnehmen aller Komponenten an der Kraftleitung zu sichern.

Bild 6.40 gibt ein Beispiel für eine nachgiebige Anordnung. Weitere Ausgleichsmittel wie elastische und gelenkige Glieder sind in [58] zu finden.

Insgesamt bietet das Prinzip der Aufgabenteilung eine Steigerung der Grenzleistung oder der Anwendungsbereiche. Bei Aufteilung auf verschiedene Funktionsträger gewinnt man eindeutige Verhältnisse hinsichtlich Wirkung und Beanspruchung. Bei der Aufteilung einer gleichen Funktion auf mehrere, aber gleiche Funk-

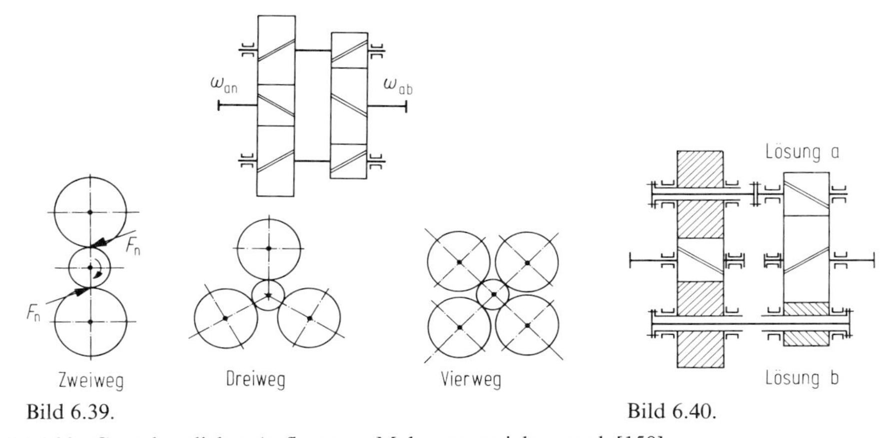

Bild 6.39. Grundsätzlicher Aufbau von Mehrweggetrieben nach [150]

Bild 6.40. Lastausgleich bei Mehrweggetrieben mittels elastischer Torsionswellen nach [150]

tionsträger kann man ebenfalls spezifische Grenzen hinausschieben, wenn man mit entsprechend einstellbaren oder sich selbst anpassenden Elementen für einen allseits gleichen Leistungs- bzw. Kraftfluß sorgt.

Im allgemeinen steigt der bauliche Aufwand, was eine insgesamt höhere Wirtschaftlichkeit oder Sicherheit ausgleichen muß.

6.4.3. Prinzip der Selbsthilfe

1. Begriffe und Definitionen

Im vorhergehenden Abschnitt wurde das Prinzip der Aufgabenteilung besprochen, bei deren Anwendung eine größere Grenzleistung und ein eindeutigeres Verhalten der Bauteile ermöglicht wird. Dies wurde nach einer Analyse der Teilfunktionen mit getrennter Zuordnung entsprechender Funktionsträger erreicht, die sich in ihrer Wirkungsweise nicht gegenseitig beeinflussen oder stören.

Nach einer analytischen Betrachtung der Teilfunktionen und ihrer in Betracht kommenden Funktionsträger kann

> nach dem *Prinzip der Selbsthilfe* durch geschickte Wahl der Systemelemente und ihrer Anordnung im System selbst eine sich gegenseitig unterstützende Wirkung erzielt werden, die hilft, die Funktion besser zu erfüllen.

Der Begriff der Selbsthilfe umfaßt in einer Normalsituation (Normallast) die Bedeutung von gleichsinnig mitwirken aber auch entlasten und ausgleichen, in einer Notsituation (Überlast) die Bedeutung von schützen oder retten.

Bei einer selbsthelfenden Konstruktion entsteht die erforderliche *Gesamtwirkung* aus einer Ursprungswirkung und einer Hilfswirkung.

Die *Ursprungswirkung* leitet den Vorgang ein, stellt die notwendige Anfangssituation sicher und entspricht in vielen Fällen bezüglich der Wirkung der herkömmlichen Lösung ohne Hilfswirkung, jedoch mit entsprechend kleinerer Wirkungshöhe.

Die *Hilfswirkung* wird aus funktionsbedingten Hauptgrößen (Umfangskraft, Drehmoment usw.) und/oder aus deren begleitenden Nebengrößen (Axialkraft aus Schrägverzahnung, Zentrifugalkraft, Kraft aus Wärmedehnung usw.) gewonnen, sofern eine definierte Zuordnung zwischen ihnen gegeben ist.

Eine Hilfswirkung kann aber auch mit Hilfe einer anderen Kraftflußverteilung und damit geänderten aber tragfähigeren Beanspruchungsart oder -verteilung gewonnen werden.

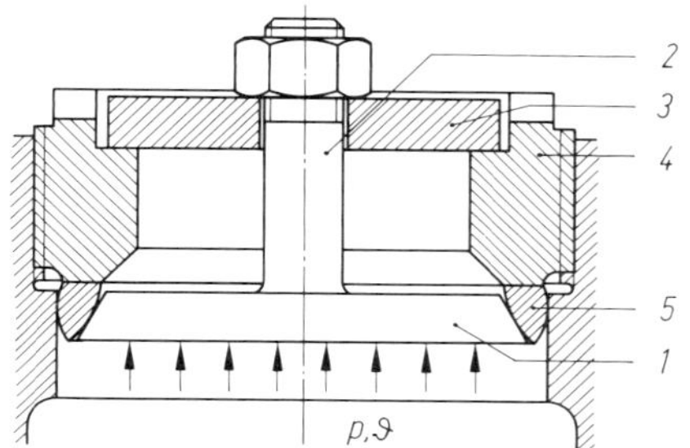

Bild 6.41. Selbstdichtender Deckelverschluß
1 Deckel; *2* zentrale Schraube; *3* Traverse; *4* Gewindestück mit Sägezahngewinde; *5* Metall-Dichtring; p Innendruck; ϑ Temperatur

Die Anregung, das Prinzip der Selbsthilfe zu formulieren, geht auf den sogenannten Bredtschneider-Uhde-Verschluß zurück, der einen selbstdichtenden Dekkelverschluß vornehmlich für Druckbehälter darstellt [181]. Bild 6.41 zeigt schematisch eine solche Anordnung. Der Deckel *1* wird mit Hilfe einer zentralen Schraube *2* über die Traverse *3* und Gewindestück *4* gegen die Dichtung *5* mit einer relativ geringen Kraft gepreßt. Diese Kraft stellt die Initial- oder Ursprungswirkung dar und sorgt dafür, daß die Teile in der richtigen Lage miteinander Kontakt haben. Mit zunehmendem Betriebsdruck p wird nun aus der Deckelkraft = Innendruck × Deckelfläche eine Hilfswirkung aufgebaut, die die Dichtkraft an den Dichtstellen sowohl am Deckel als auch am Gehäuse im notwendigen Maße als gewünschte Gesamtwirkung steigen läßt. Mit Hilfe des jeweiligen Betriebsdrucks wird der dazugehörige Dichtdruck am Dichtring also selbsttätig erzeugt.

Angeregt durch diese selbstdichtende konstruktive Lösung wurde dann in [154] das Prinzip der Selbsthilfe formuliert und von Kühnpast [113] umfassend untersucht und dargestellt.

Es kann zweckmäßig sein, den Anteil der Hilfswirkung H an der Gesamtwirkung G quantitativ anzugeben; man erhält dann den

$$\text{Selbsthilfegrad}\, \varkappa = H/G = 0 \ldots 1.$$

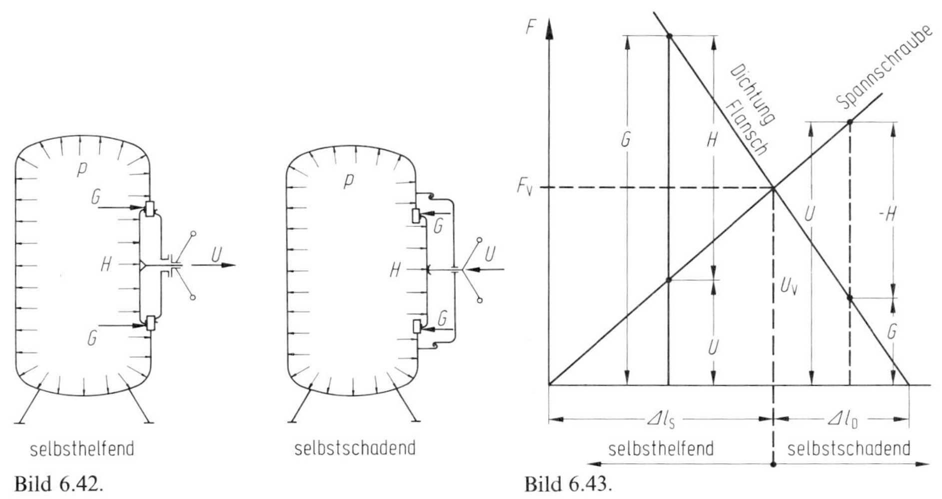

Bild 6.42. Bild 6.43.

Bil 6.42. Anordnung eines Mannlochdeckels
U Ursprungswirkung; *H* Hilfswirkung; *G* Gesamtwirkung; *p* Innendruck

Bild 6.43. Verspannungsdiagramm zu Bild 6.42
F Kräfte; F_V Vorspannkraft; Δl Längenänderung; Index S: Spannschraube; Index D: Dichtung/Flansch

Den Gewinn, den man mit der selbsthelfenden Lösung erreichen kann, bezieht man auf eine oder mehrere technische Anforderungen: Wirkungsgrad, Gebrauchsdauer, Werkstoffausnutzung, technische Grenze usw.

Er wird definiert als

$$\text{Selbsthilfegewinn } \gamma = \frac{\text{techn. Kenngröße mit Selbsthilfe}}{\text{techn. Kenngröße ohne Selbsthilfe}}$$

Ist mit dem Prinzip der Selbsthilfe ein konstruktiver Mehraufwand verbunden, muß mit dem Selbsthilfegewinn ein entsprechender Vorteil entstehen, der bei einer technisch-wirtschaftlichen Bewertung zum Ausdruck kommt.

Gleiche konstruktive Mittel können je nach Anordnung *selbsthelfend* oder *selbstschadend* wirken. Als Beispiel sei die Anordnung eines Mannlochdeckels angeführt: Bild 6.42. Solange in dem Behälter ein gegenüber dem Außendruck höherer Druck herrscht, ist die linke Anordnung selbsthelfend, da die Deckelkraft (Hilfswirkung) im Sinne der Spannschraubenkraft (Ursprungswirkung) die Dichtkraft (Gesamtwirkung) erhöht.

Die rechte Anordnung hingegen ist selbstschadend, da die Deckelkraft *H* die Dichtkraft *G* gegen die Schraubenkraft *U* herabsetzt. Würde dagegen im Behälter Unterdruck herrschen, wäre die linke Anordnung selbstschadend, die rechte selbsthelfend (vgl. auch Diagramm in Bild 6.43).

Aus diesem Beispiel kann man erkennen: In bezug auf den Selbsthilfeeffekt sind immer die entstehenden Wirkungen zu betrachten: hier die aus der elastischen Verspannung sich ergebenden Dichtkräfte und nicht die einfache Addition von Spannschraubenkraft und Deckelkraft.

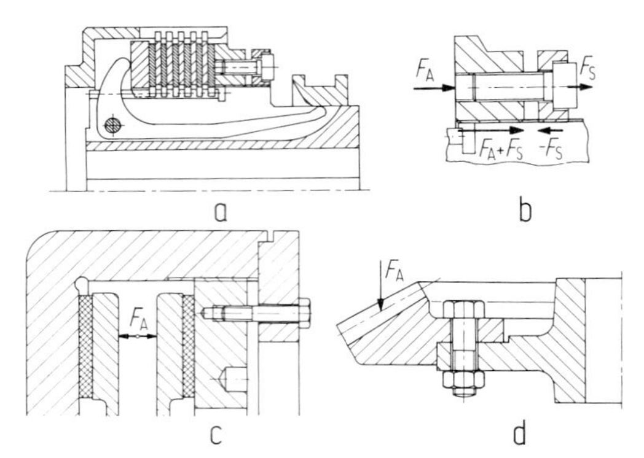

Bild 6.44. Selbstverstärkende, reibschlüssige Verbindungen mit Hilfe von Schrauben; a) Lamellenkupplung mit Einstellring b) Kräfte am Einstellring c) Einstellbare Scheibe an Zweischeiben-Reibungskupplung d) Tellerradbefestigung, symmetrischer Angriff der Kräfte

Tabelle 6.3. Übersicht zu selbsthelfenden Lösungen

	Normallast		Überlast
Art der Selbsthilfe	selbstverstärkend	selbstausgleichend	selbstschützend
Hilfswirkung infolge	Haupt- und Nebengrößen	Nebengrößen	geänderter Beanspruchungsart
Wichtiges Merkmal	Haupt- oder Nebengrößen wirken mit anderen Hauptgrößen gleichsinnig	Nebengrößen wirken Hauptgrößen entgegen	geänderter Kraftfluß z. B. infolge elast. Verformung; Funktionseinschränkung zugelassen

Das Diagramm in Bild 6.43 ist gleichzeitig ein Kraft-Verformungs-Diagramm einer unter Vorspannung und mit Betriebskraft belasteten Schraubenverbindung. Die herkömmliche Flansch-Schrauben-Verbindung kann man als selbstschadend bezeichnen, denn die gewünschte Gesamtwirkung, nämlich die Dichtkraft, wird im Betriebsfall stets kleiner als die ursprüngliche Vorspannkraft.

Die Belastung der Schraube steigt dabei. Wenn möglich, sollten aber Anordnungen gesucht werden, die im selbsthelfenden Bereich liegen, indem mittels Selbsthilfe die gewünschte Gesamtwirkung (Dichtkraft) steigt und die Schraubenbelastung im Betrieb sinkt. (Beispiele für selbsthelfende Anordnung von Schraubenverbindungen findet man in den Bildern 6.44 a – d.)

Mit Rücksicht auf eine gezielte Anwendung in der Praxis ist es zweckmäßig, selbsthelfende Lösungen wie in Tab. 6.3 zu unterteilen.

2. Selbstverstärkende Lösungen

Bei der selbstverstärkenden Lösung wird bereits unter Normallast die Hilfswirkung in fester Zuordnung aus einer funktionsbedingten Hauptgröße und/oder Nebengröße gewonnen, wobei sich eine verstärkte Gesamtwirkung ergibt.

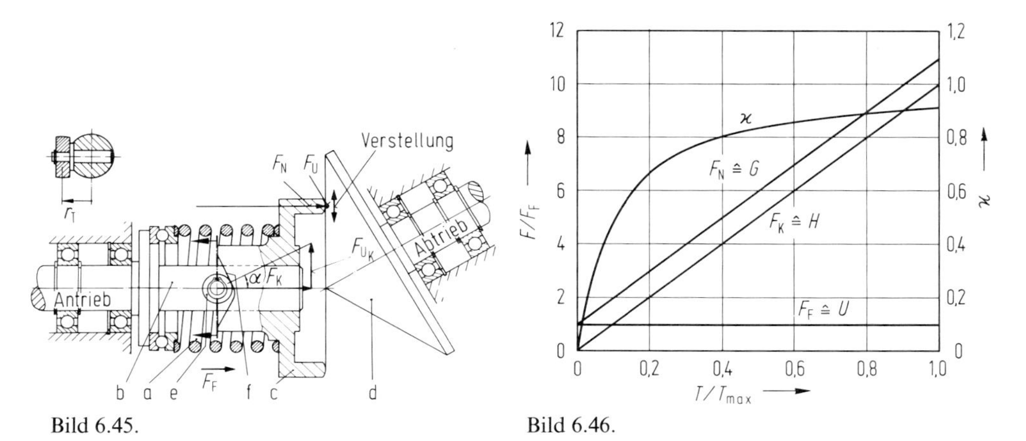

Bild 6.45. Bild 6.46.

Bild 6.45. Stufenlos verstellbares Reibradgetriebe
a Vorspannfeder; *b* Antriebswelle; *c* Topfscheibe; *d* Kegelscheibe; *e* Rolle; *f* schräge Kante an Topfscheibe; r_T Radius, an dem F_{U_K} und F_K angreifen

Bild 6.46. Selbsthilfegrad $\varkappa$ sowie Ursprungs- (*U*), Hilfs- (*H*) und Gesamtwirkung (*G*) in Abhängigkeit vom bezogenen Drehmoment T/T_{max} für Reibradgetriebe nach Bild 6.45

Diese Gruppe von selbsthelfenden Lösungen ist am häufigsten vertreten. Sie bietet im Teillastbereich besondere Vorteile hinsichtlich größerer Gebrauchsdauer, geringeren Verschleißes, besseren Wirkungsgrads usw., weil die kraftführenden Komponenten nur in dem Maße belastet oder eingesetzt werden, wie sie der augenblickliche Leistungs- oder Lastzustand zur Funktionserfüllung gerade erfordert.

Als erstes Beispiel sei ein stufenlos verstellbares Reibradgetriebe (Bild 6.45) besprochen:

Die Feder *a* preßt den auf der Welle *b* frei schiebbaren Topf *c* gegen die Kegelscheibe *d* und stellt damit die Ursprungswirkung (Initialwirkung) sicher. Bei Einleitung eines Drehmoments wird die auf der Welle *b* sitzende Rolle *e* gegen die schräge Kante *f* des Topfs *c* gedrückt und erzeugt dort eine Normalkraft, die sich in eine Umfangskraft F_{U_K} und eine axiale Kraft F_K zerlegt, die ihrerseits die Anpreßkraft F_N auf die Kegelscheibe in fester Zuordnung zum Drehmoment erhöht: $F_K = T/(r_T \cdot \tan\alpha)$.

Die Kraft F_K stellt die aus dem Drehmoment gewonnene Hilfswirkung dar. Die Gesamtwirkung ergibt sich aus der Federkraft F_F (Ursprungswirkung) und der vom Drehmoment *T* abhängigen Kraft F_K (vgl. Diagramm Bild 6.46). Die für das übertragbare Drehmoment maßgebende Umfangskraft ist somit

$$F_U = (F_F + F_K) \cdot \mu,$$

der Selbsthilfegrad $\varkappa = H/G = F_K/(F_F + F_K)$.

Es ist einsichtig, daß z. B. die Pressung an der Reibscheibe, die Verschleiß und Gebrauchsdauer eines solchen Triebs mitbestimmt, nur in dem Maße aufgebaut wird, als es gerade erforderlich ist. Eine konventionelle Lösung ohne Selbstverstärkung hätte eine mit der Federkraft F_F allein aufzubringende Normalkraft entsprechend 100% Drehmoment erfordert, wobei unter allen Lastzuständen die höchste

Pressung an der Reibstelle geherrscht hätte. Damit wären auch die Lagerstellen des Getriebes ständig merklich höher belastet worden, was zu verminderter Gebrauchsdauer oder zu einer schwereren Bauart geführt hätte.

Ein Überschlag zeigt, daß z. B. der Teillastbetrieb von etwa 75% der Nennlast eine Lagerentlastung um etwa 20% bewirkt, was wegen des exponentiellen Zusammenhangs zwischen Lebensdauer und Lagerlast zu einer Verdoppelung der theoretischen Gebrauchsdauer führen kann. Der Selbsthilfegewinn hinsichtlich der Lager-Lebensdauer wird in diesem Fall wie folgt definiert:

$$\gamma_L = \frac{L_{\text{mit Selbsthilfe}}}{L_{\text{ohne Selbsthilfe}}} = \left(\frac{C/(0{,}8\,F_L)}{C/F_L}\right)^p = 1{,}25^p;$$

mit $p=3$ wird $\gamma_L = 2$

Ein weiteres Beispiel in dieser Richtung ist der Sespatrieb [109].

Bild 6.44 zeigt weiterhin selbstverstärkende Anordnungen durch von Schrauben verspannte Kontaktflächen, bei denen die Reibkräfte infolge der Betriebskräfte verstärkt, die Schrauben aber entlastet werden.

Die Anwendung des Prinzips der Selbsthilfe auf selbstverstärkende Bremsen beschreiben Kühnpast [113] und Roth [176]. Je nach Anwendung kann sogar die selbstschadende, hier selbstschwächende Lösung interessant sein, die die Auswirkung von Reibwertschwankungen auf das Bremsmoment reduziert [62, 176].

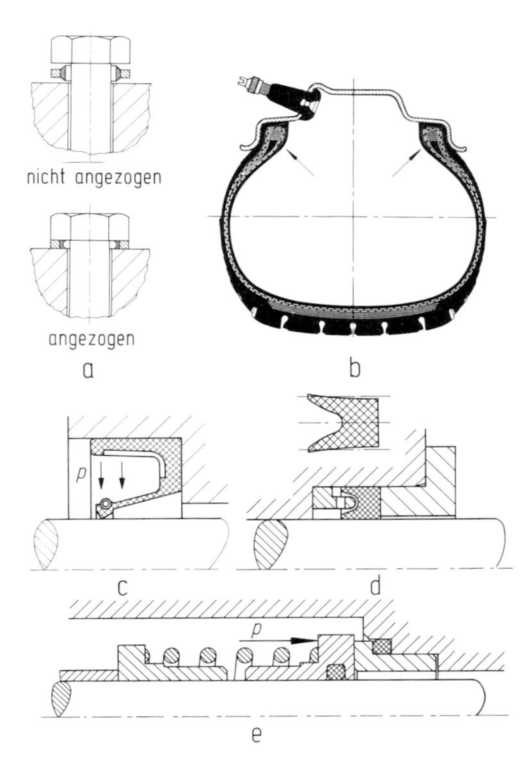

Bild 6.47. Selbstverstärkende Dichtungen;
a) selbstdichtende Unterlegscheibe „Usit-Ring“ b) schlauchloser Autoreifen c) Radial-Wellendichtung d) Manschettendichtung e) Gleitringdichtung

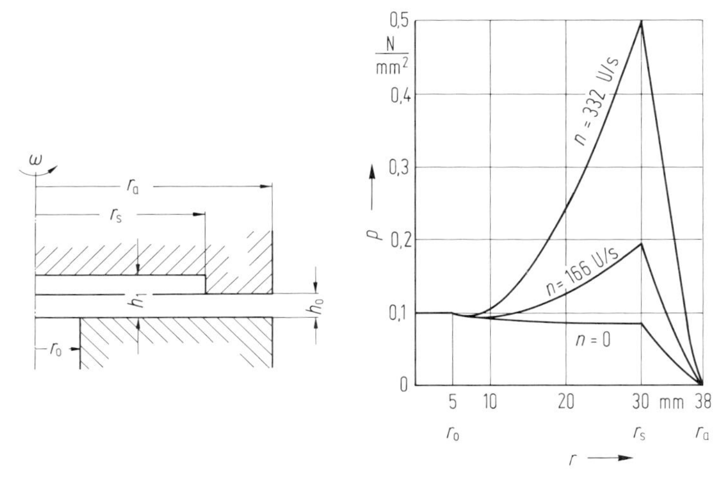

Bild 6.48. Selbsthilfeeffekt bei hydrostatischen Axiallagern nach [113]

Ein weiteres Feld nehmen die selbstverstärkenden Dichtungen ein: Bild 6.47. Hier wird der jeweilige Betriebsdruck, gegen den abgedichtet werden muß, zur Erzeugung der Hilfswirkung herangezogen.

Schließlich soll auch ein Fall nicht unerwähnt bleiben, bei dem eine Nebengröße die Hilfswirkung erzeugt. Bei einem hydrostatischen Axiallager tritt durch Zentrifugalkraftwirkung eine Druckerhöhung ein, die nach Bild 6.48 bei hohen Drehzahlen eine Tragfähigkeitsverbesserung erzielt, sofern die entstehende Wärme abgeführt werden kann. Die Hilfswirkung wäre die Tragfähigkeitsverbesserung infolge des unter Zentrifugalkraftwirkung allein entstehenden kinetischen Öldrucks, die Gesamtwirkung entsteht aus der Tragfähigkeit des statischen und des kinetischen Druckverlaufs. Nach Kühnpast [113] könnte z. B. bei einer Drehzahl von 166 U/s bei einem Selbsthilfegrad von $\varkappa = 0{,}38$ ein Selbsthilfegewinn von $\gamma = 1{,}6$ gegenüber dem Stillstand erreicht werden.

Eine Hilfswirkung einer weiteren Nebengröße, nämlich des Temperatureinflusses bei Schrumpfringen einer Turbine, ist in [154] dargestellt.

3. Selbstausgleichende Lösungen

Bei der selbstausgleichenden Lösung wird ebenfalls bereits unter Normallast die Hilfswirkung aus begleitenden Nebengrößen in fester Zuordnung zu einer Hauptgröße gewonnen, wobei die Hilfswirkung der Ursprungswirkung entgegenwirkt und dadurch einen Ausgleich erzielt, der eine höhere Gesamtwirkung ermöglicht.

Ein einfaches Beispiel ist im Turbomaschinenbau zu finden. Eine auf einem Rotor befestigte Schaufel unterliegt einmal der Biegebeanspruchung der auf sie wirkenden Umfangskraft und zum anderen der Zentrifugalkraftbeanspruchung. Beide addieren einander und gestatten dann wegen Erreichen der zulässigen Spannung nur eine bestimmte übertragbare Umfangskraft: Bild 6.49. Durch Schrägstellen der Schaufel erzeugt man eine Hilfswirkung, indem eine weitere, nun zusätzlich auftretende Biegebeanspruchung aus der am exzentrischen Schwerpunkt der Schaufel an-

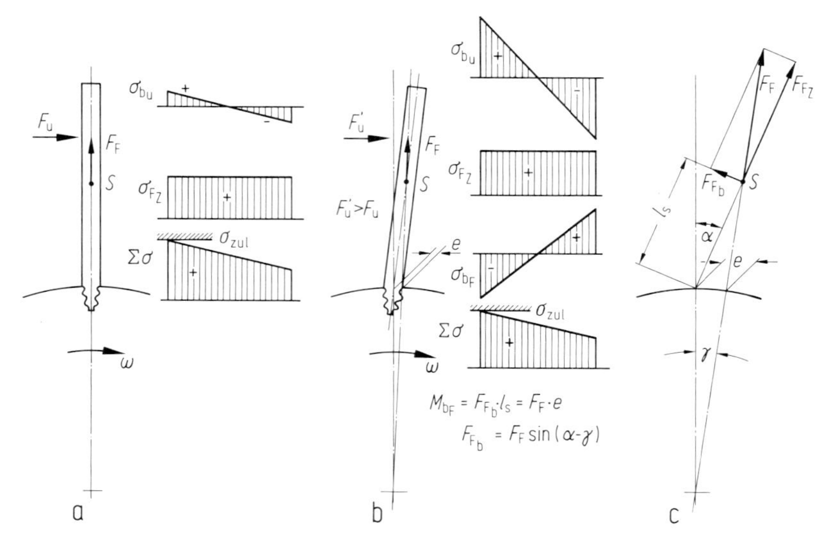

Bild 6.49. Selbstausgleichende Lösung bei der Anordnung von Schaufeln in Strömungsmaschinen;
a) konventionelle Lösung b) Schrägstellung der Schaufel ergibt ausgleichende Hilfswirkung infolge zusätzlicher Fliehkraftbeanspruchung σ_{bF}, die der Schaufelbiegebeanspruchung σ_{bu} entgegenwirkt c) zugehöriges Kräftediagramm

greifenden Zentrifugalkraft der ursprünglichen Biegebeanspruchung entgegenwirkt und so eine größere Umfangskraft, d. h. Schaufelleistung, ermöglicht. Wie weit man einen solchen Ausgleich treibt, hängt von den aerodynamischen und mechanischen Bedingungen ab.

Ein ebenfalls selbstausgleichender Effekt ist z. B. mit Hilfe von Wärmespannungen möglich, indem man die Anordnung so wählt, daß die entstehenden Wärmespannungen den anderen z. B. aus Überdruck oder sonstigen mechanischen Belastungen entgegenwirken: Bild 6.50.

Die Beispiele sollen anregen, in einem technischen System Anordnungen oder Gestaltungen so vorzunehmen, daß

— Kräfte und Momente mit ihren resultierenden Beanspruchungen einander weitgehend aufheben oder
— zusätzliche Kräfte oder Momente in fester, definierter Zuordnung entstehen, die einen solchen Ausgleich zur Leistungserhöhung ermöglichen.

4. Selbstschützende Lösungen

Tritt der Überlastfall ein, so sollte, wenn nicht eine Sollbruchstelle o. ä. gefordert ist, das Bauteil nicht zerstört werden. Dies gilt besonders dann, wenn der Überlastfall in begrenzter Höhe mehrfach auftreten kann. Sind besondere Sicherheitseinrichtungen, die z. B. eine bestimmte Lasthöhe begrenzen müssen, nicht nötig, ist eine selbstschützende Lösung vorteilhaft. Sie bietet sich manchmal auf einfache Weise an.

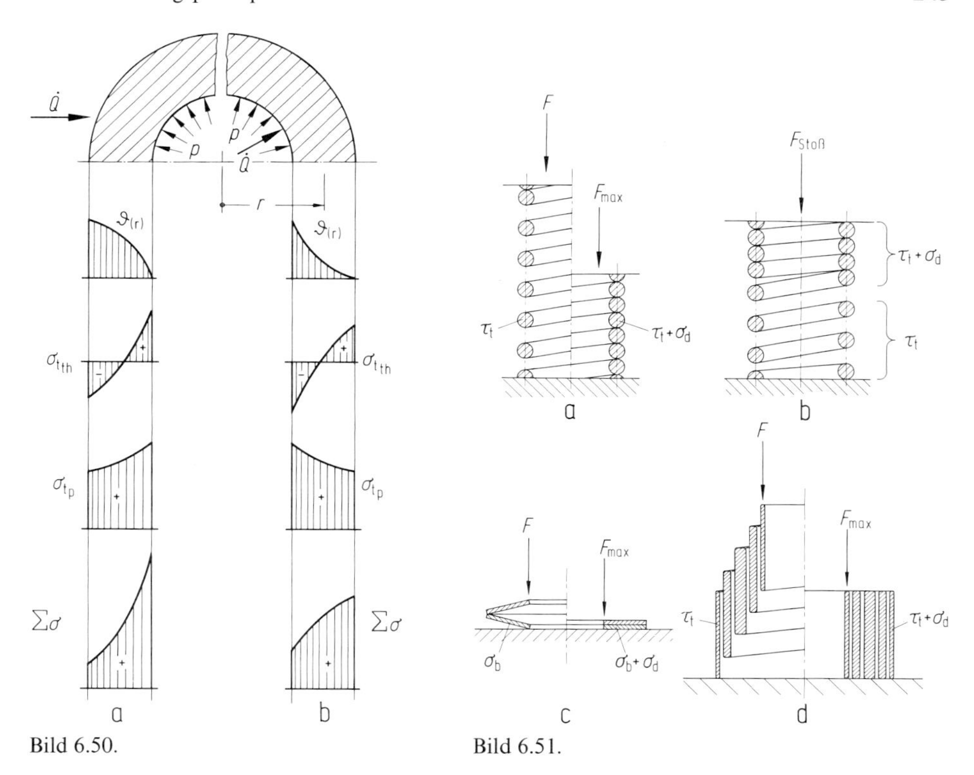

Bild 6.50. Bild 6.51.

Bild 6.50. Tangentialspannungen in einem dickwandigen Rohr infolge des Innendrucks σ_{t_p} und der Temperaturunterschiede unter quasistationärem Wärmefluß $\sigma_{t_{th}}$;
a) nichtausgleichende Lösung, thermische Beanspruchung addiert sich an der Innenfaser zur maximalen mechanischen Beanspruchung
b) selbstausgleichende Lösung, thermische Beanspruchung wirkt an der Innenfaser der maximalen mechanischen Beanspruchung entgegen

Bild 6.51. Selbstschützende Lösung bei Federn; a) bis d) Blocksetzen erzeugt andere Kraftflußverteilung mit geänderter Beanspruchungsart, ursprüngliche Funktionsfähigkeit im Überlastfall aufgehoben bzw. eingeschränkt

Die selbstschützende Lösung bezieht ihre Hilfswirkung aus einem zusätzlichen anderen Kraftleitungsweg, der bei Überlast im allgemeinen mittels elastischer Verformung erreicht wird. Dadurch entsteht eine andere Kraftflußverteilung und somit auch eine andere Beanspruchungsart, die insgesamt tragfähiger ist. Allerdings werden dabei oft die unter Normallast bestehenden funktionellen Eigenschaften entweder geändert, eingeschränkt oder aufgehoben.

Die in Bild 6.51 dargestellten Federelemente haben solche selbstschützenden Eigenschaften. Man bezeichnet dies auch mit Blocksetzen. Die im Normalfall unter Torsions- oder Biegebeanspruchung stehenden Federteile leiten beim Blocksetzen im Überlastfall die zusätzliche Kraft von Windung zu Windung unter Druckbeanspruchung weiter. Dieser Effekt tritt unter Umständen auch ein, wenn Federn stoßartig beansprucht werden und die Stoßkraft entsprechend weitergeleitet wird (vgl. Bild 6.51 b).

Bild 6.52 zeigt Bauformen elastischer Kupplungen, die mit dem Begrenzen der Federwege eine andere zusätzliche Art der Kraftleitung erzwingen und dabei, allerdings unter Verlust von Nachgiebigkeit, höhere Kräfte übernehmen können, ohne daß die federnden Glieder zunächst in Mitleidenschaft gezogen werden. Der Beanspruchungszustand der Stabfedern auf Bild 6.52 a ändert sich insofern, als neben Biegebeanspruchung im Überlastfall an der Stelle zwischen den Kupplungshälften nun eine kräftige Scherbeanspruchung hinzutritt.

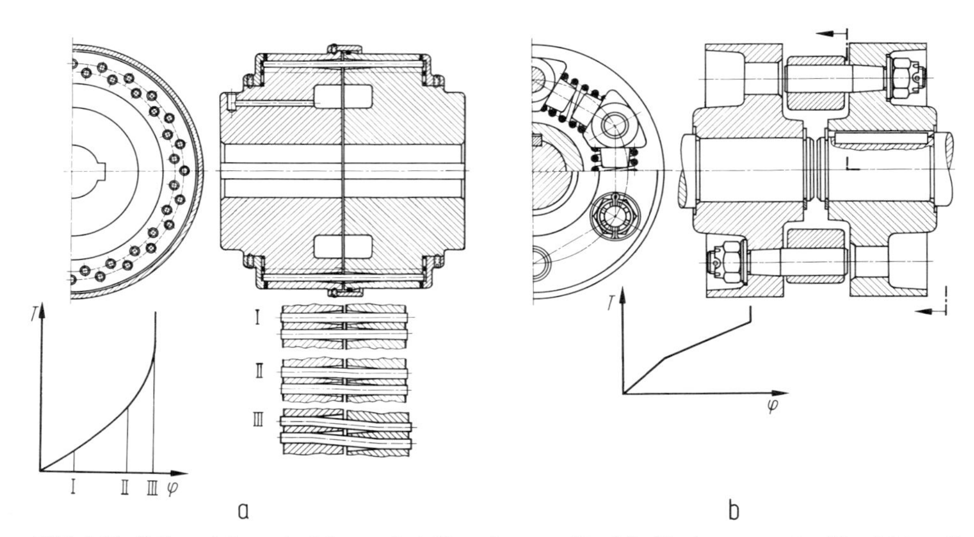

Bild 6.52. Selbstschützende Lösung bei Kupplungen, Kraftflußänderung unter Verzicht auf elastische Eigenschaften im Überlastfall;
a) Federstabkupplung
b) elastische Kupplung mit Schraubenfedern und besonderen Anschlägen zur Übernahme der Kräfte bei Überlast

Bild 6.52 b zeigt eine Kupplung, die bei strenger Betrachtung als Grenzfall zwischen dem Prinzip der Aufgabenteilung und der selbstschützenden Lösung eingereiht werden kann. Die begrenzenden Anschläge dienen allein der Übernahme von Kräften bei Überlast, die Beanspruchungsart der Federelemente wird nicht geändert, andererseits findet eine andere Kraftflußverteilung statt, die über elastische Formänderung erreicht wird.

Kühnpast [113] verweist noch auf die Fälle, bei denen eine ungleichmäßige Beanspruchung über dem Querschnitt vorliegt und dann plastisches Verformen ausgenutzt werden kann. Gleichzeitig müssen allerdings ein ausreichend zäher Werkstoff und genügende Formstabilität vorhanden sein. Ferner muß ein gleichsinnig mehrachsiger Spannungszustand vermieden werden.

Das Prinzip der Selbsthilfe mit den selbstverstärkenden und selbstausgleichenden sowie den selbstschützenden Lösungen soll den Konstrukteur anregen, alle denkbaren Möglichkeiten der Anordnung und Gestaltung auszunutzen, damit eine wirkungsvolle Lösung mit sparsamen Mitteln entsteht.

6.4.4. Prinzip der Stabilität und gewollten Labilität

Aus der Mechanik sind die Begriffe stabil, indifferent und labil bekannt. Sie bezeichnen jeweils einen Zustand, der in Bild 6.53 beschrieben ist.

Bei der Gestaltung von Lösungen muß stets der Einfluß von Störungen bedacht werden. Dabei ist anzustreben, daß das Verhalten des Systems stabil ist, d. h. auftretende Störungen sollten resultierende Wirkungen erzeugen, die der Störung entgegenwirken und sie aufheben oder mindestens mildern. Würden Störungen eine sie verstärkende Wirkung haben, ist das Verhalten labil. Dieser Effekt ist für manche Lösungen erwünscht, sie erhalten dann ein gewollt labiles Verhalten.

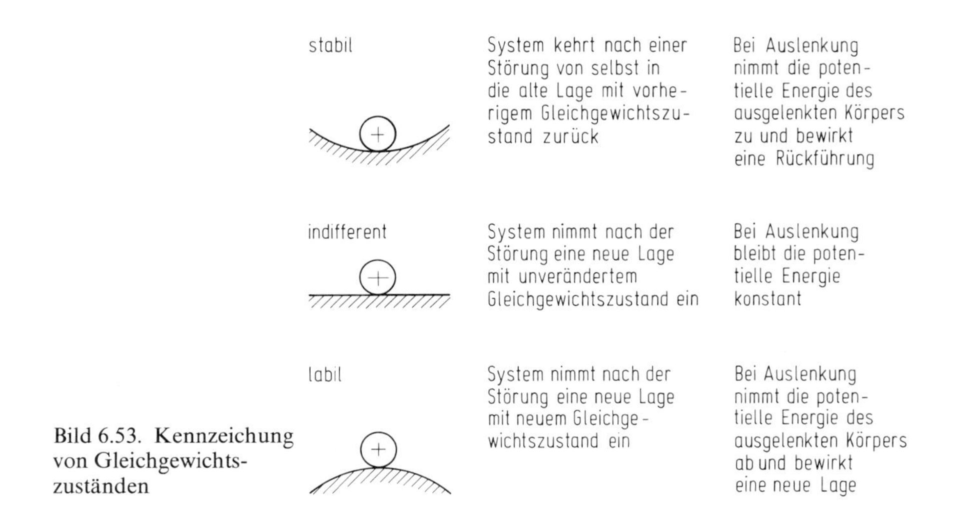

Bild 6.53. Kennzeichung von Gleichgewichtszuständen

1. Prinzip der Stabilität

Die Gestaltung ist so vorzunehmen, daß Störungen eine sie selbst aufhebende oder mindestens mildernde Wirkung hervorrufen.

Reuter [167] hat hierzu umfassend berichtet, ein Teil seiner Beispiele wird wiedergegeben:

Bei der Gestaltung von Kolbenführungen in Pumpen, Steuer- und Regelungsgeräten ist ein stabiles, möglichst reibungsfreies Verhalten erwünscht.

Bild 6.54 a zeigt die Anordnung eines Kolbens, der ausgesprochen labiles Verhalten aufweist. Bei einer Störung durch Schiefstellen bedingt, z. B. durch Lagefehler der Kolben- und Lagerbohrungsachsen, entsteht eine Druckverteilung am Kolben, die die Schieflage unterstützt (labiles Verhalten). Ein stabiles Verhalten wird durch die Anordnung nach Bild 6.54 b erzielt, wobei sie allerdings den Nachteil hat, daß auf der druckführenden Seite die Stangendurchführung mit Abdichtung erfolgen muß.

Stabilisierende Wirkungen lassen sich nach [167] bei einer Anordnung nach Bild 6.54 a auch durch die in Bild 6.55 a – d gezeigten Maßnahmen erzielen. Sie werden dadurch gewonnen, daß bei Auftreten einer Störung diese selbst durch entsprechende Druckverteilung Kraftwirkungen an der Kolbenlauffläche hervorruft, die ihr entgegenwirken.

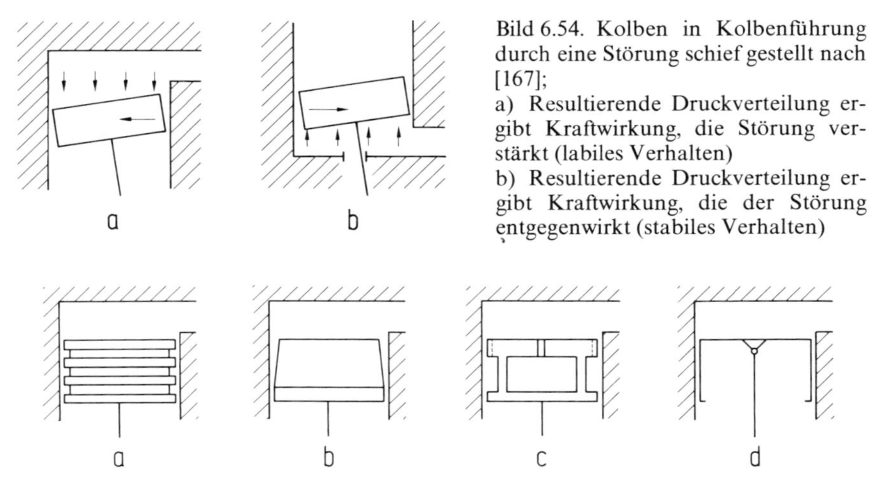

Bild 6.54. Kolben in Kolbenführung durch eine Störung schief gestellt nach [167];
a) Resultierende Druckverteilung ergibt Kraftwirkung, die Störung verstärkt (labiles Verhalten)
b) Resultierende Druckverteilung ergibt Kraftwirkung, die der Störung entgegenwirkt (stabiles Verhalten)

Bild 6.55. Maßnahmen zur Verbesserung der resultierenden Druckverteilung nach [167];
a) abgeschwächte labile Kraftwirkung durch Druckausgleichsrillen
b) stabiles Verhalten durch konischen Kolben
c) durch Drucktaschen
d) durch über dem Schwerpunkt des Kolbens angeordnetem Gelenk

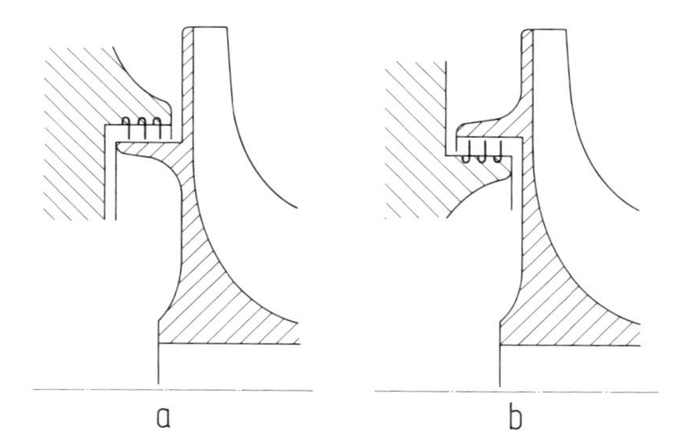

Bild 6.56. Ausgleichskolbendichtung an einem Turboladerrad nach [167] (vgl. Text)

Ein weiteres Beispiel ist der bekannte Kraftmechanismus bei hydrostatischen Gleitlagern mit über dem Umfang mehrfach unterteilten Öltaschen. Bei Aufbringen der Lagerlast tritt in Lastrichtung eine Verringerung des Leckagespaltes ein und dadurch baut die betroffene Öltasche einen größeren Taschendruck auf, der zusammen mit dem Druckabbau der gegenüberliegenden Öltasche die Lagerlast bei sehr geringer Wellenverlagerung, d. h. hoher Steifigkeit, aufzunehmen vermag.

Ein sogenanntes wärmestabiles Verhalten wird bei berührungslosen Stopfbüchsen in thermischen Turbomaschinen angestrebt [167]. Am Beispiel der Dichtung am Ausgleichskolben eines Turboladers ist in Bild 6.56 a die wärmelabile und in

Bild 6.56 b die wärmestabile Anordnung aufgezeigt. Bei der labilen Anordnung fließt im Anstreiffall die entstehende Reibungswärme vornehmlich in das innere Teil, welches sich stärker erwärmt, sich ausdehnt und damit den Anstreifvorgang verstärkt. Die stabile Anordnung läßt die entstehende Reibungswärme vornehmlich in das äußere Teil fließen. Bei dessen Erwärmung und Ausdehnung wird der An-

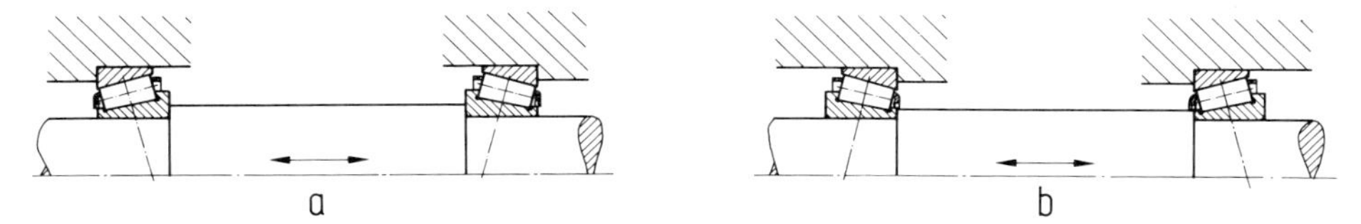

Bild 6.57. Kegelrollenlageranordnung, bei der die Welle sich stärker erwärmt als das Gehäuse;
a) Wärmedehnung bewirkt Belastungserhöhung und damit labiles Verhalten
b) Wärmedehnung bewirkt Belastungsminderung und damit stabiles Verhalten

streifvorgang vermindert. Die eingeleitete Störung ergibt ein Verhalten, das der Störung entgegenwirkt.

Gleiche Gesichtspunkte findet man bei Anordnungen von Kegelrollenlagern. Die Anordnung nach Bild 6.57 a hat bei Wellenerwärmung, z. B. durch Überlast, die Tendenz der Lastverstärkung durch den wirksam werdenden Ausdehnungseffekt infolge zunehmender Reibungswärme. Die Anordnung nach Bild 6.57 b hingegen ruft eine Entlastungstendenz hervor. Diese darf im konkreten Fall allerdings nicht soweit gehen, daß die Kegelrollen über dem Umfang nicht mehr voll belastet sind, weil dann die in Lastrichtung befindlichen Wälzkörper wieder überlastet würden.

Ein interessantes Beispiel für wärmestabiles Verhalten findet man bei doppelschrägverzahnten Großgetrieben im Schiffsbau [239].

2. Prinzip der gewollten Labilität

Es gibt Fälle, in denen ein labiles oder auch als bistabil benanntes Verhalten gefordert wird. Das tritt ein, wenn bei Erreichen eines Grenzzustands ein neuer deutlich abgesetzter anderer Zustand oder eine andere Lage erreicht werden soll und Zwischenzustände dabei unerwünscht sind. Die Labilität wird erzielt, indem eine gewollte Störung Wirkungen erzielt, die sie selbst unterstützen und verstärken.

Eine bekannte Anwendung ist die Gestaltung von Sicherheits- oder Alarmventilen [167], die bei Erreichen eines Grenzdrucks von der voll geschlossenen in eine voll geöffnete Stellung springen sollen, um unerwünschte Zustände mit nur geringer Ablaßmenge oder mit flatternden Ventilbewegungen mit entsprechendem Verschleiß des Ventilsitzes zu vermeiden (vgl. Bild 6.126).
Bild 6.58 erläutert das Lösungsprinzip:

Bis zum Grenzdruck $p = p_G$ bleibt das Ventil unter der Vorspannkraft der Feder geschlossen. Wird dieser Druck überschritten, hebt der Ventilteller etwas ab. Es entsteht dadurch ein Zwischendruck p_z, da der Ventilteller den Austritt nach außen drosselt. Dieser Druck p_z wirkt auf die Zusatzfläche A_z des Ventiltellers und erzeugt eine weitere Öffnungskraft, die die Federkraft F_E so weit überwindet, daß der Ventilteller eine nicht proportionale, sondern sprunghafte Öffnungsbewegung

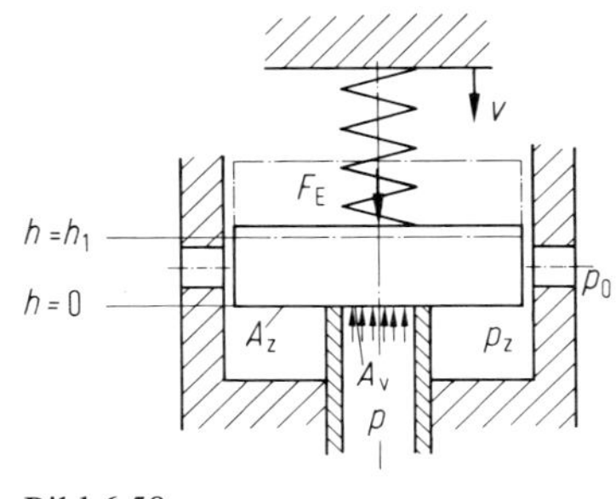

Bild 6.58.

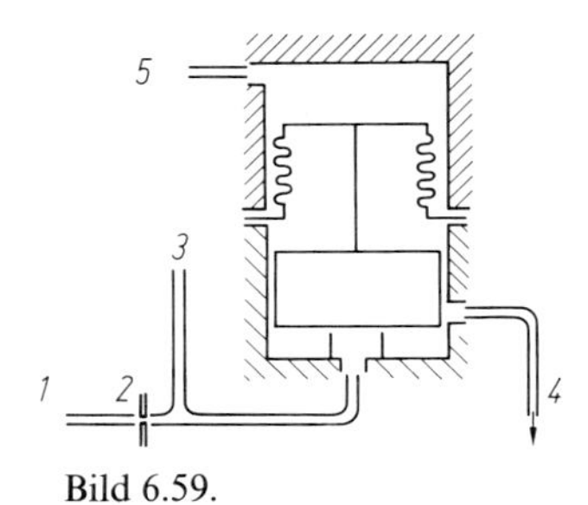

Bild 6.59.

Bild 6.58. Lösungsprinzip für ein gewollt labil öffnendes Ventil
v Vorspannweg der Feder; c Federsteifigkeit der Feder; F_E Federkraft; h Hub des Ventiltellers; p Druck vor Ventil; p_G Grenzdruck, bei dem Ventil gerade öffnet; p_z Zwischendruck beim Öffnen; p' Zwischendruck nach dem Öffnen; p_0 Umgebungsdruck; A_v Ventilöffnungsfläche; A_z Zusatzfläche

Ventil geschlossen: $F_E = c \cdot v > p \cdot A_v$, $h = 0$
Ventil öffnet gerade: $F_E = c \cdot v \leqq p_G \cdot A_v$, $h \approx 0$
Ventil öffnet voll: $F_E = c \cdot (v + h) < p \cdot A_v + p_z \cdot A_z$, $h \rightarrow h_1$
Ventil voll offen: $F_E = c\,(v + h_1) = p'\,(A_v + A_z)$, $h = h_1$ (Neue Gleichgewichtslage)

Bild 6.59. Schematische Darstellung eines Druckschalters zur Lagerölüberwachung nach [167]
1 Hauptölsystem; *2* Blende; *3* Sicherheitssystem steuert Schnellschlußventile; *4* Ablauf, drucklos; *5* Lagerölleitung mit Lageröldruck

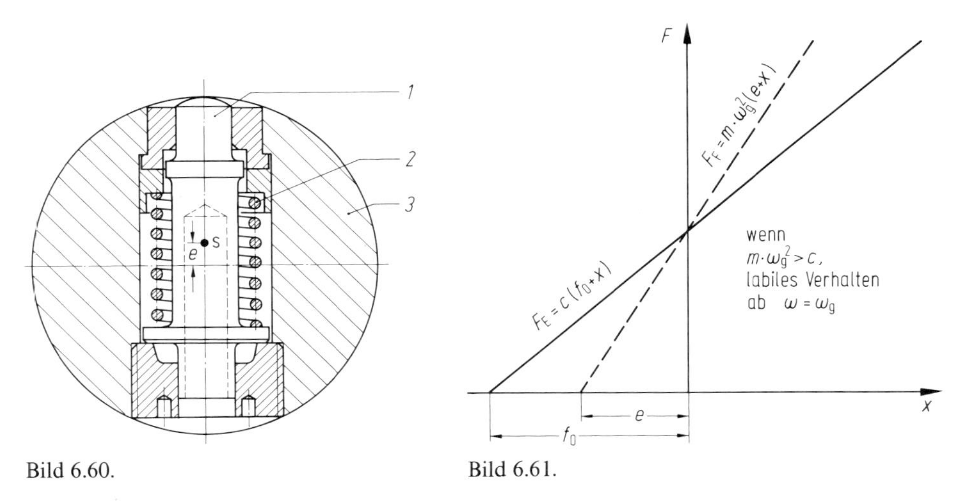

Bild 6.60. Bild 6.61.

Bild 6.60. Schnellschlußbolzen *1* in Welle *3* mit um e exzentrisch liegendem Schwerpunkt S und Feder *2*, die den Bolzen in Ruhelage hält nach [167]

Bild 6.61. Kraftcharakteristik von Federkraft und Fliehkraft über dem Weg x des Schwerpunkts des Schnellschlußbolzens nach Bild 6.60
e Exzentrizität des Schwerpunktes; f_o Federvorspannweg; ω_g Grenzdrehzahl, ab der der Schnellschlußbolzen labil abhebt

macht. Im geöffneten Zustand stellt sich ein anderer Zwischendruck p' ein, der das Ventil mit Hilfe der Wirkflächen offen hält. Zum Schließen des Ventils ist eine gegenüber dem Grenzöffnungsdruck größere Druckabsenkung nötig, weil ja eine größere Wirkfläche am Ventilteller im geöffneten Zustand vorhanden ist.

Eine Anwendung zeigt Bild 6.59 für einen Druckschalter als Überwachungsgerät des Lageröldrucks. Unterschreitet der Lageröldruck einen bestimmten Wert, öffnet der das Sicherheitssystem abschließende Kolben schlagartig und der Druck im Sicherheitssystem wird so weit erniedrigt, daß die betreffende Maschine abgeschaltet wird.

Von dem Prinzip der gewollten Labilität machen auch Schnellschlußeinrichtungen Gebrauch, bei denen ein unter Federvorspannung stehender Schlagbolzen mit seinem Schwerpunkt eine zur Drehachse exzentrische Lage einnimmt: Bild 6.60. Bei einer bestimmten Grenzdrehzahl beginnt der Schlagbolzen sich gegen die Federvorspannkraft nach außen zu bewegen. Dadurch wird die auf ihn wirkende Zentrifugalkraft durch Exzentrizitätsvergrößerung des Schwerpunkts größer, so daß er auch ohne weitere Drehzahlerhöhung labil nach außen fliegt. Die Bedingung dabei ist, daß bei beginnender Verlagerung x des Bolzenschwerpunkts der Kraftanstieg der Zentrifugalkraft über x größer als der der entgegenwirkenden Federkraft sein muß. Dies ist bei Kraftgleichheit im Grenzzustand ($\omega = \omega_g$) mit verschiedener Kraftcharakteristik über x nach der Bedingung $dF_F/dx > dF_E/dx$ oder $m \cdot \omega_g^2 > c$ zu erreichen: Bild 6.61.

Der Schlagbolzen trifft im nach außen verlagerten Zustand auf eine Klinke, die ihrerseits die Schnellschlußbetätigung der Einlaßorgane auslöst.

6.5. Gestaltungsrichtlinien

6.5.1. Zuordnung und Übersicht

Neben den Grundregeln „eindeutig", „einfach" und „sicher", die aus den generellen Zielsetzungen abgeleitet sind (vgl. 6.3), ergeben sich Gestaltungsrichtlinien aus den allgemeinen Bedingungen nach 2.1.6 und der daraus formulierten Leitlinie in 6.2.

Die Gestaltungsrichtlinien helfen den jeweiligen Bedingungen gerecht zu werden und unterstützen die Grundregeln im besonderen. Im folgenden werden aus der Sicht der Autoren wichtige Richtlinien ohne Anspruch auf Vollständigkeit behandelt. Auf ihre Behandlung wurde dann verzichtet, wenn schon zusammenfassende oder spezielle Literatur vorhanden ist, auf die verwiesen wird.

Beanspruchungsgerecht (Haltbarkeit): Grundlagen und elementare Zusammenhänge sind der Literatur über Maschinenelemente und deren Berechnung zu entnehmen [67, 78, 109, 145, 203, 207].

Eine besondere Bedeutung kommt der Erfassung des zeitlichen Belastungsverlaufs, der Höhe und Art der resultierenden Beanspruchung sowie der richtigen Einschätzung im Hinblick auf bekannte Festigkeitshypothesen zu. Durch Schadensakkumulationshypothesen wird versucht, die Lebensdauervorhersage zu verbessern [79, 191, 209].

Bei der Beanspruchungsermittlung müssen Kerbwirkung und/oder ein mehrachsiger Spannungszustand berücksichtigt werden [25, 141, 142, 215, 240]. Die

Beurteilung der Haltbarkeit kann dann nur in Verbindung mit den Festigkeitswerten des Werkstoffes unter Verwendung zutreffender Festigkeitshypothesen geschehen [22, 76, 86, 139, 202, 216, 220, 221].

Formänderungs-, stabilitäts- und *resonanzgerechte* Gestaltung findet ihre Grundlage in entsprechenden Berechnungen der Mechanik und Maschinendynamik: Mechanik und Festigkeitsprobleme [19, 29, 117, 192, 201], Schwingungsprobleme [106, 124], Stabilitätsprobleme [161], Untersuchungen mit Hilfe der Finite-Elemente-Methode [250]. In 6.4.1 werden Hinweise zur verformungsgerechten Gestaltung bei Kraftleitungsproblemen gemacht.

Hinweise zur *ausdehnungs-* und *kriechgerechten* Gestaltung, also die Berücksichtigung von Temperaturerscheinungen sind in 6.5.2 und 6.5.3, zur *korrosionsgerechten* Gestaltung in 6.5.4 zu finden.

Das *Verschleiß*problem ist außerordentlich vielschichtig. Z. Z. wird mit neuen Methoden diese komplexe Fülle von vielen Seiten angegangen. Im Hinblick auf die laufende Entwicklung wird auf Übersichtsliteratur verwiesen [5, 20, 105, 111, 162, 234].

*Sicherheits*fragen werden in 6.3.3 eingehend behandelt.

Ergonomische Gesichtspunkte untersucht die Arbeitswissenschaft [96, 140, 164, 175, 187, 188]: Über körpergerechte Bedienung und Handhabung geben [46, 47, 93, 112, 171, 173, 174, 184] Auskunft. Hinweise zu Überwachungs- und Steuerungstätigkeiten befinden sich in [143, 172, 189]. Verringerung der Belastung des Menschen durch lärmarme Gestaltung ist eine wichtige Forderung. Die jüngsten Forschungsergebnisse haben zu allgemeingültigen Aussagen geführt [65, 83, 84, 114, 186, 211, 217, 225].

Die Formgestaltung technischer Produkte fordert Regeln, die in [56, 103, 218] zu finden sind.

Ausführlich werden in 6.5.6 und 6.5.7 die *fertigungs-* und *montagegerechte* Gestaltung behandelt, die Gesichtspunkte einer *kontroll-* und *transportgerechten* Ausführung teilweise einschließen. Eine *normgerechte* Gestaltung (vgl. 6.5.5) hilft mit ihnen zusammen, die genannten Aspekte besser zu erfüllen und auch einen Beitrag zur *Aufwand*sverringerung und besseren *Termin*einhaltung zu leisten.

Gebrauchs- und *instandhaltungsgerechte* Gestaltung sind sehr stark von Aufgabe und Produkt abhängig. Verwiesen wird auf [45, 93, 108, 135, 246] sowie auf die unter Ergonomie genannte Literatur.

6.5.2. Ausdehnungsgerecht

In technischen Systemen verwendete Werkstoffe haben die Eigenschaft, sich bei Erwärmung auszudehnen. Probleme entstehen dabei nicht nur im thermischen Maschinenbau, wo von vornherein mit höheren Temperaturen gerechnet werden muß, sondern auch bei leistungsstarken Antrieben und Baugruppen, in denen bei Energiewandlung Verluste entstehen sowie allen Reibungsvorgängen und Ventilationserscheinungen, die eine Erwärmung bedingen. So werden viele Gestaltungszonen von einer örtlichen Erwärmung betroffen. Aber auch Maschinen, Apparate und Geräte, deren Umgebungstemperatur im größeren Umfang schwankt, arbeiten nur ordnungsgemäß, wenn bei ihnen der physikalische Effekt der Ausdehnung berücksichtigt worden ist [154].

Neben diesem thermisch bedingten Effekt der Längenänderung treten in hochbeanspruchten Bauteilen auch mechanisch bedingte Längenänderungen auf. Diese Längenänderungen müssen konstruktiv ebenfalls berücksichtigt werden, wozu die nachfolgend angeführten Hinweise prinzipiell auch gelten.

1. Erscheinung der Ausdehnung

Die Erscheinung der Ausdehnung ist hinlänglich bekannt. Zur Beschreibung definiert man für feste Körper die Längenausdehnungszahl mit

$$\beta = \frac{\Delta l}{l \cdot \Delta \vartheta_m}$$

Δl Längenänderung (Ausdehnung) infolge Erwärmung um $\Delta \vartheta_m$,
l betrachtete Länge des Bauteils und
$\Delta \vartheta_m$ Temperaturdifferenz, um die sich der Körper im Mittel erwärmt.

Nach DIN 1345 wird die Längenausdehnungszahl im allgemeinen mit α bezeichnet. Wegen der Bezeichnungsgleichheit mit der Wärmeübergangszahl, die in diesem Abschnitt ebenfalls auftritt, wird statt dessen β gewählt.

Die Längenausdehnungszahl beschreibt die Ausdehnung in einer Koordinatenrichtung des festen Körpers, während die Raumausdehnungszahl, die die relative Volumenänderung pro Grad angibt, vornehmlich bei Flüssigkeiten und Gasen angewandt wird und bei festen homogenen Körpern den dreifachen Wert der Längenausdehnungszahl hat.

Die Definition der Ausdehnungszahl ist weiterhin als Mittelwert über den jeweils durchlaufenen Temperaturbereich $\Delta \vartheta_m$ zu verstehen, denn sie ist nicht nur werkstoff-, sondern auch temperaturabhängig. Mit höheren Temperaturen nimmt die Ausdehnungszahl im allgemeinen zu.

Die Übersicht auf Bild 6.62 zeigt hinsichtlich der Längenausdehnungszahl deutlich voneinander abgesetzte Gruppen von Konstruktionswerkstoffen. Häufig vorkommende Kombinationen von metallischen Werkstoffen wie ferritisch-perlitischer Stahl, z. B. C 35, mit austenitischem Stahl, z. B. X 10 Cr Ni Nb 189, Grauguß mit Bronze oder mit Aluminium müssen also Ausdehnungen mit fast doppelt so hohen Beträgen untereinander vertragen können. Bei großen Abmessungen kann aber schon der gering erscheinende Unterschied zwischen C 35 und dem 13%igen Chromstahl X 10 Cr 13 problematisch werden.

Niedrigschmelzende Metalle wie Aluminium und Magnesium haben größere Ausdehnungszahlen als Metalle mit hohem Schmelzpunkt wie Wolfram, Molybdän und Chrom.

Nickel-Legierungen zeigen je nach Nickel-Gehalt verschieden große Werte. Sehr niedrige Werte treten im Bereich von 32 bis 40 Gewichtsprozent auf. Hierbei zeigt die 36%-Ni-Fe-Legierung (als „Invarstahl" bekannt) die niedrigste Ausdehnung.

Kunststoffe haben eine merklich höhere Ausdehnungszahl als Metalle.

2. Ausdehnung von Bauteilen

Zur Berechnung der Längenänderung Δl muß die örtliche und zeitliche Temperaturverteilung im Bauteil bekannt sein, aus der erst die jeweilige mittlere Temperaturänderung gegenüber dem Ausgangszustand bestimmt werden kann.

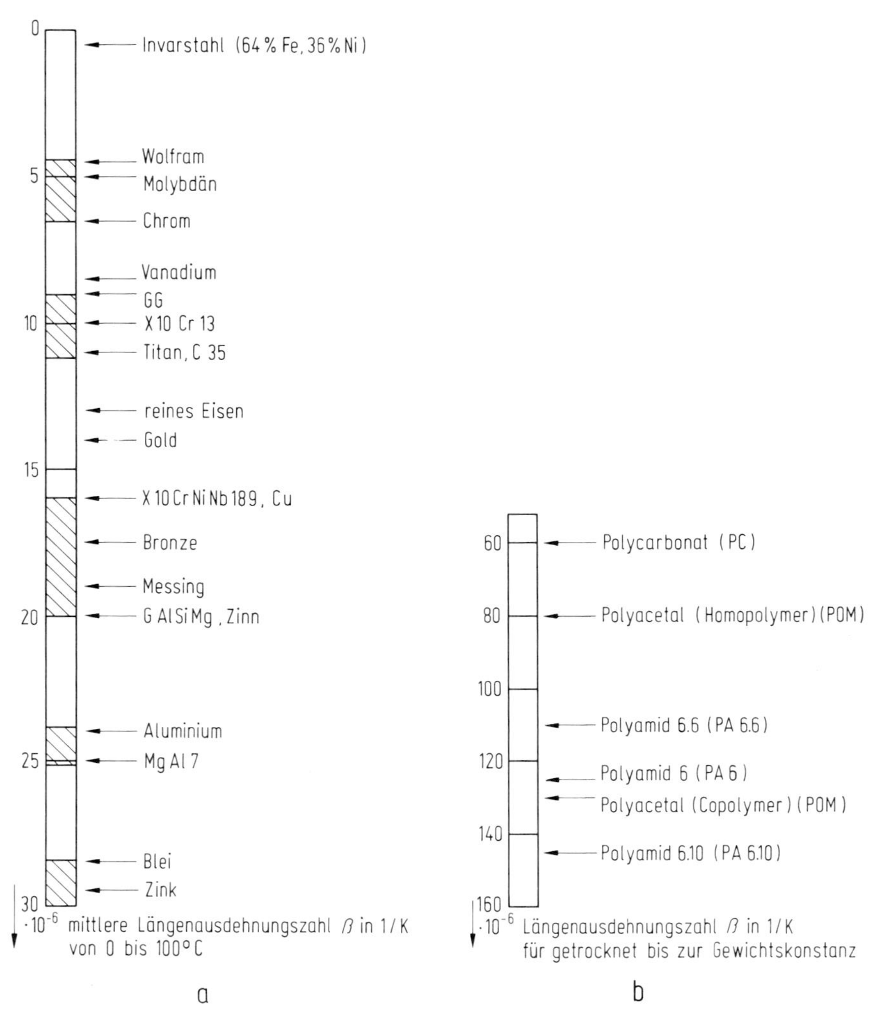

Bild 6.62. Mittlere Längenausdehnungszahl für verschiedene Werkstoffe; a) Metallische Werkstoffe b) Kunststoffe

Bleibt der Temperaturzustand zeitlich unverändert, z. B. im Beharrungszustand bei einem quasistationären Wärmefluß, sprechen wir von stationärer Ausdehnung. Ändert sich die Temperaturverteilung mit der Zeit, liegt instationäre, d. h. zeitlich veränderliche Ausdehnung vor.

Beschränkt man sich zunächst auf die stationäre Ausdehnung, lassen sich unter Verwendung der Definitionsgleichung für die Längenausdehnungszahl die Einflußgrößen gewinnen, von denen die Ausdehnung der Bauteile abhängt:

$$\Delta l = \beta \cdot l \cdot \Delta\vartheta_m \qquad \Delta\vartheta_m = \frac{1}{l}\int_0^l \Delta\vartheta(x) \cdot dx$$

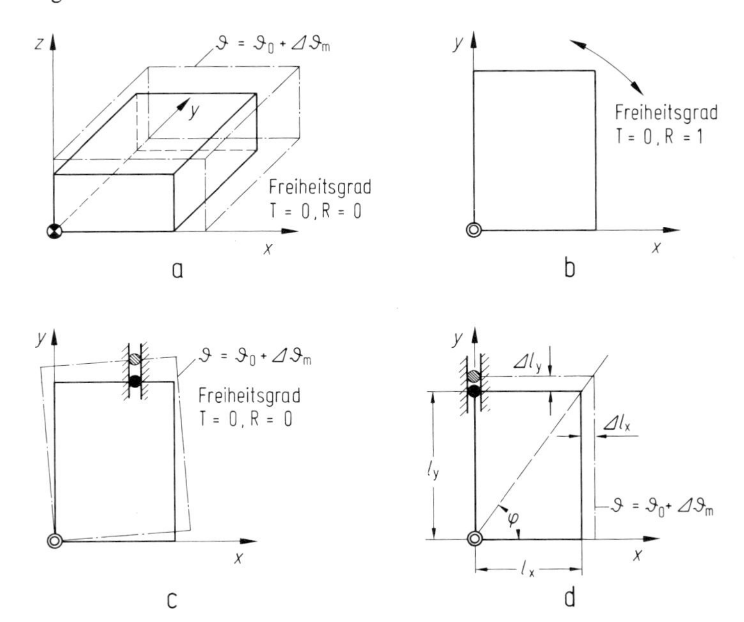

Bild 6.63. Ausdehnung unter örtlich gleicher Temperaturverteilung; ausgezogene Linie Ausgangszustand, strichpunktierte Linie Zustand mit höherer Temperatur;
a) am Festpunkt eingespannter Körper
b) Platte um z-Achse drehbar, sonst kein Freiheitsgrad
c) Platte nach b) ohne Freiheitsgrad infolge zusätzlichem Schub-Drehgelenk
d) Platte nach b) ohne Freiheitsgrad infolge zusätzlichem Schub-Drehgelenk ausdehnungsgerecht angeordnet ohne Plattendrehung zu bewirken. Reine Schubführung wäre anwendbar, die aber auch auf x-Achse oder auf Strahl durch z-Achse mit Neigung $\tan \varphi = l_y / l_x$ angeordnet sein könnte

Die für den Konstrukteur interessante Längenänderung Δl ist also

— von der Längenausdehnungszahl β,
— von der betrachteten Länge l des Bauteils und
— von der mittleren Temperaturänderung $\Delta\vartheta_m$ dieser Länge abhängig

und kann entsprechend bestimmt werden.

Die so ermittelte Ausdehnung hat Gestaltungsmaßnahmen zur Folge: Jedes Bauteil muß in seiner Lage eindeutig festgelegt werden und darf nur soviele Freiheitsgrade erhalten, wie es zur ordnungsgemäßen Funktionserfüllung benötigt. Im allgemeinen bestimmt man einen Festpunkt und ordnet dann für die erwünschten Bewegungsrichtungen Translation und Rotation entsprechende Führungsflächen mit Hilfe von Gleitbahnen, Gleitsteinen, Lagern usw. an. Ein im Raum schwebender Körper (z. B. Satellit oder Hubschrauber) hat 3 Freiheitsgrade der Translation in x-, y- und z-Richtung und 3 Freiheitsgrade der Rotation um die x-, y- und z-Achse. Ein Schub-Drehgelenk (z. B. das Loslager einer Getriebewelle) hat je einen Freiheitsgrad der Translation und Rotation. Ein an einer Stelle eingespannter Körper (z. B. Balken oder eine starre Flanschverbindung) hat dagegen keinen Freiheitsgrad.

Anordnungen nach solchen Überlegungen sind aber nicht von selbst auch ausdehnungsgerecht, wie nachfolgend gezeigt wird:

Bild 6.63 a zeigt einen Körper mit einem Festpunkt ohne Freiheitsgrade. Bei Ausdehnung unter Temperatur kann er sich von diesem Festpunkt aus frei in die Koordinatenrichtungen ausdehnen. Auf Bild 6.63 b sei nun eine Platte betrachtet, die um die z-Achse drehbar, aber sonst ohne Freiheitsgrade angeschlossen ist. Nach Bild 6.63 c genügt es, an einer beliebigen Stelle, zweckmäßigerweise möglichst weit von der Drehachse entfernt, z. B. mit einer Gleitführung, diesen Freiheitsgrad aufzuheben. Würde diese Platte unter überall gleicher Temperaturerhöhung sich ausdehnen, so muß sie dabei eine Drehung um die z-Achse vollführen, denn die Gleitführung liegt nicht in Richtung der Ausdehnung, die sich aus der Längenänderung in x- und y-Richtung ergeben würde. Läßt das Führungselement in dieser Anordnung nur eine Translationsbewegung zu und hat es nicht auch noch die Eigenschaft, als Gelenk zu wirken, dann würde es zu Klemmungen in der Führung kommen. Mit einer Anordnung der Führung in eine der Koordinatenrichtungen (Bild 6.63 d) läßt sich die Drehung des Bauteils vermeiden.

Die Verformung unter Wärmeausdehnung ergibt nur dann geometrisch ähnliche Verformungsbilder, wenn die folgenden Bedingungen eingehalten werden:

— Der Ausdehnungskoeffizient β muß in einem Bauteil überall gleich sein (Isotropie), was praktisch vorausgesetzt werden kann, sofern gleiche Werkstoffe und nicht zu große Temperaturunterschiede vorliegen.

— Die Dehnungsbeträge ε in den Koordinatenrichtungen x, y, z müssen der Abhängigkeit

$$\varepsilon_x = \varepsilon_y = \varepsilon_z = \beta \cdot \Delta\vartheta_m$$

folgen [131]. Da β in einem Bauteil als konstant angesehen werden kann, muß die mittlere Temperaturerhöhung in allen Koordinatenrichtungen gleich bleiben, womit

$$\Delta l_x = l_x \cdot \beta \cdot \Delta\vartheta_m$$
$$\Delta l_y = l_y \cdot \beta \cdot \Delta\vartheta_m$$
$$\Delta l_z = l_z \cdot \beta \cdot \Delta\vartheta_m$$

wird und die Ausdehnung aus zwei Koordinatenrichtungen sich zusammensetzt nach:

$$\tan\varphi = \frac{\Delta l_y}{\Delta l_x} = \frac{l_y}{l_x} \qquad \text{(Bild 6.63 d)}$$

— Das Bauteil darf nicht zusätzlichen Wärmespannungen unterliegen, was mindestens der Fall ist, wenn es eine Wärmequelle vollkommen umschließt [131].

Im Regelfall treten aber im Bauteil unterschiedliche Temperaturen auf. Auch für den einfachen Fall, daß sich die Temperaturverteilung linear über x ändert (Bild 6.64 a), entsteht eine Winkeländerung, die wiederum nur von einer Führung mit Schub-Dreh-Bewegung aufgenommen werden kann. Eine reine Schubführung, also Translationsbewegung mit einem Freiheitsgrad, ist nur anwendbar, wenn die Führungsbahn auf einer Geraden bleibt, die auf der Symmetrielinie des Verzerrungszustandes gefunden wird: Bild 6.64 b.

Wird diese Bedingung nicht erfüllt, muß ein weiterer Freiheitsgrad zugelassen werden.

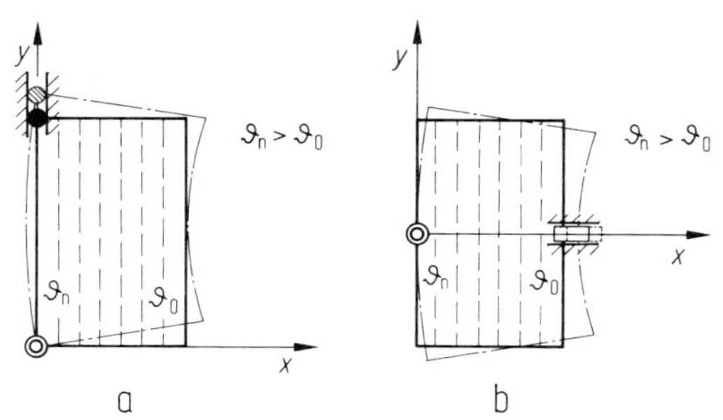

Bild 6.64. Ausdehnung unter örtlich veränderlicher, hier in x-Richtung linear abnehmender Temperaturverteilung;
a) Platte entsprechend Bild 6.63 d, ungleichmäßige Temperaturverteilung bewirkt Verzerrungszustand gemäß strichpunktierter Linie, Schub-Drehgelenk nötig
b) Anordnung der Führung auf der Symmetrielinie des Verzerrungszustands, wodurch reine Schubführung anwendbar ist

Bild 6.65. Draufsicht auf einen Apparat mit von innen nach außen abnehmender Temperatur, Aufstellung auf vier Füßen;
a) Konstruktiver Festpunkt an einem Fuß, reine Schubführung auf einer Geraden, die gleichzeitig Symmetrielinie des Temperaturfeldes ist
b) Fiktiver Festpunkt in der Mitte des Apparats, gebildet durch Schnittpunkt der Ausdehnungsstrahlen

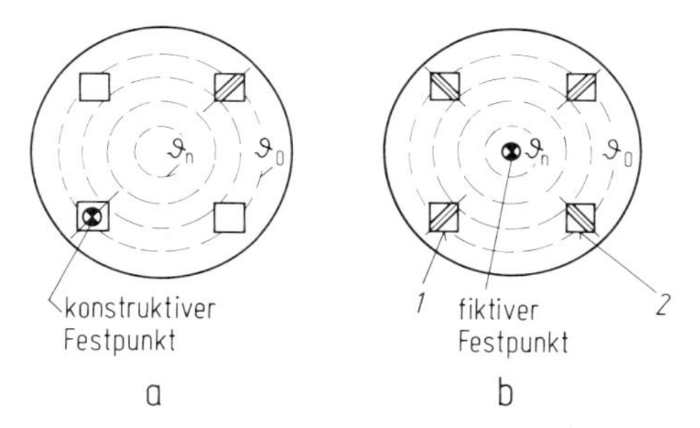

Somit kann man als Regel ableiten:

Führungen, die der Wärmeausdehnung dienen und nur einen Freiheitsgrad haben, müssen auf einem Strahl durch den Festpunkt angeordnet werden, wobei der Strahl Symmetrielinie des Verzerrungszustands sein muß.

Der Verzerrungszustand kann von lastabhängigen und temperaturabhängigen Spannungen wie aber auch infolge der Ausdehnung selbst hervorgerufen werden. Da Spannungs- und Temperaturverteilung auch von der Form des Bauteils abhängen, ist die Symmetrielinie des Verzerrungszustands zunächst auf der Symmetrielinie des Bauteils und auf der des aufgeprägten Temperaturfeldes zu suchen. Das Beispiel in Bild 6.64 b zeigt allerdings, daß diese Symmetrielinie aus Form und Temperaturverlauf nicht immer leicht erkennbar ist, daher muß der sich schließlich einstellende Verzerrungszustand beachtet werden. Der Verzerrungszustand kann, wie eingangs erwähnt, auch von äußeren Lasten hervorgerufen sein. Insofern gelten die Überlegungen auch für Führungen von Bauteilen, die großen mechanischen Verformungen unterliegen. Ein Beispiel hierzu findet man in [12].

Nachfolgende Beispiele mögen diese Regel noch erläutern:

Bild 6.65 stellt die Draufsicht auf einen Apparat dar, der eine von innen nach außen abnehmende Temperatur hat. Er ist auf vier Füßen abgestützt. In Bild 6.65 a wurde der Festpunkt an einem der Füße gewählt. Eine klemmfreie Führung ohne Drehung des Apparats ist nur längs der Symmetrielinie des Temperaturfeldes ge-

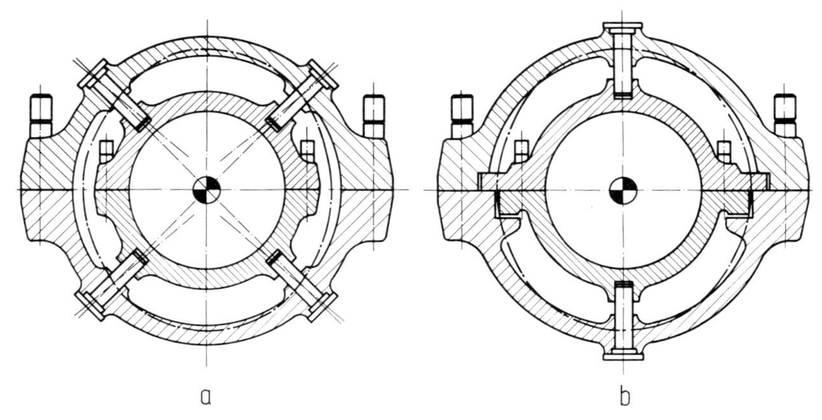

Bild 6.66. Führung von Innengehäusen in Außengehäusen;
a) Anordnung der Führungselemente nicht ausdehnungsgerecht, Ovalverformung der Gehäuse kann Klemmen in den Führungen bewirken
b) Ausdehnungsgerechte Anordnung, Führungen liegen auf Symmetrielinien, Klemmgefahr auch bei Ovalverformung nicht gegeben

währleistet, die Führung muß am gegenüberliegenden Fuß vorgesehen werden. Bild 6.65 b zeigt eine Möglichkeit, ebenfalls auf den Symmetrielinien Führungen anzuordnen, ohne einen Festpunkt konstruktiv vorzusehen. Der Schnittpunkt der Strahlen durch die Führungsrichtungen ergibt einen „fiktiven" Festpunkt, von dem sich der Behälter nach allen Seiten gleichmäßig ausdehnt. Dabei können theoretisch zwei nicht auf einer Symmetrielinie liegende Führungen (z. B. Führungen *1* und *2*) entfallen.

Bild 6.66 zeigt die Führung von Innengehäusen in Außengehäusen, wobei die Gehäuse zentrisch zueinander bleiben müssen, ein Problem, wie es z. B. bei Doppelmantelturbinen vorkommt. Dieselbe Aufgabenstellung ergibt sich aber auch im Apparatebau. Sind die Bauteile nicht vollkommen rotationssymmetrisch, so müssen die Führungselemente, wie auf Bild 6.66 b vorgesehen, auf den Symmetrielinien angeordnet werden, damit ein Klemmen der Führungen infolge der Ovalverformung der Gehäuse vermieden wird. Die Ovalverformung resultiert aus den unterschiedlichen Temperaturen in der Gehäusewand und im Flansch, besonders während der Erwärmungsphase. Der fiktive Festpunkt liegt auf der Gehäuse- bzw. Wellenachse.

Bild 6.67 zeigt einen austenitischen Einströmstutzen *a* für hohe Dampftemperaturen, der in einem ferritischen Außengehäuse *b* befestigt werden muß und gleichzeitig in ein ebenfalls ferritisches Innengehäuse *c* hineinragt. Wegen der stark unterschiedlichen Ausdehnungskoeffizienten und der hohen Temperaturunterschiede zwischen den Bauteilen ist eine Beachtung der Ausdehnungsverhältnisse besonders wichtig. Der fiktive Festpunkt wird von rotationssymmetrischen Gleitbahnen *d* gebildet, wobei eine ungehinderte Ausdehnung des Austenitteils auf Strahlen durch den fiktiven Festpunkt ermöglicht wird, weil auch die Temperaturverteilung an dieser Stelle als annähernd gleichmäßig angesehen werden kann. Die jeweilige Radial- und Axialausdehnung ergibt so eine resultierende Ausdehnung längs der bezeichneten Strahlen.

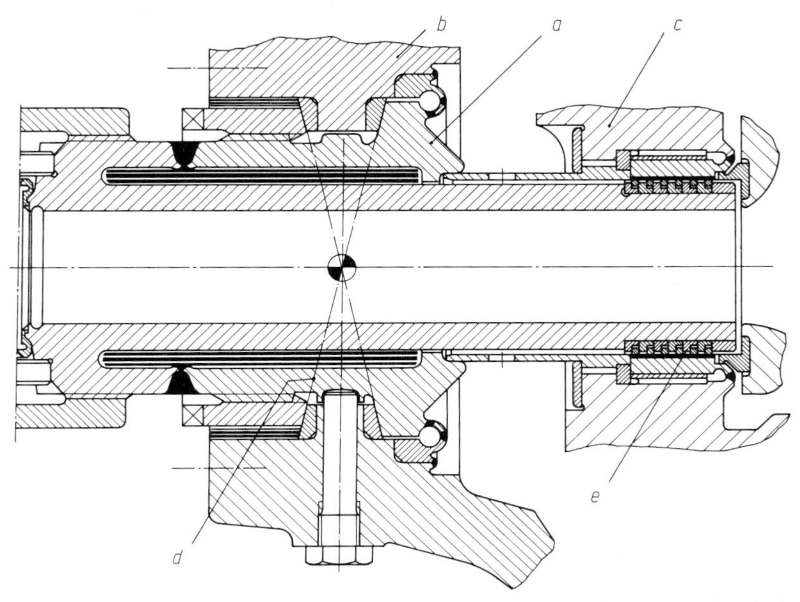

Bild 6.67. Einströmstutzen *a* aus Austenit an einer Dampfturbine, der Dampf durch das ferritische Außengehäuse *b* zum Innengehäuse *c* führt, Ausdehnungsebenen durch Gleitbahnen *d* bestimmen fiktiven Festpunkt, bei *e* Kolbenringabdichtung, die Längs- und Querausdehnung des Stutzenendes ermöglicht (Bauart BBC)

Dagegen muß bei der Einführung in das Innengehäuse eine in zwei Koordinatenrichtungen unabhängige Ausdehnung sichergestellt werden, weil Festpunkt des Einströmstutzens und Festpunkt des Innengehäuses nicht gleich sind und keine definierte Zuordnung der Bauteiltemperaturen möglich ist. Erreicht wird der zweifache Freiheitsgrad mit einer Kolbenringabdichtung *e*, die eine Längsbewegung und eine Querausdehnung des Einströmstutzens unabhängig voneinander gestattet.

3. Relativausdehnung zwischen Bauteilen

Bisher war die Ausdehnung gegenüber einer im wesentlichen unveränderten Umgebung betrachtet worden. Sehr oft muß aber die relative Ausdehnung zwischen mehreren Bauteilen beachtet werden, besonders dann, wenn eine gegenseitige Verspannung besteht oder aus funktionellen Gründen bestimmte Spiele eingehalten werden müssen. Ändert sich außerdem noch der zeitliche Temperaturverlauf, ergibt sich für den Konstrukteur ein schwieriges Problem.

Die Relativausdehnung zwischen zwei Bauteilen ist

$$\delta_{\mathrm{Rel}} = \beta_1 \cdot l_1 \cdot \Delta\vartheta_{\mathrm{m_1(t)}} - \beta_2 \cdot l_2 \cdot \Delta\vartheta_{\mathrm{m_2(t)}} .$$

Stationäre Relativausdehnung

Ist im *stationären* Fall die jeweilige mittlere Temperaturdifferenz zeitlich unabhängig, konzentrieren sich die Maßnahmen bei gleichen Längenausdehnungszahlen auf ein Angleichen der Temperaturen oder aber bei unterschiedlichen Temperaturen auf ein Anpassen mittels Wahl von Werkstoffen unterschiedlicher Ausdehnungszahlen, wenn die Relativdehnung klein bleiben muß. Oft ist beides nötig.

Das Beispiel einer Flanschverbindung mittels Stahlschraube und einem Aluminiumflansch nach [147] verdeutlicht dies. Auf Bild 6.68 a ist die Schraube wegen der höheren Ausdehnungszahl des Aluminiums auch bei gleichen Temperaturen höher

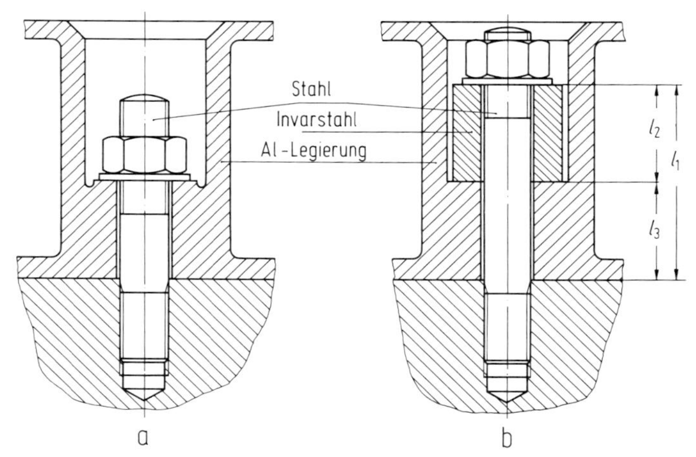

Bild 6.68. Verbindung mittels Stahlschraube und Aluminiumflansch nach [147];
a) wegen größerer Ausdehnung des Aluminiumflansches Schraube gefährdet
b) ausdehnungsgerechte Gestaltung mit Dehnhülse aus Invarstahl mit Ausdehnungszahl nahe Null, die die Ausdehnung des Flansches gegenüber der Schraube ausgleicht

belastet und damit gefährdet. Abhilfe gewinnt man einerseits durch Vergrößerung der Spannlänge mittels einer Dehnhülse und andererseits durch Aufteilen der Spannlänge in Bauteile unterschiedlicher Längenausdehnung: Bild 6.68 b. Soll hier eine Relativausdehnung überhaupt vermieden werden, dann gilt

$$\delta_{Rel} = 0 = \beta_1 \cdot l_1 \cdot \Delta\vartheta_{m_1} - \beta_2 \cdot l_2 \cdot \Delta\vartheta_{m_2} - \beta_3 \cdot l_3 \cdot \Delta\vartheta_{m_3} ;$$

mit $l_1 = l_2 + l_3$ und $\lambda = l_2/l_3$ wird das Längenverhältnis Flansch/Dehnhülse:

$$\lambda = \frac{\beta_3 \cdot \Delta\vartheta_{m_3} - \beta_1 \cdot \Delta\vartheta_{m_1}}{\beta_1 \cdot \Delta\vartheta_{m_1} - \beta_2 \cdot \Delta\vartheta_{m_2}} .$$

Für den stationären Fall $\Delta\vartheta_{m_1} = \Delta\vartheta_{m_2} = \Delta\vartheta_{m_3}$ und den gewählten Werkstoffen Stahl ($\beta_1 = 11 \cdot 10^{-6}$), Invarstahl ($\beta_2 = 1 \cdot 10^{-6}$) und Al.-Leg. ($\beta_3 = 20 \cdot 10^{-6}$) wird $\lambda = l_2/l_3 = 1{,}1$, so wie auf Bild 6.68 b gewählt.

Bekannt sind die nicht einfachen Ausdehnungsprobleme bei Kolben von Verbrennungskraftmaschinen. Hier ist auch im quasistationären Betrieb die Temperaturverteilung über und längs des Kolbens unterschiedlich. Ferner muß mit verschiedenen Ausdehnungszahlen zwischen Kolben und Zylinder gerechnet werden. Einmal versucht man mittels einer Aluminium-Silizium-Legierung mit relativ geringer Ausdehnungszahl (kleiner als $20 \cdot 10^{-6}$) und ausdehnungsbehindernden Einlagen, die gleichzeitig gut wärmeleitend sind, sowie mit federnden, also nachgiebigen Kolbenschaftteilen, dem Problem beizukommen. Mit sogenannten Regelkolben, die mit Stahleinlagen einen Bimetalleffekt erhalten, werden weitere die Ausdehnung beeinflussende Maßnahmen getroffen [126]: Bild 6.69.

Bild 6.69. Regelkolben für Verbrennungsmotor aus Aluminium-Silzium-Legierung mit eingelegter Stahlscheibe, die ausdehnungshindernd in Umfangsrichtung wirkt; weiterhin verformt sie infolge Bimetalleffekts den Kolben so, daß die tragenden Kolbenschaftteile sich optimal der Zylindergleitfläche anpassen (Bauart Mahle nach [126])

Läßt sich dagegen die Werkstoffwahl praktisch nicht beeinflussen, muß mit entsprechender Temperaturangleichung gearbeitet werden. In Großgeneratoren sind auf großen Längen Kupferleiter in Stahlrotoren isoliert einzubetten. Dabei müssen auch im Hinblick auf die Isolationsbeanspruchung die absoluten und die relativen Ausdehnungen möglichst klein gehalten werden. Hier bleibt nur der Weg, das Temperaturniveau mittels Leiterkühlung möglichst niedrig zu halten [116, 235]. Gleichzeitig können bei großen Abmessungen an solchen schnellaufenden Rotoren sogenannte thermische Unwuchten entstehen, wenn die Temperaturverteilung zwar verhältnismäßig gleichmäßig, der Rotor aber wegen seines komplizierten Aufbaus und der verschiedenen Werkstoffe in seinen temperaturabhängigen Eigenschaften sich nicht immer und überall gleich verhält. Mit gezielt eingeführten Kühl- oder Heizmedien beeinflußt man erfolgreich das Ausdehnungsverhalten solcher Bauteile.

Instationäre Relativausdehnung

Ändert sich der Temperaturverlauf mit der Zeit, z. B. bei Aufheiz- oder Abkühlvorgängen, ergibt sich oft eine Relativausdehnung, die viel größer ist als im stationären Endzustand, weil die Temperaturen in den einzelnen Bauteilen sehr stark unterschiedlich sein können. Für den häufigen Fall, daß es sich um Bauteile gleicher Länge und gleicher Ausdehnungszahl handelt, gilt dann mit

$$\beta_1 = \beta_2 = \beta \quad \text{und} \quad l_1 = l_2 = l$$
$$\delta_{\mathrm{Rel}} = \beta \cdot l \; (\Delta\vartheta_{\mathrm{m}_1(\mathrm{t})} - \Delta\vartheta_{\mathrm{m}_2(\mathrm{t})}) .$$

Die zeitliche Erwärmung von Bauteilen ist u. a. von Endres und Salm [59, 180] für verschiedene Aufheizfälle angegeben worden. Gleichgültig, ob man einen Temperatursprung oder einen linearen Verlauf des aufheizenden Mediums annimmt, ist die Erwärmungskurve in ihrem zeitlichen Verlauf durch die sogenannte Aufheizzeitkonstante charakterisiert. Betrachtet man beispielsweise die Erwärmung $\Delta\vartheta_{\mathrm{m}}$

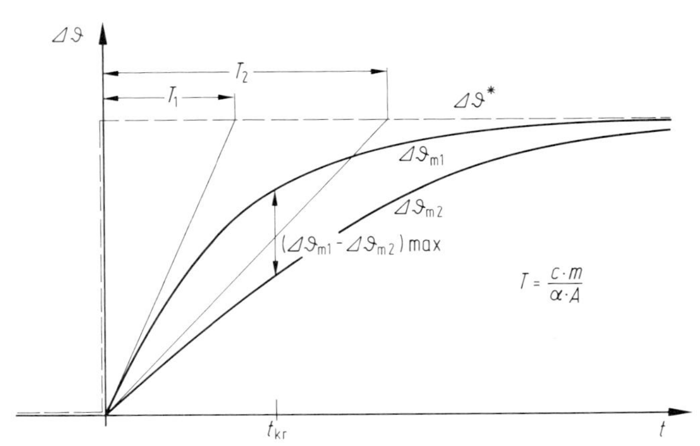

Bild 6.70. Zeitliche Temperaturänderung bei einem Temperatursprung $\Delta\vartheta^*$ des aufheizenden Mediums in zwei Bauteilen mit unterschiedlicher Zeitkonstante

eines Bauteils bei einem plötzlichen Temperaturanstieg $\Delta\vartheta^*$ des aufheizenden Mediums, so ergibt sich unter der allerdings groben Annahme, daß Oberflächen- und mittlere Bauteiltemperatur gleich seien, was praktisch nur für relativ dünne Wanddicken und hohe Wärmeleitzahlen annähernd zutrifft, der in Bild 6.70 gezeigte Verlauf, der der Beziehung

$$\Delta\vartheta_{\mathrm{m}} = \Delta\vartheta^* \; (1 - \mathrm{e}^{-t/T})$$

folgt. Hierbei bedeutet t die Zeit und T die Zeitkonstante mit

$$T = \frac{c \cdot m}{\alpha \cdot A}.$$

c = spez. Wärme des Bauteilwerkstoffs
m = Masse des Bauteils
α = Wärmeübergangszahl an der beheizten Oberfläche des Bauteils
A = beheizte Oberfläche am Bauteil.

Trotz der genannten Vereinfachung ist der Ansatz für einen grundsätzlichen Hinweis tauglich.

Bei unterschiedlichen Zeitkonstanten der Bauteile 1 und 2 ergeben sich verschiedene Temperaturverläufe, die zu einer bestimmten kritischen Zeit eine größte Differenz haben. Dies ist der Temperaturunterschied, der die maximale Relativausdehnung bewirkt. Hier können vorgesehene Spiele überbrückt werden, oder es treten Zwangszustände ein, bei denen z. B. die Streckgrenze überschritten wird.

Derselbe Temperaturverlauf tritt ein, wenn es gelingt, die Zeitkonstanten der beteiligten Bauteile gleichzumachen. Eine Relativausdehnung findet dann nicht statt. Nicht immer wird dieses Ziel erreichbar sein, aber zur Annäherung der Zeitkonstanten, d. h. Verminderung der Relativausdehnung, bieten sich mit

$$T = c \cdot \varrho \cdot \frac{V}{A} \cdot \frac{1}{\alpha}$$

V = Volumen des Bauteils
ϱ = Dichte des Bauteilwerkstoffs

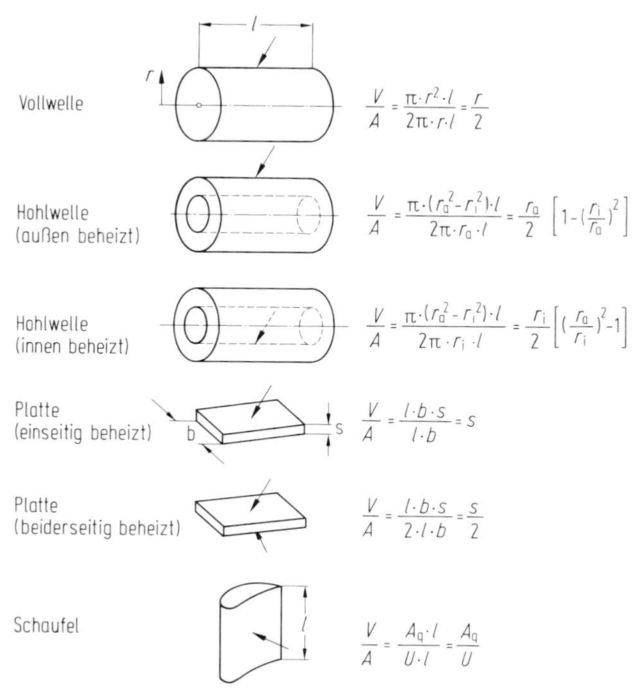

Bild 6.71. Volumen-Flächen-Verhältnis verschiedener geometrischer Körper; eingesetzt ist jeweils die beheizte Oberfläche

konstruktiv zwei Wege an:

— Angleichung der Verhältnisse Volumen zur beheizten Oberfläche: V/A.
— Korrektur über Beeinflussung der Wärmeübergangszahl α mit Hilfe von z. B. Schutzhemden oder anderen Anströmungsgeschwindigkeiten.

Auf Bild 6.71 ist das Verhältnis V/A für einige einfache, aber oft repräsentative Körper wiedergegeben. Mit entsprechender Abstimmung läßt sich die Relativausdehnung vermindern.

Ein Beispiel hierzu zeigt Bild 6.72, bei dem es darum geht, eine in Buchsen mit möglichst geringem Spiel geführte Ventilspindel auch bei Temperaturänderung sicher und klemmfrei arbeiten zu lassen. Die im Bildteil a gezeigte Buchse ist im Gehäuse eingepaßt und bildet mit ihm so eine Einheit. Bei einer Erwärmung wird sich die Spindel rasch u. a. radial ausdehnen. Die Buchse mit guter Wärmeleitung an das Gehäuse bleibt dagegen länger kalt. Es kommt zu gefährlicher Spielverengung.

Im Bildteil b dichten die Buchsen nur axial ab und können sich radial frei ausdehnen. Sie sind überdies im Volumen-Flächen-Verhältnis so abgestimmt, daß Spindel und Buchsen annähernd gleiche Zeitkonstanten haben. Damit bleibt das Ventilspindelspiel in allen Aufheiz- und Abkühlzuständen annähernd gleich und kann sehr klein gewählt werden. Die Ventilspindeloberfläche und die Innenfläche der Buchse werden vom Leckagedampf aufgeheizt, infolgedessen ist

$$(V/A)_{\text{Spindel}} = r/2$$
$$(V/A)_{\text{Buchse}} = (r_a^2 - r_i^2)/2\, r_i\,;$$

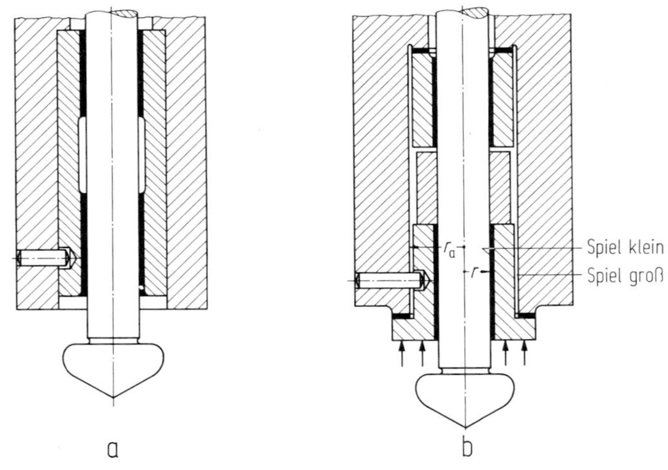

Bild 6.72. Spindelabdichtung von Dampfventilen;
a) feste, eingepreßte Buchse erfordert relativ großes Spiel an der Spindel, da nicht ausdehnungsgerecht abgestimmt
b) radial bewegliche, axial abdichtende Buchse gestattet kleines Spiel an der Spindel, da Buchse und Spindel auf gleiche Zeitkonstante abgestimmt

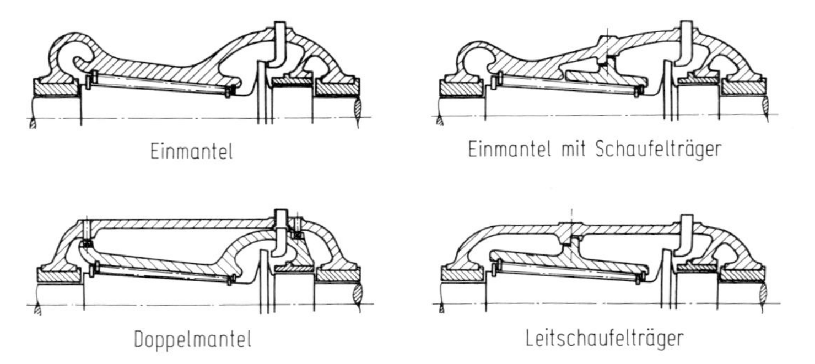

Bild 6.73. Bauarten von Dampfturbinengehäusen mit unterschiedlichen Zeitkonstanten

mit $r \approx r_i$ und $V/A_{\text{Spindel}} = V/A_{\text{Buchse}}$ wird

$$r/2 = (r_a^2 - r^2)/2\,r$$

$$r_a = \sqrt{2} \cdot r \quad .$$

Bild 6.73 gibt Beispiele für Dampfturbinengehäuse-Bauarten. Mit der Wahl der Bauart kann man u. a. das Volumen-Flächen-Verhältnis des die Schaufeln tragenden Gehäuses sowie die Wärmeübergangszahl und die Größe der beheizten Oberfläche der Zeitkonstanten der Welle anpassen und so die Spiele an den Schaufeln beim Anfahren (Aufheizen) entweder annähernd gleichhalten oder mit Hilfe des Voreilens im Anfahrvorgang besonders groß werden lassen.

Bekannt sind Maßnahmen, z. B. Wärmeschutzbleche, die die Wärmeübergangszahl am tragenden Bauteil verringern, wodurch eine langsamere, angepaßte Erwärmung mit geringerer Relativausdehnung stattfindet.

Die gezeigten Überlegungen haben überall Bedeutung, wo zeitlich veränderliche Temperaturen auftreten, besonders dann, wenn mit der Relativausdehnung Spielverengungen verbunden sind, die die Funktion beträchtlich gefährden können, z. B. bei Turbomaschinen, Kolbenmaschinen, Rührwerken, Einbauten in warmgehenden Apparaten.

6.5.3. Kriech- und relaxationsgerecht

1. Werkstoffverhalten unter Temperatur

Bei der Gestaltung von Bauteilen unter Temperatur muß neben dem Ausdehnungseffekt das Kriechverhalten der beteiligten Werkstoffe berücksichtigt werden. Es wird unter Temperatureinfluß nicht allein der hoher Temperaturen verstanden, obwohl das meist der Fall ist. Es gibt Werkstoffe, die bereits bei Temperaturen unter 100° C ein ähnliches Verhalten wie metallische Werkstoffe bei hohen Temperaturen zeigen.

Beelich [9] hat hierzu Hinweise im Zusammenhang mit der Werkstoffwahl gegeben, die hier im wesentlichen wiedergegeben werden.

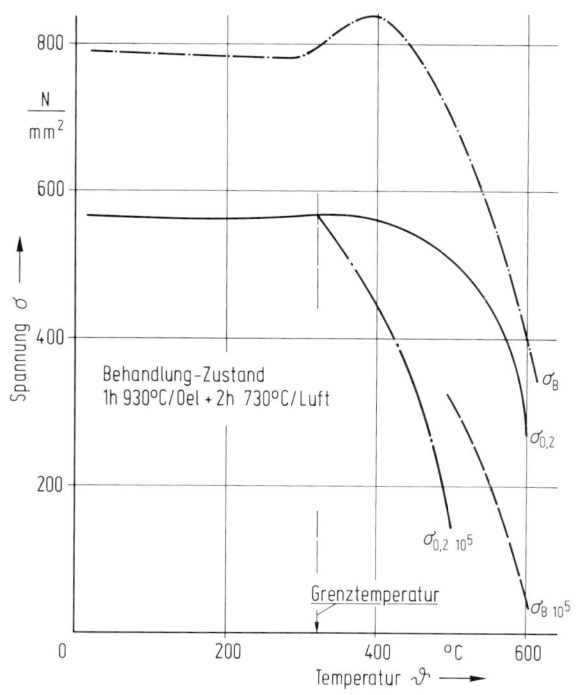

Bild 6.74. Kennwerte aus dem Warmzug- und Zeitstandversuch, ermittelt mit dem Stahl 21 CrMoV 5 11 (Werkstoff-Nr. 1.8070) bei verschiedenen Temperaturen; Grenztemperatur als Schnittpunkt der Kurven der 0,2-Dehngrenze und der 0,2-Zeitdehngrenze

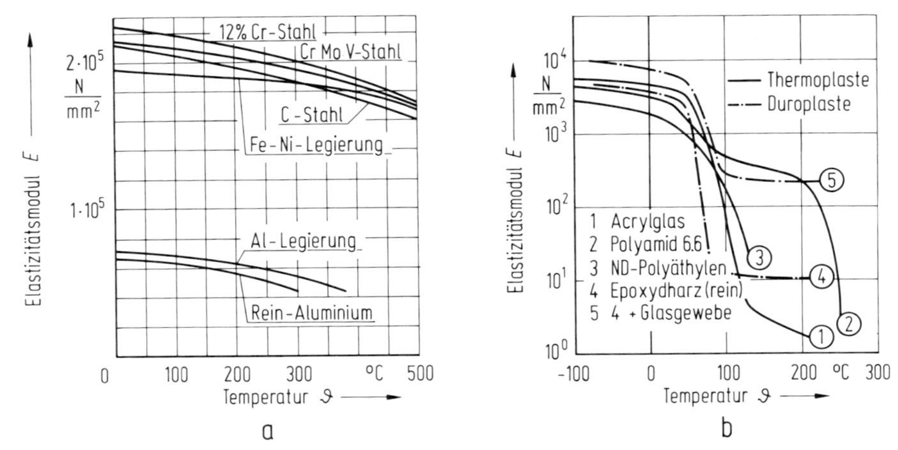

Bild 6.75. Zusammenhang zwischen dem Elastizitätsmodul verschiedener Werkstoffe und der Temperatur;
a) metallische Werkstoffe b) Kunststoffe

Technisch gebräuchliche Werkstoffe, sowohl die reinen Metalle als auch deren Legierungen, sind ihrem Aufbau nach vielkristallin und zeigen ein temperaturabhängiges Verhalten. Unterhalb der *Grenztemperatur* ist dabei die Haltbarkeit des Kristallverbands im wesentlichen zeitunabhängig. Entsprechend der bei Raumtemperatur geltenden Regel wird bei höheren Temperaturen bis zu dieser Grenztemperatur die Warmstreckgrenze als Werkstoffkennwert für die Auslegung berücksichtigt. Bauteile mit Temperaturen oberhalb der Grenztemperatur werden stark vom zeitabhängigen Verhalten der Werkstoffe bestimmt. Die Werkstoffe erleiden in diesem Bereich unter dem Einfluß von Beanspruchung, Temperatur und Zeit u. a. eine fortschreitende plastische Verformung, die nach einer bestimmten Zeit zum Bruch führen kann. Die sich dabei einstellende zeitabhängige Bruchgrenze liegt sehr viel niedriger als die Warmstreckgrenze aus dem Kurzzeitversuch. Die besprochenen Verhältnisse sind in Bild 6.74 prinzipiell wiedergegeben. Grenztemperatur und Festigkeitsverlauf sind stark werkstoffabhängig und müssen jeweils beachtet werden. Bei Stählen liegt die Grenztemperatur zwischen 300 – 400° C.

Bei Kunststoffteilen muß der Konstrukteur bereits bei Temperaturen unter + 100° C das viskoelastische Verhalten dieser Werkstoffe berücksichtigen.

Generell ändert sich auch der Elastizitätsmodul in Abhängigkeit von der Temperatur, wobei der höheren Temperatur ein kleinerer Wert zugeordnet ist: Bild 6.75 a. Geringste Änderungen zeigen hierbei die Nickellegierungen.

Mit dem Absinken des Elastizitätsmoduls sinkt die Steifigkeit der Bauteile. Wie Bild 6.75 b zeigt, muß der Konstrukteur diese Erscheinung besonders bei Kunststoffbauteilen beachten. Er muß die Temperatur kennen, bei der der Elastizitätsmodul plötzlich auf relativ niedrige Werte absinkt.

2. Kriechen

Bauteile, die bei hohen Temperaturen oder nahe der Fließgrenze lange Zeit beansprucht werden, erleiden zusätzlich zu der aus dem Hookeschen Gesetz resultieren-

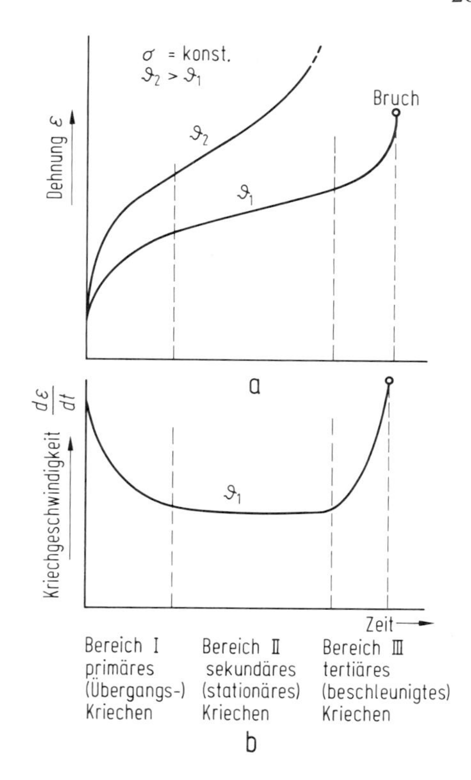

Bild 6.76. Änderung von Dehnung a) und Kriechgeschwindigkeit b) mit der Beanspruchungsdauer (schematisch), Kennzeichnung der Kriechphasen

den elastischen Dehnung $\varepsilon = \sigma/E$ abhängig von der Zeit plastische Verformungen ε_{plast}. Diese als *Kriechen* bezeichnete Eigenschaft der Werkstoffe ist von der aufgebrachten Beanspruchung, der wirkenden Temperatur ϑ und von der Zeit abhängig.

Man spricht vom „Kriechen" der Werkstoffe, wenn die Dehnungszunahme der Bauteile entweder unter konstanter Last oder Spannung auftritt [9]. Die zur Werkstoffbeurteilung ermittelten Kriechkurven sind bekannt [64, 90].

Kriechen bei Raumtemperatur

Für eine zweckmäßige Auslegung von Bauteilen in der Nähe der Fließgrenze ist die Kenntnis des Werkstoffverhaltens im Übergangsgebiet vom elastischen in den plastischen Zustand wichtig [90]. Bei lang anhaltender statischer Beanspruchung in diesem Übergangsgebiet muß mit Kriecherscheinungen auch unter Raumtemperatur bei metallischen Werkstoffen gerechnet werden. Das Kriechen verläuft dabei nach dem Gesetz des primären Kriechens: Bild 6.76. Die relativ geringen plastischen Formänderungen sind nur im Hinblick auf die Formbeständigkeit eines Bauteils interessant. Im allgemeinen kriechen aber Stähle im Bereich $\leqq 0{,}75 \cdot \sigma_{0,2}$ oder $\leqq 0{,}55 \cdot \sigma_B$ wenig, während bei Kunststoffen eine zuverlässige Beurteilung des mechanischen Verhaltens nur anhand von temperatur- und zeitabhängigen Kennwerten getroffen werden kann.

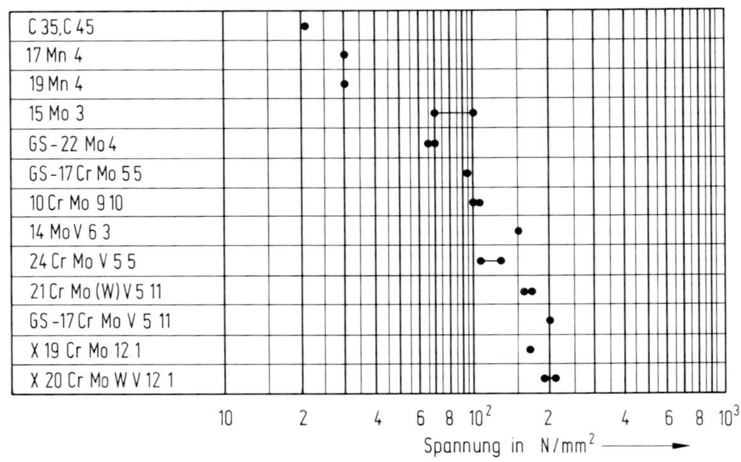

Bild 6.77. Spannungen entsprechend 1%-Zeitdehngrenze verschiedener Werkstoffe nach 10^5 Stunden bei 500° C [146]

Kriechen unterhalb der Grenztemperatur

Bisherige Untersuchungen [90, 97] mit metallischen Werkstoffen bestätigen, daß im Normalfall die übliche Rechnung mit der Warmstreckgrenze als obere zulässige Spannung bei kurzzeitigen Belastungen, instationären Vorgängen, vorübergehenden thermischen Zusatzspannungen und Störungsfällen bis zur definierten Grenztemperatur ausreichend ist.

Bei Bauteilen mit hohen Anforderungen an die Formbeständigkeit müssen jedoch auch für mäßig erhöhte Temperaturen die Werkstoffkennwerte des Zeitstandversuchs beachtet werden. Unlegierte und niedriglegierte Kesselbaustähle, aber auch austenitische Stähle weisen je nach Betriebsdauer und Anwendungstemperatur mehr oder weniger große Kriechdehnungen auf.

Bei Kunststoffen finden auch schon bei leicht erhöhten Temperaturen Strukturumwandlungen statt. Diese Umwandlungen haben eine mitunter erhebliche Temperatur- und Zeitabhängigkeit der Eigenschaften zur Folge, wie man sie bei metallischen Werkstoffen in demselben Temperaturbereich nicht kennt. Sie führen als sogenannte thermische Alterung zu irreversiblen Änderungen der physikalischen Eigenschaften von Kunststoffen (Abfall der Festigkeit) [107, 132].

Kriechen oberhalb der Grenztemperatur

In diesem Temperaturbereich lösen bei metallischen Werkstoffen mechanische Beanspruchungen auch weit unterhalb der Warmstreckgrenze je nach Werkstoffart laufende Verformungen aus — der Werkstoff kriecht. Dieses Kriechen bewirkt eine allmähliche Verformung der Konstruktionsteile und führt bei entsprechender Beanspruchung und Zeit zum Bruch oder zu Funktionsstörungen. Im allgemeinen läßt sich der Vorgang in drei Kriechphasen aufteilen [90, 97]: Bild 6.76. Für temperaturbeaufschlagte Bauteile ist es wichtig zu wissen, daß der Beginn des tertiären Kriechbereichs als gefährlich anzusehen ist. Der Tertiärbereich beginnt nach [6] bei etwa 1% bleibender Dehnung. Für einen Überblick sind für verschiedene Stahlwerkstoffe die 10^5-Zeitdehngrenzen $\sigma_{1\%/10^5}$ für $\vartheta = 500°$ C auf Bild 6.77 zusammengestellt.

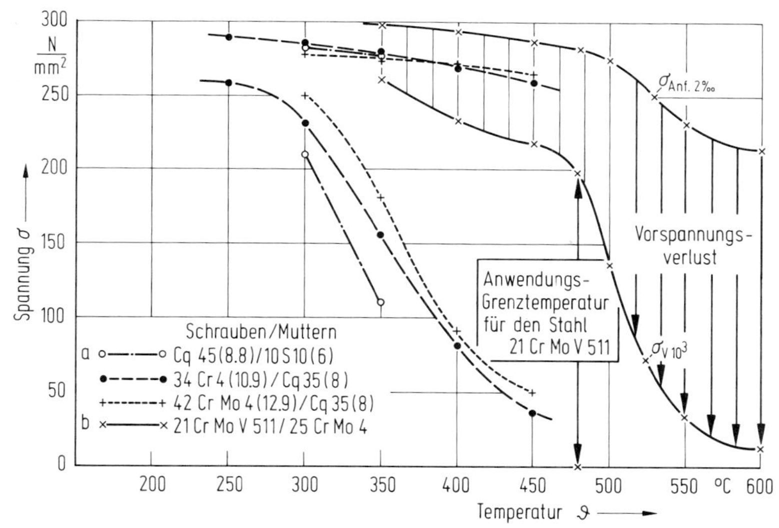

Bild 6.78. Verbleibende Vorspannung σ_{V10^3} nach 1000 h Versuchsdauer in Schraubenverbindungen, die bei der jeweiligen Temperatur auf 2‰-Anfangsdehnung vorgespannt wurden [242];
a) Schraubenverbindung M 12 — DIN 931/934
($m = d$, Klemmlänge 105 mm)
b) Schraubenverbindung M 12 — DIN 2510
($m = d$, Klemmlänge 105 mm; Behandlungszustand wie auf Bild 6.74 angegeben)

3. Relaxation

In verspannten Systemen (Federn, Schrauben, Spanndrähten, Schrumpfverbänden) ist mit der notwendigen Vorspannung eine Gesamtdehnung ε_{ges} (Gesamtverlängerung Δl_{ges}) aufgebracht worden. Durch Kriechen im Werkstoff und durch Setzerscheinungen infolge Fließen an den Auflageflächen und Trennfugen bedingt, wächst im Laufe der Zeit der plastische Verformungsanteil auf Kosten des elastischen Verformungsanteils. Dieser Vorgang der elastischen Dehnungsabnahme bei sonst konstanter Gesamtdehnung wird als „Relaxation" bezeichnet [60, 241, 242].

Verspannte Bauteile werden meist bei Raumtemperatur auf die erforderliche Vorspannkraft gebracht. Bedingt durch die Temperaturabhängigkeit des Elastizitätsmoduls (Bild 6.75), wird bei höheren Temperaturen diese Vorspannkraft vermindert, ohne daß eine Längenänderung im verspannten System auftritt.

Die mit dem Erreichen des Betriebszustands wenn auch verminderte Vorspannkraft führt bei hohen Temperaturen zum Kriechen des Werkstoffs und damit zu einem weiteren Verlust der Vorspannkraft (Relaxation). Auf die Höhe der verbleibenden Restklemmkraft wirken sich außerdem fertigungs- und betriebsbedingte Parameter aus, z. B. die Höhe der Montage-Vorspannkraft, die konstruktive Gestaltung des verspannten Systems, die Art der einander berührenden Oberflächen, der Einfluß überlagerter Beanspruchungen (normal oder tangential zur Oberfläche). Aufgrund von Untersuchungen [60, 241, 242] über das Relaxationsverhalten von Schrauben-Flansch-Verbindungen ergeben sich plastische Verformungen auch an Trennfugen und Auflageflächen (Setzen) und im Gewinde (Kriechen und Setzen).

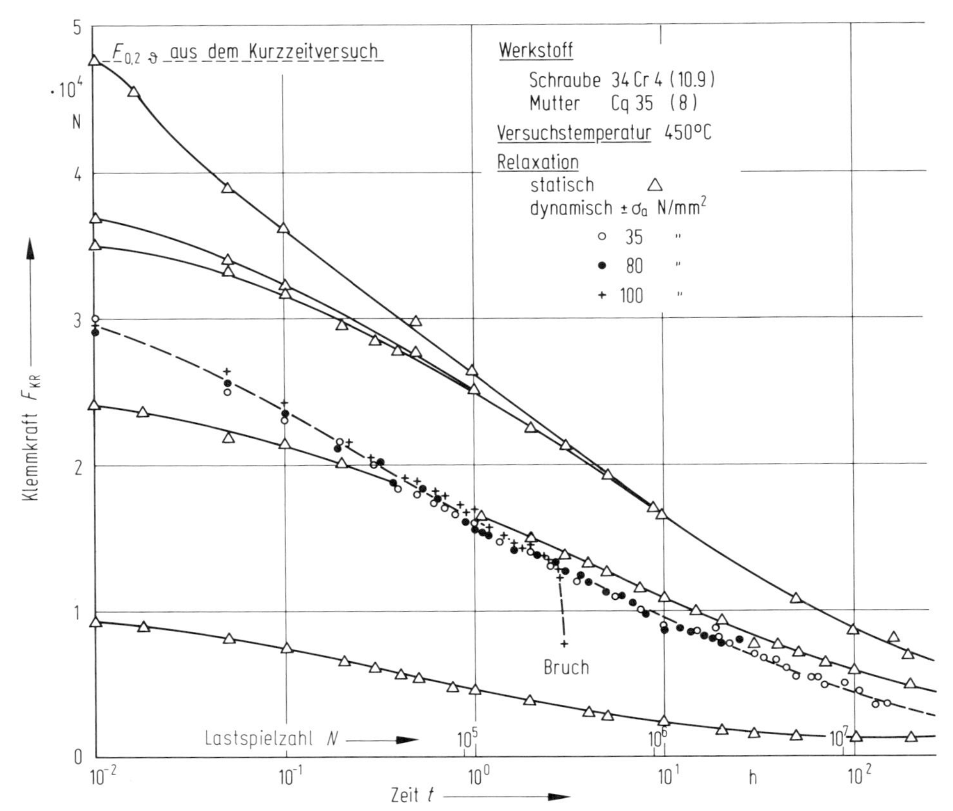

Bild 6.79. Auswirkung verschieden hoher Anfangsklemmkräfte auf die Endklemmkräfte nach gleicher Beanspruchungsdauer bei statischer und zusätzlich wechselnder Belastung (Schraubenverbindung M 12 — DIN 931/DIN 934 — Klemmlänge 105 mm) [242]

Zusammenfassend ist für Bauteile aus metallischen Werkstoffen festzustellen:

— Der Vorspannkraftverlust ist abhängig von den Steifigkeitsverhältnissen in den miteinander verspannten Teilen. Je starrer die Verbindung ausgeführt wird, um so mehr bewirken die plastischen Verformungen (Kriechen und Setzen) einen beträchtlichen Vorspannkraftverlust.

— Obwohl bereits beim Anziehen von Schrauben-Flansch-Verbindungen oder beim Fügen einer Schrumpfverbindung erhebliche Setzbeträge ausgeglichen werden können, sind bei der Gestaltung möglichst wenige, aber gut bearbeitete Oberflächen (Trennfugen, Auflageflächen) vorzusehen.

— Für jeden Werkstoff ist eine Anwendungsgrenze bezüglich der Temperatur zu berücksichtigen, über deren Wert hinaus seine Verwendung nicht mehr sinnvoll erscheint: Bild 6.78. Außerdem sind für den gewünschten Anwendungsfall diejenigen Werkstoffe auszuwählen, bei denen infolge der Verspannung die Warmfließgrenze auch bei überlagerter Betriebsbeanspruchung nicht erreicht wird.

— Innerhalb kurzer Zeit verbleiben bei hohen Anfangsvorspannkräften (Anfangsklemmkräften) auch höhere Restklemmkräfte. Mit zunehmender Betriebsdauer

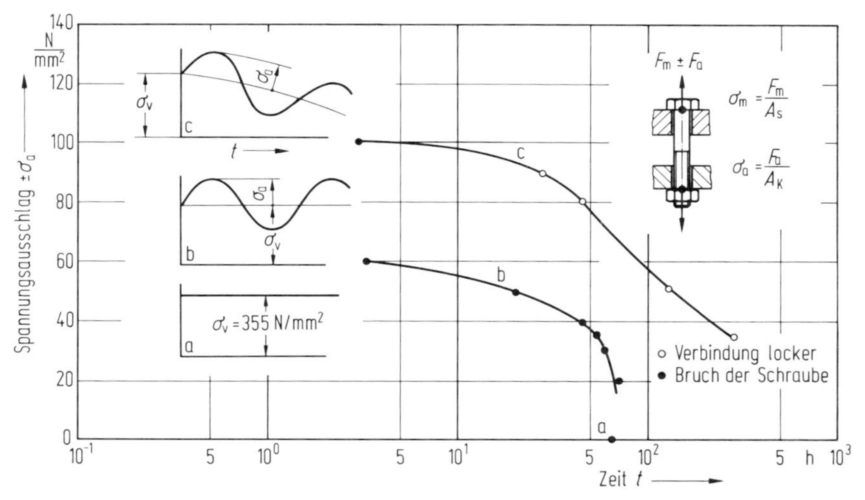

Bild 6.80. Haltbarkeit und Dauerhaltbarkeit von Schraubenverbindungen bei 450° C Versuchstemperatur nach [241]; Schraube: M 12 — 10.9 (34 Cr 4) DIN 931, gerollt/vergütet; Mutter: 8 (Cq 35) DIN 934, $m/d = 0{,}8$, Klemmlänge 105 mm, statische Vorspannung $\sigma_V = 355$ N/mm²;
a) Zeitstandversuch b) Schwing-(Wöhler-)Versuch c) Schwingrelaxationsversuch (Kurvenverlauf vgl. Bild 6.79)

werden die Restklemmkräfte relativ unabhängig von der Anfangsvorspannkraft: Bild 6.79.

— Ein Nachziehen von Fügeverbindungen, die bereits einer Relaxation unterworfen waren, ist bei Beachtung der verbliebenen Zähigkeitseigenschaft des Werkstoffs möglich. In der Regel dürfen Kriechbeträge von etwa 1%, die in den tertiären Kriechbereich führen, nicht überschritten werden.

— Werden Verbindungen zusätzlich zur statischen Vorspannkraft einer schwingenden Beanspruchung unterworfen (Bild 6.80), so haben Versuche gezeigt, daß die ohne Bruch ertragenen Schwingungsamplituden bei relaxationsbedingtem Abfall der Mittelspannungen erheblich größer sind als die Schwingungsamplituden mit konstanter Mittelspannung. Allerdings führt der relaxationsbedingte Abfall der Mittelspannung nach entsprechender Zeit oft zu einem Lockern der Verbindung.

Bei Anwendung von Schraubenverbindungen aus Kunststoff bestimmen zunächst geringe elektrische und thermische Leitfähigkeit, Widerstandsfähigkeit gegen metallkorrodierende Medien, hohe mechanische Dämpfung, geringes spezifisches Gewicht u. a. ihre Auslegung. Zusätzlich müssen diese Verbindungen aber auch gewisse Festigkeits- und Zähigkeitseigenschaften aufweisen.

Durch Relaxation bedingte Vorspannkraftverluste müssen besonders in diesen Anwendungsfällen beachtet werden, damit die Funktion derartiger Verbindungen gewährleistet ist.

Nach Untersuchungen [136, 137, 231] kann im Vergleich zu metallischen Werkstoffen folgendes festgestellt werden:

— Die über der Zeit verbleibende Vorspannkraft wird bei Raumtemperatur vom Werkstoff selbst und dessen Neigung zur Feuchteaufnahme bestimmt.
— Ständiger Wechsel von Feuchteaufnahme und Feuchteabgabe wirkt sich besonders ungünstig aus.

4. Konstruktive Maßnahmen

Für Anlagen unter Zeitbeanspruchung werden zunehmend längere Lebensdauern gefordert, die sich konstruktiv nur realisieren lassen, wenn das Werkstoffverhalten über die volle Beanspruchungsdauer bekannt ist oder mit ausreichender Genauigkeit vorhergesagt werden kann. Nach [90] ist jedoch eine Extrapolation schon dann gefährlich, wenn aus Kurzzeitwerten Richtwerte für die Auslegung bei Beanspruchungsdauern von 10^5 Stunden oder mehr zu geben sind.

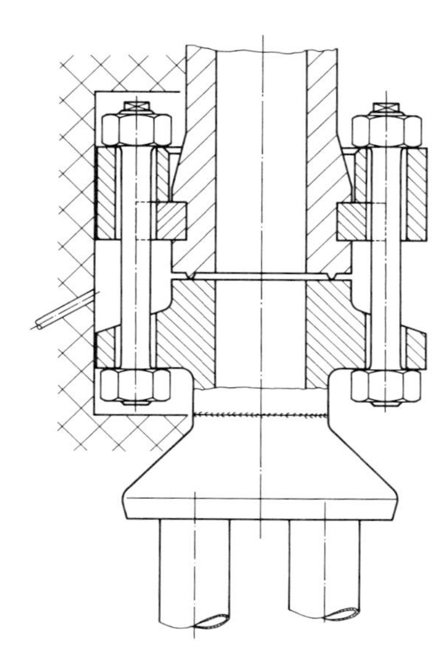

Bild 6.81. Austenit-Ferrit-Flanschverbindung für eine Betriebstemperatur von 600° C nach [199]

Nicht bei allen Bauteilen kann man die thermische Beanspruchung mit besonders hochlegierten Werkstoffen abfangen. Konstruktive Abhilfen sind oft zweckmäßiger als den Werkstoff zu verändern.

Die Gestaltung ist so zu wählen, daß Kriechen in bestimmten zulässigen Grenzen bleibt, was erreicht werden kann durch:
— Hohe elastische Dehnungsreserve, die Zusatzbeanspruchungen aus Temperaturänderungen klein hält. Beispiel: Bild 6.81.
— Isolation oder Bauteilkühlung, wie bei Doppelmanteldampfturbinen und Gasturbinen angewandt. Beispiel: Bild 6.82.
— Vermeiden von Massenanhäufungen, die bei instationären Vorgängen zu erhöhten Wärmespannungen führen.
— Verhindern, daß der Werkstoff in unerwünschte Richtungen kriecht, wodurch Funktionsstörungen (z. B. Klemmen von Ventilspindeln) oder Demontageschwierigkeiten entstehen können. Beispiel: Bild 6.83.

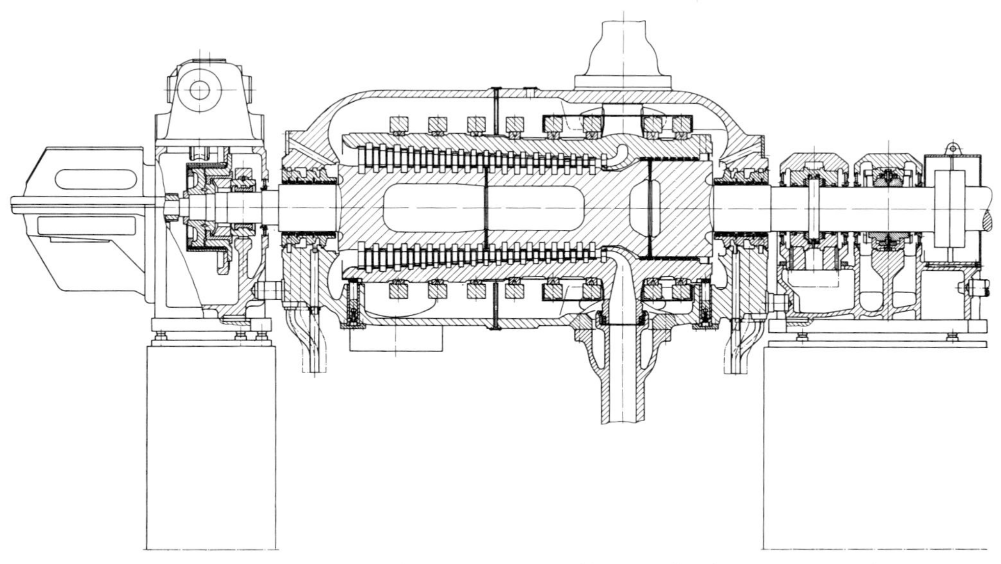

Bild 6.82. Doppelmantel-Dampfturbine mit Schrumpfringen, die den Innenmantel zusammenhalten. Relaxation der Schrumpfringe wird vermindert durch Kühlung mittels Abdampf. Mit zunehmender Leistung der Maschine pressen die Schrumpfringe stärker, weil dann die Temperaturdifferenz zwischen Dampfeintritt und -austritt steigt. Schrumpfringe sitzen auf wärmeflußhemmenden Segmenten, die es gestatten, durch untergelegte Paßbleche das durch Relaxieren verminderte Schrumpfmaß anläßlich einer Revision wieder auf den Sollwert anzuheben (Bauart BBC)

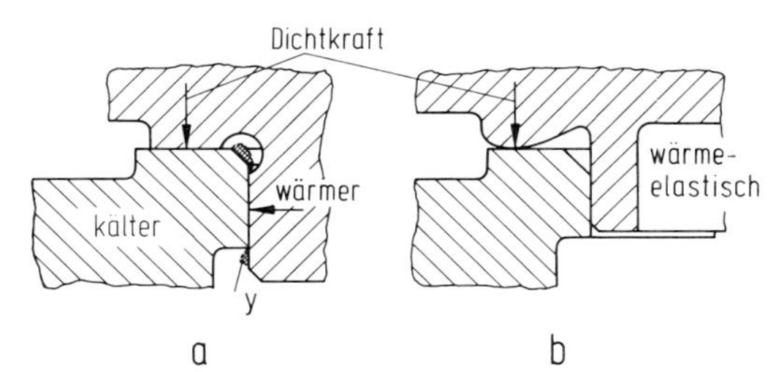

Bild 6.83. Zentrierung und Dichtung eines Flanschdeckels nach [154];
a) Demontage behindert, weil der Werkstoff in Hinterdrehungen kriecht
b) ballige Dichtleiste erzeugt bessere Dichtwirkung bei kleineren Anpreßkräften, Kriechen behindert wegen günstigerer Gestaltung die Demontage nicht

Bei der Ausführung a des Flanschdeckels kriecht der Werkstoff in die Hinterdrehung. Der sich schneller erwärmende Deckel zwängt in der Zentrierung und kriecht ebenso an der Stelle y. Die Ausführung b des Flanschdeckels ist besser gestaltet, da trotz Kriechens immer noch eine Demontage ohne Beschädigung möglich ist. Wegen der inneren Ausdrehung kann der Deckel außerdem keine nennenswerte radiale Kraft auf die Zentrierung ausüben.

Daraus ergibt sich: Das bei einer Demontage zuerst bewegte Teil muß in Demontagerichtung vorstehen oder entgegen der Demontagerichtung zurückstehen [154].

6.5.4. Korrosionsgerecht

Korrosionserscheinungen lassen sich in vielen Fällen nicht vermeiden, sondern nur mindern, weil die Ursache für die Korrosion nicht beseitigt werden kann. Die Verwendung korrosionsfreier Werkstoffe ist darüber hinaus oft wirtschaftlich nicht vertretbar. So muß der Konstrukteur Korrosionserscheinungen mit einem entsprechenden Konzept oder durch zweckmäßigere Gestaltung entgegenwirken. Die Maßnahmen hängen von der Art der zu erwartenden Korrosionserscheinungen ab. Spähn, Rubo und Pahl [198] haben Erscheinungsformen und Maßnahmen dargestellt, die im wesentlichen wiedergegeben werden.

1. Ursachen und Erscheinung der Korrosion

Während die Bildung von Metalloxidschichten bei trockener Umgebung und bei höheren Temperaturen die chemische Korrosionsbeständigkeit im allgemeinen erhöht, bilden sich unterhalb des Taupunkts mehr oder weniger schwach saure oder basische Elektrolyte, die in der Regel eine elektrochemische Korrosion bewirken [197]. Korrosionsfördernd wirkt der Umstand, daß jedes Bauteil unterschiedliche Oberflächen hat, z. B. infolge edlerer oder unedlerer Einschlüsse, verschiedener Gefügeausbildung, Eigenspannungen u. a. durch Warmbehandlung und Schweißen. Auch besteht an konstruktiv bedingten Spalten eine örtlich unterschiedliche Konzentration des Elektrolyten, so daß Lokalelemente entstehen können, ohne daß ausgesprochene Potentialunterschiede infolge unterschiedlicher Werkstoffe vorhanden sein müssen.

Nach [89, 193, 194, 208, 212] wird unterschieden: Ebenmäßig abtragende Korrosion und lokalisiert angreifende Korrosion. Letztere hat mehrere Ursachen und Erscheinungsformen, so daß weiter zu unterscheiden ist in Spaltkorrosion, Kontaktkorrosion, Grenzflächenkorrosion [177], Schwingungsrißkorrosion, Spannungsrißkorrosion, Korrosion unter Erosion und Kavitation.

Die vom Konstrukteur zu treffenden Maßnahmen hängen von den jeweiligen Ursachen und Erscheinungen ab. Beispiele zu den einzelnen Erscheinungen sind in 6.5.4 – 4 zusammengefaßt.

2. Ebenmäßig abtragende Korrosion

Ursache
Auftreten von Feuchtigkeit (schwach basischer oder saurer Elektrolyt) unter gleichzeitiger Anwesenheit von Sauerstoff aus der Luft oder dem Medium, insbesondere Taupunktunterschreitung.

Erscheinung
Weitgehend gleichmäßig abtragende Korrosion an der Oberfläche, bei Stahl z. B. etwa 0,1 mm/Jahr in normaler Atmosphäre. Manchmal auch örtlich stärker, wenn an solchen Stellen infolge Taupunktunterschreitung besonders häufig höherer Feuchtigkeitsgehalt auftritt. Ebenmäßig abtragende Korrosion kann infolge höherer Aktivität des Mediums, höherer Strömungsgeschwindigkeiten und intensiven Wärmedurchgangs verstärkt werden.

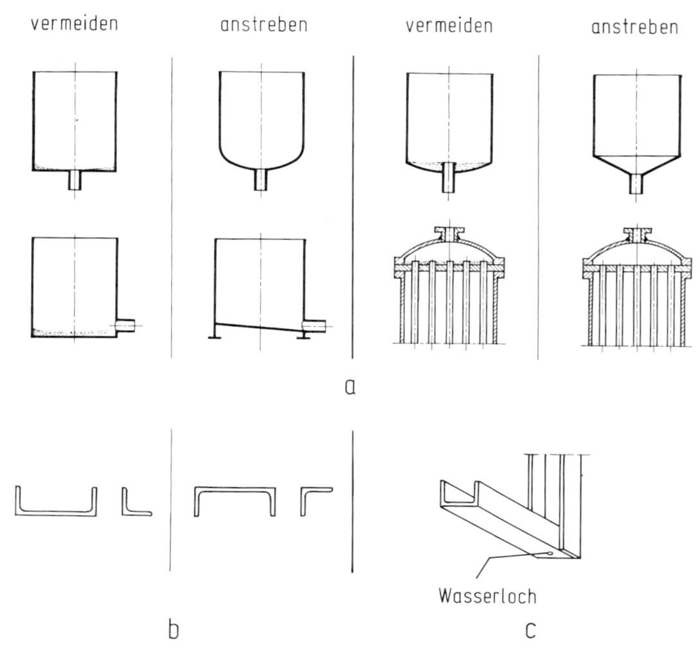

Bild 6.84. Flüssigkeitsabfluß bei korrosionsbeanspruchten Bauteilen;
a) korrosionsschutzwidrige und korrosionsschutzgerechte Gestaltung von Böden
b) ungünstige und günstige Anordnung von Stahlprofilen
c) Konsole aus U-Profilen mit Wasserloch

Abhilfe

— Ausreichend lange und gleiche Lebensdauer mit entsprechender Wanddickenwahl (Wanddickenzuschlag) und Werkstoffeinsatz.
— Verfahrensführung mit entsprechendem Konzept, das die Korrosion vermeidet bzw. Korrosion wirtschaftlich tragbar macht (vgl. Beispiel 1).
— Kleine und glatte Oberflächen anstreben durch entsprechende geometrische Gestalt mit einem Maximum im Verhältnis von Inhalt zu Oberfläche oder z. B. Widerstandsmoment zu Umfang (vgl. Beispiel 2).
— Vermeiden von Feuchtigkeitssammelstellen durch entsprechende Gestaltung: Bild 6.84.
— Vermeiden von Stellen unterschiedlicher Temperatur durch allseits gute Isolierung und Verhinderung von Wärme- bzw. Kältebrücken (vgl. Beispiel 3).
— Vermeiden hoher Strömungsgeschwindigkeiten > 2 m/s.
— Vermeiden von Zonen hoher und unterschiedlicher Wärmebelastung bei beheizten Flächen.
— Anbringen eines Korrosionsschutzüberzugs, auch in Verbindung mit kathodischem Schutz.

3. Lokalisiert angreifende Korrosion

Die lokalisiert angreifende Korrosion ist besonders gefährlich, weil sie im Gegensatz zur ebenmäßig angreifenden eine sehr hohe Kerbwirkung zur Folge hat und in

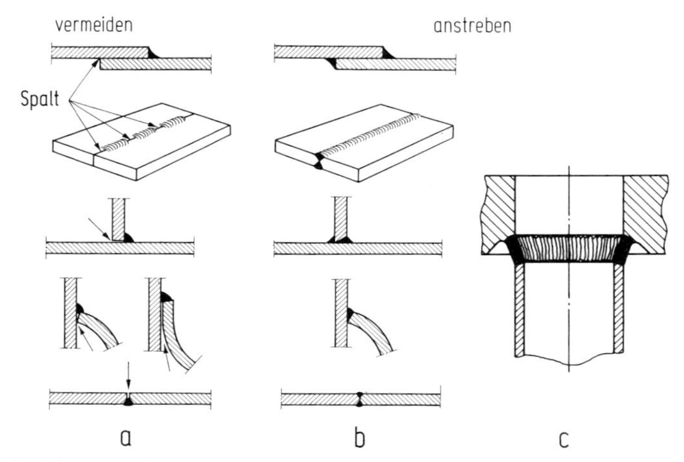

Bild 6.85. Beispiele von Schweißverbindungen;
a) spaltkorrosionsgefährdet
b) korrosionsgerechte Gestaltung nach [197]
c) spaltfreies Einschweißen von Rohren in einen Rohrboden, wodurch Spalt- und Spannungsrißkorrosion vermieden werden

manchen Fällen auch nicht leicht vorhersehbar ist. Daher muß von vornherein auf solchermaßen gefährdete Zonen besonders geachtet werden.

Spaltkorrosion

Ursache
Meist saure Anreicherung des Elektrolyten (Feuchtigkeit, wässeriges Medium) infolge Hydrolyse der Korrosionsprodukte. Bei rost- und säurebeständigen Stählen Abbau der Passivität infolge Sauerstoffverarmung im Spalt.

Erscheinung
Verstärkter Korrosionsabtrag an nicht sichtbaren Stellen. Vergrößerung der Kerbwirkung an ohnehin höher beanspruchten Stellen. Bruch- oder Lösegefahr ohne vorheriges Erkennen.

Abhilfe
— Glatte, spaltenlose Oberflächen auch an Übergangsstellen schaffen.
— Schweißnähte ohne verbleibenden Wurzelspalt vorsehen; Stumpfnähte oder durchgeschweißte Kehlnähte verwenden: Bild 6.85.
— Spalte abdichten, z. B. Steckteile vor Feuchtigkeit durch Muffen oder Überzüge schützen.
— Spalte so groß machen, daß infolge Durchströmung oder Austausch keine Anreicherung möglich ist.

Kontaktkorrosion

Ursache
Zwei Metalle mit unterschiedlichem Potential stehen in leitender Verbindung unter gleichzeitiger Anwesenheit eines Elektrolyten, d. h. leitender Flüssigkeit oder Feuchtigkeit [196, 208].

Erscheinung
Das unedlere Metall korrodiert in der Nähe der Kontaktstelle stärker, und zwar um so mehr, je kleiner die Fläche des unedleren Metalls im Vergleich zu der des edleren ist. Wiederum wird die Kerbwirkung vergrößert, und Korrosionsprodukte können sich ablagern. Diese haben Sekundärwirkungen mannigfacher Art, z. B. Fressen, Schlamm, Verunreinigungen der Medien, zur Folge.

Abhilfe
— Metallkombinationen mit geringem Potentialunterschied und daher kleinem Kontaktkorrosionsstrom verwenden.
— Einwirkung des Elektrolyten auf die Kontaktstelle verhindern durch örtliches Isolieren zwischen den beiden Metallen.
— Elektrolyt überhaupt vermeiden.
— Notfalls gesteuerte Korrosion durch gezielten Abtrag an elektrochemisch noch unedlerem „Freßmaterial", sogenannten Opferanoden, vorsehen.

Grenzflächenkorrosion

Ursache
Infolge Zustandsänderung des Mediums oder seiner Komponenten von der flüssigen in die gasförmige Phase und umgekehrt entsteht im Umschlagbereich an metallischen Oberflächen eine erhöhte Korrosionsgefahr. Diese wird u. U. durch Ankrustungen im Bereich zwischen flüssiger und gasförmiger Phase verstärkt [197].

Erscheinung
Die Korrosion ist auf den Umschlagbereich (Grenzfläche) konzentriert und um so stärker, je schroffer der Umschlag stattfindet und je aggressiver das Medium ist [177].

Abhilfe
— Allmähliche Wärmezu- bzw. -abfuhr längs einer Heiz- oder Kühlstrecke vorsehen.
— Turbulenz, d. h. Wärmeübergangszahlen am Einlauf des umschlagenden Mediums, klein halten, z. B. Richtbleche, Schutzhemden.
— Korrosionsbeständigen Schutzmantel an kritischen Stellen vorsehen (vgl. Beispiel 3 und 4).
— Übergangsbereiche zwischen flüssiger und gasförmiger Phase mit entsprechender Gestaltung vermeiden: Bild 6.86.

Schwingungsrißkorrosion

Ursache
Korrosiver Angriff auf ein Bauteil, das einer mechanischen Schwingungsbeanspruchung ausgesetzt ist, setzt die Festigkeit stark herab. Es gibt keine Dauerhaltbarkeit. Je höher die mechanische Beanspruchung und je intensiver der korrosive Angriff, desto kürzer die Lebensdauer.

Erscheinung
Verformungsloser Bruch wie bei einem Dauerbruch, wobei Korrosionsprodukte besonders bei schwach korrodierenden Medien nur mikroskopisch erkennbar sind. Verwechslung mit gewöhnlichem Dauerbruch daher oft gegeben.

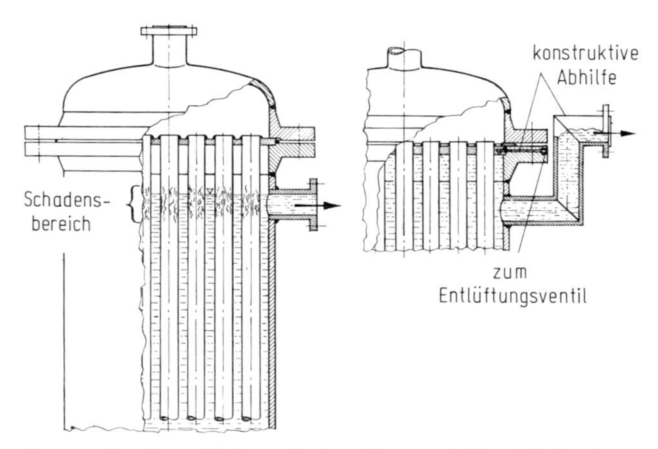

Bild 6.86. Korrosion an der Grenzfläche zwischen Gas- und Flüssigkeitsphase nach [197] infolge höherer Konzentration im Bereich der Wasserlinie eines stehend angeordneten Kühlers. Konstruktive Abhilfe durch Höherlegen des Wasserspiegels

Abhilfe

— Mechanische oder thermische Wechselbeanspruchung klein halten, besonders Schwingungsbeanspruchung infolge Resonanzerscheinungen vermeiden.
— Spannungsüberhöhung infolge von Kerben vermeiden.
— Druckvorspannung durch Kugelstrahlen, Prägepolieren, Nitrieren usw. hilft Lebensdauer erhöhen.
— Korrosives Medium (Elektrolyt) fernhalten.
— Oberflächenschutzüberzüge, z. B. Gummierung, Einbrennlackierung, galvanische Überzüge mit Druckspannung, galvanische Verzinkung und Aluminierung vorsehen.

Spannungsrißkorrosion

Ursache

Bestimmte empfindliche Werkstoffe neigen zu trans- oder interkristalliner Rißbildung, wenn gleichzeitig eine ruhende Zugbeanspruchung aus äußerer Last oder Eigenspannungszustand und ein diese Rißart auslösendes spezifisches Agens einwirken. Diese Werkstoffe sind: Unlegierte Kohlenstoffstähle, austenitische Stähle, Messing, Magnesium- und Aluminiumlegierungen sowie Titanlegierungen.

Erscheinung

Je nach angreifendem Medium [197] entstehen trans- oder interkristalline Risse, die sehr fein sind und rasch vorwärtsschreiten. Dicht daneben liegende Partien bleiben unberührt.

Abhilfe

Es genügt, eine der drei Voraussetzungen zur Bildung der Spannungsrißkorrosion zu vermeiden:

— Empfindliche Werkstoffe vermeiden, was aber wegen anderer Anforderungen oft nicht möglich ist.

— Zugspannung an der angegriffenen Oberfläche massiv herabsetzen oder ganz vermeiden.
— Druckspannung in die Oberfläche einbringen, z. B. Schrumpfbandagen, vorgespannte Mehrschalenbauweise, Kugelstrahlen.
— Eigenzugspannungen durch Spannungsarmglühen abbauen.
— Kathodisch wirkende Überzüge aufbringen.
— Agenzien vermeiden oder mildern durch Erniedrigung der Konzentration und der Temperatur.

Korrosion bei Erosion, Kavitation und Scheuerstellen

Erosion und Kavitation können von Korrosion begleitet sein, wodurch der Abtragvorgang beschleunigt wird. Primäre Abhilfe liegt in der Vermeidung bzw. Verminderung der Erosion und Kavitation mit Hilfe strömungstechnischer oder konstruktiver Maßnahmen. Erst wenn dies nicht gelingt, sollten harte Oberflächenüberzüge wie Auftragsschweißungen, Nickelschichten, Hartchrom oder Stellit ins Auge gefaßt werden.

Scheuerstellen können z. B. durch Wärmedehnungen oder bei schwingenden Rohren an Durchführungen (z. B. Leitblechen) entstehen. Dort kann die oxidische Schutzschicht an den Oberflächen der einander berührenden Teile beschädigt werden. Die freigelegten metallischen Bereiche sind elektrochemisch unedler als die mit Schutzschicht bedeckten. Ist das strömende Medium ein Elektrolyt, werden diese verhältnismäßig kleinen unedlen Bereiche elektrochemisch abgetragen, falls sich die Schutzschicht nicht regenerieren kann.

Abhilfe
— Rohrschwingungen verkleinern durch Verringern der Strömungsgeschwindigkeit im Rohraußenraum und/oder Verändern der Abstände der Leitbleche.
— Spalte zwischen Leitblechen und Rohren vergrößern, so daß keine Berührung mehr stattfindet.
— Wanddicke der Rohre vergrößern, damit sich ihre Steifigkeit und zugleich die zulässige Korrosionsrate erhöhen.
— Für die Rohre Werkstoff mit besserer Haftung der Schutzschicht verwenden.

Generell ist so zu gestalten, daß auch unter Korrosionsangriff eine möglichst lange und gleiche Lebensdauer aller beteiligten Komponenten erreicht wird [177]. Läßt sich diese Forderung mit entsprechender Werkstoffwahl und Auslegung wirtschaftlich nicht erreichen, muß so konstruiert werden, daß die besonders korrosionsgefährdeten Zonen und Bauteile überwacht werden können, z. B. durch Sichtkontrolle, Wanddickenmessung mechanisch oder durch Ultraschall oder/und indirekt durch Anordnung von Korrosionsproben, die nach festgelegter Betriebszeit oder nach Kontrollergebnis ausgewechselt werden können.

Ein sicherheitsgefährdender Zustand infolge Korrosion sollte nicht auftreten dürfen (vgl. 6.3.3 – 4).

Schließlich sei nochmals auf das Prinzip der Aufgabenteilung (vgl. 6.4.2) aufmerksam gemacht, nach dem auch schwierige Korrosionsprobleme überwunden werden können. Hiernach würde einem Bauteil die Korrosionsabwehr und Abdichtung zufallen, den anderen die Stütz-, Trag- oder Kraftleitungsaufgabe, wodurch das Zusammentreffen hoher mechanischer Beanspruchung und Korrosionsbeanspruchung vermieden wird und die Werkstoffwahl jedes Bauteils freier wird [155].

4. Beispiele korrosionsgerechter Gestaltung

Beispiel 1

Mittels Waschlaugen läßt sich CO_2 aus einem unter Druck befindlichen Gasgemisch weitgehend entfernen. Die CO_2-angereicherte Waschlauge wird dann durch Entspannen beträchtlich von CO_2 befreit (regeneriert). Der Ort der Entspannung innerhalb des Ablaufs einer Druckgaswäsche mit Regeneration wird im allgemeinen nach folgender Überlegung festgelegt:

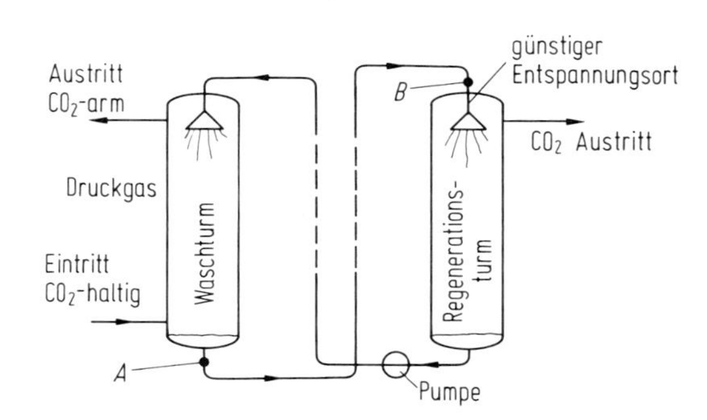

Bild 6.87. Einfluß des Entspannungsorts einer CO_2-angereicherten Waschlauge auf die Werkstoffwahl für eine Rohrleitung von *A* nach *B*

Würde die Waschlauge unmittelbar hinter dem Waschturm entspannt (Bild 6.87, Stelle A), so wäre die anschließende Rohrleitung nach B nach dem sich einstellenden Entspannungsdruck, also mit relativ dünner Wanddicke auszulegen. Man spart also an Wanddicke. Infolge Ausscheidens von CO_2 kann aber die Aggressivität der mit CO_2-Blasen durchsetzten Lauge derart steigen, daß der für gewöhnlich ausreichende billige unlegierte Stahl der Rohrleitung durch wesentlich teureren rost- und säurebeständigen Werkstoff ersetzt werden müßte. Daher sollte die CO_2-angereicherte Waschlauge besser bis zum Regenerationsturm (Stelle B) unter Druck verbleiben.

Beispiel 2

Für die Druckgasspeicherung können zwei Lösungen zur Diskussion stehen: Bild 6.88.

a) 30 flaschenförmige Behälter mit je 50 Liter Inhalt und einer Wanddicke von 6 mm,
b) 1 Kugelbehälter mit 1,5 m^3 Inhalt und einer Wanddicke von 30 mm.

Die Lösung b) ist vom Standpunkt der Korrosion aus zwei Gründen vorteilhafter:

— Die der Korrosion unterliegende Oberfläche ist mit etwa 6,4 m^2 rund fünfmal kleiner als bei a). Die Abtragmenge ist also bei gleicher Abtragtiefe kleiner.
— Bei einer erwarteten Abtragtiefe von 2 mm in 10 Jahren ist der Abtrag festigkeitsmäßig bei a) auf keinen Fall vernachlässigbar bzw. zwingt zu einer wesentlich stärkeren Wand, nämlich 8 mm, während beim Kugelbehälter der Korrosionszuschlag von 2 mm für eine 30 mm dicke Wand fast unerheblich ist. Der Kugelbehälter kann praktisch nur nach Festigkeitsgesichtspunkten ausgelegt werden.

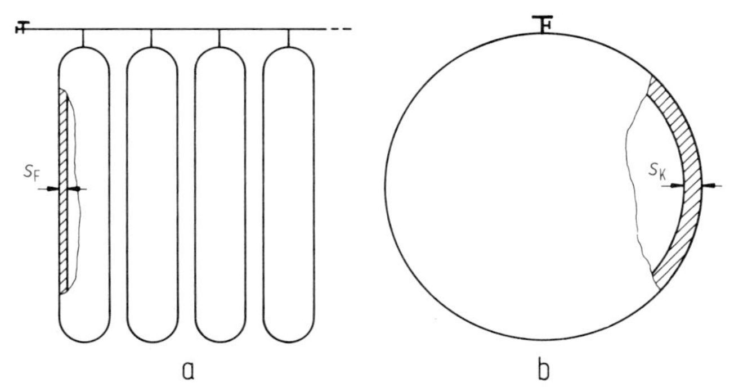

Bild 6.88. Einfluß der Behälterform auf die Korrosionsgefährdung nach [177] am Beispiel der Druckgasspeicherung bei 200 bar;
a) in 30 Flaschen mit je 50 Liter Inhalt b) in einer Kugel von 1,5 m^3 Inhalt

Beispiel 3

In einem Behälter sei Warmgas mit H_2O-Dampf enthalten. Bild 6.89 a zeigt die ursprüngliche Ausführung nach [177]. Der Ablaßstutzen ist nicht isoliert. Infolge Abkühlung bildet sich Kondensat mit stark elektrolytischen Eigenschaften. An der Übergangsstelle zwischen Kondensat und Gas tritt Korrosion auf, die zum Abreißen des Stutzens führen kann.

Bild 6.89 zeigt zwei Lösungen: Isolieren einerseits oder gesonderten Stutzen aus beständigerem Material andererseits.

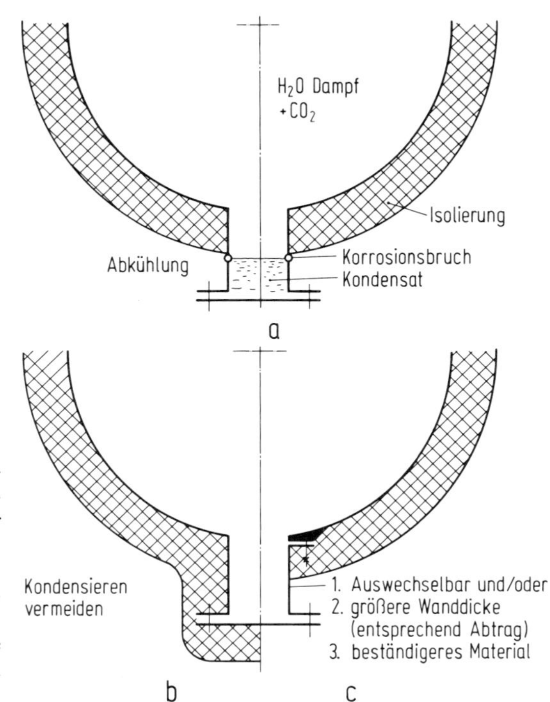

Bild 6.89. Ablaßstutzen an einem Behälter mit CO_2-haltigem überhitzten Dampf unter Überdruck;
a) ursprüngliche Ausführung
b) isolierte Ausführung vermeidet Kondensat
c) andere korrosionsgerechte Varianten mit gesondertem Stutzen

Beispiel 4

In einem beheizten Rohr, das feuchtes Gas führt, ist der Einlaufbereich am Heizmantel besonders gefährdet: Bild 6.90 a. Ein weniger schroffer Übergang (Bild 6.90 b) oder ein zusätzlich eingebauter korrosionsbeständiger Schutzmantel (Bild 6.90 c) bringen Abhilfe.

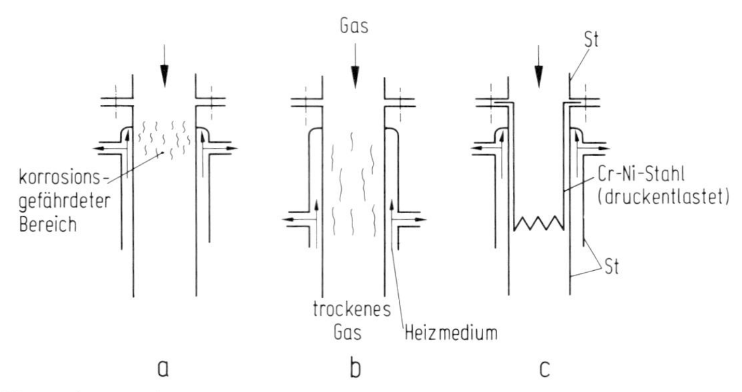

Bild 6.90. Korrosion an einem beheizten Rohr nach [177];
a) besonders am Einlauf wegen schroffem Übergang gefährdet
b) schroffer Übergang vermieden
c) Schutzmantel deckt kritische Zone ab und mildert Übergang

6.5.5. Normgerecht

1. Zielsetzung der Normung

Bei den bisher dargelegten Methoden bestand ein wesentlicher Aspekt des Vorgehens im Aufgliedern komplexer Aufgabenstellungen. So ist in der Konzeptphase die zu lösende Gesamtfunktion in weniger komplexe Teilfunktionen mit dem Ziel aufzugliedern, leichter Teilfunktionsträger zu finden oder bereits Kataloge mit solchen Teillösungen heranzuziehen. In der Entwurfsphase ist es ebenfalls hilfreich, einzelne Zonen oder Baugruppen getrennt zu bearbeiten, um diese dann in einem Gesamtentwurf zu vereinen. Betrachtet man das Vorgehen besonders unter dem Gesichtspunkt der Minimierung des Aufwands, so liegt die Frage nahe, bis zu welchem Maße die Suche nach Funktionsträgern einmalig vorab und allgemein durchführbar ist, damit der Konstrukteur auf schon bewährte Lösungen, d. h. auf bekannte Elemente und Baugruppen zurückgreifen kann.

Dieser Frage hat sich auch die Normung angenommen, die nach Kienzle [100] folgende Zielvorstellung hat:

> „Normung ist das einmalige Lösen eines sich wiederholenden technischen oder organisatorischen Vorgangs mit den zum Zeitpunkt der Erstellung der Norm bekannten optimalen Mitteln des Standes der Technik durch alle daran Interessierten. Sie ist damit eine stets zeitlich begrenzte technische und wirtschaftliche Optimierung."

Eine zusammenfassende Definition findet sich im Handbuch der Normung [33]:

„Normung ist die Bestlösung sich wiederholender Aufgaben“ bzw. in DIN 820 [36]:

„Normung ist die planmäßige, durch die interessierten Kreise gemeinschaftlich durchgeführte Vereinheitlichung von materiellen und immateriellen Gegenständen zum Nutzen der Allgemeinheit.“

Normung aufgefaßt als Oberbegriff von Vereinheitlichen und Festlegen von Lösungen, z. B. als nationale und internationale Norm (DIN, ISO), als Werknorm oder in Form allgemein einsetzbarer Lösungskataloge und sonstiger Vorschriften sowie systematischer bzw. einheitlicher Wissensdarstellungen gewinnt beim methodischen Konstruieren von neuem eine vielseitige Bedeutung. Dabei steht die lösungsbeschränkende Zielsetzung der Normung in keinem Gegensatz zu der eine Vielfalt anstrebenden methodischen Lösungssuche, da die Normung sich im wesentlichen auf die Festlegung einzelner Elemente, Teillösungen, Werkstoffe, Berechnungsverfahren, Prüfvorschriften und dgl. konzentriert, die Lösungsvielfalt und Lösungsoptimierung aber durch Kombination bzw. Synthese bekannter Elemente und Gegebenheiten erreicht werden. Die Normung ist also nicht nur eine wichtige Ergänzung, sondern sogar Voraussetzung für ein methodisches Vorgehen, das bausteinartige Elemente benutzt.

Es sei auch auf die Grenzen jeder Normung hingewiesen. Kienzle formuliert:

„Normung ist eine stets zeitlich begrenzte technische und wirtschaftliche Optimierung.“

Die durch Normung festgelegten Daten sind Größen, deren Optimierung zeitabhängig ist und die in Zeitabständen mit dem jeweiligen Stand der Technik abgestimmt werden müssen.

Im folgenden werden die Möglichkeiten, Notwendigkeiten und Grenzen des Normeneinsatzes beim Konstruktionsprozeß dargelegt. Ergänzend sei für die übrigen Grundlagen und Aufgaben einer Normung auf das umfangreiche Schrifttum verwiesen [13, 33, 34, 36, 101].

2. Normenarten

Im Maschinen-, Geräte- und Apparatebau werden bereits bei einfachsten Bauteilen viele Normen unterschiedlicher Herkunft mit verschiedenen Inhalten, Reichweiten und Normungsgraden verwendet. Bänninger [4] gibt an, daß er für eine einfache Distanzsäule eines feinmechanischen Geräts 30 Normen verwendet. Der gegenüber der Normung kritisch eingestellte Konstrukteur („Normung als Zwangsjacke“ [4]) sollte bedenken, wieviele Normen er ständig bei seiner Arbeit bewußt oder auch unbewußt verwendet, ohne in seiner Gestaltungsfreiheit eingeengt zu werden. Er wird dann feststellen, daß Normen eine unentbehrliche Grundlage und Voraussetzung jeder konstruktiven Arbeit sind.

Die folgenden Hinweise zu *Normenarten* sollen den methodisch arbeitenden Konstrukteur

— auf diese wichtige Möglichkeit umfassender Informationsgewinnung aufmerksam machen,
— zur weitgehenden Berücksichtigung von Normen auffordern,
— anregen, neue Normen vorzuschlagen oder selbst aufzustellen, zumindest aber Normenentwicklungen zu beeinflussen und

— auf den Wesenskern der Normung, nämlich Sachen und Sachverhalte nach zweckmäßigen Gesichtspunkten mit dem Ziel einer Vereinheitlichung und Optimierung zu ordnen, aufmerksam machen.

Nach der *Herkunft* werden unterschieden:
— DIN-Normen des DIN (Deutsches Institut für Normung) einschließlich der VDE-Bestimmungen,
— die europäischen Normen (EN-Normen) von CEN (Comité Européen de Normalisation) und CENELEC (Comité Européen de Normalisation Electrotechniques),
— Empfehlungen der IEC (International Electrotechnical Commission) und
— Empfehlungen und neuerdings auch Weltnormen der ISO (International Organization for Standardization).

Der *Bereich* der Normung umfaßt Inhalt, Reichweite und Grad von Normen (DIN 820, Blatt 1).

Nach dem *Inhalt* werden z. B. unterschieden: Verständigungsnormen, Sortierungsnormen, Typnormen, Planungsnormen, Maßnormen, Stoffnormen, Qualitätsnormen, Verfahrensnormen, Gebrauchstauglichkeitsnormen, Prüfnormen, Liefernormen, Sicherheitsnormen.

Nach der *Reichweite* werden Grundnormen, als Normen von allgemeiner, grundlegender und fachübergreifender Bedeutung, und Fachnormen als Normen für ein bestimmtes Fachgebiet unterschieden.

Der *Grad* einer Norm wird hinsichtlich Breite, Tiefe und Umfang bestimmt.

Eine Norm kann mehreren Bereichsgruppen angehören, was der Regelfall ist. Sie kann als sog. *Vollnorm* alle Zusammenhänge in ihrer Breite und Tiefe umfassend darstellen, als *Teilnorm* nicht alle Einzelheiten erfassen oder sogar als *Rahmennorm* nur einen groben Rahmen für die behandelten Gegenstände geben, damit die technische Entwicklung nicht durch Normung behindert wird. Zeitlich wird man zunächst Rahmennormen, dann Teilnormen und erst später und auch seltener Vollnormen entwickeln.

Neben den nationalen und internationalen Normen der genannten Normen-Organisationen stehen dem Konstrukteur weitere überbetriebliche Vorschriften und Richtlinien zur Verfügung. In erster Linie wären hier zu nennen
— VDE-Bestimmungen des Verbandes Deutscher Elektrotechniker [50], die jetzt auch als DIN-Normen gelten,
— Vorschriften der Vereinigung der Technischen Überwachungsvereine, z. B. AD (Arbeitsgemeinschaft Druckbehälter) — Merkblätter, die ebenfalls Normencharakter haben, und
— VDI-Richtlinien des Vereins Deutscher Ingenieure.

Der VDI gibt zur Zeit etwa 1000 Richtlinien heraus, wovon insbesondere die Richtlinien der VDI-Gesellschaft Konstruktion und Entwicklung als allgemeine Konstruktionsgrundlagen verwendet werden können [227]. Die VDI-Richtlinien gewinnen insofern zunehmende Bedeutung, als sie als Vorfeld der Normung gelten und nach einer Einführungsphase auf ihre Normfähigkeit überprüft werden.

Zur Normensammlung des Konstrukteurs gehören darüber hinaus auch Normen, Vorschriften und Richtlinien der *innerbetrieblichen Werknormung* [31, 51, 66, 238]. Diese können in folgende Gruppen gegliedert werden:

— Normen-Zusammenstellungen, die aus überbetrieblichen Normen eine *Auswahl* bzw. *Beschränkung* nach firmenspezifischen Gesichtspunkten, z. B. als Lagerlisten, vornehmen (Auswahlnormen) oder Gegenüberstellungen von alten und neuen bzw. mehreren Normen bringen (Übersichtsnormen).
— Kataloge, Listen und Informationsblätter über *Fremderzeugnisse* einschließlich ihrer Lagerhaltung sowie Liefer- bzw. Bestellangaben, z. B. über Werkstoffe, Halbzeuge, Hilfs- und Betriebsstoffe sowie sonstige Zukaufteile.
— Kataloge oder Listen über *Eigenteile,* z. B. über Konstruktionselemente, Wiederholteile, Baugruppen, Standardlösungen.
— Informationsblätter zur *technisch-wirtschaftlichen Optimierung,* z. B. über Fertigungsmittel, Fertigungsverfahren, Kostenvergleiche (vgl. 6.5.6 – 7.).
— Vorschriften oder Richtlinien zur *Berechnung* und *Gestaltung* von Bauelementen, Baugruppen, Maschinen und Anlagen, gegebenenfalls mit eingeschränkter Größen- und/oder Typauswahl.
— Informationsblätter über *Lager-* und *Transportmittel.*
— Festlegungen zur *Qualitätssicherung,* z. B. Fertigungsvorschriften, Prüfanweisungen.
— Vorschriften und Richtlinien zur *Informationsbereitstellung* und *-verarbeitung,* z. B. für das Zeichnungs- und Stücklistenwesen, für die Nummerungstechnik, für die EDV-Verarbeitung.
— Festlegungen *organisatorischer* und *arbeitstechnischer Art* zur Aufstellung von Stücklisten oder zum Änderungsdienst von Zeichnungen.

Die Einführung und Anwendung überbetrieblich aufgestellter Normen und auch von Werknormen wird unterstützt durch den ANP (Ausschuß Normenpraxis im DIN) und durch die IFAN (Internationale Föderation der Ausschüsse Normenpraxis).

3. Normgerechtes Gestalten

Angesichts des umfangreichen Normenangebots interessiert die Frage der Verbindlichkeit von Normen. Eine absolute *Verbindlichkeit* von Normen im juristischen Sinne gibt es z. Z. nicht. Trotzdem gelten nationale und internationale Normen als anerkannte Regeln der Technik, deren Beachtung im Falle eines Rechtsstreits von großem Vorteil ist. Dies trifft insbesondere für Sicherheitsnormen [43, 54, 68] zu.

Darüber hinaus gelten insbesondere aus wirtschaftlichen Erwägungen alle Werknormen innerhalb ihres Gültigkeitsbereichs als verbindlich, wobei der Anwendungszwang abgestuft sein kann, z. B. in Form von verbindlichen Vorschriften und zweckmäßigerweise einzuhaltenden Richtlinien.

Die *Anwendungsgrenze* einer Norm ist im wesentlichen durch die schon eingangs wiedergegebene Definition von Kienzle festgelegt. Danach kann eine Norm nur solange gültig und auch verbindlich sein, als sie nicht mit technischen, wirtschaftlichen, sicherheitstechnischen oder auch ästhetischen Anforderungen kollidiert. Bei solchen Konfliktsituationen muß man sich allerdings hüten, sofort die Norm zu verlassen oder eine neue Version zu schaffen, sondern man sollte erst alle Folgen durch Verwendung abnormaler Teile oder Vorgehensweisen erfassen und bei seiner Entscheidung zu berücksichtigen suchen. Solche Entscheidungen darf der Konstrukteur nicht allein treffen, sondern er muß sich mit der Normenstelle, der

Konstruktionsleitung und in vielen Fällen sogar mit der Geschäftsleitung des Betriebs abstimmen.

Im folgenden werden einige Empfehlungen und Hinweise zum *Normeneinsatz* gegeben:

Zunächst sei die Einhaltung der DIN-Grundnormen [52] empfohlen, da sich auf diesen die gesamte übrige Palette der Normen aufbaut und angesichts der festgelegten Größenreihen starke Abhängigkeiten von Maßen und Werten verschiedener Normteile bestehen. Ein Verlassen der Grundnormen hat zur Folge, daß die Konsequenzen vor allem langfristig (z. B. Ersatzteildienst) nicht mehr übersehbar sind und damit ein großes technisches und wirtschaftliches Risiko entsteht.

Mit Hilfe der in 6.2 formulierten Leitlinie werden Hinweise für den Normeneinsatz gegeben:

Funktion

Ist die vorgesehene Gesamt- oder Teilfunktion durch die Anwendung einer Norm erfüllbar?

Wenn eine Norm entgegensteht, vor der Lösungssuche Aufgabenstellung (Anforderungsliste) und gewählte Funktionsstruktur überprüfen.

Wirkprinzip

Können vorhandene Normen die Weiterentwicklung geeigneter Lösungsprinzipien oder Konzepte fördern?

Wenn sie die Entwicklung erschweren, Konsequenzen aus Nichtbeachtung vorhandener Normen, notfalls erforderlicher Änderungen oder Neuentwicklungen von Normen durch umfassende Analyse klären.

Gestaltung

Bei der Gestaltung Grund- und Fachnormen, insbesondere Planungs-, Konstruktions-, Maß-, Stoff- und Sicherheitsnormen beachten. Auch Prüfnormen und Kontrollvorschriften beeinflussen die Gestaltung.

Nichtberücksichtigung von Normen nur bei Grenzleistungsproblemen erwägen.

Sicherheit

Für Bauteil-, Arbeits- und Umweltsicherheit bestehende Normen und gesetzliche Vorschriften einhalten. Sicherheitsnormen stets den Vorrang vor Rationalisierungsmaßnahmen und Kostengesichtspunkten geben.

Ergonomie

Mensch-Maschine-Probleme sind normtechnisch noch nicht so stark erschlossen, deshalb Grundlagenarbeiten der Arbeitswissenschaft (vgl. 6.5.1) beachten und mit Fertigungs- und Sicherheitsingenieur zusammenarbeiten.

Fertigung

Aus fertigungstechnischer Sicht sind Normen besonders wichtig und Werknormen verbindlich. Von der Werknorm nur nach breiter Beurteilung abweichen, die alle betrieblichen, einkaufstechnischen und marktseitigen Aspekte beachten muß. Voraussetzung für diese hohe Verbindlichkeit ist ihre ständige Aktualisierung.

Kontrolle
Zur Qualitätssicherung sind Prüfnormen und Kontrollvorschriften wichtig.

Montage
Einwandfreie Montage ist durch Einhalten von Normen über Toleranzen, Passungen und Verbindungselemente sowie durch Beachten von Prüfnormen und Kontrollvorschriften zu gewährleisten.

Transport
Transportvorgänge, auch bei Werks- und Kundenmontagen, durch Beachten von Normen aus Gründen der Sicherheit, des Aufwands und der Durchführung verbessern.

Gebrauch
Für den Gebrauch von Produkten entsprechende Normen verwenden, z. B. Verständigungsnormen oder Gebrauchstauglichkeitsnormen.

Instandhaltung
Verständigungsnormen (z. B. Schaltbilder), Liefernormen und Wartungsvorschriften konsequent und einheitlich vorsehen.

Aufwand
Kosten und Termine durch Werknormung minimieren.

Die angeführten Bemerkungen zum Normeneinsatz können weder als vollständig noch als immer zutreffend angesehen werden. Das liegt einerseits an der Verschiedenartigkeit und Komplexität der Konstruktionsaufgaben und der zu entwikkelnden Produkte, andererseits an der Vielfalt vorhandener überbetrieblicher und innerbetrieblicher Normen. Die Orientierung mit Hilfe der Leitlinie möge dazu dienen, leichter und auch vollständiger Fragen zu stellen, inwieweit die in Betracht kommenden Normen hinsichtlich der Merkmale einen Fortschritt und eine Erleichterung erbringen.

Es kann hilfreich sein, in Normen- und Richtlinienverzeichnissen mit Hilfe der genannten Merkmale nach zutreffenden Normen bzw. Richtlinien zu suchen. Grundsätzliches zur Normenanwendung in der Konstruktion ist noch in den Beiträgen [11, 53, 99] zu finden. Schließlich wird noch besonders auf die Anwendung von Normzahlen und Normzahlreihen [16, 17] zur Größenstufung und Typisierung, insbesondere bei Baureihen- und Baukastenentwicklungen hingewiesen (vgl. Kap. 7).

4. Normen entwickeln

Da der Konstrukteur eine hohe Verantwortung für die Entwicklung, Fertigung und den Gebrauch des Produkts besitzt, sollten von ihm auch entscheidende Impulse sowohl zur Frage der Überarbeitung vorhandener als auch zur Entwicklung neuer Normen ausgehen.

Will der Konstrukteur einen Beitrag zur Normenentwicklung leisten, so muß er die Frage beantworten: „Lohnt sich die Überarbeitung einer vorhandenen Norm oder die Entwicklung einer neuen Norm in technischer und wirtschaftlicher Hin-

Hauptmerkmal	Beispiele
Funktion	Eindeutigkeit durch Normung gewährleistet
Wirkprinzip	Marktstellung des Produkts durch Normung günstig beeinflußbar
Gestaltung	Material- und Energieaufwand durch Normung geringer Bauteil- und Produktkomplexität niedriger Konstruktionsarbeit methodisch verbessert und vereinfacht Einsatz von Wiederholteilen erleichtert
Sicherheit	Sicherheit durch Normung erhöht
Ergonomie	Verständigung durch Normung verbessert Arbeitspsychologische und ästhetische Gegebenheiten durch Normung verbessert
Fertigung	Arbeitsvorbereitung, Materialwirtschaft, Lagerhaltung, Fertigung und Qualitätssicherung durch Normung wirtschaftlicher Genauigkeit und Reproduzierbarkeit gesichert Auftragsabwicklung vereinfacht Bestellmöglichkeiten verbessert Produktionskapazität erhöht
Kontrolle	Fertigungs- und Qualitätskontrolle durch Normung vereinfacht Qualität verbessert
Montage	Montage durch Normung erleichtert
Transport	Transport und Verpackung durch Normung vereinfacht
Gebrauch	Bedienung durch Normung vereinfacht
Instandhaltung	Austauschbarkeit durch Normung verbessert Ersatzteildienst und Instandsetzung erleichtert
Aufwand	Kosten- und Zeitaufwand in Konstruktion, Arbeitsvorbereitung, Materialwirtschaft, Fertigung, Montage und Qualitätssicherung durch Normung verringert Prüfkosten verringert Kalkulation vereinfacht EDV - Einsatz erleichtert Aufwand bei der Normenerstellung

Bild 6.91. Bewertungskriterien zur Beurteilung von Normen

sicht?" Diese Frage ist in der Regel nicht eindeutig zu beantworten. Insbesondere ist eine sichere Beurteilung der wirtschaftlichen Konsequenzen aufgrund der zahlreichen und vielschichtigen Beeinflussung der betrieblichen Kostenstellen und des Markts nur in seltenen Fällen und auch dann nur mit großem Untersuchungsaufwand möglich.

Die in Bild 6.91 zusammengestellten Bewertungskriterien, wieder geordnet nach der Leitlinie, können Grundlage zur Beurteilung von zu überarbeitenden oder neu zu entwickelnden Normen in Anlehnung an die Bewertungsverfahren sein. Nicht alle der aufgeführten Bewertungskriterien sind zur Beurteilung einzelner Normen oder Normentwürfe zutreffend. So sind zur Bewertung z. B. einer Zeichnungsnorm vor allem eine Gewährleistung der Eindeutigkeit, die Verbesserung der Verständigung, die Vereinfachung der Konstruktionsarbeit und der gesamten Auftragsabwicklung, die Übereinstimmung der Normenanwender sowie der Aufwand der

Normenentwicklung interessant. Der Normeningenieur oder Konstrukteur sollte deshalb vor einer Bewertung die Bedeutung der Bewertungskriterien abstufen bzw. nicht zutreffende Kriterien ausscheiden. In Analogie zu den in 5.8 gegebenen Empfehlungen sollte eine ausreichende Wertigkeit vorhanden sein, die es rechtfertigt, eine Normenentwicklung einzuleiten.

Abschließend und zusammenfassend können folgende allgemein gültige *Grundsätze* zur Normenentwicklung insbesondere auch hinsichtlich Werknormen aufgestellt werden:

— Normung nur, wenn es wirtschaftlich und zweckmäßig ist. Es muß ein Bedürfnis bestehen.
— Normen dürfen keine Absprache enthalten, die im Widerspruch zu gesetzlichen Bestimmungen steht (z. B. Wettbewerbsbeschränkung, Sicherheitsvorschriften).
— Eindeutige Festlegungen vornehmen, sprachlich einwandfrei und leicht verständlich (äußere Form nach DIN 820, Blatt 2 [35]).
— Abstufungen und Abmessungen soweit wie möglich nach Normzahlreihen.
— Normen müssen volle Austauschbarkeit gewährleisten. Wenn ein genormtes Erzeugnis derart geändert wird, daß es hinsichtlich auch nur einer Eigenschaft nicht mehr austauschbar ist, muß seine Bezeichnung (Sachnummer) geändert werden.
— In Normen nur das internationale Einheitensystem (DIN 301) verwenden.
— Mode- und Geschmacksrichtungen nicht normen, z. B. Farben nur für zweckbestimmte Kennzeichnungen normen.
— Änderungen von Normen nur aus technischen, nicht aus formalen Gründen vornehmen.
— Bei der Entwicklung neuer Normen alle betroffenen Kreise konsultieren. Keine Normung, wenn maßgebende Gruppen (Abteilungen) dagegen sind. Daher folgende Schritte beachten: Norm-Vorschlag kommt vom Initiator. Norm-Vorlage wird in einem Arbeitsausschuß beraten. Norm-Entwurf wird zur Stellungnahme allen Betroffenen vorgelegt. Vornorm, wenn erforderlich, dient zur Erprobung. Festlegung der endgültigen Norm.

6.5.6. Fertigungsgerecht

1. Beziehung Konstruktion – Fertigung

Der bedeutende Einfluß konstruktiver Entscheidungen auf *Fertigungskosten, Fertigungszeiten* und *Fertigungsqualitäten* ist durch Untersuchungen bekannt [23, 110]. *Fertigungsgerechtes Gestalten* strebt deshalb durch konstruktive Maßnahmen eine Minimierung der Fertigungskosten und -zeiten sowie eine anforderungsgemäße Einhaltung fertigungsabhängiger Qualitätsmerkmale an.

Es ist üblich, unter *Fertigung*

— die Werkstückfertigung im engeren Sinne mit Hilfe der in DIN 8580 [39] aufgeführten Fertigungsverfahren
  • Urformen, Umformen, Trennen, Fügen, Beschichten, Stoffeigenschaftändern,
— die Montage einschließlich Werkstücktransport,
— die Qualitätskontrolle,

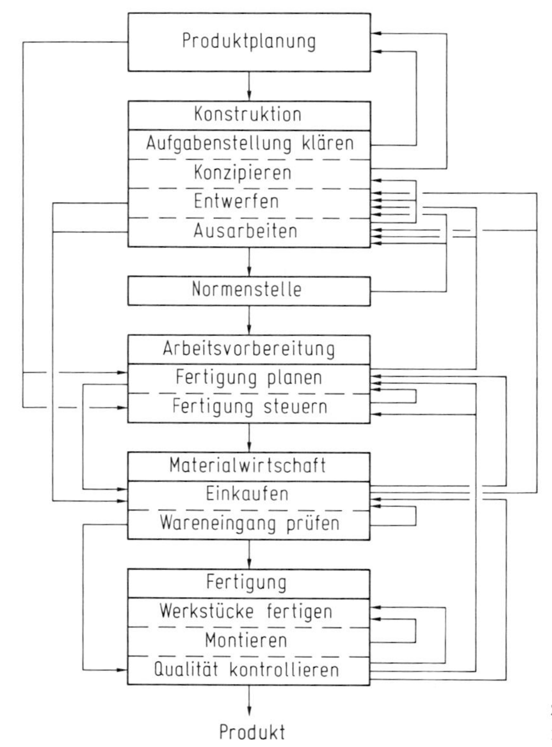

Bild 6.92. Informationsflüsse zwischen Produktionsbereichen

— die Materialwirtschaft sowie
— die Arbeitsvorbereitung

zu verstehen. Als Oberbegriff für die Durchführung eines solchen Prozesses käme auch der Begriff „Herstellung“ in Frage. Er hat sich aber nicht eingeführt.

Insbesondere im Hinblick auf konstruktive Maßnahmen bzw. Einflußmöglichkeiten ist es zweckmäßig, gemäß der Leitlinie zum Gestalten (vgl. 6.2), den die Fertigung berührenden Bereich durch die Merkmale „Fertigung“, „Kontrolle“, „Montage“ und „Transport“ zu gliedern. Entsprechend werden in den folgenden Ausführungen unter *fertigungsgerecht* nur solche konstruktiven Maßnahmen besprochen, die einer Verbesserung der Werkstück- und Baugruppenfertigung im engeren Sinne unter Einbeziehung von Kontrollnotwendigkeiten sowie einer günstigen Erzeugnisgliederung dienen (Teilefertigung). In 6.5.7 werden dann unter *montagegerecht* Maßnahmen zur Verbesserung der Montage und des Transports ebenfalls unter Einbeziehung der Kontrollnotwendigkeiten dargelegt.

Fertigungsgerechtes Gestalten wird erleichtert, wenn von einer möglichst frühen Konstruktionsphase ab die Entscheidungen des Konstrukteurs durch Mitarbeit und Informationsbereitstellung der Normenstelle, der Arbeitsvorbereitung einschließlich Kalkulation, des Einkaufs und der jeweiligen Fertigungsstelle unterstützt werden. Bild 6.92 zeigt entsprechend Informationsflüsse, die durch methodisches Vorgehen sowie organisatorische Maßnahmen verbessert werden. Bei Neukonstruktionen im Zuge langfristiger Produktentwicklungen für Großserien, wie sie unter

Tabelle 6.4. Beziehungsfeld zwischen Konstruktions- und Fertigungsbereich

	Konstruktionsbereich	Fertigungsbereich
Baustruktur:	— Baugruppengliederung, — Werkstücke, — Zukaufteile, — Normteile, — Füge- u. Montagestellen, — Transporthilfen, — Qualitätskontrollen	— Fertigungsablauf, — Montage- u. Transportmöglichkeiten, — Losgröße der Gleichteile, — Anteil Eigen-/Fremdfertigung, — Qualitätskontrolle
Werkstück-gestaltung:	— Form u. Abmessungen, — Oberflächen, — Toleranzen, — Passungen an Fügestellen	— Fertigungsverfahren, — Fertigungsmittel, Werkzeuge, — Meßzeuge, — Eigen-/Fremdfertigung, — Qualitätskontrolle
Werkstoffwahl:	— Werkstoffart, — Nachbehandlung, — Qualitätskontrollen, — Halbzeuge, — technische Lieferbedingungen	— Fertigungsverfahren, — Fertigungsmittel, Werkzeuge, — Materialwirtschaft (Einkauf, Lager), — Eigen-/Fremdfertigung — Qualitätskontrolle
Standard- und Fremdteile:	— Wiederholteile, — Normteile, — Zukaufteile	— Einkauf, — Lagerhaltung, — Lagerfertigung
Fertigungsunterlagen:	— Werkstatt-Zeichnungen, — Stücklisten, — EDV-Programme, — Montageanweisungen, — Prüfanweisungen	— Auftragsabwicklung, — Fertigungsplanung, — Fertigungssteuerung, — Qualitätskontrolle

anderem in der feinwerktechnischen Massenfertigung gegeben sind, ist eine solche Unterstützung des Konstrukteurs üblich. Sie sollte aber auch im Einzel- und Kleinserienmaschinenbau und besonders bei Anpassungskonstruktionen, wo der Konstrukteur vielfach schon aus terminlichen Gründen seine fertigungsbeeinflussenden Entscheidungen allein fällt, angestrebt und gefördert werden.

Dem fertigungsgerechten Gestalten kommt noch durch Mechanisierung und Automatisierung der Fertigungsmittel und -verfahren eine erhöhte Bedeutung zu. Durch Beachten der Grundregeln „Einfach" und „Eindeutig" (vgl. 6.3) verhält sich der Konstrukteur bereits fertigungsgerecht. Auch die in 6.4 behandelten Gestaltungsprinzipien können neben einer besseren und sicheren Funktionserfüllung für fertigungstechnisch günstigere Lösungen genutzt werden. Ein weiterer wichtiger Schritt ist die Anwendung von überbetrieblichen und innerbetrieblichen Normen (vgl. 6.5.5).

Damit die Möglichkeiten des Konstrukteurs zur Rationalisierung der Fertigung besser erkennbar werden, sind die gegenseitigen Beeinflussungsmöglichkeiten zwischen Konstruktions- und Fertigungsbereich deutlich gemacht. Tab. 6.4 läßt folgende Problemkreise erkennen, deren nähere Betrachtung im Hinblick auf eine Fertigungsrationalisierung wichtig sind [14]:

Fertigungsgerechte Baustruktur, die durch Gliederung des Erzeugnisses nach Baugruppen und Einzelteilen, in Form eigengefertigter Werkstücke oder fremdgefertigter Zukaufteile als Neu-, Wiederhol- oder Normteile, den Fertigungsablauf bestimmt.

Fertigungsgerechte Werkstückgestaltung, die das Fertigungsverfahren, die Fertigungsmittel und die Qualität des Einzelteils festlegt.

Fertigungsgerechte Werkstoffwahl, die ihrerseits Fertigungsverfahren und -mittel, Materialwirtschaft und Qualitätskontrolle bestimmt.

Einsatz von Standard- und Fremdteilen, mit dem Kapazität, Lagerhaltung und Wirtschaftlichkeit beeinflußt werden.

Fertigungsgerechte Fertigungsunterlagen, die auf die Art der Fertigung, auf den Arbeitsablauf und auf die Qualitätskontrolle Rücksicht nehmen müssen.

2. Fertigungsgerechte Baustruktur

Die Baustruktur eines Produkts bzw. Erzeugnisses gibt im Gegensatz zu einer Funktionsstruktur dessen Gliederung in Fertigungsbaugruppen und Werkstücke (Fertigungseinzelteile) an.

Mit der Baustruktur, die in der Regel in einem Gesamtentwurf festgelegt wird,

— entscheidet der Konstrukteur über die *Fertigungs-* und *Beschaffungsart* der verwendeten Bauteile, d. h. ob es sich um eigengefertigte oder fremdgefertigte Werkstücke, um lagermäßige Norm- und Wiederholteile oder um handelsübliche Zukaufteile handelt,

— bestimmt er mit der Baugruppengliederung den *Fertigungsablauf,* z. B. ob eine Parallelfertigung einzelner Werkstücke oder Baugruppen möglich ist,

— legt er die *Größenordnung der Abmessungen* und die *Losgrößen* der Werkstücke (Gleichteile) sowie die erforderlichen *Füge-* und *Montagestellen* fest,

— wählt geeignete *Passungen* aus und

— beeinflußt die *Qualitätskontrolle.*

Umgekehrt beeinflussen natürlich vorhandene Fertigungsgegebenheiten wie die Maschinenbelegung, Montage- und Transportmöglichkeiten usw. die Entscheidung des Konstrukteurs hinsichtlich der gewählten Baustruktur.

Die fertigungsgerechte Gliederung der Baustruktur kann unter den Gesichtspunkten einer *Differential-, Integral-, Verbund-* oder/und *Bausteinbauweise* vorgenommen werden:

Differentialbauweise

Unter Differentialbauweise wird die Auflösung eines Einzelteils (Träger einer oder mehrerer Funktionen) in mehrere fertigungstechnisch günstige Werkstücke verstanden. Dieser Begriff wurde dem Leichtbau [87] entnommen wo die Zerlegung jedoch mit der Zielsetzung einer beanspruchungsoptimalen Aufgliederung vorgeschlagen wird. Man könnte in solchen Fällen auch von einem „Prinzip der fertigungsgerechten Teilung" sprechen.

Als Beispiel für die fertigungsorientierte Differentialbauweise diene der Plattenläufer eines Synchrongenerators: Bild 6.93.

Das im oberen Bildteil gezeigte Großschmiedestück a wird in mehrere Läuferplatten aus einfachen Schmiedestücken und zwei wesentlich kleinere Flanschwellen

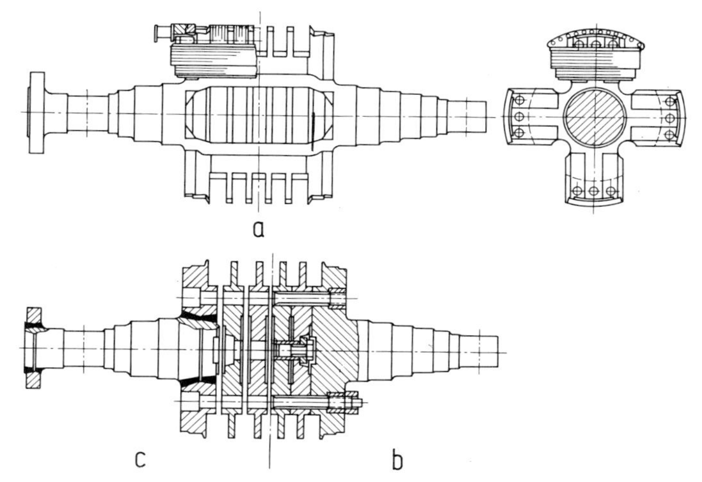

Bild 6.93. Synchronmaschinen-Läufer in Kammbauart nach [12] (Werkbild AEG-Telefunken);
a) als Schmiedeteil
b) als Plattenkonstruktion mit geschmiedeten Flanschplatten
c) und mit angeschweißten Flanschplatten

aufgegliedert b. Letztere können in einem weiteren Entwicklungsschritt nochmals in Welle, Flanschplatten und Kupplungsflansche aufgeteilt und als Schweißkonstruktion ausgeführt werden c. Grund für diese Differentialbauweise kann die Beschaffungssituation (Preis, Lieferzeit) für Großschmiedestücke sowie die leichtere Anpassungsmöglichkeit für mehrere Leistungsgrößen (Läuferbreiten) und Kupplungsausführungen sein. Ein weiterer Vorteil dieser Lösung liegt in der Möglichkeit einer auftragsunabhängigen Läuferplattenfertigung (Lagerfertigung). Aber auch die Grenzen einer solchen Bauweise werden an diesem Beispiel erkennbar. Von einer bestimmten Läuferlänge und Läuferdurchmesser ab wird der Zerspanungsaufwand zu groß und das Steifigkeitsverhalten der Fügekonstruktion zu problematisch.

Bild 6.94 zeigt das Magnetgestell eines Großgleichstrommotors, das massiv gegossen werden kann oder als Blechkette lamelliert und geschweißt wird. Man erkennt die Senkung der Herstellkosten gegenüber der Gußkonstruktion um etwa 25% trotz der zahlreichen Arbeitsgänge der Differentialbauweise. Dabei ist die Kostenreduzierung über die Jahre nicht konstant, sondern abhängig von der jeweiligen Beschaffungssituation für Guß bzw. Bleche und Halbzeuge.

Ein anschauliches Beispiel für die Differentialbauweise zeigt auch Bild 6.95. Bei der im Bildteil a dargestellten Haspelmaschine ist der Wickelkopf mit der Antriebseinheit durch eine gemeinsame Welle integriert. Wegen der Möglichkeit einer zur Antriebseinheit parallelen Fertigung und kundenwunschabhängigen, getrennten Auslegung des Wickelkopfes wird die Differentialbauweise b entwickelt, die das Haspelmaschinenprogramm mit wenigen, genormten Antriebseinheiten und jeweils für die speziellen Anforderungen angepaßten Wickelköpfen erfüllt.

Auch Schmiede- und Gußkonstruktionen, die durch Schweißkonstruktionen unter Verwendung günstiger Halbzeuge ersetzt werden, könnten als weitere Beispiele zu dieser Konstruktionsweise dienen.

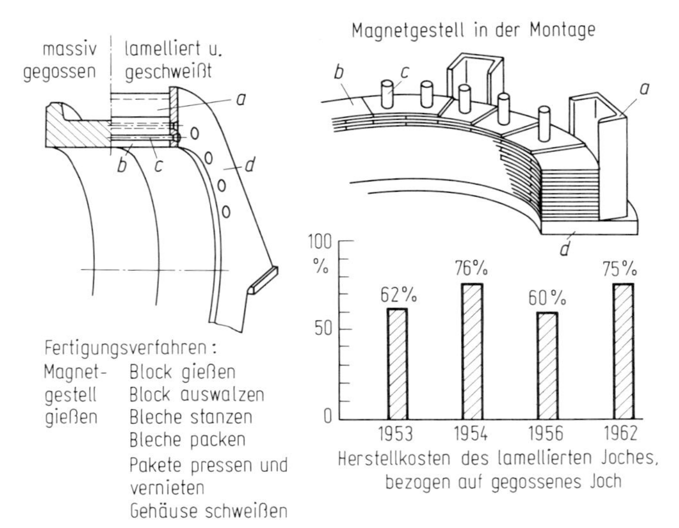

Bild 6.94. Herstellkosten eines Gleichstrommotor-Magnetgestells nach [104] (Werkbild Siemens)

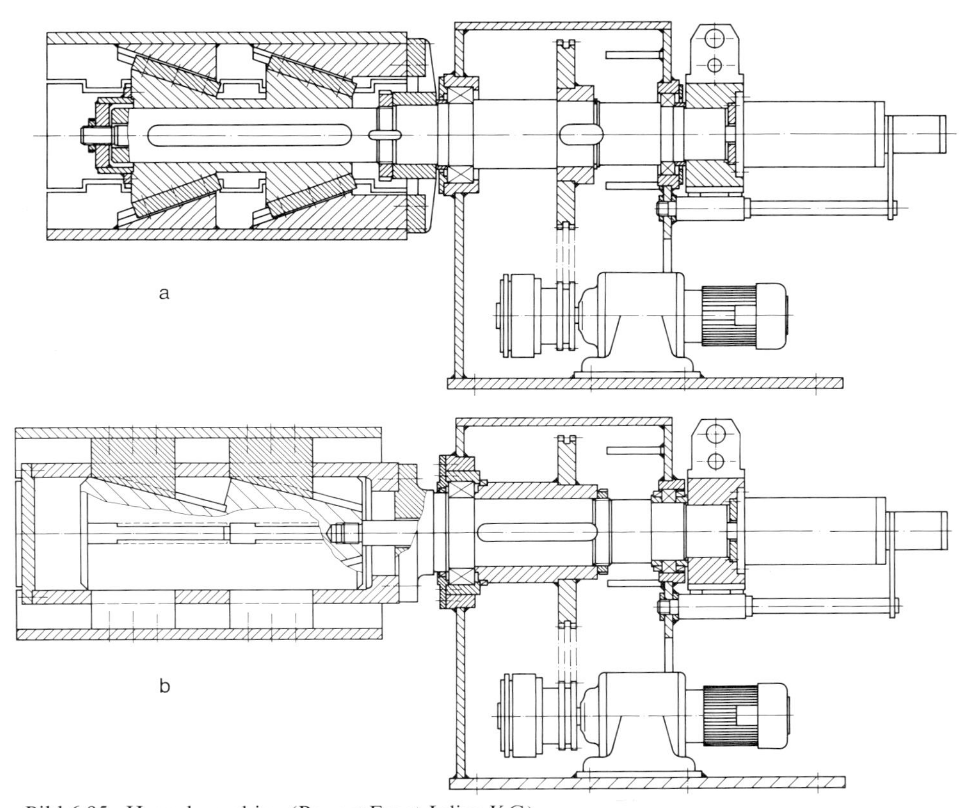

Bild 6.95. Haspelmaschine (Bauart Ernst Julius KG);
a) Wickelkopf mit Antriebseinheit integriert b) Wickelkopf von Antriebseinheit getrennt

Zusammenfassend können folgende Vor- und Nachteile sowie Grenzen formuliert werden:

Vorteile:

- Verwendung handelsüblicher und beschaffungsgünstiger Halbzeuge oder Normteile,
- erleichterte Beschaffung für Schmiede- und Gußstücke,
- Anpassung an betriebliche Fertigungseinrichtungen (Abmessungen, Gewicht),
- Erhöhung der Werkstück-(Gleichteil-)Losgrößen auch bei Einzel- und Kleinserienfertigung,
- Verringerung der Werkstückabmessungen zur Montage- und Transporterleichterung,
- erleichterte Qualitätssicherung infolge Werkstoffhomogenität,
- erleichterte Instandsetzung, z. B. Verschleißzonen als Austauschteile,
- bessere Anpassungsmöglichkeiten an Sonderwünsche sowie
- Verringerung des Terminrisikos.

Nachteile oder Grenzen:

- Erhöhter Zerspanungsaufwand,
- erhöhter Montageaufwand,
- erhöhter Aufwand zur Qualitätssicherung (kleinere Toleranzen, notwendige Passungen) sowie
- Funktions- bzw. Belastungsgrenzen wegen der Fügestellen (Steifigkeit, Schwingungsverhalten, Dichtheit).

Integralbauweise

Unter Integralbauweise wird das Vereinigen mehrerer Einzelteile zu einem Werkstück verstanden. Typische Beispiele hierfür sind Gußkonstruktionen statt Schweißkonstruktionen, Strangpreßprofile statt gefügter Normprofile, angeschmiedete Flansche statt gefügter Flansche und dgl. Die Leichtbaugestaltung kennt diese Vorge-

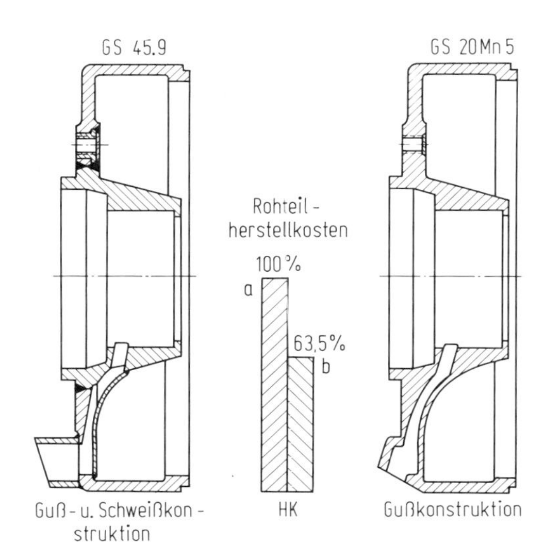

Bild 6.96. Lagerschild eines Elektromotors nach [104] (Werkbild Siemens);
a) in Verbundbauweise
b) in Integralbauweise

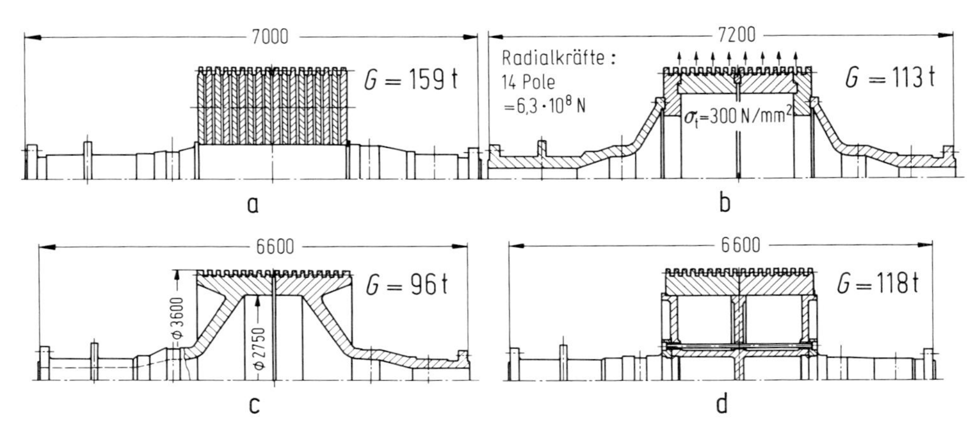

Bild 6.97. Läuferkonstruktionen für einen Wasserkraftgenerator großer Leistung a) bis d) vgl. Text (Werkbild Siemens)

hensweise auch aus Beanspruchungsgründen zum Vermeiden von Spannungsspitzen und Kerbstellen sowie zur Gewichtseinsparung [87].

Ein weiteres Beispiel ist die Läuferkonstruktion eines Wasserkraftgenerators: Übertragung mehrerer Funktionen auf ein Werkstück an. In der Tat kann bei entsprechenden Beanspruchungs-, Fertigungs- und Beschaffungsverhältnissen die integrale Bauweise vorteilhaft sein, was besonders bei lohnintensiver Fertigung zutrifft.

Bild 6.96 zeigt ein Beispiel aus dem Elektromaschinenbau. Ein Lagerschild wird von einer kombinierten Guß/Schweißkonstruktion in eine integrale Gußkonstruktion umgestaltet. Trotz eines verhältnismäßig komplizierten Gußstücks bringt es eine Rohteilkostensenkung von 36,5%. Natürlich hängt dieses Verhältnis stark von der Stückzahl und den Beschaffungsverhältnissen ab.

Ein weiteres Beispiel ist die Läuferkonstruktion eines Wasserkraftgenerators: Bild 6.97. Für gleiche Generatorleistung und gleiche radiale Zentrifugalkräfte durch die Polmasse werden vier Läuferkonstruktionen untersucht. Variante a entspricht wegen der zahlreichen zusammengepreßten Jochringplatten am stärksten einer Differentialbauweise. Variante b verringert den Elementarisierungsgrad durch Verwendung gegossener Stahlguß-Hohlwellen sowie zweier Jochringe und Jochringendplatten. Variante c realisiert eine Integralbauweise, indem zwei Gußhohlkörper zusammengeschraubt werden. Variante d löst die Gußkonstruktion wieder auf (ein gegossenes Mittelteil, zwei geschmiedete Flanschwellen und zwei Jochringe). Der Gewichtsvergleich zeigt die Überlegenheit der Integralbauweise hinsichtlich Materialaufwand. Wegen der schwierigen Beschaffung für Großgußstücke wurde dann allerdings eine Ausführung ähnlich Variante d gewählt.

Die Vor- und Nachteile einer Integralbauweise sind leicht erkennbar, wenn die Kriterien für die Differentialbauweise umgekehrt werden.

Verbundbauweise

Unter Verbundbauweise soll verstanden werden

— die unlösbare Verbindung mehrerer unterschiedlich gefertigter Rohteile zu einem weiter zu bearbeitenden Werkstück, z. B. die Verbindung urgeformter und umgeformter Teile,

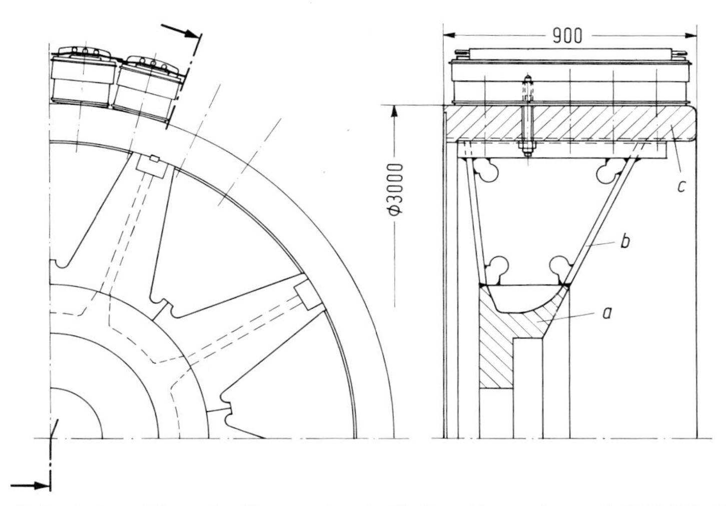

Bild 6.98. Polrad eines Wasserkraftgenerators in Verbundbauweise nach [15] (Werkbild AEG-Telefunken)
a Nabe aus GS-45.1;
b Armstern aus Mst 52 – 3;
c Jochring aus GS – 45.9 aufgesetzt

— die gleichzeitige Anwendung mehrerer Fügeverfahren zur Verbindung von Werkstücken [165],
— die Kombination mehrerer Werkstoffe zur optimalen Nutzung ihrer Eigenschaften.

Bild 6.98 zeigt als Beispiel für die erste Möglichkeit die Kombination einer Stahlguß-Nabe mit gewalzten Stahlblechen zu einer Schweißkonstruktion.

Weitere Beispiele sind Drehgestelle mit gegossenem Mittelteil und angeschweißten Armen sowie eingeschweißte Gußknotenstücke in Tragwerken.

Zur zweiten Möglichkeit einer Verbundgestaltung seien als Beispiel kombinierte Kleb/Niet- bzw. Kleb/Schraubverbindungen genannt.

Der Verbund mehrerer Werkstoffe zu einem Werkstück wird z. B. in Kunststoffteilen mit eingegossenen Gewindebuchsen verwirklicht, was zu einer sehr kostengünstigen Lösung führen kann. Auch die zur Schalldämmung verwendeten Verbundbleche aus einem Kunststoffmittelteil und beiderseitigen Begrenzungsblechen sowie Gummi-Metallelemente sind weitere Beispiele.

Als kostengünstige Gestaltung in dieser Richtung wären auch Stahl- und Spannbeton-Kombinationen für Maschinengrundrahmen und Maschinengestelle zu nennen [74].

Bausteinbauweise

Erfolgt die Auflösung einer Baustruktur durch Differentialbauweise so, daß die entstehenden Werkstücke und/oder Baugruppen auch in anderen Produkten oder Produktvarianten eines Betriebs verwendet werden können, so spricht man von *Fertigungsbausteinen.* Vor allem sind solche Werkstücke als Bausteine auch für andere

Erzeugnisse anzustreben, wenn sie fertigungstechnisch aufwendig sind. In diesem Sinne kann der Einsatz von lagermäßigen Wiederholteilen auch als Bausteinbauweise aufgefaßt werden.

3. Fertigungsgerechte Gestaltung von Werkstücken

Mit der eigentlichen Werkstückgestaltung übt der Konstrukteur ebenfalls einen großen Einfluß auf Fertigungskosten, -zeiten und -qualitäten aus. Er beeinflußt oder entscheidet sogar durch gewählte Form, Abmessungen, Oberflächenqualität, Toleranzen und Fügepassungen

— die in Betracht kommenden *Fertigungsverfahren,*
— die verwendbaren *Werkzeugmaschinen* einschließlich der *Werkzeuge* und *Meßzeuge,*
— die Frage der *Eigenfertigung* oder *Fremdfertigung* unter weitgehender Verwendung innerbetrieblicher Wiederholteile sowie geeigneter Norm- und Zukaufteile,
— eine günstige Wahl von *Werkstoffen* und *Halbzeugen* sowie deren Ausnutzung und
— die Möglichkeiten von *Qualitätskontrollen.*

Die Gegebenheiten des Fertigungsbereichs beeinflussen natürlich ihrerseits wieder gestalterische Maßnahmen. So können z. B. vorhandene Werkzeugmaschinen die Werkstückabmessungen begrenzen und eine Zerlegung in mehrere gefügte Teile oder eine Fremdfertigung erforderlich machen.

Zum fertigungsgerechten Gestalten von Werkstücken sind Richtlinien bekannt, die ausführlich im Schrifttum beschrieben werden [21, 24, 128, 145, 170, 213, 237, 248, 249]. Entsprechend der Zielsetzung dieses Buches werden methodisch geordnet nur wesentliche Gestaltungshinweise in Form von Arbeitsblättern zusammengestellt. Als Ordnungskriterien sind die Fertigungsverfahren mit ihren einzelnen *Verfahrensschritten* (Verf.) und deren Eigenheiten zugrundegelegt. Darüber hinaus sind die angeführten Gestaltungsrichtlinien nach den Zielsetzungen *„Aufwand verringern“* (A) und *„Qualität verbessern“* (Q) gekennzeichnet. Es ist zweckmäßig, bei fertigungsgerechter Werkstückgestaltung sich grundsätzlich diese Verfahrensschritte und Zielsetzungen vor Augen zu halten.

Urformgerecht

Die Rohteilgestaltung *urgeformter* Teile muß die Forderungen und Eigenheiten des jeweiligen Verfahrens erfüllen.

Bei Bauteilen aus Gußwerkstoffen (Urformen aus flüssigem Zustand) muß die Gestaltung *modell-* (Mo) und *formgerecht* (Fo), *gießgerecht* (Gi) sowie *bearbeitungsgerecht* (Be) sein. In Bild 6.99 sind hierzu die wichtigsten Gestaltungsrichtlinien zusammengestellt. Das genannte Schrifttum möge als weitere Information dienen.

Bei *gesinterten* Bauteilen (Urformen aus pulverigem Zustand) muß die Gestaltung *werkzeuggerecht* (We) und *sintergerecht* (Si) (verfahrensgerecht) sein. Insbesondere für dieses Verfahren ist es notwendig, bei der Gestaltung die pulvermetallurgische Technologie zu berücksichtigen. In Bild 6.100 sind die wesentlichen Gestaltungsrichtlinien zusammengefaßt.

Verf.	Gestaltungsrichtlinien	Ziel	nicht fertigungsgerecht	fertigungsgerecht
Mo	Bevorzugen einfacher Formen für Modelle und Kerne (geradlinig, rechteckig).	A	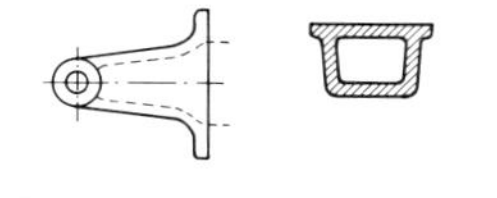	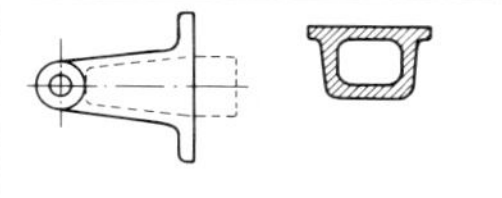
Mo	Anstreben ungeteilter Modelle, möglichst ohne Kerne (z.B. durch offene Querschn.).	A	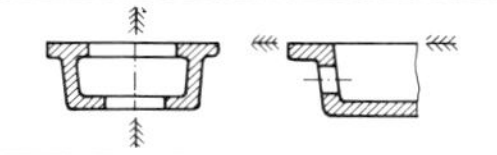	
Fo	Vorsehen von Aushebeschrägen von der Teilfuge aus (DIN 1511).	Q	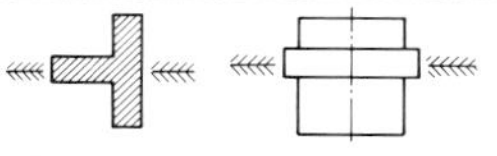	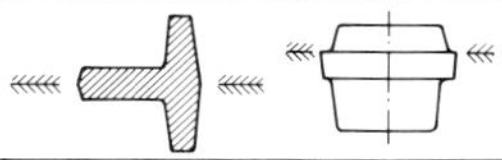
Fo	Anordnen von Rippen, daß Modell ausgehoben werden kann, Vermeiden von Hinterschneidungen.	Q	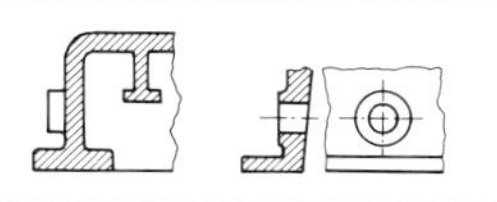	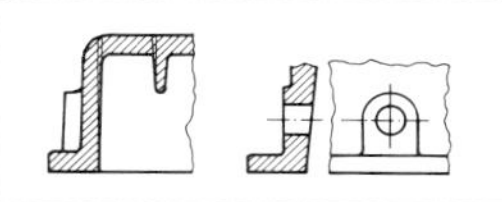
Fo	Lagern der Kerne zuverlässig.	Q	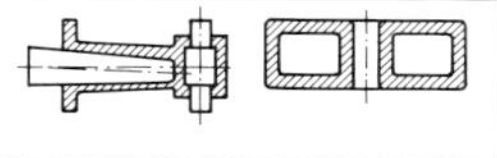	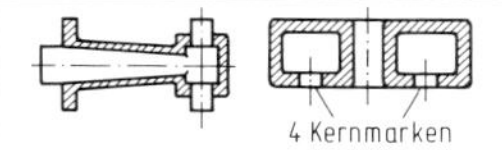 4 Kernmarken
Gi	Vermeiden waagerechter Wandteile (Gasblasen, Lunker) und sich verengender Querschn. zu den Steigern.	Q	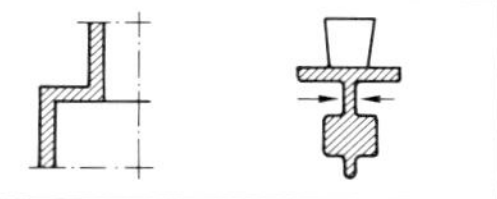	
Gi	Anstreben gleichmäßiger Wanddicken und Querschnitte sowie allmählicher Querschnittsübergänge, Beachten der Werkstoffeigenheiten für zul. Wanddicken und Stückgrößen.	Q	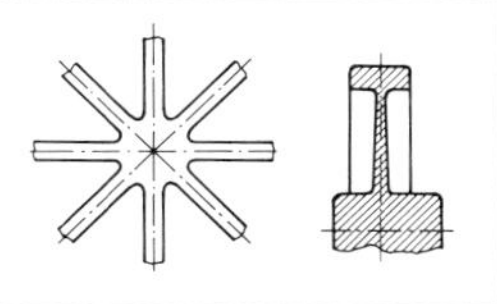	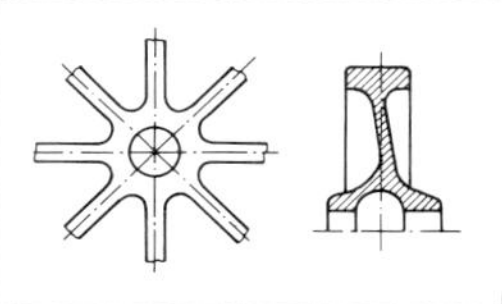
Be	Anordnen der Teilfugen, daß Gußversatz nicht stört, in Bearbeitungszonen liegt oder leichte Gratentfernung möglich ist.	A Q	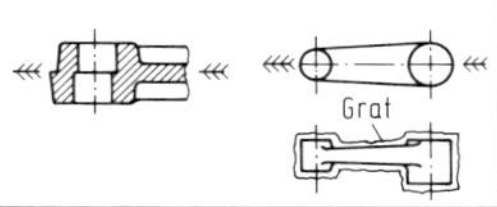 Grat	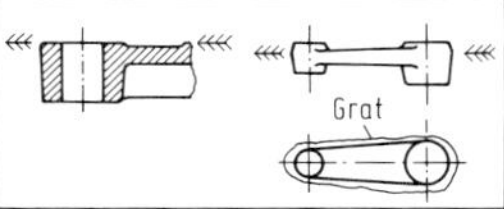 Grat
Be	Vorsehen gießgerechter Bearbeitungszugaben mit Werkzeugauslauf.	A Q	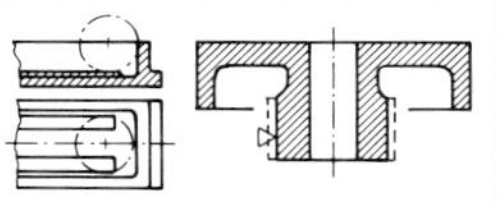	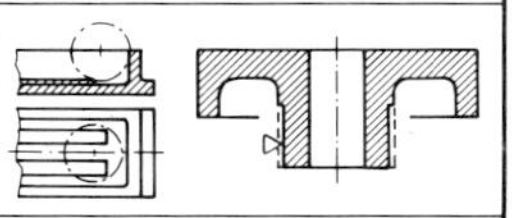
Be	Vorsehen ausreichender Spannflächen.	Q A	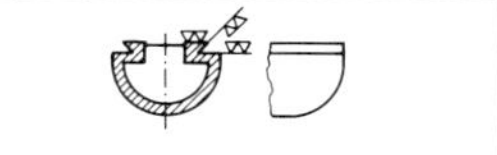	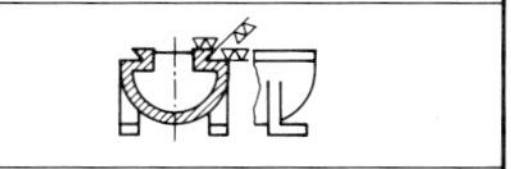
Be	Vermeiden schrägliegender Bearbeitungsflächen und Bohrungsansätze.	A Q	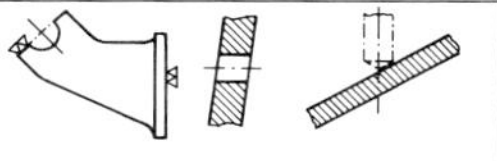	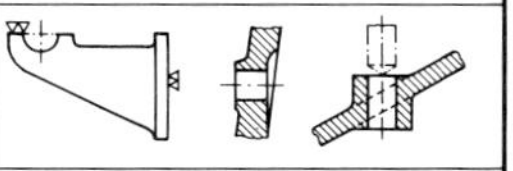
Be	Zusammenfassen von Bearbeitungsgängen durch Zusammenlegen und Angleichen von Bearbeitungsflächen und Bohrungen.	A	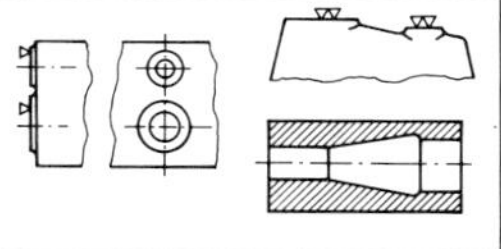	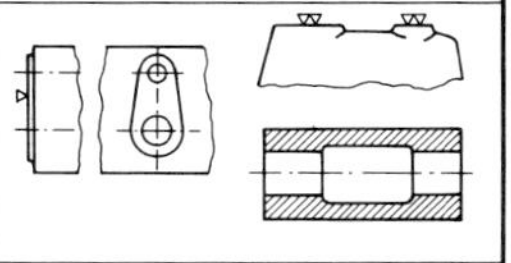
Be	Bearbeiten nur unbedingt notwendiger Flächen durch Aufteilen großer Flächen.	A	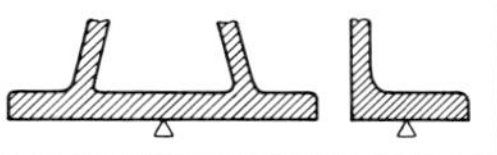	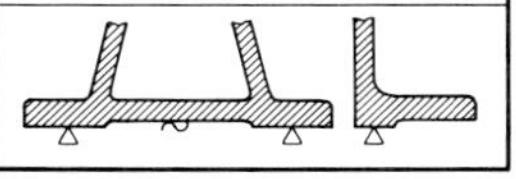

Bild 6.99. Gestaltungsrichtlinien mit Beispielen für Bauteile aus Gußwerkstoffen unter Berücksichtigung von [77, 128, 145, 170, 247]

Verf.	Gestaltungsrichtlinien	Ziel	nicht fertigungsgerecht	fertigungsgerecht
We	Vermeiden von Abrundungen und spitzen Winkeln am Werkzeug.	A Q	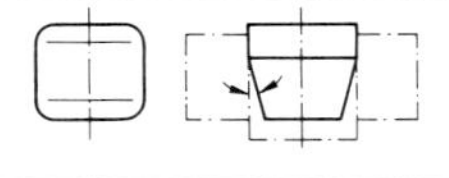	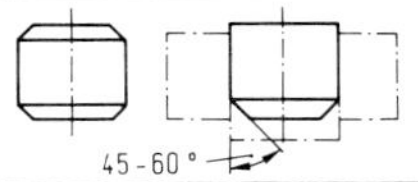 45-60°
Si	Vermeiden scharfer Kanten, spitzer Winkel und tangentialer Übergänge.	Q	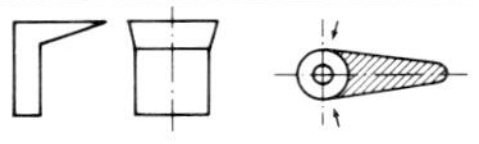	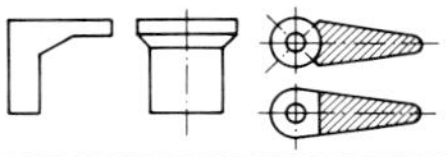
Si	Einhalten von Abmessungsgrenzen und -verhältnissen: Höhe H/Breite D < 2,5; Wanddicken s > 2 mm; Bohrungen d > 2 mm.	Q	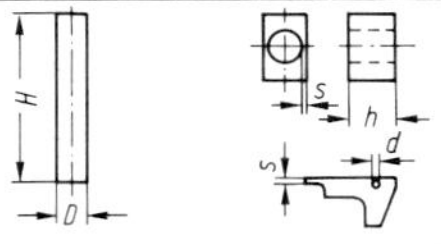 H D s h d	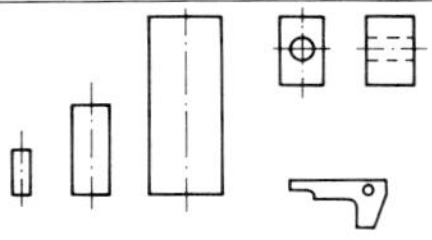
Si	Vermeiden feinverzahnter Rändelungen und Profile.	Q	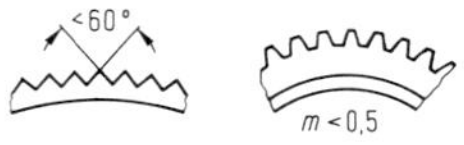 <60° m < 0,5	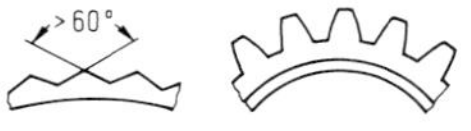 >60°
Si	Vermeiden zu kleiner Toleranzen.	Q	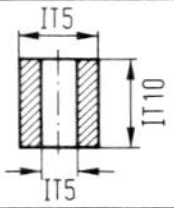 IT5 IT10 IT5	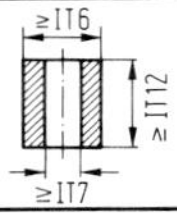 ≥IT6 ≥IT12 ≥IT7

Bild 6.100. Gestaltungsrichtlinien mit Beispielen für Sinterteile in Anlehnung an [61]

Umformgerecht

Zur Rohteilgestaltung umgeformter Teile soll von den in DIN 8582 enthaltenen Verfahren das *Freiformen* und das *Gesenkformen* (Druckumformen), das *Kaltfließpressen* und *Ziehen* (Zugdruckumformen) sowie das *Biegeumformen* betrachtet werden. Wichtige Richtlinien zur Gestaltung sind für Eisenwerkstoffe in DIN 7521 bis DIN 7527 [37] sowie für Nichteisenmetalle in DIN 9005 [42] enthalten.

Beim *Freiformen* muß die Gestaltung nur *schmiedegerecht* sein, da keine komplizierteren Schmiedevorrichtungen (z. B. Gesenke) Verwendung finden. Als Gestaltungsrichtlinien sind zu nennen:

— Anstreben einfacher Formen mit möglichst parallelen Flächen (kegelige Übergänge schwierig) und großen Rundungen (scharfe Kanten vermeiden). Ziele: Aufwand verringern, Qualität verbessern.
— Anstreben nicht zu schwerer Schmiedestücke evtl. durch Teilen und anschließendes Zusammenfügen. Ziel: Aufwand verringern.
— Vermeiden zu großer Verformungen (z. B. Stauchungen) bzw. zu großer Querschnittsunterschiede, z. B. von zu hohen, dünnen Rippen oder zu engen Vertiefungen. Ziel: Qualität verbessern.
— Bevorzugen einseitig sitzender Augen oder Absätze. Ziel: Aufwand verringern.

Für das *Gesenkformen,* auch *Gesenkschmieden* genannt, sind in Bild 6.101 wichtige Gestaltungsrichtlinien zusammengestellt. Sie streben eine *werkzeuggerechte* (We) (gesenkgerechte), *schmiedegerechte* (Sm) (fließgerechte) und *bearbeitungsgerechte* (Be) Gestaltung an.

Für das *Kaltfließpressen* einfacher rotationssymmetrischer Körper, auch als Hohlkörper, sind in Bild 6.102 ebenfalls die wesentlichen Gestaltungsrichtlinien, geordnet nach *werkzeuggerecht* (We) und *fließgerecht* (Fl), zusammengestellt. Be-

Verf.	Gestaltungsrichtlinien	Ziel	nicht fertigungsgerecht	fertigungsgerecht
We	Vermeiden von Unterschneidungen.	A	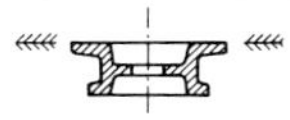	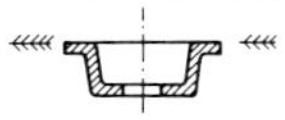
We	Vorsehen von Aushebeschrägen (DIN 7523, Bl. 3)	A	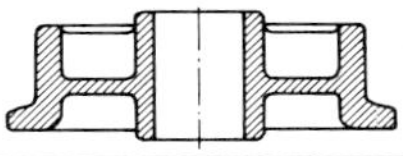	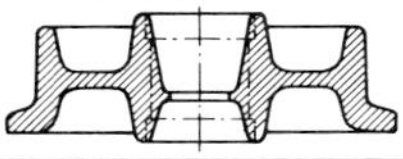
We	Anstreben von Teilfugen in etwa halber Höhe senkrecht zur kleinsten Höhe.	A		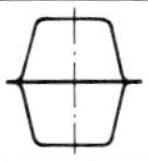
We	Vermeiden geknickter Teilfugen (Gratnähte).	A Q	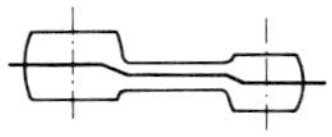	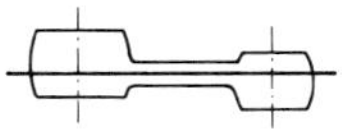
We Sm	Anstreben einfacher, möglichst rotationssymmetrischer Teile, Vermeiden stark hervorspringender Teile.	A	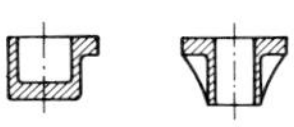	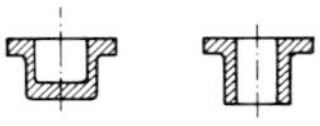
Sm	Anstreben von Formen, wie sie bei freier Stauchung entstehen, Anpassen an Fertigform bei großen Stückzahlen.	A Q	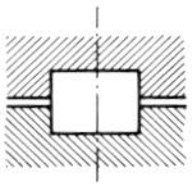	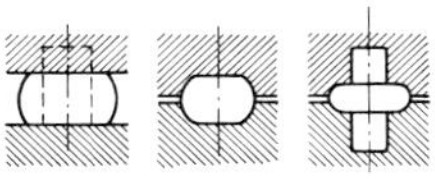
Sm	Vermeiden zu dünner Böden.	Q	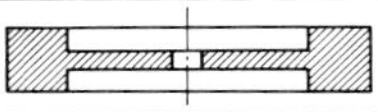	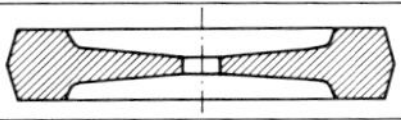
Sm	Vorsehen großer Rundungen (DIN 7523), Vermeiden zu schlanker Rippen, von Hohlkehlen und zu kleinen Löchern.	Q	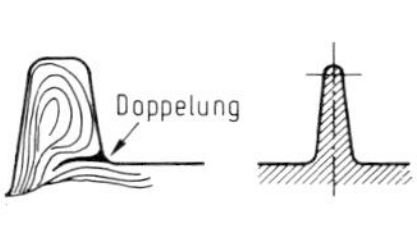 Doppelung	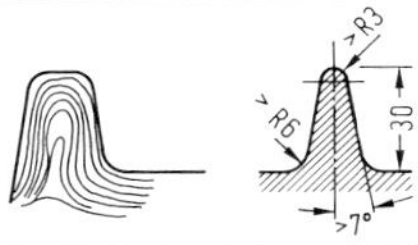 >R3, >R6, 30, >7°
Sm	Vermeiden schroffer Querschnittsübergänge und zu tief ins Gesenk ragender Querschnittsformen.	Q	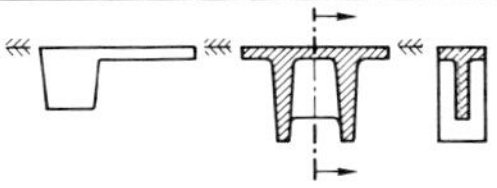	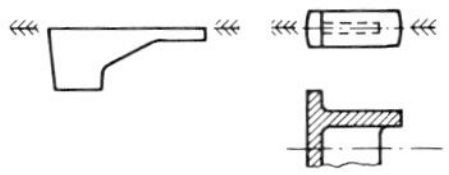
Sm	Versetzen von Teilfugen bei napfförmigen Teilen großer Tiefe.	Q	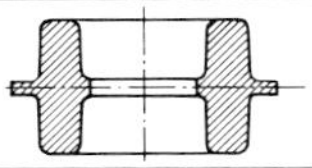	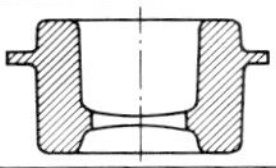
Be	Anordnen der Teilfuge so, daß Versatz leicht erkennbar und Entfernen der Gratnaht leicht möglich ist.	A	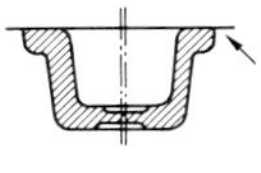	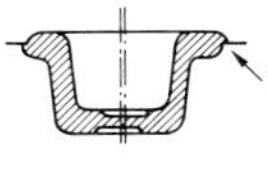

Bild 6.101. Gestaltungsrichtlinien mit Beispielen für Gesenkschmiedeteile unter Berücksichtigung von [95, 170, 214, 251]

tont werden muß, daß sich nur bestimmte Stahlsorten wirtschaftlich verarbeiten lassen. Wie bei allen Kaltverformungen tritt auch beim Kaltfließpressen eine Kaltverfestigung ein. Dabei erhöht sich die Fließgrenze durch Verfestigung, während die Zähigkeit stark abnimmt. Diese Erscheinung muß der Konstrukteur bei der Auslegung berücksichtigen. In Frage kommen vor allem Einsatz- und Vergütungsstähle wie z. B. Ck10 – Ck45, 20 MnCr 5 oder 41 Cr 4.

Verf.	Gestaltungsrichtlinien	Ziel	nicht fertigungsgerecht	fertigungsgerecht
We Fl	Vermeiden von Unterschneidungen.	Q A		
Fl	Vermeiden von Seitenschrägen und kleinen Durchmesserunterschieden.	Q		
Fl	Vorsehen rotationssymmetrischer Körper ohne Werkstoffanhäufungen, sonst teilen und fügen.	Q		
Fl	Vermeiden schroffer Querschnittsänderungen, scharfer Kanten und Hohlkehlen.	Q		
Fl	Vermeiden von kleinen, langen oder seitlichen Bohrungen sowie von Gewinden.	Q		

Bild 6.102. Gestaltungsrichtlinien mit Beispielen für Kaltfließpreßteile in Anlehnung an [63]

Verf.	Gestaltungsrichtlinien	Ziel	nicht fertigungsgerecht	fertigungsgerecht
Bi	Vermeiden komplexer Biegeteile (Materialverschnitt), dann besser teilen und fügen.	A		
Bi	Beachten von Mindestwerten für Biegeradien (Wulstbildung in der Stauchzone, Überdehnung in der Zugzone), Schenkelhöhe und Toleranzen.	Q	a = f (s, R, Werkstoff)	R = f (s, Werkstoff) h = f (s, R) s
Bi	Beachten eines Mindestabstandes von der Biegekante für vor dem Biegen eingebrachte Löcher.	Q		
Bi	Anstreben von Durchbrüchen und Ausklinkungen über die Biegekante, wenn Mindestabstand nicht möglich ist.	Q		
Bi	Vermeiden von schräg verlaufenden Außenkanten und Verjüngungen im Bereich der Biegekante.	Q		
Bi	Vorsehen von Freisparungen an Ecken mit allseitig umgebogenen Schenkeln.	Q		

Bild 6.103. Gestaltungsrichtlinien mit Beispielen für Biegeteile in Anlehnung an [1]

Beim *Ziehen* ist nach [170] die Anwendung folgender Gestaltungsrichtlinien zu empfehlen (*werkzeuggerecht* (We), *ziehgerecht* (Zi)):
— We: Wählen der Abmessungen so, daß möglichst wenig Ziehstufen erforderlich werden. Ziel: Aufwand verringern.
— We/Zi: Anstreben rotationssymmetrischer Hohlkörper; rechteckige Hohlteile bedeuten in den Ecken erhöhte Werkstoff- und Werkzeugbeanspruchung. Ziel: Qualität verbessern, Aufwand verringern.
— Zi: Auswählen hochzäher Werkstoffe. Ziel: Qualität verbessern.
— Zi: Für das Gestalten von Versteifungssicken vgl. [148]. Ziel: Qualität verbessern.

Das *Biegeumformen* (Kaltbiegen), wie es zur Fertigung von Blechteilen der feinwerktechnischen und elektrotechnischen Gerätetechnik, aber auch für Gehäuse, Verkleidungen und Luftführungen des Maschinenbaus erforderlich ist [1], setzt sich aus den Vefahrensschritten „Schneiden" (Ausschneiden) und „Biegen" zusammen. Entsprechend ist eine *schneidgerechte* (Sn) und *biegegerechte* (Bi) Gestaltung anzustreben. Die in Bild 6.103 zusammengestellten Gestaltungsrichtlinien betreffen zunächst nur den Biegevorgang, da dieser zum vorliegenden Abschnitt des Umformens gehört. Das Schneiden wird im Rahmen der Trennverfahren behandelt.

Trenngerecht

Von den in DIN 8580 [39] bzw. DIN 8577 [38] aufgeführten Trennverfahren soll im folgenden nur das „Spanen mit geometrisch bestimmter Schneidenform" (Drehen, Bohren, Fräsen), das „Spanen mit geometrisch unbestimmten Schneiden" (Schleifen) und das „Zerteilen" nach DIN 8588 [40] (Schneiden) betrachtet werden. Für alle Trennverfahren muß sich die Gestaltung an den Eigenheiten des Werkzeugs einschließlich Spannens und des eigentlichen Spanvorgangs orientieren. Die Gestaltungsrichtlinien müssen deshalb *werkzeuggerecht* (We) und *spangerecht* (Sp) sein.

Werkzeuggerecht bedeutet:
— Vorsehen ausreichender Spannmöglichkeiten. Ziel: Qualität verbessern.
— Bevorzugen von Bearbeitungsoperationen, die ohne Umspannen des Werkstücks oder Neueinspannen von Werkzeugen auskommen. Ziel: Aufwand verringern, Qualität verbessern.
— Beachten des notwendigen Werkzeugauslaufs. Ziel: Qualität verbessern.

Spangerecht bedeutet für alle Trennverfahren:
— Vermeiden unnötiger Zerspanarbeiten, d. h. Bearbeitungsflächen, Oberflächengüten und Toleranzen auf das unbedingt Notwendige beschränken (vorstehende Leisten und Augen in einer Bearbeitungshöhe günstig). Ziel: Aufwand verringern.
— Anstreben von Bearbeitungsflächen parallel oder senkrecht zur Aufspannfläche. Ziel: Aufwand verringern, Qualität verbessern.
— Bevorzugen von Dreh- und Bohroperationen vor Fräs- und Hobeloperationen. Ziel: Aufwand verringern.

In Bild 6.104 sind spezielle Gestaltungsrichtlinien für Teile mit *Drehbearbeitung*, in Bild 6.105 mit *Bohrbearbeitung*, in Bild 6.106 mit *Fräsbearbeitung* und in Bild 6.107 mit *Schleifbearbeitung* zusammengestellt.

Verf.	Gestaltungsrichtlinien	Ziel	nicht fertigungsgerecht	fertigungsgerecht
We	Beachten des erforderlichen Werkzeugauslaufs.	Q	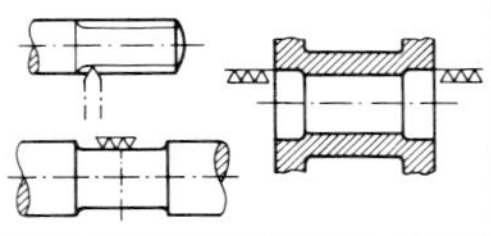	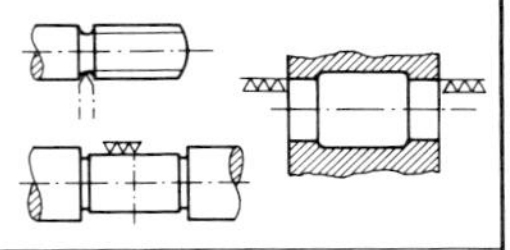
We	Anstreben einfacher Formmeißel.	A	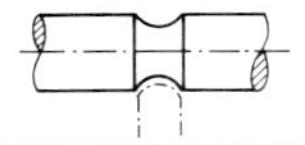	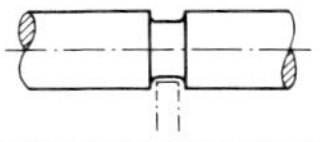
We	Vermeiden von Nuten und engen Toleranzen bei Innenbearbeitung.	A Q	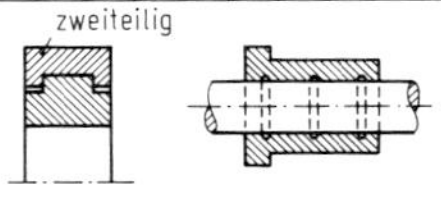 zweiteilig	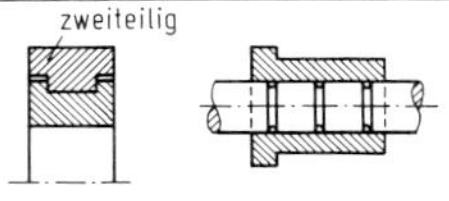 zweiteilig
We	Vorsehen ausreichender Spannmöglichkeiten.	Q	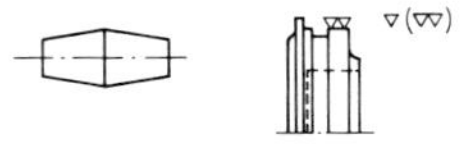	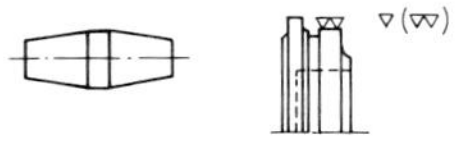
Sp	Vermeiden großer Zerspanarbeit, z.B. durch hohe Wellenbunde, besser aufgesetzte Buchsen.	A	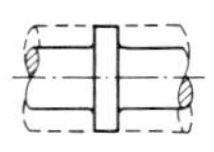	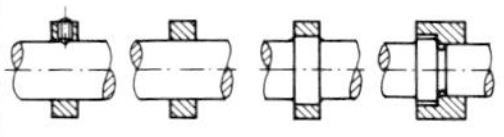
Sp	Anpassen der Bearbeitungslängen und -güten an Funktion.	A	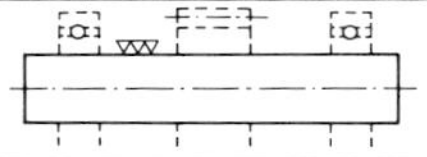	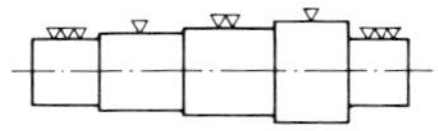

Bild 6.104. Gestaltungsrichtlinien mit Beispielen für Teile mit Drehbearbeitung unter Berücksichtigung von [128, 170]

Verf.	Gestaltungsrichtlinien	Ziel	nicht fertigungsgerecht	fertigungsgerecht
We Sp	Zulassen von Sacklöchern möglichst nur mit Bohrspitze.	A Q	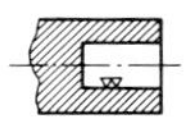	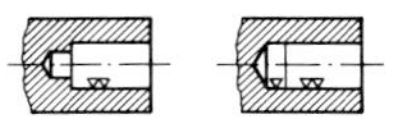
We Sp	Vorsehen von Ansatz- und Auslaufflächen bei Schräglöchern.	Q	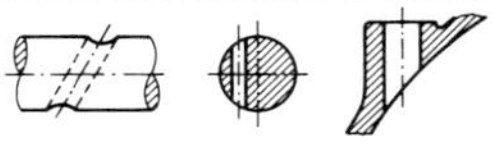	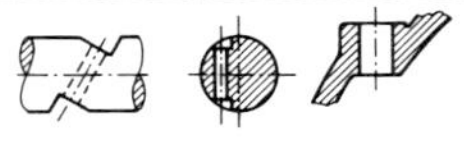
We	Anstreben durchgehender Bohrungen, Vermeiden von Sacklöchern.	A	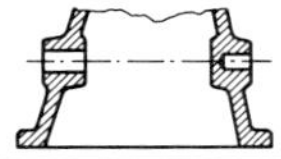	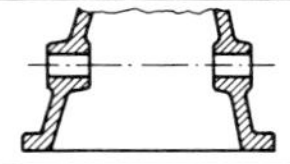

Bild 6.105. Gestaltungsrichtlinien mit Beispielen für Teile mit Bohrbearbeitung unter Berücksichtigung von [128, 145, 170]

Auch bei der *Gestaltung von Schnitteilen* müssen die Eigenheiten des Werkzeugs (*werkzeuggerecht* (We)) und des Fertigungsvorgangs selbst (*schneidgerecht* (Sn)) [85] beachtet werden: Bild 6.108.

Fügegerecht

Von den in DIN 8593 [41] zusammengefaßten Fügeverfahren soll nur das Schweißen (Gruppe des Stoffvereinigens) betrachtet werden. Zum lösbaren Fügen sei auf 6.5.7 „Montagegerecht" verwiesen.

Verf.	Gestaltungsrichtlinien	Ziel	nicht fertigungsgerecht	fertigungsgerecht
We	Anstreben gerader Fräsflächen, Formfräser teuer; Abmessungen so wählen, daß Satzfräser einsetzbar.	A	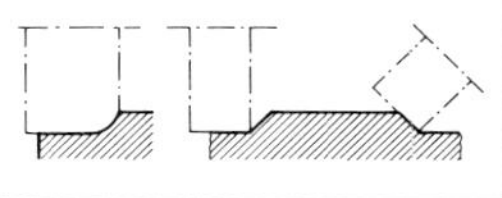	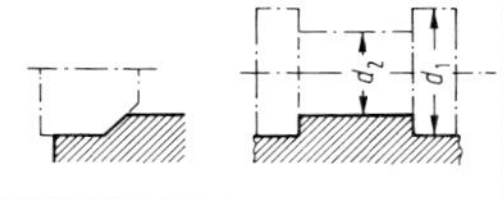 d_2 d_1
We	Vorsehen auslaufender Nuten bei Scheibenfräsern; Scheibenfräsen billiger als Fingerfräsen.	A Q	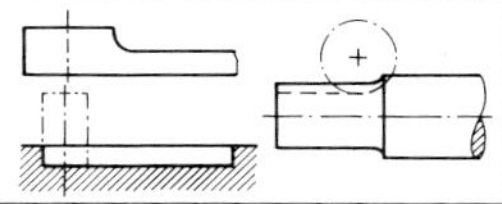	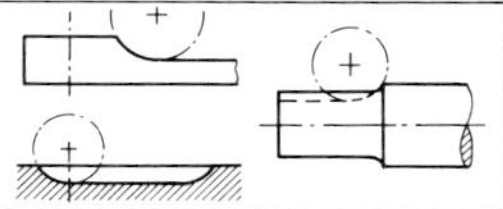
We	Anpassen des Werkzeugauslaufs an Fräserdurchmesser; Vermeiden von langen Fräserwegen durch Zulassen von gewölbten Bearbeitungsflächen (z. B. Schlitzen).	A	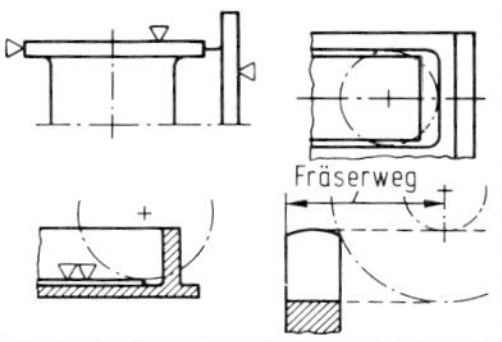 Fräserweg	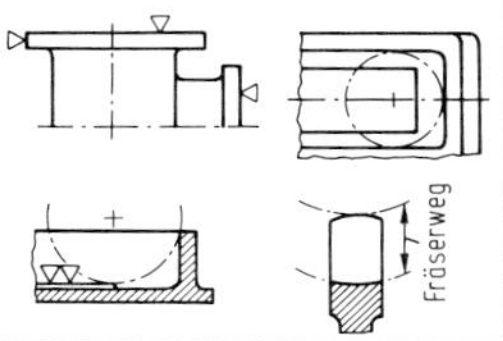 Fräserweg
Sp	Anordnen von Flächen in gleicher Höhe und parallel zur Aufspannung.	A Q	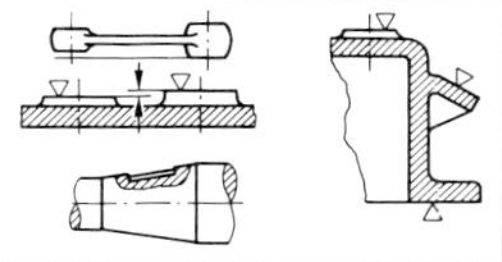	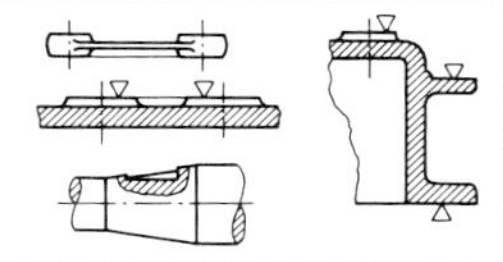

Bild 6.106. Gestaltungsrichtlinien mit Beispielen für Teile mit Fräsbearbeitung unter Berücksichtigung von [128, 170]

Verf.	Gestaltungsrichtlinien	Ziel	nicht fertigungsgerecht	fertigungsgerecht
We	Vermeiden von Bundbegrenzungen.	Q A	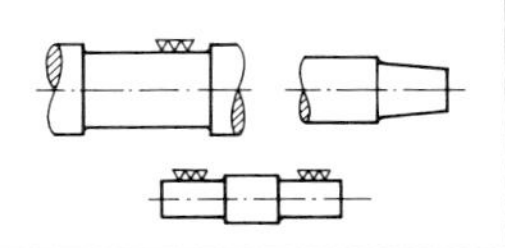	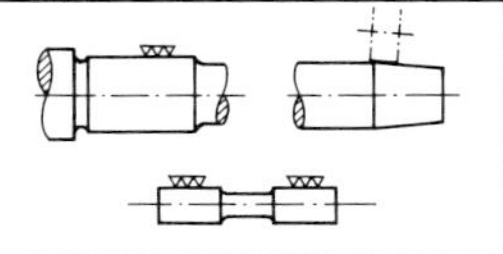
We	Vorsehen von Schleifscheibenauslauf.	Q	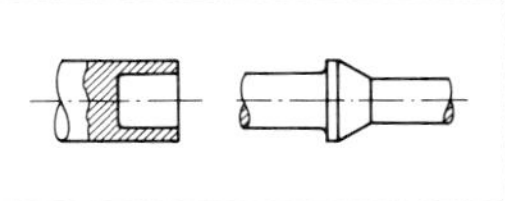	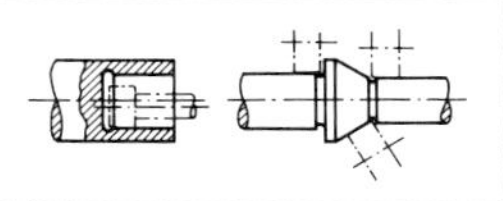
We	Anstreben unbehinderten Schleifens durch zweckmäßige Anordnung der Bearbeitungsflächen.	A Q	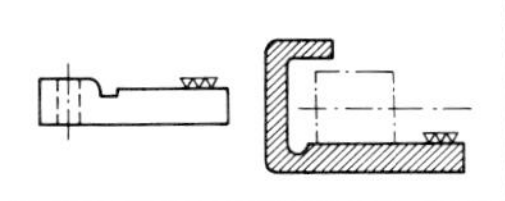	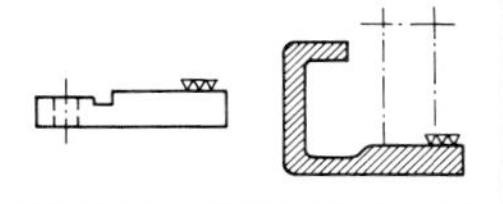
We Sp	Bevorzugen gleicher Ausrundungsradien (wenn kein Auslauf möglich) und Neigungen an einem Werkstück.	A Q	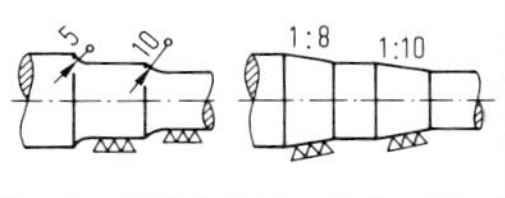 5 10 1:8 1:10	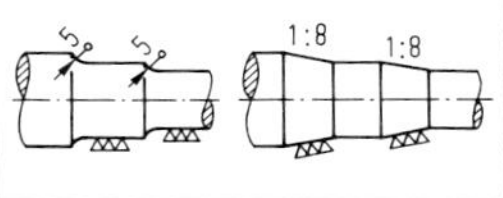 5 5 1:8 1:8

Bild 6.107. Gestaltungsrichtlinien mit Beispielen für Teile mit Schleifbearbeitung in Anlehnung an [170]

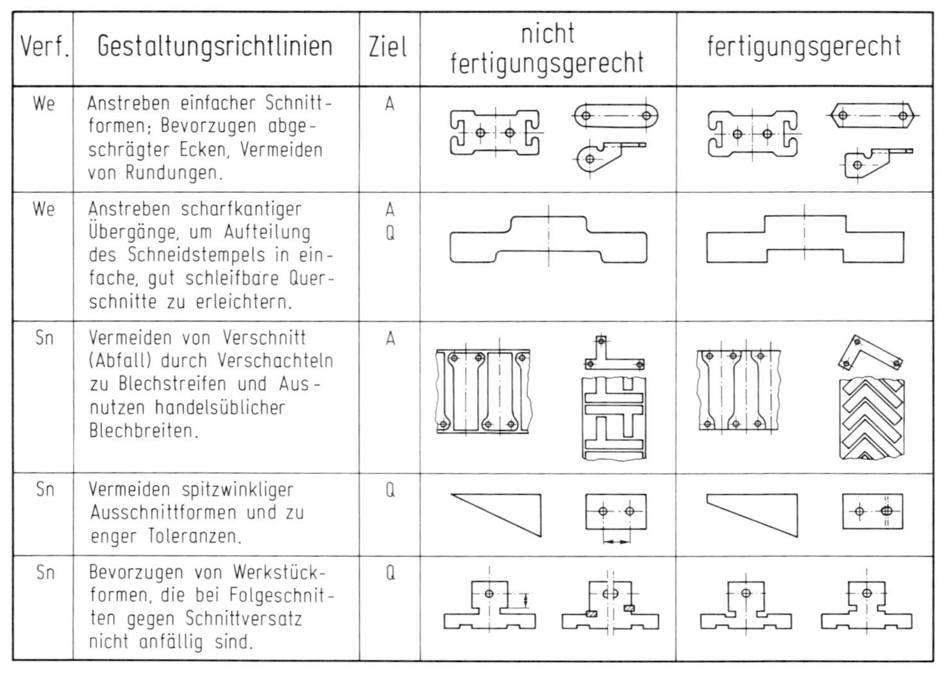

Verf.	Gestaltungsrichtlinien	Ziel	nicht fertigungsgerecht	fertigungsgerecht
We	Anstreben einfacher Schnittformen; Bevorzugen abgeschrägter Ecken, Vermeiden von Rundungen.	A		
We	Anstreben scharfkantiger Übergänge, um Aufteilung des Schneidstempels in einfache, gut schleifbare Querschnitte zu erleichtern.	A Q		
Sn	Vermeiden von Verschnitt (Abfall) durch Verschachteln zu Blechstreifen und Ausnutzen handelsüblicher Blechbreiten.	A		
Sn	Vermeiden spitzwinkliger Ausschnittformen und zu enger Toleranzen.	Q		
Sn	Bevorzugen von Werkstückformen, die bei Folgeschnitten gegen Schnittversatz nicht anfällig sind.	Q		

Bild 6.108. Gestaltungsrichtlinien mit Beispielen für Schnitteile in Anlehnung an [170]

Der Fertigungsvorgang des Schweißens wird in die drei Verfahrensschritte *Vorbearbeiten* (Vo), *Schweißen* (Sw) und *Nachbearbeiten* (Na) gegliedert. Folgende Gestaltungsrichtlinien sollen beachtet werden:

— Vo, Sw, Na: Vermeiden einer bloßen Nachbildung von Gußkonstruktionen; Bevorzugen von genormten, handelsüblichen oder auch vorgefertigten Blechen, Profilen oder sonstigen Halbzeugen; Ausnutzen der Möglichkeiten einer Verbundbauweise (Guß-Schmiedestück). Ziel: Aufwand verringern.

— Sw: Anpassen der Werkstoff- und Schweißgüte sowie des Schweißverfahrens an die unbedingten Erfordernisse hinsichtlich Festigkeit, Dichtheit und auch Formschönheit. Ziel: Aufwand verringern, Qualität verbessern.

— Sw: Anstreben kleiner Schweißnahtquerschnitte und Werkstückabmessungen, um schädlichen Wärmeabfluß zu verringern und die Handhabung zu vereinfachen. Ziel: Qualität verbessern, Aufwand verringern.

— Sw, Na: Minimieren des Schweißvolumens (Wärmeeinbringung), um Verzug und Richtarbeiten zu vermeiden bzw. zu reduzieren. Ziel: Qualität verbessern, Aufwand verringern.

Weitere Gestaltungsrichtlinien: Bild 6.109.

4. Fertigungsgerechte Werkstoff- und Halbzeugwahl

Eine optimale Werkstoff- und Halbzeugwahl ist wegen der bereits angedeuteten gegenseitigen Beeinflussung von Merkmalen der Funktion, des Wirkprinzips, der Auslegung, der Sicherheit, der Ergonomie, der Fertigung, der Kontrolle, der Mon-

Verf.	Gestaltungsrichtlinien	Ziel	nicht fertigungsgerecht	fertigungsgerecht
Vo	Bevorzugen von Lösungen mit wenig Teilen und Schweißnähten.	A		
Vo Sw Na	Anstreben fertigungstechnisch günstiger Nahtformen, wenn es die Beanspruchungen zulassen.	A		
Vo Sw	Vermeiden von Nahtanhäufungen und -kreuzungen.	A Q		
Sw	Reduzieren von Schrumpfspannungen (Eigenspannungen, Verzug) durch Nahtformlänge, -anordnung und Schweißfolge sowie durch elastische Anschlußquerschnitte mit niedrigen Steifigkeiten (elastische Zunge und Ecke).	Q		
Sw	Anstreben guter Zugänglichkeit der Nähte.	A Q		
Sw Na	Eindeutiges Positionieren zum Schweißen, z.B. durch Fixierung der Fügeteile.	Q		
Na	Vorsehen von Bearbeitungszugaben, um Schweißtoleranzen auszugleichen.	Q	Toleranz	Toleranz

Bild 6.109. Gestaltungsrichtlinien mit Beispielen für geschweißte Teile unter Berücksichtigung von [145, 170, 207, 213]

tage, des Transports, des Gebrauchs, der Instandhaltung sowie der Kosten und des Termins problematisch. Besonders bei materialkostenintensiven Lösungen ist aber andererseits eine richtige *Werkstoffwahl* von größter Bedeutung für die Herstellkosten eines Produkts. Generell empfiehlt sich, bei der Werkstoffwahl die „Leitlinie zur Gestaltung“ heranzuziehen und zunächst in Frage kommende Werkstoffe nach den Merkmalen dieser Leitlinie zu diskutieren und zu beurteilen.

Der nach diesen Merkmalen ausgewählte Werkstoff beeinflußt wegen der Rohteil- bzw. Halbzeugart, der technischen Lieferbedingungen sowie der Nachbehandlung und Qualität

- das *Fertigungsverfahren,*
- die *Werkzeugmaschinen* einschließlich *Werkzeuge* und *Meßzeuge,*
- die *Materialwirtschaft,* z. B. die kommerziellen Lieferbedingungen und die Lagerhaltung,
- die *Qualitätskontrolle* sowie
- die Frage der *Eigen-* und *Fremdfertigung.*

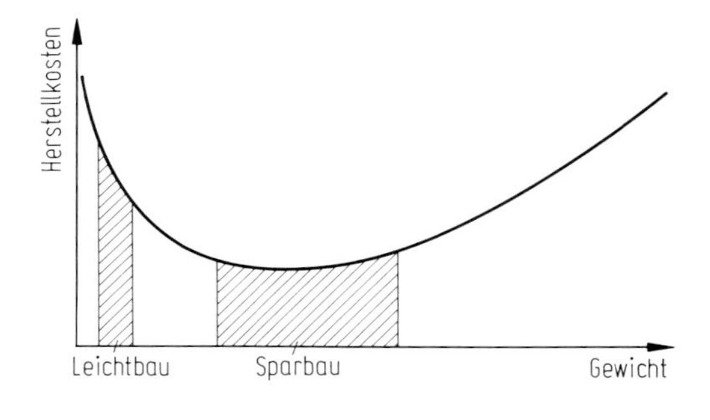

Bild 6.110. Kostenbereiche für Leichtbau und Sparbau nach [219]

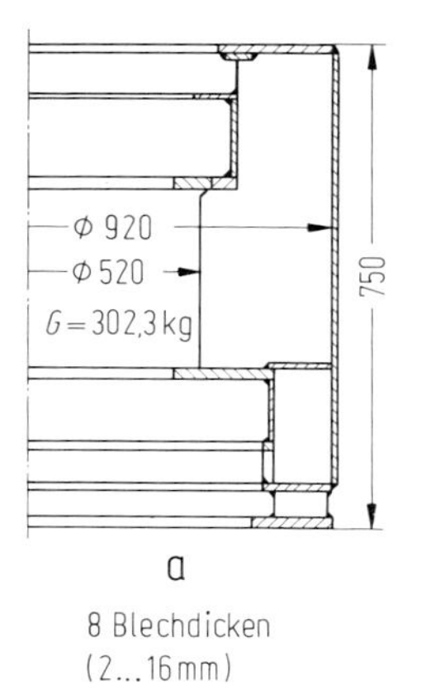

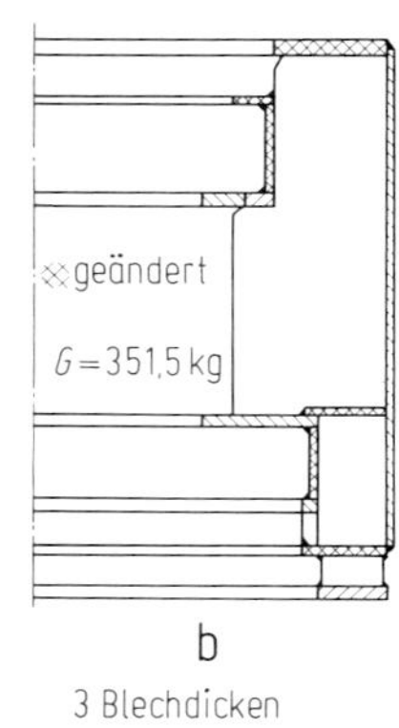

Bild 6.111. Elektromaschinengehäuse in geschweißter Ausführung (Werkbild Siemens);
a) Istzustand
b) Neugestaltung

Die starken gegenseitigen Beeinflussungen konstruktiver, fertigungstechnischer und werkstofftechnischer Gesichtspunkte und Gegebenheiten erfordern zu einer optimalen Werkstoffauswahl die enge Zusammenarbeit zwischen Konstrukteur, Fertigungsingenieur, Werkstoffachmann und Einkäufer.

Eine Zusammenstellung der wichtigsten Empfehlungen zur Werkstoffwahl für urgeformte, warmumgeformte, kaltumgeformte und vergütete Werkstücke hat Illgner [91] vorgenommen. Dem Konstrukteur bisher noch weniger geläufig sind die werkstoffseitigen Forderungen und Möglichkeiten bei neuen Fertigungsmethoden, z. B. Ultraschall, Elektronenstrahlschweißen, Lasertechnik, Plasmaschneiden, funkenerosive Bearbeitung und elektrochemische Verfahren. Hierfür sei auf das einschlägige Schrifttum verwiesen [28, 55, 88, 130, 183].

Eng mit dem Problem der Werkstoffwahl ist die *Halbzeugwahl* verbunden. Wegen der häufig noch praktizierten Kalkulationsmethode der Gewichtskosten glaubt der Konstrukteur, mit Hilfe einer Gewichtssenkung in jedem Fall auch eine Kostensenkung zu erreichen. In vielen Fällen überschreitet er aber dabei das Kostenminimum, wie Bild 6.110 andeutet [219].

Als Beispiel für diesen Problemkreis sei von folgender Untersuchung berichtet: Bild 6.111 zeigt ein geschweißtes Elektromaschinengehäuse senkrechter Bauart, bei

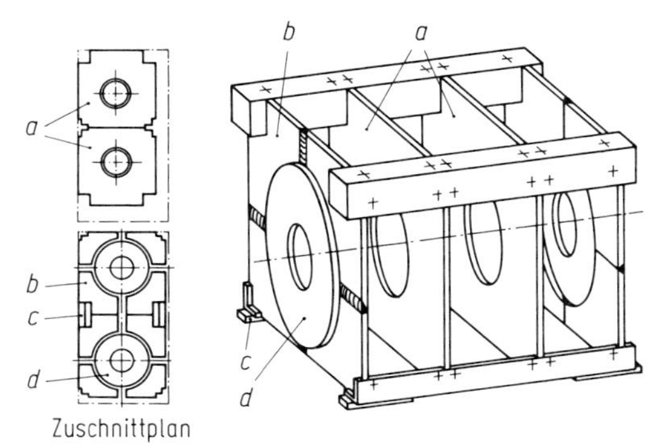

Bild 6.112. Elektromaschinengehäuse in geschweißter Ausführung mit Blechzuschnittplan nach [115] (Werkbild Siemens)

dem die Istausführung aus acht Blechdicken zusammengesetzt ist, was bei der geforderten Steifigkeit eine Gewichtsminimierung bedeutet, während bei der geplanten Neugestaltung (Sollzustand) bewußt die Zahl der unterschiedlichen Blechdicken auf Kosten einer Gewichtserhöhung reduziert wurde. Diese gestalterische Änderung wurde durch den Übergang von herkömmlichen Brennschneidmaschinen auf NC-gesteuerte Maschinen ausgelöst. Für letztere sollten der Programmier- und der Umrüstaufwand gesenkt sowie die Möglichkeit einer weitgehenden Brennteil-Schachtelung (hohe Blechtafelausnutzung) geschaffen werden. Eine Kostenanalyse zeigte, daß das neu entworfene Gehäuse trotz einer Gewichtserhöhung infolge Überbemessung einiger Gehäuseteile wegen der niedrigeren Lohnkosten und Fertigungsgemeinkosten billiger wird. Die Senkung der gesamten Herstellkosten war in diesem Fall zwar nicht hoch, aber das Beispiel möge zeigen, daß eine konstruktiv und fertigungstechnisch aufwendige Gewichtsminimierung häufig nicht zu einem Kostenminimum führt. Auch in Fällen, bei denen die errechneten Kostensenkungen durch Halbzeugangleichungen und Fertigungsvereinfachungen nicht groß sind, sind die tatsächlichen Verbesserungen oft höher anzusetzen, da die angedeuteten Maßnahmen vor allem zu einer Reduzierung der Nebenzeiten und der Arbeitsvorbereitung führen, was sich günstig auf den personellen Aufwand auswirkt.

Aus diesem Beispiel folgt, zur Minimierung der Herstellkosten müssen neben den Materialkosten und Lohnkosten vor allem auch die Fertigungsgemeinkosten betrachtet werden. Voraussetzung für eine Beurteilung der günstigen Lösungen ist eine Kostentransparenz, vor allem eine genaue Erfassung der Fertigungsgemeinkosten, was aber häufig bei der üblichen Zuschlagkalkulation nicht gegeben ist.

Dieses Beispiel unterstreicht noch einen weiteren Problemkreis, der heute auf den Konstrukteur zukommt. Er muß seine Gestaltung auf die Forderungen und Möglichkeiten der NC-gesteuerten Werkzeugmaschinen abstellen. Bleiben wir beim Beispiel Brennschneidmaschinen. Mit der Entscheidung für eine vertretbare Angleichung der Blechdicken schafft er die Voraussetzungen zur rechnerunterstützten Aufstellung von Schachtelplänen, die die Blechtafeln voll ausnutzen und zu einem sehr wirtschaftlichen Einsatz numerisch gesteuerter Brennschneidmaschinen [10] führen.

Als weiteres Beispiel für eine gute Halbzeugausnutzung diene Bild 6.112, das für ein geschweißtes Motorengehäuse den Blechzuschnitt zeigt. Um nach dem Ausbrennen der Stirnwände die abfallenden Ronden als Lagerschilde verwenden zu können, wurde für diese Wände eine Schlitzung vorgesehen. Verschweißt man die so entstehenden Segmente wieder zur Stirnwand, so ergibt sich eine kleinere Öffnung, die nach Bearbeitung immer noch kleiner ist als das aus der Ronde gedrehte Lagerschild. Auch die Fußleisten fallen noch heraus.

5. Einsatz von Standard- und Fremdteilen

Der Konstrukteur sollte anstreben, Bauteile zu verwenden, die nicht auftragsspezifisch gefertigt werden müssen, sondern als eigengefertigte *Wiederholteile*, als *Normteile* oder als fremdbezogene *Zukaufteile* zur Verfügung stehen. Der Konstrukteur kann hier einen wichtigen Beitrag zu günstigeren Einkaufsbedingungen sowie einer kosten- und termingünstigen Lagerfertigung leisten. Die Verwendung eines handelsüblichen Zukaufteils kann oft wirtschaftlicher sein als eine Eigenfertigung. Auf die Bedeutung von Normteilen wurde bereits mehrfach hingewiesen.

Die Entscheidung über Eigen- oder Fremdfertigung hängt von einer Reihe zu klärender Gesichtspunkte ab:
— Stückzahl (Einzel-, Serien-, Großserienfertigung),
— auftragsgebundenes Einzelprodukt oder ein marktorientiertes Baureihen- und/ oder Baukastensystem,
— Beschaffungssituation (Kosten, Liefertermine) für Werkstoffe, Zukaufteile oder Fremdfertigung,
— Verwendungsmöglichkeit vorhandener Fertigungseinrichtungen des Betriebs,
— Belegungssituation der Fertigungseinrichtungen und
— vorhandener bzw. angestrebter Automatisierungsgrad.

Diese Verhältnisse beeinflussen nicht nur die Entscheidung, ob Eigen- oder Fremdfertigung, sondern die Gesamtheit der Gestaltungsmaßnahmen des Konstrukteurs. Erschwerend kommt hinzu, daß die Mehrzahl der Einflußgrößen zeitlich veränderlichen Charakter haben. Das bedeutet, daß eine konstruktive Maßnahme zwar zum Zeitpunkt ihrer Entscheidung fertigungsgerecht sein kann, später bei veränderter Beschaffungs- und Belegungssituation aber nicht mehr. Besonders bei Einzel- oder Kleinserienkonstruktionen des Großmaschinenbaus muß die jeweilige Fertigungs- und Einkaufssituation immer von neuem betrachtet werden, will man die wirtschaftliche Wertigkeit der Lösung optimieren.

6. Fertigungsgerechte Fertigungsunterlagen

Der Einfluß von Fertigungsunterlagen in Form von Zeichnungen und Stücklisten sowie Montageanweisungen auf Kosten, Termine und Qualität der Fertigung bzw. des Produkts wird oft unterschätzt. Aufbau, Eindeutigkeit und Ausführlichkeit solcher Unterlagen sind insbesondere einflußreich bei stärker mechanisierter und automatischer Fertigung. Sie bestimmen Auftragsabwicklung, Fertigungsplanung, Fertigungssteuerung und Qualitätssteuerung mit. Über fertigungsgerechte Fertigungsunterlagen wird in 8.2 berichtet.

7. Kostenerfassung und -beurteilung

Die dargelegten Richtlinien zur fertigungsgerechten Gestaltung können nicht zur Bewältigung dieser vielschichtigen Problematik herangezogen werden, ohne die je-

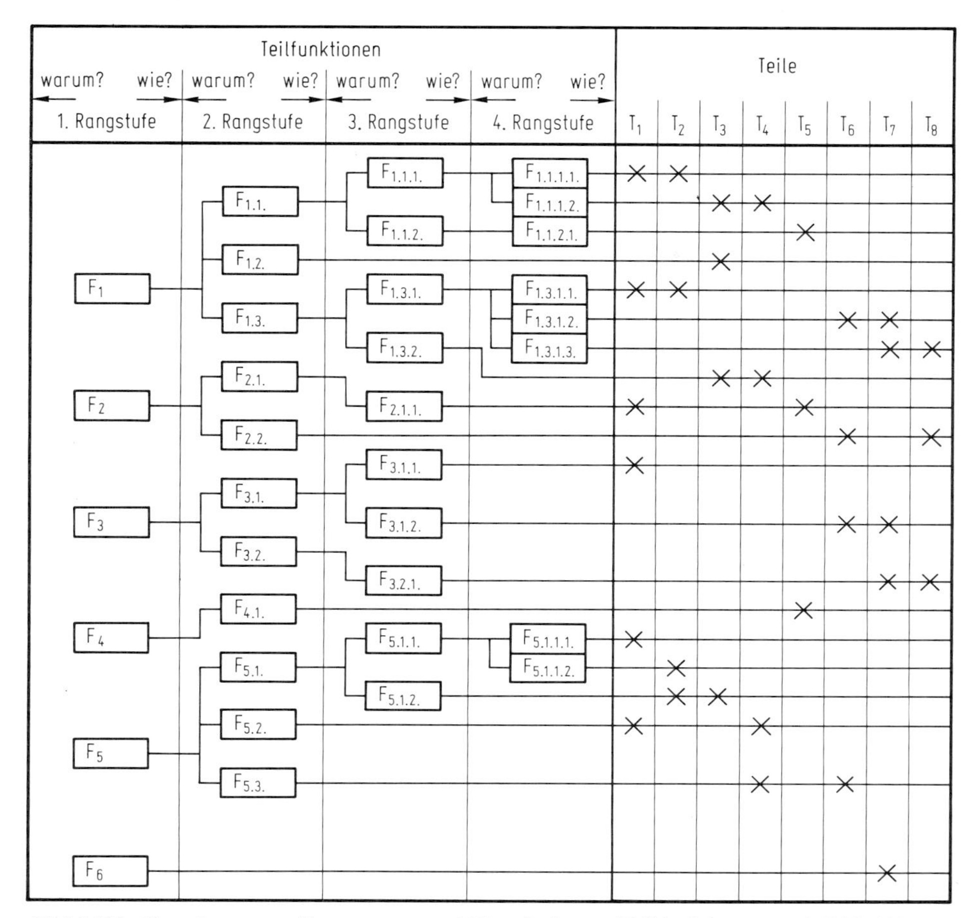

Bild 6.113. Zuordnung von Baugruppen und Einzelteilen zu Teilfunktionen nach [228, 230]

weiligen Produkt- und Produktionsgegebenheiten zu betrachten. So kann z. B. nicht allgemeingültig vorhergesagt werden, ob eine Differential- oder eine Integralbauweise zu einer Kosten- oder Terminverbesserung führt. Hier kann neben Funktionsgesichtspunkten nur eine Analyse der Fertigungs- und Beschaffungsverhältnisse sowie eine *Kostenerfassung* und *-beurteilung* die Entscheidung herbeiführen. Fertigungsgerecht bedeutet letztlich eine Minimierung von Fertigungskosten und Fertigungszeiten.

Im folgenden werden noch einige Hilfsmittel dargelegt, die den Konstrukteur bei seinen Entscheidungen in dieser Richtung unterstützen.

Wertanalyse

Zur Kostenerfassung und -beurteilung als Grundlage für die Auswahl optimaler Lösungs- bzw. Gestaltungsvarianten eignet sich die *Wertanalyse* [222, 228, 230]. Sie kennt vor allem zwei Hilfsmittel: Zunächst hat sich zur Diskussion und Beurteilung von Lösungen, so auch von Gestaltungsvarianten nach Fertigungs- und Kostengesichtspunkten eine interdisziplinäre Zusammenarbeit relevanter Unternehmensbereiche bewährt, d. h. eine Kommunikation zwischen Fachleuten des Vertriebs, des Einkaufs, der Konstruktion, der Fertigung und der Kalkulation (Wertanalyse-Team). Eine solche Verknüpfung breiteren Wissens und vielseitiger Erfahrung führt durch ganzheitliches Betrachten von Anforderungen, Material, Gestaltung, Fertigungsverfahren, Lagerhaltung, Normung und Vertriebsgegebenheiten sicherer und vor allem schneller zu einer fertigungs- und kostengerechten Entscheidung als ein Alleingang des Konstrukteurs.

Eine weitere Hilfe liefert die Aufteilung der zu erfüllenden Gesamtfunktion in Teilfunktionen abnehmender Komplexität sowie deren Zuordnung zu Funktionsträgern, d. h. zu Baugruppen und Einzelteilen. Bild 6.113 zeigt eine solche Verflechtung von Funktionen und Teilen schematisch. Aus den kalkulierten Kosten der Einzelteile läßt sich dadurch abschätzen, welche Kosten zur Realisierung bzw. Erfüllung der geforderten Gesamtfunktion und notwendigen Teilfunktionen entstehen. Solche „Funktionskosten" sind dann eine aussagefähige Grundlage zur Beurteilung von Entwurfsvarianten, da gleichermaßen Vertriebsgesichtspunkte (sind alle Funktionen unbedingt erforderlich?), Konstruktionsgesichtspunkte (Wahl geeigneter Funktionsstrukturen und Lösungskonzepte sowie damit notwendiger Teilfunktionen) und Fertigungsgesichtspunkte (Gestaltung der Einzelteile) erfaßt sind.

Zur Kostenminimierung ist es zweckmäßig, möglichst in einem frühen Stadium des Konstruktions- und Fertigungsprozesses mit einer kostenmäßigen, d. h. auch fertigungsgerechten Optimierung zu beginnen, da durch Wahl eines günstigen Lösungskonzepts die Produktkosten im allgemeinen stärker gesenkt werden können als durch reine Fertigungsmaßnahmen, andererseits bedeuten konstruktive Änderungen erst in der Fertigung häufig hohe Änderungskosten. Bild 6.114 zeigt diesen Sachverhalt schematisch. Eine Produktoptimierung sollte also so früh wie es der Erkenntnisstand zuläßt beginnen.

Kostenstruktur

Ein wichtiges Hilfsmittel zur fertigungs- und kostengünstigen Gestaltung ist die Abschätzung der *Kostenstruktur*.

Ohne Kenntnis der Kostenaufteilung, d. h. ohne Kenntnis der Anteile von Material-, Lohn- und Fertigungsgemeinkosten an den Herstellkosten des Werkstücks oder der Baugruppe, kann der Konstrukteur nicht erkennen, welche Maßnahmen zu einer Kostensenkung führen. Deshalb ist wichtig, solche Unterlagen bereitzustellen: Bei Neukonstruktionen eine vorkalkulatorische Schätzung oder bei Anpassungskonstruktionen entsprechende Nachkalkulationsunterlagen von früheren Aufträgen. Bild 6.115 zeigt als Beispiel die Kostenverteilung für einen Synchrongenerator [104]. Man kann daraus z. B. entnehmen, daß es sich bei der Welle L1 kaum lohnen wird, mit konstruktiven Maßnahmen die Lohn- und Fertigungsgemeinkosten senken zu wollen, daß aber eine Gewichtsminderung oder geeignete Werkstoffwahl bei dem hohen Materialkostenanteil zu nennenswerten Kostensenkungen führen könnte. Anders liegen die Verhältnisse beim Ständer S3, wo infolge des hohen Fertigungsgemeinkostenanteils eine konstruktiv ermöglichte Änderung des Fertigungsverfahrens oder Fertigungsmittels aussichtsreich erscheint.

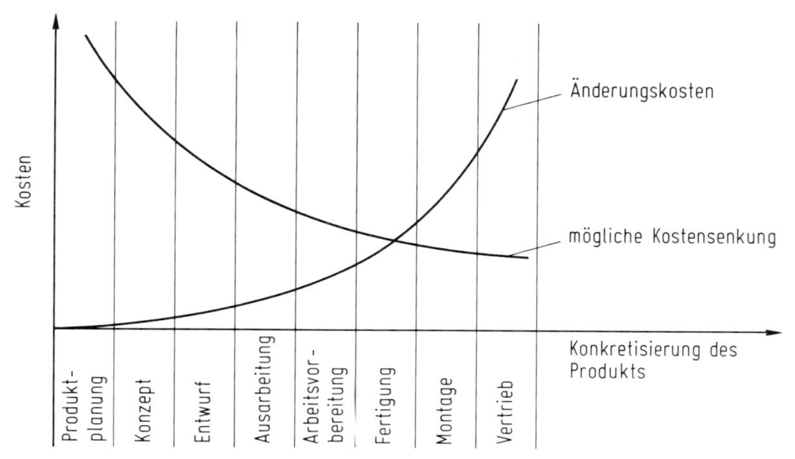

Bild 6.114. Beeinflussung der Kostensenkung und Abhängigkeit der Änderungskosten von den Konstruktions- und Fertigungsphasen nach [228]

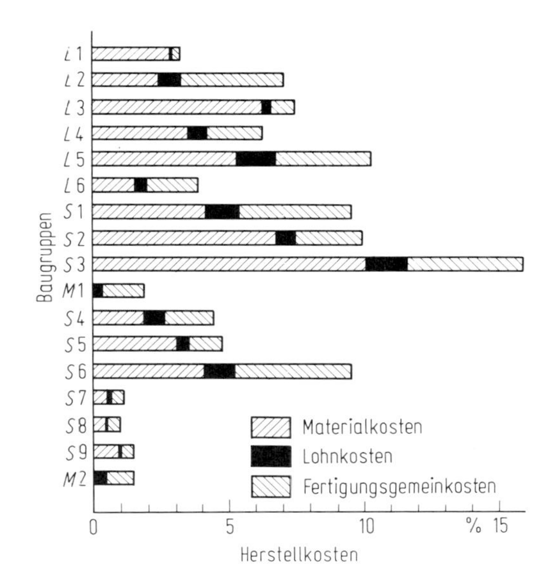

Bild 6.115. Kostenstruktur für einen Synchrongenerator nach [104] (Werkbild Siemens)
Z. B. L 1: Welle; L 2: Läuferkörper; L 5: Läuferwicklung; S 3: Ständergehäuse; S 5: Lager; S 6: Armstern; M 2: Montagegruppe Hilfseinrichtungen

Kosten

Neben der Kostenstruktur sind natürlich die absoluten *Kosten* für Werkstücke, Werkstoffe, Halbzeuge, Normteile und Zukaufteile für den Konstrukteur von größter Wichtigkeit. Diese müssen ihm vom Kalkulationsbüro schnell und vor allem mit ausreichender Genauigkeit oder zumindest in Form relativer Kostenangaben bereitgestellt werden. Bild 6.116 und Bild 6.117 zeigen solche Relativkostenvergleiche nach [190]. Sie reichen häufig als Entscheidungshilfe aus und haben gegenüber absoluten Kostenangaben den Vorteil, sich weniger zu verändern und damit allgemeiner und länger anwendbar zu sein.

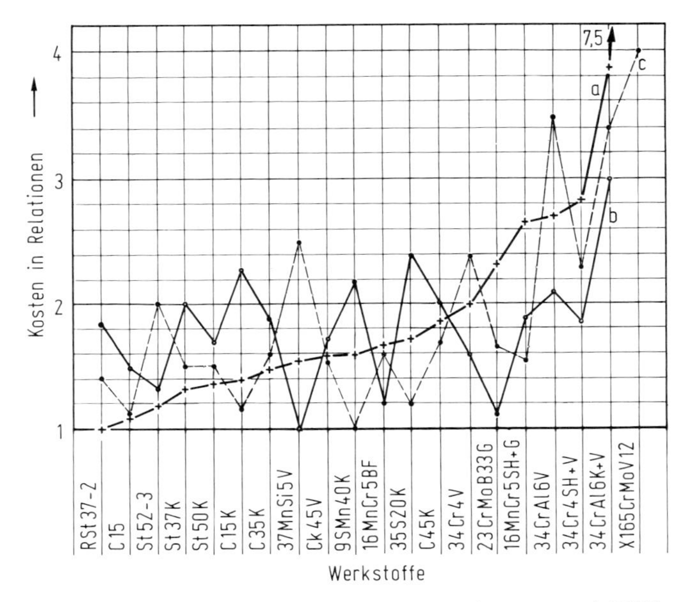

Bild 6.116. Kostenvergleiche für Rundstahl von 30 mm Durchmesser nach [190]
a) Kosten, bezogen auf Gewicht (keine Anforderungen hinsichtlich Festigkeit und Gewicht)
b) Verhältnis der Gewichtskosten zur Streckgrenze (Festigkeitskosten)
c) reine Bearbeitungskosten bei gleichbleibender Oberflächengüte

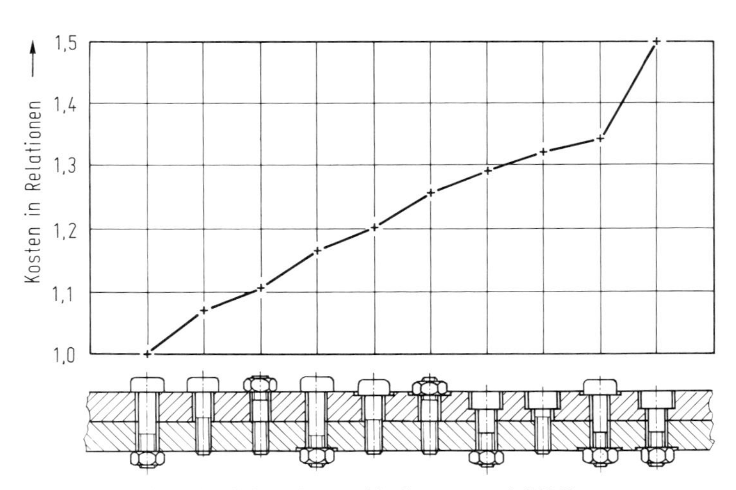

Bild 6.117. Kostenvergleiche für Schraubenverbindungen nach [190]

Befriedigende Vorkalkulationsangaben sind heute in der Praxis oft nur ein Wunschtraum des Konstrukteurs, der mit seinen Entscheidungen oft alleingelassen wird. Dieser Zustand ist angesichts des großen Einflusses der konstruktiven Festle-

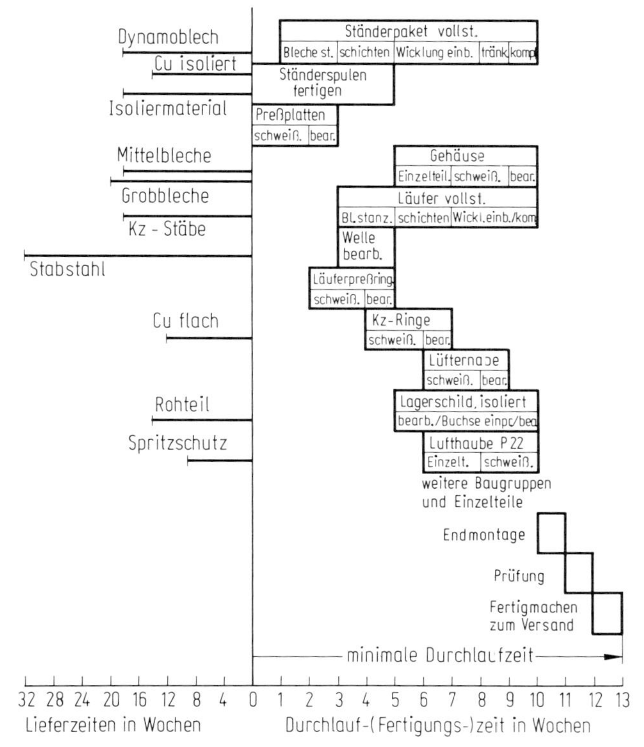

Bild 6.118. Fertigungsablauf eines Elektromotors der Baureihe nach Bild 7.17. (Werkbild AEG-Telefunken)

gungen auf die Herstellkosten nicht zu verantworten und sollte in den Betrieben, aber auch durch Forschung verbessert werden.

Zur wirtschaftlichen Auslegung von Einzelteilen und einfacheren technischen Gebilden schlägt die Richtlinie VDI 2225 [219] ein Bemessungsverfahren vor, für das technisch-wirtschaftliche Kenngrößen, vor allem relative Werkstoffkosten sowie prozentuale Materialkostenanteile in einem umfangreichen Tabellenwerk zur Verfügung stehen.

Fertigungszeit

Analog der Kostenstruktur kann auch die Kenntnis über den *zeitlichen Fertigungsablauf* für den Konstrukteur hilfreich sein, die terminlichen Verbesserungsansätze zu erkennen. Bild 6.118 zeigt hierzu ein Beispiel aus dem Elektromaschinenbau. Für einen Motor mittlerer Leistung sind in Balkenform sowohl die Beschaffungszeiten für Materialien, die absoluten Fertigungszeiten für Werkstücke und Baugruppen als auch die Reihenfolge der Fertigung angegeben. Man kann hieraus nicht nur die Verbesserungsmöglichkeiten mit der Wahl schneller zu beschaffender Werkstoffe und Halbzeuge bzw. lagermäßiger Materialien erkennen, sondern auch die Möglichkeiten paralleler Fertigungsschritte. So wird bei vorliegender Konstruktion mit getrennten Baugruppen „Ständerpaket vollständig" und „Gehäuse" eine Parallelfertigung dieser zeitaufwendigen Baugruppen und damit eine bedeutende Fertigungsverkürzung für das Gesamtprodukt erreicht, im Gegensatz zu älteren Konstruktionen, bei denen die Ständerbleche erst nach Fertigstellung des Schweißgehäuses und die Wicklungen erst nach Einschichten des Blechpakets eingelegt werden konnten.

Solche Darstellungen des Fertigungsablaufs werden heute vor allem für Großanlagen als Standardnetzpläne aufgestellt, damit die zeitlichen Enpässe für die Fertigungssteuerung, aber auch die Verbesserungsansätze für konstruktive Maßnahmen erkennbar werden [94, 204].

6.5.7. Montagegerecht

1. Montagearten

Als Montage wird der Zusammenbau mit allen notwendigen Hilfsarbeiten während und nach der Werkstückfertigung sowie auf der Baustelle verstanden. Aufwand und Qualität einer Montage hängen sowohl von der Art und Anzahl der Montageoperationen als auch von ihrer Durchführung selbst ab. Art und Anzahl sind abhängig von der Baustruktur und der Fertigungsart (Einzel- und Serienfertigung) des Produkts.

Die folgenden Richtlinien können deshalb nur *allgemeingültige Gesichtspunkte* zur montagegerechten Gestaltung wiedergeben. Sie werden im Einzelfall beeinflußt oder sogar aufgehoben durch die vorher oder gleichzeitig zu berücksichtigenden Hauptmerkmale der Gestaltung — Funktion, Wirkprinzip, Auslegung, Sicherheit, Ergonomie, Fertigung, Kontrolle, Transport, Gebrauch und Instandhaltung (vgl. Leitlinie 6.2).

In Anlehnung an die Richtlinie VDI 3239 [224] und grundlegende Betrachtungen [3, 200] lassen sich folgende immer wieder anzustrebende bzw. vorkommende Teiloperationen erkennen:

— Das *Speichern* von Montageteilen, im allgemeinen in geordneter Form (Magazinieren). Bei automatischer Montage wird noch ein Zuteilen, d. h. ein gesteuertes Bereitstellen von Werkstücken und Verbindungselementen notwendig.
— Das *Werkstück handhaben,* wozu
  • das *Erkennen* der Teile durch den Monteur oder Handhabungsautomaten (Roboter), z. B. durch Lageprüfung,
  • das *Ergreifen* der Teile, d. h. das Erfassen der zu montierenden Teile, gegebenenfalls verknüpft mit einem Vereinzeln und Dosieren sowie
  • das *Bewegen* der Teile gezielt zum Montageort (Weitergeben), gegebenenfalls verbunden mit einem Abzweigen (Absondern, Aussortieren), Wenden (Schwenken, Umlenken, Drehen) und/oder Zusammenführen (Vereinigen von Werkstücken) als Montageoperationen gehören.
— Das *Positionieren,* d. h. im allgemeinen ein Orientieren (richtige Lage des Teils zur Montage) und ein Ausrichten (endgültige Position des Teils vor und möglicherweise auch nach dem Fügen).

— Das *Fügen* durch Verbindungsverfahren an Füge- oder Wirkflächen. Hierzu soll auch das Einfügen eines Teils, d. h. das Bewegen eines Teils zu den Kontaktflächen des Gegenteils, hinzugerechnet werden. Als Fügeverfahren können nach DIN 8593 [41] genannt werden:

- Zusammenlegen, z. B. Einlegen, Auflegen, Einhängen oder Einrenken der Montageteile,
- Füllen, z. B. Tränken,
- An- und Einpressen, z. B. Schrauben, Klemmen, Klammern oder Aufschrumpfen der Montageteile,
- Fügen durch Urformen, z. B. Ausgießen, Einschmelzen oder Aufvulkanisieren der Montageteile,
- Fügen durch Umformen, z. B. drahtförmiger Körper oder von Hilfsfügeteilen und
- Fügen durch Stoffvereinigen, z. B. durch Schweißen, Löten oder Kleben.

— Das *Einstellen* (Justieren), um Toleranzen auszugleichen, vorgeschriebenes Spiel herzustellen usw., damit die gewünschte Funktion erfüllt werden kann [200].

— Das *Sichern* der Montageteile gegen selbsttätiges Verändern der Füge- bzw. Einstellpositionen unter späteren Betriebsbedingungen.

— Das *Kontrollieren.* Je nach Automatisierungsgrad der Montage müssen *Prüf- und Meßoperationen* durchgeführt werden, die zeitlich zwischen einzelnen Montageoperationen liegen können.

Diese Montageoperationen treten bei jedem Montageprozeß je nach Stückzahl (Einzelmontage, Serienmontage) oder Automatisierungsgrad (manuelle, teilautomatische oder vollautomatische Montage) in unterschiedlicher Vollständigkeit, Reihenfolge und Häufigkeit auf.

2. Allgemeine Richtlinien zur Montage

Für eine rationelle Fertigung sind auch die Vereinfachung und Automatisierung der Montage anzustreben [32, 236].

Günstig ist es zunächst, die notwendigen *Montageoperationen hinsichtlich ihrer Art zu vereinheitlichen,* z. B. durch Verwendung gleicher Fügeverfahren für die einzelnen Fügestellen oder gleicher Fügehilfsteile wie z. B. Schrauben mit gleichen Abmessungen. Eine solche Vereinheitlichung bedeutet gleiche Montageführung und vor allem gleiche Werkzeuge. Der Konstrukteur kann hierzu viel beitragen, indem er z. B. bewußt Schraubenabmessungen, die aus Beanspruchungsgründen unterschiedlich sein können, gleich wählt, zum Teil unter Inkaufnahme einer gewissen Überbemessung.

Eine weitere Forderung besteht darin, *einfache Montageoperationen* vorzusehen (vgl. 6.3.2). So ist bei Einzelfertigung der Einsatz genormter Werkzeuge oft zweckmäßiger als der teurer Sonderwerkzeuge. Die Kosten einzelner Operationen hängen aber stark von den vorhandenen Montageeinrichtungen und dem Fachpersonal ab, so daß nicht generell ausgesagt werden kann, was einfach und kostengünstig ist.

Gestaltungsrichtlinien	nicht montagegerecht	montagegerecht
Vereinheitlichung von Montageoperationen	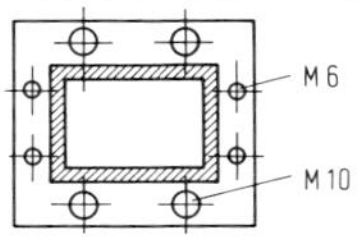 M 6 M 10	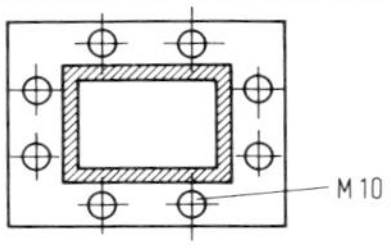 M 10
Einfache Montageoperationen und Montageteile	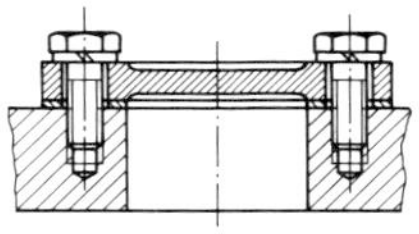	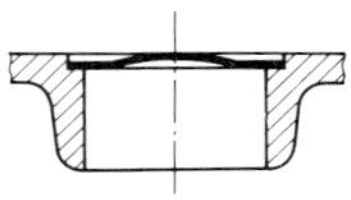
Parallelmontage	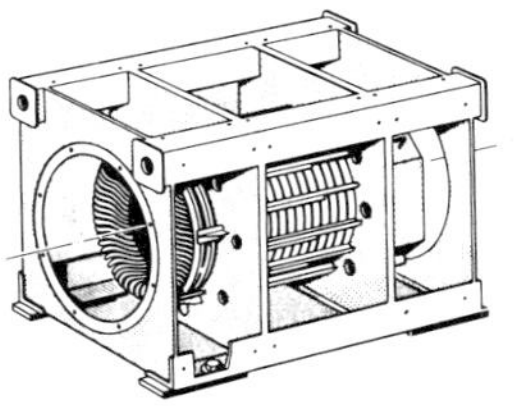	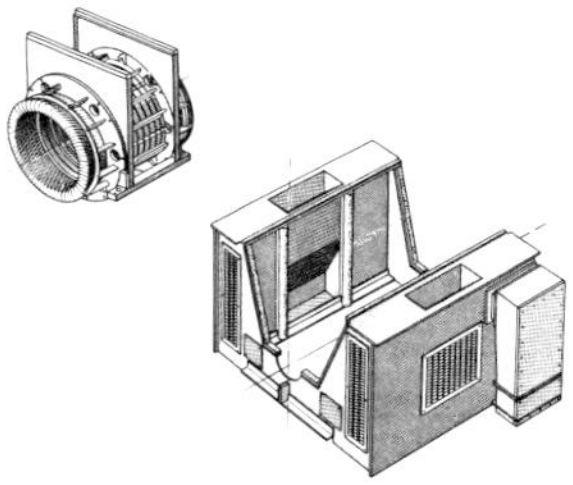
Anzahl gleicher Teile verringern (Weglassen)	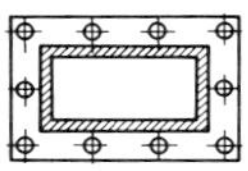	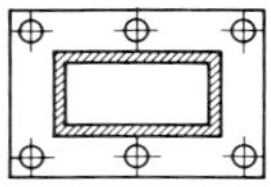
Zusammenfassen von Montageteilen (Integralbauweise)	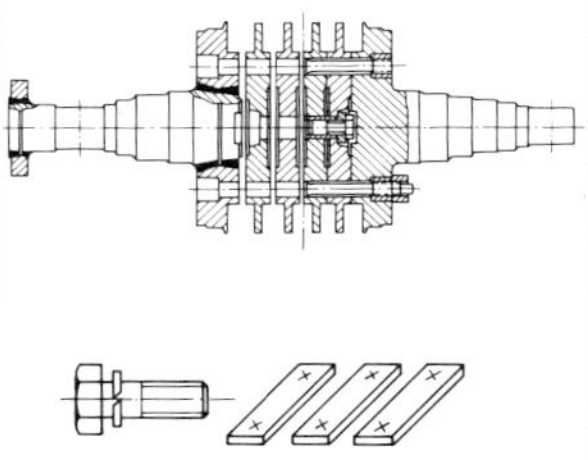	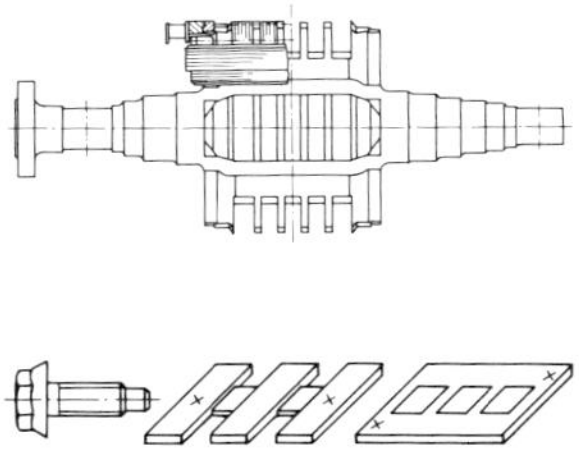
Zusammenfassen von Montageoperationen	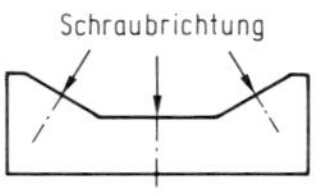 Schraubrichtung	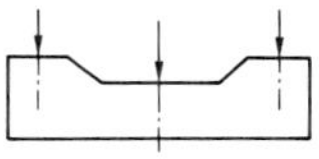

Bild 6.119. Gestaltungsrichtlinien mit Beispielen zur Vereinfachung der Montage unter Berücksichtigung von [3]

Eine weitere Verbesserungsmöglichkeit besteht darin, durch die Baugruppengliederung Montagegruppen zu bilden, die zu einer *Parallelmontage* führen und damit die Durchlaufzeiten verkürzen helfen.

Anzustreben ist eine *Reduzierung der Anzahl von Montageoperationen.* Da diese im wesentlichen von der Zahl der Einzelteile abhängt, liegen wirksame Maßnahmen darin,

— bei vorhandenen gleichen Montageteilen deren *Anzahl zu verringern,* z. B. viele Deckelschrauben soweit möglich durch wenige, größere oder festere Schrauben zu ersetzen,
— *Einzelteile* zu einem größeren Werkstück *zusammenzufassen* (Integralbauweise),
— *vormontierte Baugruppen zu verwenden* (Zukaufteile) und
— durch zweckmäßige Anordnung von Fügestellen und Verbindungselementen sowie durch gleiche Bewegungsrichtungen, z. B. für Mehrschrauber, eine *Zusammenfassung von Montageoperationen zu ermöglichen:* Bild 6.119.

Wenn auch die Montagefolge, bestimmt durch das Lösungskonzept, im einzelnen von der Arbeitsvorbereitung bzw. Fertigungsplanung und nicht vom Konstrukteur festgelegt wird, so sollte er durch konstruktive Maßnahmen mithelfen, daß eine *zwangsläufige Reihenfolge* der Montageoperationen erreicht wird, was zur Vermeidung von Montagefehlern insbesondere in Instandsetzungs- und Wartungsfällen vorteilhaft ist.

3. Richtlinien zur Verbesserung der Montageoperationen

Zur montagegerechten Gestaltung muß jede einzelne Montageoperation beachtet und durchdacht werden:

Speichern

Die Erfüllung dieser, vor allem für eine automatische Montage wichtigen Operation wird durch *stapelfähige Werkstücke* erleichtert. Entsprechende Gestaltungsmaßnahmen sind z. B.
— ausreichende Auflageflächen,
— Konturen zur eindeutigen Lageorientierung bei nichtsymmetrischen Teilen, z. B. Bohrungen, Zapfen, Nuten.

Werkstück handhaben

Erkennen

Bei dieser Operation ist es wichtig, ein *Verwechseln ähnlicher Teile* zu *vermeiden.* Das kann z. B. erfolgen durch bewußtes Ändern
— der Konturform,
— der Abmessungen bei Beibehaltung der Form oder
— der Werkstückoberfläche.

Ergreifen

Die einwandfreie Erfüllung dieser Operation ist auch wieder besonders für automatische Montageverfahren wichtig. Durch Wahl der Gestaltungsmerkmale ist zu erreichen, daß trotz guter Speichermöglichkeiten
— ein *Verhaken* der Einzelteile, z. B. durch größere Wanddicken als Spaltbreiten, und
— ein *Ineinanderschachteln* von Einzelteilen, z. B. durch Einengen des Querschnitts, *vermieden* werden.
— Gegebenenfalls sind durch besondere *Gestaltungsmaßnahmen,* wie z. B. durch Absätze oder Haken, Voraussetzungen für ein *sicheres Ergreifen* eines Werkstücks zu schaffen.

Bewegen

Das Bewegen bzw. Transportieren der Montageteile vom Teilespeicher zum Montageort, d. h. zur Fügestelle, wird stark von der Werkstückgröße, der Werkstückmasse und von der Fertigungsart (Einzelfertigung, Massenfertigung) beeinflußt. Grundsätzlich sollen aber

— *kurze Wege* angestrebt werden, z. B. durch geeignete Erzeugnisgliederung in montagegerecht vormontierte Baugruppen,
— *ergonomische Erkenntnisse* sowie *Sicherheitsaspekte* beachtet werden, z. B. hinsichtlich Sichtbehinderung während der Montage oder einer Verletzungsgefahr sowie eine
— *einfache Handhabung* der Werkstücke gewährleistet werden, z. B. durch leichte Manipuliermöglichkeiten in der Transportvorrichtung oder durch leicht zugängliche Fügestellen (Kontaktflächen).

Die Gestalt eines Werkstücks sollte also *transportgerecht* sein.

Positionieren

Beim Positionieren unterscheidet Andresen [3] zwischen Orientieren und Ausrichten. Für beide Teiloperationen ist es günstig,

— *Symmetrie anzustreben,* wenn *keine Vorzugslage* gefordert wird,
— bei *geforderter Vorzugslage zulässige* oder *vorgeschriebene Lagen zu kennzeichnen,* z. B. durch Oberflächenmarkierungen oder durch die Form der Fügeflächen,
— ein *selbsttätiges Ausrichten* der Fügeteile anzustreben und, wenn das nicht möglich ist,
— *einstellbare Verbindungen* vorzusehen.

Fügen

Fügegerechte Gestaltung zeichnet sich durch die *Wahl* der für die Anforderungen *zweckmäßigen Fügeverfahren* und *Verbindungselemente* aus:

— Oft zu lösende Fügestellen, z. B. zum Austausch von Verschleißteilen, mit *leicht lösbaren Verbindungen* ausrüsten, z. B. Rastverbindungen.
— Für *selten* oder nach der Erstmontage überhaupt nicht mehr zu lösende Fügestellen können *aufwendig lösbare Verbindungen,* z. B. Schrumpfsitze oder Schweißverbindungen vorgesehen werden.
— *Gleichzeitiges Verbinden* und *Positionieren* ist anzustreben, z. B. mit Rastverbindungen.
— Zum Ermöglichen wirtschaftlich vertretbarer Toleranzen ist ein *Toleranzausgleich* von Werkstücken mit hoher Federsteifigkeit durch *federnde Zwischenelemente* oder *Ausgleichsstücke* vorzusehen (toleranzgerecht).
— Es sind generell solche Fügeverfahren anzustreben, die nur wenige und einfache Teiloperationen sowie *geringen Werkzeugeinsatz* benötigen, vorausgesetzt, die Funktion wird erfüllt.

Das *Einfügen,* d. h. Einführen eines Teils zu den Fügeflächen, wird erleichtert durch

— *gute Zugänglichkeit* der Fügeflächen für Montagewerkzeuge oder bei Großmaschinen auch für Monteure, z. B. durch Anordnung an den Außenkonturen eines Werkstücks,
— *Sichtkontrollen,* z. B. durch entsprechende Sichtlöcher,

— *einfache Bewegungen* an den Fügeflächen, z. B. Bevorzugen von Translationsbewegungen,
— *kurze Bewegungen* an den Fügeflächen, z. B. durch Verkürzen dieser Flächen,
— Vorsehen von *Einführungserleichterungen,* z. B. durch Fasen an prismatischen Werkstücken,
— *Vermeiden gleichzeitiger Fügeoperationen,* z. B. bei abgesetzten Wellen oder Bohrungen durch unterschiedlich lange Fügestellen, und durch
— *Vermeiden* von *Doppelpassungen.*

Einstellen

— Feinfühliges, reproduzierbares Einstellen ermöglichen.
— Rückwirkung auf andere Einstelloperationen vermeiden.
— Einstellergebnis meß- und kontrollierbar machen.

Sichern

Für das Sichern der Fügepositionen gegen selbsttätiges Verändern infolge Betriebskräften ist anzustreben
— Verbindungen zu wählen, die selbstsichernd sind, z. B. durch entsprechende Vorspannkräfte, oder es sind
— form- oder reibschlüssige Zusatzsicherungen vorzusehen, die *ohne großen Aufwand* montierbar sind.

Kontrollieren

Mit gestalterischen Maßnahmen ist ferner eine
— *einfache Kontrolle* (Messen) der funktionsbedingten Forderungen (z. B. Luftspalt bei rotierenden Maschinen) zu *ermöglichen.* Kontrollvorschriften ohne entsprechende Kontrollmöglichkeiten sind sinnlos.
— *Kontrollen* und weitere Einstellungen müssen *ohne Demontage* bereits montierter Teile möglich sein.

Bild 6.120 zeigt zu diesen Richtlinien Gestaltungsbeispiele. Weitere Beispiele sind in VDI 3237 [223] enthalten.

4. Beurteilen der Montage

Die dargelegten Richtlinien zur montagegerechten Gestaltung haben allgemeine Gültigkeit. Ihre Bedeutung, d. h. die Zweckmäßigkeit ihrer Anwendung, wird aber stark von der Fertigungsart und damit Montageart her bestimmt. So wird eine konstruktive Erleichterung von Montageoperationen wie *Speichern, Erkennen, Ergreifen* und *Positionieren* bei automatischer Montage, z. B. in der Massenfertigung, besonders wichtig, während im Einzelgroßmaschinenbau die Erfüllung der Operationen *Bewegen, Positionieren* und *Einfügen* im Vordergrund steht. Weiterhin ist z. B. im Großmaschinenbau von Einfluß, ob die Montage im Werk oder auf der Baustelle durchgeführt werden muß. Ein weiterer Gesichtspunkt für alle Fertigungsarten ist, ob ein Produkt nur einmalig von Fachkräften montiert wird oder ob im Rahmen von Instandsetzungs- oder Wartungsarbeiten beim Kunden wiederholte Montageoperationen unter Umständen von weniger geschultem Personal erfolgen.

Auch wenn die angeführten Gestaltungshinweise beachtet werden, ist es notwendig, die Besonderheiten jedes Einzelfalls zu überprüfen. Zur Beurteilung von

Gestaltungsrichtlinien	nicht montagegerecht	montagegerecht
Speichern:		
• stapelfähig	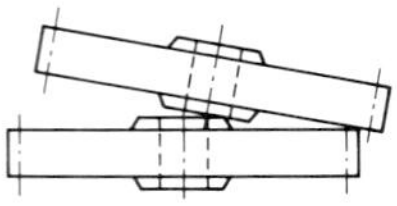	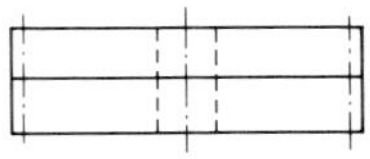
• orientierfähig	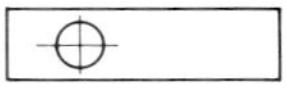	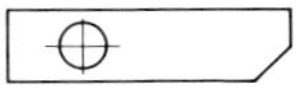
Werkstück handhaben:		
Erkennen • durch Konturform	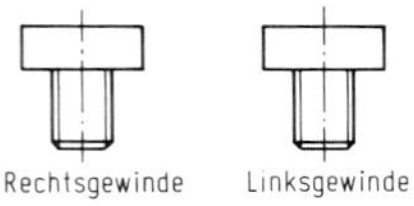 Rechtsgewinde Linksgewinde	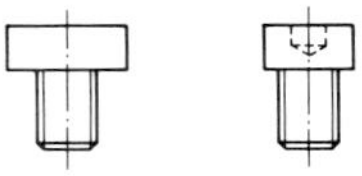
• durch Abmessungen	 St 37 C 15	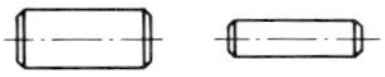
Ergreifen • kein Ineinander-schachteln	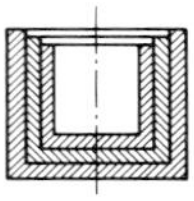	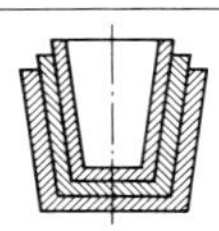
• Vorsehen von Absätzen, Bohrungen	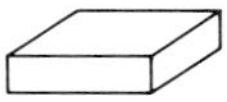	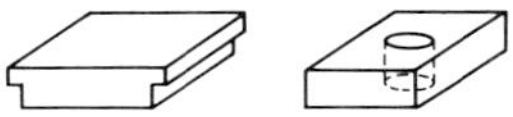
Bewegen • Rutsch- oder Rollmöglichkeit	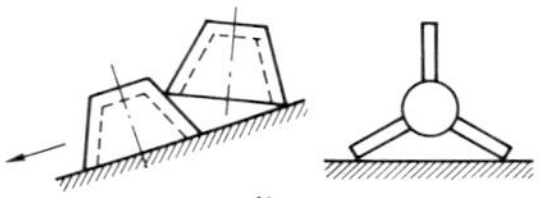	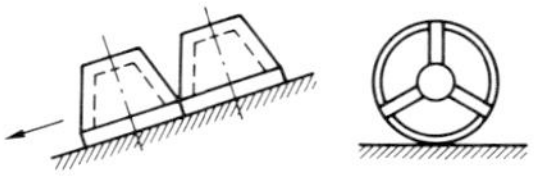
• Manipuliermöglichkeit	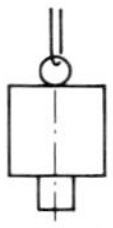	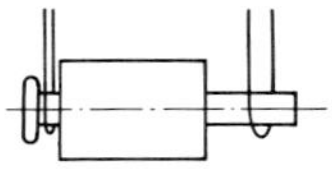
Positionieren:		
• Symmetrie bei keiner Vorzugslage	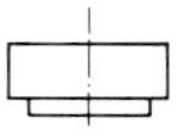	
• Kennzeichnen einer Vorzugslage	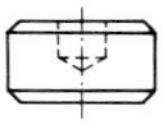	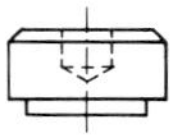
• selbsttätiges Ausrichten	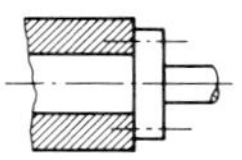	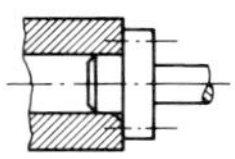
• Einstellmöglichkeit	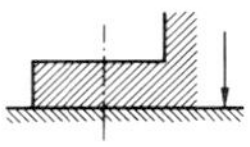	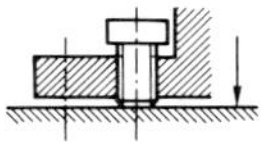

Bild 6.120. Gestaltungsrichtlinien mit Beispielen zur Verbesserung der Montageoperationen unter Berücksichtigung von [3, 223]

Gestaltungsrichtlinien	nicht montagegerecht	montagegerecht
Fügen: Fügeverfahren • bei wiederholter Montage	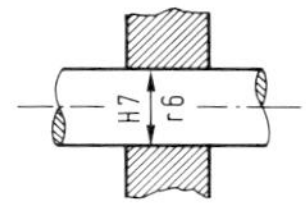	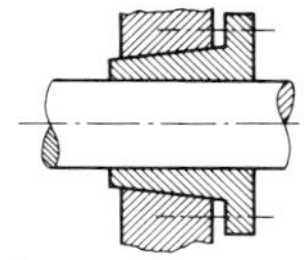
• einfach, wenn Funktion es gestattet	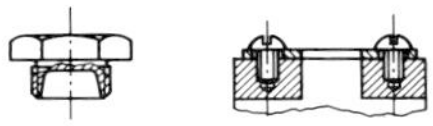	
• gleichzeitiges Fügen und Positionieren	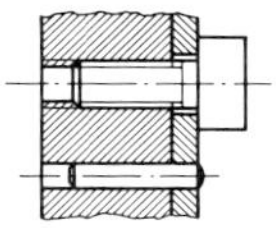	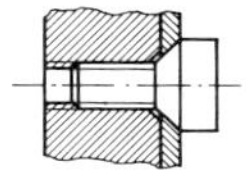
• Toleranzausgleich, z. B. durch Ausgleichsstücke	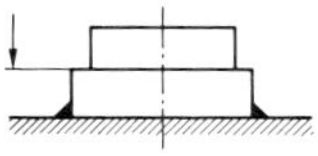	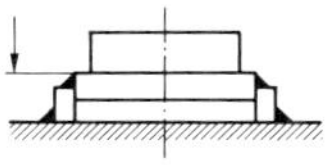
Einfügen • gute Zugänglichkeit	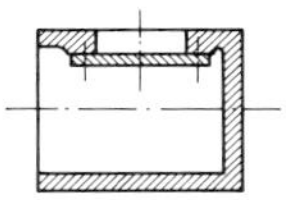	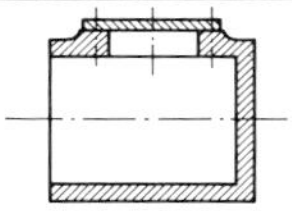
• Einführungserleichterungen	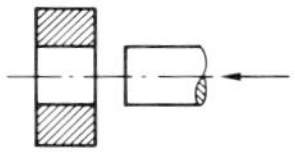	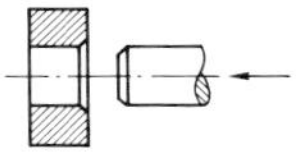
• Vermeiden gleichzeitiger Fügeoperationen	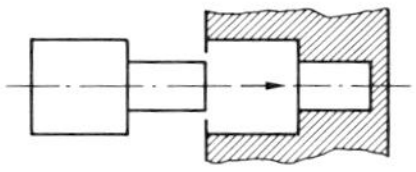	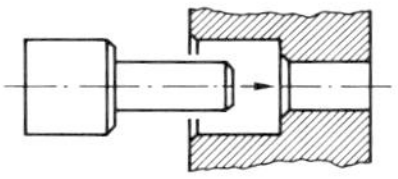
Sichern: • einfach, möglicht ohne Zusatzelemente	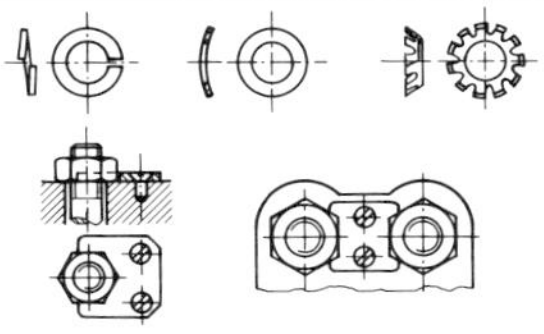	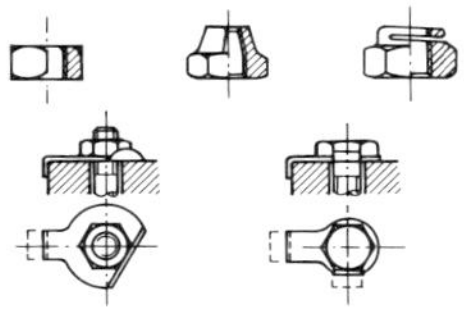

Bild 6.120

Bauteil- oder Maschinenentwürfen hinsichtlich Montierbarkeit bzw. Einfachheit der notwendigen Montageoperationen ist es hilfreich, die in Tab. 6.5 zusammengestellten Bewertungskriterien heranzuziehen. Welche dieser Kriterien wichtig sind, muß für den Einzelfall festgelegt werden. Die Bewertung eines Entwurfs, möglicherweise bereits eines Lösungskonzepts, soll durch Zusammenarbeit zwischen Konstruktionsbereich und Arbeitsvorbereitung erfolgen, da Montagefolge (Montageplan) und Montageeinrichtungen in der Regel nicht vom Konstrukteur allein festgelegt werden können. Beide Festlegungen sind naturgemäß wichtige Voraussetzungen für eine Beurteilung der Montageeignung eines Bauteils bzw. einer Baugruppe. Ein Hilfsmittel zur Aufstellung eines Montageplans ist ein gedankliches Zerlegen einer Zusammenstellungszeichnung in ihre Einzelteile, d. h. das Aufstellen

Tabelle 6.5. Bewertungskriterien zum Beurteilen der montagegerechten Gestaltung von Bauteilen und Maschinen

— Einfache Durchführbarkeit der Montageoperationen
  - Speichern
  - Werkstück handhaben
    Erkennen
    Ergreifen
    Bewegen
  - Positionieren
    Orientieren
    Ausrichten
  - Fügen
  - Einstellen
  - Sichern
  - Kontrollieren

— Anzahl der Montageoperationen für Gesamtmontage
— Vereinheitlichung der Montageoperationen
— Günstige Montagefolge (Vormontage, Parallelmontage)
— Ausnutzung vorhandener Montagevorrichtungen und Werkzeuge
— Einsatzmöglichkeiten genormter Montagewerkzeuge
— Automatisierungsmöglichkeiten
— Störunempfindlichkeit der Gesamtmontage
— Vermeiden von Beschädigungen der Werkstücke
— Einhalten von Arbeitssicherheit
— Einhalten von ergonomischen Gesichtspunkten
— Keine Spezialkenntnisse des Montagepersonals notwendig

zunächst eines Demontageplans. Aus der Umkehrung eines solchen Demontageplans entsteht dann ein Montageplan für das Produkt.

Zunächst werden alle Einzelteile hinsichtlich der wirtschaftlichen (kosten- und termingünstigen) Durchführbarkeit der Montageoperationen untersucht bzw. bewertet. In einem zweiten Schritt kann dann die Gesamtmontage betrachtet werden, wozu wiederum allgemeingültige Bewertungskriterien herangezogen werden sollten (Tab. 6.5). Die Erfahrung zeigt, daß die montagegerechte Gestaltung kaum quantitativ genau erfaßbar ist, so daß ihre Beurteilung in der Regel nur qualitativ erfolgen kann. Bei Montageplanungen von Massenfertigungen liegen durch eine Prototypfertigung bessere Beurteilungsmöglichkeiten vor.

6.6. Überwinden von Fehlern, Störgrößeneinfluß und Risiko

6.6.1. Fehler und Störgrößen erkennen

Der Entwurfsprozeß ist durch kreative und korrektive Arbeitsschritte gekennzeichnet. Bisher wurden im wesentlichen Anleitungen zu den kreativen Schritten gegeben. Der Konstrukteur ist aber in der Situation, seine eigenen Ideen und Lösungen immer wieder kritisch durchleuchten zu müssen. Hierzu helfen Auswahl- und Bewertungsmethoden. Sie unterstützen eine systematische Schwachstellensuche. Dennoch können dem Bearbeiter Fehler unterlaufen. Bei fortschreitender Konkretisierung entstehende fehlerhafte bzw. störungsbehaftete Zusammenhänge werden nicht erkannt. Es kommt darauf an, ein Fehlverhalten frühzeitig zu erkennen und darüber hinaus auch bei prinzipiell richtigem Verhalten den Einfluß von Störgrößen aufzuspüren und gegebenenfalls zu reduzieren.

Die Fehler- und Störgrößenerkennung wird erleichtert, wenn der Konstrukteur seine Betrachtungsweise von der optimistischen und kreativen bewußt in eine kritische und korrektive ändert [153, 159]. Dieser erforderliche Wechsel ist oft nicht einfach, weil immer wieder Subjektivität objektive Einschätzung erschwert.

1. Fehlerbaumanalyse

Fehlverhalten und Störgrößeneinfluß lassen sich im Zusammenhang mit dem methodischen Vorgehen durch Anwendung der sogenannten *Fehlerbaumanalyse* [73, 127] zweckmäßig ermitteln:

Aus der Konzeptphase ist die Funktionsstruktur mit den einzelnen Teilfunktionen, die zu erfüllen sind, bekannt. Durch die Entwurfsbearbeitung sind die erforderlichen Nebenfunktionen ebenfalls erkannt worden. Die Funktionsstruktur kann somit ergänzt werden. Für eine Baugruppe oder eine zu prüfende Zone können alle notwendigen Funktionen dargestellt werden.

Die erkannten Funktionen werden nun nacheinander negiert, d. h. es wird unterstellt, daß sie nicht erfüllt würden. Unter Nutzung der in 6.2 gegebenen Leitlinie sind dann mögliche Ursachen eines solchen Fehlverhaltens oder Störgrößeneinflusses zu suchen, ihre ODER- bzw. UND-Verknüpfung zu erkennen und nach Auswirkungen zu analysieren.

Die daraus zu ziehenden Konsequenzen führen zu einer entsprechenden Verbesserung des Entwurfs, im Notfall zur Überprüfung des Lösungskonzepts, oder zu Vorschriften hinsichtlich Fertigung, Montage, Transport, Gebrauch und Instandhaltung.

Ein Beispiel möge dieses Vorgehen erläutern [153]:

Ein Sicherheits-Abblaseventil für Gasbehälter (Bild 6.121) soll bereits in der *Konzeptphase* auf mögliches Fehlverhalten untersucht werden. Ausgehend von der Anforderungsliste und den erkennbaren Funktionen läßt sich der Zusammenhang

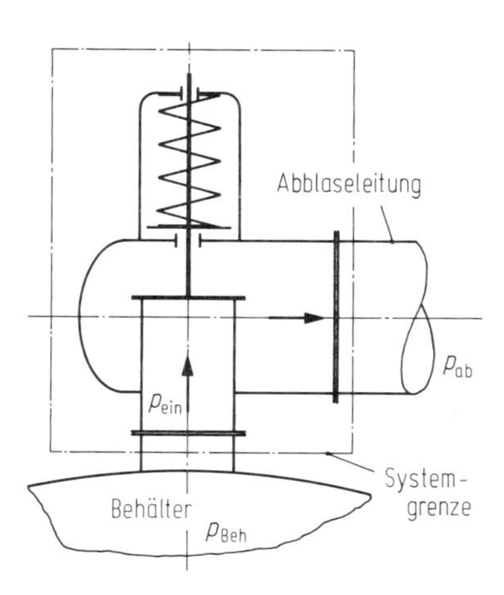

Bild 6.121. Schema eines Sicherheits-Abblaseventils für Gasbehälter

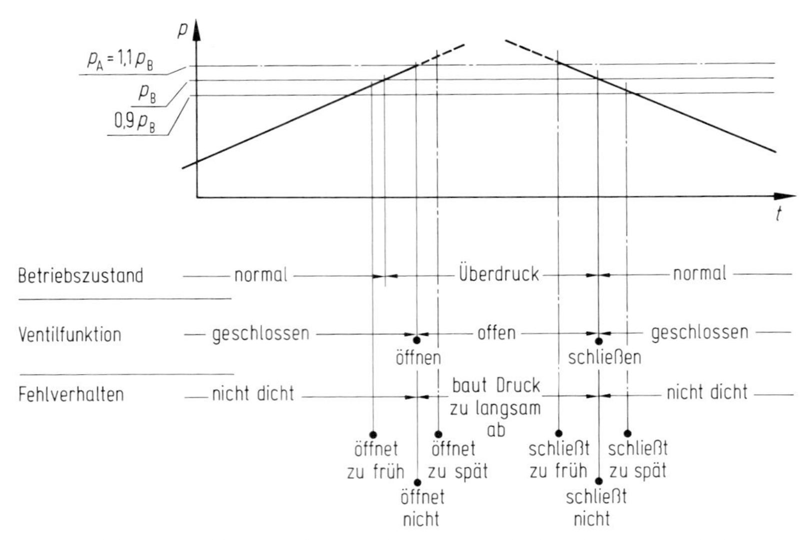

Bild 6.122. Betriebszustand, Ventil-Hauptfunktionen und Fehlverhalten des Sicherheitsventils

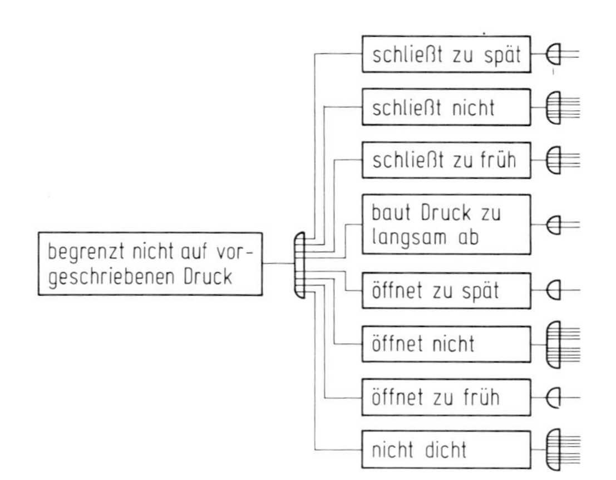

Bild 6.123. Aufbau des Fehlerbaums ausgehend von dem nach Bild 6.122 erkannten Fehlverhalten

in Bild 6.122 ableiten. Bei Überschreiten des 1,1fachen Betriebsdrucks (Abblasedruck) soll das Sicherheitsventil öffnen, bei Unterschreiten des Betriebsdrucks wieder schließen. Die Hauptfunktionen sind zu diesen Zuständen: „Ventil öffnen bzw. schließen". Die Gesamtfunktion kann auch mit „Auf vorgeschriebenen Druck begrenzen" beschrieben werden. Unter Einbeziehen des zeitlichen Ablaufs wird nun ein mögliches Fehlverhalten der Gesamtfunktion durch: „Ventil begrenzt *nicht* auf vorgeschriebenen Druck" angenommen: Bild 6.123. Ebenso werden die aus Bild 6.122 erkennbaren Teilfunktionen mit den zeitlichen Zuordnungen negiert. Sie stehen zur Gesamtfunktion in einer ODER-Verknüpfung. Das mögliche Fehlverhalten wird nun in einem weiteren Schritt durch Fragen nach den Ursachen untersucht (Bild 6.124), wobei als Beispiel nur das Fehlverhalten „öffnet nicht" dargestellt wurde.

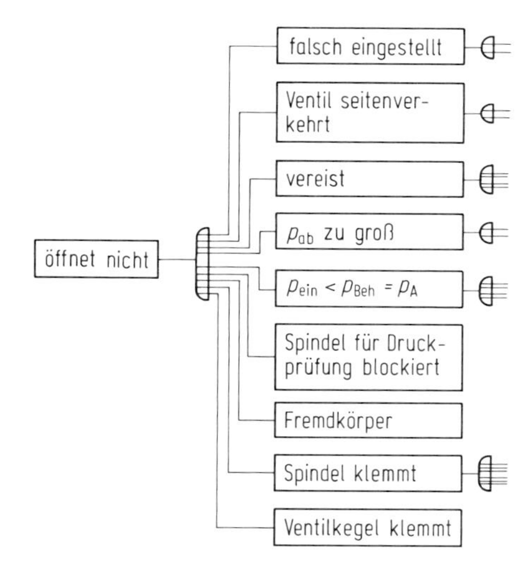

Bild 6.124. Ausschnitt des nach Bild 6.123 vervollständigten Fehlerbaums für das Teil-Fehlverhalten „öffnet nicht"

1. Ausgabe 1. 9. 73

	Anforderungsliste für Sicherheits - Abblaseventil			*Blatt:* 1 *Seite:* 3
Änder.	*F W*	*Pos.*	*Anforderungen* x)	*Verantw.*
1.9.73		22	Ventilteller mit ebener Dichtfläche (kein Ventilkegel)	
"		23	Keine starre Verbindung Ventilteller - Spindel	
"		24	Einfache Möglichkeit Dichtflächen auszubessern oder auszutauschen	
"		25	Hubbegrenzung in definierter Lage	
"		26	Dämpfung der Ventilbewegung	
"	W	27	Aufstellung in verschlossenem, frostgeschütztem Raum (siehe auch DIN 3396 5.22)	
"		28	Keine schleifenden Dichtungen, Reibung vermeiden	
"		29	Eindeutige Einbaustellung erzwingen (z. B. unterschiedliche Flanschgrößen für Ein- und Austritt)	
			x) Forderungen wurden nach Erstellung des Fehlerbaumes und der Gegenmaßnahmen ergänzt.	
	Ersetzt Ausgabe vom			

Bild 6.125. Ergänzung der Anforderungsliste nach Durchführen der Fehlerbaum-Analyse

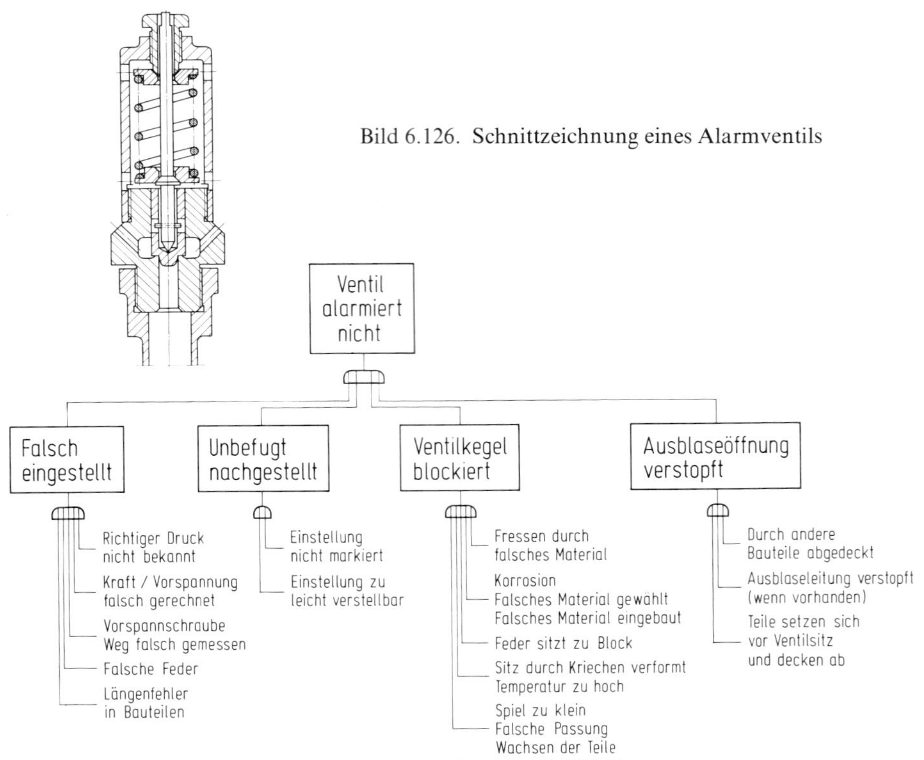

Bild 6.126. Schnittzeichnung eines Alarmventils

Bild 6.127. Fehlerbaumanalyse für Alarmventil nach Bild 6.126

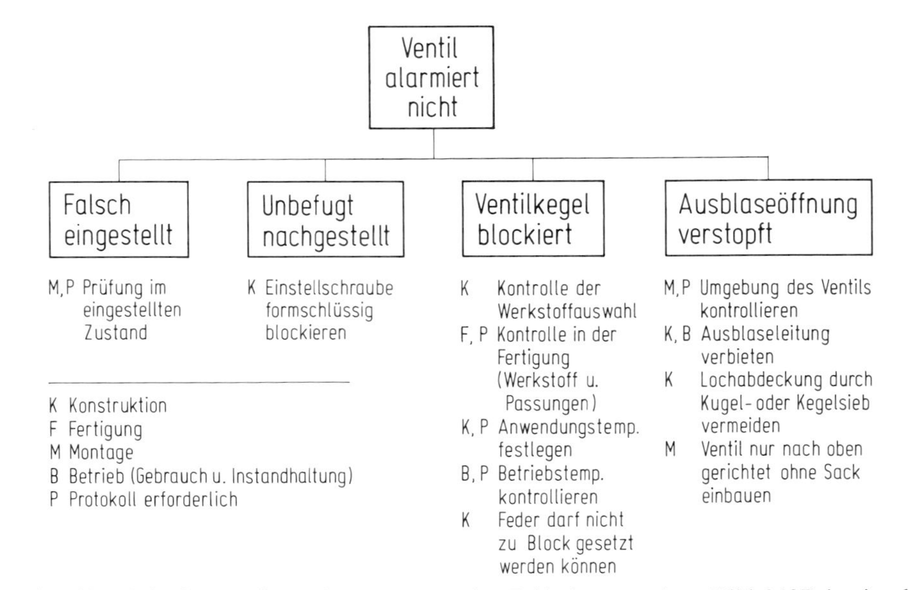

Bild 6.128. Maßnahmen, die nach Auswertung der Fehlerbaumanalyse (Bild 6.127) in einzelnen Bereichen zu ergreifen sind

Es können für eine erkannte Ursache weitere Gründe vorhanden sein, die gegebenenfalls in einer ODER- bzw. UND-Verknüpfung weiterverfolgt werden. Aufgrund der aus der Fehlerbaumanalyse gewonnenen Erkenntnisse der gesamten Untersuchung ergibt sich eine Verbesserung bzw. Vervollständigung der Anforderungsliste (Bild 6.125), bevor an die Entwurfsarbeit herangegangen wird. So können wichtige Erkenntnisse zur zweckmäßigen Gestaltung gewonnen und Fehler vermieden werden.

Das zweite Beispiel bezieht sich auf die *Entwurfsphase*. Für ein Alarmventil (Bild 6.126) zeigt Bild 6.127 das denkbare Fehlverhalten und Bild 6.128 die daraus abzuleitenden Maßnahmen für Konstruktion, Fertigung, Montage und Betrieb (Gebrauch und Instandhaltung).

Kritisch muß zu diesem Vorgehen angemerkt werden, daß die Fehlerbaumanalyse wegen des Arbeitsaufwands in ihrer vollständigen Anwendung in der Regel auf wichtige Zonen und kritische Abläufe beschränkt bleiben muß. Wesentlich ist, daß der Konstrukteur sich diese Denkweise zu eigen macht und sie auch ohne formalen Aufwand betreibt. Dies geschieht dadurch, daß er die erkennbaren Teilfunktionen negiert und unter Anwendung der Leitlinie mit den Hauptmerkmalen Wirkprinzip, Auslegung, Haltbarkeit, Formänderung usw. (vgl. Bild 6.2) die Ursachen eines möglichen Fehlverhaltens sucht.

2. Störgrößeneinfluß

Das beschriebene Vorgehen sollte aber nicht nur wegen eines Fehlverhaltens, sondern auch zur Suche nach Störgrößeneinflüssen genutzt werden. Oft ist ein Fehlverhalten auf Störgrößen zurückzuführen. Dabei soll beachtet werden, daß nach Rodenacker [169] Störgrößeneinflüsse aus den Schwankungen der Eingangsgrößen, d. h. aus den Qualitätsunterschieden der in das System eingehenden Stoff-, Energie- und/oder Signalflüsse entstehen können. Diese müssen u. U. durch die Art der Lösung (z. B. Regelung) ausgeglichen werden, wenn sie das Ausgangsergebnis unzulässig beeinflussen.

Störungen ergeben sich aus der *Funktionsstruktur*, wenn die Zuordnung und Verknüpfung der Teilfunktionen nicht eindeutig ist, aus dem *Wirkprinzip* im wesentlichen dadurch, daß der physikalische Effekt nicht die angenommene Wirkung nach Höhe und Gleichmäßigkeit annimmt. Die gewählte theoretische *Gestalt* mit den verbundenen schwankenden *Werkstoff*eigenschaften und den durch die *Fertigung* und *Montage* bedingten Toleranzen bezüglich Form, Lage und Oberfläche ergeben andere Eigenschaften als sie vorausgesetzt wurden. Schließlich bilden die von *außen einwirkenden Störgrößen*, wie Temperatur, Feuchtigkeit, Staub, Schwingungen usw. einen nicht zu vernachlässigenden Einfluß. Der Störgrößeneinfluß muß dann gegebenenfalls unter Beachtung der Fehlerfortpflanzung unterdrückt werden.

3. Vorgehen

Zusammenfassend läßt sich für die Fehler- und Störgrößensuche und ihre Beseitigung folgendes Vorgehen angeben:

— Funktionen erkennen und negieren.
— Gründe für Nichterfüllung suchen aus
  nicht eindeutiger Funktionsstruktur,

nicht idealem Wirkprinzip,
nicht idealer Gestalt,
nicht idealem Werkstoff,
nicht idealen Eingangsgrößen des Stoff-, Energie- und Signalflusses,
nicht normalen Einflüssen, die ein unerwünschtes Systemverhalten bewirken, hinsichtlich Beanspruchung, Formänderung, Stabilität, Resonanz, Verschleiß, Korrosion, Ausdehnung, Abdichtung sowie Sicherheit, Ergonomie, Fertigung, Kontrolle, Montage, Transport, Gebrauch und Instandhaltung
entsprechend der für den Entwurfsprozeß angegebenen Leitlinie.

— Feststellen, welche Voraussetzungen erfüllt sein müssen, damit das Fehlverhalten entsteht, z. B. durch eine UND-Verknüpfung oder schon durch eine ODER-Verknüpfung.
— Einleiten einer entsprechenden Abhilfe im konstruktiven Bereich durch eine andere Lösung, Lösungsverbesserung oder durch Kontrollmaßnahmen bei der Fertigung, Montage, Transport, Gebrauch und Instandhaltung. Dabei ist eine Bereinigung durch eine verbesserte Lösung in der Regel vorzuziehen.

6.6.2. Risikogerechtes Gestalten

Trotz intensiver Fehler- und Störgrößenbeseitigung werden Informationslücken und Beurteilungsunsicherheiten verbleiben. Aus technischen oder wirtschaftlichen Gründen ist es nicht immer möglich, sie mit Hilfe theoretischer oder experimenteller Untersuchungen auszuräumen. Oft gelingt nur eine Eingrenzung. Obwohl sorgfältig entwickelt wurde, kann ein Rest von Unsicherheit bleiben, ob unter den in der Anforderungsliste festgelegten Bedingungen die gewählte Lösung ihre Funktion stets und überall voll erfüllen wird oder ob bei der sich schnell verändernden Marktlage die wirtschaftlichen Voraussetzungen gültig bleiben. Es verbleibt ein gewisses Risiko.

Man könnte versucht sein, stets so zu konstruieren, daß man von einer möglichen Grenze recht weit entfernt bleibt und so das Risiko sich einstellender Funktionseinschränkung oder frühzeitig auftretender Schäden umgeht, indem man mit entsprechend geringer Ausnutzung ein Risiko z. B. hinsichtlich Lebensdauer oder Verschleißrate ausschließt. Der Praktiker weiß, daß er mit einer solchen Einstellung sehr rasch einem anderen Risiko zusteuert: Die gewählte Lösung wird zu groß, zu schwer oder zu teuer und kann auf dem Markt nicht mehr konkurrieren. Dem technischen Risiko steht das wirtschaftliche entgegen.

1. Risikobegegnung

Angesichts einer solchen nicht zu umgehenden Situation stellt sich die Frage, welche Hilfen nun noch benutzt werden können, wenn die Lösung sorgfältig erarbeitet war und die einschlägigen Hinweise aufmerksam beachtet wurden.

Der wesentliche Gesichtspunkt, der noch vertieft werden soll, ist, daß
der Konstrukteur aufgrund der Fehler-, Störgrößen- und auch Schwachstellenanalyse durch Ersatzlösungen für den Fall vorsorgt, daß die realisierte Lösung in einem mit Unsicherheiten behafteten Punkt nicht befriedigen sollte.

Bei der methodischen Lösungssuche sind eine Reihe von Lösungsvarianten erarbeitet und untersucht worden. Dabei wurden Vor- und Nachteile einzelner Lösungen diskutiert und gegeneinander abgewogen. Dieser Vergleich hat unter Umständen verbesserte neue Lösungen bewirkt. Man kennt also die Palette der Möglichkeiten und hat Rangfolgen erarbeitet, die auch die wirtschaftlichen Aspekte berücksichtigen.

Grundsätzlich wird man dabei der wirtschaftlicheren, d. h. weniger aufwendigen Lösung bei genügender technischer Funktion zunächst den Vorrang geben, weil sie bei der ausreichenden, aber möglicherweise „risikoreicheren" Funktionserfüllung einen größeren wirtschaftlichen Spielraum läßt. Die Chancen, die neue Lösung auf den Markt zu bringen und damit auch ihre Bewährung zu beurteilen, sind höher als der umgekehrte Weg, der bei zu hohen Kosten die Realisierung überhaupt in Frage stellt oder aber wegen der „risikolosen" Auslegung Erfahrungen über Grenzen nicht zu bieten vermag.

Mit einer solchen Strategie soll aber eine leichtsinnige oder risikoreiche Ausführung nicht bevorzugt werden, die dem Anwender Schaden, Ausfälle und Ärger verursachen würde.

Sind Fragen also offen geblieben, die hinsichtlich eines die Funktion einschränkenden Risikos nicht mit theoretischer Behandlung oder gezielten Versuchen in angemessener Zeit oder mit vertretbarem Aufwand beantwortet werden können, wird man sich zu der risikobehafteten Lösung entschließen müssen und dabei eine kostenaufwendigere, risikoärmere Lösung für den Bedarfsfall vorbereiten.

Aus den in der Konzept- und Entwurfsphase erarbeiteten Lösungsvorschlägen, die das betreffende Risiko mit allerdings größerem Aufwand einschränken oder vermeiden, wird eine Zweit- oder Drittlösung entwickelt, die auf möglichst kleine Gestaltungszonen beschränkt bleibt und gegebenenfalls bereitsteht.

Dies geschieht so, daß in der ausgewählten Lösung solche Maßnahmen bewußt vorgeplant werden. Tritt dann der Fall ein, daß das Ergebnis nicht den Erwartungen entspricht, kann mit Mehraufwand gegebenenfalls schrittweise der Mangel behoben werden, ohne daß größere Aufwendungen an Zeit und Geld nötig sind.

Ein solch geplantes Vorgehen kann nicht nur dazu dienen, Risiken mit erträglichem Aufwand einzuschränken, sondern auch in vorteilhafter Weise nach und nach Neuerungen einzuführen und deren Anwendungsgrenzen gezielt zu erfahren, damit Weiterentwicklungen mit weniger Risiko, d. h. auch in wirtschaftlich abgewogener Weise, durchgeführt werden können. Dieses Vorgehen muß selbstverständlich eine geplante Verfolgung solcher Betriebserfahrungen einschließen.

Unter *risikogerecht* sollen also technisches und wirtschaftliches Risiko in Einklang gebracht und einerseits einen für den Hersteller nützlichen Gewinn an Erfahrung, andererseits für den Anwender ein zuverlässiger schadensfreier Betrieb sichergestellt werden.

2. Beispiele risikogerechter Gestaltung

Beispiel 1

Bei Untersuchungen zur Leistungssteigerung einer Packungsstopfbüchse wurde erkannt, daß zur Steigerung des Abdichtdrucks oder/und der Umfangsgeschwindigkeit an der Welle die entstehende Reibungswärme intensiv abgeführt werden muß, damit die Dichtstellentemperatur unter einer vom Dichtwerkstoff abhängigen Grenztemperatur bleibt. In diesem Zusammenhang wurde der Vorschlag gemacht,

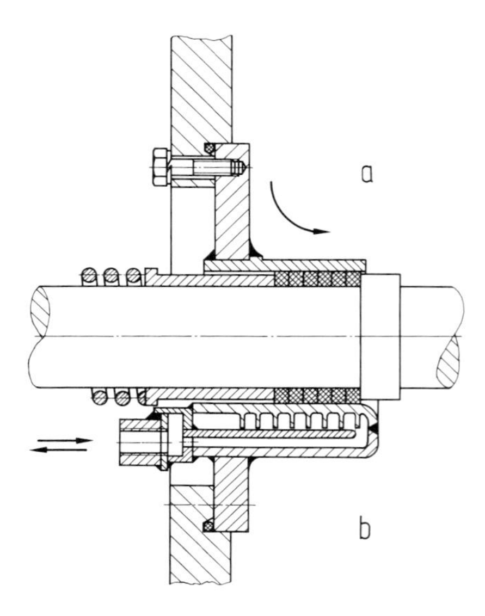

Bild 6.129. Gekühlte Packungsstopfbüchse, bei der die Packung mit der Welle umläuft, was mit entsprechender Stirnflächenbearbeitung an Welle und Anpreßring und innerer Verbindung der Packungsringe erreicht wird; sehr kurzer Wärmeleitweg ermöglicht gute Wärmeabfuhr;

a) Wärmeabfuhr bei Konvektionsströmung des umgebenden Mediums in Abhängigkeit von der jeweiligen Anströmung
b) Wärmeabfuhr bei Zwangskühlung mittels gesonderten Kühlmittelstroms bei gleichzeitig vergrößerter Wärmeabfuhrfläche und bekannter höherer Strömungsgeschwindigkeit

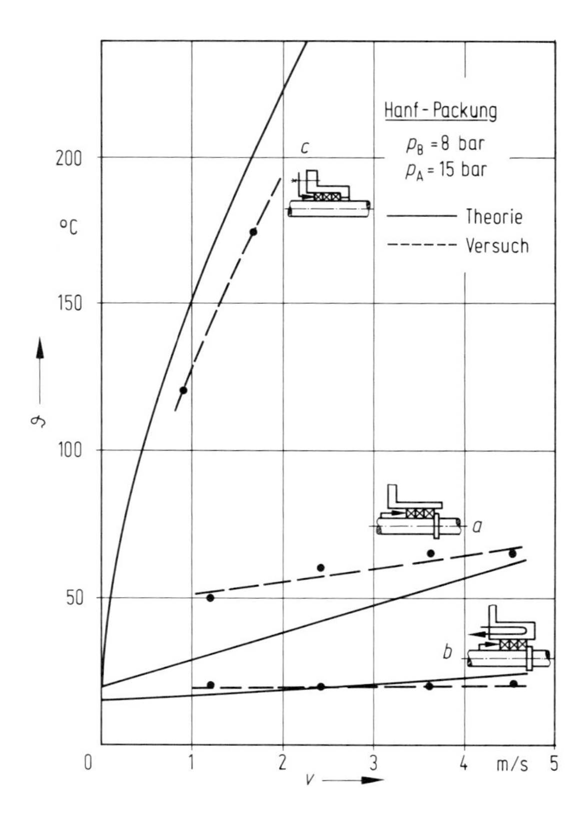

Bild 6.130. Theoretische und experimentelle Ergebnisse über die Temperatur an der Dichtstelle in Abhängigkeit von der Umfangsgeschwindigkeit an der Welle;
a) Anordnung nach Bild 6.129 a b) Anordnung nach Bild 6.129 b c) herkömmliche, im Gehäuse stillstehende Stopfbüchsenpackung

die Packungsringe auf der Welle so anzuordnen, daß sie mit umlaufen. Die Reibstelle wird damit an das Gehäuse verlegt, was den Vorteil bietet, über eine nur sehr kleine Wanddicke viel Wärme abführen zu können (Bild 6.129 a). Theoretische und experimentelle Untersuchungen zeigten, daß eine merkliche Verbesserung durch Zwangskühlung anstatt der reinen Konvektionskühlung gegeben ist (Bild 6.129 b und Bild 6.130).

Als eine nicht recht einschätzbare Frage ergab sich nun, ob einerseits in allen fraglichen Betriebsfällen die Konvektionskühlung ausreichend sein wird oder ob andererseits die aufwendige Zwangskühlung mit einem zusätzlichen Kühlkreislauf vom gegebenen Kundenkreis überhaupt akzeptiert würde.

Die „risikogerechte“ Entscheidung, nämlich die Öffnung zum Einbau der Stopfbüchse so zu gestalten, daß auch ohne Nacharbeit die aufwendigere zwangsgekühlte Lösung bei Bedarf vorgesehen werden kann, läßt nun Erfahrung gewinnen, ohne sogleich merklichen Mehraufwand für Hersteller und Benutzer hervorzurufen.

Beispiel 2

Bei der Entwicklung einer Baureihe von Hochdruck-Dampfventilen für über 500° C Dampftemperatur stellte sich das Problem, ob die bisher verwendete Gasnitrierung der Ventilspindeln und -büchsen angesichts des unter Temperatur bekannten Wachsens der Nitrierschicht (radiale Spielverengung) beibehalten werden könne oder ob das sehr viel aufwendigere Stellit-Auftragschweißen eingeführt werden müsse. (Als seinerzeit das Problem vorlag, wußte man noch nichts Ausreichendes über das Langzeitverhalten solcher Schichten unter hohen Temperaturen.) Die „risikogerechte“ Lösung wurde darin gefunden, daß Wanddicken und Gestaltung von Ventilspindel und -büchsen so gewählt wurden, daß, wenn nötig, ohne Rückwirkung auf die anderen Teile oder Gestaltungszonen, die nachträgliche Umrüstung auf stellit-behandelte Teile möglich war. Wie sich dann später herausstellte, war der tatsächliche zulässige Anwendungstemperaturbereich der gasnitrierten Oberfläche erheblich geringer als der prognostizierte, so daß mit diesem Vorgehen einmal sehr rasch und zuverlässig die wirkliche Betriebsgrenze erkannt werden konnte, andererseits schwerwiegende Ausfälle wegen der bereitgestellten Lösung vermieden und die vorhergesehene aufwendigere Lösung mit erweitertem Anwendungsbereich nur dort eingesetzt zu werden brauchte, wo sie wirklich erforderlich war.

Beispiel 3

Die sichere Vorausberechnung von großen Maschinenteilen, besonders bei Einzelausführungen, ist von Berechnungsverfahren und den angenommenen Randbedingungen abhängig.

Nicht immer lassen sich alle Einflußgrößen mit der notwendigen Genauigkeit vorhersagen. Dies trifft z. B. auch bei der Bestimmung von koppelkritischen Drehzahlen mehr oder minder elastisch gelagerter Wellen zu. Oft ist nicht genau vorhersagbar, welche tatsächlichen Nachgiebigkeiten von Lager und Fundament entstehen. Andererseits ist der Abstand von höheren koppelkritischen Drehzahlen bei schnellaufenden Anlagen im Bereich der wirklichen Nachgiebigkeiten klein. Bei der in Bild 6.131 gezeigten Situation ist wiederum eine „risikogerechte“ Gestaltung vorteilhaft, was wegen des überproportionalen Einflusses auf die kritische Drehzahl durch nachträglich veränderbaren Lagerabstand möglich ist: Bild 6.132. Die zwi-

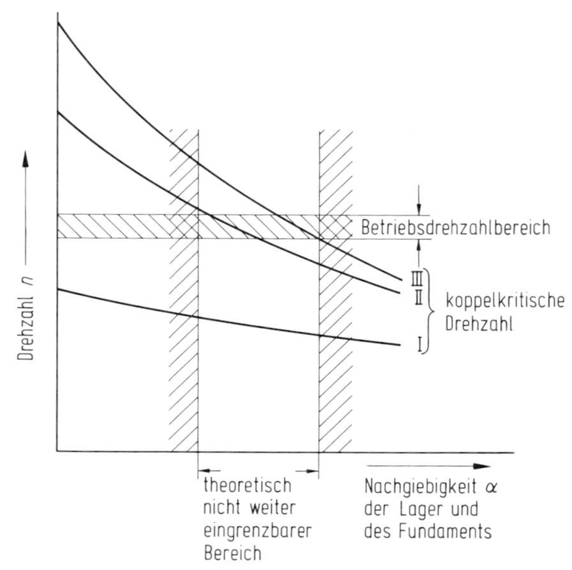

Bild 6.131. Koppelkritische Drehzahlen (qualitativ) für einen Wellenstrang in Abhängigkeit von der Lager- und Fundamentnachgiebigkeit

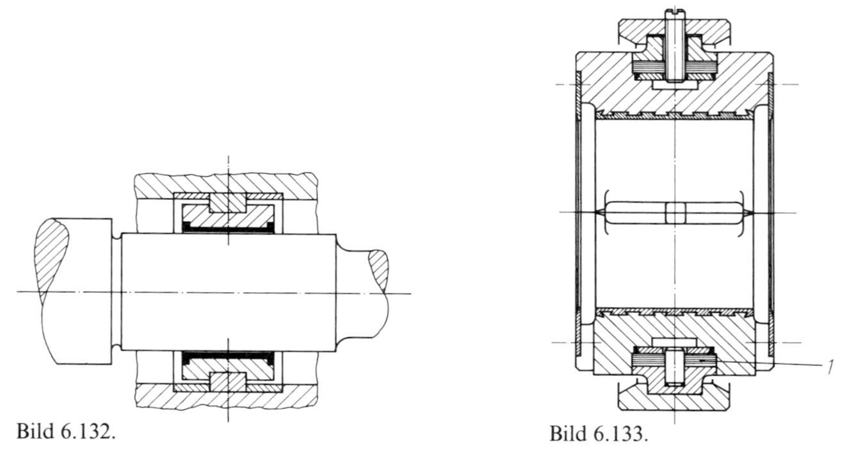

Bild 6.132. Bild 6.133.

Bild 6.132. Abstützung einer Welle mit veränderlichem Lagerabstand, indem an den Gleitlagern seitliche Begrenzungsringe mit dem Lagerring ausgetauscht werden können

Bild 6.133. Gleitlager mit Federpaketen *1*, die eine nachträgliche Veränderung der Nachgiebigkeit gestatten (Bauart BBC) (Federpakete haben daneben gute Dämpfungseigenschaften, die so den kritischen Bereich einengen)

schengeschalteten Federpakete gestatten außerdem das Korrigieren der wirksamen Nachgiebigkeit im Bedarfsfall (Bild 6.133). Beide Maßnahmen erlauben zusammen oder getrennt eine solche Beeinflussung, daß man im Einzelfall von der 2. oder 3. Koppelkritischen bezüglich des Betriebsdrehzahl-Bereichs freikommt.

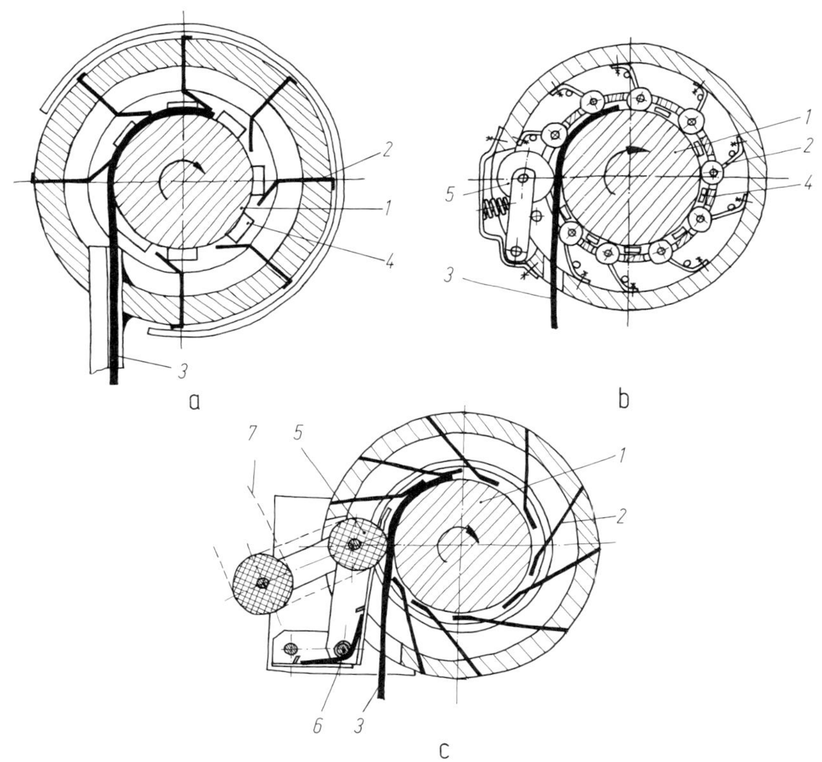

Bild 6.134.
a) Vorschlag einer Wickelvorrichtung
1 umlaufender Dorn; *2* Andruckfedern; *3* zu wickelnder Streifen; *4* Teile der Ausstoßvorrichtung
b) Vorschlag einer Wickelvorrichtung
1 umlaufender Dorn; *2* Federn mit Andruckrollen; *3* zu wickelnder Streifen; *4* Teile der Ausstoßvorrichtung; *5* Einlaufrolle über Feder angepreßt und möglicherweise auch angetrieben
c) Gewählte Lösung
1 umlaufender Dorn; *2* Andruckfedern; *3* zu wickelnder Streifen; *5* Einlaufrolle über Feder *6* angepreßt und mittels Zahnriemen *7* angetrieben

Beispiel 4

In einer Vorrichtung sollten Streifen zu einem doppellagigen Ring gewickelt werden.

Neben anderen Vorschlägen ergaben sich zwei besonders günstige Lösungen gemäß Bild 6.134 a und b.

Die Lösung nach Bild 6.134 a ist die einfachere, billigere aber risikoreichere, weil es nicht sicher ist, ob in allen Fällen nur der innere umlaufende Dorn *1* trotz eines durch Kordelung erhöhten Reibwerts in der Lage sein würde, angesichts des Andrucks der Federn *2* bei unsicherem Reibungskoeffizienten den Streifen *3* beim Einschieben stets mitzunehmen.

Die Lösung nach Bild 6.134 b ist hinsichtlich der obengenannten Funktion risikoloser, da die an den Federenden befestigten Andrückrollen und eine Einlaufrolle 5, die übrigens noch angetrieben werden könnte, den Vorschub des Streifens sicher ermöglichen würden. Die Lösung erfordert aber auch einen größeren Aufwand und ist wegen der zahlreichen bewegten sehr kleinen Teile verschleißgefährdet.

Die „risikogerechte" Entscheidung ist folgende:
Ausführung nach Bild 6.134 a, aber mit einer Einlaufrolle nach Bild 6.134 b, die so anzuordnen ist, daß ohne Änderung der übrigen Teile ihr zusätzlicher Antrieb im Bedarfsfalle möglich wird: Bild 6.134 c.

Dieser zusätzliche Antrieb stellte sich später bei der Maschinenerprobung als notwendig heraus und konnte sofort vorgesehen werden.

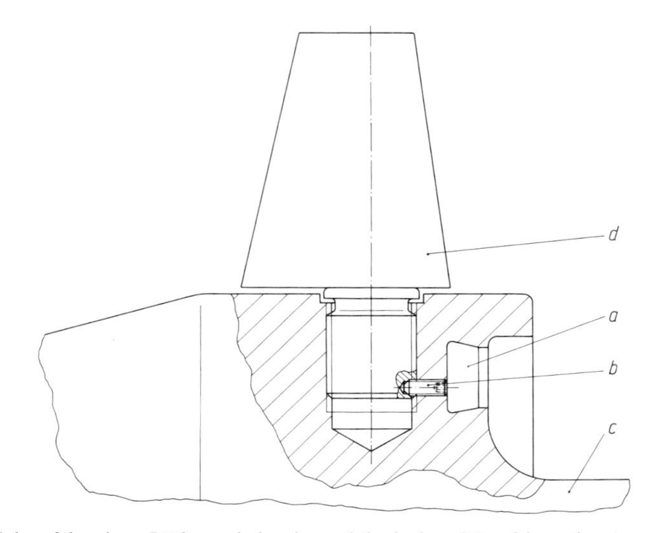

Bild 6.135. Schaufeln eines Lüfterrads in einer elektrischen Maschine; der Anstellwinkel kann zur Korrektur der Luftmenge verändert werden (Bauart AEG)
a Nut für Ausgleichsgewichte; *b* Gewindestift zum Feststellen der Lüfterschaufel; *c* Rotor; *d* Lüfterschaufel

Beispiel 5

Bei größeren elektrischen Maschinen sorgen Lüfterräder auf der Welle für eine intensive Kühlung der Wicklungen und Blechpakete.

Die Luftmenge ist angesichts zwischengeschalteter Kühler und der Zu- und Abströmverhältnisse im Wicklungs- und Blechpaketbereich nicht exakt vorausbestimmbar. Daher werden mindestens bei den ersten Ausführungen eines neuen Modells die Schaufeln einstellbar angeordnet, damit im Prüffeld eine Korrektur des Luftdurchsatzes möglich ist (Bild 6.135). Bei ausreichender Erfahrung kann dann auf eine nicht einstellbare billigere Gußkonstruktion übergegangen werden. Hier wird, wie im Beispiel 3, mit der Korrekturmöglichkeit eine risikogerechte Lösung erzielt.

Mit Vorteil kann man in analoger Weise bei komplexen Belüftungssystemen vorgehen, bei denen eine Vorausberechnung von Luftmengen und Druckverlusten nur ungenau möglich ist.

Die Beispiele mögen den Konstrukteur anregen, im Falle solcher Risiken nicht nur den ersten, sondern sogleich den zweiten oder dritten Schritt zu bedenken, der in vielen Fällen mit verhältnismäßig geringen Mitteln eingeplant und berücksichtigt werden kann. Nachträgliche Feuerwehraktionen in Notsituationen sind nach Erfahrung um ein Vielfaches kostspieliger und zeitraubender.

6.7. Bewerten von Entwürfen

In 5.8 ist das Bewerten besprochen worden. Die dort erläuterten Grundlagen gelten ganz allgemein, gleichgültig, ob in der Konzeptphase oder in einer späteren Phase bewertet wird. Entsprechend der fortschreitenden Konkretisierung müssen sich die Bewertungskriterien in der Entwurfsphase auf konkretere Ziele und Eigenschaften beziehen.

In der Entwurfsphase werden die technischen Eigenschaften durch die *Technische Wertigkeit* W_t und die wirtschaftlichen Eigenschaften mit Hilfe der kalkulierten Herstellkosten durch die *Wirtschaftliche Wertigkeit* W_w *stets getrennt* beurteilt und dann vergleichend in einem Diagramm (vgl. 5.8.1 – 6) gegenübergestellt.

Voraussetzungen sind, daß

— die Entwürfe auf gleichem Konkretisierungsstand sind, d. h., daß gleicher Informationsstand vorhanden ist (z. B. Grobentwürfe nur mit Grobentwürfen vergleichen). In vielen Fällen genügt es, unter Wahrung der Gesamtbetrachtung, vornehmlich nur die Zonen in die Bewertung einzubeziehen, die sich bedeutend voneinander unterscheiden. Dann muß allerdings die Relation zum Gesamten, z. B. Teilkosten zu Gesamtkosten, sinnvoll beachtet werden.

— die Herstellkosten (Materialkosten, Fertigungslohn- und Fertigungsgemeinkosten) ermittelbar und bekannt sind. Entstehen durch die Art der Lösung bedingt Nebenkosten (z. B. Betriebskosten) oder aber auch besondere Investitionskosten, so müssen diese je nach Betrachtungsstandpunkt (Hersteller oder Verbraucher) entsprechend zugeschlagen und gegebenenfalls durch Amortisationssätze berücksichtigt werden. Auch können Optimierungsbetrachtungen zum Erreichen des Minimums der Summe von Preis und Betriebskosten eine Rolle spielen.

Wird auf die Bestimmung der kalkulierten Herstellkosten verzichtet, läßt sich die Wirtschaftliche Wertigkeit nur qualitativ wie in der Konzeptphase beurteilen. In der Entwurfsphase sollten die Kosten aber grundsätzlich konkreter ermittelt werden.

Wie in 5.8.1 erläutert, sind zuerst die *Bewertungskriterien* aufzustellen. Sie werden gewonnen aus:

a) Anforderungen der Anforderungsliste

— Erstrebenswerte Überschreitung von Mindestforderungen (wie weit überschritten).

— Wünsche (erfüllt — nicht erfüllt, wie gut erfüllt).

b) Technischen Eigenschaften (wie gut vorhanden, wie erfüllt).

Die Vollständigkeit der Bewertungskriterien wird nach den in Bild 6.136 angegebenen Hauptmerkmalen der Leitlinie überprüft, die dem erreichten Konkretisierungsgrad angepaßt ist.

Hauptmerkmal	Beispiele
Funktion	Erfüllung bei gewähltem Wirkprinzip: Gleichförmigkeit, Dichtigkeit, guter Wirkungsgrad, störunempfindlich, keine Verluste
Gestalt	Größe, Raumbedarf, Gewicht, Anordnung, Lage, Anpassung
Auslegung	Ausnutzung, Haltbarkeit, Verformung, Formänderungsvermögen, Lebens- bzw. Gebrauchsdauer, Verschleiß, Schockfestigkeit, Stabilität, Resonanz
Sicherheit	Unmittelbare Sicherheitstechnik, Arbeitssicherheit, Umweltschutz
Ergonomie	Mensch-Maschine-Beziehung, Arbeitsbelastung, Bedienung, Ästhetische Gesichtspunkte, Formgestaltung
Fertigung	Risikolose Bearbeitung, kurze Abbindezeit, Wärmebehandlung, Oberflächenbehandlung vermeiden, Toleranzen (soweit durch Herstellkosten nicht erfaßt)
Kontrolle	Einhaltung von Qualitätseigenschaften, Prüfbarkeit
Montage	Eindeutig, leicht, bequem, Einstellbarkeit, Nachrüstbarkeit
Transport	Inner- und außerbetrieblich, Versandart, notwendige Verpackung
Gebrauch	Handhabung, Betriebsverhalten, Korrosionseigenschaften, Verbrauch an Betriebsmittel
Instandhaltung	Wartung, Inspektion, Instandsetzung, Austausch
Kosten	Gesondert durch wirtschaftliche Wertigkeit erfaßt
Termin	Ablauf- und terminbestimmende Eigenschaften

Bild 6.136. Leitlinie mit Hauptmerkmalen zum Bewerten in der Entwurfsphase

Die ersten drei Hauptmerkmale beziehen sich im wesentlichen auf die durch das Wirkprinzip erfüllte technische Funktion, auf die gewählte Gestalt sowie bei vorgenommener Werkstoffwahl auf Auslegungseigenschaften. Die anderen genügen den sonstigen allgemeinen und aufgabenspezifischen Bedingungen.

Für jedes Hauptmerkmal muß mindestens ein bedeutsames Bewertungskriterium berücksichtigt werden, gegebenenfalls sind mehrere aus jeder Gruppe aufzustellen. Es darf nur dann ein Hauptmerkmal entfallen, wenn die entsprechenden Eigenschaften nicht auftreten oder für alle Varianten gleich sind. Damit soll eine subjektive Überbewertung von einzelnen Eigenschaften vermieden werden. Es sind anschließend die in 5.8.1 dargestellten Teilschritte beim Bewerten durchzuführen.

In der Entwurfsphase stellt das Bewerten auch eine wichtige Schwachstellensuche dar, besonders dann, wenn es sich nur noch um die Beurteilung des endgültigen Entwurfs handelt.

Als Beispiel für das Bewerten von Entwürfen wird die Lagerkonsole für das in 7.2 erläuterte Gleitlagersystem mit den Gehäusen der in 7.1 beschriebenen Elektromotoren-Baureihe betrachtet. Es handelt sich um den häufigen Fall, wo nicht der Gesamtentwurf, sondern nur Entwurfsvarianten ausgewählter Gestaltungszonen bewertet werden. Bild 6.137 zeigt zunächst die drei zu bewertenden Varianten der

Lagerkonsole. Bei der Variante V_1 wird die Lagerkonsole direkt in die Gehäusestirnwand als Schweißkonstruktion mit einbezogen. Die Läufermontage kann dann nur vertikal von oben erfolgen, was durch entsprechende Gehäusegestaltung ermöglicht werden muß.

Variante V_2 besteht aus einem separaten Lagertisch als Schweißkonstruktion, der getrennt mit dem Maschinenfundament verschraubt wird. Die Läufermontage erfolgt horizontal bei abgeschraubten Lagerkonsolen.

Bei Variante V_3 ist die Lagerkonsole in ein Lagerschild als Graugußteil mit einbezogen, das an Stelle einer Stirnwand die seitlichen Gehäuseöffnungen verschließt und mit dem Gehäuse verschraubt ist.

Für die Bewertung der technischen Eigenschaften (*Technische Wertigkeit*) wird die in Bild 5.51 vorgeschlagene Bewertungsliste verwendet: Bild 6.138. Da sich für solche Gestaltungszonen Bewertungskriterien aus der Anforderungsliste der Gesamtmaschine nicht vollständig ableiten lassen, ist es zweckmäßig, die in Bild 6.136 vorgeschlagene Leitlinie heranzuziehen. Folgende Hauptmerkmale der Leitlinie sind hier zum Aufstellen der Bewertungskriterien relevant:

Funktion – Gestalt – Auslegung

— Ein *kurzer Lagerabstand* führt zu einer hohen biegekritischen Drehzahl, höherer Laufruhe und geringerer Baulänge.
— Eine *hohe Steifigkeit* der vom Kraftfluß erfaßten Zonen am Lager und Gehäuse führt zu geringerer Luftspaltverformung und wiederum zu hoher Laufruhe.
— Ein *gutes Dämpfungsverhalten* macht die Maschine störschwingungsunanfälliger.

Sicherheit – Ergonomie

— Eine *bauliche Eingliederung* des Lagers in den Gehäuseverband mindert die Verletzungsgefahr durch vorspringende Kanten und führt zur besseren Formgestaltung.

Fertigung

Neben den Fertigungskosten, die quantitativ durch die Wirtschaftliche Wertigkeit erfaßt werden, ist es hier wegen der vorhandenen Fertigungskapazität erstrebenswert

— mit nur *wenigen Fertigungsvorrichtungen* auszukommen und
— einen *geringen Anteil Eigenfertigung* zu erreichen.

Kontrolle – Montage – Transport

Die Gestaltung der Lagerkonsole beeinflußt die Läufermontage, die Luftspalteinstellung und -kontrolle sowie die Montage der Dichtungen und der Gehäusestirnwände. Insbesondere die Art der Läufermontage beeinflußt wegen des großen Stückgewichts auch den Transport.

— Eine *leichte Montage und Kontrolle* ist deshalb anzustreben.

Gebrauch – Instandhaltung

Die Instandhaltung der Dichtungen zwischen Gehäuse und Welle sowie die Inspektion und Säuberung der Motorwicklungen wird durch ihre Zugänglichkeit und die Demontagemöglichkeiten beeinflußt.

— Es ist deshalb ein *leichter Dichtungsaustausch* und
— eine *einfache Inspektion des Motorinnern* anzustreben.

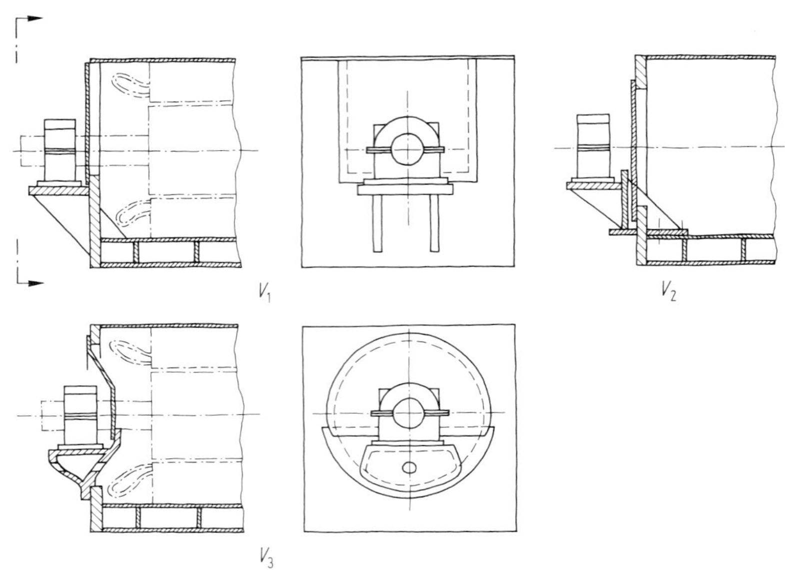

Bild 6.137. Entwurfsvarianten für Lagerkonsole, vereinfachte Darstellung nach AEG-Telefunken

Bewertungskriterien			Eigenschaftsgrößen		Variante V_1			Variante V_2			Variante V_3		
Nr.		Gew.		Einh.	e_{i1}	w_{i1}	wg_{i1}	e_{i2}	w_{i2}	wg_{i2}	e_{i3}	w_{i3}	wg_{i3}
1	Kurzer Lagerabstand	0,2	Lagerabstand	mm	1000	5	1,00	1050	3	0,60	900	8	1,60
2	Hohe Steifigkeit der Lagerzonen	0,2	Radial- und Axialsteifigkeit	-	mittel	6	1,20	niedrig	3	0,60	hoch	8	1,60
3	Gutes Dämpfungsverhalten	0,2	Schwingungsdämpfung	-	mittel-niedrig	4	0,80	mittel	6	1,20	hoch	8	1,60
4	Gute bauliche Eingliederung in Gehäuseverband	0,05	Bauliche Anpassung der Lagerkonsole	-	befriedigend	5	0,25	ausreichend	3	0,15	sehr gut	8	0,40
5	Geringer Vorrichtungsbedarf	0,05	Komplexität der Eigenteile	-	hoch-mittel	4	0,20	hoch	3	0,15	niedrig	7	0,35
6	Geringe Eigenfertigung	0,1	Anteil Eigenfertigung	-	hoch	3	0,30	hoch	3	0,30	niedrig	7	0,70
7	Leichte Montage und Kontrolle	0,05	Schwierigkeitsgrad der Montage u. Kontrolle	-	gering	8	0,40	hoch	3	0,15	gering-mittel	6	0,30
8	Leichter Dichtungsaustausch	0,1	Zugänglichkeit der Dichtungen	-	befriedigend	5	0,50	befriedigend	5	0,50	gut	8	0,80
9	Einfache Inspektion des Motors	0,05	Inspektionsaufwand	-	gering	7	0,35	mittel	5	0,25	gering	7	0,35
		$\sum_{i=1}^{n} g_i = 1$				$Gw_1 = 47$ $W_1 = 0{,}52$	$Gwg_1 = 5$ $Wg_1 = 0{,}5$		$Gw_2 = 33$ $W_2 = 0{,}37$	$Gwg_2 = 3{,}9$ $Wg_2 = 0{,}39$		$Gw_3 = 67$ $W_3 = 0{,}74$	$Gwg_3 = 7{,}7$ $Wg_3 = 0{,}77$

Bild 6.138. Bewertung der drei Entwurfsvarianten nach Bild 6.137 mit Hilfe einer Bewertungsliste (Technische Wertigkeit)

In Bild 6.138 sind hinsichtlich dieser Bewertungskriterien die Eigenschaftsgrößen der drei Entwurfsvarianten abgeschätzt und die Werte nach Wertvorstellungen eingetragen. Zur Berechnung gewichteter Werte dienen Gewichtungsfaktoren. Die Auswertung ergibt für die Technischen Wertigkeiten eine Reihenfolge $V_3 - V_1 - V_2$, wobei V_1 und V_2 relativ dicht beieinanderliegen. Die Variante V_3 hat nicht nur die höchste Technische Wertigkeit, sondern auch das ausgeglichenste Wertprofil.

Varianten	V_1	V_2	V_3
Prozentuale Fertigungskosten	106 %	100 %	174 %
Wirtschaftliche Wertigkeit W_w	0,75	0,8	0,46

Bild 6.139. Wirtschaftliche Wertigkeit der drei Entwurfsvarianten nach Bild 6.137

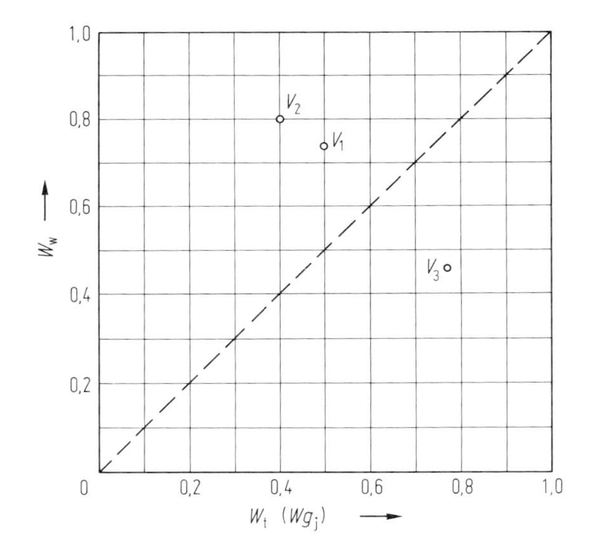

Bild 6.140. Vergleich der Technischen und Wirtschaftlichen Wertigkeit der Entwurfsvarianten nach Bild 6.137

Die *Wirtschaftliche Wertigkeit* ergibt sich aus der Kalkulation der Herstellkosten. Als Vergleichskosten wurden 80% der billigsten Variante angesetzt. Bild 6.139 zeigt die so errechneten Wirtschaftlichen Wertigkeiten für die 3 Varianten.

Zur Beurteilung sind die Technischen und Wirtschaftlichen Wertigkeiten der Varianten in ein Wertigkeitsdiagramm eingetragen: Bild 6.140. Man erkennt, daß Variante V_3 zwar die höchste Technische Wertigkeit besitzt, aber am teuersten ist. Die Kosten der bewerteten Gestaltungszone machen in diesem Fall aber nur etwa 5% der Gesamtkosten der Maschine aus, so daß die Wirtschaftlichen Wertigkeiten der billigsten und teuersten Variante die Gesamtkosten nur um etwa 3,3% beeinflussen. Hinzu kommt, daß bei Verwendung der Variante V_3 die Kosten des Motorgehäuses noch etwas sinken, was quantitativ nicht berücksichtigt wurde. Angesichts der hohen Bedeutung des Verformungs- und Dämpfungsverhaltens für die Laufruhe der Maschine ist die Variante V_3 mit ihrer hohen Technischen Wertigkeit trotz ihrer verhältnismäßig niedrigen Wirtschaftlichen Wertigkeit in der Entscheidung vorgezogen worden, unterstützt durch gute Erfahrungen mit Gußlagerschilden.

6.8. Schrifttum

1. AEG-Telefunken: Biegen. Werknormblatt 5 N 8410 (1971).
2. Altmann, F. G.: Antriebstechnik. VDI-Z. 104 (1962) 965 – 976.
3. Andresen, U.: Die Rationalisierung der Montage beginnt im Konstruktionsbüro. Konstruktion 27 (1975) 478 – 484. Ungekürzte Fassung mit weiterem Schrifttum: Ein Beitrag zum methodischen Konstruieren bei der montagegerechten Gestaltung von Teilen der Großserienfertigung. Diss. TU Braunschweig 1975.
4. Bänninger, E.: Normung — Zwangsjacke oder unentbehrlicher Helfer des Konstrukteurs? technica 21 (1970) 1947 – 1972 und 22 (1970) 2111 – 2117.
5. Bartel, A.: Die Entstehung von Passungsrost bzw. Reiboxydation. Maschinenschaden 36 (1963).
6. Baumann, K.: Mitteilung während der Mannesmann-Vortragsveranstaltung am 28. 11. 1958.
7. Bautz, W.; Thum, A.: Die Gestaltfestigkeit. Stahl und Eisen 55 (1935) 1025 – 1029, Schweizer. Bauzeitung 106 (1935) 25 – 30.
8. Beckstroem, J.: Eigenspannungen und Betriebsverhalten von Schweißkonstruktionen. Konstruktion 17 (1965) 10 – 15.
9. Beelich, K. H.: Kriech- und relaxationsgerecht. Konstruktion 25 (1973) 415 – 421.
10. Behnisch, H.: Thermisches Trennen in der Metallbearbeitung — wirtschaftlich und genau. ZwF 68 (1973) 337 – 340.
11. Beitz, W.: Normung und Systemtechnik — Grundlage für ganzheitliche Betrachtungsweise in Konstruktion und Fertigung. DIN-Mitteilungen 50 (1971) 378 – 384.
12. —: Moderne Konstruktionstechnik im Elektromaschinenbau. Konstruktion 21 (1969) 461 – 468.
13. —: Die normgerechte Konstruktion. Konstruktion 25 (1973) 319 – 327.
14. —: Fertigungs- und montagegerecht. Konstruktion 25 (1973) 489 – 497.
15. —; Staudinger, H.: Guß im Elektromaschinenbau. Konstruktion 21 (1969) 125 – 130.
16. Berg, S.: Die besondere Eignung der Normzahlen für die Größenstufung. DIN-Mitteilungen 48 (1969) 222 – 226.
17. —: Konstruieren in Größenreihen mit Normzahlen. Konstruktion 17 (1965) 15 – 21.
18. —: Gestaltfestigkeit. Düsseldorf: VDI-Verlag 1952.
19. Biezeno, C. B.; Grammel, R.: Technische Dynamik, Bd. 1 und 2, 2. Aufl. Berlin, Göttingen, Heidelberg: Springer 1953.
20. Bowden, E.; Tabor, D.: Reibung und Schmierung fester Körper. Berlin, Göttingen, Heidelberg: Springer 1959.
21. Brandenberger, H.: Fertigungsgerechtes Konstruieren. Zürich: Schweizer Druck- und Verlagshaus.
22. Broichhausen, J.: Beeinflussung der Dauerhaltbarkeit von Konstruktionswerkstoffen und Werkstoffverbindungen durch konstruktive Kerben, Oberflächenkerben und metallurgische Kerben. VDI-Fortschritts-Berichte, Reihe 1, Nr. 20. Düsseldorf: VDI-Verlag 1970.
23. Bronner, A.: Wertanalyse als integrierte Rationalisierung. Werkstattstechnik 58 (1968) H. 1.
24. Burgdorf, M.: Fließgerechte Gestaltung von Werkstücken. wt-Z. ind. Fertig. 63 (1973) 387 – 392.
25. Clausmeyer, H.: Kritischer Spannungszustand und Trennbruch unter mehrachsiger Beanspruchung. Konstruktion 21 (1969) 52 – 59.
26. Compes, P.: Sicherheitstechnisches Gestalten. Habilitationsschrift TH Aachen 1970.
27. Cornelius, E. A.; Marlinghaus, J.: Gestaltung von Hartlotkonstruktionen hoher Tragfähigkeit. Konstruktion 19 (1967) 321 – 327.
28. Cornu, O.: Ultraschallschweißen. Z. Technische Rundschau 37 (1973) 25 – 27.

29. Czerwenka, G.; Schnell, W.: Einführung in die Rechenmethoden des Leichtbaus I und II. Hochschultaschenbuch 124/124 a. Mannheim: Bibliographisches Institut 1967.
30. Dangl, K.; Baumann K.; Ruttmann, W.: Erfahrungen mit austenitischen Armaturen und Formstücken. Sonderheft VGB-Werkstofftagung 1969, 98.
31. Dhen, K.: Aufgaben und Nutzen innerbetrieblicher Normungsarbeit. DIN-Mitteilungen 38 (1959) 7 – 11.
32. Dilling, H.-J.; Rauschenbach, Th.: Rationalisierung und Automatisierung der Montage (mit umfangreichem Schrifttum). Düsseldorf: VDI-Verlag 1975.
33. DIN, Gesamtbearbeitung Krieg, K. G.: Nationale und internationale Normung. Handbuch der Normung, Bd. 1, 3. Aufl. Berlin, Köln: Beuth-Vertrieb 1975.
34. DIN – Verzeichnis der Normen und Norm-Entwürfe. Berlin, Köln: Beuth-Vertrieb 1975.
35. DIN 820, Bl. 2: Gestaltung von Normblättern. Berlin, Köln: Beuth-Vertrieb 1969.
36. DIN 820, Bl. 3: Normungsarbeit — Begriffe. Berlin, Köln: Beuth-Vertrieb 1975.
37. DIN 7521 – 7527: Schmiedestücke aus Stahl. Berlin, Köln: Beuth-Vertrieb 1971 – 74.
38. DIN 8577: Fertigungsverfahren; Übersicht. Berlin, Köln: Beuth-Vertrieb 1974.
39. DIN 8580: Fertigungsverfahren; Einteilung. Berlin, Köln: Beuth-Vertrieb 1974.
40. DIN 8588: Fertigungsverfahren; Verteilen — Einordnung, Unterteilung, Begriffe. Berlin, Köln: Beuth-Vertrieb 1966.
41. DIN 8593: Fertigungsverfahren; Fügen — Einordnung, Unterteilung, Begriffe. Berlin, Köln: Beuth-Vertrieb 1967.
42. DIN 9005: Gesenkschmiedestücke aus Magnesium-Knetlegierungen. Berlin, Köln: Beuth-Vertrieb 1973/74.
43. DIN 31 000: Sicherheitsgerechtes Gestalten technischer Erzeugnisse. Allgemeine Leitsätze. Berlin, Köln: Beuth-Vertrieb 1971.
44. DIN 31 001, Bl. 1, 2 und 10: Schutzeinrichtungen. Berlin, Köln: Beuth-Vertrieb 1974.
45. DIN 31 051, Bl. 1: Instandhaltung; Begriffe. Berlin, Köln: Beuth-Vertrieb 1974.
46. DIN 33 400 Entwurf: Gestalten nach arbeitswissenschaftlichen Erkenntnissen. Berlin, Köln: Beuth-Vertrieb 1974.
47. DIN 33 401 Entwurf: Stellteile. DIN 33 402 Entwurf: Körpermaße von Erwachsenen. Berlin, Köln: Beuth-Vertrieb 1974.
48. DIN 40 041: Zuverlässigkeit elektrischer Bauelemente; Begriffe. Berlin, Köln: Beuth-Vertrieb 1967.
49. DIN 50 960: Korrosionsschutz, galvanische Überzüge. Berlin, Köln: Beuth-Vertrieb 1963.
50. DNA: Die Zusammenführung der elektrotechnischen Normen- und Vorschriftenarbeit in Deutschland. DIN-Mitteilungen 49 (1970) 407 – 411.
51. DNA, Gesamtbearbeitung Krieg, K. G.: Innerbetriebliche Normungsarbeit. Handbuch der Normung, Bd. 2. Berlin, Köln: Beuth-Vertrieb 1974.
52. DNA-Grundnormen für die mechanische Technik. DIN-Taschenbuch 1. Berlin, Köln: Beuth-Vertrieb 1972.
53. DNA, Gesamtbearbeitung Krieg, K. G.: Normung — als Instrument der Unternehmensleitung. Handbuch der Normung, Bd. 3. Berlin, Köln: Beuth-Vertrieb 1972.
54. DNA: Normenverzeichnis mit sicherheitstechnischen Festlegungen. Berlin, Köln: Beuth-Vertrieb 1971.
55. Dobeneck v., D.: Die Elektronenstrahltechnik — ein vielseitiges Fertigungsverfahren. Feinwerktechnik und Micronic 77 (1973) 98 – 106.
56. Dorfles, G.: Gute Industrieform und ihre Ästhetik. München: Moderne Industrie 1964.
57. Ehrlenspiel, K.: Mehrweggetriebe für Turbomaschinen. VDI-Z. 111 (1969) 218 – 221.
58. Ehrlenspiel, K.: Planetengetriebe — Lastausgleich und konstruktive Entwicklung. VDI-Berichte Nr. 105, 57 – 67. Düsseldorf: VDI-Verlag 1967.
59. Endres, W.: Wärmespannungen beim Aufheizen dickwandiger Hohlzylinder. Brown-Boveri-Mitteilungen (1958) 21 – 28.
60. Erker, A.; Mayer, K.: Relaxations- und Sprödbruchverhalten von warmfesten Schraubenverbindungen. VGB Kraftwerkstechnik 53 (1973) 121 – 131.
61. Fachverband Pulvermetallurgie: Sinterteile — ihre Eigenschaften und Anwendung. Berlin, Köln: Beuth-Vertrieb 1971.
62. Falk, K.: Theorie und Auslegung einfacher Backenbremsen. Konstruktion 19 (1967) 268 – 271.

63. Feldmann, H. D.: Konstruktionsrichtlinien für Kaltfließpreßteile aus Stahl. Konstruktion 11 (1959) 82 – 89.
64. Florin, C.; Imgrund, H.: Über die Grundlagen der Warmfestigkeit. Arch. Eisenhüttenwesen 41 (1970) 777 – 778.
65. Föller, D.: Maschinenakustische Berechnungsgrundlagen für den Konstrukteur. VDI-Berichte Nr. 239. Düsseldorf: VDI-Verlag 1975.
66. Friedewald, H. J.: Normung — integrierender Bestandteil einer Firmenkonzeption. DIN-Mitteilungen 49 (1970) 3 – 12.
67. Fronius, St.: Maschinenelemente. Berlin: VEB-Verlag Technik 1971.
68. Gesetz über technische Arbeitsmittel (Maschinenschutzgesetz) vom 24. 6. 1968. BGBl. I, 717 mit Allgemeiner Verwaltungsvorschrift und Verzeichnis A u. B zum GtA, herausgegeben unter dem Titel Maschinenschutz von der Bundesanstalt für Arbeitsschutz und Unfallforschung. Wilhelmshaven: Wirtschaftsverlag Nordwest 1974.
69. Görke, W.: Zuverlässigkeitsprobleme elektronischer Schaltungen. B-I-Hochschulskripten 820/820 a. Mannheim, Wien, Zürich: Bibliographisches Institut 1969.
70. Gräfen, H.: Berücksichtigung der Korrosion bei der konstruktiven Gestaltung von Chemieapparaten. Werkstoffe und Korosion 23 (1972) 247 – 254.
71. Gräfen, H.; Gerischer, K.; Horn, E. M.: Die Bedeutung der Werkstoffauswahl für die Gebrauchstauglichkeit von Chemieapparaten — Auswahlkriterien und Prüfverfahren. Z. f. Werkstofftechnik 4 (1973) 169 – 186.
72. — ; Spähn, H.: Probleme der chemischen Korrosion in der Hochdrucktechnik. Chemie-Ingenieur-Technik 39 (1967) 525 – 530.
73. Grose, V. L.: System Safety Education focused on System Management, Paper presented in Session II, 2. Governement/Industry System Safety Conference Goddard Space Flight Center, Greenbelt (Md) USA 26 – 28, May 1971.
74. Grunert, M.: Stahl- und Spannbeton als Werkstoff im Maschinenbau. Maschinenbautechnik 22 (1973) 374 – 378.
75. Günther, T.: Schadensfälle an Apparaten und deren Berücksichtigung für neue Konstruktionen. Chemie-Ingenieur-Technik 42 (1970) 774 – 780.
76. Günther, W.: Schwingfestigkeit. Leipzig: VEB-Verlag Technik 1972.
77. Hänchen, R.: Gegossene Maschinenteile. München: Hanser 1964.
78. — ; Decker, K. H.: Neue Festigkeitsberechnung für den Maschinenbau. München: Hanser 1967.
79. Haibach, E.: Modifizierte lineare Schadensakkumulations-Hypothese zur Berücksichtigung des Dauerfestigkeitsabfalls mit fortschreitender Schädigung. Laboratorium für Betriebsfestigkeit. Darmstadt: Techn. Mitteilungen TM 50 – 70.
80. Hartmann, A.: Die Druckgefährdung von Absperrschiebern bei Erwärmung des geschlossenen Schiebergehäuses. Mitt. VGB (1959) 303 – 307.
81. — : Schaden am Gehäusedeckel eines 20-atü-Dampfschiebers. Mitt. VGB (1959), 315 – 316.
82. Häusler, N.: Der Mechanismus der Biegemomentübertragung in Schrumpfverbindungen. Diss. TH Darmstadt 1974.
83. Heckl, M.: Minderung der Körperschallentstehung und Körperschallfortleitung bei Maschinen und Maschinenelementen. VDI-Berichte 239. Düsseldorf: VDI-Verlag 1975.
84. — : Konstruktive Möglichkeiten zur Minderung der Luftschallabstrahlung. VDI-Berichte 239. Düsseldorf: VDI-Verlag 1975.
85. Heesch, H.; Kienzle, O.: Flächenschluß. Buchreihe Wissenschaftliche Normung. Berlin, Göttingen, Heidelberg: Springer 1963.
86. Hertel, H.: Ermüdungsfestigkeit der Konstruktionen. Berlin, Heidelberg, New York: Springer 1969.
87. — : Leichtbau. Berlin, Göttingen, Heidelberg: Springer 1960.
88. Herzke, I.: Technologie und Wirtschaftlichkeit des Plasma-Abtragens. ZwF 66 (1971) 284 – 291.
89. Hömig, H.: Metall und Wasser — Eine kleine Korrosionskunde. Essen: Vulkan 1971.
90. Hüskes, H.; Schmidt, W.: Unterschiede im Kriechverhalten bei Raumtemperatur von Stählen mit und ohne ausgeprägter Streckgrenze. DEW-Techn. Berichte 12 (1972) 29 – 34.

91. Illgner, K.-H.: Werkstoffauswahl im Hinblick auf wirtschaftliche Fertigungen. VDI-Z. 114 (1972) 837 – 841, 992 – 995.
92. Jaeger, Th. A.: Zur Sicherheitsproblematik technologischer Entwicklungen. QZ 19 (1974) 1 – 9.
93. Jakob, E.; Scholz, H.: Beleuchtung im Betrieb. RKW-Reihe, Arbeitsphysiologie — Arbeitspsychologie. Berlin, Köln: Beuth-Vertrieb 1962.
94. Johnson, Kenneth, Lester: Grundlagen der Netzplantechnik. VDI-Taschenbücher T 53. Düsseldorf: VDI-Verlag 1974.
95. Jung, A.: Schmiedetechnische Überlegungen für die Konstruktion von Gesenkschmiedestücken aus Stahl. Konstruktion 11 (1959) 90 – 98.
96. Kaminsky, G.; Pilz, H. E.: Gestaltung von Arbeitsplatz und Arbeitsmittel, RKW-Reihe, Arbeitsphysiologie — Arbeitspsychologie. Berlin, Köln: Beuth-Vertrieb 1963.
97. Keil, E.; Müller, E. O.; Bettziehe, P.: Zeitabhängigkeit der Festigkeits- und Verformbarkeitswerte von Stählen im Temperaturbereich unter 400° C. Arch. Eisenhüttenwesen 43 (1971) 757 – 762.
98. Kesselring, F.: Technische Kompositionslehre. Berlin, Göttingen, Heidelberg: Springer 1954.
99. Kienzle, O.: Normen und Konstruieren. Konstruktion 19 (1967) 121 – 125.
100. — : Normung und Wissenschaft. Schweiz. Techn. Z. (1943) 533 – 539.
101. Klein, M.: Einführung in die DIN-Normen. 6. Aufl. Stuttgart: Teubner 1970.
102. Klein, H. Ch.: Hochwertige Schraubenverbindungen. Gestaltungsprinzipien und Neuentwicklungen. Konstruktion 11 (1959) 259 – 264.
103. Klöcker, J.: Zeitgemäße Form. München: Süddeutscher Verlag 1967.
104. Kloss, G.: Einige übergeordnete Konstruktionshinweise zur Erzielung echter Kostensenkung. VDI-Fortschrittsberichte, Reihe 1, Nr. 1. Düsseldorf: VDI-Verlag 1964.
105. Kloos, K. H.: Werkstoffoberfläche und Verschleißverhalten in Fertigung und konstruktive Anwendung. VDI-Berichte Nr. 194. Düsseldorf: VDI-Verlag 1973.
106. Klotter, K.: Technische Schwingungslehre, Bd. 1 und 2, 2. Aufl. Berlin, Göttingen, Heidelberg: Springer 1951 und 1960.
107. Knappe, W.: Thermische Eigenschaften von Kunststoffen. VDI-Z. 111 (1969) 746 – 752.
108. Koch, H.: Lüftung des Arbeitsraumes. RKW-Reihe, Arbeitsphysiologie – Arbeitspsychologie. Berlin, Köln: Beuth-Vertrieb 1963.
109. Köhler, G.; Rögnitz, H.: Maschinenteile. Teil 1 und 2. Stuttgart: Teubner 1961.
110. Koenig, W.: Wechselwirkung zwischen Konstruktion und rationeller Fertigung. VDI-Z. 95 (1953) 896 – 903.
111. Kragelskii, I. V.: Friction and Wear. London: Butterworth 1965.
112. Kroemer, K. H.: Was man von Schaltern, Kurbeln und Pedalen wissen muß. Berlin, Köln: Beuth-Vertrieb 1967.
113. Kühnpast, R.: Das System der selbsthelfenden Lösungen in der maschinenbaulichen Konstruktion. Diss. TH Darmstadt 1968.
114. Kurtze, G.; Schmidt, H.; Westphal, W.: Physik und Technik der Lärmbekämpfung. Karlsruhe: Braun 1975.
115. Lang, K.; Voigtländer, G.: Neue Reihe von Drehstrommaschinen großer Leistung in Bauform B3. Siemens-Z. 45 (1971) 33 – 37.
116. Lambrecht, D.; Scherl, W.: Überblick über den Aufbau moderner wasserstoffgekühlter Generatoren. Berlin: Verlag AEG 1963, 181 – 191.
117. Leipholz, H.: Festigkeitslehre für den Konstrukteur. Berlin, Göttingen, Heidelberg: Springer 1969.
118. Leyer, A.: Allgemeine Gestaltungslehre. H. 2. Maschinenkonstruktionslehre. Basel, Stuttgart: Birkhäuser 1964 (technica-Reihe Nr. 2).
119. — : Grenzen und Wandlung im Produktionsprozeß. technica 12 (1963) 191 – 208.
120. — : Kraft- und Bewegungselemente des Maschinenbaus. technica 26 (1973) 2498 – 2510, 2507 – 2520. technica 5 (1974) 319 – 324, technica 6 (1974) 435 – 440.
121. —: Maschinenkonstruktionslehre. Hefte 1 – 6. technica-Reihe. Basel, Stuttgart: Birkhäuser 1963 – 1971.

122. Lüpertz, H.: Neue zeichnerische Darstellungsart zur Rationalisierung des Konstruktionsprozesses vornehmlich bei methodischen Vorgehensweisen. Diss. TH Darmstadt 1974.
123. Maduschka, L.: Beanspruchung von Schraubenverbindungen und zweckmäßige Gestaltung der Gewindeträger. Forsch. Ing. Wes. 7 (1936) 299 – 305.
124. Magnus, K.: Schwingungen. Stuttgart: Teubner 1969.
125. Magyar, J.: Aus nichtveröffentlichtem Unterrichtsmaterial der TU Budapest. Lehrstuhl für Maschinenelemente.
126. Mahle-Kolbenkunde. 2. Aufl. 1964, 18 und 45.
127. Martin, P.; Mathey, M.: Zuverlässigkeitsbetrachtungen beim Turbinenschutz. VGB Kraftwerkstechnik 55 (1975) 574 – 580, 655 – 660.
128. Matousek, R.: Konstruktionslehre des allgemeinen Maschinenbaus. Berlin, Göttingen, Heidelberg: Springer 1957, Reprint 1974.
129. Matting, A.; Ulmer, K.: Spannungsverteilung in Metallklebverbindungen. VDI-Z. 105 (1963) 1449 – 1457.
130. Mauz, W.; Kies, H.: Funkenerosives und elektrochemisches Senken. ZwF 68 (1973) 418 – 422.
131. Melan, E.; Parkus, H.: Wärmespannungen infolge stationärer Temperaturfelder. Wien: Springer 1953.
132. Menges, G.; Taprogge, R.: Denken in Verformungen erleichtert das Dimensionieren von Kunststoffteilen. VDI-Z. 112 (1970) 341 – 346, 627 – 629.
133. Militzer, O. M.: Rechenmodell für die Auslegung von Wellen-Naben-Paßfederverbindungen. Diss. TU Berlin 1975.
134. Möhler, E.: Der Einfluß des Ingenieurs auf die Arbeitssicherheit. 4. Aufl. Berlin: Verlag Tribüne 1965.
135. Müller, E. A.: Klima im Arbeitsraum. RKW-Reihe, Arbeitsphysiologie – Arbeitspsychologie. Berlin, Köln: Beuth-Vertrieb 1962.
136. Müller, K.: Schrauben aus thermoplastischen Kunststoffen. Werkstattblatt 514 und 515. München: Hanser 1970.
137. —: Schrauben aus thermoplastischen Kunststoffen. Kunststoffe 56 (1966) 241 – 250, 422 – 429.
138. Müllner, E.: Entwicklungstendenzen im Bau von Turbogeneratoren. BBC Nachrichten (1960) 279 – 286.
139. Munz, D.; Schwalbe, K.; Mayr, P.: Dauerschwingverhalten metallischer Werkstoffe. Braunschweig: Vieweg 1971.
140. Murrell, K.: Grundlagen und Praxis der Gestaltung optimaler Arbeitsprozesse. Düsseldorf, Wien: Econ 1971.
141. Neuber, H.: Kerbspannungslehre. Berlin, Göttingen, Heidelberg: Springer 1958.
142. —: Über die Berücksichtigung der Spannungskonzentration bei Festigkeitsberechnungen. Konstruktion 20 (1968) 245 – 251.
143. Neumann, J.; Timpe, K.-P.: Arbeitsgestaltung. Psychologische Probleme bei Überwachungs- und Steuerungstätigkeiten. Berlin: VEB Deutscher Verlag der Wissenschaften 1970.
144. Niemann, G.: Maschinenelemente. Bd. 1, Abschn. 1 und 2. Berlin, Göttingen, Heidelberg: Springer 1963.
145. Niemann, G.: Maschinenelemente, Bd. 1. Berlin, Heidelberg, New York: Springer 1975.
146. NN.: Ergebnisse deutscher Zeitstandversuche langer Dauer. Düsseldorf: Stahleisen 1969.
147. NN: Nickelhaltige Werkstoffe mit besonderer Wärmeausdehnung. Nickel-Berichte D 16 (1958) 79 – 83.
148. Oehler, G.; Weber, A.: Steife Blech- und Kunststoffkonstruktionen. Konstruktionsbücher Bd. 30. Berlin, Heidelberg, New York: Springer 1972.
149. Pahl, G.: Ausdehnungsgerecht. Konstruktion 25 (1973) 367 – 373.
150. —: Bewährung und Entwicklungsstand großer Getriebe in Kraftwerken. Mitteilungen der VGB 52, Kraftwerkstechnik (1972) 404 – 415.
151. —: Entwurfsingenieur und Konstruktionslehre unterstützen die moderne Konstruktionsarbeit. Konstruktion 19 (1967) 337 – 344.
152. —: Grundregeln für die Gestaltung von Maschinen und Apparaten. Konstruktion 25 (1973) 271 – 277.

153. — : Intensivere Sicherheitsbetrachtungen durch methodisches Konstruieren. Chemie-Ingenieur-Technik 47 (1975) 457 – 464.
154. — : Konstruktionstechnik im thermischen Maschinenbau. Konstruktion 15 (1963) 91 – 98.
155. — : Prinzip der Aufgabenteilung. Konstruktion 25 (1973) 191 – 196.
156. — : Prinzipien der Kraftleitung. Konstruktion 25 (1973) 151 – 156.
157. — : Das Prinzip der Selbsthilfe. Konstruktion 25 (1973) 231 – 237.
158. — : Sicherheitstechnik aus konstruktiver Sicht. Konstruktion 23 (1971) 201 – 208.
159. — ; Schmidt, E.: Wie sieht die Wissenschaft die Zukunft der Sicherheitstechnik? Sicherheitsingenieur 9 (1973) 404 – 419.
160. Paland, E. G.: Untersuchungen über die Sicherungseigenschaften von Schraubenverbindungen bei dynamischer Belastung. Diss. TH Hannover 1960.
161. Pflüger, A.: Stabilitätsprobleme der Elastostatik. Berlin, Göttingen, Heidelberg: Springer 1964.
162. Rabinowicz, E.: Friction an Wear of Materials. New York: Wiley and Sons, Inc. 1965.
163. Rauschhofer, H. H.: Sicherheitsgerechtes Gestalten von Maschinen unter besonderer Berücksichtigung des „Gesetzes über technische Arbeitsmittel“. VDI-Z. 112 (1970) 55 – 57, 109 – 114.
164. REFA: Methodenlehre des Arbeitsstudiums. Teil 1, Grundlagen. 4. Aufl. München: Hanser 1975.
165. Reinhardt, K.-G.: Verbindungskombinationen und Stand ihrer Anwendung. Schweißtechnik 19 (1969) Heft 4.
166. Reuter, H.: Die Flanschverbindung im Dampfturbinenbau. BBC-Nachrichten 40 (1958) 355 – 365.
167. — : Stabile und labile Vorgänge in Dampfturbinen. BBC-Nachrichten 40 (1958) 391 – 398.
168. Rixmann, W.: Ein neuer Ford-Taunus 12 M. ATZ 64 (1962) 306 – 311.
169. Rodenacker, W. G.: Methodisches Konstruieren. Berlin, Heidelberg, New York: Springer 1970. 2. Auflage 1976.
170. Rögnitz, H.; Köhler, G.: Fertigungsgerechtes Gestalten im Maschinen- und Gerätebau. Stuttgart: Teubner 1959.
171. Rohmert, W.: Maximalkräfte von Männern im Bewegungsraum der Arme und Beine. Forschungsbericht Nr. 1616 des Landes NRW. Köln, Opladen: Westdeutscher Verlag 1966.
172. — : Psycho-physische Belastung und Beanspruchung von Fluglotsen. REFA-Schriftenreihe Arbeitswissenschaft und Praxis 30. Berlin, Köln: Beuth-Vertrieb 1973.
173. — ; Hettinger, Th.: Körperkräfte im Bewegungsraum. RKW-Reihe Arbeitsphysiologie – Arbeitspsychologie. Berlin, Köln: Beuth-Vertrieb 1963.
174. — ; Jenik, P.: Maximalkräfte von Frauen im Bewegungsraum der Arme und Beine. REFA-Schriftenreihe Arbeitswissenschaft und Praxis 22. Berlin, Köln: Beuth-Vertrieb 1972.
175. — ; Laurig, W.; Jenik, P.: Ergonomie und Arbeitsgestaltung. Dargestellt am Beispiel des Bahnpostbegleitdienstes. REFA-Schriftenreihe Arbeitswissenschaft und Praxis 31, Berlin, Köln: Beuth-Vertrieb 1974.
176. Roth, K.: Die Kennlinie von einfachen und zusammengesetzten Reibsystemen. Feinwerktechnik 64 (1960) 135 – 142.
177. Rubo, E.: Der chemische Angriff auf Werkstoffe aus der Sicht des Konstrukteurs. Der Maschinenschaden (1966) 65 – 74.
178. — : Die Wirkung der Erosion bei der Strömungskorrosion Cz-Chemie-Technik 1 (1972) 177 – 179.
179. — : Höhere Sicherheit chemisch beanspruchter Bauteile durch konstruktive Korrosionsbewertung am Beispiel von Druckapparaten. Konstruktion 12 (1960) 490 – 498.
180. Salm, M.; Endres, W.: Anfahren und Laständerung von Dampfturbinen. Brown-Boveri-Mitteilungen (1958) 339 – 347.
181. Sandager, Markovits, Bredtschneider: Piping Elements for Coal-Hydrogenetions Service. Trans. ASME. May 1950, 370 ff.

182. Sauerteig, H.: Fortschrittlicher Maschinenschutz. Grundsätze und Beispiele für Konstruktion und Betrieb. Thun, München: Ott 1964.
183. Schier, H.: Fototechnische Fertigungsverfahren. Feinwerktechnik + Micronic 76 (1972) 326 – 330.
184. Schmale, H.: Das Sehen bei der Arbeit. RKW-Reihe. Berlin, Köln: Beuth-Vertrieb 1965.
185. Schmid, E.: Theoretische und experimentelle Untersuchung des Mechanismus der Drehmomentübertragung von Kegel-Preß-Verbindungen. VDI-Fortschrittsberichte Reihe 1, Nr. 16. Düsseldorf: VDI-Verlag 1969.
186. Schmidt, K. P.; Schröder, P. J.: Konstruktive Möglichkeiten zur Minderung der Geräuschentstehung. VDI-Berichte 239. Düsseldorf: VDI-Verlag 1975.
187. Schmidtke, H.: Ergonomie 1 — Grundlagen menschlicher Arbeit und Leistung. München: Hanser 1973.
188. — : Ergonomie 2 — Grundlagen menschlicher Arbeit und Leistung. München: Hanser 1973.
189. — : Überwachungs-, Kontroll- und Steuerungstätigkeiten. RKW-Reihe. Berlin, Köln: Beuth-Vertrieb 1966.
190. Schneider, P.: Verbilligte Konstruktion durch Kostenvergleiche in Werknormen. DIN-Mitteilungen 46 (1967) 141 – 145.
191. Schütz, W.; Zenner, H.: Schadensakkumulationshypothesen zur Lebensdauervorhersage bei schwingender Beanspruchung — Ein kritischer Überblick. Z. Werkstofftechnik 4 (1973) 25 – 33, 97 – 102.
192. Schwaigerer, S.: Festigkeitsberechnung von Bauelementen des Dampfkessel-Behälter- und Rohrleitungsbaus. 2. Aufl. Berlin, Heidelberg, New York: Springer 1970.
193. Schwenk, W.: Stand der Kenntnisse über die Korrosion von Stahl. Stahl und Eisen 89 (1969) 535 – 547.
194. Shreir, L. L.: Corrosion. London: George Newnes Ltd. 1963 und 1965.
195. Skiba, R.: Taschenbuch Arbeitssicherheit. 2. Aufl. Bielefeld: Schmidt 1975.
196. Spähn, H.; Fäßler, K.: Kontaktkorrosion. Grundlagen – Auswirkung – Verhütung. Werkstoffe und Korrosion 17 (1966) 321 – 331.
197. — ; — : Zur konstruktiven Gestaltung korrosionsbeanspruchter Apparate in der chemischen Industrie. Konstruktion 24 (1972) 249 – 258, 321 – 325.
198. — ; Rubo, E.; Pahl, G.: Korrosionsgerechte Gestaltung. Konstruktion 25 (1973) 455 – 459.
199. Steinack, K.; Veenhoff, F.: Die Entwicklung der Hochtemperaturturbinen der AEG. AEG-Mitt. 50 (1960) 433 – 453.
200. Stöferle, Th.; Dilling, H.-J.; Rauschenbach, Th.: Rationelle Montage — Herausforderung an den Ingenieur. VDI-Z. 117 (1975) 715 – 719.
201. Szabo, I.: Höhere Technische Mechanik I u. II. 5. Aufl. Berlin, Heidelberg, New York: Springer 1972.
202. Tauscher, H.: Dauerfestigkeit von Stahl und Gußeisen — Werkstoffverhalten, Gestalteinfluß und Berechnungsgrundlagen. Leipzig: VEB-Fachbuchverlag 1969.
203. ten Bosch, M.: Berechnung der Maschinenelemente. Reprint. Berlin, Heidelberg, New York: Springer 1972.
204. Thumb, N.: Grundlagen und Praxis der Netzplantechnik. München: Moderne Industrie 1969.
205. Thum, A.: Die Entwicklung von der Lehre der Gestaltfestigkeit. VDI-Z 88 (1944) 609 – 615.
206. Tietz, H.: Ein Höchsttemperatur-Kraftwerk mit einer Frischdampftemperatur von 610° C. VDI-Z. 96 (1953) 802 – 809.
207. Tochtermann, W.; Bodenstein, F.: Konstruktionselemente des Maschinenbaues, Teil 1 und 2, 8. Aufl. Berlin, Heidelberg, New York: Springer 1968 und 1969.
208. Tödt, F.: Metallkorrosion. 2. Aufl. Berlin: de Gruyter 1958.
209. Trapp, H.-J.: Beitrag zum rechnerischen Betriebsfestigkeitsnachweis für Bauteile in Kranhubwerken. Konstruktion 27 (1975) 112 – 149.
210. Tschochner, H.: Konstruieren und Gestalten. Essen: Girardet 1954.
211. Tuffentsammer, K.: Lärmarm Konstruieren — Ein Beitrag zur Humanisierung des Arbeitslebens. VDI-Berichte 239. Düsseldorf: VDI-Verlag 1975.

212. Uhlig, H. H.: Korrosion und Korrosionsschutz. Berlin: Akademie-Verlag 1970.
213. Veit, H.-J.; Scheermann, H.: Schweißgerechtes Konstruieren. Fachbuchreihe Schweißtechnik Nr. 32. Düsseldorf: Deutscher Verlag für Schweißtechnik 1972.
214. VDI/ADB-Ausschuß Schmieden: Schmiedestücke — Gestaltung, Anwendung, Beispiele. Hagen: Informationsstelle Schmiedestück-Verwendung im Industrieverband Deutscher Schmieden 1975.
215. VDI-Berichte Nr. 129: Kerbprobleme. Düsseldorf: VDI-Verlag 1968.
216. VDI-Berichte Nr. 214: Werkstoffe und Bauteilfestigkeit, Vorträge der VDI-Tagung Düsseldorf. Düsseldorf: VDI-Verlag 1974.
217. VDI-Berichte Nr. 239: Beispiele für lärmarme Maschinenkonstruktionen. Düsseldorf: VDI-Verlag 1975.
218. VDI-Richtlinie 2224: Formgebung technischer Erzeugnisse für den Konstrukteur. Düsseldorf: VDI-Verlag 1972.
219. VDI-Richtlinie 2225: Technisch-wirtschaftliches Konstruieren. Düsseldorf: VDI-Verlag 1969.
220. VDI-Richtlinie 2226: Empfehlung für die Festigkeitsberechnung metallischer Bauteile. Düsseldorf: VDI-Verlag 1965.
221. VDI-Richtlinie 2227 (Entwurf): Festigkeit bei wiederholter Beanspruchung, Zeit- und Dauerfestigkeit metallischer Werkstoffe, insbesondere von Stählen (mit ausführlichem Schrifttum). Düsseldorf: VDI-Verlag 1974.
222. VDI-Richtlinien 2801 und 2802: Wertanalyse. Düsseldorf: VDI-Verlag 1970 und 1971.
223. VDI-Richtlinie 3237, Bl. 1 und Bl. 2: Fertigungsgerechte Werkstückgestaltung im Hinblick auf automatisches Zubringen, Fertigen und Montieren. Düsseldorf: VDI-Verlag 1967 und 1973.
224. VDI-Richtlinie 3239: Sinnbilder für Zubringefunktionen. Düsseldorf: VDI-Verlag 1966.
225. VDI-Richtlinie 3720: Lärmarm Konstruieren — Allgemeine Grundlagen. Düsseldorf: VDI-Verlag 1975.
226. VDI-Richtlinie 4004, Bl. 2 (Entwurf): Überlebenskenngrößen. Düsseldorf: VDI-Verlag 1972.
227. VDI: Verlagsverzeichnis. Düsseldorf: VDI-Verlag 1975.
228. VDI: Wertanalyse. VDI-Taschenbücher T 35. Düsseldorf: VDI-Verlag 1972.
229. VDSI-Schriftenreihe Arbeitssicherheit, besonders Hefte 5 (1964), 7 (1966), und 10 (1968).
230. Voigt, C.-D.: Systematik und Einsatz der Wertanalyse. Berlin, München: Siemens-Verlag 1974.
231. Vorath, B.-J.: Beitrag zur Ermittlung der Ermüdungsfestigkeit von Thermoplasten. ZwF 67 (1972) 412 – 418.
232. Wachter, A.: Proper design avoids equipment corrosion. Chem. Engng. Feb. 1960, 162 – 166.
233. Wagner, K.; Pfeil, B.; Keil, G.: Zur Einteilung von Verschleißvorgängen, Schmierungstechnik 6 (1975) 299 – 302, 325 – 330.
234. Wahl, W.: Abrasive Verschleißschäden und ihre Verminderung, VDI-Berichte Nr. 243, „Methodik der Schadensuntersuchung“. Düsseldorf: VDI-Verlag 1975.
235. Wanke, K.: Wassergekühlte Turbogeneratoren. In „AEG-Dampfturbinen, Turbogeneratoren“. Berlin: Verlag AEG (1963) 159 – 168.
236. Warnecke, H. J.; Löhr, H.-G.; Kiener, W.: Montagetechnik. Mainz: Krausskopf 1975.
237. Weber, A.: Werkstoff- und fertigungsgerechtes Konstruieren mit thermoplastischen Kunststoffen. Konstruktion 16 (1964) 2 – 11.
238. Weber, H.: Bedeutung und Aufbau der Werknormung. DIN-Mitteilungen 48 (1969) 41 – 76.
239. Welch, B.: Thermal Instability in High-Speed-Gearing. Journal of Engineering for Power 1961, 91 ff.
240. Wellinger, K.; Dietmann, H.: Festigkeitsberechnung. Stuttgart: Kröner 1969.
241. Wiegand, H.; Beelich, K. H.: Einfluß überlagerter Schwingungsbeanspruchung auf das Verhalten von Schraubenverbindungen bei hohen Temperaturen. Draht-Welt 54 (1968) 566 – 570.

242. — ; — : Relaxation bei statischer Beanspruchung von Schraubenverbindungen. Draht-Welt 54 (1968) 306 – 322.
243. — ; Flemming, G.: Hochtemperaturverhalten von Schraubenverbindungen. VDI-Z. 113 (1971) 1239 – 1244.
244. — ; Illgner, K. H.: Berechnung und Gestaltung von Schraubenverbindungen. Berlin, Göttingen, Heidelberg: Springer 1962.
245. — ; — ; Beelich, K. H.: Einfluß der Federkonstanten und der Anzugsbedingungen auf die Vorspannung von Schraubenverbindungen. Konstruktion 20 (1968) 130 – 137.
246. Winkel, A.; Walter, E.: Staub am Arbeitsplatz. RKW-Reihe, Arbeitsphysiologie – Arbeitspsychologie. Berlin, Köln: Beuth-Vertrieb 1964.
247. ZGV-Lehrtafeln: Erfahrungen, Untersuchungen, Erkenntnisse für das Konstruieren von Bauteilen aus Gußwerkstoffen. Düsseldorf: Gießerei-Verlag 1966.
248. ZGV-Mitteilungen: Fertigungsgerechte Gestaltung von Gußkonstruktionen. Düsseldorf: Gießerei-Verlag.
249. ZGV: Konstruieren und Gießen. Düsseldorf: Gießerei-Verlag.
250. Zienkiewicz, O. G.: Die Methode der finiten Elemente in der Ingenieurwissenschaft. München, Wien: Hanser 1975.
251. Zünkler, B.: Gesichtspunkte für das Gestalten von Gesenkschmiedeteilen. Konstruktion 14 (1962) 274 – 280.

7. Entwickeln von Baureihen und Baukästen

7.1. Baureihen

Ein wesentliches Mittel zur Rationalisierung im Konstruktions- und Fertigungsbereich ist die Entwicklung von Baureihen [31].

Für den *Hersteller* ergeben sich *Vorteile:*

— Die konstruktive Arbeit wird für viele Anwendungsfälle nur einmal unter Ordnungsprinzipien geleistet.

— Die Fertigung von bestimmten Losgrößen wiederholt sich und wird dadurch wirtschaftlicher.

— Es ist eher eine hohe Qualität erreichbar.

Daraus entstehen für den *Anwender Vorteile:*

— Preisgünstiges, qualitativ gutes Produkt.

— Kurze Lieferzeit.

— Problemlose Ersatzteilbeschaffung und Ergänzung.

Als *Nachteile* für beide ergeben sich:

— Eine eingeschränkte Größenwahl mit nicht immer optimalen Betriebseigenschaften.

Unter einer *Baureihe* versteht man technische Gebilde (Maschinen, Baugruppen oder Einzelteile), die

— dieselbe Funktion

— mit der gleichen Lösung

— in mehreren Größenstufen

— bei möglichst gleicher Fertigung

in einem weiten Anwendungsbereich erfüllen.

Sind zusätzlich zur Größenstufung auch andere zugeordnete Funktionen zu erfüllen, ist neben der Baureihe ein *Baukastensystem* zu entwickeln (vgl. 7.2.2). Baureihenentwicklungen können von vornherein vorgesehen sein oder von einem bestehenden Produkt ausgehen, auch wenn dies zunächst mit der Zielsetzung einer Einzellösung entwickelt wurde. Das Wesen einer Baureihenentwicklung besteht darin, daß man von einer Baugröße der zu entwickelnden Baureihe (Maschine, Baugruppe oder Einzelteil) ausgeht und von dieser weitere Baugrößen nach bestimmten Gesetzmäßigkeiten ableitet. Dabei werden der Ausgangsentwurf als *Grundentwurf* und die abgeleiteten Baugrößen als *Folgeentwürfe* bezeichnet [31].

Für die Entwicklung von Baureihen sind Ähnlichkeitsgesetze zwingend und dezimalgeometrische Normzahlen zweckmäßig. Sie werden deshalb zunächst als generelle Hilfsmittel erläutert.

7.1.1. Ähnlichkeitsgesetze

Eine geometrische Ähnlichkeit ist aus Gründen der Einfachheit und Übersichtlichkeit erwünscht. Der Konstrukteur weiß aber, daß technische Gebilde, die rein geo-

Tabelle 7.1. Grundähnlichkeiten

Ähnlichkeit	Grundgröße	Invariante
Geometrische	Länge	$\varphi_L = L_1/L_0$
Zeitliche	Zeit	$\varphi_t = t_1/t_0$
Kraft-	Kraft	$\varphi_F = F_1/F_0$
Elektrische	Elektrizitätsmenge	$\varphi_Q = Q_1/Q_0$
Temperatur-	Temperatur	$\varphi_\vartheta = \vartheta_1/\vartheta_0$
Photometrische	Lichtstärke	$\varphi_B = B_1/B_0$

metrisch ähnlich vergrößert wurden (sog. Storchschnabelkonstruktionen) nur in wenigen Fällen befriedigen. Eine rein geometrische Vergrößerung ist nur statthaft, wenn die Ähnlichkeitsgesetze es zulassen, was stets zu überprüfen ist. Als Beurteilungskriterium bieten sich Gesetze an, wie sie in der Modelltechnik üblich sind und mit großem Erfolg genutzt werden [28, 30, 32, 36]. Es liegt nahe, diese Praxis auch auf die Entwicklung einer Baureihe zu übertragen. Gedanklich kann man das „Modell" dem ursprünglichen Entwurf, dem „Grundentwurf", und die schließliche „Ausführung" des Modells einem Glied der Baureihe als „Folgeentwurf" gleichsetzen. Gegenüber der Modelltechnik ergibt sich im allgemeinen für die Baureihenentwicklung eine andere Zielsetzung, nämlich

— gleich hohe Werkstoffausnutzung
— bei möglichst gleichen Werkstoffen und
— gleicher Technologie

zu erreichen. Daraus folgt, daß bei gleich guter Erfüllung der Funktion und Anpassung der einzelnen Größen über weite Größenbereiche die Beanspruchung gleich bleiben muß.

Von *Ähnlichkeit* wird gesprochen, wenn das Verhältnis mindestens einer physikalischen Größe beim Grund- und bei den Folgeentwürfen konstant, d. h. invariabel, bleibt. Mit den Grundgrößen Länge, Zeit, Kraft, Elektrizitätsmenge bzw. Stromstärke, Temperatur und Lichtstärke lassen sich Grundähnlichkeiten definieren: Tab. 7.1. So ist z. B. *Geometrische Ähnlichkeit* gegeben, wenn stets das Verhältnis aller jeweiligen Längen bei den Folgeentwürfen der Baureihe zum Grundentwurf konstant bleibt. Die Invariante ist der Stufensprung (Längenmaßstab) $\varphi_L = L_1/L_0$ (L_1 Abmessung des 1. Glieds in der Baureihe (Folgeentwurf), L_0 Abmessung des Grundentwurfs). In derselben Weise läßt sich eine Zeitliche, Kraft-, Elektrische, Temperatur- und Photometrische Ähnlichkeit angeben.

Sind nun mehr als jeweils eine dieser Grundgrößenverhältnisse konstant, kommt man zu speziellen Ähnlichkeiten, die eine besondere Aussage ermöglichen. Die Modelltechnik hat für wichtige, stets wiederkehrende besondere Ähnlichkeiten dimensionslose Kennzahlen definiert. So spricht man bei gleichzeitiger Invarianz der Länge und Zeit von *Kinematischer Ähnlichkeit.* Sind die Verhältnisse von Länge und Kraft jeweils konstant, hat man *Statische Ähnlichkeit.*

Eine sehr wichtige Ähnlichkeit ist das konstante Verhältnis von Kräften bei gleichzeitiger geometrischer und zeitlicher Ähnlichkeit, die sog. *Dynamische Ähnlichkeit.* Je nachdem, welche Kräfte betrachtet werden, kommt man zu verschiedenen Kennzahlen. Daneben ist die *Thermische Ähnlichkeit* wichtig, weil sie mit der

Tabelle 7.2. Spezielle Ähnlichkeitsbeziehungen

Ähnlichkeit	Invariante	Kennzahl	Definition	Anschauliche Deutung
Kinematische	φ_L, φ_t			
Statische	φ_L, φ_F	Hooke	$Ho = \frac{F}{E \cdot L^2}$	Bezogene elastische Kraft
Dynamische	$\varphi_L, \varphi_t, \varphi_F$	Newton	$Ne = \frac{F}{\varrho \cdot v^2 \cdot L^2}$	Bezogene Trägheitskraft
		Cauchy *	$Ca = \frac{Ho}{Ne} = \frac{\varrho \cdot v^2}{E}$	Trägheitskraft/elastische Kraft
		Froude	$Fr = \frac{v^2}{g \cdot L}$	Trägheitskraft/Schwerkraft
		NN **	$\frac{E}{\varrho \cdot g \cdot L}$	Elastische Kraft/Schwerkraft
		Reynolds	$Re = \frac{L \cdot v \cdot \varrho}{\eta}$	Trägheitskraft/Reibungskraft in Flüssigkeit und Gasen
Thermische	$\varphi_L, \varphi_\vartheta$	Biot	$Bi = \frac{\alpha \cdot L}{\lambda}$	Zu- bzw. abgeführte/geleitete Wärmemenge
	$\varphi_L, \varphi_t, \varphi_\vartheta$	Fourier	$Fo = \frac{\lambda \cdot t}{c \cdot \varrho \cdot L^2}$	Geleitete/gespeicherte Wärmemenge

* In einigen Veröffentlichungen wird $Ca = v \cdot \sqrt{\varrho/E}$ angegeben. Dies ist dann zweckmäßig, wenn Ca als Geschwindigkeitsverhältnis gelten soll.

** Nicht benannt.

Dynamischen Ähnlichkeit bei geometrisch ähnlichen Baureihen mit gleich hoher Werkstoffausnutzung nicht in Einklang zu bringen ist.

Tab. 7.2 enthält die für Baureihenentwicklungen mechanischer Systeme wichtigen Ähnlichkeitsbeziehungen. Sie sind keineswegs vollständig, sondern müssen je nach Anwendung ergänzt werden, z. B. für Gleitlagerentwicklungen durch die Sommerfeldzahl oder bei hydraulischen Maschinen durch die Kavitationskennzahl und die Druckziffer.

Ähnlichkeit bei konstanter Beanspruchung

In maschinenbaulichen Systemen treten Trägheitskräfte (Massenkräfte, Beschleunigungskräfte, Zentrifugalkräfte usw.) und sog. elastische Kräfte aus dem Spannungs-Dehnungs-Zusammenhang am häufigsten auf.

Soll in einer Baureihe die Beanspruchung überall gleich hoch bleiben, muß $\sigma = \varepsilon \cdot E =$ konstant sein.

Der Spannungsmaßstab wird dann $\varphi_\sigma = \frac{\sigma_1}{\sigma_0} = \frac{\varepsilon_1}{\varepsilon_0} \frac{E_1}{E_0} = 1$.

Mit gleichem Werkstoff, d. h. $\varphi_E = E_1/E_0 = 1$, läßt sich dies mit $\varphi_\varepsilon = \varepsilon_1/\varepsilon_0 = 1$ oder $\varphi_\varepsilon = \frac{\Delta L_1}{\Delta L_0} \frac{L_0}{L_1} = 1$ bzw. $\varphi_{\Delta L} = \varphi_L$ erreichen.

Mit dieser sog. Cauchy-Bedingung müssen alle Längenänderungen in demselben Maßstab wie die zugehörigen Längen, d. h. geometrisch ähnlich, wachsen. Andererseits ist dann der Kraftmaßstab einer elastischen Kraft:

$\varphi_{FE} = \frac{\sigma_1 A_1}{\sigma_0 A_0} = \varphi_L^2$ mit $\varphi_\sigma = \varphi_\varepsilon \cdot \varphi_E = 1$ und $\varphi_A = \varphi_L^2$. Der Kraftmaßstab der Trägheitskraft ist:

$$\varphi_{FT} = \frac{m_1 a_1}{m_0 a_0} = \frac{\varrho_1 V_1 a_1}{\varrho_0 V_0 a_0} .$$

Mit
$$\varphi_\varrho = \varrho_1/\varrho_0 = 1, \varphi_V = V_1/V_0 = L_1^3/L_0^3 = \varphi_L^3$$

und
$$\varphi_a = \frac{L_1 t_0^2}{t_1^2 L_0} = \frac{\varphi_L}{\varphi_t^2}$$

wird
$$\varphi_{FT} = \varphi_L^4/\varphi_t^2 .$$

Eine Dynamische Ähnlichkeit, d. h. konstantes Kraftverhältnis zwischen Trägheits- und elastischen Kräften bei geometrischer Ähnlichkeit, ist nur zu erreichen, wenn $\varphi_t = \varphi_L$ wird:

$$\varphi_{FE} = \varphi_L^2 = \varphi_{FT} = \varphi_L^4/\varphi_L^2 = \varphi_L^2 .$$

Daraus folgt wiederum für den Geschwindigkeitsmaßstab:

$$\varphi_v = \varphi_L/\varphi_t = \varphi_L/\varphi_L = 1 .$$

Bei gleichem Werkstoff ist dieses Ergebnis auch aus der Cauchy-Zahl (Tab. 7.2) abzulesen, denn wenn ϱ und E stets gleich bleiben, kann bei gleicher Kennzahl die Dynamische Ähnlichkeit nur unverändert bleiben, wenn die Geschwindigkeit v ebenfalls gleich bleibt.

Für alle wichtigen Größen wie Leistung, Drehmoment usw. lassen sich nun unter der Bedingung $\varphi_L = \varphi_t = \text{const.}$ und $\varphi_\varrho = \varphi_E = \varphi_\sigma = \varphi_v = 1$ entsprechende Maßstäbe bilden, die in Tab. 7.3 zusammengestellt sind.

Zu beachten ist, daß Werkstoffausnutzung und Sicherheit nur dann konstant sind, wenn innerhalb der Stufung der Größeneinfluß auf die Werkstoffgrenzwerte vernachlässigt werden kann. Gegebenenfalls muß er entsprechend berücksichtigt werden.

Eine nach diesen Gesetzen entwickelte Baureihe wäre geometrisch ähnlich und hätte bei demselben Werkstoff dieselbe Ausnutzung. Dieses Vorgehen ist überall dort möglich, wo Schwerkraft und Temperaturen keinen entscheidenden Einfluß auf die Auslegung haben, anderenfalls muß man zu sog. halbähnlichen Baureihen übergehen (vgl. 7.1.5).

Tabelle 7.3. Ähnlichkeitsbeziehungen bei geometrischer Ähnlichkeit und gleicher Beanspruchung: Abhängigkeit häufiger Größen vom Stufensprung der Länge

Mit $Ca = \frac{\varrho\, v^2}{E} = \text{const.}$ und bei gleichem Werkstoff, d. h. $\varrho = E = \text{const.}$, wird $v = \text{const.}$

Es ändern sich dann unter geometrischer Ähnlichkeit mit dem Längenmaßstab φ_L:

Drehzahlen n, ω Biege- und torsionskritische Drehzahlen n_{kr}, ω_{kr}	φ_L^{-1}
Dehnungen ε, Spannungen σ, Flächenpressungen p infolge Trägheits- und elast. Kräfte, Geschwindigkeiten v	φ_L^0
Federsteifigkeiten c, elastische Verformungen Δl Infolge Schwerkraft: Dehnungen ε, Spannungen σ, Flächenpressungen p	φ_L^1
Kräfte F Leistungen P	φ_L^2
Gewichte G, Drehmomente T, Torsionssteifigkeit c_t, Widerstandsmomente W, W_t	φ_L^3
Flächenträgheitsmomente I, I_t	φ_L^4
Massenträgheitsmomente Θ	φ_L^5

Beachte: Werkstoffausnutzung und Sicherheit sind nur dann konstant, wenn der Größeneinfluß auf die Werkstoffgrenzwerte vernachlässigbar ist.

7.1.2. Dezimalgeometrische Normzahlreihen

Nach Kenntnis der wichtigsten Ähnlichkeitsbeziehungen stellt sich nun die Frage, wie der jeweilige Stufensprung (Maßstab) zu wählen ist, dem eine Baureihe folgen soll. Kienzle [24, 25] und Berg [5 bis 9] haben dargelegt, daß eine dezimalgeometrische Reihe zur Stufung zweckmäßig ist.

Die *dezimalgeometrische Reihe* entsteht durch Vervielfachung mit einem konstanten Faktor φ und wird jeweils innerhalb einer Dekade entwickelt. Der konstante Faktor φ ist der Stufensprung der Reihe und ergibt sich dann zu

$$\varphi = \sqrt[n]{a_n / a_0} = \sqrt[n]{10},$$

wobei n die Stufenzahl innerhalb einer Dekade ist. Für z. B. 10 Stufen würde die Reihe einen Stufensprung $\varphi = \sqrt[10]{10} = 1{,}25$ haben und wird R 10 genannt. Die Gliedzahl der Reihe ist $z = n + 1$.

In Tab. 7.4 ist ein Auszug aus DIN 323 wiedergegeben, in der die Hauptwerte der Normzahlreihen festgelegt sind [12].

Das Bedürfnis nach geometrischer Stufung findet man im täglichen Leben und in der technischen Praxis vielfach bestätigt. Diese Reihen entsprechen dem psychophysischen Grundgesetz von Weber-Fechner, nach welchem geometrisch gestufte Reize, z. B. Schalldrücke, Helligkeiten, arithmetisch gestufte Empfindungen hervorrufen.

Reuthe [33] zeigt, wie Konstrukteure gefühlsmäßig bei der Entwicklung von Reibradgetrieben die Hauptabmessungen nach einer geometrischen Stufung wähl-

Tabelle 7.4. Hauptwerte von Normzahlen (Auszug aus DIN 323)

Grundreihen			
R 5	R 10	R 20	R 40
1,00	1,00	1,00	1,00
			1,06
		1,12	1,12
			1,18
	1,25	1,25	1,25
			1,32
		1,40	1,40
			1,50
1,60	1,60	1,60	1,60
			1,70
		1,80	1,80
			1,90
	2,00	2,00	2,00
			2,12
		2,24	2,24
			2,36
2,50	2,50	2,50	2,50
			2,65
		2,80	2,80
			3,00
	3,15	3,15	3,15
			3,35
		3,55	3,55
			3,75
4,00	4,00	4,00	4,00
			4,25
		4,50	4,50
			4,75
	5,00	5,00	5,00
			5,30
		5,60	5,60
			6,00
6,30	6,30	6,30	6,30
			6,70
		7,10	7,10
			7,50
	8,00	8,00	8,00
			8,50
		9,00	9,00
			9,50

ten. Eigene Untersuchungen bestätigten dies bei Normungsarbeiten von Ölabstreifringen an Turbinenwellen: Auf Bild 7.1 ist über dem logarithmisch wachsenden Wellendurchmesser die Anzahl von neukonstruierten bzw. bestellten Ölabstreifringen für eine Dauer von 10 Jahren aufgetragen worden. Es ergaben sich 47 Durchmesservarianten mit einer Bedarfshäufung in annähernd regelmäßigen Abständen, was auf eine geometrische Stufung deutet. Erschreckend war dagegen die Menge der willkürlich gewählten Nennmaße, z. T. nur wenige Millimeter unterschiedlich, wodurch geringe Stückzahlen pro Größe entstanden. Wie Bild 7.1 weiterhin zeigt, läßt sich mit Normmaßen nach DIN 323, hier mit Hilfe der Reihe R 20, die Variantenzahl auf weniger als die Hälfte bei einem erheblich vergleichmäßigten und höheren Bedarf pro Nennmaß reduzieren. Wären die Konstrukteure von vornherein angewiesen worden, grundsätzlich nach einer solchen Normzahlreihe auszulegen, wäre für dieses Element von selbst eine vorteilhafte Reihe entstanden.

Die Benutzung der Normzahlreihen weist also folgende *Vorteile* auf [12]:

— Anpassung an ein bestehendes Bedürfnis, wobei mit einer jeweils anderen Stufung die Größenstufung Bedarfsschwerpunkten angeglichen werden kann. Die feineren Reihen weisen nämlich die unveränderten Zahlenwerte der gröberen

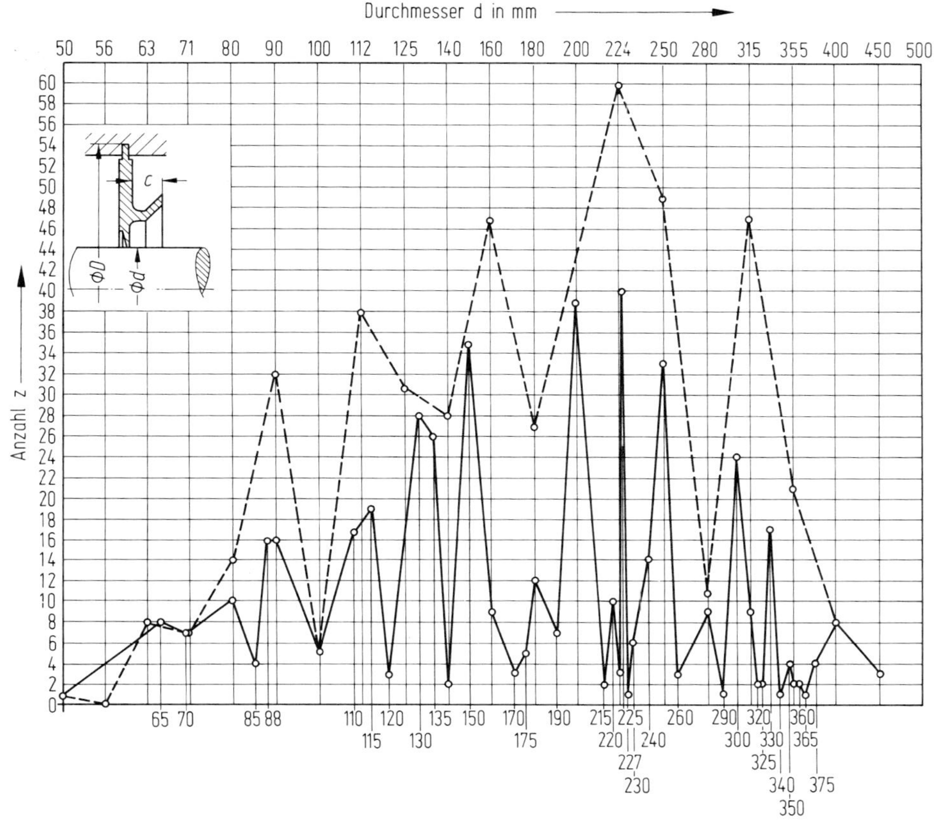

Bild 7.1. Häufigkeit von Abdichtungsdurchmessern d bei Ölabstreifringen von Turbinenwellen; ausgezogene Linie: vorgefundener Zustand, gestrichelte Linie: Vorschlag für eine Baureihe

Reihen auf. Bei entsprechender Einteilung ist eine Annäherung an eine arithmetische Reihe möglich.

Dadurch wird ein Springen zwischen den Reihen und somit die Erfüllung verschieden großer Stufensprünge zur Anpassung an Häufigkeitsverteilungen des Marktbedarfs möglich, was dadurch erleichtert wird, daß die Normzahlreihen sowohl Zehnerpotenzen als auch Doppel bzw. Hälften enthalten.

— Reduzierung von Abmessungsvarianten bei Verwendung von Maßen, die auf den Normzahlen basieren und dadurch Aufwand in der Fertigung an Lehren, Vorrichtungen und Meßwerkzeugen ersparen.

— Da Produkte und Quotienten von Reihengliedern wieder Glieder einer geometrischen Reihe sind, werden Auslegungen und Berechnungen, die überwiegend aus Multiplikationen und Divisionen bestehen, erleichtert. Da z. B. die Zahl π mit sehr guter Näherung in den Normzahlreihen enthalten ist, werden bei geometrischer Stufung von Bauteildurchmessern Kreisumfänge, Kreisflächen, Zylinderinhalte und Kugelflächen ebenfalls Glieder von Normzahlreihen.

— Sind die Abmessungen eines Bauteils oder einer Maschine Glieder einer geometrischen Reihe, so ergeben sich bei linearer Vergrößerung oder Verkleinerung Maßzahlen derselben Reihe, wenn der Vergrößerungs- bzw. Verkleinerungsfaktor ebenfalls der Reihe entnommen ist.
— Selbständiges Wachsen sinnvoller Größenstufungen, die mit anderen schon vorhandenen oder zukünftigen Reihen verträglich sind.

7.1.3. Wahl der Größenstufung

In den meisten Fällen wird zur Rationalisierung der gesamten Auftragsabwicklung eine feste Typisierung mit einmal festgelegten Größenstufen angestrebt. Hierbei ist eine *zweckmäßige Größenstufung* für Abmessungen und Kenngrößen, z. B. für Leistungen und Drehmomente, von großer Bedeutung. Die Größenstufung richtet sich nach mehreren Gesichtspunkten.

Der eine ist von der Marktsituation gegeben, die in der Regel eine kleine Stufung erwartet, um die Kundenforderungen mit einer möglichst passenden Maschinen- oder Gerätegröße erfüllen zu können. Gründe hierfür sind z. B. der Wunsch, keine Überbemessung am Fundament oder den angrenzenden Baugruppen oder Maschinen vornehmen zu müssen, ferner Gewichtsprobleme, spezielle Eigenschaftsforderungen oder auch ästhetische Gesichtspunkte.

Der zweite Gesichtspunkt kommt von der Konstruktion und Fertigung her. Aus technischen und wirtschaftlichen Gründen muß hier eine Größenstufung gewählt werden, die einerseits fein genug ist, die technischen Anforderungen (z. B. Wirkungsgrad) erfüllen zu können, die aber andererseits so grob ist, daß die wirtschaftliche Fertigung einer Reihe durch große Stückzahl infolge Typbereinigung ermöglicht wird.

Das Festlegen einer optimalen Größenstufung ist eine Aufgabe, die nur bei ganzheitlicher Betrachtungsweise des Systems „Markt – Konstruktion – Fertigung – Vertrieb“ zu lösen ist. Voraussetzung hierfür sind aussagefähige und vor allem sichere Informationen über das Verhalten und die Anforderungen:
— Bedarfserwartungen des Markts (Vertriebs), bezogen auf die einzelnen Baugrößen,
— Marktverhalten bei Typbereinigung und den damit verbundenen Lücken,
— Fertigungskosten und Fertigungszeiten bei unterschiedlichen Größenstufungen, vor allem eine genaue Erfassung der sich verändernden Fertigungsgemeinkosten, und
— Eigenschaften der Produkte bei unterschiedlichen Größenstufungen.

Da sich eine optimale Größenstufung nur aus dem Zusammenspiel der genannten Teilsysteme ergeben kann, wird es nicht immer zweckmäßig sein, den geforderten Größenbereich einer Produktreihe mit einem konstanten Stufensprung aufzuteilen. Vielmehr ist es häufig aus technischen und wirtschaftlichen Gesichtspunkten günstiger, einen Größenbereich in unterschiedliche Größenabstände aufzugliedern.

Definiert man eine *Bereichszahl B* als Kennzeichnung eines Größenbereichs von Gesamt- oder Teilbereichen zu

$$B = \frac{\text{Größtes Glied des Größenbereichs}}{\text{Kleinstes Glied des Größenbereichs}} = \varphi^n$$

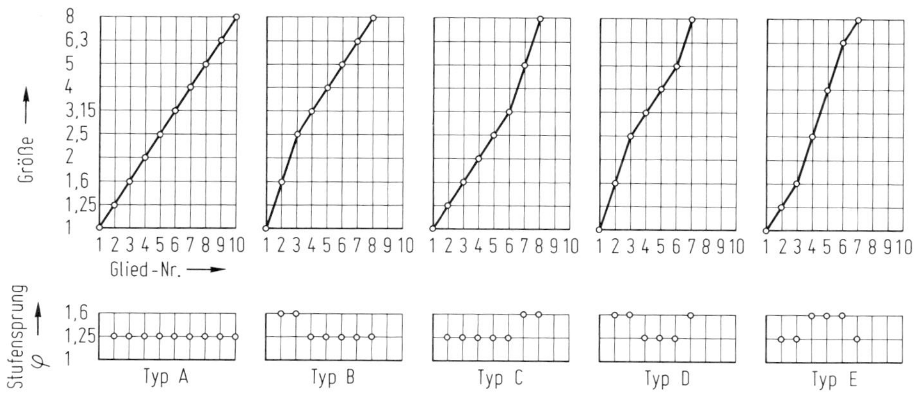

Bild 7.2. Stufencharakteristiken für Baureihen nach [16] (Stufensprung nach jeder Stufe zugeordnet)

mit n Anzahl der Größenstufen im jeweiligen Bereich und $z = n + 1$ Gliedzahl des Bereichs, so erhält man den Stufensprung

$$\varphi = \sqrt[n]{B}.$$

Der Größenbereich kann nach einem *konstanten* oder *veränderlichen Stufensprung* aufgeteilt werden, und zwar durch Springen innerhalb und/oder zwischen gröberen und feineren Normzahlreihen (R 5 bis R 40). Dadurch können z. B. Stufungscharakteristiken entsprechend Bild 7.2 entstehen.

Typ A hat einen konstanten Stufensprung (z. B. $\varphi = 1{,}25$ entsprechend R 10) über den gesamten Größenbereich.

Typ B stuft den unteren Teil des Größenbereichs zunächst grob (z. B. $\varphi = 1{,}6$ entsprechend R 5) und den oberen Teil feiner (z. B. $\varphi = 1{,}25$ entsprechend R 10). Solche degressiv-geometrischen Baureihen wird man anwenden, wenn bei kleinen Baugrößen eine gröbere Stufung wirtschaftlich vertretbar ist, z. B. wegen kleinerer Stückzahlen. Ist eine degressive Stufung zweckmäßig, so wird man sie immer durch Zusammensetzen mehrerer Normzahlreihen mit kleiner werdenden Stufensprüngen realisieren und nicht durch eine stetig abnehmende Reihe, da einerseits eine Anpassung genau genug möglich ist, andererseits die Beibehaltung von Normzahlreihen aus den eingangs genannten Gründen vorteilhaft ist.

Typ C hat im oberen Größenbereich einen größeren Stufensprung und wird eingesetzt, wenn die Bedarfshäufung bei kleineren Größen liegt. Zusammengesetzte Reihen nach Typ C bezeichnet man auch als progressiv-geometrische Reihen.

Typ D besitzt im mittleren Teil des Größenbereichs einen kleineren Stufensprung, Typ E einen größeren Stufensprung.

Vereinfachend kann als Regel gelten, daß eine Größenstufung um so feiner sein muß, je größer der Bedarf ist und je genauer bestimmte technische Eigenschaften eingehalten werden müssen. Angesichts der Gesetzmäßigkeit einer Baureihe kann eine andere Stufung ohne konstruktiven Aufwand unmittelbar vorgenommen werden, wenn es der Markt erfordert. Dabei müssen natürlich die Konsequenzen auf der Fertigungsseite beachtet werden.

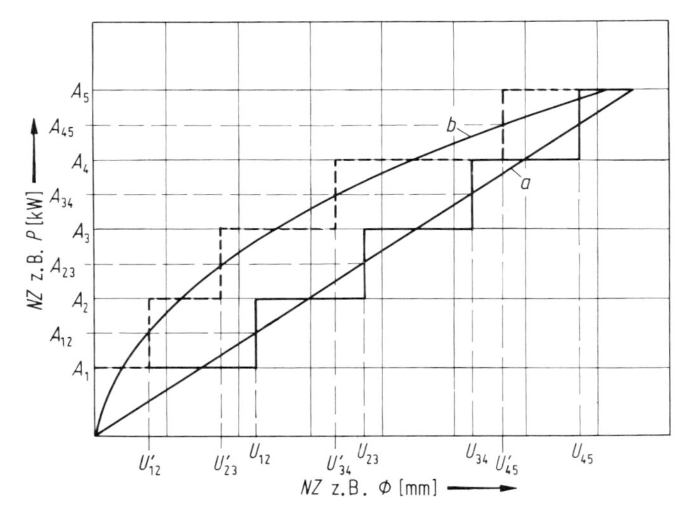

Bild 7.3. Stufung unabhängiger (U) und abhängiger (A) Größen.
Bei Potenzfunktion besteht im NZ-Diagramm linearer Zusammenhang (Kurve a), sonst nichtlinearer Zusammenhang (Kurve b)

Bei der Stufung muß man zwischen *unabhängigen* und *abhängigen Größen* unterscheiden. Die Aufgabenstellung bestimmt in der Regel, welche Größen als abhängige und welche als unabhängige zu betrachten sind. So kann z. B. die geometrische Stufung der Leistung aus Marktgründen vorteilhaft sein oder die Stufung der Abmessungen nach Normzahlreihen aus fertigungstechnischen Gründen. Sind beide durch ein Potenzgesetz verknüpft (Bild 7.3, Kurve a), so können beide nach Normzahlreihen gestuft werden, entweder mit Exponenten $p=1$ mit gleichem Wachstum oder bei $p \neq 1$ mit verändertem Wachstum. In Bild 7.3 sind die abhängigen und unabhängigen Größen logarithmisch aufgetragen. Haben diese Normzahlen gleichen Stufensprung, ist der Abstand konstant (vgl. Bild 7.4).

Es gibt aber auch Funktionszusammenhänge bei technischen Systemen, wo keine derartige Potenzabhängigkeit zwischen abhängigen und unabhängigen Funktionsgrößen oder Abmessungen vorliegt. In solchen Fällen können nicht alle Größen geometrisch gestuft sein. Hier muß der Konstrukteur je nach Aufgabenstellung entscheiden, ob er die unabhängigen oder die abhängigen Größen nach Normzahlreihen stuft.

Will man *Teilbereiche* mit mehreren Größenstufen aus wirtschaftlichen Gründen nur mit jeweils *einer Größenstufe* realisieren (halbähnliche Baureihen), so sollte man anstreben, daß die für eine solche Stufung notwendige Treppenlinie dem stetigen Kurvenverlauf zwischen abhängigen und unabhängigen Größen praktisch gleichwertig ist. Bild 7.3 zeigt eine solche Treppenlinie für Größenbeziehungen nach einer Potenzfunktion (linearer Verlauf Kurve a) und nichtlinearen Beziehungen, die einer solchen nicht folgen (Kurve b).

Den geometrisch gestuften Teilbereichen A_1A_2, A_2A_3, usw. sind unabhängige Größen U_{12}, U_{23} usw. zugeordnet. Diese Zuordnung erhält man zweckmäßigerweise so, daß man die geometrisch gestuften Teilbereiche, hier A_1A_2, A_2A_3 usw., durch ihre geometrischen Mittelwerte $A_{12}=\sqrt{A_1 \cdot A_2}$ ersetzt und durch diese dann die Treppenstufe legt. Das ist besser, als sie nach Gefühl festzulegen, was häufig geschieht. Man erkennt, daß Abhängigkeiten nach Kurve *a* auch für die Treppen wieder eine geometrische Stufung ergeben, während nichtlineare Verhältnisse nach Kurve *b* eine solche nicht ermöglichen (U'-Werte daher nicht geometrisch gestuft). Hier muß der Konstrukteur wieder entscheiden, für welche Größen eine Stufung nach Normzahlen zweckmäßig ist.

Weitere Abweichungen von streng geometrischer Stufung können sich, wie schon erwähnt, aus Fertigungsgesichtspunkten ergeben. So haben Beispiele der Praxis gezeigt, daß es kostengünstiger sein kann, arithmetische oder sogar ungleichmäßige Stufungen für Bauteilabmessungen vorzusehen, damit bei einer Baureihe die im allgemeinen nicht geometrisch gestuften Halbzeuge besser ausgenutzt oder die Fertigungsvorrichtungen vereinfacht werden (vgl. 7.1.5). Wenn auch eine Stufung nach Normzahlreihen generell anzustreben ist, so sollte der Konstrukteur sie nicht um jeden Preis anwenden, sondern nach einer Kostenanalyse im Einzelfall entscheiden.

Eine weitere Abweichung von einer geometrischen Stufung ergibt sich, wenn nur bestimmte Abmessungen gestuft, andere dagegen für spezielle Anforderungen des jeweiligen konkreten Kundenauftrags angepaßt werden. Dieses wird als *gleitende Typisierung* bezeichnet [15]. Solches Vorgehen ist dann zweckmäßig, wenn die gleitende Anpassung einzelner für die Funktion wichtiger Abmessungen ohne merklich höheren Fertigungsaufwand erfolgen kann. So sind für die in [15] beschriebene Baureihe von Kugelhähnen die Abmessungen des Gehäuses, der Antriebswellen und der Lagerungen fest gestuft, dagegen Kugelküken aus strömungstechnischen Gründen und die dazu passenden Stütz- bzw. Dichtringe mit Hilfe gleitender Abmessungen angepaßt. Ähnliche Beispiele findet man im Turbinen- und thermischen Apparatebau [26].

7.1.4. Geometrisch ähnliche Baureihen

Es wird angenommen, daß ein Grundentwurf mit Werkstoffwahl und nötigen Berechnungen vorliegt. Dabei ist es vorteilhaft, wenn dieser Grundentwurf mit seiner Nenngröße etwa im Mittelfeld der beabsichtigten Baureihe liegt.

Fast alle technischen Beziehungen lassen sich in die allgemeine Form

$$y = c\,x^p$$

bringen, deren logarithmische Form

$$\lg y = \lg c + p \lg x$$

ist.

Jede Normzahl (NZ) kann mit $\mathrm{NZ} = 10^{\mathrm{m}/\mathrm{n}}$ oder wieder mit

$$\lg(\mathrm{NZ}) = m/n$$

geschrieben werden, wobei *m* die jeweilige Stufe in der NZ-Reihe und *n* die Stufenzahl der NZ-Reihe innerhalb einer Dekade angibt. Damit ist die technische Beziehung auch darstellbar durch

$$\frac{m_y}{n} = \frac{m_c}{n} + p\,\frac{m_x}{n}.$$

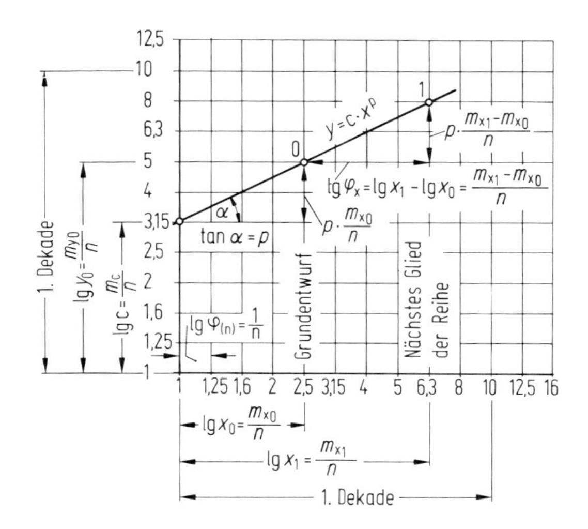

Bild 7.4. Technische Beziehungen im NZ-Diagramm; n Stufenzahl der feinsten zugrunde gelegten NZ-Reihe; jeder Rasterpunkt ist eine Normzahl dieser Reihe; jeder ganzzahlige Exponent führt wieder auf eine Normzahl

Der Grundentwurf erhält den Index 0, das erste nächstfolgende Glied der Baureihe (Folgeentwurf) den Index 1, das k-te den Index k.

Alle *Abhängigkeiten* können nun als Geraden in einem *doppeltlogarithmischen Diagramm* dargestellt werden, wobei die Steigung dieser Geraden jeweils dem Exponenten p der technischen Beziehung (Abhängigkeit) entspricht: Bild 7.4. Der Einfachheit halber schreibt man aber nicht die Logarithmen, sondern sogleich die Normzahlen selbst an die Koordinaten und erhält ein sehr praktikables und anschauliches Werkzeug zur Baureihenentwicklung, wie Berg [7, 9] darlegte. Jeder Rasterpunkt stellt nun eine Normzahl dar, der stets von Linien mit ganzzahligen Exponenten getroffen wird. Hat man auf der Abszisse die Nenngröße x aufgetragen, so ist der Stufensprung $\varphi_x = x_1/x_0$. Bei einer geometrisch ähnlichen Abmessungsreihe ist er gleich dem Stufensprung φ_L. Alle anderen Größen wie Abmessungen, Drehmomente, Leistungen, Drehzahlen usw. ergeben sich bei Kenntnis des Grundentwurfs aus den bekannten Exponenten ihrer physikalischen bzw. technischen Beziehung (vgl. Tab. 7.3) und können als Gerade mit entsprechender Steigung (z. B. Gewicht: $\varphi_G = \varphi_L^3$, also mit Steigung 3 : 1) eingetragen werden.

Die Baureihe entsteht auf diese Weise zunächst ohne weitere Zeichenarbeit in Diagrammform in ihren Hauptabmessungen und Hauptdaten, wie es auf den Bildern 7.5 und 7.6 am Beispiel einer Zahnkupplung dargestellt ist.

Mit Hilfe eines solchen Datenblatts ist man, vom Grundentwurf ausgehend, in der Lage, für jede Baugröße der Reihe dem Verkauf, dem Einkauf, der Arbeitsvorbereitung und der Fertigung schon wichtige Informationen zu geben, ohne daß weitere Gesamt- oder Teil-Zeichnungen bestehen müssen.

Eine einfache Übertragung der Maße aus den Datenblättern auf Zeichnungen, die erst im Bedarfsfall (Bestellung) angefertigt zu werden brauchen, ist aber erst möglich, wenn man mindestens noch folgende Punkte überprüft hat:

1. *Passungen und Toleranzen* sind mit den Nennmaßen nicht geometrisch ähnlich gestuft, sondern die Größe einer Toleranzeinheit folgt der Beziehung $i = 0{,}45 \cdot \sqrt[3]{D} + 0{,}001\,D$, d. h. der Stufensprung der Toleranzeinheit i folgt im wesentlichen $\varphi_i = \varphi_L^{1/3}$.

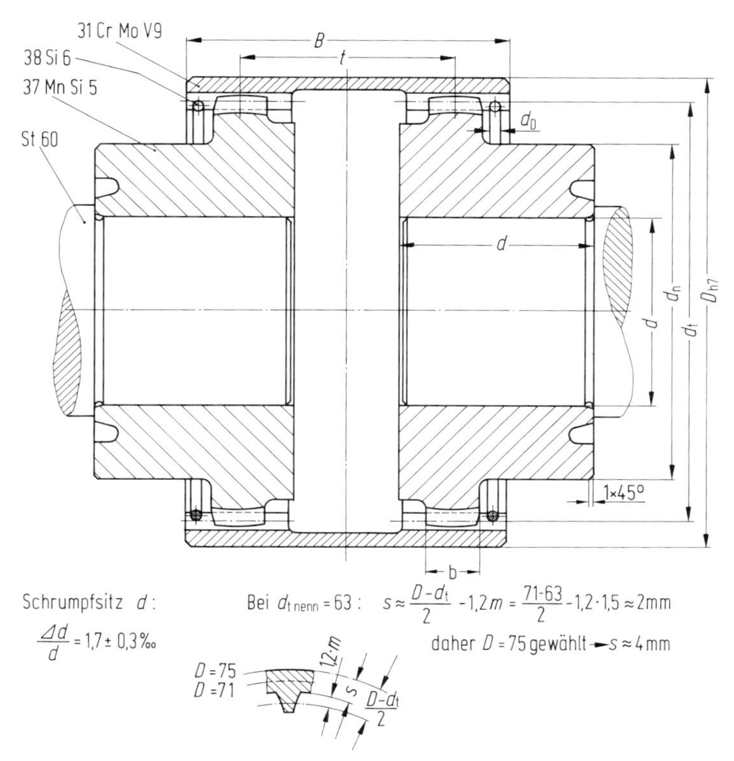

Bild 7.5. Grundentwurf $d_t = 200$ mm für eine Zahnkupplungsreihe mit Werkstoff- und wichtigen Größenangaben

Infolgedessen muß besonders bei Schrumpf- und Preßverbindungen, aber auch bei funktionsbedingten Spielen an Lagern u. ä., im Hinblick auf die mit φ_L gehenden elastischen Verformungen die Toleranz zur Sicherstellung gleicher Funktionsgrenzen angepaßt werden, d. h., kleinere Abmessungen bedingen höhere, größere Abmessungen erlauben eine niedrigere Qualitätsstufe (vgl. Bild 7.6).

2. *Technologische Einschränkungen* führen oft zu Abweichungen, z. B. kann eine Gußwanddicke nicht unterschritten, eine bestimmte Dicke nicht durchvergütet werden. Hier muß eine Überprüfung in den extremen Größenbereichen vorgenommen werden, wie z. B. auf Bild 7.6 bei der kleinsten Baugröße mit Rücksicht auf die Herstellung der Verzahnung die Steifigkeit der Hülse mit der Wanddikkenvergrößerung ($D = 71$ mm auf $D = 75$) verbessert wurde. Dasselbe gilt für Meßränder, Bearbeitungspratzen usw.

3. *Übergeordnete Normen* basieren nicht immer konsequent auf Normzahlen. Durch sie beeinflußte Bauteile müssen entsprechend angepaßt werden (vgl. Bild 7.6, Festlegung des Moduls).

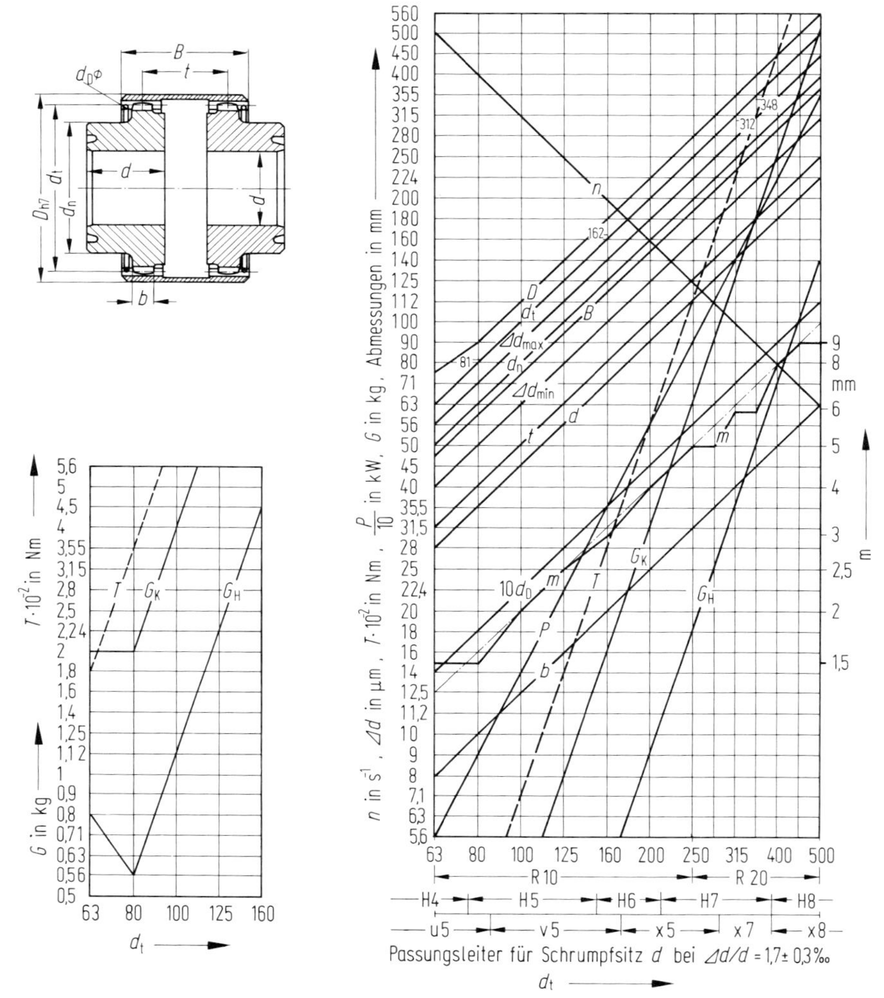

Bild 7.6. Datenblatt der Zahnkupplungsreihe über dem Nenndurchmesser d_t entsprechend Grundentwurf nach Bild 7.5, Abmessungen geometrisch ähnlich. Ausnahmen: Hülsenaußendurchmesser D bei der kleinsten Baugröße aus Steifigkeitsgründen, nicht nach Normzahlen gestufte Moduln und die Forderung nach ganzen, geraden Zähnezahlen, weswegen einige Teilkreisdurchmesser geringfügig angepaßt werden mußten. Unter der Abszisse angepaßte Passungsfestlegung

4. *Übergeordnete Ähnlichkeitsgesetze* oder *andere Anforderungen* können eine stärkere Abweichung von der geometrischen Ähnlichkeit erzwingen. Es müssen dann halbähnliche Baureihen vorgesehen werden (vgl. 7.1.5).

Die nun ermittelten und notwendigen Abweichungen solcher geometrisch ähnlichen Baureihen mit gleicher Ausnutzung werden nach z. T. zeichnerischer Überprüfung der kritischen Zonen im Datenblatt eingetragen. Die Fertigungsunterlagen werden dann erst im Bedarfsfall angefertigt. Zur anschaulichen bildlichen Darstel-

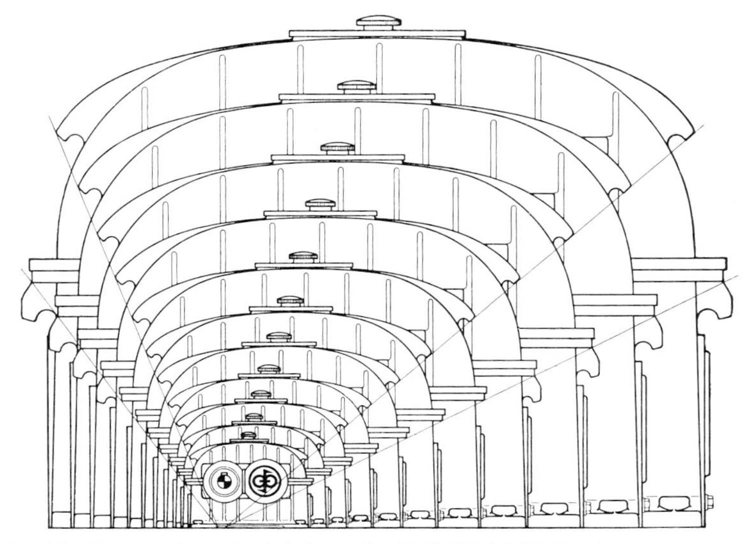

Bild 7.7. Strahlenfigur zu einer Getriebebaureihe [14] (Werkbild Flender)

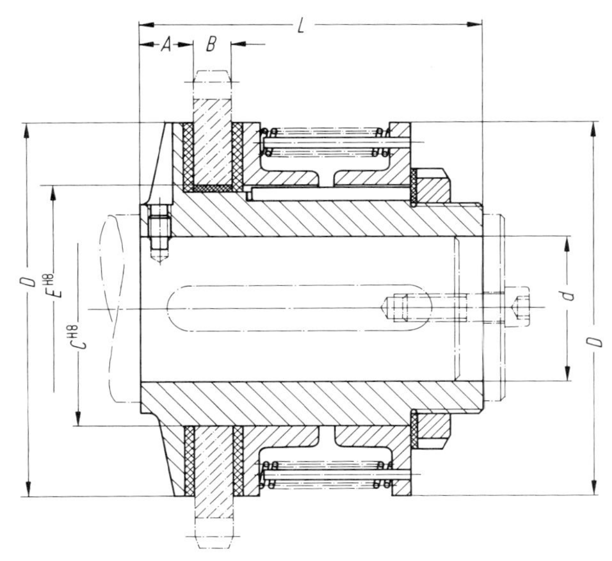

Bild 7.8. Grundentwurf einer Rutschnabe. (Bauart Ringspann KG)

lung von Gliedern einer Baureihe, z. B. in Firmenkatalogen oder Anzeigen, haben sich sog. Strahlenfiguren eingeführt, die früher auch zur zeichnerischen Entwicklung eingesetzt wurden [7, 25]. Bild 7.7 zeigt als Beispiel eine Getriebebaureihe.

Beispielhaft wird eine geometrische Baureihe von Rutschnaben, die gleiche Werkstoffausnutzung unter Beachtung übergeordneter Normen anstrebt, wiedergegeben. Bild 7.8 stellt den Grundentwurf dar. Bei Verschleiß der Reibbeläge soll der Drehmomentenabfall möglichst klein bleiben. Dies wird hier mit einer großen An-

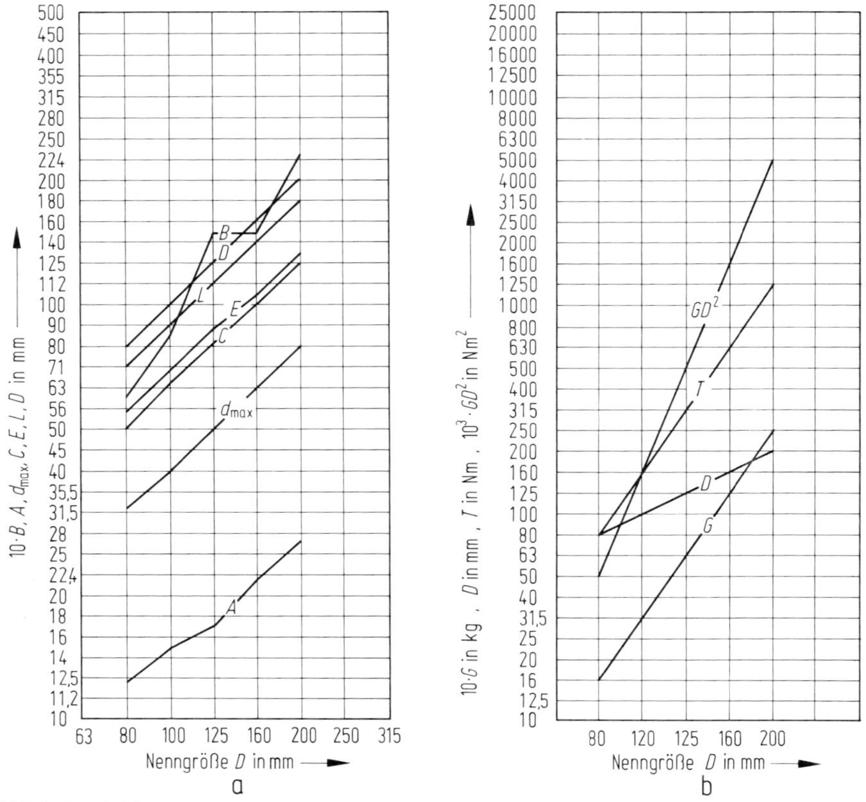

Bild 7.9. Datenblätter zur Rutschnabe nach Bild 7.8;
a) Abmessungen angepaßt an übergeordnete Normen bzw. Fremdteile
b) Hauptdaten: Torsionsmoment T, Gewicht G und Schwungmoment GD^2

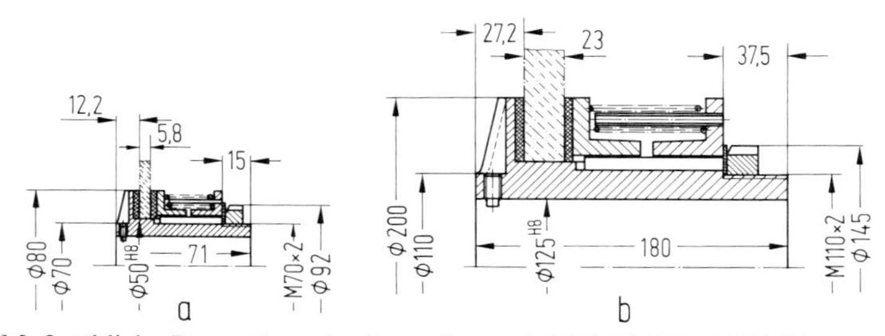

Bild 7.10. Maßstäbliche Darstellung der Baureihe nach Bild 7.9 (Werkbild Ringspann KG);
a) des kleinsten
b) des größten Gliedes

zahl auf dem Umfang angeordneter Schraubenfedern mit einer relativ flachen Kennlinie erreicht. Alle Größen der Rutschnabe erfüllen die in Tab. 7.3 erwähnten Ähnlichkeitsbedingungen: Alle Kraftverhältnisse bleiben über der Größenstufung bei geometrischer Ähnlichkeit konstant und die Werkstoffausnutzung ist stets gleich hoch.

Bild 7.9.a und b sind die entwickelten Datenblätter. Die erkennbare Abweichung der Größe B ist bedingt durch die in einer übergeordneten Norm festgelegten Breite von Kettenritzeln (Fremdteile), die Abweichung bei A durch die genormten Gewindestifte mit Zapfen und aus technologischen Gründen (Wanddicke). Bild 7.10 a und b zeigt jeweils das kleinste und größte Glied der Baureihe.

7.1.5. Halbähnliche Baureihen

Geometrisch ähnliche Baureihen mit dezimal-geometrischer Stufung lassen sich nicht immer verwirklichen. Bedeutende Abweichungen von der geometrischen Ähnlichkeit können durch folgende Gründe erzwungen werden, die für die Baureihe ein anderes Wachstumsgesetz erfordern:

— Übergeordnete Ähnlichkeitsgesetze,
— übergeordnete Aufgabenstellung und
— übergeordnete wirtschaftliche Forderungen der Fertigung.

Solche Fälle führen dann zur Entwicklung sog. *halbähnlicher* Baureihen.

1. Übergeordnete Ähnlichkeitsgesetze

Einfluß der Schwerkraft

Wirken in einer Baureihe Trägheits-, elastische und Gewichtskräfte zugleich und lassen sich letztere nicht vernachlässigen, können die aus der Cauchy-Bedingung hergeleiteten Beziehungen nicht mehr aufrechterhalten werden, weil, wie dargelegt, einerseits Trägheitskräfte und elastische Kräfte bei konstanter Geschwindigkeit vom Stufensprung der Länge mit $\varphi_{FT} = \varphi_{FE} = \varphi_L^2$ abhängen, hingegen die Gewichtskraft mit $\varphi_{F_G} = \varrho_1 \cdot g \cdot V_1/(\varrho_0 \cdot g \cdot V_0) = \varphi_\varrho \varphi_L^3$ und bei $\varphi_\varrho = 1$ mit $\varphi_{F_G} = \varphi_L^3$ wächst.

Betrachtet man in Tab. 7.2 die entsprechenden Kennzahlen, so erkennt man, daß bei Invarianz aller Werkstoffgrößen und der Geschwindigkeit nur noch die Größe der Länge verbleibt und so bei Größenvariation die betreffende Kennzahl nicht konstant bleiben kann, d. h., das Verhältnis der Kräfte ändert sich und damit bei ähnlichen Querschnitten auch die Beanspruchung. Es muß also eine von der geometrischen Ähnlichkeit abweichende Anpassung vorgenommen werden. Das ist z. B. im Elektromaschinenbau und bei Fördereinrichtungen der Fall.

Einfluß thermischer Vorgänge

Eine entsprechende Problematik ergibt sich bei thermischen Vorgängen. Konstanz des Temperaturverhältnisses φ_ϑ ist nur dann gegeben, wenn Thermische Ähnlichkeit vorliegt, gleichgültig ob es sich um quasistationären oder instationären Wärmefluß handelt. Ersterer wird mit der sog. Biot-Zahl [20] beschrieben,

$$B_i = \alpha L/\lambda,$$

wobei α die Wärmeübergangszahl und λ die Wärmeleitzahl der von der Wärme beaufschlagten Wand ist. Auch hier ist erkennbar, daß bei annähernd gleichbleibender Wärmeübergangszahl (die Geschwindigkeit bleibt gleich) und bei Stoffkonstanz nur noch die Größe der Länge verbleibt, die sich aber in einer Baureihe ändern soll. Infolgedessen kann die die Thermische Ähnlichkeit sicherstellende Kennzahl nicht unverändert bleiben. Dasselbe gilt für instationär verlaufende Aufheiz- oder Abkühlvorgänge, repräsentiert durch die Fourier-Zahl

$$F_0 = \lambda t/(c \varrho L^2),$$

in der λ die Wärmeleitzahl, c die spez. Wärme und ϱ die Dichte des Werkstoffs ist. Bei Stoffkonstanz wären die Zeit t und die Länge L variabel. Will man die Cauchy-Zahl einhalten, ist der Zeitmaßstab gleich dem Längenmaßstab. Wiederum verbleibt nur eine Größe der Länge, die aber in einer Reihe veränderlich sein muß. Die Fourier-Zahl kann also nur dann konstant bleiben, wenn der Zeitmaßstab

$$\varphi_t = \varphi_L^2$$

wäre, d. h. der Zeitmaßstab sich im Quadrat mit dem Längenmaßstab ändern würde.

Die Erscheinungen sind bekannt. Wärmespannungen, herrührend aus zeitlich veränderlichen Temperaturverteilungen, wachsen unter sonst gleichen Bedingungen bei Vergrößerung der Wand quadratisch.

Andere Ähnlichkeitsbeziehungen

Wird die Funktion einer Maschine oder eines Apparats von physikalischen Vorgängen bestimmt, die nicht durch Trägheits- und elastische Kräfte gekennzeichnet sind, müssen die dann maßgebenden physikalischen Beziehungen zur Ähnlichkeitsbetrachtung herangezogen werden [18, 30, 32, 36].

In einem Gleitlager z. B. wird der Betriebszustand durch die Sommerfeld-Zahl beschrieben

$$S_0 = \bar{p}\, \psi^2/(\eta\, \omega).$$

In einer Maschine, die sonst der Cauchy-Zahl folgt, wird der Maßstab für die Sommerfeld-Zahl

$$\varphi_{S_0} = \frac{\bar{p}_1\, \psi_1^2\, \eta_0\, \omega_0}{\bar{p}_0\, \psi_0^2\, \eta_1\, \omega_1} = \varphi_{\bar{p}}\, \varphi_\psi^2 \frac{1}{\varphi_\eta} \frac{1}{\varphi_\omega}.$$

Bei elastischen Kräften ist $\varphi_{\bar{p}} = 1$, bei Gewichtskräften dagegen $\varphi_{\bar{p}} = \varphi_L$; im übrigen

$$\varphi_\psi = 1,\ \varphi_\omega = 1/\varphi_L,\ \varphi_\eta = 1 \text{ bei } \vartheta = \text{const.}$$

Also wird bei elastischen Kräften $\varphi_{S_0} = \varphi_L$ und bei Gewichtskräften $\varphi_{S_0} = \varphi_L^2$. Die Sommerfeld-Zahl steigt mit der Baugröße, das Lager nimmt eine andere zunehmende Exzentrizität ein und erreicht bei einer bestimmten Baugröße möglicherweise die zulässige Schmierspalthöhe.

Ein Rohr werde laminar durchströmt. Der Druckverlust folgt der Beziehung

$$\Delta p = \lambda \frac{l}{d} \frac{\varrho}{2} w^2 = 32\, \eta \frac{l}{d^2} w\ .$$

$\lambda = 64/R_e$ im laminaren Betrieb, $R_e = dw\varrho/\eta$, l Rohrlänge, d Rohrdurchmesser, w Geschwindigkeit im Rohr, ϱ Dichte des Mediums, η dyn. Zähigkeit des Mediums.

Mit $\eta = \text{const.}$ und φ_L als Längenmaßstab wird der Druckverlustmaßstab

$$\varphi_{\Delta p} = \varphi_w/\varphi_L\, .$$

Soll z. B. der Druckverlust konstant bleiben, muß die Geschwindigkeit im Rohr mit der Baugröße wachsen. Dies wiederum könnte zur Folge haben, daß die Reynolds-Zahl soweit steigt, daß man in den Umschlagbereich zur turbulenten Strömung kommt, in dem die obigen Beziehungen ihre Gültigkeit verlieren.

Die Verwendung von elektrischen Wechselstrom-Antriebsmaschinen, die je nach Polzahl nur eine grob veränderliche Drehzahl haben, läßt es nicht zu, die Geschwindigkeit in einer feingestuften Arbeitsmaschinenreihe (z. B. Pumpen) entsprechend der Cauchy-Kennzahl konstant zu halten. Die Folge sind unterschiedliche Beanspruchungen, andere Leistungsdaten oder eine entsprechend angepaßte halbähnliche Reihe.

2. Übergeordnete Aufgabenstellung

Nicht nur andere Ähnlichkeitsgesetze können eine halbähnliche Baureihe erzwingen, sondern auch eine übergeordnete Aufgabenstellung. Das ist dann der Fall, wenn die Aufgabe Bedingungen enthält, die mit den physikalisch bedingten Ähnlichkeitsgesetzen nicht verträglich sind. Vielfach ergibt sich diese Situation im Zusammenhang zwischen Mensch und Maschine. Alle Bauteile, mit denen der Mensch bei der Arbeit in Berührung kommt, müssen den physiologischen Bedingungen und Körperabmessungen des Menschen entsprechen, z. B. Bedienorgane, Handgriffe, Steh- und Sitzplätze, Überwachungseinrichtungen, Schutzeinrichtungen. Sie können sich im allgemeinen nicht mit der Nenngröße der Baureihenglieder verändern.

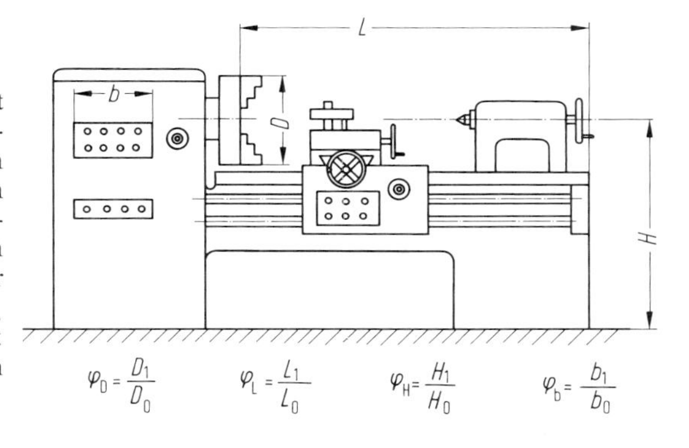

Bild 7.11. Drehmaschine mit Hauptabmessungen und Bedienelementen, schematisch dargestellt; Anforderungen an die Verhältnisse von Durchmesser/Länge/Höhe ändern sich je nach zu bearbeitender Produktgruppe, also $\varphi_D \neq \varphi_L \neq \varphi_H$, dabei aber möglichst $\varphi_H = \varphi_b = 1$ aus ergonomischen Gründen

Eine übergeordnete Aufgabenstellung kann aber auch infolge rein technischer Bedingungen vorliegen, indem Eingangs- oder Ausgangsprodukte nicht geometrisch ähnliche Abmessungen haben, z. B. Folien-, Papier- und Druckerzeugnisse.

Bild 7.11 zeigt schematisch eine Drehmaschine. Bei ihr treffen beide Fälle zu. Die vom Menschen zu handhabenden Bedienorgane wachsen mit der Baugröße nur bedingt, manche bleiben stets gleich groß. Die Arbeitshöhe muß dem Menschen angepaßt bleiben, aber es bestehen auch Anwendungsbereiche mit besonders langer Drehlänge im Vergleich zum Drehdurchmesser. Auch das Umgekehrte, großer Durchmesser bei kleinen Längen, ist denkbar. In solchen Fällen ist dann die Gesamtmaschine stets halbähnlich zu konzipieren, während einzelne Baugruppen, wie Spindelantrieb, Reitstockeinheit usw., in einer geometrisch ähnlichen Reihe entwikkelt werden können, die dann baukastenartig auf dem jeweiligen Gestell zur Drehmaschine kombiniert werden.

3. Übergeordnete wirtschaftliche Forderungen der Fertigung

Mit der Entwicklung einer Baureihe sucht man bereits eine hohe Wirtschaftlichkeit zu erzielen. In einer Baureihe selbst, besonders dann, wenn sie relativ fein gestuft werden muß, können Einzelteile und Baugruppen, gröber gestuft, eine höhere Stückzahl ergeben und so eine noch wirtschaftlichere Fertigung ermöglichen.

Wenn die diese Einzelteile und Baugruppen umgebenden anderen Zonen und selbstverständlich die Funktion es gestatten, kann man in einer an sich feingestuften Baureihe solche Teile gröber stufen. Man erhält für die umgebenden oder anschließenden Teile dann halbähnliche Baureihen.

Auf Bild 7.12 ist das Datenblatt einer im wesentlichen geometrisch ähnlich ausgelegten Turbinenreihe dargestellt, bei der sieben Typen geplant sind. Stopfbüchsen und Fixpunktbolzen werden aber gröber gestuft, womit man zu höherer Stückzahl pro Element und Jahr kommt und eine wirtschaftlichere Fertigung vorsehen kann. Bild 7.13 zeigt die Stückzahlverbesserung bei einer angenommenen Verkaufsprognose.

Aus diesen Beispielen geht hervor, daß nicht immer die geometrisch ähnliche Baureihe eingehalten werden kann. Vielmehr muß man unter Beachten des physikalischen Vorgangs und sonstiger Anforderungen mit Hilfe der Ähnlichkeitsgesetze Maßstäbe ableiten, die die Abmessungen oder sonstigen Kenngrößen bestimmen. Dabei ist es unter Umständen nicht mehr möglich, eine gleich hohe Ausnutzung der Festigkeit sicherzustellen, sondern man wird dann über der Baureihe die Größe festhalten, die den insgesamt höheren Nutzen bestimmt. Je nach physikalischem Geschehen kann diese Größe sogar über der Größenstufung wechseln. Die jeweilige Anpassung kann sehr vorteilhaft mit Hilfe von Exponentengleichungen vorgenommen werden, die anschließend erläutert werden.

4. Anpassen mit Hilfe von Exponentengleichungen

Die sog. Exponentengleichungen sind ein einfaches Hilfsmittel, die unter 1.–3. erläuterten Bedingungen nach der Art von Ähnlichkeitsbeziehungen zu berücksichtigen und mit ihnen eine halbähnliche Baureihe zu entwickeln.

Wie schon dargelegt, liegen fast alle unsere technischen Beziehungen in Potenzfunktionen vor. Für das Wachstumsgesetz ist unter Verwendung der Normzahldiagramme nur der Exponent wichtig, wenn man von einem Grundentwurf ausgehen kann.

Die technische Beziehung für das k-te Glied der Baureihe hat oft die Form

$$y_k = c_k \, x_k^{p_x} \, z_k^{p_z} \quad .$$

Diese abhängig Veränderliche y und die unabhängig Veränderlichen x und z lassen sich stets, vom Grundentwurf (Index 0) ausgehend, mit Normzahlen ausdrücken:

$$y_k = y_0 \, \varphi_L^{y_e k} \; ; \quad x_k = x_0 \, \varphi_L^{x_e k} ; \quad z_k = z_0 \, \varphi_L^{z_e k}$$

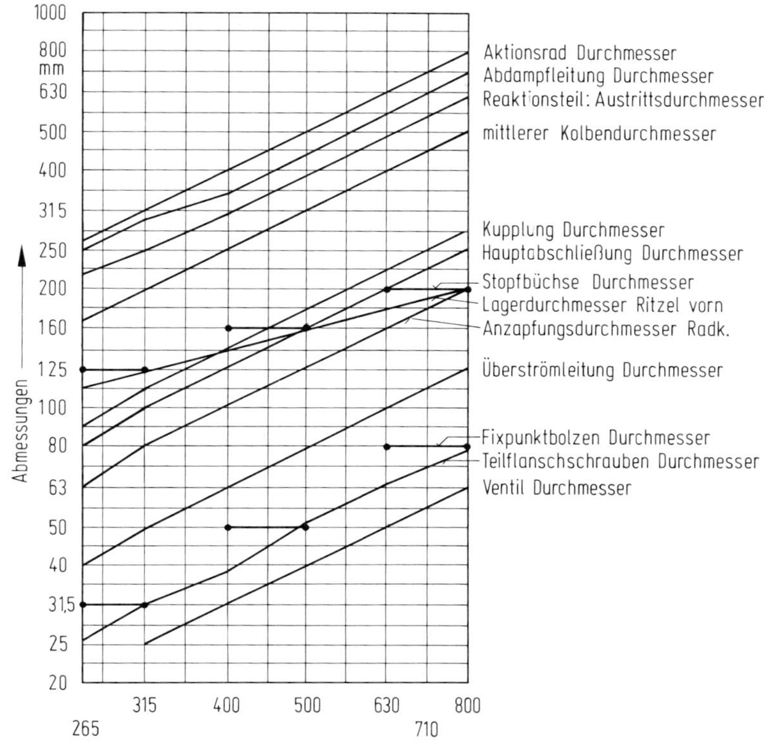

Bild 7.12. Datenblatt einer Turbinenreihe; Hauptabmessungen verlaufen geometrisch ähnlich, Abweichungen sind durch Normen bedingt, Stopfbüchsen und Fixpunktbolzen sind gröber gestuft und überdecken bei gleicher Größe mehrere Größenstufen der Turbine

Verkaufsprognose

Typ	265	310	400	500	630	710	800
Anzahl	6	3	9	6	3	2	1

3 Fixpunktbolzen je Turbine

Größe	Φ25	Φ31,5	Φ40	Φ50	Φ63	Φ71	Φ80
Anzahl	18	27	27	18	9	6	3

Zusammengefaßt zu:

Größe	Φ31,5	Φ50	Φ80
Anzahl	45	45	18

Bild 7.13. Verkaufsprognose zur Turbinenreihe nach Bild 7.12 und zugehöriger Fixpunktbolzen. Infolge gröberer Stufung ergibt sich eine höhere Stückzahl von Fixpunktbolzen derselben Größe

φ_L gewählter Stufensprung der als Nennmaß betrachteten gewählten Abmessung in der Baureihe, y_0, x_0, z_0 der entsprechende Wert des Grundentwurfs, k die jeweils k-te Stufe, y_e, x_e und z_e der zugehörige sog. Stufenexponent.

Da c_k eine Konstante ist, wird für alle Glieder $c_k = c$:

$$y_k = y_0 \varphi_L^{y_e k} = c\,(x_0 \varphi_L^{x_e k})^{p_x} (z_0 \varphi_L^{z_e k})^{p_z}$$

$$y_k = c\, x_0^{p_x} z_0^{p_z} \cdot \varphi_L^{(x_e k p_x + z_e k p_z)} .$$

Mit $y_0 = c\, x_0{}^{p_x}\, z_0{}^{p_z}$ wird

$$y_0\, \varphi_L{}^{y_e k} = y_0\, \varphi_L{}^{(x_e k p_x + z_e k p_z)} \quad .$$

Man erhält unabhängig von k durch Vergleich der Exponenten:

$$y_e = x_e\, p_x + z_e\, p_z \, .$$

Hierin sind y_e, x_e und z_e die festzulegenden oder zu ermittelnden Stufenexponenten und p_x und p_z die gegebenen physikalischen Exponenten von x und z.

Man muß nun jeweils den Exponenten y_e in Abhängigkeit von x_e und z_e bestimmen.

Ein Beispiel möge die Handhabung und Anwendung erläutern: Zu einer Baureihe von geometrisch ähnlichen Schiebern soll eine federnde, wärmeelastische Abstützung in einer Rohrleitung konzipiert werden: Bild 7.14. Folgende Bedingungen müssen erfüllt sein:

a) Die Federbeanspruchung durch das Schiebergewicht sei über der Reihe konstant,
b) die Steifigkeit der Feder soll im gleichen Maße wie die Biegesteifigkeit der Rohre wachsen,
c) der mittlere Federdurchmesser $2\,R$ ändere sich geometrisch ähnlich mit der Schiebergröße nach dem Nennmaß d.

Welchem Gesetz müssen Federdrahtdurchmesser $2\,r$ und die federnde Windungszahl i_F folgen?

Man stellt zuerst die maßgebenden Beziehungen auf und ermittelt daraus die entsprechenden Exponentengleichungen (Index e zeigt an, daß es sich nur um den Exponenten der entsprechenden Größe handelt):

$$F_{Sch} = C\, d^3 \qquad (1) \qquad\qquad F_{Sch_e} = 3\, d_e \qquad (1')$$

$$\tau_F = \frac{F_{Sch} \cdot R}{r^3\, \pi/2} \qquad (2) \qquad\qquad \tau_{F_e} = F_{Sch_e} + R_e - 3\, r_e = 0 \qquad (2')$$

$$c_F = \frac{G\, r^4}{4\, i_F\, R^3} \qquad (3) \qquad\qquad c_{F_e} = \Delta r_e - i_{F_e} - 3\, R_e \quad . \qquad (3')$$

Die unabhängige Veränderliche sei d.

Da die Federbeanspruchung konstant bleiben soll, ist der Stufensprung $\varphi_\tau = 1$ und der Stufenexponent von τ_F ist $\tau_{F_e} = 0$. Die Steifigkeit c_F der Feder soll der Biegesteifigkeit der Rohre entsprechen. Diese folgt entsprechend Tab. 7.3 mit $\varphi_c = \varphi_L$. Da die Bezugsabmessung d des Schiebers geometrisch wächst, ist $\varphi_{c_F} = \varphi_d$, somit wird der Stufenexponent von c_F

$$c_{F_e} = d_e \quad . \qquad (4')$$

Die belastende Federkraft ist gleich dem Schiebergewicht F_{Sch}, der Gewichtsmaßstab hängt von der Bezugsgröße d mit $\varphi_{F_{Sch}} = \varphi_d^3$ ab. Der Exponent von F_{Sch}, bezogen auf d, ist also

$$F_{Sch_e} = 3\, d_e \quad . \qquad (5')$$

Der mittlere Federdurchmesser soll geometrisch ähnlich wachsen, also $\varphi_R = \varphi_d$ oder

$$R_e = 3\, d_e \, . \qquad (6')$$

Setzt man die Gln. (5′) und (6′) in Gl. (2′) ein, ergibt sich

$$3\, d_e + d_e - 3\, r_e = 0$$

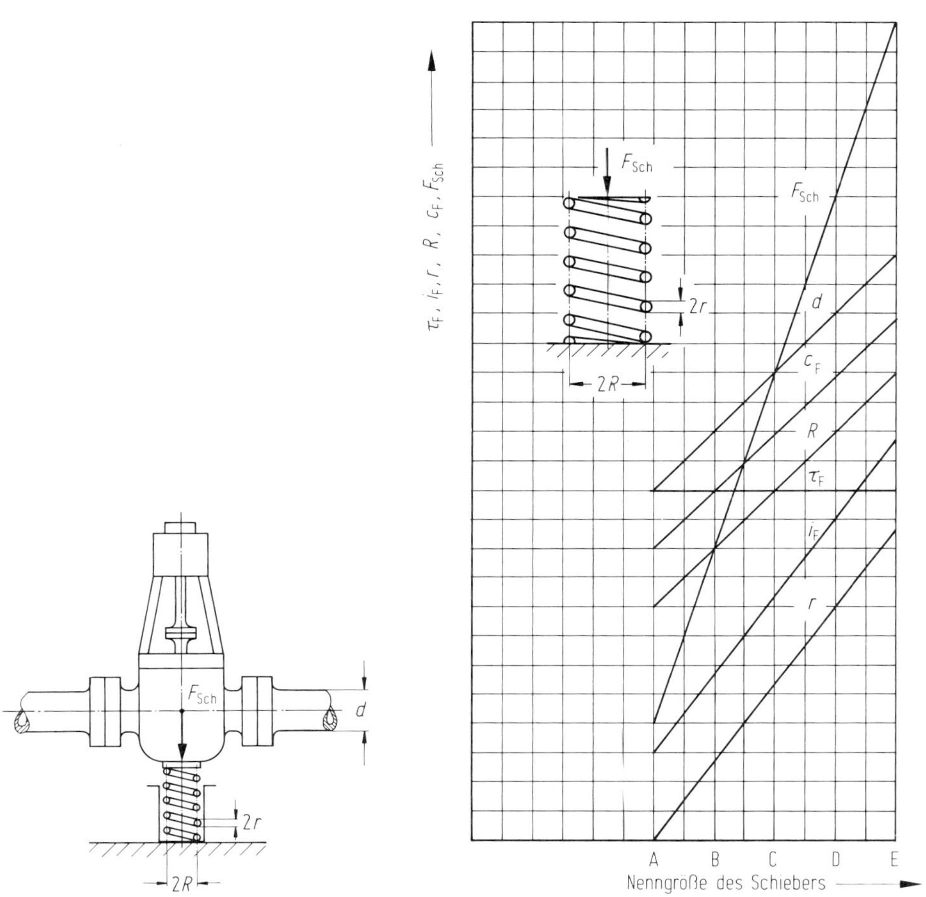

Bild 7.14. Bild 7.15.

Bild 7.14. Schieber in Rohrleitung mittels Schraubenfeder wärmeelastisch abgestützt

Bild 7.15. Datenblatt für halbähnliche Schraubenfeder nach Bild 7.14, Erläuterungen vgl. Text

oder

$$r_e = (4/3)\, d_e\,. \tag{7'}$$

Gln. (4'), (6') und (7') in Gl. (3') eingesetzt, ergibt

$$4\, r_e - i_{F_e} - 3\, d_e = d_e$$

$$i_{F_e} = 4\, r_e - 3\, d_e - d_e = 4\,(4/3)\, d_e - 3\, d_e - d_e = (4/3)\, d_e\,. \tag{8'}$$

Ergebnis: Federdrahtdurchmesser $2\,r$ und die federnde Windungszahl i_F müssen mit den Exponenten 4/3 in Abhängigkeit von der Größe d wachsen.
Der Stufensprung ist dann

$$\varphi_r = \varphi_{i_F} = \varphi_d^{4/3}.$$

Der Verlauf der einzelnen Größen ist qualitiativ in dem Datenblatt auf Bild 7.15 dargestellt.

5. Beispiele

Beispiel 1

Eine Baureihe für Hochdruck-Zahnradpumpen soll mit sechs Baugrößen einen Fördervolumen-Bereich von 1,6 bis 250 cm³/U bei einem maximalen Betriebsdruck von 200 bar und einer konstanten Antriebsdrehzahl von 1500 U/min abdecken. Auf Bild 7.16 sind für die sechs Baugrößen die festgelegten Größenstufen für die Fördervolumina, die Teilkreisdurchmesser der Zahnräder sowie die Zahnradbreiten im Normzahldiagramm (Datenblatt) zusammengestellt. Folgende Verhältnisse liegen vor:

— Die Teilkreisdurchmesser d_0 der Baugrößen (für jede Baugröße ein konstanter Durchmesser) sind nach der Normzahlreihe R 10 mit einem Stufensprung $\varphi_{d_0} = 1{,}25$ gestuft, wobei die Größen geringfügig von den Normzahlwerten abweichen, eine Folge der konstanten, ganzzahligen Zähnezahl und der von der Reihe R 10 etwas abweichenden Normwerte der Moduln m.

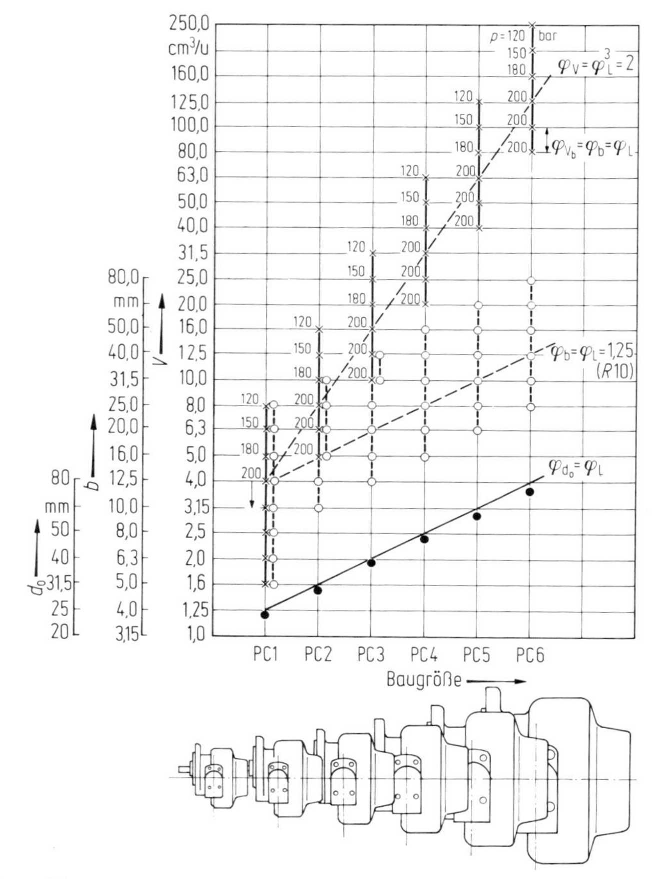

Bild 7.16. Datenblatt einer Baureihe für Hochdruck-Zahnradpumpen
V geometrisches Fördervolumen pro Umdrehung; b Zahnradbreite; d_0 Teilkreisdurchmesser der Zahnräder (Werksangaben der Fa. Reichert, Hof)

— Das sich aus der Zahngeometrie ergebende Fördervolumen pro Umdrehung ist

$$V = 2\pi\, d_0\, m\, b \qquad (b \text{ Zahnradbreite}).$$

Von Baugröße zu Baugröße wächst bei geometrischer Ähnlichkeit das Fördervolumen also mit

$$\varphi_V = \varphi_{d_0}\, \varphi_m\, \varphi_b = \varphi_L^3 = 1{,}25^3 = 2,$$

d. h., das Fördervolumen verdoppelt sich (Bild 7.16) von Stufe zu Stufe.
Die Pumpenleistung $P = \Delta p\, \dot{V}$ ergibt sich mit dem Stufensprung

$$\varphi_P = \varphi_{\Delta p}\, (\varphi_V / \varphi_t)$$

sowie mit $\varphi_{\Delta p} = 1$ und $\varphi_t = 1$ zu

$$\varphi_P = \varphi_V = 2.$$

Wegen der konstanten Drehzahl stuft sich das Drehmoment entsprechend.

— Je Baugröße bzw. je Zahnraddurchmesser d_0 sind sechs Zahnradbreiten b vorgesehen, in der kleinsten Baugröße sogar acht, damit eine feinere Stufung der Fördervolumina erreicht wird. Das bedeutet, innerhalb jeder Baugröße (Teilbereich) wachsen die geometrischen Fördervolumina $V = 2\pi\, d_0\, m\, b$ wegen des konstanten d_0 und m sowie der gewählten Zahnradbreiten-Stufung $\varphi_b = 1{,}25$ (R 10) mit einem Stufensprung $\varphi_{V_b} = \varphi_b = 1{,}25$. Die Leistungsstufung innerhalb einer Baugröße beträgt dann mit den bekannten Beziehungen

$$\varphi_{P_b} = \varphi_{V_b} = \varphi_b = 1{,}25.$$

— Damit bei gleichem Wellendurchmesser die mechanischen Beanspruchungen infolge der steigenden Drehmomente und der mit der Zahnradbreite zunehmenden Biegemomente beherrscht werden können, werden die letzten drei Glieder mit den größeren Breiten zu jeder Baugröße im zulässigen Druck nach unten gestuft. Aus übergeordneten wirtschaftlichen Fertigungsgesichtspunkten (gleicher Wellendurchmesser, gleiche Lager) werden also die ersten zwei Glieder mit den kleineren Breiten zu jeder Baugröße festigkeitsmäßig nicht voll ausgenutzt. Für die letzten drei Glieder ist durch Druckabsenkung eine Belastungsanpassung vorgesehen.

— Die Fördervolumina der einzelnen Baugrößen überlappen einander jeweils um drei Größen. Für den gesamten Fördervolumenbereich steht dadurch eine geschlossene 200-bar-Reihe zur Verfügung.

Die vorliegende Baureihe wurde also als halbähnliche Reihe mit wenigen Gehäusegrößen und mehreren Zahnradbreitenstufen je Gehäuse (Baugröße) konzipiert, damit bei gleicher Antriebsdrehzahl und gleichem Druck für den Gesamtbereich („übergeordnete Aufgabenstellung") sowie konstanter Zahngröße, konstantem Zahnrad- und Wellendurchmesser je Gehäusegröße („übergeordnete wirtschaftliche Forderung der Fertigung") ein möglichst großer Fördervolumen-Bereich realisierbar wird.

Beispiel 2

Für eine Elektromotoren-Baureihe sind in Bild 7.17 zunächst die Leistungen P für Motoren unterschiedlicher Polzahl (Drehzahl) in Abhängigkeit von der Baugröße (genormte Achshöhe H) im Normzahldiagramm (Datenblatt) zusammengestellt.

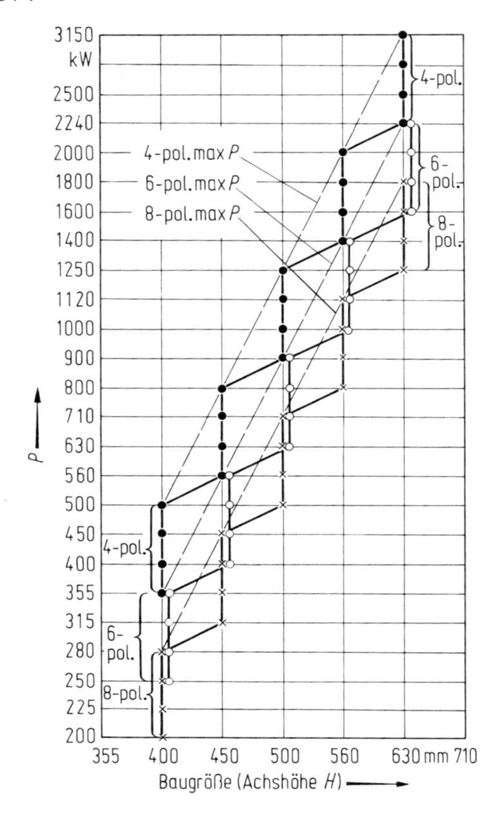

Bild 7.17. Datenblatt über Leistungsangaben für eine Elektromotoren-Baureihe (Werksangaben der Fa. AEG-Telefunken) [1]

Man erkennt die strenge Stufung der Achshöhen nach der Normzahlreihe R 20 mit einem Stufensprung $\varphi = 1{,}12$. Die Leistung des Elektromotors ist nach der Beziehung $P \sim \omega\, G\, B\, b\, h\, t\, D$ bei gleichbleibender Winkelgeschwindigkeit ω bzw. Drehzahl n, Stromdichte G und magnetischer Induktion B proportional den Leiterabmessungen b, h, t sowie dem Abstand $D/2$ der Leiter von der Wellenachse.

Die Leistungsstufung ergibt sich somit zu

$$\varphi_P = \varphi_L^4 = 1{,}12^4 = 1{,}6 \text{ (R 5)}.$$

Bei der 4-poligen Maschine ($1500\ \text{min}^{-1}$) ist damit der Leistungsbereich 500 bis 3150 kW.

Die langsamer laufenden 6- und 8-poligen Motoren müssen entsprechend der Abhängigkeit der Leistung von der Drehzahl, veränderten Leiterabmessungen und größerem Läuferdurchmesser sowie veränderter Verlustabfuhr durch Eigenbelüftung zurückgestuft werden, und zwar die 6-polige Ausführung um drei Stufen (355 bis 2240 kW) und die 8-polige Ausführung um weitere zwei Stufen (280 bis 1800 kW).

Für eine marktgerechte feinere Leistungsstufung und gleichzeitig zur Erfüllung „übergeordneter wirtschaftlicher Forderungen der Fertigung" werden jeweils vier Leistungen für eine Achshöhe bzw. Baugröße vorgesehen, so daß sich die Leistungskurve als Treppenlinie abbildet. Die jeweiligen kleineren Leistungen werden durch den Einbau der elektrisch aktiven Teile mit Blechpaketen entsprechend kleinerer

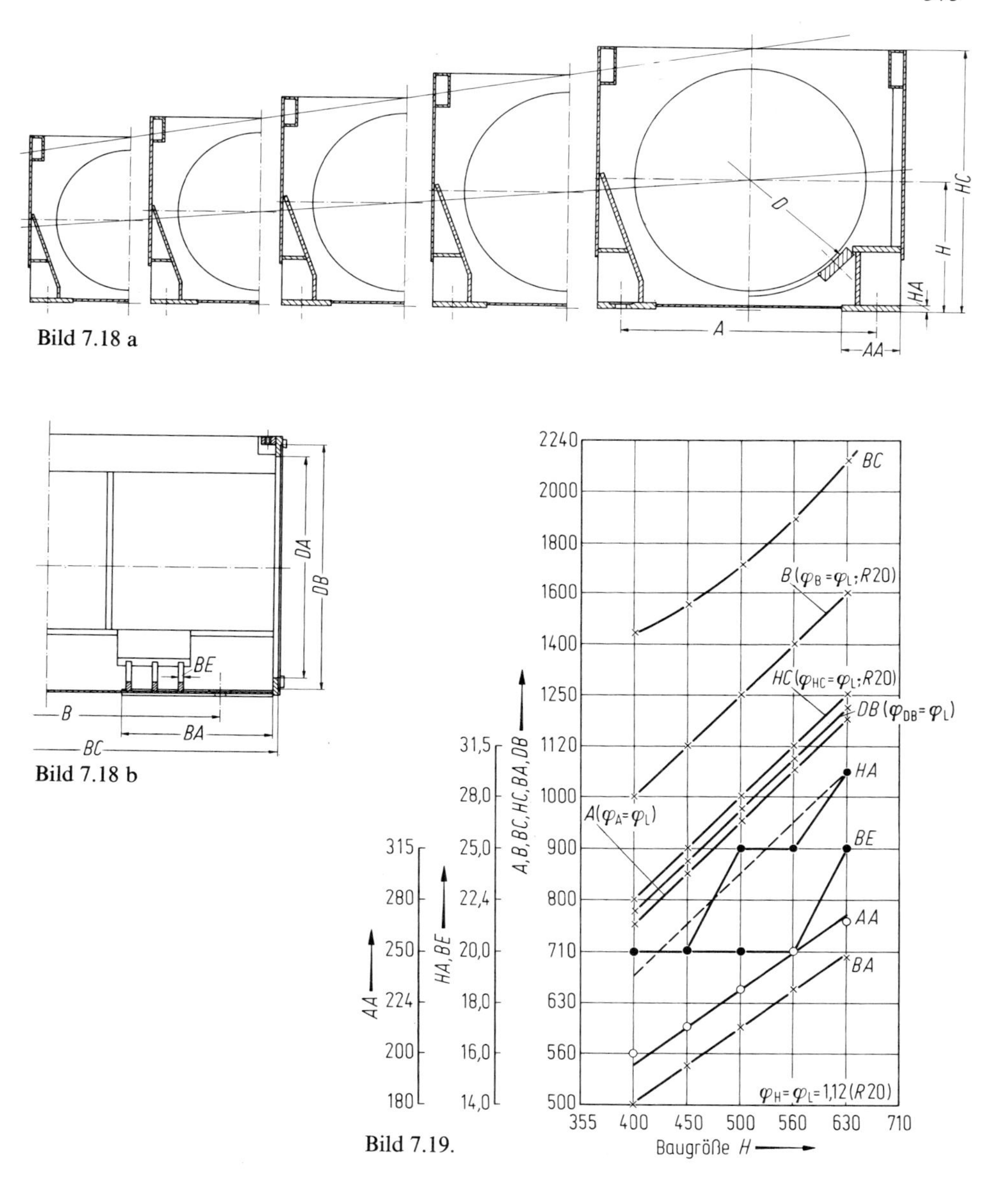

Bild 7.18 a

Bild 7.18 b

Bild 7.19.

Bild 7.18. Gehäuse einer Elektromotoren-Baureihe in vereinfachter Darstellung, gestuft nach Bild 7.17 (Werksangaben der Fa. AEG-Telefunken);

a) Querschnitte b) Längsschnitt

Bild 7.19. Datenblatt für Gehäuseabmessungen einer Elektromotoren-Baureihe nach Bild 7.17 (Bezeichnungen gem. Bild 7.18)

Länge in das unveränderte Gehäuse für die größere Leistung erzielt. Im Gegensatz zum Beispiel 1 werden hier die Teilbereiche gleicher Polzahl nicht überlappt, obwohl dies bei anderen Motorenentwicklungen zum Einhalten bestimmter Eigenschaften, z. B. Wirkungsgrade, bekannt ist.

Bild 7.18 zeigt die Schweißgehäusegrößen dieser Motorenreihe in stark vereinfachter Darstellung. Für einige wichtige Abmessungen sind die ausgeführten Größenstufen auf Bild 7.19 in einem Datenblatt zusammengestellt. Man erkennt zunächst die strenge Stufung der Achshöhe *H*, der Gehäusehöhe *HC* und der Fundamentschraubenabstände *B* und *A* mit dem Stufensprung $\varphi_L = \varphi_H = 1{,}12$, wobei die Werte von *H*, *HC* und *B* der Reihe R 20 sowie von *A* und *DB* einer Reihe mit dem gleichen Stufensprung wie R 20, aber in ihren Gliedern verschoben, folgen. Bemerkenswert ist, wie schon erwähnt, daß bei dieser Baureihe im Gegensatz zum Beispiel 1 für die vier Leistungen je Achshöhe gemäß Bild 7.18 nur eine Gehäuselänge *BC* vorgesehen wird. Aus Gründen der Fertigungsrationalisierung werden also die für die Leistungsstufen notwendigen Stufen bzw. zunehmenden Längen der elektrisch aktiven Bauteile (Blechpakete und Wicklungen) jeweils in einem Schweißgehäuse untergebracht, das dann für die unteren Leistungsstufen nicht ausgenutzt ist. Diese Ausführung, die eine Reduzierung der Anzahl der Gehäusegrößen zum Ziel hat, wird konstruktiv dadurch ermöglicht, daß die elektrisch aktiven Teile in das jeweilige Gehäuse eingehängt und verschraubt werden. Dadurch ergibt sich eine getrennte, rationelle Gehäusefertigung auf Lager. Wird eine solche bausteinartige Trennung von Gehäuse und Aktivteil nicht vorgesehen, wäre eine derartige Auslegung ohne den Vorteil einer lagermäßigen Gehäusefertigung zu unwirtschaftlich, so daß dann mehrere Gehäuselängen je Achshöhe zweckmäßiger wären. Eine solche Baureihe ist in [27] beschrieben.

Wegen „übergeordneter Ähnlichkeitsgesetze" auf der elektrischen Seite (z. B. für die Wickelkopfauslegung) kann die Gehäuselängen-Stufung φ_{BC} über den Gesamtbereich der Achshöhen nicht konstant gehalten werden. Man erkennt auf Bild 7.19 den mit der Achshöhe zunehmenden Stufensprung für *BC*, der sich erst bei den letzten beiden Gliedern des Achshöhenbereichs der Reihe R 20 nähert.

Es sollen noch einige Detailabmessungen dieser Gehäusekonstruktion betrachtet werden. Die Fußplattenabmessungen *AA* und *BA* sind nach einem Sprung gestuft, der zwischen den Reihen R 20 und R 40 liegt. Das ist wegen Materialersparnis bei Einhaltung von Mindestabmessungen, die für die Montage der Fußschrauben erforderlich sind, geschehen. Die Fußplattendicke *HA* wird entsprechend den wirtschaftlichen Halbzeugabmessungen gestuft, sie folgt aber in ihrer Tendenz der Reihe R 20. Für die Stützrippen zwischen Fußplatte und Blechpaketauflage wird für vier Gehäusegrößen eine gleichbleibende Dicke *BE* vorgesehen, lediglich für die größte Gehäusestufe müssen aus Festigkeitsgründen die Rippen verstärkt werden.

Infolge übergeordneter Ähnlichkeitsgesetze, einer übergeordneten Aufgabenstellung sowie wirtschaftlicher Gesichtspunkte der Fertigung können für die einzelnen Abmessungen und Kenngrößen Stufen erforderlich werden oder zweckmäßig sein, die von den Gesetzen, die auf geometrische Ähnlichkeit führen, abweichen. In jedem Fall soll sich aber der Konstrukteur bemühen, eine Baureihe zunächst nach den zutreffenden Ähnlichkeitsgesetzen und den Normzahlreihen zu konzipieren, um dann die Konsequenzen aus zusätzlichen Forderungen der Aufgabenstellung und/oder wirtschaftlichen Fertigungsgesichtspunkten besser beurteilen zu können.

7.1.6. Entwickeln von Baureihen

Das Vorgehen bei der Baureihenentwicklung wird wie folgt zusammengefaßt:
1. Erstellen eines Grundentwurfs, der im Zuge einer beabsichtigten Baureihe entsteht oder von einem bereits bestehenden Produkt stammt.
2. Bestimmen der physikalischen Abhängigkeiten (Exponenten) nach Ähnlichkeitsgesetzen unter Verwenden der Tab. 7.3 für im wesentlichen geometrisch ähnliche Baureihen oder mit Hilfe von Exponentengleichungen bei halbähnlichen Baureihen, wenn entsprechende übergeordnete Bedingungen bestehen. Darstellen der Ergebnisse im Normzahldiagramm in Form von Datenblättern.
3. Festlegen der Größenstufungen und des Anwendungsbereichs in den Datenblättern.
4. Anpassen der theoretisch gewonnenen Reihe an übergeordnete Normen oder technologische Bedingungen und Darstellen der Abweichungen in den Datenblättern.
5. Überprüfen der Baureihe durch Erarbeiten maßstäblicher Entwürfe von Baugruppen oder von kritischen Zonen für extreme Baugrößen.
6. Verbessern und Vervollständigen der Unterlagen, soweit sie zur Festlegung der Reihe und zur Erstellung nötig werdender Fertigungsunterlagen erforderlich sind.

Es kann sein, daß die Notwendigkeit einer halbähnlichen Baureihe nicht aus der Anforderungsliste oder aus der ersten Betrachtung physikalischer Abhängigkeiten zu erkennen ist und sich daher erst im Laufe der Entwicklung ergibt.

7.2. Baukästen

In 7.1 sind Gesetzmäßigkeiten und konstruktive Möglichkeiten einer Baureihenentwicklung dargestellt. Sie ist ein Rationalisierungsansatz für Produktentwicklungen, bei denen *dieselbe* Funktion mit dem gleichen Lösungskonzept und möglichst gleichen Eigenschaften für einen breiteren Größenbereich zu erfüllen ist.

Baukastensysteme bieten für eine andere Situation Rationalisierungsmöglichkeiten. Müssen von einem Produktprogramm bei einer oder mehreren Größenstufungen *verschiedene Funktionen* erfüllt werden, so ergibt das bei der Einzelkonstruktion eine Vielzahl unterschiedlicher Produkte, was einen entsprechend großen konstruktiven und fertigungstechnischen Aufwand bedeutet. Die Rationalisierung liegt darin, daß die jeweils geforderte *Funktionsvariante* durch Kombination festgelegter Einzelteile und/oder Baugruppen (Funktionsbausteine) aufgebaut wird. Eine solche Kombination wird durch Anwendung des Baukastenprinzips realisiert.

Unter einem *Baukasten* versteht man Maschinen, Baugruppen und Einzelteile, die
— als Bausteine mit oft unterschiedlichen Lösungen durch Kombination
— verschiedene Gesamtfunktionen erfüllen.

Durch mehrere Größenstufen solcher Bausteine enthalten Baukästen oft auch Baureihen. Die Bausteine sollen dabei nach möglichst ähnlicher Technologie gefertigt werden. Da sich in einem Baukastensystem die Gesamtfunktion durch die Kombination diskreter Funktionsbausteine ergibt, muß zu einer Baukastenentwicklung eine entsprechende Funktionsstruktur erarbeitet werden. Damit wird die Konzept- und Entwurfsphase viel stärker beeinflußt als bei einer reinen Baureihenentwicklung, die noch möglich ist, auch wenn zunächst nur eine Einzellösung für einen engeren Anwendungsbereich entwickelt wurde.

Ein Baukastensystem wird sich gegenüber Einzellösungen immer dann als technisch-wirtschaftlich günstig anbieten, wenn alle oder einzelne Funktionsvarianten eines Produktprogramms nur in kleineren Stückzahlen zu liefern sind und wenn es gelingt, das geforderte Spektrum durch einen oder nur wenige Grundbausteine und Zusatzbausteine zu realisieren.

Neben der Erfüllung unterschiedlicher Funktionen können Baukastensysteme auch zur Losgrößenerhöhung von Gleichteilen dienen, indem sie in mehreren Produkten die Verwendung gleicher Bausteine ermöglichen. Dieses besonders der Fertigungsrationalisierung dienende Ziel wird durch eine Elementarisierung der Produkte in bausteinartige Einzelteile erreicht, wie sie z. B. als Differentialbauweise in 6.5.6 erläutert ist. Welches der beiden Ziele im Vordergrund steht, hängt stark vom Produkt und von den zu erfüllenden Aufgaben ab. Bei einem großen Spektrum der Gesamtfunktion ist vor allem eine funktionsorientierte Gliederung des Produkts in Funktionsbausteine wichtig, bei einer nur kleinen Zahl von Gesamtfunktionsvarianten steht dagegen eine fertigungsorientierte Gliederung in Fertigungsbausteine im Vordergrund.

Oft erfolgt eine Baukastenentwicklung erst dann, wenn von einem zunächst in Einzel- oder Baureihenkonstruktion entwickelten Produktprogramm oder auch einer Baugruppe im Laufe der Zeit so viele Funktionsvarianten verlangt werden, daß ein Baukastensystem wirtschaftlich ist. Oft wird deshalb ein bereits auf dem Markt befindliches Produktprogramm zu einem späteren Zeitpunkt in ein Baukastensystem umkonstruiert. Das hat den Nachteil, daß man zu einem gewissen Grade schon festgelegt ist, zum anderen den Vorteil, daß zunächst das Produkt mit seinen wesentlichen Eigenschaften erprobt worden ist, ehe mit einer aufwendigen Baukastenentwicklung begonnen wird.

7.2.1. Baukastensystematik

Über eine Baukastensystematik wird in [10, 11] berichtet. Davon ausgehend, werden zunächst der prinzipielle Aufbau und die wichtigsten Begriffe dargelegt und durch neue Gesichtspunkte ergänzt, soweit diese für die Baukastenentwicklung zweckmäßig erscheinen [4].

Baukastensysteme sind aus *Bausteinen* aufgebaut, die lösbar oder unlösbar zusammengefügt sind.

Zunächst wird zwischen *Funktionsbausteinen* und *Fertigungsbausteinen* unterschieden. Funktionsbausteine sind unter dem Gesichtspunkt der Erfüllung technischer Funktionen festgelegt, so daß sie diese von sich aus oder in Kombination mit anderen erfüllen können. Fertigungsbausteine sind solche, die unabhängig von ihrer Funktion nach reinen fertigungstechnischen Gesichtspunkten festgelegt werden. Bei Funktionsbausteinen im engeren Sinne wurde bisher [10, 11] zwischen Ausrüstungs-, Zubehör-, Füge- und ähnlichen Bausteinen unterschieden. Diese Einteilung ist nicht eindeutig und für die konstruktive Entwicklung eines Baukastensystems nicht ausreichend.

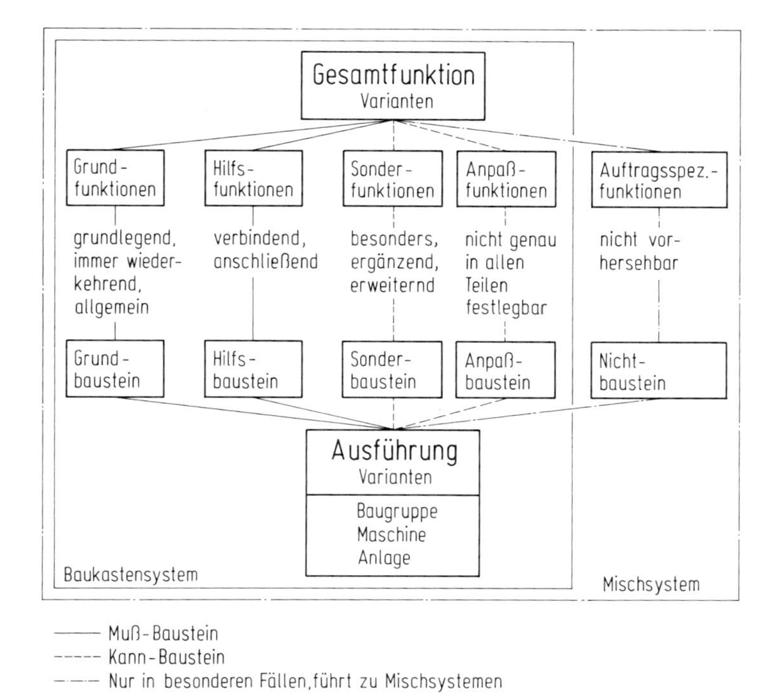

Bild 7.20. Funktions- und Bausteinarten bei Baukasten- und Mischsystemen

Zur Ordnung von *Funktionsbausteinen* bietet sich an, diese nach bei Baukastensystemen immer wiederkehrenden Funktionsarten zu orientieren und zu definieren, die als Teilfunktionen kombiniert, unterschiedliche Gesamtfunktionen (Gesamtfunktionsvarianten) erfüllen. In Bild 7.20 wird deshalb eine Ordnung für solche in Betracht kommende Funktionen vorgeschlagen.

Grundfunktionen sind in einem System grundlegend, immer wiederkehrend und unerläßlich. Sie sind grundsätzlich nicht variabel. Eine Grundfunktion kann zur Erfüllung von Gesamtfunktionsvarianten allein auftreten oder mit anderen Funktionen verknüpft werden. Sie wird durch einen Grundbaustein verwirklicht, der in einer oder mehreren Größenstufen sowie ggf. in verschiedenen Bearbeitungsstufen ausgeführt sein kann. Solche Grundbausteine sind in der Baustruktur des Baukastensystems als „Muß-Bausteine" enthalten.

Hilfsfunktionen sind verbindend und anschließend und werden durch *Hilfsbausteine* erfüllt, die sich im allgemeinen als Verbindungs- und Anschlußelemente darstellen. Hilfsbausteine müssen entsprechend den Größenstufen der Grundbausteine und der anderen Bausteine entwickelt werden und sind in der Baustruktur meistens Muß-Bausteine.

Sonderfunktionen sind besondere, ergänzende, aufgabenspezifische Teilfunktionen, die nicht in allen Gesamtfunktionsvarianten wiederkehren müssen. Sie werden durch *Sonderbausteine* erfüllt, die zum Grundbaustein eine spezielle Ergänzung oder ein Zubehör darstellen und daher Kann-Bausteine sind.

Anpaßfunktionen sind zum Anpassen an andere Systeme und Randbedingungen notwendig. Sie werden stofflich durch *Anpaßbausteine* verwirklicht, die nur zum Teil bereits maßlich festgelegt sind und noch im Einzelfall aufgrund nicht vorhersehbarer Randbedingungen in ihren Abmessungen angepaßt werden müssen. Anpaßbausteine treten als Muß- oder Kann-Bausteine auf.

Nicht im Baukastensystem vorgesehene *Auftragsspezifische Funktionen* werden trotz sorgfältiger Entwicklung eines Baukastensystems immer wieder vorkommen. Solche Funktionen werden über *Nichtbausteine* verwirklicht, die für die konkrete Aufgabenstellung in Einzelkonstruktion entwickelt werden müssen. Ihre Verwendung führt zu einem *Mischsystem* als Kombination von Bausteinen und Nichtbausteinen.

Unter der *Bedeutung eines Bausteins* wird eine Rangordnung innerhalb eines Baukastensystems verstanden. So sind bei Funktionsbausteinen *Muß-Bausteine* und *Kann-Bausteine* [13] Gliederungen in diesem Sinne.

Ein fertigungsorientiertes Merkmal ist die *Komplexität der Bausteine.* Hierbei wird zwischen *Großbausteinen,* die als Baugruppe noch in weitere Fertigungsteile zerlegbar sind, und *Kleinbausteinen* unterschieden, die bereits Werkstücke darstellen.

Ein weiterer Gesichtspunkt einer Baukastenkennzeichnung ist die *Kombinationsart* der Bausteine. Angestrebt wird die fertigungstechnisch günstige Kombination nur gleicher Bausteine. Praxis ist aber die Kombination gleicher und verschiedener Bausteine sowie die Kombination mit auftragsspezifischen Nichtbausteinen. Letztere erfüllen als Mischsysteme marktseitige Anforderungen recht wirtschaftlich.

Zur Kennzeichnung von Baukastensystemen ist weiterhin ihr *Auflösungsgrad* geeignet. Er bestimmt für einen Baustein den Grad der funktions- und/oder ferti-

Tabelle 7.5. Begriffe zur Baukastensystematik

Ordnende Gesichtspunkte	Unterscheidende Merkmale
Bausteinarten:	— Funktionsbausteine • Grundbausteine • Hilfsbausteine • Sonderbausteine • Anpaßbausteine • Nichtbausteine — Fertigungsbausteine
Bausteinbedeutung:	— Muß-Bausteine — Kann-Bausteine
Bausteinkomplexität:	— Großbausteine — Kleinbausteine
Bausteinkombination:	— Nur gleiche Bausteine — Nur verschiedene Bausteine — Gleiche und verschiedene Bausteine — Bausteine und Nichtbausteine
Baustein- und Baukastenauflösungsgrad:	— Anzahl der Einzelteile je Baustein — Anzahl der Bausteine und ihre Kombinationsmöglichkeit
Baukastenabgrenzung:	— Geschlossenes System mit Bauprogramm — Offenes System mit Baumusterplan

gungsbedingten Aufgliederung in Einzelteile. Bezogen auf den gesamten Baukasten beschreibt er die Anzahl der beteiligten Bausteine und ihre Kombinationsmöglichkeiten.

Zur *Baukastenabgrenzung* werden *Umfang* und *Möglichkeiten* eines Baukastensystems in sog. geschlossenen Systemen durch *Bauprogramme* mit endlicher, vorsehbarer Variantenzahl dargestellt. Mit ihrer Hilfe kann eine gewünschte Kombination unmittelbar angegeben werden. Im Gegensatz dazu enthalten sog. offene Systeme eine große Vielfalt an Kombinationsmöglichkeiten, so daß sie nicht im vollen Umfang geplant und dargestellt werden können. In einem *Baumusterplan* werden dann nur Beispiele vorgestellt, aus denen der Anwender typische Anwendungsmöglichkeiten des Baukastens ersieht.

In Tab. 7.5 sind die genannten Begriffe einer Baukastensystematik zusammengefaßt.

7.2.2. Vorgehen beim Entwickeln von Baukästen

Im folgenden wird das Vorgehen bei der Entwicklung von Baukastensystemen anhand der Arbeitsschritte gemäß Bild 3.3 dargelegt.

Klären der Aufgabenstellung

Bei der Formulierung von Forderungen und Wünschen, z. B. mit Hilfe der Leitlinie (vgl. Bild 4.5) müssen vom Produktprogramm zu erfüllende unterschiedliche Aufgaben sorgfältig und vollständig erarbeitet werden. Kennzeichnend für die Anforderungsliste eines Baukastensystems ist die Forderung mehrerer Gesamtfunktionen. Aus diesen ergeben sich dann die vom Baukastensystem zu erfüllenden *Gesamtfunktionsvarianten.*

Von besonderer Bedeutung für eine wirtschaftliche Auslegung und Abgrenzung von Baukästen sind Angaben über die marktseitig erwartete Häufigkeit der einzelnen Gesamtfunktionen. Friedewald [17] spricht von einem Quantifizieren der Funktionsvarianten mit dem Grundgedanken, einen Baukasten technisch und wirtschaftlich für diejenigen Gesamtfunktionsvarianten zu optimieren, die am häufigsten verlangt werden. Verteuert die Realisierung selten benötigter Varianten den Aufbau des Baukastens, so wird man versuchen, diese Varianten aus dem Baukastensystem im Interesse eines wirtschaftlichen Gesamtsystems herauszunehmen. Je genauer diese Untersuchungen vor der eigentlichen Entwicklung durchgeführt werden, um so größer ist die Chance für eine wirtschaftliche Verbesserung gegenüber einer Einzelausführung. Die Typbeschränkung mit dem Wegfall wenig gefragter und kostenungünstiger Funktionsvarianten kann jedoch endgültig erst dann vorgenommen werden, wenn das erarbeitete Lösungskonzept oder sogar der Entwurf Aufschluß über die Kosten der Gesamtfunktionsvarianten selbst und über den Einfluß jeder einzelnen Variante auf die Kosten des gesamten Baukastens geben.

Aufstellen von Funktionsstrukturen

Dem Aufstellen von Funktionsstrukturen kommt bei Baukastenentwicklungen eine besondere Bedeutung zu. Mit der Funktionsstruktur, d. h. mit dem Aufgliedern der geforderten Gesamtfunktion in Teilfunktionen wird die Baustruktur des Systems bereits weitgehend festgelegt. Gleich zu Beginn muß versucht werden, die geforderten Gesamtfunktionsvarianten so in Teilfunktionen aufzugliedern, daß entsprechend den in Bild 7.20 angegebenen Funktionsarten möglichst wenige, gleiche und wiederkehrende Teilfunktionen (Grund-, Hilfs-, Sonder- und Anpaßfunktionen) entstehen. Die Funktionsstrukturen der Gesamtfunktionsvarianten müssen untereinander nach logischen und physikalischen Gesichtspunkten verträglich und die mit ihnen festgelegten Teilfunktionen im Sinne des Baukastens austausch- und kombinierbar sein. Dabei wird es je nach Aufgabenstellung zweckmäßig sein, die Gesamtfunktionen durch Muß-Funktionen und durch aufgabenspezifisch hinzukommende Kann-Funktionen zu verwirklichen.

Bild 7.21 zeigt als Beispiel für das in [3, 23] ausführlich dargestellte Gleitlager-Baukastensystem die Funktionsstruktur mit den wichtigsten geforderten Gesamtfunktionen „Loslager", „Festlager" und „Festlager mit hydrostatischer Entlastung" sowie den dazu erforderlichen Grund-, Sonder-, Hilfs- und Anpaßfunktionen. Am Beispiel der Teilfunktion „Drehendes gegen ruhendes System abdichten" sei darauf hingewiesen, daß es oft wirtschaftlich ist, mehrere Funktionen zu einer komplexen Funktion zusammenzufassen: So wurde im vorliegenden Fall die Grundfunktion „Abdichten" mit einer Anpaßfunktion wegen verschiedener Anschlußbedingungen kombiniert. Der diese komplexe Funktion erfüllende Fertigungsbaustein „Wellendichtung" ist deshalb als Rohteil so ausgeführt, daß er in verschiedenen Bearbeitungsstufen als einfache Schneidendichtung, als Schneidendichtung mit zusätzlichem Labyrinth oder als Dichtung mit zusätzlichem Kupplungsverschalungsträger ausgeführt werden kann (vgl. Bild 7.22). Ferner sei darauf hingeweisen, daß es Sonderfunktionen (Sonderbausteine) gibt, die mindestens in einer Gesamtfunktionsvariante vorkommen (hier: „Axialkraft übertragen"), andere, die für alle Gesamtfunktionsvarianten nur Kann-Bausteine darstellen (hier: „Öldruck messen") sowie solche, die erst ab einer bestimmten Größenstufe einer Grundfunktion notwendig werden (hier: „Drucköl zuführen").

Zum Aufstellen von Funktionsstrukturen werden folgende Ziele hervorgehoben:

— Anzustreben ist eine Erfüllung der geforderten Gesamtfunktionen nur mit der Kombination möglichst weniger und einfach zu realisierender Grundfunktionen.
— Die Gesamtfunktionen sollten in Grundfunktionen und, wenn notwendig, in Hilfs-, Sonder- und Anpaßfunktionen gemäß Bild 7.20 so aufgeteilt werden, daß die Varianten mit hohem Bedarf überwiegend mit Grundfunktionen und die seltener geforderten Varianten zusätzlich mit Sonder- und Anpaßfunktionen aufgebaut werden. Für sehr selten geforderte Funktionsvarianten sind Mischsysteme mit zusätzlichen Einzelfunktionen (Nichtbausteinen) häufig wirtschaftlicher.
— Die Zusammenfassung mehrerer Teilfunktionen auf einen Baustein ist ebenfalls eine wirtschaftliche Lösung. Sie empfiehlt sich besonders zum Erfüllen von Anpaßfunktionen.

Suchen von Lösungsprinzipien und Konzeptvarianten

Es müssen nun Lösungsprinzipien zum Erfüllen der Teilfunktionen gefunden werden. Bei der Suche sind vor allem solche Prinzipien zu finden, die bei Beibehaltung des gleichen Wirkprinzips und der grundsätzlich gleichen Gestaltung Varianten er-

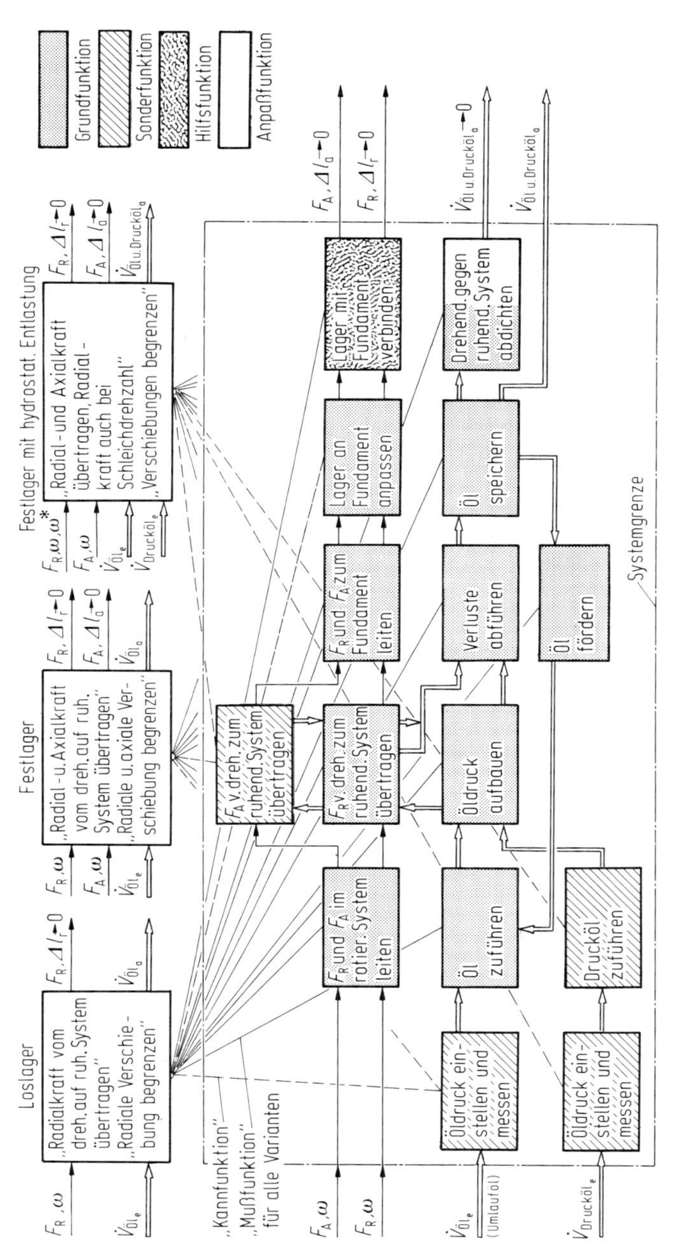

Bild 7.21. Funktionsstruktur für ein Gleitlager-Baukastensystem in Anlehnung an [23]

möglichen. Es ist in der Regel günstig, für die einzelnen Funktionsbausteine gleiche Energiearten und weitgehend physikalisch ähnliche Wirkprinzipien vorzusehen. So ist es z. B. wirtschaftlicher und auch technisch für die Kombination der Teillösungen zu Gesamtlösungen (Konzeptvarianten) zweckmäßiger, verschiedene Antriebsfunktionen mit nur einer Energieart zu erfüllen als in einem Baukastensystem elektrische, hydraulische und mechanische Antriebe gleichzeitig vorzusehen.

Ein weiterer Gesichtspunkt, der zu einer fertigungsgünstigen Lösung führt, ist die Erfüllung mehrerer Funktionen durch nur einen Baustein mit verschiedenen Bearbeitungsstufen.

Generelle Regeln können hierfür jedoch wegen der Vielschichtigkeit der technischen und wirtschaftlichen Einflußfaktoren nicht ausgesprochen werden. So erscheint es bei dem konzipierten Gleitlagersystem (Bild 7.22) technisch und wirtschaftlich günstiger, für kleine Axialkräfte die Lagerschale mit seitlichen Anlaufflächen zur Aufnahme der Axialkräfte zu versehen. Bei größeren Axialkräften aber wird für sie eine Wälzlagerung vorgesehen, anstatt nur aus prinzipiellen Erwägungen Radial- und Axialkräfte über den gesamten Größenbereich durch Gleitlager zu übertragen.

Ansonsten werden für das Gleitlagersystem in der Konzeptphase vor allem zwei unterschiedliche Eigenschmiersysteme (Losring, Festring) konzipiert, da Vor- und Nachteile erst in späteren Versuchen überprüft werden sollten [23]. Der Aufbau des endgültig gewählten Lagersystems kann Bild 7.22 entnommen werden.

Auswählen und Bewerten

Werden bei dem vorhergehenden Arbeitsschritt mehrere Konzeptvarianten gefunden, so müssen diese nun nach technischen und wirtschaftlichen Kriterien beurteilt und das günstigste Lösungskonzept ausgewählt werden. Eine solche Auswahl ist erfahrungsgemäß bei dem noch niedrigen Informationsstand über die Eigenschaften der Varianten schwierig.

So werden bei dem Gleitlagersystem einerseits bereits in der Konzeptphase durch Bewerten Vorentscheidungen getroffen, z. B. über den Einsatz eines Gleitlagers oder Wälzlagers zur Aufnahme von Axialkräften, andererseits kann die endgültige Entscheidung über das günstigste Schmiersystem (Losring, Festring) erst nach dem Bau von Prototypen und entsprechenden Versuchen getroffen werden.

Neben der Ermittlung der Technischen Wertigkeiten der einzelnen Konzeptvarianten ist bei Baukastensystemen vor allem die Betrachtung der wirtschaftlichen Gegebenheiten wichtig. Dazu ist es notwendig, den fertigungstechnischen Aufwand der Bausteine und ihren kostenmäßigen Einfluß auf das gesamte Baukastensystem abzuschätzen. In einem ersten Schritt müssen also die zu erwartenden „Funktionskosten“ der Teilfunktionen bzw. der sie erfüllenden Bausteine bestimmt werden. Bei der niedrigen Konkretisierungsstufe der Konzeptphase kann das in der Regel nur eine recht grobe Abschätzung sein. Da Grundbausteine in allen Ausführungsvarianten vorkommen, wird man solche Lösungsprinzipien vorziehen, die Grundbausteine mit geringem Fertigungsaufwand ermöglichen und damit niedrige Kosten ergeben. Sonder- und Anpaßbausteine stehen bei einer Kostenminimierung erst an zweiter Stelle.

Zur Kostenminimierung eines Baukastensystems müssen nicht die Bausteine allein, sondern auch ihre gegenseitige Beeinflussung betrachtet werden. Besonders muß der Einfluß der Sonder-, Hilfs- und Anpaßbausteine auf die *Kosten der Grundbausteine* analysiert werden. Der Kosteneinfluß jeder Gesamtfunktionsvariante auf die Kosten des gesamten Baukastensystems muß erfaßt werden, und zwar für alle betrachteten Baustrukturvarianten. Die Klärung dieses Kosteneinflusses ist häufig nicht einfach. So würde z. B. bei dem betrachteten Gleitlagersystem eine Funktionsvariante „Öl intern rückkühlen" den Grundbaustein „Lagergehäuse" mit seinen Grundfunktionen „Kraft F_R und F_A zum Fundament leiten" und „Öl speichern" durch die Abmessungen des in den Ölsumpf (Ölspeicher) des Lagergehäuses einzuhängenden Sonderbausteins „Wasserkühler" beträchtlich beeinflussen. Die Kosten aller Gesamtfunktionsvarianten, die den Grundbaustein „Lagergehäuse" enthalten, würden sich infolge des Sonderbausteins „Interner Wasserkühler" und der damit verbundenen Vergrößerung des Lagergehäuses erhöhen. Liegt für diese Variante ein nur geringer Bedarf vor, so kann es durchaus wirtschaftlicher sein, einen Ölrückkühler außerhalb des Lagergehäuses anzuordnen und den Mehraufwand der dann notwendigen Ölpumpe in Kauf zu nehmen, als für alle vorkommenden und vor allem umsatzstarken Varianten des Baukastensystems den Grundbaustein „Lagergehäuse" zu verteuern.

Es ist also wichtig, die Auslegung der Grundbausteine und damit ihre Kosten nach den umsatzstarken Funktionsvarianten auszurichten. Hierbei ist der Einfluß der übrigen Bausteine auf die Grundbausteine hinsichtlich deren Optimierung bedeutsam.

Ist eine marktgerechte Anpassung des Konzepts nicht möglich, so sollte versucht werden, kostenungünstige Funktionsvarianten aus dem Baukastensystem zu streichen. Es wird häufig wirtschaftlicher sein, ausgefallene und das Gesamtsystem verteuernde Varianten im Bedarfsfall durch Einzelausführungen zu ersetzen, als diese mit Zwang in das Baukastensystem hineinzubringen. Eine weitere Ausweichmöglichkeit bietet auch der Einsatz von Mischsystemen.

Erstellen maßstäblicher Entwürfe

Nachdem das Lösungskonzept vorliegt, müssen die einzelnen Bausteine nicht nur funktions-, sondern auch fertigungsgerecht gestaltet werden. In einem Baukastensystem hat die Festlegung fertigungs- und montagegerechter Bausteine eine besondere wirtschaftliche Bedeutung. Unter Beachten der in 6.5.6 und 6.5.7 dargelegten Gestaltungsrichtlinien muß versucht werden, die für den Baukasten erforderlichen Grund-, Sonder-, Hilfs- und Anpaßbausteine so zu gestalten, daß die Zahl der gleichen und wiederkehrenden Werkstücke groß ist und diese möglichst mit nur wenigen Rohteilen und Bearbeitungsgängen verwirklicht werden.

Angesichts einer geforderten Größenstufung ist die richtige Wahl des Auflösungsgrades für die Bausteine wichtig. Hierbei ist eine Differentialbauweise hilfreich. Das Finden des optimalen Auflösungsgrades ist allerdings problematisch, denn er wird von zahlreichen Kriterien beeinflußt:

— Anforderungen und ihre Qualitätsmerkmale sind bei Beachten der Auswirkungen von Fehlerfortpflanzung einzuhalten. So erhöht z. B. die Zahl der Einzelteile die notwendigen Passungen oder sie wirkt sich infolge der zahlreichen Fügestellen funktionsmäßig ungünstig aus, z. B. im Schwingungsverhalten der Maschine.

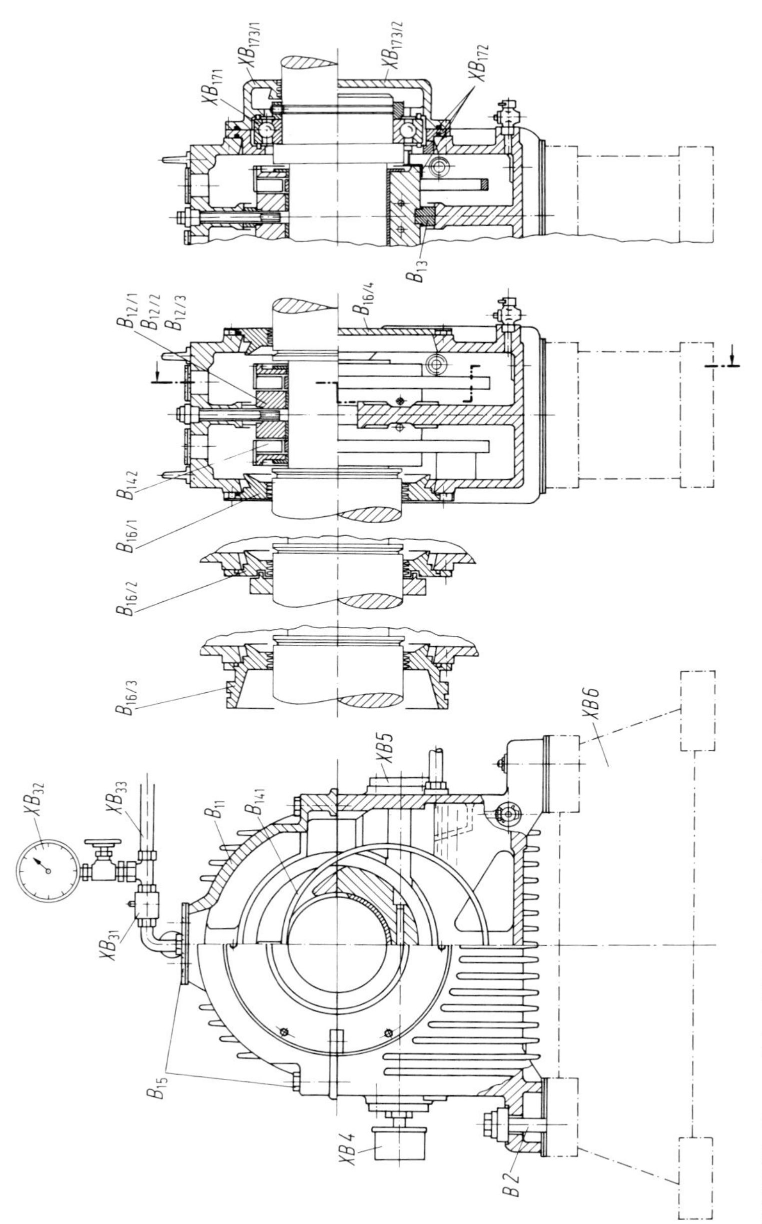

Bild 7.22. Entwurf des Gleitlager-Baukastensystems nach Bild 7.21 (Werkbild AEG-Telefunken)

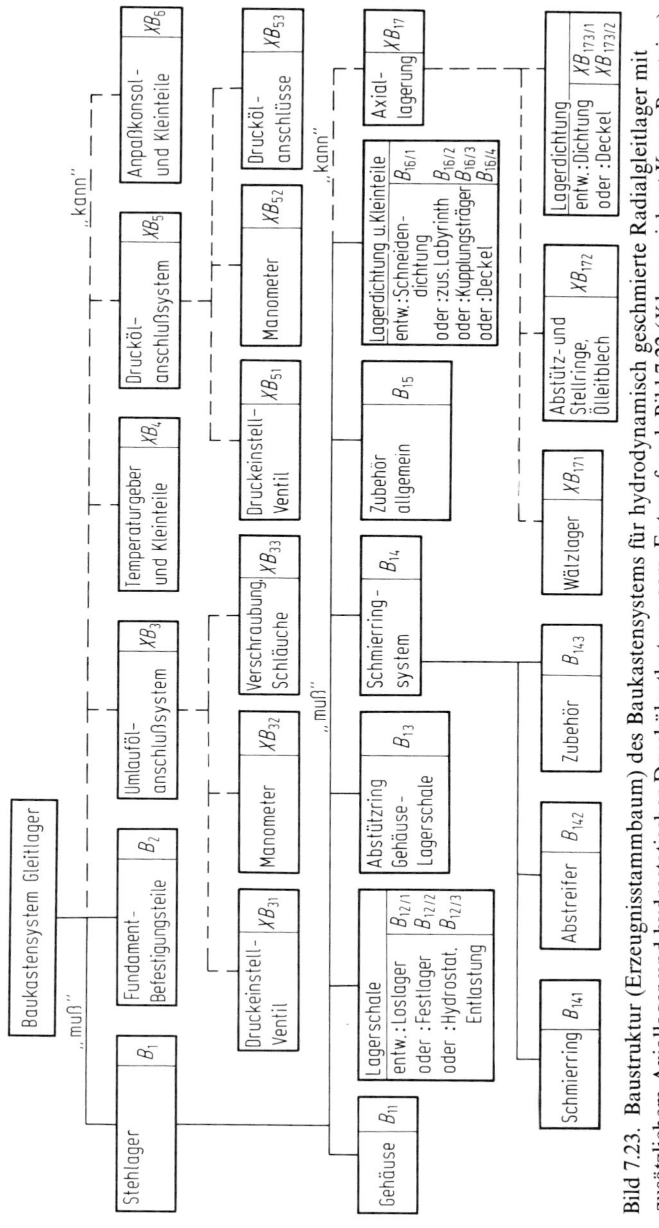

Bild 7.23. Baustruktur (Erzeugnisstammbaum) des Baukastensystems für hydrodynamisch geschmierte Radialgleitlager mit zusätzlichem Axiallager und hydrostatischer Druckölentlastung gem. Entwurf nach Bild 7.22 (X kennzeichnet Kann-Bausteine)

— Die Gesamtfunktionsvarianten sollen durch eine einfache Montage der Bausteine (Einzelteile und/oder Baugruppen) entstehen.
— Bausteine sind nur soweit aufzulösen, wie Funktionsfähigkeit und Qualität es erfordern und die Kosten es zulassen.
— Bei Baukastensystemen, die vom Anwender als Gesamtsystem bezogen werden und deren Varianten durch unterschiedliche Bausteinkombination vom Anwender selbst zusammengestellt werden [29], sind insbesondere die häufig verwendeten Bausteine festigkeits- und verschleißmäßig so aufzugliedern und auszulegen, daß eine möglichst gleich hohe Gebrauchsdauer oder eine leichte Austauschbarkeit gegeben sind.
— Beim Festlegen des Auflösungsgrades hinsichtlich Kosten und Fertigungszeiten ist immer der gesamte Baukasten zu betrachten. Von besonderer Bedeutung ist neben den Konstruktionskosten die Erfassung der Auftragsabwicklung im Konstruktions- und Fertigungsbereich, d. h. auch der Arbeitsvorbereitung, des Fertigungsablaufs einschließlich Montage, der Materialwirtschaft, und schließlich des Vertriebs.

Bild 7.22 zeigt den maßstäblichen Entwurf für das schon betrachtete Gleitlagersystem. Auf Bild 7.23 ist entsprechend der auf Bild 7.21 dargestellten Funktionsstruktur die Baustruktur für die Gesamtfunktionsvarianten zusammengestellt. In die Bilder 7.22 und 7.23 sind wegen der Übersichtlichkeit nur die wichtigsten Baugruppen und Einzelteile des ausgeführten Gleitlagersystems eingetragen, der tatsächliche fertigungstechnische Auflösungsgrad des Baukastensystems ist größer. Bereits in Bild 7.21 sind nur die wichtigsten Funktionsvarianten eingetragen. Vergleicht man die Funktionsstruktur mit der ausgeführten Baustruktur, so erkennt man, daß bei vorliegendem Baukastensystem mehrere Funktionen durch nur einen Baustein bzw. Varianten dieses Bausteins verwirklicht werden. Tab. 7.6 gibt nochmals einen Überblick über die vorgesehenen Bausteine und die diesen zugeordneten Funktionen.

Ausarbeiten von Fertigungsunterlagen

Die Fertigungsunterlagen müssen so ausgearbeitet werden, daß bei der Auftragsabwicklung eine einfache, möglichst EDV-unterstützte Zusammenstellung und Weiterverarbeitung der gewünschten Gesamtfunktionsvarianten möglich ist.

Für einen entsprechenden Zeichungsaufbau sind eine zweckmäßige Sachnummerung und Klassifizierung wichtig, da diese eine Grundlage für die Verkettung der Bausteine (Einzelteile und Baugruppen) untereinander bilden. Nähere Hinweise zur Sachnummerung und Klassifizierung werden in 8.3 gegeben.

Die Verbindung der einzelnen Bausteine zur Produktvariante wird in der Stückliste festgehalten. Als Stücklistenaufbau eignet sich hierfür die sog. Varianten-Stückliste [13], die auf der Baustruktur des Produkts aufbaut und die Muß- und Kann-Bausteine herausstellt. Eine Darlegung des Stücklistenaufbaus erfolgt in 8.2.3.

Besonders geeignet für die Nummerung von Zeichnungen und Stücklisten bei Baukastensystemen ist die Parallelverschlüsselung, die eine Identifizierungsnummer zur eindeutigen und unverwechselbaren Bezeichnung von Bauteilen und Baugruppen sowie eine Klassifizierungsnummer zur funktionsorientierten Einordnung und zum Abruf dieser Bauteile und Baugruppen enthält. Die Klassifizierungsnummer

Tabelle 7.6. Zusammenstellung der im Baukasten nach Bild 7.23 enthaltenen Bausteine

Baustein	Nr.	Bausteinart	Funktionen
Gehäuse	B_{11}	Grundbaustein	„F_R und F_A zum Fundament leiten" „Verluste abführen", „Öl speichern"
Lagerschale	$B_{12/1}$	Grundbaustein	„F_R vom drehenden zum ruhenden System übertragen", „Öldruck aufbauen",
	$B_{12/2}$	Bearbeitungsvariante des Bausteins $B_{12/1}$	zusätzlich: „F_A vom drehenden zum ruhenden System übertragen",
	$B_{12/3}$	Bearbeitungsvariante des Bausteins $B_{12/1}$	zusätzlich: „Hydrostatischen Öldruck auf Welle übertragen"
Abstützring zwischen Gehäuse und Lagerschale	B_{13}	Hilfsbaustein	„Lagerschale und Gehäuse verbinden"
Schmierring	B_{141}	Grundbaustein	„Öl fördern"
Abstreifer	B_{142}	Grundbaustein	„Öl zuführen"
Zubehör	B_{143}	Grundbaustein	„Ölstand kontrollieren" und „Öl ablassen"
Zubehör allgemein	B_{15}	Grundbaustein, Hilfsbaustein	„Zubehör- und Verbindungsfunktionen"
Lagerdichtung und Kleinteile	$B_{16/1}$	Grundbaustein	„Drehendes gegen ruhendes System abdichten",
	$B_{16/2}$	Grundbaustein/ Anpaßbaustein	zusätzlich: „Anpassen an Labyrinthdichtung",
	$B_{16/3}$	Grundbaustein/ Anpaßbaustein	zusätzlich: „Anpassen an Kupplungsträger"
	$B_{16/4}$	Sonderbaustein	„Gehäusebohrung bei fehlender Welle abdichten"
Fundament-Befestigungsteile	B_2	Hilfsbaustein	„Lager mit Fundament kraftschlüssig verbinden"
Druckeinstell-Ventil	XB_{31}	Sonderbaustein	„Druck für Umlauföl einstellen"
Manometer	XB_{32}	Sonderbaustein	„Öldruck messen"
Verschraubung, Schläuche	XB_{33}	Hilfsbaustein	„Umlauföl leiten"
Temperaturgeber und Kleinteile	XB_4	Sonderbaustein	„Temperatur messen"
Druckeinstell-Ventil	XB_{51}	Sonderbaustein	„Druck für Drucköl einstellen"
Manometer	XB_{52}	Sonderbaustein	„Öldruck messen"
Druckölanschlüsse	XB_{53}	Hilfsbaustein	„Drucköl zuführen"
Anpaßkonsol- und Kleinteile	XB_6	Anpaßbaustein	„Lager an Fundament anpassen"
Wälzlager	XB_{171}	Sonderbaustein (für große Axialkräfte)	„F_A vom drehenden zum ruhenden System übertragen"
Abstütz- u. Stellringe, Ölleitblech	XB_{172}	Hilfsbaustein	„Wälzlager mit Gehäuse kraftschlüssig verbinden", „Zum Wälzlager Öl zuführen"
Lagerdichtung	$XB_{173/1}$	Sonderbaustein	„Drehendes gegen ruhendes System bei Wälzlagervariante abdichten"
	$XB_{173/2}$	Sonderbaustein	„Gehäusebohrung bei fehlender Welle abdichten"

ist für ein Baukastensystem besonders wichtig, da man mit ihr die Ähnlichkeit oder Gleichheit von Bauteilen hinsichtlich ihrer Funktion oder sonstiger Sachmerkmale erkennen kann.

7.2.3. Vorteile und Grenzen von Baukastensystemen

Für die *Hersteller* ergeben sich in nahezu allen Unternehmensbereichen *Vorteile:*

— Für Angebote, Projektierung und Konstruktion stehen bereits fertige Ausführungsunterlagen zur Verfügung. Der Konstruktionsaufwand wird nur einmalig vorab nötig, was hinsichtlich der erforderlichen Vorleistung ein Nachteil sein kann.
— Auftragsgebundener Konstruktionsaufwand entsteht nur für nicht vorhersehbare Zusatzeinrichtungen.
— Kombinationsmöglichkeit mit Nichtbausteinen.
— Vereinfachte Arbeitsvorbereitung und bessere Fertigungsterminsteuerung sind möglich.
— Auftragsabwicklung im Konstruktions- und Fertigungsbereich kann mit Hilfe bausteinbedingter Parallelfertigung stark gekürzt werden, außerdem schnelle Lieferbereitschaft.
— Eine EDV-unterstützte Auftragsabwicklung wird erleichtert.
— Einfache Kalkulation möglich.
— Bausteine können auftragsunabhängig in optimalen Losgrößen gefertigt werden, was z. B. zu kostengünstigeren Fertigungsmitteln und -verfahren führen kann.
— Günstige Montagebedingungen infolge zweckmäßigerer Baugruppenunterteilung.
— Einsatzmöglichkeiten der Baukastentechnik in verschiedenen Konkretisierungsstufen des Produktionsprozesses, so bei der Zeichnungs- und Stücklistenerstellung, also im Konstruktionsbereich, bei der Aufstellung von Arbeitsplänen, bei der Beschaffung von Rohteilen und Halbzeugen, bei der Teilefertigung bis hin zur Montage sowie auch beim Vertrieb.

Für den *Anwender* sind auch eine Reihe von *Vorteilen* erkennbar:

— Kurze Lieferzeit.
— Bessere Austausch- und Instandsetzungsmöglichkeiten.
— Besserer Ersatzteildienst.
— Spätere Funktionsänderungen und Erweiterungen im Rahmen des Variantenspektrums.
— Fehlermöglichkeiten durch ausgereifte Gestaltung fast ausgeschlossen.

Für den *Hersteller* ist die *Grenze* eines Baukastensystems erreicht, wenn die Unterteilung in Bausteine zu technischen Mängeln und wirtschaftlichen Einbußen führt:

— Eine Anpassung an spezielle Kundenwünsche ist nicht so weitgehend möglich wie bei Einzelkonstruktionen (Verlust der Flexibilität und Marktorientierung).
— Der Konstruktionsaufwand wird in größerem Umfang einmalig vorab notwendig. Häufig werden deshalb bei festgelegter Baustruktur die Werkstatt-Zeichnungen erst bei Auftragseingang angefertigt. So vervollständigt sich der Zeichnungsbestand eines Bauprogramms allmählich.

— Produktänderungen sind nur in größeren Zeiträumen wirtschaftlich vertretbar, da die einmaligen Entwicklungskosten hoch sind.
— Technische Formgebung wird stärker als bei Einzelausführungen von der Bausteingestaltung und dem Auflösungsgrad bestimmt.
— Erhöhter Fertigungsaufwand, z. B. an Paßflächen, Fertigungsqualität muß höher liegen, da eine Nacharbeit ausgeschlossen ist.
— Erhöhter Montageaufwand und größere Sorgfalt sind erforderlich.
— Da nicht nur die Gesichtspunkte des Herstellers, sondern auch des Anwenders herangezogen werden müssen, ist in vielen Fällen das Festlegen eines optimalen Baukastensystems schwer.
— Seltene Kombinationen im Rahmen des Baukastenprogramms zur Erfüllung ausgefallener Gesamtfunktionsvarianten können kostenmäßig ungünstiger sein als eine eigens für diese Aufgabenstellung durchgeführte Einzelausführung.

Auch für den *Anwender* sind *Nachteile* erkennbar:
— Spezielle Wünsche des Anwenders sind schwer erfüllbar.
— Bestimmte Qualitätsmerkmale können ungünstiger liegen als bei Einzelausführungen.
— Wegen der z. T. höheren Gewichte und Bauvolumina als bei einem speziell für die Funktionsvariante entwickelten Produkt, steigen u. U. Platzbedarf und Fundamentkosten.

Die Erfahrung zeigt, daß mit Baukastensystemen vor allem die Gemeinkosten (Personalaufwand und -kapazität) reduziert werden können, weniger Material- und auch Fertigungslohnkosten, da das Baukastenprinzip zu Gewichts- und Volumenvergrößerungen an Bausteinen und damit Ausführungsvarianten gegenüber der Einzelausführung führen kann. Wird ein Baukastensystem mit dem Ziel entwickelt, daß jede Funktionsvariante kostengünstiger sein soll als ein für diese Aufgabenstellung speziell entwickeltes Produkt, kann man sich den Entwicklungsaufwand sparen. Ein Baukastensystem kann nur als Gesamtsystem günstiger sein als eine den Gesamtfunktionsvarianten entsprechende Anzahl von Einzelausführungen.

7.2.4. Beispiele

Elektromotoren-Systeme

Bei Elektromotoren als universell einsetzbare Antriebssysteme bestand frühzeitig das Bedürfnis, die vom Anwender geforderten Funktionsvarianten durch Baukastensysteme mit dem doppelten Zweck zu erfüllen, Motorvarianten wirtschaftlich fertigen und dem Anwender nachträgliche Änderungen ermöglichen zu können.

Bild 7.24 zeigt als erstes Beispiel ein Baukastensystem für Elektromotoren größerer Leistung [34]. Von den erkennbaren Bausteinen sind die Teile *1*, *2*, *5* und *11* gleichbleibende Grundbausteine, die Teile *4*, *6*, *7*, *8*, *9* und *10* Grundbausteine mit zusätzlichen Anpaßmöglichkeiten an auftragsspezifische Anforderungen (z. B. Teile *4*, *6*, *7* und *8* zur Anpassung an die Höhe der elektrischen Spannung oder Teil *9* zur Anpassung an Kupplungsabmessungen) und die Teile *3* und *12* Sonderbausteine zur Realisierung bestimmter Schutzarten.

Dieses Baukastensystem ist auch als Baureihe verwirklicht. Jeder Baustein ist in mehreren Größenstufen vorhanden.

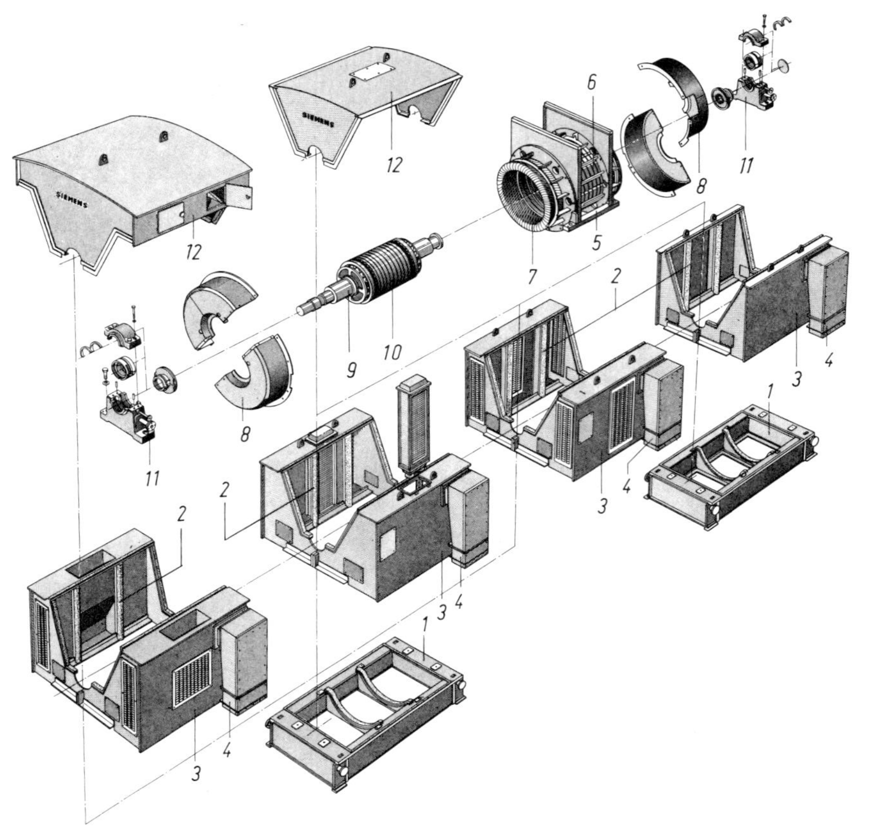

Bild 7.24. Baukastensystem für Hochspannungs-Drehstrommotoren größerer Leistung nach [34] mit den wichtigsten Bausteinen
1 Grundgestell (Fundamentrahmen); *2* Traggestell Außengehäuse; *3* Abdeckbleche und Lüftungsgitter; *4* Klemmenkasten; *5* Ständergehäuse; *6* Ständerblechpaket; *7* Ständerwicklung; *8* Wicklungsschild; *9* Welle und Läuferkörper; *10* Läuferblechpaket und Wicklung; *11* Lager; *12* Abdeckhaube

Einen geringeren Auflösungsgrad hat der Baukasten des nächsten Beispiels, eines Elektromotorensystems mittlerer Leitung [34]. Bild 7.25 zeigt zunächst den Aufbau dieses Systems. Im Gegensatz zu Bild 7.24 ist das Ständergehäuse mit dem Ständerblechpaket und der Wicklung zu einem Grundbaustein zusammengefaßt, der nicht weiter in veränderbare Bausteine aufgegliedert ist. Das bedeutet, daß hier die Fertigung in der Reihenfolge — Ständergehäuse als Schweißkonstruktion fertigen, — Ständerblechpaket einschichten und verschweißen sowie — Wicklung einlegen erfolgen muß und keine Parallelfertigung von Gehäuse und Blechpaket möglich ist wie beim ersten Beispiel. Die Baukastentechnik betrifft hier vor allem die Anbau- und Aufbaumöglichkeiten der Kühler und Klemmenkästen, die Verwirklichung unterschiedlicher Schutzarten sowie die Lagerung (Wälzlager, Gleitlager). Bild 7.26 zeigt die vorgesehenen Anbauvarianten des Kühlers und der Klemmenkästen. Auch dieses Baukastensystem ist mit einer Baureihe kombiniert.

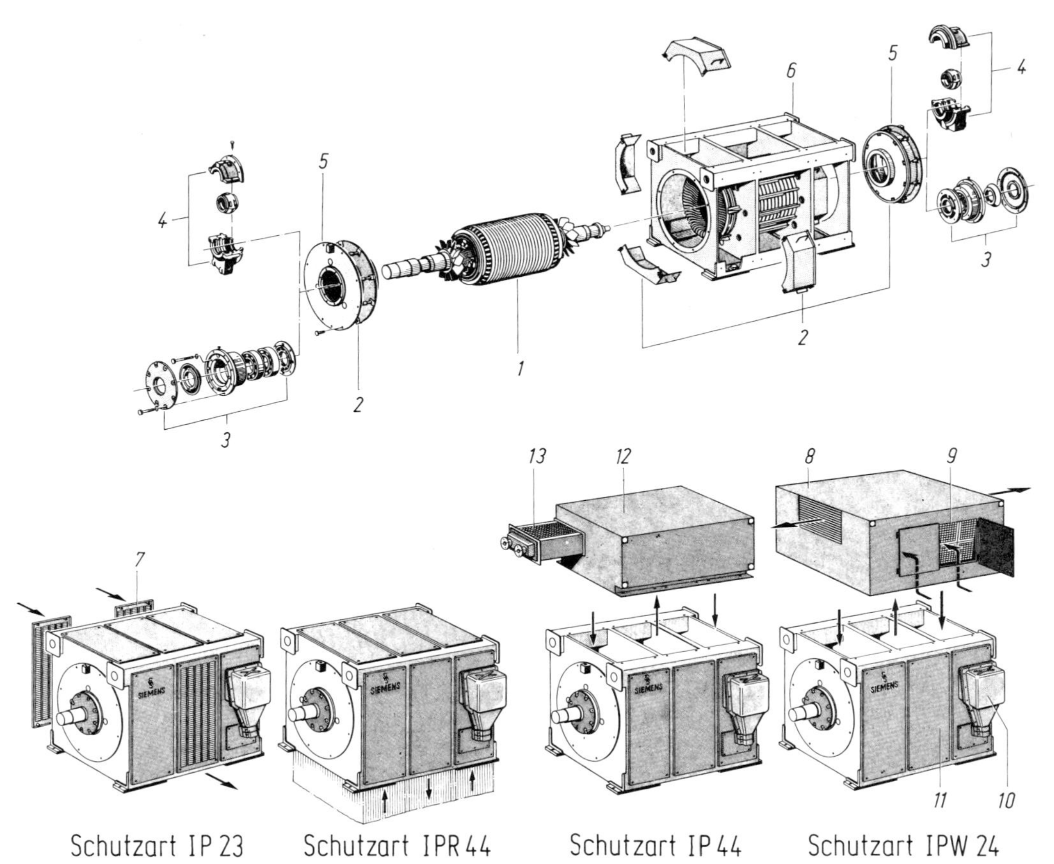

Bild 7.25. Baukastensystem für Hochspannungs-Drehstrommotoren mittlerer Leistung nach [34] mit den wichtigsten Bausteinen
1 Käfigläufer; *2* Wickelkopfabdeckung; *3* Wälzlagereinsatz; *4* Radialgleitlager; *5* Lagerschild; *6* Ständergehäuse mit Blechpaket und Wicklung; *7* Abdeckgitter; *8* Wetterschutzaufbau; *9* Luftfilter; *10* Klemmenkasten; *11* Abdeckblech; *12* Kühleraufbau; *13* Luft-/Wasserkühler

Ein weiteres Baukastensystem für Elektromotoren ist in [1] beschrieben. Es baut auf der in Bild 7.17 gezeigten Baureihe auf und enthält auch das Gleitlagersystem des Bildes 7.22.

Getriebesysteme

Zahnradgetriebe sind ebenfalls ein bekanntes Beispiel für Baukastensysteme, da bei ihnen eine Vielzahl von marktseitig geforderten Funktionsvarianten (z. B. Anbaumöglichkeiten von Antriebs- und Abtriebsmaschinen, Wellenlage, Übersetzung) bei grundsätzlich bekanntem Aufbau vorliegen. Für den Anwender ist es unter anderem günstig, sich mit Bausteinen spezielle Getriebekonfigurationen für sich verändernde Antriebsprobleme seines Unternehmens selbst zusammenzustellen oder bei Schadensfällen eine günstige Ersatzteilbeschaffung ausnutzen zu können. Für den Hersteller ergibt die Baukastentechnik die Möglichkeit, ein umfangreiches Getrie-

Ausführung	Schutzart IP 23 / IPR 44 ohne Kühler	IPW 24 ohne Kühler	IP 44 Kühler oben, Wasseranschluß vorn oder hinten	Kühler links oder rechts, Wasseranschluß vorn oder hinten	Kühlerelemente auf beiden Seiten, Wasseranschluß vorn oder hinten
ohne Klemmenkasten	nur IPR 44 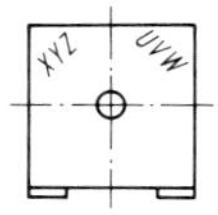	Ausführung ohne Klemmenkasten nach DIN 40 050 nicht vorgesehen	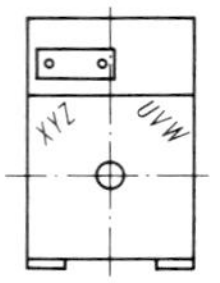	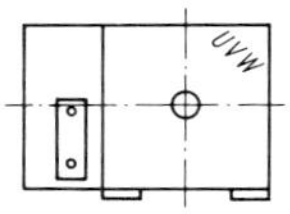	Ausführung mit beidseitig angebauten Kühlerelementen auf Anfrage
mit 1 Klemmenkasten	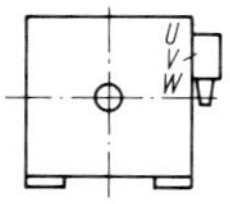	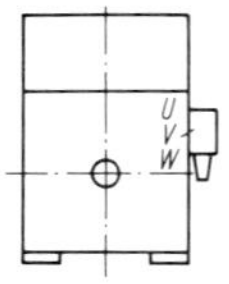	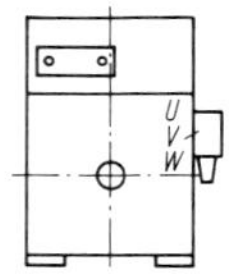	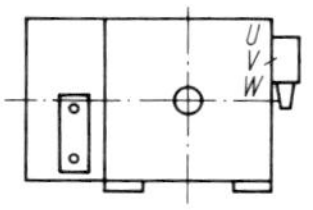	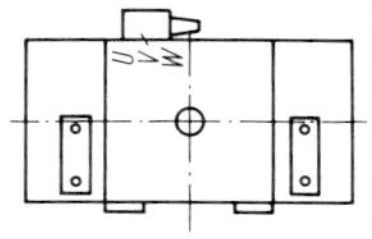
mit 2 Klemmenkästen	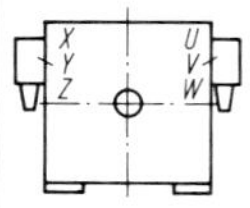	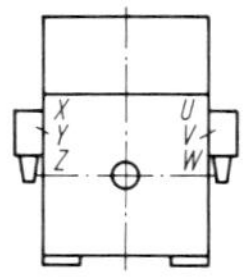	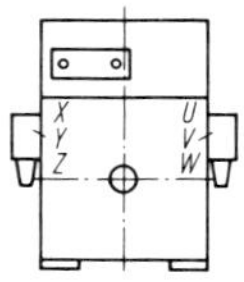	Ausführung mit seitlich angebautem Kühler auf Anfrage	Ausführung mit beidseitig angebauten Kühlerelementen auf Anfrage

Bild 7.26. Anbau- und Aufbaumöglichkeiten der Kühler und Klemmkästen bei Motoren nach Bild 7.25

beprogramm nur mit wenigen Gehäusen, Zahnradstufen, Wellen und Lagerungen fertigen zu können.

Bild 7.27 zeigt als Beispiel das Gehäuse eines Getriebebaukastens mit den Variationsmöglichkeiten hinsichtlich Antrieb und Wellenlage sowie Einbaumöglichkeiten unterschiedlicher Zahnradstufen (ein- und mehrstufig, Stirnrad- und Kegelradstufen) [21]. Man erkennt das ungeteilte Gehäuse *1*. Auf der Abtriebswellenseite wird es durch einen ovalen Deckel *2*, auf der anderen Seite aus Gründen der Zahnradstufenmontage zunächst durch einen großen Runddeckel *3* und dann wiederum durch einen kleineren Ovaldeckel *4* verschlossen. Auf der Seite der Doppeldeckelanordnung enthält der Runddeckel die Lagerung für die Getriebewellen, die auf der Abtriebsseite im Gehäuse selbst liegt. Der Ovaldeckel auf der Antriebsseite deckt entweder die Lagerbohrungen nur ab, wenn als Eingang eine Kegelradstufe vorgesehen ist oder enthält die Dichtung für eine Eingangswelle, wenn der Eingang nur auf eine Stirnradstufe geht. Die langsamlaufende Abtriebsstufe IV wird immer durch die gegenüberliegende Gehäuseseite geführt, die nur einen Ovaldeckel als Abschluß aufweist. Das komplette Gehäuse ist also in mehrere Funktions- und gleichzeitig Fertigungsbausteine weit aufgelöst: Gehäusemittelteil und Runddeckel als Grundbausteine, zwei Ovaldeckel als angepaßte Grundbausteine für die jeweiligen Anordnungen und Abmessungen der Wellen sowie den Lagertopf für das Kegelritzel und einen rechteckigen Blinddeckel als Sonderbaustein. Daraus ergibt sich der Vorteil, daß bei unverändertem Gehäusemittelteil eine Vielzahl von Funktions-

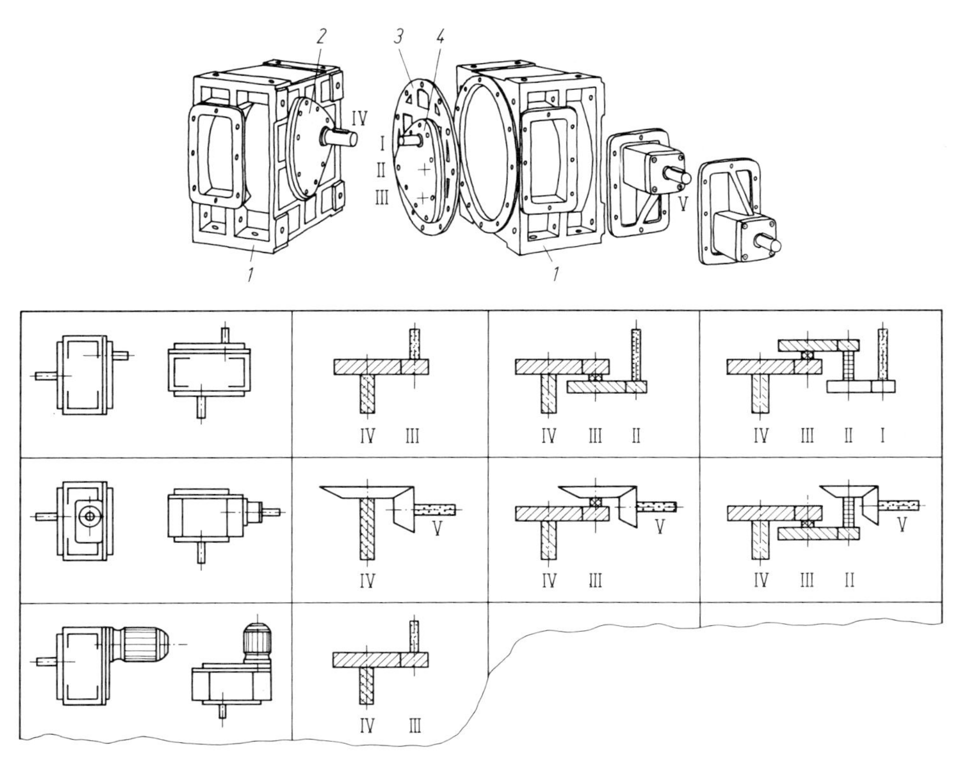

Bild 7.27. Getriebebaukasten „Hansen-Patent" [21]

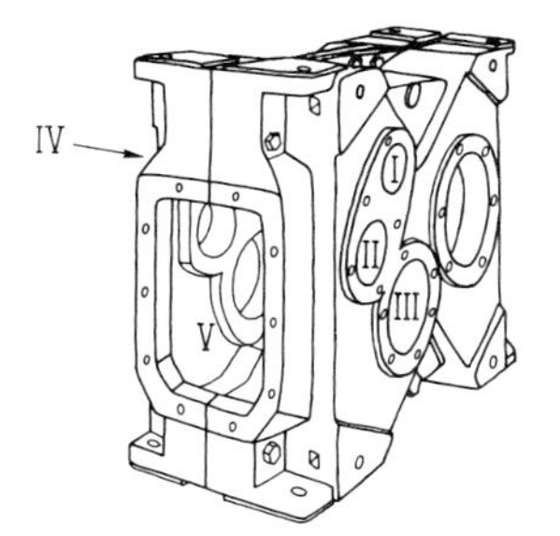

Bild 7.28. Gehäusegestaltung nach „Hansen-Patent" [22], Gehäuse ist symmetrisch

varianten möglich sind, und zwar durch Anpassen der Ovaldeckelbohrungen an unterschiedliche Stirnradstufenkombinationen, durch einen Sonderovaldeckel zum Anflanschen eines Antriebsmotors sowie durch einen Lagertopf für eine Kegelradeingangsstufe. Nachteilig bei diesem hohen Auflösungsgrad ist, daß mehrere, sehr genaue Deckelzentrierungen ausgeführt werden müssen, um eine einwandfreie Lagerung der Getriebewellen zu gewährleisten. Ferner ist das Gehäuse nicht voll ausgenutzt, wenn nicht alle Zahnradstufen eingebaut sind. Eine Weiterentwicklung [22] vermeidet diese Deckelgestaltung durch mittiges Teilen des Gehäuses: Bild 7.28. Die verbleibenden kleinen Einzeldeckel tragen jetzt nur noch die Dichtungen oder decken nur die Lagerbohrungen ab.

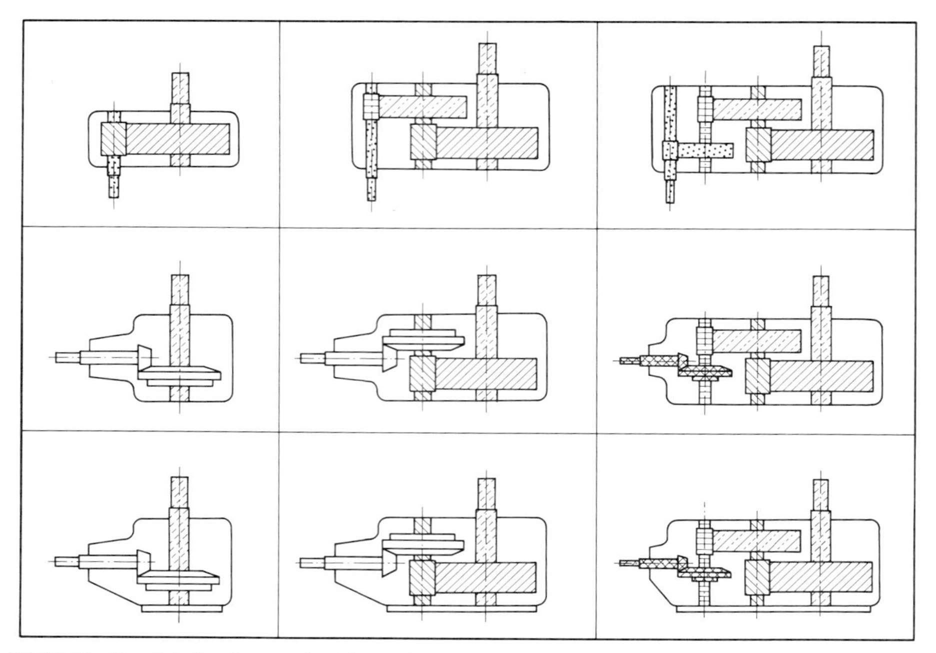

Bild 7.29. Getriebebaukasten der Firma WGW [37]

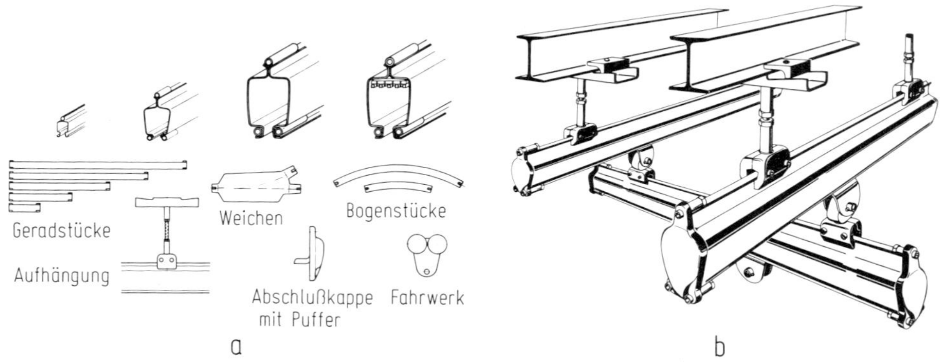

Bild 7.30. Offenes Baukastensystem für die Fördertechnik (Werkbild Demag, Duisburg); a) Bausteine b) Kombinationsbeispiel

Ein weiteres Beispiel für Getriebebaukästen ist in dem Bild 7.29 wiedergegeben [37]. Bei diesem Baukasten wurde besonderer Wert auf wenige Bausteine für Zahnradstufen gelegt, mit denen ein breites Getriebeprogramm (hinsichtlich Wellenlage und Übersetzung) verwirklicht werden kann. Im Gegensatz zum Beispiel auf Bild 7.27 werden hier mehr Gehäusevarianten mit geringerem Auflösungsgrad vorgesehen, um diese für die unterschiedlichen Einbauvarianten besser anpassen und dadurch hinsichtlich Gewicht und Volumen minimieren zu können.

Ein anderer Getriebebaukasten, mit dem vor allem die Antriebs- und Abtriebsmöglichkeiten variiert werden können, ist in [14] beschrieben.

Weitere Beispiele

Weitere Beispiele aus der Hydraulik, Pneumatik und dem Werkzeugmaschinenbau können der Literatur entnommen werden [2, 19, 35].

Offene Baukastensysteme der Fördertechnik

Während die bisher gezeigten Systeme Beispiele für „geschlossene" Baukastensysteme mit einem festgelegten Bauprogramm waren, soll das folgende Beispiel ein „offenes" Baukastensystem erläutern. Bild 7.30 zeigt beispielhaft ein solches System mit festgelegten Bausteinen a und einem Kombinationsbeispiel b.

7.3. Schrifttum

1. AEG-Telefunken: Hochspannungs-Asynchron-Normmotoren, Baukastensystem, 160 kW – 3150 kW. Druckschrift E 41.01.02/0370.
2. Achenbach, H.-P.: Ein Baukastensystem für pneumatische Wegeventile. wt-Z. ind. Fertigung 65 (1975) 13 – 17.
3. Beitz, W.; Keusch, W.: Die Durchführung von Gleitlager-Variantenkonstruktionen mit Hilfe elektronischer Datenverarbeitungsanlagen. VDI-Berichte Nr. 196. Düsseldorf: VDI-Verlag 1973.
4. — ; Pahl, G.: Baukastenkonstruktionen. Konstruktion 26 (1974) 153 – 160.
5. Berg, S.: Angewandte Normzahl. Berlin, Frankfurt/M.: Beuth-Vertrieb 1949.
6. — : Die besondere Eignung der Normzahlen für die Größenstufung. DIN-Mitteilungen 48 (1969) 222 – 226.
7. — : Konstruieren in Größenreihen mit Normzahlen. Konstruktion 17 (1965) 15 – 21.
8. — : Die NZ, das allgemeine Ordnungsmittel. Schriftenreihe der AG für Rat. des Landes NRW (1959) H. 4.
9. — : Theorie der NZ und ihre praktische Anwendung bei der Planung und Gestaltung sowie in der Fertigung. Schriftenreihe der AG für Rat. des Landes NRW (1958) H. 35.
10. Borowski, K.-H.: Das Baukastensystem der Technik. Schriftenreihe Wissenschaftliche Normung, H. 5. Berlin, Göttingen, Heidelberg: Springer 1961.
11. Brankamp, K.; Herrmann, J.: Baukastensystematik — Grundlagen und Anwendung in Technik und Organisation. Ind.-Anz. 91 (1969) H. 31 und 50.
12. DIN 323, Blatt 2: Normzahlen und Normzahlreihen (mit weiterem Schrifttum). Berlin, Köln: Beuth-Vertrieb 1974.
13. Eversheim, W.; Wiendahl, H.-P.: Rationelle Auftragsabwicklung im Konstruktionsbüro. Girardet Taschenbücher, Bd. 1. Essen: Girardet 1971.
14. Flender: Firmenprospekt Nr. K 2173/D. Bocholt 1972.
15. Franzmann, K.: Interner Entwicklungsbericht der Fa. Borsig. Berlin 1975.
16. Friedewald, H.-J.: Normzahlen — Grundlage eines wirtschaftlichen Erzeugnisprogramms. Handbuch der Normung Bd. 3. Berlin, Köln: Beuth-Vertrieb 1972.
17. — : Normung integrieren — der Bestandteil einer Firmenkonzeption. DIN-Mitteilungen 49 (1970) H. 1.
18. Gerhard, E.: Ähnlichkeitsgesetze beim Entwurf elektromechanischer Geräte. VDI-Z 111 (1969) 1013 – 1019.
19. Gläser, F.-J.: Baukastensysteme in der Hydraulik. wt-Z. ind. Fertigung 65 (1975) 19 – 20.
20. Gregorig, R.: Zur Thermodynamik der existenzfähigen Dampfblase an einem aktiven Verdampfungskeim. Verfahrenstechnik (1967) 389.
21. Hansen Transmissions International: Firmenprospekt Nr. 6102 – 62/D. Antwerpen 1969.
22. — : Firmenprospekt Nr. 202 D. Antwerpen 1976.
23. Keusch, W.: Entwicklung einer Gleitlagerreihe im Baukastenprinzip. Diss. TU Berlin 1972.
24. Kienzle, O.: Die NZ und ihre Anwendung. VDI-Z. 83 (1939) 717.
25. — : Normungszahlen. Berlin, Göttingen, Heidelberg: Springer 1950.

26. Kiesow, H; Mihm, H.; Rosenbusch, R.: Automatisierung von Entwurf, Konstruktion und Auftragsbearbeitung im Anlagenbau, dargestellt am Beispiel des Wärmetauscherbaus. IBM-Nachrichten 20 (1970) 147 – 153.
27. Lang, K.; Voigtländer, G.: Neue Reihe von Drehstrommaschinen großer Leistung in Bauform B 3. Siemens-Z. 45 (1971) 33 – 37.
28. Lehmann, Th.: Die Grundlagen der Ähnlichkeitsmechanik und Beispiele für ihre Anwendung beim Entwerfen von Werkzeugmaschinen der mechanischen Umformtechnik. Konstruktion 11 (1959) 465 – 473.
29. Maier, K.: Konstruktionsbaukästen in der Industrie. wt-Z. ind. Fertigung 65 (1975) 21 – 24.
30. Matz, W.: Die Anwendung des Ähnlichkeitsgesetzes in der Verfahrenstechnik. Berlin, Göttingen, Heidelberg: Springer 1954.
31. Pahl, G.; Beitz, W.: Baureihenentwicklung. Konstruktion 26 (1974) 71 – 79 und 113 – 118.
32. Pawlowski, J.: Die Ähnlichkeitstheorie in der physikalisch-technischen Forschung. Berlin, Heidelberg, New York: Springer 1971.
33. Reuthe, W.: Größenstufung und Ähnlichkeitsmechanik bei Maschinenelementen, Bearbeitungseinheiten und Werkzeugmaschinen. Konstruktion 10 (1958) 465 – 476.
34. Siemens: Drehstrommotoren für Hochspannung. Druckschrift M 2 (1971) und Nachtrag Jan. 1975.
35. Schwarz, W.: Universal-Werkzeugfräs- und -bohrmaschinen nach Grundprinzipien des Baukastensystems. wt-Z. ind. Fertigung 65 (1975) 9 – 12.
36. Weber, M.: Das allgemeine Ähnlichkeitsprinzip der Physik und sein Zusammenhang mit der Dimensionslehre und der Modellwissenschaft. Jahrb. der Schiffsbautechn. Ges., H. 31 (1930) 274 – 354.
37. Westdeutsche Getriebewerke: Firmenprospekt. Bochum 1975.

8. Ausarbeiten

8.1. Arbeitsschritte beim Ausarbeiten

Unter Ausarbeiten wird der Teil des Konstruierens verstanden, der den Entwurf eines technischen Gebildes durch endgültige Vorschriften für Anordnung, Form, Bemessung und Oberflächenbeschaffenheit aller Einzelteile, Festlegen aller Werkstoffe, Überprüfung der Herstellungsmöglichkeiten sowie der Kosten ergänzt und die verbindlichen zeichnerischen und sonstigen Unterlagen für seine stoffliche Verwirklichung schafft (vgl. 3.2).

Schwerpunkt der Ausarbeitungsphase ist das Erarbeiten der Fertigungsunterlagen, insbesondere der Teil-Zeichnungen (auch Einzelteil- oder Werkstatt-Zeichnungen genannt), von Gruppen-Zeichnungen für Baugruppen, soweit erforderlich, der Gesamt-Zeichnung (auch Zusammenstellungs-Zeichnung genannt) sowie der Stückliste. Je nach Produktart (Branche) und Fertigungsart (Einzel-, Kleinserien- oder Großserienfertigung) werden von der Konstruktion noch weitere Unterlagen zur Fertigung erstellt, wie z. B. Montage- und Transportvorschriften sowie Prüfvorschriften zur Qualitätssicherung. Auch für den späteren Gebrauch des Produkts werden häufig noch Betriebs-, Wartungs- und Instandsetzungsanleitungen zusammengestellt. In der Ausarbeitungsphase werden Unterlagen erstellt, die Grundlage für die Auftragsabwicklung, insbesondere für die Arbeitsvorbereitung, d. h. für die Fertigungsplanung und Fertigungssteuerung, sind. Weitere Fertigungsunterlagen, z. B. Arbeitspläne, werden der Arbeitsvorbereitung zugeordnet. In der Praxis besteht hier oft ein fließender Übergang mit der Konstruktion.

Das Ausarbeiten wird in mehreren Arbeitsschritten durchgeführt: Bild 8.1.

Das *Detaillieren des endgültigen Entwurfs* ist nicht nur ein Herauszeichnen der Einzelteile, sondern es werden gleichzeitig Detailoptimierungen hinsichtlich Form, Werkstoff, Oberfläche und Toleranzen bzw. Passungen vorgenommen. Hierzu sind die in 6.5 dargelegten Gestaltungsrichtlinien hilfreich. Optimierungsziele sind dabei eine hohe Ausnutzung (z. B. gleiche Gestaltfestigkeit und zweckmäßige Werkstoffwahl) und eine fertigungs- und kostengünstige Detailgestaltung unter weitgehender Berücksichtigung bestehender Normen einschließlich der Verwendung handelsüblicher Zukaufteile und werksinterner Wiederholteile.

Das *Zusammenfassen* von Einzelteilen zu Baugruppen und von diesen zum Gesamtprodukt mit entsprechenden Zeichnungen und Stücklisten wird stark von Gesichtspunkten der Auftragsabwicklung und des terminlichen Ablaufs sowie der Montage und des Transports beeinflußt. Hierzu sind geeignete Zeichnungs-, Stücklisten- und Nummernsysteme erforderlich (vgl. 8.2).

Das *Vervollständigen* der Fertigungsunterlagen, gegebenenfalls durch Fertigungs-, Montage- und Transportvorschriften sowie durch Betriebsanleitungen gehört ebenfalls zu wichtigen Tätigkeiten beim Ausarbeiten.

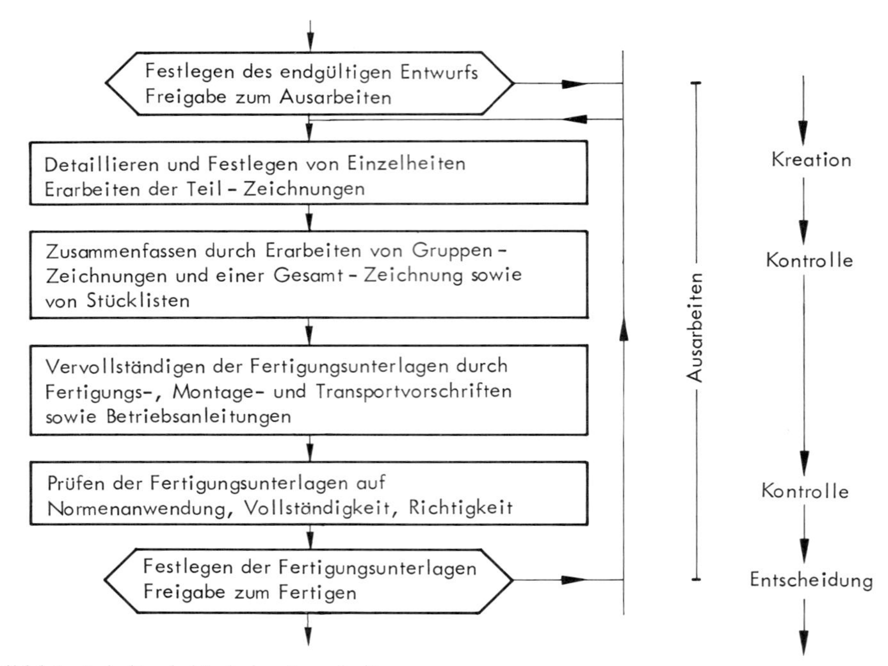

Bild 8.1. Arbeitsschritte beim Ausarbeiten

Von großer Bedeutung für den anschließenden Fertigungsprozeß ist das *Prüfen* der Fertigungsunterlagen, besonders der Teil-Zeichnungen und Stücklisten hinsichtlich

— der Einhaltung von Normen, insbesondere Werknormen,
— der eindeutigen und fertigungsgerechten Bemaßung,
— erforderlicher sonstiger Fertigungsangaben sowie
— Beschaffungsgesichtspunkten, z. B. Lagerteilen.

Ob solche Prüfungen noch vom Konstruktionsbereich oder von einem organisatorisch getrennten Normbüro übernommen werden, hängt im wesentlichen von der Organisationsstruktur eines Unternehmens ab und spielt für die Ausführung der Tätigkeiten selbst nur eine untergeordnete Rolle. Wie zwischen Konzept- und Entwurfsphase überschneiden sich auch oft Arbeitsschritte der Entwurfs- und Ausarbeitungsphase. Beim Erarbeiten der Teil-Zeichnungen ist es üblich, terminbestimmende Einzelteile und Rohteil-Zeichnungen vorzuziehen, um sie bereits vor Festlegung des endgültigen Entwurfs soweit als möglich fertigzustellen. Eine solche Integration beider Konstruktionsphasen ist vor allem bei der Einzelfertigung und im Großmaschinenbau erforderlich sowie für eine günstige Auftragsabwicklung mitentscheidend (vgl. Bild 6.118).

Die Ausarbeitungsphase darf keinesfalls vom entwerfenden Konstrukteur fachlich vernachlässigt werden, da von ihrer sorgfältigen Durchführung die technische Funktion, der Fertigungsablauf sowie das Auftreten von Fertigungsfehlern entscheidend bestimmt werden.

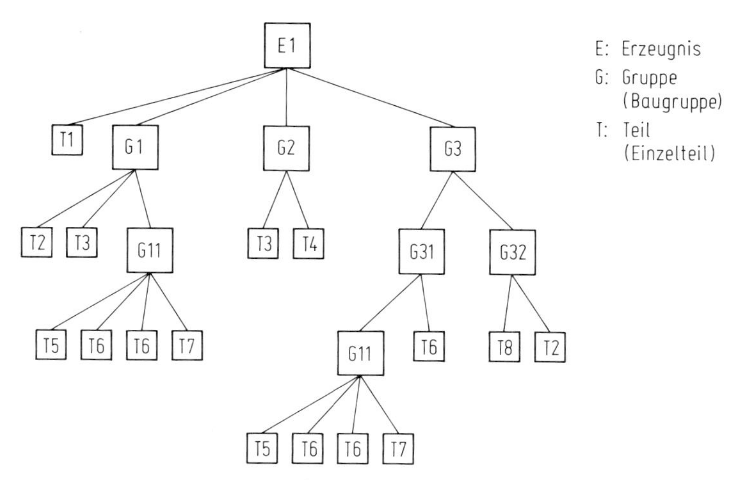

Bild 8.2. Schema einer Erzeugnisgliederung

In den nachfolgenden Abschnitten werden die Hilfsmittel, die zur rationellen Auftragsabwicklung auch im Hinblick einer EDV-Verarbeitung besonders bedeutsam sind, behandelt. Auf konventionelle Tätigkeiten wie Zeichnen, Berechnen und Detailgestalten wird nicht näher eingegangen, sondern auf entsprechendes Schrifttum verwiesen. Hilfsmittel und Hinweise zum Detailgestalten sind weitgehend Kap. 6 zu entnehmen.

8.2. Systematik der Fertigungsunterlagen

8.2.1. Erzeugnisgliederung

Grundlage für eine Strukturierung bzw. Ordnung der Fertigungsunterlagen ist die sog. *Erzeugnisgliederung*, die sich in den vom Konstruktionsbereich zu erstellenden Zeichnungen und Stücklisten in Form eines Zeichnungs- und Stücklistensatzes widerspiegelt. Unter Erzeugnisgliederung wird eine Aufteilung des Erzeugnisses [14] in kleinere Einheiten verstanden. Bild 8.2 zeigt eine solche Gliederung schematisch.

Die Erzeugnisgliederung kann zu einer *funktionsorientierten* oder *fertigungs-* bzw. *montageorientierten* Struktur führen. Je nach Darstellungsart wird sie auch Stammbaum oder Aufbauübersicht genannt, wobei letztere die Einzelteile meistens noch als Rohteile bzw. Halbzeuge ausgibt [14].

Kennzeichnend für eine solche Struktur ist das Vorhandensein von Teilen (Einzelteile, die nicht mehr zerlegbar sind) und das Zusammenfassen solcher Teile und/oder Gruppen niederer Ordnung zu in sich geschlossenen Gruppen (Baugruppen), wobei auch sog. „Gruppen loser Teile“ (z. B. Zubehör) gebildet werden können. Zweckmäßigerweise werden solche Gruppen hierarchisch gegliedert: 1., 2., ... *n*. Ordnung oder Stufe, wobei das jeweilige Gesamterzeugnis mit 0. Ordnung und die gegliederten Gruppen mit fortschreitender Auflösung nach steigender Ordnungszahl oder Stufe benannt werden. Solche Rangordnungen können sich je nach Ziel-

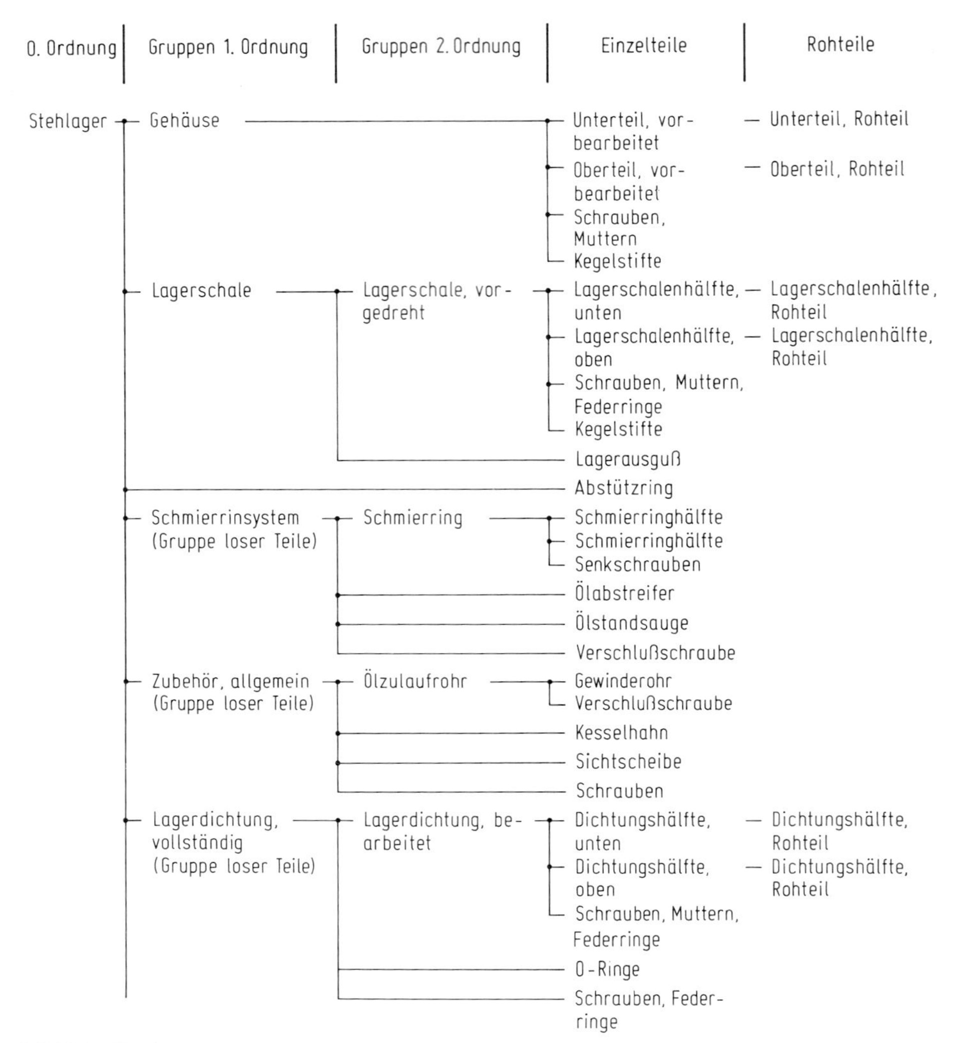

Bild 8.3. Fertigungsgerecht gegliederte Aufbauübersicht für das Stehlager eines Gleitlager-Baukastensystems

setzung (Funktion, Fertigung, Montage, Beschaffung) ändern. Sie können bei komplexen Erzeugnissen sehr vielstufig sein.

Als Beispiel für eine Erzeugnisgliederung diene das in 7.2 beschriebene Gleitlager-Baukastensystem. Die in Bild 7.23 dargestellte Struktur ist entsprechend Bild 7.21 funktionsorientiert. In zahlreichen Fällen ist es dagegen zweckmäßig, eine von der Funktionsgliederung getrennte Erzeugnisgliederung nach Fertigungs- und Montagegesichtspunkten vorzunehmen. Eine fertigungsgerechte Erzeugnisgliederung des Stehlagers B_1 des in Bild 7.23 gezeigten Baukastensystems zum Aufstellen eines Zeichnungs- und Stücklistensatzes zeigt Bild 8.3 in Form einer *Aufbauübersicht.* Man erkennt zwei Gruppenspalten und je eine Spalte mit herausgezogenen

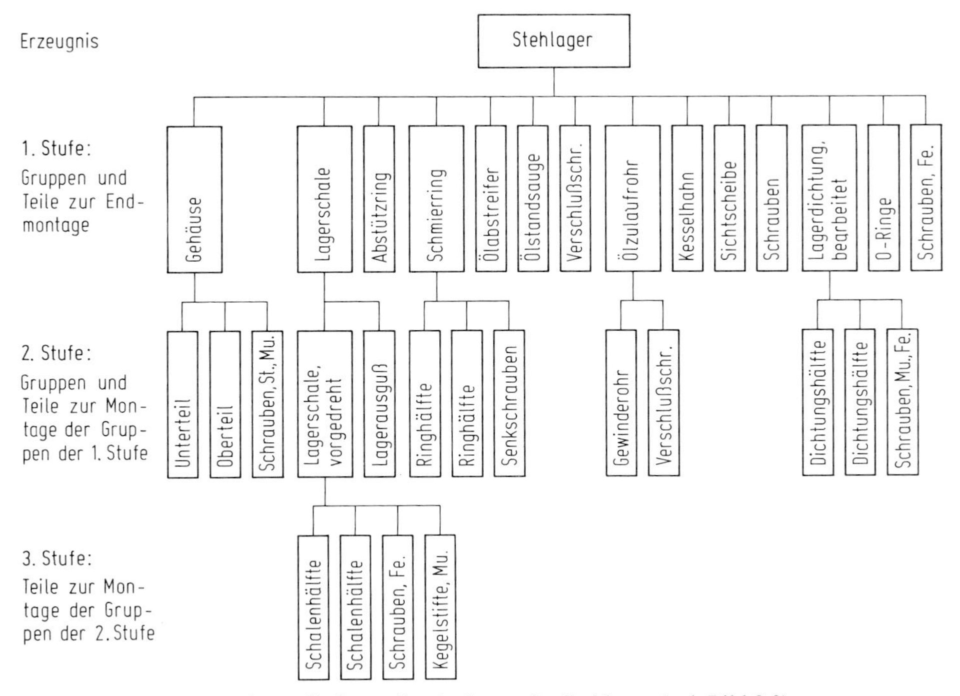

Bild 8.4. Montagegerecht gegliederter Stammbaum für Stehlager (vgl. Bild 8.3)

Einzelteilen und Rohteilen. In Bild 8.4 ist ein Stammbaum für das gleiche Erzeugnis wiedergegeben, der aber die Gruppen und Einzelteile nach Montagegesichtspunkten gliedert.

Da eine Erzeugnisgliederung sowohl den Aufbau der Fertigungsunterlagen als auch den Fertigungsfluß stark beeinflußt bzw. umgekehrt von ihr bestimmt wird, hat es sich in der Praxis als zweckmäßig erwiesen, alle beteiligten Betriebsbereiche (Konstruktion, Normung, Arbeitsvorbereitung, Fertigung, Montage, Einkauf) bei ihrer Aufstellung zu beteiligen. In jedem Fall ist sie produkt- und firmenspezifisch und kann nicht allgemeingültig festgelegt werden. Die Erzeugnisgliederung bestimmt die Aufteilung des Zeichnungs- und Stücklistensatzes und richtet sich zweckmäßigerweise nach den Zweigen der Aufbauübersicht bzw. des Stammbaums.

8.2.2. Zeichnungssysteme

Für die Anfertigung normgerechter Technischer Zeichnungen sei auf umfangreiches Schrifttum verwiesen [2, 6 – 9, 11, 12, 16, 21, 28]. Es werden nur grundlegende Definitionen zum Zeichnungsinhalt, zur Darstellungsart und zum Zeichnungsaufbau behandelt, um daraus Empfehlungen für den Zeichnungseinsatz bzw. die Zeichnungsorganisation geben zu können.

DIN 199 [9] unterscheidet Technische Zeichnungen nach
— Art ihrer Darstellung,
— Art ihrer Anfertigung,

— ihrem Inhalt und
— ihrem Zweck.

Hinsichtlich der *Darstellungsart* wird unterschieden zwischen
— Skizzen, die nicht unbedingt an Form und Regeln gebunden sind, meist freihändig und/oder grobmaßstäblich,
— Zeichnungen in möglichst maßstäblicher Darstellung,
— Maßbildern als vereinfachte Darstellung,
— Plänen, z. B. Lagepläne und
— Graphischen Darstellungen zur Veranschaulichung, z. B. von Funktionsstrukturen.

Für die Konzeptphase sind vor allem Skizzen und graphische Darstellungen wichtig, da sie die Lösungssuche unterstützen und ein informatives Hilfsmittel sind [30]. Grobmaßstäbliche und maßstäbliche Zeichnungen dienen als Arbeitsgrundlage und Kommunikationsmittel für Gestaltungs- und Berechnungstätigkeiten in der Entwurfsphase sowie als Unterlagen zur Fertigung nach Abschluß der Ausarbeitungsphase.

Hinsichtlich der *Anfertigungsart* unterscheidet man zwischen
— Original- oder Stamm-Zeichnungen (Blei- oder Tuschezeichnungen) als Grundlage für Vervielfältigungen sowie
— Vordruck-Zeichnungen, die oft unmaßstäblich sind.

In diesem Zusammenhang kann es zweckmäßig sein, Zeichnungen nach dem Baukastenprinzip aufzubauen. Bei diesem Vorgehen gliedert man Gesamt-Zeichnungen bausteinartig so in Zeichnungsteile, daß man aus diesen neue Gesamt-Zeichnungsvarianten zusammenstellen kann. Die Zeichnungsteile liegen entweder als Aufkleber vor oder werden zum Kopieren bzw. zu einer Mikroverfilmung zusammengefügt.

Hinsichtlich des *Inhalts* gibt es ein breites Spektrum von Unterscheidungsmöglichkeiten. Ein Gesichtspunkt zum Inhalt ist die Vollständigkeit eines Erzeugnisses in einer Zeichnung. Hier wird unterschieden zwischen

— *Gesamt-Zeichnungen* (bisher Zusammenstellungs-Zeichnungen eines Erzeugnisses genannt),
— *Gruppen-Zeichnungen* (Darstellung einer Baueinheit von zwei oder mehreren Teilen eines Erzeugnisses in lösbar und/oder unlösbar zusammengebautem Zustand),
— *Teil-Zeichnungen* (Darstellung eines Einzelteils),
— *Rohteil-Zeichnungen,*
— *Gruppen-Teil-Zeichnungen* (Darstellung einer Gruppe und ihrer Einzelteile),
— *Modell-Zeichnungen* und
— *Schema-Zeichnungen.*

Ein Zeichnungsinhalt kann nach der Richtlinie VDI 2211 [31] zunächst in den technologischen und den organisatorischen Inhalt gegliedert werden. Zum technologischen Inhalt gehören die bildliche Darstellung des Gegenstands, die Bemaßung und sonstige Darstellungsangaben (z. B. Schnittlinien), Werkstoff- und Qualitätsangaben sowie Behandlungsangaben (z. B. Prüfvorschriften). Durch den organisatorischen Inhalt werden sachbezogene Angaben (z. B. Benennungen und Sachnummerung zur Identifizierung und Klassifizierung) sowie zeichnungsbezogene Angaben

(z. B. Maßstäbe, Zeichnungsformat, Erstellungsdatum) erfaßt. Diese Gliederung hat eine große Bedeutung für das maschinelle, rechnerunterstützte Herstellen von Zeichnungen [31].

Eng mit dem Inhalt einer Zeichnung ist ihr *Zweck* verbunden. Hier unterscheidet man zwischen

— Entwurfs-Zeichnungen (Zeichnungen mit unterschiedlichem Konkretisierungsgrad bei verschiedenen Darstellungsarten und verschiedenen Inhalten) und
— Fertigungs-Zeichnungen (auch Werkstatt-Zeichnungen genannt).

Fertigungs-Zeichnungen können weiterhin gegliedert werden in

— Bearbeitungs-Zeichnungen unterschiedlicher Vollständigkeit (z. B. Vorbearbeitung und Endbearbeitung, Schweiß-Zeichnungen usw.),
— Zusammenbau-Zeichnungen (z. B. Montage-Zeichnungen),
— Ersatzteil-Zeichnungen,
— Aufstellungs-Zeichnungen (Fundament-Zeichnungen) und
— Versand-Zeichnungen.

Weitere Zeichnungsarten sind u. a. Angebots-Zeichnungen, Bestell-Zeichnungen, Genehmigungs-Zeichnungen, Fertigungsmittel-Zeichnungen und Patent-Zeichnungen.

Zur Rationalisierung der Zeichnungserstellung dienen ferner *Sammel-Zeichnungen*, die als *Sorten-Zeichnungen* (für Gestaltungsvarianten) mit aufgedruckter oder getrennter Maßtabelle oder als *Satz-Zeichnungen* (Zusammenfassung zusammengehörender Teile) aufgebaut sein können.

Ausgehend von den in DIN 199 dargelegten Unterscheidungsmerkmalen und Begriffen werden in den einzelnen Unternehmen häufig Zeichnungsarten festgelegt, wie sie, bezogen auf das vorliegende Produktspektrum und die Fertigungsart, zweckmäßig erscheinen. So unterscheidet z. B. ein Unternehmen der Elektro-Branche mit Serienfertigung seine Zeichnungen nach ihrem Inhalt bzw. Zweck wie folgt [29]:

— Entwurfs-Skizzen zur Festlegung nur der Einzelheiten, die zur Fertigung eines Funktionsmusters (Muster, das die Lösungsidee überprüft) benötigt werden.
— Konstruktions-Skizzen mit eindeutigen Angaben zur Fertigung eines sog. Entwicklungsmusters (Muster, das bereits die Forderungen der Anforderungsliste erfüllt).
— Konstruktions-Zeichnungen als Vorstufe von Fertigungs-Zeichnungen, die zur Fertigung von Erprobungsmustern alle Angaben enthalten.
— Fertigungs-Zeichnungen, die die endgültige Serienfertigung ermöglichen.

Bei Produkten der Einzelfertigung und des Großmaschinenbaus, die meist ohne Fertigung eines Prototyps bzw. Musters auskommen müssen, ist eine solche Gliederung nicht angebracht. Hier wird man nur zwischen Entwurfs-Zeichnungen einerseits und Fertigungs-Zeichnungen andererseits unterscheiden.

Beim Erarbeiten der Fertigungsunterlagen interessiert die geeignete *Struktur eines Zeichnungssatzes*. Entsprechend einer fertigungs- und montagegerechten Erzeugnisgliederung (vgl. 8.2.1) besteht der Zeichnungssatz grundsätzlich zunächst

— aus einer *Gesamt-Zeichnung* als Zusammenstellungs-Zeichnung des Erzeugnisses, aus der sich möglicherweise noch weitere Zeichnungen wie z. B. zum Versand, zur Aufstellung und Montage sowie zur Genehmigung ableiten,

— aus mehreren *Gruppen-Zeichnungen* verschiedener Rangordnung (Komplexität), die den Zusammenbau mehrerer Einzelteile zu einer Fertigungs- bzw. Montageeinheit zeigen, sowie
— aus *Teil-Zeichnungen*, die noch für unterschiedliche Fertigungsstufen aufgegliedert sein können (z. B. Rohteil-Zeichnung, Modell-Zeichnung, Vorbearbeitungs-Zeichnung, Endbearbeitungs-Zeichnung).

Als Grundsatz sollte zunächst gelten, daß die Aufteilung des Zeichnungssatzes allen Zweigen der Aufbauübersicht oder des Erzeugnis-Stammbaums (vgl. Bilder 8.3 und 8.4) entspricht. Zur Vereinfachung des Zeichnungssatzes kann es aber, z. B. bei Einzelfertigung mit mehreren Varianten (Variantenkonstruktion), zweckmäßig sein, Zeichnungen bzw. die Informationen mehrerer Zeichnungen zusammenzufassen (Zusammenlegen der Angaben mehrerer Fertigungsstufen). Möglichkeiten hierzu bieten *Gruppen-Teil-Zeichnungen*, die die vollständig bemaßten Einzelteile und deren Zusammenbau zu einer Gruppe darstellen. *Sammel-Zeichnungen* dienen für verschiedene Größen gleichartiger Teile und erfassen als Satz-Zeichnung zusammengehörende Teile (z. B. Zubehör) und einfache Gruppen sowie als Sorten-Zeichnung verschiedene Sorten oder Größen eines Bauteils auf einer Zeichnung. Vor allem Sorten-Zeichnungen sind ein wichtiges Mittel zur Rationalisierung in Baureihen- und Baukastensystemen. Die Zusammenfassung mehrerer Teile bzw. Größen eines Teils auf einer Zeichnung aus Gründen der Zeichnungsvereinfachung und Übersichtlichkeit ist eine reine Zweckmäßigkeitsfrage. Die Brauchbarkeit für Arbeitsvorbereitung, Fertigung, Montage und Ersatzteillieferung usw. darf aber nicht beeinträchtigt werden.

Es ist anzustreben, Zeichnungen so aufzubauen, daß sie möglichst auftragsunabhängig auch für andere Anwendungsfälle wieder verwendbar sind. Wiederholteile und Ersatzteile sollten immer auf eigenen Zeichnungen dargestellt werden, da sie auftragsunabhängig frei verwendbar sein sollen. Ausnahmen von diesem Rationalisierungsgrundsatz sind häufig Gesamt-Zeichnungen, die als Liefer- und Aufstellungs-Zeichnungen einmalige Angaben für den jeweiligen Auftrag enthalten müssen. Weitere Gesichtspunkte zum Aufbau eines Zeichnungssatzes sind DIN 6789 zu entnehmen [14].

Entsprechend der Struktur des Zeichnungssatzes ist auch der Stücklistensatz und das System der Zeichnungs-Nummern (vgl. 8.3) aufzubauen.

8.2.3. Stücklistensysteme

Zu jedem Zeichnungssatz gehört eine Stückliste bzw. ein *Stücklistensatz* als wichtiger Informationsträger, um ein Erzeugnis so vollständig beschreiben zu können, daß es einwandfrei gefertigt werden kann. Eine Stückliste enthält verbal und mit Positionsnummern festgelegt Menge, Einheit der Menge und Benennung aller Gruppen (Baugruppen) und Teile (Einzelteile) einschließlich Normteilen, Fremdteilen und Hilfsstoffen [13, 32]. Sie gibt ferner die zur eindeutigen Identifikation und zur Auftragsabwicklung benötigte Sachnummer einer Position an. Eine Stückliste ist generell aus einem Schriftfeld und einem Stücklistenfeld aufgebaut, deren formaler Aufbau in DIN 6771 Blatt 1 u. 2 [12, 13] festgelegt sind. Bei Stücklistenverarbeitung mit EDV-Anlagen wird dieser Aufbau entsprechend den Möglichkeiten und Erfordernissen der verwendeten Anlagen und Programme modifiziert.

```
MENGE    1          BENENNUNG   E1   MENGENUEBERSICHTS-STUECKLISTE
*******************************************************************
POS.  MENGE  ME   BENENNUNG                 SACHNUMMER
*******************************************************************

 1      1   ST    T1
 2      2   ST    T2
 3      2   ST    T3
 4      1   ST    T4
 5      2   ST    T5
 6      5   ST    T6
 7      4   KG    T7
 8      9   M     T8
```

Bild 8.5. Schematischer Aufbau einer Mengenübersichts-Stückliste für Erzeugnisgliederung nach Bild 8.2 (ME≙Einheit der Menge)

Die Gesamtheit aller zu einem Erzeugnis gehörenden Stücklisten wird Stücklistensatz genannt. Stücklisten können sowohl auf der Zeichnung angeordnet als auch getrennt aufgestellt werden. Letztere Form überwiegt heute wegen der automatischen Stücklistenerstellung und -verarbeitung mit Hilfe der EDV-Technik. Zur rationellen und vielseitigen Möglichkeit einer maschinellen Stücklistenverarbeitung wird auf entsprechendes Schrifttum verwiesen [18, 32]. Stücklisten lassen sich nach der Art und dem Verwendungszweck einteilen:

Die *Stücklistenart* gibt an, wie sich die Erzeugnisgliederung und die Fertigungsstufen im Stücklistenaufbau niederschlagen. Nach [18, 32] und DIN 199, Blatt 2 [10] lassen sich folgende Stücklistenarten definieren:

— Die *Mengenübersichts-Stückliste* enthält für das Erzeugnis nur eine Auflistung der Einzelteile mit ihren Sachnummern und Mengenangaben. Mehrfach vorkommende Einzelteile erscheinen nur einmal. Es sind aber alle Teilenummern eines Erzeugnisses aufgeführt. Eine Stufengliederung entsprechend der Erzeugnisgliederung in z. B. funktions- oder fertigungsorientierte Gruppen ist nicht zu erkennen. Diese Stücklistenart stellt die einfachste Form dar, ihr Volumen hinsichtlich Datenspeicherung ist gering. Sie reicht für einfache Erzeugnisse mit nur wenigen Fertigungsstufen aus. Bild 8.5 zeigt zur Veranschaulichung eine solche Stückliste für eine Erzeugnisgliederung nach Bild 8.2 als EDV-Ausdruck.

— Die *Struktur-Stückliste* gibt die Erzeugnisstruktur mit allen Baugruppen und Teilen wieder, wobei jede Gruppe sofort bis zur höchsten Stufe (Ordnung der Erzeugnisgliederung) aufgegliedert ist. Die Gliederung der Gruppen und Teile entspricht in der Regel dem Fertigungsablauf (mehrstufige Aufgliederung). Bild 8.6 zeigt schematisch eine solche Stückliste als EDV-Ausdruck, wiederum auf die Erzeugnisgliederung entsprechend Bild 8.2 bezogen. Da die Rechnerverarbeitung für jede Positionsnummer Mengen- und Mengeneinheit-Angaben fordert, sind diese entgegen der manuellen Technik, bei der Mengenangaben für ein Teil nur einmal vorgenommen werden, auch bei allen Gruppen aufgeführt. Ferner wird auch die Einheit „Stück" jeweils ausgedruckt, da das Programm bei allen Positionen eine Einheitenangabe erwartet. Zur weiteren Veranschaulichung ist in Bild 8.7 eine Struktur-Stückliste für den in Bild 8.4 gezeigten Stammbaum eines Gleitlagers wiedergegeben. Die Mengenangaben beziehen sich auf das im Stücklistenkopf beschriebene Erzeugnis. Struktur-Stücklisten können sowohl für ein Gesamterzeugnis als auch nur für einzelne Gruppen aufgestellt werden. Der Vorteil von Struktur-Stücklisten liegt darin, daß in ihnen die Gesamtstruktur eines Erzeugnisses bzw. einer Gruppe erkannt werden kann.

MENGE 1 BENENNUNG E1 STRUKTUR-STUECKLISTE

POS.	MENGE	ME	STUFE	BENENNUNG	SACHNUMMER
1	1	ST	.1	T1	
2	1	ST	.1	G1	
3	1	ST	..2	T2	
4	1	ST	..2	T3	
5	1	ST	..2	G11	
6	1	ST	...3	T5	
7	2	ST	...3	T6	
8	2	KG	...3	T7	
9	1	ST	.1	G2	
10	1	ST	..2	T3	
11	1	ST	..2	T4	
12	1	ST	.1	G3	
13	1	ST	..2	G31	
14	1	ST	...3	G11	
15	1	ST	4	T5	
16	2	ST	4	T6	
17	2	KG	4	T7	
18	1	ST	...3	T6	
19	1	ST	..2	G32	
20	9	M	...3	T8	
21	1	ST	...3	T2	

Bild 8.6. Schematischer Aufbau einer Struktur-Stückliste für Erzeugnisgliederung nach Bild 8.2

MENGE 1 BENENNUNG STEHLAGER 160 STRUKTURSTUECKLISTE

PCS.	MENGE	ME	STUFE	BENENNUNG	SACHNUMMER
1	1.0	ST	.1	GEHAEUSE 160/180 MM	3202-222.103350.GZ-1
2	1.0	ST	..2	UNTERTEIL, VORBEARB.	3200-222.101335.VBZ-1
3	1.0	ST	..2	OBERTEIL, VORBEARB.	3200-222.101336.VBZ-2
4	4.0	ST	..2	SKT-SCHR M12X75 DIN 931	9001-222.010674
5	2.0	ST	..2	KEGELSTIFT 10X85 DIN 258	9022-222.011149
6	2.0	ST	..2	SKT-MU M10 DIN 934-5	9013-222.012435
7	1.0	ST	.1	LAGERSCHALE 160 GL.BUNDE	3511-222.150379.GZ-1
8	1.0	ST	..2	LAGERSCHALE,VORGEDR.	3511-222.150380.GZ-3
9	1.0	ST	...3	LAGERSCHALHAELFTE, UNTEN	3511-222.150411.VBZ-3
10	1.0	ST	...3	LAGERSCHALHAELFTE, OBEN	3511-222.150410.VBZ-3
11	2.0	ST	...3	ZYLSCHR M8X35 DIN912-8.8	9001-222.010457
12	2.0	ST	...3	FEDERRING 8 DIN 7980	9065-222.012087
13	2.0	ST	...3	KEGELSTIFT 6X55 DIN 258	9022-222.022437
14	2.0	ST	...3	SKT-MU M6 DIN 934-5 VZK	9013-222.012433
15	0.3	KG	..2	LAGERAUSGUSS THERMIT	
16	1.0	ST	.1	ABSTUETZRING	9271-222-101342
17	1.0	ST	.1	SCHMIERRING FUER 160/180	3901-222.007904.GZ-4
18	2.0	ST	..2	SCHMIERRINGHAELFTE	3901-222.150009.SEZ-4
19	4.0	ST	..2	SENKSCHRAUBE	9009-222.150108.SEZ-3
20	1.0	ST	.1	OELABSTREIFER	3776-222.150581.SEZ-4
21	2.0	ST	.1	OELSTANDSAUGE R1 N229350	3906-222.000794
22	1.0	ST	.1	VERSCHL.-SCHR R1/4DIN910	9003-222.011821
23	1.0	ST	.1	OELZULAUFROHR	9448-222.150350
24	140.0	MM	..2	GEWINDEROHR R1/4 X 140	9446-222.150498.OZ
25	1.0	ST	..2	VERSCHL.-SCHR R1/2DIN910	9003-222.011823
26	1.0	ST	.1	KESSELHAHN R3/8	9408-222.021301
27	1.0	ST	.1	SICHT-SCHEIBE A116X82	3904-222.000327
28	4.0	ST	.1	ZYLSCHR M6X15 DIN 84-4.8	9007-222.011316
29	2.0	ST	.1	LAGERDICHTUNG, BEARB.	3020-222.150268
30	4.0	ST	..2	DICHTUNGSHAELFTEN	3020-222.100105
31	4.0	ST	..2	ZYLSCHR M8X35 DIN912-8.8	9001-222.010457
32	4.0	ST	..2	SKT-MU M8 DIN 934-5 VZK	9013-222.012560
33	4.0	ST	..2	FEDERRING 8 DIN 7980	9065-222.012087
34	2.0	ST	.1	DICHTRING 250 DIN 2693	9326-222.201793
35	12.0	ST	.1	SKT-SCHR M6X15 DIN 931-5	9001-222.010800
36	12.0	ST	.1	FEDERRING 6 DIN 127	9065-222.911454

Bild 8.7. Struktur-Stückliste des Stehlagers entsprechend Bild 8.4

Allerdings wird eine Stückliste mit einer hohen Positionszahl unübersichtlich, vor allem, wenn eine Reihe von Wiederholgruppen an jeweils verschiedenen Stellen wiederkehren. Dadurch ergeben sich auch Nachteile im Änderungsdienst.

— Mit dem Begriff *Varianten-Stückliste* werden Stücklisten-Sonderformen bezeichnet, in denen verschiedene Erzeugnisse oder Baugruppen mit einem hohen Anteil identischer Gruppen bzw. Teile festgelegt sind. Es werden also Informationen mehrerer verschiedener Stücklisten zu einer einzigen Liste zusammengeführt: Alle gleichbleibenden Teile eines Erzeugnisspektrums werden in einer sog. Grund-Stückliste zusammengefaßt. Für die nicht gleichbleibenden Teile (Varianten) ist eine Sonder-Stückliste vorgesehen [17]. Varianten-Stücklisten können vor allem in Baukastensystemen mit einem hohen Anteil gleicher Bausteine, z. B. Grundbausteinen, rationell sein.

Um Stücklisteninhalte in verschiedenen Erzeugnissen und bei Wiederholgruppen unverändert verwenden zu können, ist es zweckmäßig, Gesamt-Stücklisten in selbständige Teile bausteinartig aufzugliedern. Die folgende Stücklistenart entspricht dieser Zielsetzung:

— Die *Baukasten-Stückliste* umfaßt zusammengehörende Gruppen und Teile, ohne zunächst auf ein bestimmtes Erzeugnis Bezug zu nehmen. Die Mengenangaben beziehen sich nur auf die im Kopf genannte Baugruppe. Mehrere solcher Baukasten-Stücklisten müssen, gegebenenfalls mit anderen Stücklisten, zu einem Stücklistensatz eines Erzeugnisses zusammengestellt werden. Ausgehend von der Erzeugnisgliederung in Bild 8.2 ist in Bild 8.8 eine Aufgliederung in mehrere Baukasten-Stücklisten vorgenommen worden. In Bild 8.9 ist der Aufbau dieser Stücklisten als EDV-Ausdruck schematisch dargestellt. Ihre Zusammenstellung zu einem Stücklistensatz entspricht dem in Bild 8.2 angenommenen Erzeugnis. Die Baukasten-Stückliste des Gesamterzeugnisses wird auch als Haupt-Stückliste bezeichnet [10]. Der große Vorteil dieser Stücklistenart besteht darin, daß eine Wiederholbaugruppe nur einmal auf einem Stücklistenblatt dargestellt werden muß. Das führt zu einem geringen Speicherbedarf bei der EDV-Verarbeitung sowie zu einem geringen Aufwand für die Stücklistenerstellung und den Änderungsdienst. Ein weiterer Vorteil besteht darin, daß bei Speicherung von Baukasten-Stücklisten im Rechner eine Struktur-Stückliste und Mengenübersichts-Stückliste ohne weiteres abgeleitet werden kann. Der Einsatz von Baukasten-Stücklisten empfiehlt sich vor allem dort, wo bei einem größeren Erzeugnisspektrum Baugruppen lagermäßig geführt und als Wiederholgruppen in größeren Stückzahlen gefertigt werden. Nachteilig ist, daß bei Betrachten einer Baukasten-Stückliste noch nicht auf den Gesamtbedarf an Teilen für das Gesamterzeugnis geschlossen werden kann und daß sich der funktionsbedingte und fertigungstechnische Zusammenhang erst erkennen läßt, wenn alle Baukasten-Stücklisten zu einem Stücklistensatz zusammengestellt werden.

Eine weitere Unterscheidung kann nach dem *Verwendungszweck* vorgenommen werden:

— *Funktions-* oder *Konstruktions-Stücklisten* sind solche, bei denen der Konstrukteur die Teilezusammenstellung und eine entsprechende Erzeugnisstruktur nach Funktionsgesichtspunkten vornimmt. Es werden die Positionen so zusammengestellt, wie sie sich bei der Konstruktionsarbeit ergeben oder benötigt werden. Eine Konstruktions-Stückliste ist häufig auftrags- und fertigungsneutral, dient der Dokumentation der Konstruktionsergebnisse und ist hilfreich bei Neu- und Anpassungskonstruktionen.
— Unter einer *Fertigungs-* oder *Montage-Stückliste* versteht man eine Stückliste, die in ihrem Aufbau und Inhalt nach Fertigungs- und Montagegesichtspunkten gegliedert ist. Liefert der Konstruktionsbereich nur eine Konstruktions-Stückli-

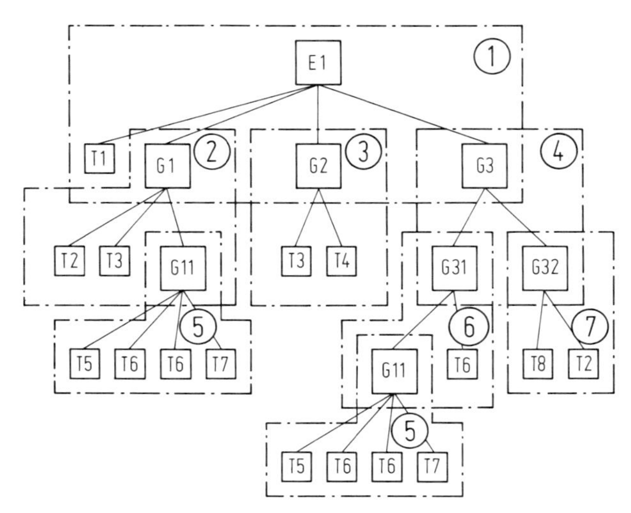

Bild 8.8. Gliederung eines Erzeugnisses entsprechend Bild 8.2 in Baukasten-Stücklisten

ste, die nicht den Fertigungsablauf berücksichtigt, muß die Arbeitsvorbereitung diese nach Fertigungsgesichtspunkten umschreiben. Da eine doppelte Erstellung und Speicherung von Konstruktions- und Fertigungs-Stücklisten aufwendig ist, wird angestrebt, daß der Konstrukteur bereits seine Stückliste nach fertigungstechnischen Gesichtspunkten aufbaut. Diese Stückliste sollte möglichst nur durch Ergänzen der von der Konstruktion erstellten Stückliste als Fertigungs-Stückliste entstehen. Fertigungs-Stücklisten sind vor allem in der Einzelfertigung auftragsspezifisch.

— Ferner kennt man in Einzelfällen noch *Dispositions-* oder *Material-Stücklisten, Kalkulations-Stücklisten* und *Ersatzteil-Stücklisten.* Man sollte aber anstreben, mit einer Stückliste zu arbeiten.

Durch die vielseitige Verwendung einer Stückliste in Konstruktion, Normung, Disposition, Arbeitsvorbereitung und Fertigungssteuerung, Vorkalkulation, Materialbeschaffung und Lagerwesen, Montage, Kontrolle, Wartung, Instandsetzung und Ersatzteilwesen, Betriebsabrechnung sowie Dokumentation kommt ihrem Inhalt große Bedeutung zu. Der Inhalt von Stücklisten wird durch betriebliche Rationalisierungsmaßnahmen, besonders bei Einführung der EDV-Stücklistenverarbeitung, ständig erweitert. Die maschinelle Verarbeitung führt zu der Forderung, eine Information nur einmal zu speichern. Hierzu hat es sich als zweckmäßig erwiesen, die an das Teil gebundene Information in *Teilestammdaten* (kurz: Stammdaten) und Informationen über die Zuordnung zu bestimmten Strukturen des Erzeugnisses, z. B. Beziehungen von Teilen untereinander, in *Erzeugnisstrukturdaten* (kurz: Strukturdaten) zu trennen:

— Stammdaten sind z. B. Zeichnungs- oder Sachnummern zur Identifizierung der Teile, Werkstoffangaben, Mengeneinheit und Teileart,
— Strukturdaten sind z. B. Nummern von Baugruppen bzw. Positionsnummern, Änderungsvermerke, Auftragsnummern und bestimmte Schlüsselzahlen.

```
MENGE     1          BENENNUNG    E1    BAUKASTEN-STUECKLISTE  1
************************************************************
POS.  MENGE  ME      BENENNUNG                 SACHNUMMER
************************************************************
  1       1    ST    T1
  2       1    ST    G1
  3       1    ST    G2
  4       1    ST    G3

MENGE     1          BENENNUNG    G1    BAUKASTEN-STUECKLISTE  2
************************************************************
POS.  MENGE  ME      BENENNUNG                 SACHNUMMER
************************************************************
  1       1    ST    T2
  2       1    ST    T3
  3       1    ST    G11

MENGE     1          BENENNUNG    G2    BAUKASTEN-STUECKLISTE  3
************************************************************
POS.  MENGE  ME      BENENNUNG                 SACHNUMMER
************************************************************
  1       1    ST    T3
  2       1    ST    T4

MENGE     1          BENENNUNG    G3    BAUKASTEN-STUECKLISTE  4
************************************************************
POS.  MENGE  ME      BENENNUNG                 SACHNUMMER
************************************************************
  1       1    ST    G31
  2       1    ST    G32

MENGE     1          BENENNUNG   G11    BAUKASTEN-STUECKLISTE  5
************************************************************
POS.  MENGE  ME      BENENNUNG                 SACHNUMMER
************************************************************
  1       1    ST    T5
  2       2    ST    T6
  3       2    KG    T7

MENGE     1          BENENNUNG   G31    BAUKASTEN-STUECKLISTE  6
************************************************************
POS.  MENGE  ME      BENENNUNG                 SACHNUMMER
************************************************************
  1       1    ST    G11
  2       1    ST    T6

MENGE     1          BENENNUNG   G32    BAUKASTEN-STUECKLISTE  7
************************************************************
POS.  MENGE  ME      BENENNUNG                 SACHNUMMER
************************************************************
  1       9    M     T8
  2       1    ST    T2
```

Bild 8.9. Schematischer Aufbau von Baukasten-Stücklisten. Zusammenstellung gemäß Bild 8.8

In einzelnen Betrieben werden zusätzlich noch sog. *Referenzdaten* formuliert, die den Bezug zu fremden Nummern und Bezeichnungen herstellen.

Die umgekehrte Form einer Stückliste wird *Teileverwendungsnachweis* genannt. Er gibt an, in welche Gruppen das Teil eingeht (hilfreich für Änderungsdienst).

Zusammenfassend ist festzustellen, daß der Aufbau des Zeichnungs- und Stücklistensatzes aufeinander abgestimmt sein muß. Die Verknüpfung von Zeichnung und Stückliste wird insbesondere durch ein einheitliches Nummernsystem erreicht.

8.3. Nummerungstechnik

Nach DIN 6763 [11] unterscheidet man numerische Nummern (z. B. 3012 – 13) und alphanumerische Nummern (z. B. AC 400 DI – 120 M). Im Sinne der Nummerungstechnik werden diese zu Nummernsystemen zusammengefaßt. Dabei hat jede Nummer einen festgelegten formalen Aufbau mit bestimmter Stellenzahl und Schreibweise. Die Verknüpfung einzelner Nummern zu Nummernsystemen kann auf unterschiedliche Weise erfolgen. Über den Aufbau von Nummernsystemen berichten [4, 19, 26].

Allgemeine Anforderungen an Nummernsysteme sind:

— *Identifizieren,* d. h. eindeutiges und unverwechselbares Kennzeichnen von Sachen und Sachverhalten ermöglichen.
— *Klassifizieren,* d. h. Ordnen von Sachen und Sachverhalten nach festgelegten Begriffen ermöglichen. Eine Klassifizierung ist nur eine Beschreibung ausgewählter Eigenschaften. Dieselbe Klassifizierungs-Nr. stellt also die Gleichheit von Sachen und Sachverhalten in bezug auf diese Eigenschaften fest, nicht aber eine Identität.
— Identifizierung und Klassifizierung sollen getrennt handhabbar sein.
— Vom Aufbau her soll ein Nummernsystem weitgehende Erweiterungsmöglichkeiten zulassen.
— Kurze Zugriffzeiten, auch bei manueller Bearbeitung, sowie einfache Verwaltung sind sicherzustellen.
— Mit den Anforderungen der EDV-Technik muß Verträglichkeit bestehen.
— Gute Verständlichkeit auch für Betriebsfremde durch logischen Systemaufbau, eindeutige Terminologie und gute Merkfähigkeit ist anzustreben (8stellige Nummern im allgemeinen nicht überschreiten).
— Konstruktionsgerechter Aufbau zur Verarbeitung und Ausgabe von Informationen aller Art durch und für den Konstrukteur, insbesondere für die Zeichnungs- und Stücklistenbenummerung soll gegeben sein.
— Die Nummer für eine Sache oder Sachverhalt soll gleichbleiben, unabhängig davon, in welchem Erzeugnis diese Sache eingesetzt wird und ob sie als Eigenteil oder Zukaufteil beschafft wird.

Bei der Wahl bzw. Festlegung eines geeigneten Nummernsystems müssen die betrieblichen Gegebenheiten und die Zielsetzungen beachtet werden. Wichtige Einflüsse sind:

— Art und Komplexität des Produktprogramms.
— Fertigungsart, z. B. Einzel-, Kleinserien- oder Massenfertigung.
— Kundendienst-, Ersatzteil- und Vertriebsorganisation.

— Organisatorische Gegebenheiten, z. B. Einsatzmöglichkeiten der EDV-Technik.
— Ziele der Nummerung, z. B. Erfassung der gesamten Auftragsabwicklung eines oder mehrerer Produktprogramme (Einzelfabrik oder Konzern) oder nur Klassifizierung von Einzelteilen zur Wiederholteilsuche.

Auf der Grundlage dieser Anforderungen haben sich zahlreiche Nummernsysteme in der Praxis eingeführt, deren wichtigste Strukturen im folgenden beschrieben werden.

8.3.1. Sachnummernsysteme

Als Sachnummernsysteme werden in der betrieblichen Praxis solche Systeme bezeichnet, die die betriebliche Nummerung von Sachen und Sachverhalten aller Unternehmensbereiche umspannen (vgl. DIN 6763 [11]). Dabei kann es zweckmäßig sein, einer Teil-Zeichnung, der Position in der dazugehörigen Stückliste, dem betreffenden Arbeitsplan und dem Werkstück selbst, sei es als Fertigungsteil, Ersatzteil, Lagerteil oder Kaufteil, zur Identifizierung dieselbe Nummer zu geben. Dabei wird oft eine zusätzliche alphanumerische Kennzeichnung notwendig.

Sachnummern müssen eine Sache *identifizieren*, sie können sie darüber hinaus auch *klassifizieren*. Sachen und Sachverhalte sind hier alle in der Konstruktion und Fertigung zur Auftragsabwicklung benötigten

— Gegenstände, z. B. neu entwickelte Teile, Wiederholteile, Zukaufteile, Ersatzteile, Halbfabrikate, Fertigungs- und Betriebsmittel,
— Unterlagen, z. B. Werkstoffblätter, Patente, technische Zeichnungen und Stücklisten, und
— Vorschriften zum Vorgehen, z. B. Konstruktionsanweisungen, Fertigungsvorschriften, Montageanweisungen.

Der Aufbau eines Sachnummernsystems kann als *Parallel-Nummernsystem* und *Verbund-Nummernsystem* erfolgen, sofern es identifizieren und klassifizieren soll.

Bild 8.10 zeigt den prinzipiellen Aufbau einer Sachnummer mit Parallelverschlüsselung. Bei *Parallel-Nummernsystemen* werden einer Identifizierungsnummer (Identnummer) eine oder mehrere von der Identifizierung unabhängige Klassifizierungsnummern zugeordnet. Der Vorteil einer solchen Parallelverschlüsselung liegt in einer großen Flexibilität und Erweiterungsmöglichkeit, da beide Teilsysteme praktisch unabhängig voneinander sind. Dieses System ist deshalb für die Mehrzahl von Einsatzfällen anzustreben und bietet Vorteile einer leichteren EDV-Verarbeitung, wenn nur die Identnummer benötigt wird.

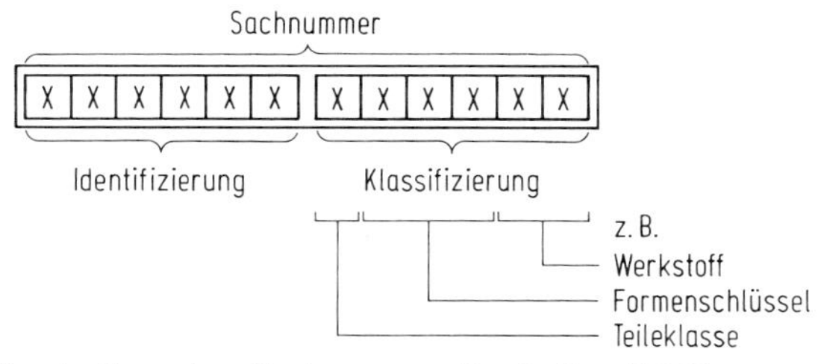

Bild 8.10. Prinzipieller Aufbau einer Sachnummer für ein Parallel-Nummernsystem nach [4]

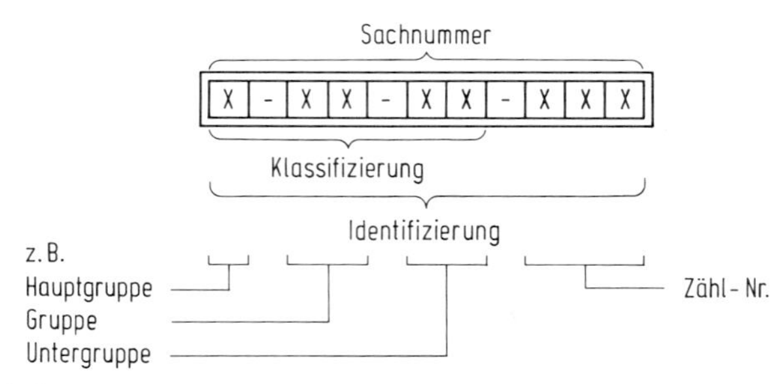

Bild 8.11. Prinzipieller Aufbau einer Sachnummer für ein Verbund-Nummernsystem nach [4]

Bei einem *Verbund-Nummernsystem* besteht die Gesamtnummer aus klassifizierenden und identifizierenden (zählenden) Nummernteilen, die starr miteinander verbunden sind, so daß die zählenden von den klassifizierenden Nummernteilen abhängen. Bild 8.11 zeigt hierzu den prinzipiellen Aufbau. Bei diesem Nummernsystem ergibt sich die Identifizierung also im wesentlichen aus der Klassifizierung. Voraussetzung ist hier eine sehr feinstufige Klassifizierung, so daß nur noch eine angehängte kurze Zählnummer für die eindeutige Identifizierung notwendig wird. Solche Systeme sind nur in Sonderfällen zweckmäßig. Nachteilig ist ihre große Starrheit bei Erweiterungen.

8.3.2. Klassifizierungssysteme

Eine Klassifizierung von Sachen und Sachverhalten, sei es im Rahmen einer Sachnummer, sei es durch ein eigenständiges, von Identnummernsystemen unabhängiges Klassifizierungssystem, ist insbesondere für den Konstruktionsbereich von großer Bedeutung.

Im allgemeinen führt man eine Grobklassifizierung und eine Feinklassifizierung durch. Die Grobklassifizierung unterscheidet bei umfassender Betrachtung meistens zwischen folgenden Sachgebieten:

- Technische, wirtschaftliche und organisatorische Unterlagen wie Richtlinien, Normen usw.,
- Rohmaterial, Halbzeuge usw.,
- Zukaufteile, d. h. Gegenstände nicht eigener Konstruktion und Fertigung,
- Einzelteile eigener Konstruktion,
- Baugruppen eigener Konstruktion,
- Erzeugnisse, Produkte,
- Hilfs- und Betriebsstoffe,
- Vorrichtungen, Werkzeuge,
- Fertigungsmittel.

Solche Sachgebiete (Hauptgruppen) können z. B. in einem Sachnummernsystem die 1. Stelle des Klassifizierungsteils einnehmen. Die weiteren Stellen (2., 3. bzw. 4. Stelle) werden im Sinne einer Feinklassifizierung durch Merkmale gefüllt, mit denen Informationen über die aufgeführten Sachgebiete schnell gefunden werden können.

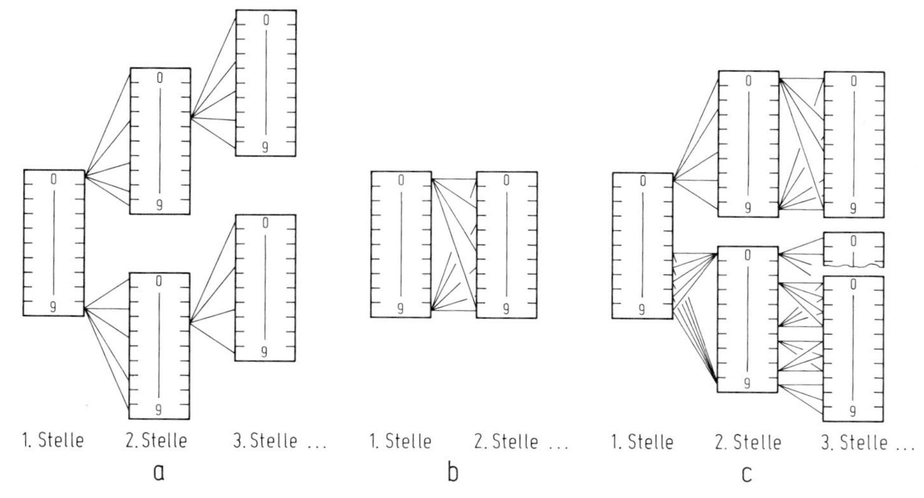

Bild 8.12. Verknüpfungsmöglichkeiten der Merkmale von Klassifizierungssystemen in Anlehnung an [17, 32]

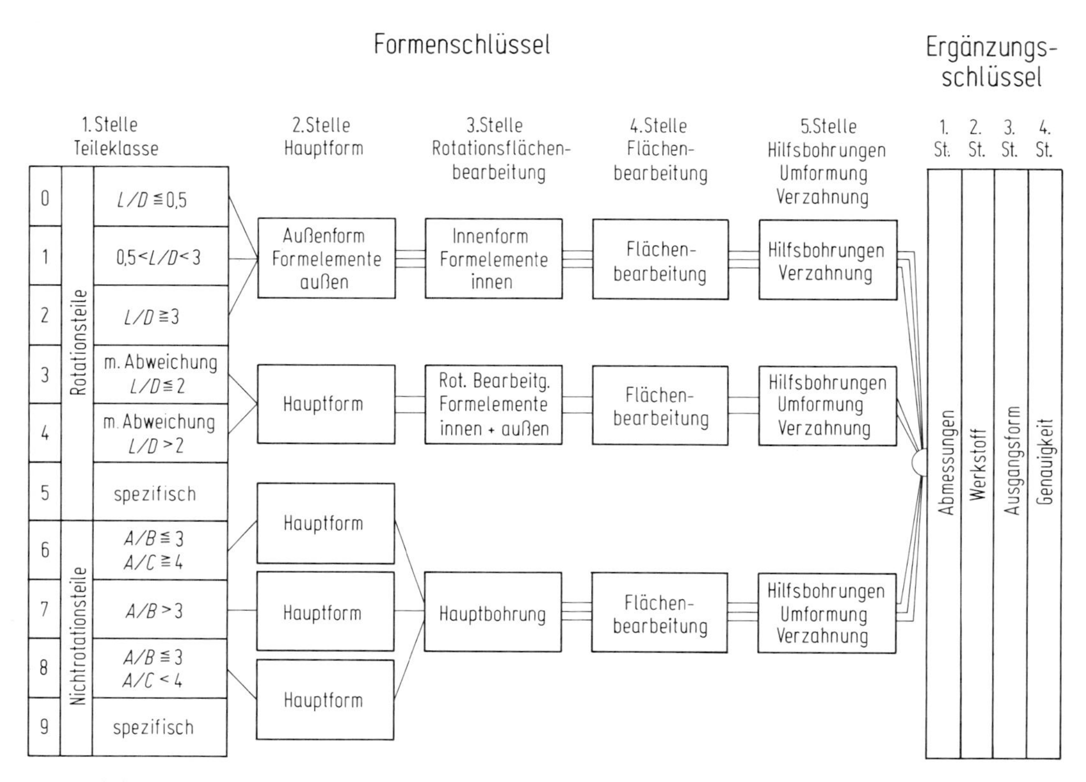

Bild 8.13. Klassifizierungssystem für Maschinenbaueinzelteile (Formenschlüssel) nach [27]

1. Stelle

		Teileklasse
0	Rotationsteile	$L/D \leqq 0{,}5$
1	Rotationsteile	$0{,}5 < L/D < 3$
2	Rotationsteile	$L/D \geqq 3$
3	Rotationsteile	
4	Rotationsteile	
5	Rotationsteile	
6	Nichtrotationsteile	
7	Nichtrotationsteile	
8	Nichtrotationsteile	
9	Nichtrotationsteile	

2. Stelle

		Außenform Formelemente außen
0		glatt ohne Formelemente
1	einseitig steigend	ohne Formelemente
2	einseitig steigend, o. glatt	Gewinde
3	einseitig steigend, o. glatt	Funktionseinstich
4	mehrfach steigend	ohne Formelemente
5	mehrfach steigend	Gewinde
6	mehrfach steigend	Funktionseinstich
7		Funktionskonus
8		Bewegungsgewinde
9		sonstige

3. Stelle

		Innenform Formelemente innen
0		ohne Bohrung ohne Durchbruch
1	glatt o. einseitig steigend	ohne Formelemente
2	glatt o. einseitig steigend	Gewinde
3	glatt o. einseitig steigend	Funktionseinstich
4	mehrfach steigend	ohne Formelemente
5	mehrfach steigend	Gewinde
6	mehrfach steigend	Funktionseinstich
7		Funktionskonus
8		Bewegungsgewinde
9		sonstige

4. Stelle

	Flächenbearbeitung
0	ohne Flächenbearbeitung
1	ebene u./o. in einer Richtung gekrümmte Fläche außen
2	Flächen, die zueinander in einem Teilungsverhältnis stehen, außen
3	Nut u./o. Schlitz außen
4	Vielkeil (Polygon) außen
5	ebene Fläche u./o. Nut u./o. Schlitz außen Vielkeil außen
6	ebene Fläche u./o. Nut innen
7	Vielkeil (Polygon) innen
8	Vielkeil, Nut u./o. Schlitz innen u. außen
9	sonstige

5. Stelle

		Hilfsbohrungen und Verzahnung
0	ohne Verzahnung	ohne Hilfsbohrung
1	ohne Verzahnung	axial ohne Teilung
2	ohne Verzahnung	axial mit Teilung
3	ohne Verzahnung	radial ohne Teilung
4	ohne Verzahnung	axial u./o. radial u./o. sonstige Richtung
5	ohne Verzahnung	axial u./o. radial mit Teilung u./o. sonstige Richtungen
6	mit Verzahnung	Stirnverzahnung
7	mit Verzahnung	Kegelverzahnung
8	mit Verzahnung	andere Verzahnungen
9	mit Verzahnung	sonstige

Bild 8.14. Gliederung des Formenschlüssels für den oberen Klassifizierungszweig in Bild 8.13 nach [27]. Die gekennzeichneten Felder beziehen sich auf das Beispiel in Bild 8.15

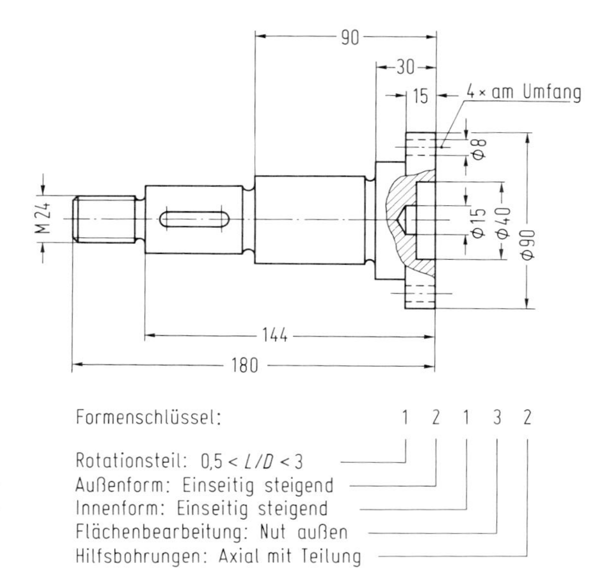

Bild 8.15. Klassifizierung eines Rotationsteils mit Hilfe des Formenschlüssels nach [27] (vgl. Bilder 8.13 und 8.14)

Die Verknüpfung der Stellen richtet sich nach dem inhaltlichen Zusammenhang der einzelnen Gruppen. Sind die Merkmale einer Gruppe nur einem Merkmal der vorhergehenden Gruppe zuzuordnen, so muß das Klassifizierungssystem eine entsprechende Verzweigung aufweisen: Bild 8.12 a. Können dagegen die Merkmale einer Gruppe jedem Merkmal der vorhergehenden Gruppe zugeordnet werden, so ist eine entsprechende Überdeckung der Zuordnungen möglich: Bild 8.12 b. Die Vorteile der Gliederung gemäß Bild 8.12 a liegen in einer unabhängigen Verknüpfung der einzelnen Zweige und in einer großen Speicherfähigkeit, die Vorteile der Gliederung gemäß Bild 8.12 b dagegen in einem kleineren Speicherbedarf. In der Praxis werden deshalb beide Verknüpfungsarten in Mischsystemen verwendet: Bild 8.12 c.

Neben einer Rationalisierung des innerbetrieblichen Informationsumsatzes bei der Auftragsabwicklung ist eine wichtige Aufgabe einer Klassifizierung, daß der Konstrukteur sich schnell und umfassend über bereits konstruierte oder als Lagerteile vorhandene Gleichteile oder Ähnlichteile informieren kann. Die Verwendung solcher *Wiederholteile* bei Neu-, Anpassungs- und Variantenkonstruktion gehört zu den wichtigsten Rationalisierungsforderungen der Unternehmen an den Konstrukteur. Wie leistungsfähig ein solches System zur Wiederholteilsuche ist, hängt stark von dem Inhalt des Klassifizierungssystems mit seinen Klassen und klassifizierenden Merkmalen sowie von der Art der Informationsein- und vor allem -ausgabe ab.

Ein besonders bedeutungsvolles Anwendungsgebiet für eine Klassifizierung ist die Suche nach Einzelteilen (Werkstücken), z. B. zum Erkennen von Wiederholteilen oder zur Auswahl von Werkzeugen, mit Hilfe eines sog. *Formenschlüssels.* Von den zahlreichen Vorschlägen für eine erzeugnisunabhängige Teileklassifizierung mit Hilfe einer Formenklassifizierung [19] hat sich vor allem das System von Opitz [27] eingeführt. Bild 8.13 zeigt zunächst den Aufbau des Gesamtsystems, der auch ein Beispiel für eine Mischgliederung gemäß Bild 8.12 c ist. Bild 8.14 zeigt die

Aufgliederung des Formenschlüssels für den obersten Klassifizierungszweig. In diesem Bild ist auch die Verschlüsselung des in Bild 8.15 dargestellten Rotationsteils gekennzeichnet.

Die Merkmalauswahl muß sich in erster Linie an der Frage orientieren, ob das vorgesehene Merkmal als Suchkriterium geeignet ist. In zweiter Linie sollten die ausgewählten Merkmale (klassifizierende Unterscheidungskriterien) zu einer möglichst gleichmäßigen Aufgliederung des Sachspektrums führen.

Es sind Bestrebungen bekannt, Klassifizierungssysteme mit entsprechend abgespeicherten Daten auch überbetrieblich aufzustellen, z. B. als Datenbank für überbetriebliche Normen [15, 22].

Zur Informationsausgabe haben sich heute Hilfsmittel wie z. B. Mikrofilm (Filmlochkarte) [5, 23] und Bildschirmgerät [3] bewährt.

8.3.3. Beispiele

Die Bilder 8.16 bis 8.19 betreffen ein Klassifizierungssystem mit dem Ziel, Sachen und Sachverhalte eines Geschäftsbereichs in einem Großunternehmen zu ordnen. Es handelt sich um ein System mit einer Verknüpfung gemäß Bild 8.12 a [1], ausgenommen die Dekade einer sog. Ergänzungs-Kennzahl, die für alle Hauptgruppen gültig ist. In Bild 8.16 ist das Nummernschema dieses Systems und in Bild 8.17 sind die Hauptgruppen- und Gruppennummern wiedergegeben. Bild 8.18 zeigt einen Auszug aus den Untergruppennummern und den weiterführenden Ordnungsnummern.

Die Eigenschaften und Daten (sog. Sachmerkmale) der unter den Ordnungsnummern abgespeicherten Teile werden in Form von *Sachmerkmal-Leisten* dokumentiert, die in DIN 4000 genormt sind [24, 25]. Bild 8.19 zeigt eine solche Sachmerkmal-Leiste für die in Bild 8.16 beispielsweise aufgeführte Ordnungsnummer.

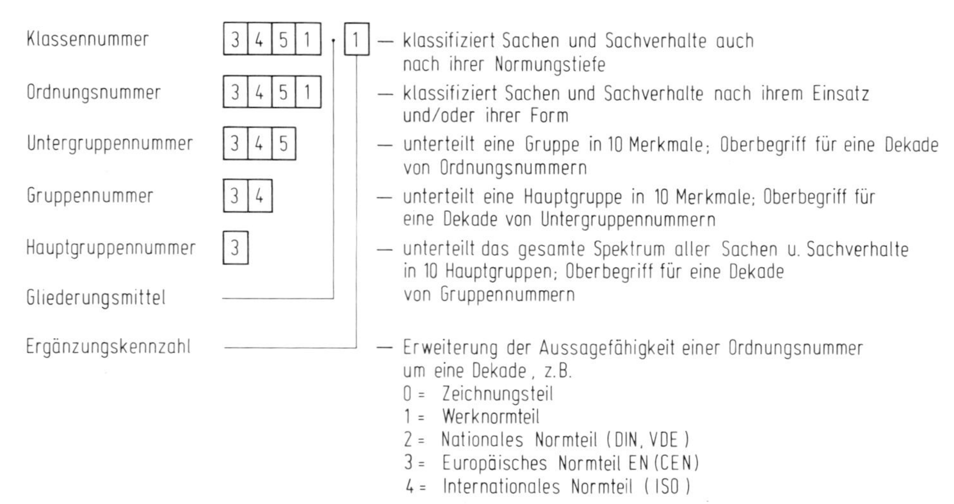

Bild 8.16. Nummernschema eines Klassifizierungssystems der AEG-Telefunken, Geschäftsbereich Hausgeräte nach [1] (Zahlen betreffen das Beispiel in Bild 8.19)

DK 025.46 **Werknormen** Juli 1972

AEG-TELEFUNKEN	**Ordnungsnummern Gruppenübersicht Begriffe, Anwendungsrichtlinien**	**N56 0010** Blatt 1

Gruppen Nr		Benennung	Gruppen Nr		Benennung
0 Allgemeines	0	Nummerungstechnik	**5** Elektrische Bauelemente	0	Widerstände
	1	Informationstechnik		1	Kondensatoren, Transf., Drosseln
	2	Normungstechnik		2	Schalter
	3	Konstruktionstechnik		3	Schutzeinrichtungen
	4	Einheiten, Sinnbilder, Schriften		4	Lampen, Leuchten
	5	Gewinde		5	Elektronen- und Ionenröhren
	6	Prüfen und Messen		6	Halbleiter
	7	Fertigung, Fertigungsvorschriften		7	Integrierte Schaltungen
	8			8	Elektrische Meßgeräte
	9			9	
1 Werkstoffe Halbzeuge	0	Werkstoffe	**6** Geräteteile	0	
	1	Hilfsstoffe		1	
	2	Flachmaterial		2	
	3	Vierkantmaterial		3	
	4	n-kant-Material		4	
	5	Profilmaterial		5	
	6	Rundmaterial		6	
	7	Drähte, Litzen, Seile, Leitungen		7	
	8			8	
	9			9	
2 Mechanische Bauelemente	0	Lager- und Lagerungen	**7** Erzeugnisse Erzeugnisgruppen	0	
	1	Treib- und Führungselemente, Rollen		1	
	2	Getriebe, Kupplungen		2	
	3	Hydraulik- und Pneumatikteile		3	
	4	Hydraulik- und Pneumatikelemente		4	
	5			5	
	6	Dichtungen, Stopfen, Kappen		6	
	7			7	
	8	Mechanische Meßgeräte (außer 88)		8	
	9			9	
3 Mechanische Bauteile	0	Schrauben	**8** Werkzeuge, Lehren, Vorrichtungen	0	
	1	Muttern		1	
	2	Scheiben, mech. Sicherungen		2	
	3	Sonstige Befestigungsteile		3	
	4	Rotationssymetrische Rund-u.n-Kantt.		4	
	5	Platten, Klötze, Laschen u. ä.		5	
	6	Federn, Ketten, Riemen, Seile		6	
	7	Beschlag- und Bedienteile, Schilder		7	
	8	Winkel, Bügel u. ä.		8	
	9			9	
4 Elektr. Verbindungs- u. Antriebselemente	0	Löt- und Klemmverbindungen	**9** Verschiedenes	0	
	1	Steckverbindungen		1	
	2	Leitungen		2	
	3	Leitungen mit Anschlußteilen		3	
	4	Isolierungen		4	
	5			5	
	6	Galvanische Elemente, Netzgeräte		6	
	7	Elektrische Maschinen		7	
	8			8	
	9			9	

Zentrale Normenabteilung des Geschäftsbereiches Hausgeräte — Fortsetzung Seite 2 bis 3

0010.1

Bild 8.17. Hauptgruppen- und Gruppennummern des Klassifizierungssystems nach [1] (vgl. Bild 8.16)

DK 025.46:62-45 **Werknormen** Oktober 1972

AEG-TELEFUNKEN	**Ordnungsnummern** Sonstige rotationsymmetrische Rund-und n-Kantteile **Gruppe 34**	**N56 0013** Blatt 5

Ordnungs-Nr		Benennung	Ordnungs-Nr		Benennung
340 Allgemeines	0	Benennungen u. Klassifikationen	345 Rundkörper mit Sacklöchern	0	Allgemeines
	1	Begriffe		1	Außen zyl.,Absätze innen
	2	Ausführung, Maßgenauigkeit, Formen		2	Außen zyl., sonstige Innenformen
	3			3	Außen keg., Absätze innen
	4			4	Außen keg., sonstige Innenformen
	5			5	Außen sonstige Absätze, Absätze inn.
	6	Anwendungshinweise		6	Außen sonst.Absätze,sonst. Innenf.
	7			7	
	8			8	
	9			9	Sonstiges
341 Rundkörper, voll	0	Allgemeines	346 n-Kantkörper, voll	0	Allgemeines
	1	Zyl., ohne Absatz		1	Ohne Absatz
	2	Zyl., 1 Absatz rund		2	1 Absatz n-kant
	3	Zyl., n-Absätze rund		3	n-Absätze, n-kant
	4	Zyl., n-Absätze rund, Gewinde		4	n-Absätze, n-kant, Gewinde
	5	Zyl., Absätze n-kant		5	1-Absatz rund
	6	Zyl., Absätze sonstige, Gewinde		6	n-Absätze rund
	7	Zyl., Absätze kegelig,sonst.Formen		7	n-Absätze rund, Gewinde
	8	kegelig, ohne Absätze		8	n-Absätze,sonstiges
	9	Sonstiges		9	Sonstiges
342 Rundkörper, hohl Außenformen	0	Allgemeines	347 n-Kantkörper, hohl	0	Allgemeines
	1	Zyl., ohne Absatz		1	
	2	Zyl., 1 Absatz rund		2	
	3	Zyl., n-Absätze rund		3	
	4	Zyl.n-Absätze rund,Gewinde		4	
	5	Zyl,. Absätze n-kant		5	
	6	Zyl., Absätze sonstige, Gewinde		6	
	7	Zyl., Außenkonus, sonstige Formen		7	
	8	Kegelig, ohne Absatz		8	
	9	Sonstiges		9	
343 Rundkörper, hohl Innenformen	0	Allgemeines	348 n-Kantkorper mit Sacklöchern	0	Allgemeines
	1			1	
	2	Zyl., 1 Absatz rund		2	
	3	Zyl., n-Absätze rund		3	
	4	Zyl., n-Absätze rund, Gewinde		4	
	5	Zyl., Absätze n-kant		5	
	6	Zyl., Absätze sonstige, Gewinde		6	
	7	Zyl., Innenkonus, sonstige Formen		7	
	8	Innenkonus ohne Absatz		8	
	9	Sonstiges		9	
344 Rundkörper, hohl Außen-u. Innenformen	0	Allgemeines	349 Verschiedenes	0	
	1	Runde Absätze		1	
	2	Runde Absätze, Gewinde		2	
	3	n-Kantabsätze		3	
	4	n-Kantabsätze, Gewinde		4	
	5	Kegelige Absätze		5	
	6	Kegelige Absätze, Gewinde		6	
	7	Runde-u. n-Kantabsätze		7	
	8	Runde- u. n-Kantabsätze, Gewinde		8	
	9	Sonstiges		9	

Zentrale Normenabteilung des Geschäftsbereiches Hausgeräte

0013.1

Bild 8.18 Auszug aus den Untergruppennummern und weiterführenden Ordnungsnummern zum Klassifizierungssystem nach Bild 8.17

345	Rundkörper mit Sacklöchern									
3451	Außen zyl., Absätze innen									
	Schlüssel	A	B	C	D	E	F	G	H	J
	Bedeutung	Außen-durch-messer	Außen-länge	Innen-durch-messer1	Innen-länge1	Innen-durch-messer2	Innen-länge2	Zusatz-Angaben	Werkstoff	Ober-flächen-schutz
	Einheit	mm	mm	mm	mm	mm	mm	–	–	–

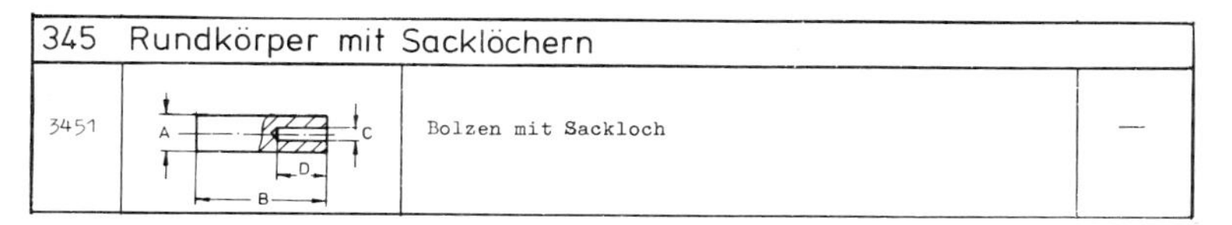

Bild 8.19. Sachmerkmal-Leiste zur Ordnungsnummer 3451 des Klassifizierungssystems nach Bild 8.16

Weitere Beispiele für Klassifizierungssysteme, auch mit Mischverknüpfungen der Merkmale, sind in [17, 32] zu finden.

8.4. Schrifttum

1. AEG-Telefunken, Zentrale Normenabteilung des Geschäftsbereichs Hausgeräte: Werknorm N 56 0010 — Ordnungsnummern. Nürnberg 1972.
2. Bachmann, A.; Forberg, R.: Technisches Zeichnen. Stuttgart: Teubner 1960.
3. Beitz, W.; Schnelle, E.: Rechnerunterstützte Informationsbereitstellung für den Konstrukteur. Konstruktion 26 (1974) 46 – 52.
4. Bernhardt, R.: Nummerungstechnik. Würzburg: Vogel 1975.
5. — : Rationalisierung mit Mikrofilm. Konstruktion 27 (1975) 312 – 314.
6. DIN 5, Blatt 1: Zeichnungen, Axonometrische Projektionen, Isometrische Projektionen. Berlin, Köln: Beuth-Vertrieb 1970.
7. DIN 6: Darstellungen in Zeichnungen, Ansichten, Schnitte, besondere Darstellungen. Berlin, Köln: Beuth-Vertrieb 1968.
8. DIN 15, Blatt 1: Linien in Zeichnungen, Linienarten, Linienbreiten, Anwendung: 1967. Blatt 2: Linien in Zeichnungen; Anwendungsbeispiel. Berlin, Köln: Beuth-Vertrieb 1968.
9. DIN 199: Technisches Zeichnen, Benennungen. Berlin, Köln: Beuth-Vertrieb 1962.
10. DIN 199, Blatt 2 (Entwurf): Begriffe im Zeichnungs- und Stücklistenwesen — Stücklisten. Berlin, Köln: Beuth-Vertrieb 1976.
11. DIN 6763, Blatt 1: Nummerung, Allgemeine Begriffe. Berlin, Köln: Beuth-Vertrieb 1972.
12. DIN 6771, Blatt 1: Schriftfelder für Zeichnungen, Pläne und Listen. Berlin, Köln: Beuth-Vertrieb 1970.
13. DIN 6771, Blatt 2: Vornorm; Vordrucke für technische Unterlagen, Stückliste. Berlin, Köln: Beuth-Vertrieb 1975.
14. DIN 6789: Zeichnungssystematik, Berlin, Köln: Beuth-Vertrieb 1965.
15. DIN: DINST-DIN Informationssystem Technik. Berlin, Köln: Beuth-Vertrieb 1974.
16. DIN-Taschenbuch 2: Zeichnungsnormen. Berlin, Köln: Beuth-Vertrieb 1971.
17. Eversheim, W.; Wiendahl, H. P.: Rationelle Auftragsabwicklung im Konstruktionsbereich. Essen: Girardet 1971.
18. Grupp, B.: Elektronische Stücklistenorganisation. Stuttgart, Wiesbaden: Forkel 1975.
19. Hahn, R.; Kunerth, W.; Roschmann, K.: Die Teileklassifizierung. RKW Handbuch Nr. 21. Heidelberg: Gehlsen 1970.
20. ISO/R 128: Technische Zeichnungen; Grundsätze der Darstellung. Berlin, Köln: Beuth-Vertrieb 1959.
21. ISO/R 129: Technische Zeichnungen; Maßangaben. Berlin, Köln: Beuth-Vertrieb 1959.

22. Krieg, G.: Gedanken zum Aufbau einer Normeninformationsbank im Deutschen Normenausschuß. DIN-Mitteilungen 50 (1971) 205 – 212.
23. Küffer, B.: Mikrofilmtechnik. Konstruktion 27 (1975) 306 – 310.
24. Lauterbach, H.: Sachmerkmale modernisieren das Deutsche Normenwerk. DIN-Mitteilungen 51 (1972) 265 – 269.
25. — : Sachmerkmal-Datei. Rationelle Teiledokumentation und Teiletransparenz durch richtigen Aufbau und Mehrfachnutzung einer EDVA-Datei. DIN-Mitteilungen 55 (1976) 245 – 251.
26. Opitz, H.: Die richtige Sachnummer im Fertigungsbetrieb. Essen: Girardet 1971.
27. — : Werkstückbeschreibendes Klassifizierungssystem. Essen: Girardet 1966.
28. Reimpell, J.; Pautsch, E.; Stangenberg, R.: Die normgerechte technische Zeichnung für Konstruktion und Fertigung. Bd. 1 und 2. Düsseldorf: VDI-Verlag 1967.
29. Teldix: Werknormen. Heidelberg.
30. Tjalve, E.; Andreasen, M. M.: Zeichnen als Konstruktionswerkzeug. Konstruktion 27 (1975) 41 – 47.
31. VDI-Richtlinie 2211, Blatt 3 (Entwurf): Datenverarbeitung in der Konstruktion, Methoden und Hilfsmittel. Maschinelle Herstellung von Zeichnungen. Düsseldorf: VDI-Verlag 1973.
32. VDI-Richtlinie 2215 (Entwurf): Datenverarbeitung in der Konstruktion. Organisatorische Voraussetzungen und allgemeine Hilfsmittel. Düsseldorf: VDI-Verlag 1974.

9. Rechnerunterstützung

Die dargelegten Konstruktionsmethoden sind ohne Rechner anwendbar. Sie dienen zur Entwicklung und Verbesserung der Produkte sowie zur Senkung des Konstruktions- und Fertigungsaufwands. Hinsichtlich dieser Ziele kann die elektronische Datenverarbeitung (EDV) unterstützend eingesetzt werden. Die mit dem Rechner verbundene Arbeitstechnik wird im internationalen Sprachgebrauch „Computer Aided Design" (CAD) bezeichnet. Dafür sind eine Reihe der beschriebenen Konstruktionsmethoden wichtige Voraussetzung.

9.1. Möglichkeiten und Grenzen

Aufgrund der Arbeitsweise und der Rechengeschwindigkeit eignen sich EDV-Anlagen vor allem zur schnellen und rechenfehlerfreien Bearbeitung *mathematischer Beziehungen.* Die Schnelligkeit der Rechengänge erlaubt es, aufwendige *numerische Rechnungen* durchzuführen und zur Lösungsoptimierung viele Lösungsvarianten in kurzer Zeit durchzurechnen.

Eine weitere, vielseitig anwendbare Fähigkeit ist die *Aufnahme, Speicherung* und *Ausgabe* von alphanumerischen und graphischen *Daten* sowie Datenkomplexen, wie man sie z. B. bei Datenbanken oder Zeichnungsprogrammen nutzt.

Ein Vorteil des Rechnereinsatzes ist die *Reproduzierbarkeit* und *Dokumentation* der Ergebnisse.

Die *Rechnerkonfiguration* (Hardware) beeinflußt und begrenzt die Einsatzmöglichkeiten. Zunächst sind Rechnergröße (Speichergröße) und Rechengeschwindigkeit ausschlaggebend für die Art, den Umfang und die Komplexität der bearbeitbaren Aufgaben. Ferner bestimmen die vorhandenen *Peripheriegeräte,* z. B. Plotter oder Zeichentisch sowie interaktive oder nur passive Sichtgeräte, die Einsatzmöglichkeiten und die *Arbeitstechnik.* Letztere wird auch stark von der Anlagengröße und der Anlagenorganisation beeinflußt, die entweder nur *Stapelbetrieb* (Programmlauf zeitlich unabhängig vom Auftreten des Rechenbedarfs) oder zusätzlich auch *Echtzeitbetrieb* im Direktzugriff (Programmlauf unmittelbar nach Auftreten des Rechenbedarfs) zulassen können.

Die Daten können nach allgemeinen logischen Gesetzen verknüpft und variiert oder nach vorher festgelegten Logiken, d. h. Verarbeitungs- bzw. Entscheidungsstrategien, aufgrund von operativen Anweisungen verarbeitet werden.

Die in EDV-Anlagen vorgesehenen Abläufe müssen in z. T. mit erheblichem Aufwand erstellten *Programmen* und *Programmsystemen* (Software) festgelegt werden. Deshalb ist anzustreben, vor allem solche Aufgaben dem Rechner zu übertragen, die häufig unverändert vorkommen. Voraussetzung hierfür ist, daß diese Aufgaben algorithmierbar sind, d. h. nach einer eindeutigen Vorgehenslogik abgearbeitet werden können. Ändern sich solche Aufgabenstellungen in einem festen, vorhersehbaren Rahmen, so kann das gesamte Aufgabenspektrum bei der Programmerstellung berücksichtigt werden, z. B. bei der Programmierung von Variantenkonstruktionen.

Der Rechner kann keine „schöpferischen" Operationen vornehmen, d. h. Arbeitsschritte ausführen, die nicht in einer vorab aufgestellten Bearbeitungsstrategie enthalten sind. Somit kann nur das bearbeitet werden, was an Daten, Datenstrukturen und operativen Anweisungen eingegeben wird.

— Der Rechner ist *programmierbar.* Vor Ablauf einer Berechnung kann eine bestimmte Befehlsfolge fest vorgegeben werden.
— Der Rechner erlaubt Sprünge innerhalb eines Programms nach einer *vorgegebenen Logik.* Die Befehlsfolge muß also nicht immer in der gleichen Reihenfolge abgearbeitet werden. Die Sprünge können in Abhängigkeit davon durchgeführt werden, ob bestimmte Werte kleiner, gleich oder größer Null sind.

Es kommt sehr auf Flexibilität und Einsatzbreite solcher Verarbeitungs- und Entscheidungslogiken an, inwieweit ein Rechner für komplexe und unterschiedliche Aufgabenstellungen einsetzbar ist.

Zahlreiche Aufgabenstellungen sind aber nicht vollständig algorithmierbar oder ihre Algorithmierung lohnt sich nicht wegen des seltenen Vorkommens oder des verbundenen Aufwands. In solchen Fällen müssen Teilaufgaben von den algorithmierbaren getrennt und unmittelbar vom Bearbeiter nur mit Unterstützung des Rechners gelöst werden. Es wird dann von einem *Dialog* zwischen Mensch und Rechner gesprochen. Solche als *Dialogsysteme* aufgebauten Programmsysteme sind *modular* mit einzelnen Programmbausteinen (Moduln) und auch in ihrer Ablauflogik (Kombinationslogik) flexibel ähnlich wie bei Baukastensystemen aufgebaut. Ein Vorteil solcher Modularprogramme ist, daß die Programmbausteine einzeln unabhängig voneinander erstellt und verändert, zu unterschiedlichen Programmsystemen zusammengesetzt und so auch bei selten zu bearbeitenden Aufgaben wirtschaftlich genutzt werden können. Aus diesem Grund baut man heute Programme für vollständig algorithmierbare Aufgaben ebenfalls modular auf.

9.2. Rechnereinsatz in den Konstruktionsphasen

Zur Beurteilung der Möglichkeiten einer Rechnerunterstützung beim Konstruieren werden die Konstruktionsarbeitsschritte dahingehend untersucht, welche Daten mit welchen Tätigkeiten algorithmierbar und damit dem Rechner übertragbar sind und solche, welche auch in Zukunft dem Konstrukteur vorbehalten bleiben müssen. Wichtig ist nicht nur eine Unterscheidung nach den Arbeitsschritten, sondern auch nach wiederkehrenden, vom Produkt abhängigen Konstruktionsaufgaben.

Generell kann festgestellt werden, daß der Anteil der schematischen und damit algorithmierbaren Tätigkeiten mit steigendem Konkretisierungsgrad, vom Konzipieren über das Entwerfen bis zum Ausarbeiten, zunimmt: Bild 9.1. Diese Darstellung reicht nicht aus, um Ansatzpunkte für den Rechnereinsatz zu erkennen. Es werden deshalb die Arbeitsschritte hinsichtlich ihrer Tätigkeitsmerkmale genauer analysiert [5].

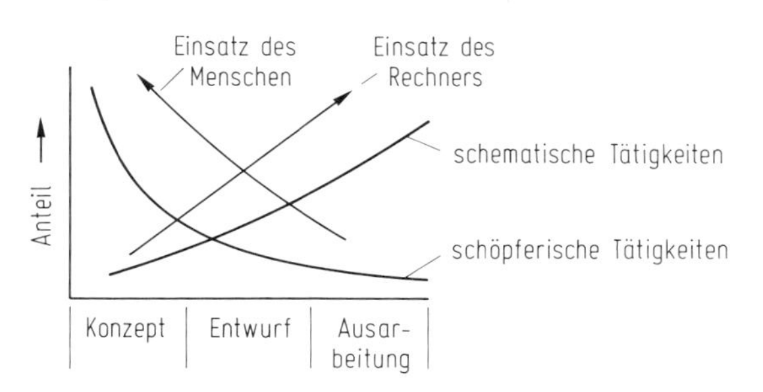

Bild 9.1. Anteil schöpferischer und schematischer Tätigkeiten beim Konstruieren im Hinblick auf den Rechnereinsatz in Anlehnung an [43]

9.2.1. Konzeptphase

Nach dem Klären der Aufgabenstellung und dem Erarbeiten der Anforderungsliste beginnt die Konzeptphase mit dem *Erkennen der wesentlichen Probleme* und dem Aufstellen von *Funktionsstrukturen.* Diese Tätigkeiten sind nur in Einzelfällen algorithmierbar und damit im allgemeinen nicht dem Rechner übertragbar. Sie erfordern Produktkenntnisse, Erfahrungen, Fähigkeiten zur Abstraktion sowie schöpferisches Vorausdenken des Konstrukteurs. Zwar sind Fragenschemata und dialogmäßige Suchalgorithmen mit Rechnerunterstützung bekannt [43] und weiter entwikkelbar, die diese Tätigkeiten erleichtern können, eine vollständige Rechnerbearbeitung wird aber auch in Zukunft nicht möglich sein.

Für das Suchen von *Lösungsprinzipien* und *Konzeptvarianten* wurde zwischen konventionellen Hilfsmitteln sowie intuitiv und diskursiv betonten Methoden unterschieden. Hiervon eignen sich vor allem Analogiebetrachtungen, das systematische Suchen mit Hilfe von Ordnungsschemata sowie das Arbeiten mit Katalogen für einen EDV-Einsatz, weil sie bereits algorithmierbare Merkmale besitzen. Hervorzuheben ist eine Unterstützung durch EDV-gespeicherte Lösungskataloge (Dateien) mit Such- und Auswahlprogrammen [11, 39]. Bereits entwickelt sind Dateien für physikalische Effekte und Wirkprinzipien [39, 43].

Die *Kombination* von Lösungsprinzipien zu Prinzipkombinationen und deren *Konkretisierung* zu Konzeptvarianten enthält dagegen noch einen hohen Anteil nicht algorithmierbarer Tätigkeiten. Dem Rechner ist die Verknüpfung von Teillösungen nur übertragbar, wenn eindeutige Verknüpfungsalgorithmen unter Beachtung von Verträglichkeitsbedingungen in physikalisch-funktioneller und gestalterisch-räumlicher Hinsicht (Kollisionsbetrachtungen) aufstellbar sind. Solche sind aber derzeitig nur für einige seit langem bekannte und bereits gründlich durchgearbeitete Fachgebiete allgemein einsetzbar vorhanden, z. B. für Gebiete der Getriebetechnik. Bei der überwiegenden Anzahl komplexer Aufgabenstellungen muß der Konstrukteur nach wie vor seine Erfahrung, sein räumliches Vorstellungsvermögen, seine Phantasie sowie sein Beurteilungs- und Entscheidungsvermögen aufgrund seiner Grundlagenkenntnisse in der Mechanik, Werkstofftechnik, produktbezogenen Verfahrenstechnik, Fertigungstechnik usw. einsetzen. Es wäre nicht zweckmäßig, mit großem Entwicklungsaufwand Kombinationsalgorithmen aufzustellen, da das menschliche Gehirn hier dem Rechner überlegen ist, bei sehr komplexen Systemen schnell die wesentlichen Aspekte zu erkennen und die richtigen Entscheidungen zu treffen. Je häufiger gleiche Aufgabenstellungen zu lösen sind, um so leichter lassen

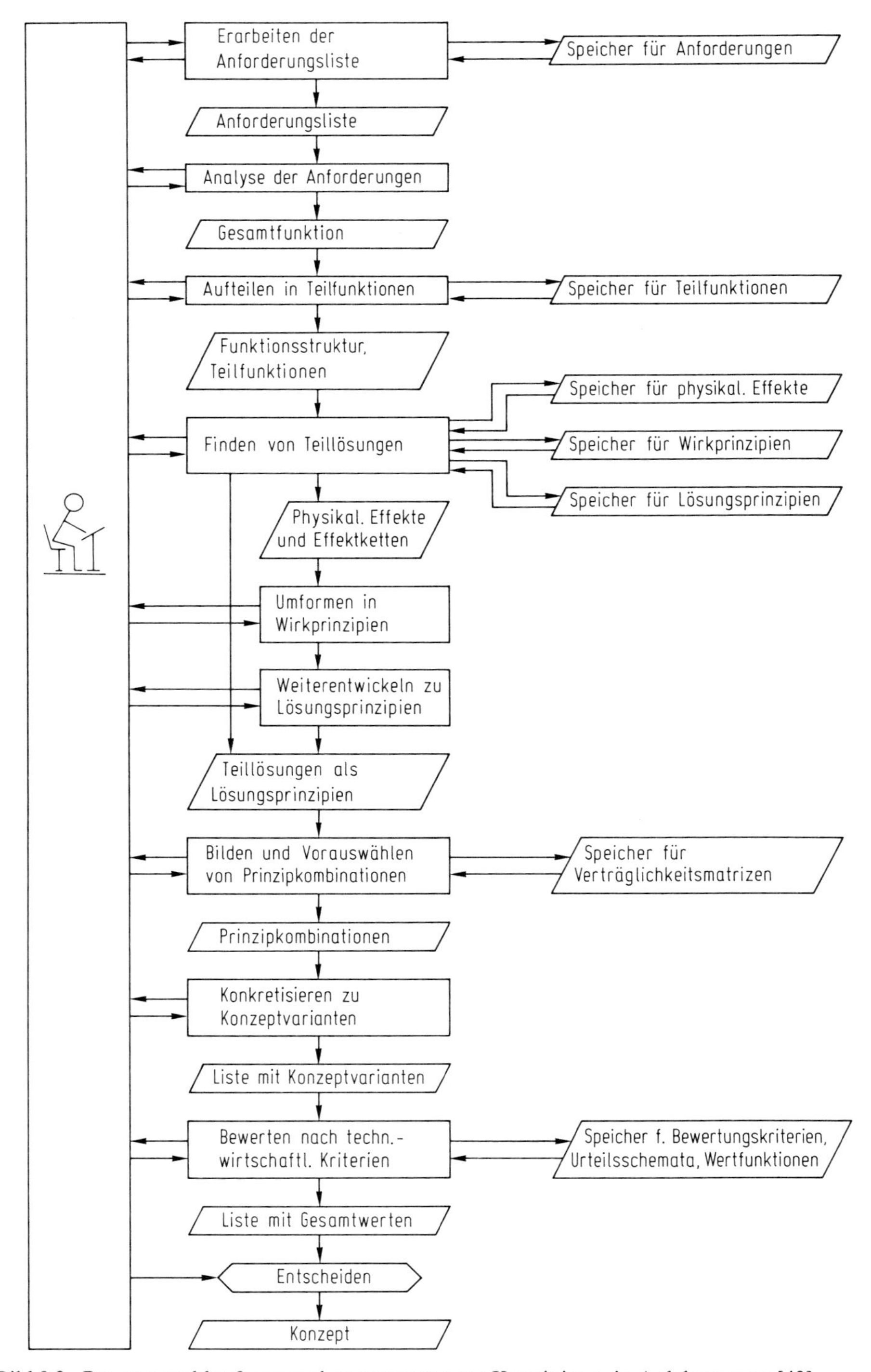

Bild 9.2. Programmablauf zum rechnerunterstützten Konzipieren in Anlehnung an [43]

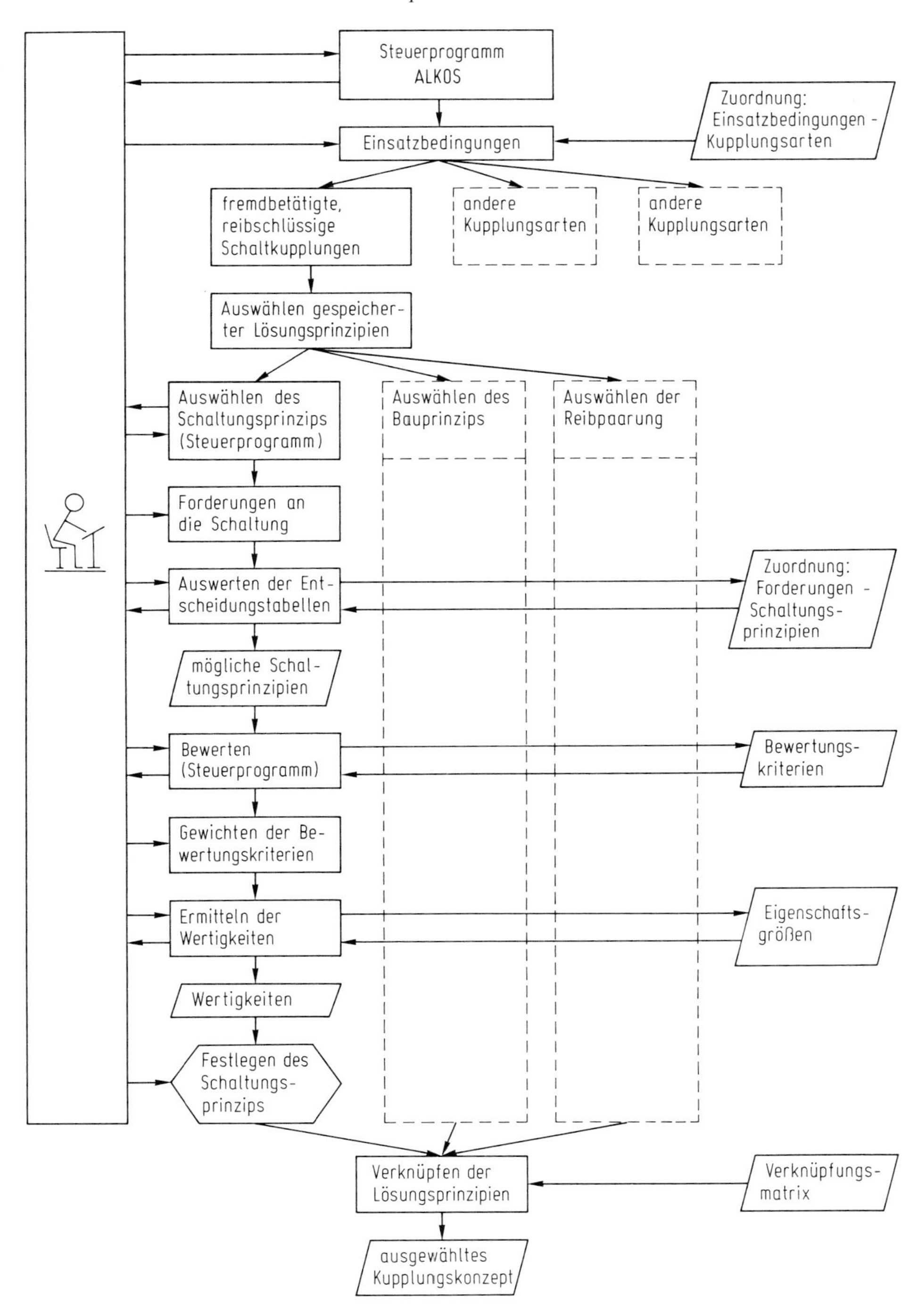

Bild 9.3. Vorgehen zur rechnerunterstützten Suche eines Lösungskonzepts für Schaltkupplungen nach [17]

sich die einzelnen Überlegungen des Konstrukteurs schematisieren und solche Verknüpfungsprogramme aufstellen.

Algorithmische Tätigkeitsanteile der Konzeptphase sind auch Berechnungen, wie sie beim Konkretisieren der Prinzipkombinationen zu Konzeptvarianten durchgeführt werden müssen. Bei der Anlagentechnik, wo Berechnungen in der Projektierung einen großen Anteil ausmachen, ist eine Rechnerunterstützung besonders lohnend.

Beim *Bewerten* (vgl. 5.8) von Konzeptvarianten müssen vom Konstrukteur die Bewertungskriterien, gegebenenfalls Gewichtungsfaktoren, und die Eigenschaftsgrößen festgelegt werden. Die schematische Bewertung und Ergebnisdarstellung, z. B. in Form eines Wertprofils, können dann bei vorab aufgestellten und im Programm gespeicherten Urteilsschemata oder Wertfunktionen dem Rechner übertragen werden. Die Interpretation der Ergebnisse muß aber der Konstrukteur vornehmen. Bekannt sind Bewertungsprogramme für wiederkehrende Aufgabenstellungen, bei denen Bewertungskriterien gespeichert sind, aus denen der Konstrukteur bei Anwendung des Programms die für die jeweilige Aufgabe wichtigen Bewertungskriterien durch Eingabe von Gewichtungsfaktoren auswählt. Auch die Eigenschaftsgrößen von Lösungsprinzipien und von standardisierten Bauteilen sind in Dateien gespeichert, so daß der Bewertungsprozeß vom Rechner durchgeführt werden kann [8, 17, 27, 34].

Bild 9.2 zeigt als Beispiel den Aufbau eines Programmsystems zum rechnerunterstützten Konzipieren, das bereits teilweise realisiert ist. Auch für das Konzipieren von Baugruppen, z. B. Schaltkupplungen, stehen Programmsysteme zur Verfügung. Bild 9.3 beschreibt hierzu den Programmablauf [17, 18], wobei für bekannte Teilfunktionen mit Hilfe bekannter Lösungsprinzipien je nach Aufgabenstellung geeignete Prinzipkombinationen bzw. Konzeptvarianten ermittelt werden. Entsprechend entfallen die die Funktionsstruktur betreffenden Programmschritte.

Die bisherige Entwicklung zeigt, daß Programmsysteme zweckmäßig sind, die die rechnerunterstützte Konzepterarbeitung in einem Dialog zwischen Konstrukteur und Rechner durchführen, bei dem der Konstrukteur vor allem die Auswahl- und Entscheidungsschritte und der Rechner vor allem die Informationsbereitstellung (Katalogeinsatz) und die Informationsverarbeitung nach Verträglichkeits- und Zweckmäßigkeitsentscheidungen des Konstrukteurs durchführt.

9.2.2. Entwurfsphase

In der Entwurfsphase geht es um die Gestaltung des gefundenen Lösungskonzepts in Form maßstäblicher Varianten. Hierzu gehören vor allem die verfahrens- und beanspruchungsmäßige Durchrechnung und die eigentliche Einzelteil- und Baugruppengestaltung.

1. Berechnen

In der Entwurfsphase liegt der Anteil von Berechnungs- und Optimierungsoperationen gegenüber der Konzeptphase bedeutend höher [7], so daß schon dadurch ein verstärkter Rechnereinsatz möglich und auch wirtschaftlich zweckmäßig ist. Für solche Berechnungstätigkeiten sind sowohl Einzelprogramme als auch modular aufgebaute Programmsysteme in einer Vielzahl bereits im Einsatz, die fast ausschließlich im Stapelbetrieb arbeiten.

Die bei einer Einzelteil- oder Baugruppenauslegung anfallenden Berechnungsoperationen gliedert man mit entsprechenden Programmarten nach Praß [59] wie folgt:

Nachrechnungsprogramme

Nachrechnungs- oder Kontrollprogramme dienen zur Berechnung des Istzustands für ein bereits gestaltetes Teil. Das Spektrum solcher Programme reicht von einfachsten Aufgaben der Festigkeitsnachrechnung bis zu Problemen, deren Lösung auf dem Rechner mehrere Stunden dauern kann, z. B. Verformungs- und Spannungsberechnungen aufgrund von mechanischen und thermischen Belastungen mit Hilfe der Finite-Elemente-Methode (FEM) [15, 84, 85]. Die Anwendung dieser Methoden ist durch den Einsatz von Rechnern überhaupt erst möglich geworden. Bild 9.4 zeigt beispielhaft für dieses Vorgehen die Nachrechnung eines Zylinderkopfdichtverbands, der durch die Vorspannung der Zylinderkopfschrauben, den Gasdruck und durch Wärme beansprucht wird [51].

Der große Rechenaufwand führt dazu, daß man in geeigneten Fällen zunächst mit Hilfe von FEM-Programmen den Spannungs- und Verformungszustand genau erfaßt, um aus diesem mit Hilfe entsprechender Ersatzmodelle einfacherere Rechenprogramme zu entwickeln, die mit ausreichender Genauigkeit auch auf Tischrechnern anwendbar sind [52, 82].

Das Beispiel in Bild 9.5 zeigt die Anwendung eines Nachrechnungsprogramms für eine Paßfeder-Verbindung unter Berücksichtigung der bei Drehmomentenbelastung entstehenden elastischen Wellen-, Paßfeder- und Nabenverformungen. Dabei werden die Paßfederabmessungen frei gewählt und die maximalen bzw. minimalen Flächenpressungen an der Nabennut aufgrund der Wellen-Nabenverformungen ermittelt [10, 53].

Weitere Beispiele sind in [16, 19, 20, 25, 54, 76] enthalten.

Auslegungsprogramme

Sie dienen zur Auslegung von Bauteilen im Hinblick auf die Erfüllung der ihnen zugedachten Funktionen. Im Gegensatz zu Nachrechnungsprogrammen, die erst nach vorgenommener Bauteilgestaltung bzw. -auswahl eingesetzt werden, bestimmen Auslegungsprogramme Größen eines Bauteils direkt nach den gestellten Anforderungen, z. B. nach den gegebenen Belastungen, Durchsätzen usw. Auslegungsprogramme enthalten Kontrollrechnungen, mit denen das Auslegungsergebnis in der Regel schrittweise erreicht wird. Am Ende der Kontrollrechnungen werden bestimmte Parameter verändert mit der Absicht, nach einer erneuten Kontrollberechnung günstigere Ergebnisse zu erzielen. Wenn mit weiteren Iterationen keine Verbesserung der Ergebnisse mehr zu erreichen sind oder schließlich bestimmte Sicherheiten eingehalten werden, wird die jeweilige Programmschleife verlassen. Die als brauchbar ermittelten Parameter können ausgedruckt oder als Grundlage für weitere Berechnungen verwendet werden.

Auslegungsprogramme können mehr oder weniger umfangreich sein; wegen der beschriebenen Iterationen haben sie in der Regel längere Laufzeiten als die einfa-

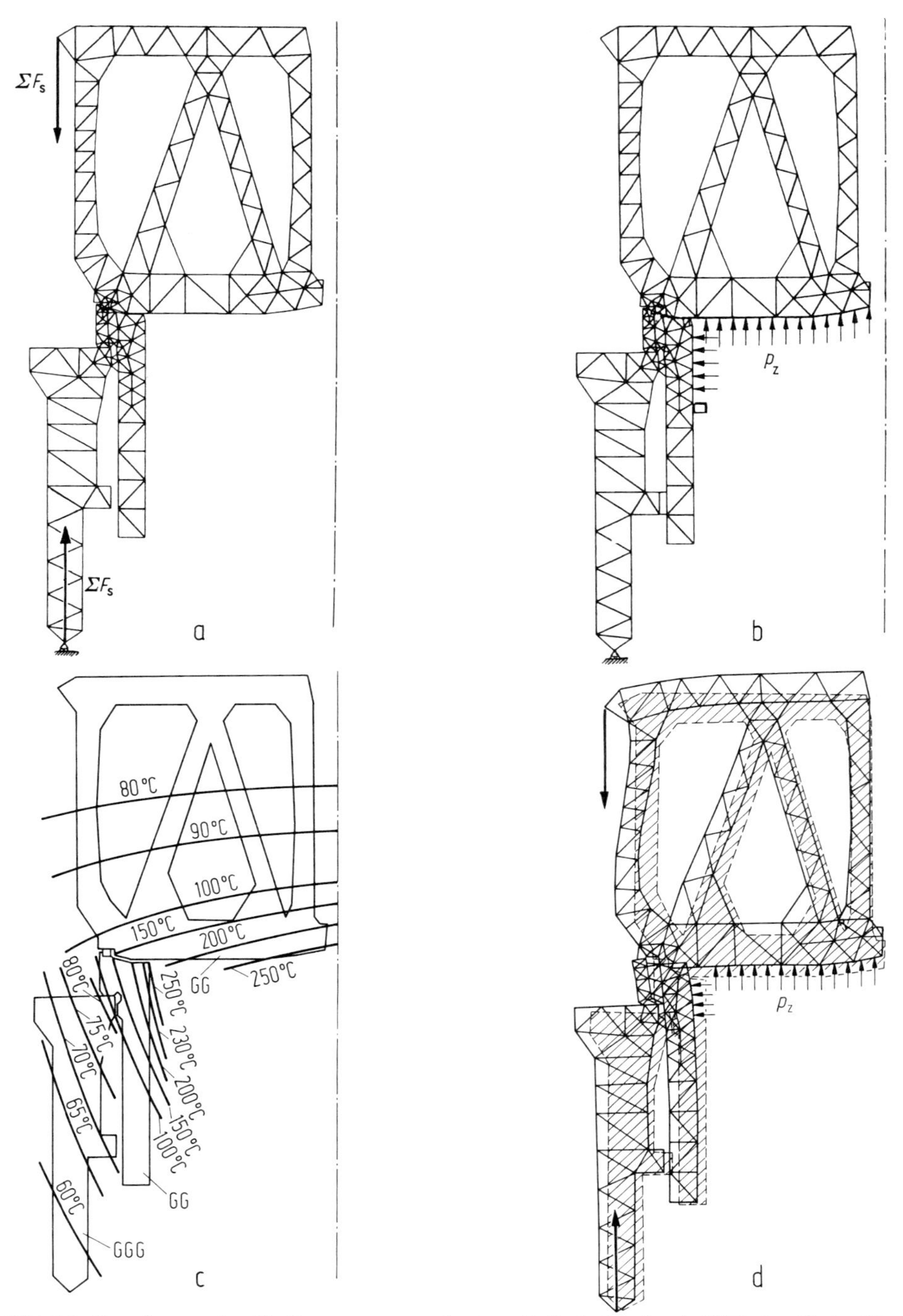

Bild 9.4. Berechnung des Verformungszustands eines Zylinderkopfs mit Hilfe der Finite-Elemente-Methode nach [51];
a) Gewählte Struktur der Bauteile mit Angriffspunkt der Zylinderkopfschrauben
b) Gewählte Struktur der Bauteile mit Angriffsflächen des Gasdrucks
c) Temperaturverteilung in den Bauteilen
d) Resultierender Verformungszustand

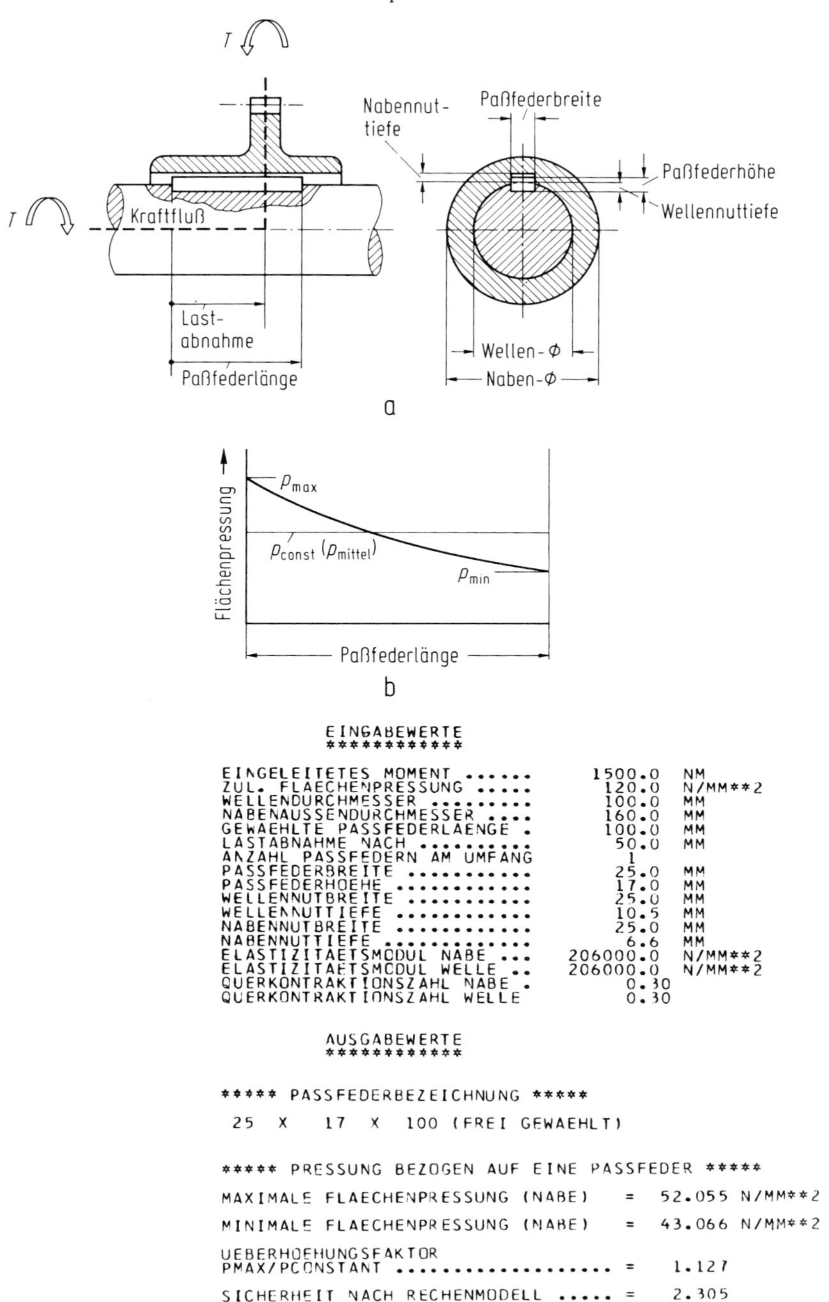

EINGABEWERTE
****

EINGELEITETES MOMENT	1500.0	NM
ZUL. FLAECHENPRESSUNG	120.0	N/MM**2
WELLENDURCHMESSER	100.0	MM
NABENAUSSENDURCHMESSER	160.0	MM
GEWAEHLTE PASSFEDERLAENGE .	100.0	MM
LASTABNAHME NACH	50.0	MM
ANZAHL PASSFEDERN AM UMFANG	1	
PASSFEDERBREITE	25.0	MM
PASSFEDERHOEHE	17.0	MM
WELLENNUTBREITE	25.0	MM
WELLENNUTTIEFE	10.5	MM
NABENNUTBREITE	25.0	MM
NABENNUTTIEFE	6.6	MM
ELASTIZITAETSMODUL NABE ...	206000.0	N/MM**2
ELASTIZITAETSMODUL WELLE ..	206000.0	N/MM**2
QUERKONTRAKTIONSZAHL NABE .	0.30	
QUERKONTRAKTIONSZAHL WELLE	0.30	

AUSGABEWERTE
****

***** PASSFEDERBEZEICHNUNG *****

25 X 17 X 100 (FREI GEWAEHLT)

***** PRESSUNG BEZOGEN AUF EINE PASSFEDER *****

MAXIMALE FLAECHENPRESSUNG (NABE) = 52.055 N/MM**2

MINIMALE FLAECHENPRESSUNG (NABE) = 43.066 N/MM**2

UEBERHOEHUNGSFAKTOR
PMAX/PCONSTANT .... = 1.127

SICHERHEIT NACH RECHENMODELL ..... = 2.305

c

Bild 9.5. Ein- und Ausgabewerte für die Nachrechnung einer Paßfeder-Verbindung nach [10];
a) Begriffserläuterung
b) prinzipieller Verlauf der Flächenpressung
c) Ein- und Ausgabewerte

cher aufgebauten Nachrechnungsprogramme. Da mit Auslegungsprogrammen die Auslegung von Bauteilen möglich ist, haben sie für das rechnerunterstützte Konstruieren größte Bedeutung.

Beispiele für Auslegungsrechnungen können dem Schrifttum entnommen werden [36, 70].

Optimierungsprogramme

Optimierungsprogramme können als höhere Stufe der Auslegungsprogramme angesehen werden. Im Unterschied zu diesen werden jedoch die in Betracht kommenden Parameter so variiert, daß ein bestimmter Wert oder eine bestimmte Funktion einen Extremwert (Optimum) annimmt.

Die einfachste Optimierungsaufgabe liegt vor, wenn lediglich ein Optimierungskriterium (eine Variable) zu einem Extremum gebracht werden soll und alle übrigen Größen *beliebige Werte* annehmen können. Diese Aufgaben sind in der Regel geschlossen, d. h. mit rein mathematischen Methoden lösbar. Schwieriger wird es, wenn bestimmte Variable im Problem nur diskrete Werte annehmen können, wie das z. B. bei Vorliegen von genormten Maßen der Fall ist.

Fertige Programmsysteme liegen für den Fall vor, daß alle Parameter miteinander über *lineare* Beziehungen verbunden sind und für eine Anzahl von ihnen bestimmte Größt- oder Kleinstwerte vorgegeben sind, wobei die Zielgröße ebenfalls als *lineare* Funktion vorliegt (Lineare Optimierung [73]). Beim in der Konstruktion häufigeren Fall der *nichtlinearen* Verknüpfung der Parameter oder nichtlinearer Zielfunktion wachsen indessen die Schwierigkeiten und der Zeitaufwand für eine Lösung mittels des Rechners enorm an (Nichtlineare Optimierung [26, 35, 61]).

Als Beispiel für ein einfaches Optimierungsprogramm zeigt Bild 9.6 den Ausdruck einer Berechnung für eine zylindrische Druckfeder mit dem Optimierungskriterium „geringstes Gewicht" und der Nebenbedingung „max. Betriebslänge 95 mm" [59]. Der Programmlauf rechnet für die 6 genormten Federwerkstoffe ca. 20 000 Federn durch. Dieses Beispiel möge zeigen, daß bereits einfache Optimierungsrechnungen wegen des Rechenaufwands nur noch mit Rechnern durchgeführt werden können.

Erschwerend für Optimierungsrechnungen sind Aufgabenstellungen, bei denen *mehrere* Optimierungskriterien vorliegen. Eine Lösung ist dann nur unter Zuhilfenahme von Bewertungsverfahren (vgl. 5.8) möglich, wodurch dann dialogmäßige Eingriffe in das Programm erforderlich werden [69].

Eine Erweiterung von Auslegungs- und Optimierungsprogrammen besteht darin, Vorzugswerte (z. B. Normwerte, lagermäßige Teile usw.) durch sog. Vorzugskenner im Programm zu erzwingen [58]. Diese Möglichkeit ist für eine wirtschaftliche Konstruktion sehr wichtig. Optimierungsprogramme sind vor allem für einfachere technische Systeme relativ leicht aufzustellen. Bei komplexen Systemen steigt der numerische Aufwand stark an [26], so daß solche schon wegen des Programmieraufwands auf wichtige Einzelfälle beschränkt bleiben werden.

Auf weitere rechnerunterstützte Optimierungsverfahren sei hingewiesen [35, 70, 78].

Beispiele zu Berechnungsprogrammen für größere EDVA [19, 25, 49, 76, 82] und für Tischrechner [52, 82] können dem Schrifttum entnommen werden.

DRUCKFEDERBERECHNUNG FUER WERKSTOFFE NACH DIN 17223 BL.1/2

BETRIEBSLAST 100.0000 + 10.0000 / - 12.0000 KP | FEDERWEG 100.0 + 10.0 / - 12.0 MM

FEDERRATE 1.0000 KP/MM

*MINDEST-BRUCHSICHERHEIT 1.5 | KNICKKENNZAHL 1

AUSLEGUNG AUF GERINGSTES GEWICHT

*NEBENBEDINGUNGEN		WERKSTOFF					
MAXIMALE BETRIEBSLAENGE 95.00 MM				(KUGELGESTRAHLT)			
		C	FD	VD	II	B	A
*DRAHTDURCHMESSER	MM	6.50	7.50	7.50	*******	*******	*******
ANZAHL DER FEDERNDEN WINDUNGEN		7.5	4.5	5.5	******	******	******
FEDERKRAFT BEI BLOCKLAENGE	KP	114.8750	113.3750	114.1250	*********	*********	*********
TAU(BLOCK)	KP/MM**2	66.8	61.6	58.0	******	******	******
*SICHERHEIT GEGEN DAUERBRUCH		1.52	1.57	1.73	*******	*******	*******
MITTLERER WINDUNGSDURCHMESSER	MM	62.7	90.0	84.2	******	******	******
*INNENDURCHMESSER	MM	56.2	82.5	76.7	******	******	******
* AUSSENDURCHMESSER	MM	69.2	97.5	91.7	******	******	******
FEDERLAENGE OHNE LAST	MM	173.4	158.4	166.6	******	******	******
*BETRIEBSLAENGE	MM	73.4	58.4	66.6	******	******	******
BLOCKLAENGE	MM	58.5	45.0	52.5	******	******	******
**FEDERGEWICHT	POND	385.052	441.347	504.522	********	********	********
* MATERIALPREIS	DM	0.000	0.000	0.000	********	********	********
* FEDERVOLUMEN	CM**3	276.2586	436.0153	439.9678	*********	*********	*********
* FEDERQUERSCHNITT	CM**2	50.8027	56.9272	61.0920	*********	*********	*********
EIGENSCHWINGUNGSZAHL	U/MIN	4780.9	4467.7	4178.3	********	********	********
	HZ	79.68	74.46	69.64	*********	*********	*********

Bild 9.6. Ausdruck einer Optimierungsrechnung für zylindrische Schraubendruckfedern nach [59]

2. Information bereitstellen

Noch größer als der Berechnungsanteil ist in der Entwurfsphase der Aufwand zur Informationsbeschaffung über Normteile, Halbzeuge, Werkstoffe, Zukaufteile, Wiederholteile, Kalkulationsdaten und mehr. Bei den Speichermöglichkeiten einer EDVA liegt es nahe, solche Informationen dem Konstrukteur über Dateien bzw. Datenbanken bereitzustellen, wobei letztere gegenüber reinen Dateien noch Auswahlalgorithmen zur problemorientierten Auswahl enthalten, d. h. eine Verknüpfung mit unterschiedlichen Programmsystemen ermöglichen [11]. Problematisch werden solche Datenspeicher, wenn sich die Daten zeitlich schnell ändern, so daß ein hoher Aufwand für Aktualität erforderlich wird. Bei komplexen und umfangreichen Datenmengen sind außerdem Zugriffs- und Auswahlprogramme anzustreben, die dem Konstrukteur die benötigten Informationen schnell, vollständig und weiterverarbeitungsgerecht abrufen („Intelligentes Auskunftsystem"). Es ist wirtschaftlich, Dateien und Datenbanken mit Berechnungsmoduln zu Programmsystemen so zu verknüpfen, daß alle zur Berechnung erforderlichen Daten automatisch ohne Hilfe des Konstrukteurs abgerufen werden können. Solche integrierten Programmsysteme stellen die höchste Komfort- und Automatisierungsstufe der Informationsbereitstellung und der Auslegungsrechnung dar.

Ein einfaches Beispiel für eine solche Kombination von Berechnungsmodul und Datei zeigt Bild 9.7. Bei Eingabe der entsprechenden DIN-Nummer sucht sich das Programm die genormten Paßfederabmessungen und Passungen selbständig aus der Normteildatei heraus. Dadurch wird die Eingabe gegenüber Bild 9.5 vereinfacht.

Als weiteres Beispiel zeigt Bild 9.8 den Ausdruck eines Wälzlagerauswahlprogramms [60]. Aus einer Datei mit handelsüblichen Wälzlagern werden für gegebene

```
            EINGABEWERTE
            ************

EINGELEITETES MOMENT ......          1500.0  NM
ZUL. FLAECHENPRESSUNG .....           120.0  N/MM**2
WELLENDURCHMESSER .........           100.0  MM
NABENAUSSENDURCHMESSER ....           160.0  MM
GEWAEHLTE PASSFEDERLAENGE .           100.0  MM
LASTABNAHME NACH ..........            50.0  MM
ANZAHL PASSFEDERN AM UMFANG             1
PASSFEDER NACH DIN 6885 BL. 01

            AUSGABEWERTE
            ************

***** PASSFEDERBEZEICHNUNG *****

A 28   X  16   X  100 DIN 6885 BL.01 HOHE FORM

PASSFEDERBREITE ...........            28.0  MM
PASSFEDERHOEHE ............            16.0  MM
WELLENNUTBREITE ...........            28.0  MM
WELLENNUTTIEFE ............            10.0  MM
NABENNUTBREITE ............            28.0  MM
NABENNUTTIEFE .............             6.4  MM

***** PRESSUNG BEZOGEN AUF EINE PASSFEDER *****

MAXIMALE FLAECHENPRESSUNG (NABE)   =  56.251 N/MM**2

MINIMALE FLAECHENPRESSUNG (NABE)   =  46.727 N/MM**2

UEBERHOEHUNGSFAKTOR
PMAX/PCONSTANT ................... =   1.125

SICHERHEIT NACH RECHENMODELL ..... =   2.133
```

Bild 9.7. Ein- und Ausgabewerte einer Berechnung für genormte Paßfedern nach [10]

WAELZLAGERAUSWAHL FUER RADIALLAGER

AXIALLAST STAT. 0.0 KP, DYN. 420.0 KP

RADIALLAST STAT. 1000.0 KP, DYN. 1000.0 KP

BETRIEBSTEMPERATUR 70 GRAD C

AUSSENRING HAT UMFANGSLAST

BERECHNUNG AUF MINIMALES GEWICHT

LAGER 1

AXIALLASTBEIWERT 0.40

GEWUENSCHTE LEBENSDAUER 1500.0 STUNDEN / 180.0 MILL. UMDREHUNGEN

BETRIEBSDREHZAHL 2000 U/MIN

DREHZAHLSICHERHEIT 1.25

** NEBENBEDINGUNGEN **

TYP	LAGERBEZEICHNUNG			DI (MM)	DA (MM)	B (MM)	SDYN	SSTAT	N(MAX) (U/MIN)	GEWICHT (KP)	PREIS (DM)	SCHMFR. (H)
KE		32207	0	35.0	72.0	23.0	1.00	4.55	7000	0.4300	0.00	1000.
Z1	OEL	210E	0	50.0	90.0	20.0	1.02	4.05	7500	0.4900	0.00	*******
PR		22308	0	40.0	90.0	33.0	1.07	7.50	5300	1.0000	0.00	950.
S1	2X	7211CG	0	55.0	100.0	42.0	1.00	6.90	10000	1.2000	0.00	720.
R1	C3	6410	0	50.0	130.0	31.0	1.00	5.30	6300	1.9000	0.00	7900.
R1	C4	6410	0	50.0	130.0	31.0	1.00	5.30	6300	1.9000	0.00	7900.
S2	2X	7213CG	0	65.0	120.0	46.0	1.06	9.30	8500	1.9500	0.00	610.
R1		6313	0	65.0	140.0	33.0	1.01	5.70	5600	2.1000	0.00	6100.
PK		2316	0	80.0	170.0	58.0	1.07	5.85	3800	6.1000	0.00	4600.
TC												

DIE AXIALE TRAGSICHERHEIT DES EINREIHIGEN ZYLINDERROLLENLAGERS BETRAEGT

BEI OELSCHMIERUNG 1.38 / BEI FETTSCHMIERUNG 0.00

Bild 9.8. Wälzlagerauswahl für Radiallager mit kombinierter Belastung nach Optimierungskriterien [60]

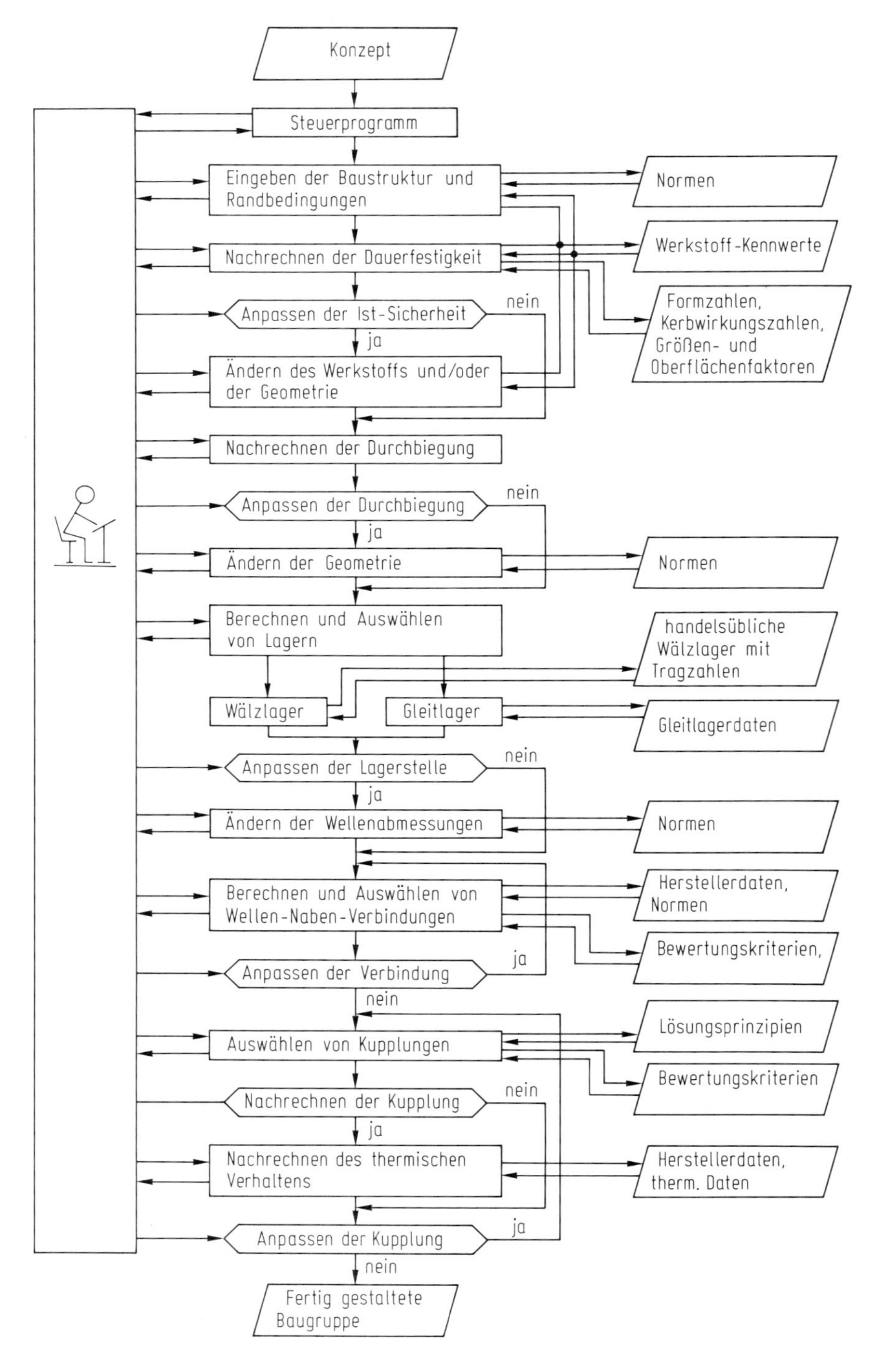

Bild 9.9. Programmsystem zur rechnerunterstützen Baugruppengestaltung im Dialog

Belastungen, Nebenbedingungen und Optimierungskriterien, z. B. „minimales Gewicht“ oder „geringste Kosten“, Wälzlager in der Reihenfolge entsprechend dem Optimierungsziel vorgeschlagen.

Grundlegende Überlegungen zum Aufbau und Einsatz solcher Informationssysteme sind in der Richtlinie VDI 2211 [75] und in [11, 68] enthalten.

3. Gestalten

Beim Gestalten von Bauteilen und Baugruppen werden Berechnungsoperationen, Zeichnungsschritte und Informationsbeschaffungen gleichzeitig nötig. Während eines Gestaltungsprozesses wechseln diese Tätigkeiten häufig und laufen je nach Aufgabenstellung in veränderter Reihenfolge und Vollständigkeit ab. Eine solche verknüpfte Tätigkeit kann einem Rechnerprogramm nur bei sehr einfachen Aufgabenstellungen zur vollständigen, automatischen Bearbeitung übertragen werden. Für unterschiedliche Gestaltungsaufgaben, d. h. für eine allgemeine Anwendbarkeit, ist es nicht möglich, die Programmlogik so flexibel aufzubauen, daß ohne Eingriffe des Konstrukteurs gearbeitet werden kann. Zum Gestalten bieten sich deshalb *Dialogsysteme* an, bei denen zwar der gesamte Konstruktionsablauf in einem Ablaufalgorithmus festgelegt ist, der Konstrukteur aber die Bearbeitung der ihm

```
10C     GETRIEBEWELLE 100
        CYL/30,80,X=0,Y=0,Z=0/
        CYBEOL/F,2/
        CYFRO/F,70,X=5/
        CYRACR/F,1/
        FCRPTX/4000,800,A=0,B=90,X=40,Y=15,Z=15/
        CYL/32,10/
        TEM/35,12,1.5/
        TEBEOL/F,1/
        CYRRO/35,1.5,-X=0/
        CYL/35,17/
        CYRAOR/F,1.5/
        BEARFX/
        CYL/40,25/
        CYL/35,50/
        CYRACL/F,1.5/
        CYFRO/F,45,X=2.5/
        FCRPTX/3428.6,685.7,A=0,B=90,X=25,Y=-17.5,Z=17.5/
        CYL/34,20/
        CYL/30,17/
        CYRACL/F,1.5/
        BEARLS/
        CYL/30,6.6/
        CYREC/F/
        CYBECR/F,2/
        SURFQU/0.01/
        CRZUM/1500/
        MATERL/C 15/
        END/
```

a

GETRIEBEWELLE 100

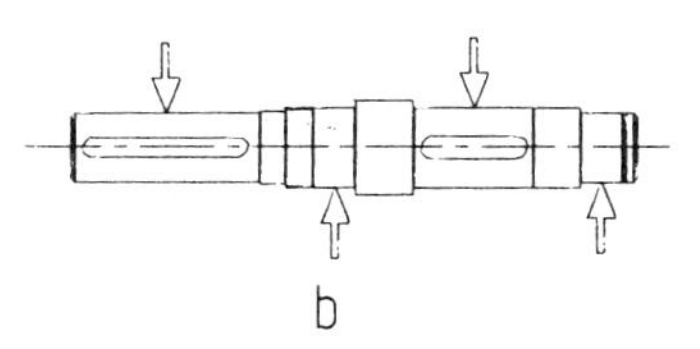

b

Bild 9.10. Eingabe der Baustruktur und Randbedingungen;
a) Eingabe mit Hilfe eines Sprachsystems
b) Maßstäblicher Kontrollausdruck der Eingabedaten

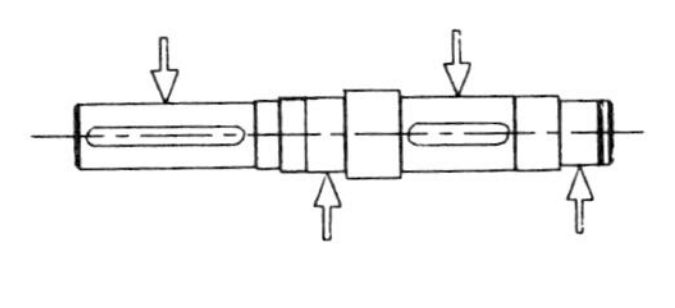

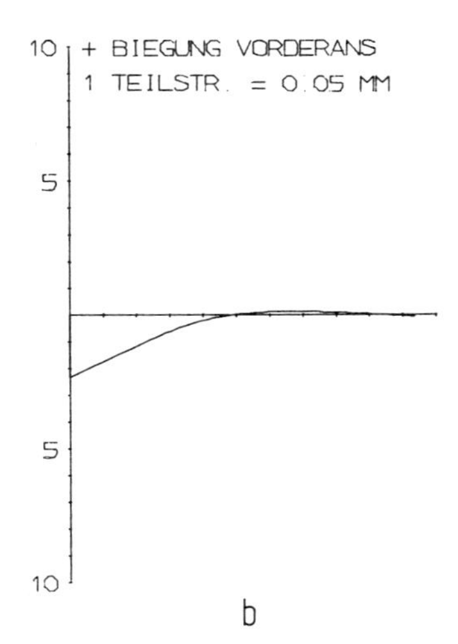

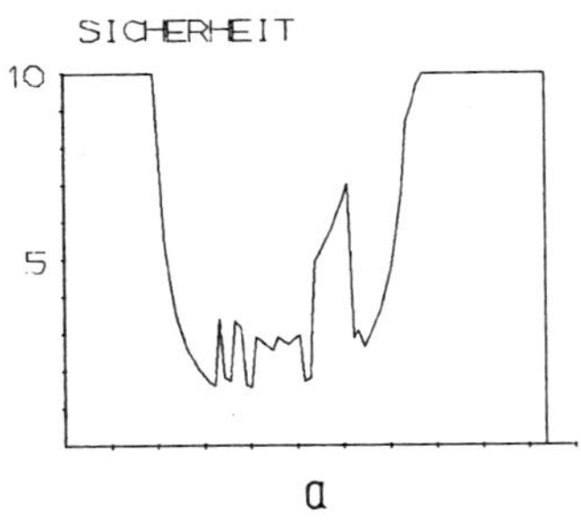

Bild 9.11. Ergebnis der Berechnungsschritte;
a) Ist-Sicherheit gegen Dauerbruch
b) Durchbiegung

W.-NR.	WERKSTOFFNAME	D.PR.	SIGZS	SIGZB	DELTA	E-MODUL
1.0301	C 10	11.	392.	637.	0.13	211000.
		30.	294.	490.	0.16	211000.
1.0401	C 15	11.	441.	735.	0.12	211000.
		30.	353.	588.	0.14	211000.
1.7015	15 CR 3	11.	510.	785.	0.10	211000.
		30.	441.	686.	0.11	211000.
1.7131	16 MN CR 5	11.	638.	883.	0.09	211000.
		30.	588.	785.	0.10	211000.
		63.	441.	638.	0.11	211000.
1.7147	20 MN CR 5	11.	735.	1078.	0.07	211000.
		30.	687.	981.	0.08	211000.
		63.	539.	785.	0.10	211000.
1.7321	20 MO CR 4	11.	637.	882.	0.09	211000.
		30.	589.	785.	0.10	211000.
1.7325	25 MO CR 4	11.	735.	1078.	0.07	211000.
		30.	687.	981	0.08	211000.
1.5919	15 CR NI 6	11.	687.	961.	0.08	211000.
		30.	637.	882.	0.09	211000.
		63.	539.	785.	0.10	211000.
1.5920	18 CR NI 8	11.	834.	1225.	0.07	211000.
		30.	785.	1180.	0.07	211000.
		63.	686.	1080.	0.08	211000.
1.6587	17 CR NI MO 6	11.	845.	1177.	0.07	211000.
		30.	785.	1078.	0.08	211000.
		63.	687.	981.	0.08	211000.

ENDE DER TABELLE

Bild 9.12. Ausdruck aus einer Werkstoffdatei für vorgegebene Bedingungen, z. B. nur Einsatzstähle
D. PR. ≙ Probendurchmesser; SIGZS ≙ Streckgrenze;
SIGZB ≙ Zugfestigkeit; DELTA ≙ Bruchdehnung;
E-MODUL ≙ Elastizitätsmodul

vorbehaltenen Aufgaben im Rahmen des vom Programm vorgegebenen Ablaufs durchführt. Solche dialogfähigen Programmsysteme erfordern einen starken modularen Aufbau mit einer flexiblen Verknüpfungslogik der Programmteile und eine entsprechende Rechnerkonfiguration mit dialogfähigen Peripheriegeräten und der Möglichkeit eines Echtzeitbetriebs.

Als Beispiel für dieses Vorgehen zeigt Bild 9.9 das Flußdiagramm für ein Programmsystem zur Gestaltung rotierender Bauteile und Baugruppen, z. B. eines An-

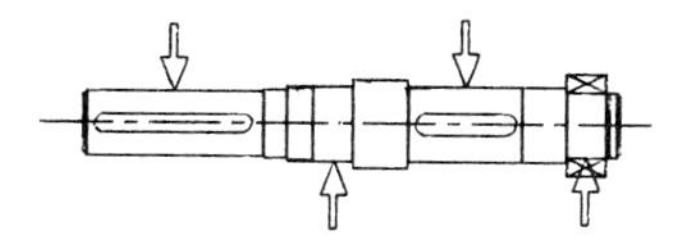

MOEGLICHE LAGER FUER LAGERSTELLE 2

NR	TYP	LAGERBEZEICHNUNG		DI (MM)	DA (MM)	B (MM)
1	R1	61806	0	30.0	42.0	7.0
2	1N	RNA 4905	0	30.0	42.0	17.0
3	N1	NA 4906	0	30.0	47.0	17.0
4	2N	RNA 6905	0	30.0	42.0	30.0

Bild 9.13. Ausdruck möglicher Lager für Lagerstelle 2 der nach Bild 9.11 ausgelegten Welle

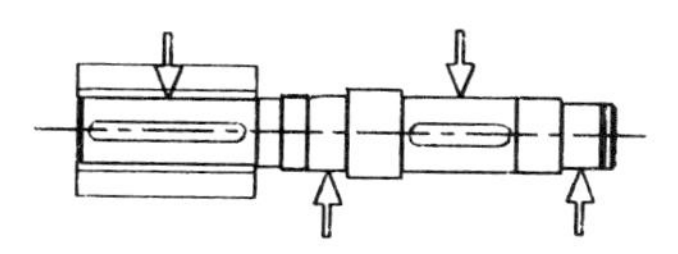

```
PASSFEDER                  DIN-6885 H

DURCHMESSER VON                              22.000 MM
DURCHMESSER BIS                              30.000 MM
BREITE                                        8.000 MM
HOEHE                                         7.000 MM
ANZAHL DER ELEMENTE                           1.000
```

Bild 9.14. Ausdruck für gewählte Paßfeder

```
BETRIEBSDATEN UND FORDERUNGEN
-----------------------------
SCHALTMOMENT                          MSN   =  14CC.00     NM
BETRIEBSDREHZAHL                      DREH  =  10C0.       1/MIN
MIN. AUSSENDURCHMESSER                DMIN  =   25C.       MM
MAX. AUSSENDURCHMESSER                DMAX  =   4CC.       MM
MIN. BAULAENGE                        BMIN  =   2CC.       MM
MAX. BAULAENGE                        BMAX  =   3CC.       MM
MAX. SCHWUNGMOMENT (MITNEHMER)        GDAMX =    3C.00000  N*M**2
MAX. SCHWUNGMOMENT (GRUNDK.)          GDIMX =    2C.00000  N*M**2
MAX. GESAMTGEWICHT                    GEWMX =   1CC.00     KG
MIN. GESAMTNUTZWERT                   GMIN  =     C.00
GEWICHTUNGSFAKTOREN DER GEWUENSCHTEN EIGENSCHAFTEN
--------------------------------------------------

GK112(1) = 25.00    KURZE BAULAENGE
GK112(2) = 75.00    KLEINER DURCHMESSER
```

Bild 9.15. Eingabedaten zur Kupplungsauswahl, gefordert wird eine kleine Baugröße mit vornehmlich kleinem Durchmesser

triebssystems mit Wellen, Lagerungen, Wellen-Naben-Verbindungen und Kupplungen [4, 64 – 67]. Ausgangssituation für eine solche Gestaltung ist zweckmäßigerweise ein grobmaßstäbliches Konzept, das mit Hilfe einer Sprache hinsichtlich Geometrie, Belastungsdaten und Randbedingungen (z. B. Lagerstellen) beschrieben und in den Rechner dreidimensional eingegeben wird. Durch eine solche rechnerinterne Bauteilgenerierung sind alle Voraussetzungen für eine anschließende Berechnung geschaffen. Bild 9.10 zeigt eine so beschriebene Getriebewelle mit den Befeh-

AUSGEWAEHLTE SCHALTKUPPLUNGEN

NR	MS (NM)	KL	BEZEICHNUNG	G	TW	WW
1	1400.00	KL1 =23231 KL2 = 1100 KL3 =10000 KL4 = 72 KL5 =23000	MECHANISCH GESCHALTET LAMELLENKUPPLUNG MITNEHMER NABE (2WELLEN) HERSTELLER TROCKENLAUF,STAHL/ORGAN.REIBWERKST.	55.	55.	0.
2	1600.00	KL1 =23231 KL2 = 5100 KL3 =10000 KL4 = 19 KL5 =23000	MECHANISCH GESCHALTET REIBRINGKUPPLUNG MITNEHMER NABE (2WELLEN) HERSTELLER TROCKENLAUF,STAHL/ORGAN.REIBWERKST.	39.	39.	0.
3	1400.00	KL1 =23231 KL2 = 1200 KL3 =10050 KL4 = 19 KL5 =23000	MECHANISCH GESCHALTET SCHEIBENKUPPLUNG (MEHRFLAECHENKUPPLUNG) MITNEHMER NABE (2WELLEN) HERSTELLER TROCKENLAUF,STAHL/ORGAN.REIBWERKST.	23.	23.	0.
4	1600.00	KL1 =23235 KL2 = 2200 KL3 =10030 KL4 = 98 KL5 =23000	ELEKTROMAGN., MIT SCHLEIFRING, NICHT DURCHFLUTET EINFLAECHENKUPPLUNG (MEMBRAN-FUEHRUNG) MITNEHMER NABE (2WELLEN) HERSTELLER TROCKENLAUF,STAHL/ORGAN.REIBWERKST.	16.	16.	0.
5	1500.00	KL1 =23231 KL2 = 1200 KL3 =10060 KL4 = 19 KL5 =23000	MECHANISCH GESCHALTET SCHEIBENKUPPLUNG (MEHRFLAECHENKUPPLUNG) MITNEHMER NABE (2WELLEN) HERSTELLER TROCKENLAUF,STAHL/ORGAN.REIBWERKST.	0.	0.	0.

MS = SCHALTMOMENT
KL = KLASSIFIZIERUNGSNUMMER
G = GESAMTNUTZWERT
TW = TECHNISCHE WERTIGKEIT
WW = WIRTSCHAFTL. WERTIGKEIT

Bild 9.16.

DATEN DER AUSGEWAEHLTEN SCHALTKUPPLUNGEN

NR	FMUE	SEIN	TEIN	NMAX	GD2I	GD2A	GEW	LA1	LA2	LI1	IPR	LZ
			S	1/MIN	N*M**2	N*M**2	KG	MM	MM	MM	DM	WO
1	1.20	700.00	******	*****	6.379999	8.399999	52.00	260.	285.	80	*****	****
2	****	1800.00	******	1360	13.76CCC0	21.689998	72.00	315.	273.	80	*****	****
3	1.20	1500.00	******	1800	16.299999	51.680000	79.00	365.	289.	90	*****	****
4	1.10	198.00	******	1500	90.0CCCC0	35.000000	155.00	480.	257.	90	*****	****
5	1.20	1900.00	******	1400	41.2CC004	90.529998	130.00	530.	344.	100	*****	****

FMUE = FAKTOR ZUR BERECHNUNG DES STAT. MOMENTS
SEIN = EINSCHALTKRAFT IN N, (MECHANISCHE SCHALTUNG)
BETRIEBSUEBERDRUCK IN BAR, (PNEUM., HYDR.)
LEISTUNGSAUFN. BEI 20 GRD C IN W, (EL.-MAGN.)
TEIN = EINSCHALTZEIT
NMAX = MAX. DREHZAHL
IPR = PREIS

GD2I = SCHWUNGMOMENT DES GRUNDK.
GD2A = SCHWUNGMOMENT DES MITNEHMERS
GEW = GESAMTGEWICHT
LA1 = VERGLEICHBARER AUSSENDURCHM.
LA2 = VERGLEICHBARE BAULAENGE
LI1 = MAX. WELLENDURCHMESSER (GRUNDK.)
LZ = LIEFERZEIT

Bild 9.16. Ausdruck ausgewählter Schaltkupplungen geordnet nach dem Gesamtwert, der vorwiegend durch kleinen Außendurchmesser bestimmt wird

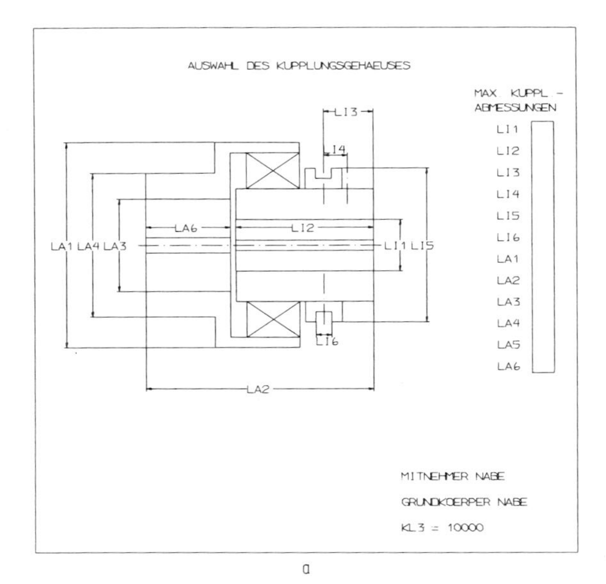

a

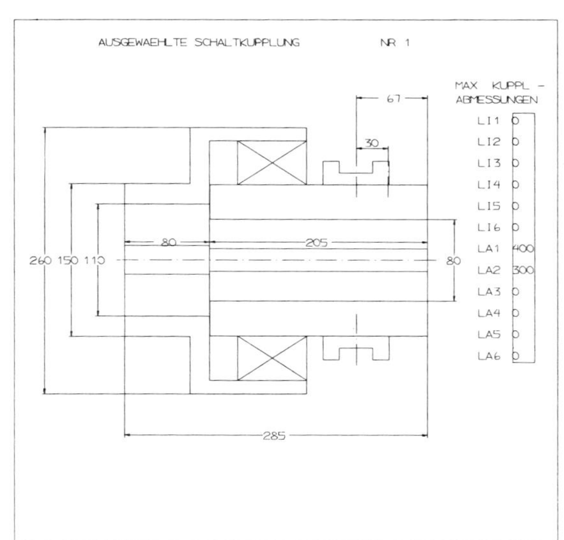

b

Bild 9.17. Maßstäblicher Plotterausdruck der Kupplung mit dem höchsten Gesamtwert;
a) Bezeichnung der Abmessungen
b) Vorgeschlagene Kupplung. Abmessungsleiste gibt zugelassene Grenzabmessungen wieder. Null bedeutet: Keine Vorgabe. Der Bohrungsdurchmesser ist noch nicht auf den Wellendurchmesser gemäß Bild 9.10 abgestimmt.

len der Eingabesprache und der von einem Plotter gezeichneten Kontur. Die Eingabesprache baut ein komplexes Bauteil aus mehreren Haupt-Formelementen (Volumenelementen) auf, wie z. B. dem Zylinder (CYL/30, 80, $x=0$, $y=0$, $z=0$/) mit 30 mm Durchmesser, 80 mm Länge und der Position im Koordinatensystem $x=0$, $y=0$ und $z=0$. Den Haupt-Formelementen zugeordnet sind Unter-Elemente, wie z. B. eine Fase (CYBEOL/F, 2/) mit 2 mm Länge außen links. Weiterhin sind der Werkstoff (MATERL/C15/), Belastungen (FORPTX = Kraft in x-Richtung, MOMTOR = Drehmoment) und Lagerstellen (BEARFX = Festlager, BEARLS = Losla-

ger) eingegeben. Dieser Sprachaufbau ist in [64, 66] ausführlich beschrieben. Weitere Sprachsysteme sind in [3, 44, 45] zu finden. Bild 9.11 zeigt das ausgeplottete Ergebnis einer anschließenden Berechnung der Sicherheit gegen Dauerbruch und der Wellendurchbiegung. Man erkennt vor allem beim Verlauf der Ist-Sicherheit sehr anschaulich die Schwachstellen, die Hinweise für Verbesserungen mit Hilfe von Abmessungs- und Werkstoffänderungen geben. Bild 9.12 zeigt einen Ausdruck aus der im Programm gespeicherten Werkstoffdatei für die gewählte Werkstoffgruppe. Das Ergebnis der an die Wellenauslegung anschließend durchgeführten Lagerauswahl gibt Bild 9.13 als Ausschnitt wieder. Die derzeitige Entwicklungsstufe ermöglicht ferner die Auswahl und Berechnung geeigneter Wellen-Naben-Verbindungen [8]. Hier wurde entsprechend Bild 9.14 mit einem Programmodul eine Paßfeder-Verbindung festgelegt. Eine weitere Möglichkeit besteht in der Auswahl handelsüblicher Schaltkupplungen [17, 18] in der Weise, daß Betriebsdaten und Anforderungen der Aufgabenstellung, ferner Gewichtungsfaktoren für im Programm enthaltene Bewertungskriterien eingegeben werden müssen. Das Programm druckt als Ergebnis mögliche Schaltkupplungen, geordnet nach ihrem Gesamtwert, mit kennzeichnenden Daten aus. Bild 9.15 gibt die Eingabedaten, Bild 9.16 die ausgewählten Schaltkupplungen wieder. Die Kupplung mit dem höchsten Gesamtwert wird maßstäblich mit zum Einbau wesentlichen Konturen gezeichnet: Bild 9.17. Die zeichnerische Verknüpfung mit der Getriebewelle ist programmtechnisch noch nicht realisiert.
Weitere ähnliche Programmsysteme sind in [2, 40, 63] beschrieben.

Zusammenfassend können als wesentliche Merkmale solcher dialogfähigen Gestaltungsprogramme genannt werden:

— Einfache, leicht erlernbare Bauteileingabe unter Hinzuziehen rechnerintern gespeicherter Normteildaten.
— Vom Konstrukteur dialogmäßig gesteuerte Durchführung von Berechnungsoperationen unter Nutzung von Werkstoffdateien [83].
— Dialogmäßige Auswahl von handelsüblichen Maschinenelementen.
— Leichte Änderungsmöglichkeiten hinsichtlich Bauteilgeometrie, Werkstoff, Belastungsdaten und sonstiger Bedingungen.
— Ständig visuelle Kontrollmöglichkeit der Gestaltungsschritte.
— Maßstäbliche Ausgabe des gestalteten Bauteils zur Weiterverarbeitung in der Entwurfs- und Ausarbeitungsphase.

9.2.3. Ausarbeitungsphase

Die Ausarbeitungsphase stellt, bezogen auf den gesamten Konstruktionsprozeß, mit Abstand den größten zeitlichen und personellen (kostenmäßigen) Aufwand dar, der nach [7] am häufigsten über 60% beträgt. Deshalb liegt nahe, vor allem diese Tätigkeiten dem Rechner zu übertragen. Von den Tätigkeiten und ihrer Struktur her (Detaillieren; Zeichnen; Bemaßen; Stücklisten mit Normteilen, Halbzeugen und Zukaufteilen aufstellen; fertigungsgerechte Detailgestaltung) sind für den Rechnereinsatz gute Voraussetzungen gegeben, denn sie sind fast vollständig algorithmierbar und damit dem Rechner übertragbar.

Man unterscheidet zwischen dem rechnergesteuerten Zeichnen von Gestaltungsvarianten, insbesondere Größenvarianten, bei unverändertem Lösungskonzept, z. B. im Rahmen einer Baureihe [32], und freiem Zeichnen beliebig gestalteter Bauteile [21, 22].

Eine wirtschaftliche Möglichkeit zur rechnerunterstützten Herstellung von Teil-Zeichnungen bei einer Variantenkonstruktion besteht auch darin, unmaßstäbliche Vordruck-Zeichnungen mit Rechnerausdrucken zu kombinieren [77].

Einen umfassenden Überblick über Möglichkeiten, Voraussetzungen und derzeitig zur Verfügung stehende Programmsysteme gibt die Richtlinie VDI 2211 [77] und weiteres Schrifttum [14, 21, 33, 71].

Anders als beim Anfertigen von Zeichnungen hat sich eine automatische Stücklistenverarbeitung in der Praxis bereits durchgesetzt. Bei den bekannten Systemen [29, 50] müssen zwar die Daten vom Konstrukteur noch manuell eingegeben werden, d. h. es fehlt noch der integrierte Datenfluß von der Zeichnungserstellung zur Stücklisteneintragung. Die anschließende Verarbeitung der Daten (Teilestammdaten, Erzeugnisstrukturdaten) geschieht aber bereits mit Hilfe der EDV.

9.3. Rechnereinsatz bei den Konstruktionsarten

Interessant ist auch die Zuordnung der Möglichkeiten der EDV-Technik zu den Konstruktionsarten, da dadurch diejenigen Aufgaben erkennbar werden, die wirtschaftlich rechnerunterstützt bearbeitet werden können.

Entsprechend 1.1.2 wird zwischen Neukonstruktion, Anpassungskonstruktion und Variantenkonstruktion unterschieden.

— Neukonstruktionen sind nur in kleinen Abschnitten dem Rechner übertragbar, da in der Konzeptphase die nicht algorithmierbaren Tätigkeiten überwiegen und auch in der Entwurfsphase noch in starkem Maße vorhanden sind.
— Bei Anpassungskonstruktionen ist der Anteil algorithmierbarer Schritte aufgrund eines vorliegenden Entwurfs höher, die Anpassung an konkrete Kundenanforderungen muß aber meistens doch vom Konstrukteur durchgeführt werden, weil die Vielzahl von Anpassungsmöglichkeiten meistens nicht durch ein noch so flexibles Programmsystem wirtschaftlich beherrscht werden kann. Für einfachere Bauteile und Baugruppen können Programmsysteme entsprechend Bild 9.9 hilfreich sein.
— Bei Variantenkonstruktionen (auch Baureihen- und Baukastensysteme) sind alle Teile und Baugruppen, ihr Größenbereich, ihre möglichen Kombinationen und die Berechnungs- und Verknüpfungslogiken bekannt bzw. vorab entwickelt, so daß im Auftragsfall die Konstruktionsarbeit in einem festen Algorithmus mit bekannten Daten durchgeführt werden kann. In der Praxis sind deshalb vor allem für diese Konstruktionsart bereits vollständige Programmsysteme entwickelt und im Einsatz. Einige typische Beispiele sind in [37, 38, 62, 79] zu finden.

Bild 9.18 zeigt als Beispiel das Eingabeformular für das Gleitlagersystem als Variantenkonstruktion (vgl. Bild 7.22). Als Ergebnis der Bearbeitung mit Hilfe eines Programmsystems wird die fertige Stückliste ausgedruckt (vgl. Bild 8.7) [9].

Einen Einfluß auf die Einsatzmöglichkeiten des Rechners hat auch die Produktart. Die Voraussetzungen sind für Energie-, Stoff- und Signalumsatz verschieden.

A. Lager für Normmotor

ja — Polz. (24) / Achshöhe (26–28)

nein (29)

Wenn „nein", zusätzlich M ... O ausfüllen.

B. Loslager (30)

Festlager (31)

C. Ringschmierung

ohne Ring (32)

Losring (33)

Festring (34)

D. Dichtungen

Welle durchgehend (35)

Welle endet im Lager (36)

Schneidendichtung (normal) (37)

Sperrluftdichtung (38)

Schneidendichtung mit Labyrinth (39)

E. Schmierölviskosität

nicht vorgeschrieben (40)

η_{50} in cP (41–44)

F. Hydrostatik im Radialteil

ja (45)

nein (46)

ja = 1
nein = leer

G. Kühlart des Lagers

nicht vorgeschrieben (47)

erzwungene Konvektion (48)

Bei Wasserkühlung:
Wassereintrittstemperatur in °C (49 50)

Bei Umlauföl:
Öleintrittstemperatur in °C (51 52)

H. Umgebungstemperatur in °C (53 54)

I. Axiale Belastung in N (55–58)

J. Art des Axiallagers

nicht vorgeschrieben (59)

Wälzlager (60)

Keilflächenlager (61)

Kippsegmentlager (62)

K. Temperaturüberwachung in der Lagerschale

Anzahl der Thermometer
normal: 1; maximal: 2 (63)

L. Lagerisolation

ja (64)

nein (65)

M. Drehzahl in min^{-1} (66–69)

N. Lagerbohrungsdurchmesser in mm (70–72)

O. Radiale Belastung in N (73–76)

Bild 9.18. Eingabeformular für das Gleitlager-Baukastensystem nach [9]

Systeme mit überwiegend Signalumsatz eignen sich insofern für einen Rechnereinsatz, weil sich die einzelnen Funktionen und ihre Funktionsträger mit bekannten Eigenschaften darstellen und somit gut nach algorithmischen Merkmalen auslegen und optimieren lassen. Die Verknüpfung signalverarbeitender Elemente ist weitaus unproblematischer als bei Systemen mit Energie- und vor allem Stoffumsatz, bei denen infolge unbekannter Eigenschaften es oft nicht gelingt, eindeutige Verträglichkeits- und Optimierungsbedingungen zu formulieren.

9.4. Rechnerausstattung und -betrieb

Die Möglichkeiten einer Rechnerunterstützung werden durch die Geräteausstattung (Hardware), das Betriebssystem (Systemsoftware) und die Programmsysteme (Anwendungssoftware) bestimmt. Programmiersprachen, Betriebsweise und Arbeitsplatzgestaltung werden sowohl von der Hardware als auch von der System- und Anwendungssoftware beeinflußt. Hierzu hat Praß [59] die folgenden Hinweise gegeben:

9.4.1. Programmiersprachen

Jeder Rechner hat einen Befehlssatz, der zur Steuerung des Rechenablaufs dient (Maschinensprache; Assembler-Sprachen sind aus mnemotechnischen Gründen modifizierte Maschinensprachen). Dieser *Befehlssatz* ist in der Regel *maschinenspezifisch.* Daher können Programme, die im Assembler-Code geschrieben sind, nur auf einem bestimmten Maschinentyp verwendet werden. Beim Übergang auf andere Maschinentypen müssen oft alle in Assembler codierten Problemlösungen in neue Programme umgeschrieben werden.

Wegen dieser Nachteile und aus Gründen des leichteren Programmierens wurden *höhere Programmiersprachen* entwickelt, von denen FORTRAN [24, 30, 46] derzeit für technische Probleme am verbreitetsten ist. Diese Sprachen wurden unabhängig von bestimmten Maschinentypen definiert. Programme, die in diesen Sprachen geschrieben sind (Quellenprogramme), werden mit Hilfe von Compilern (Programmübersetzern) in Maschinensprache übersetzt. Beim Wechsel des Maschinentyps bleibt dann das Quellenprogramm unverändert, während außer der Hardware lediglich der mitgelieferte Compiler ausgewechselt wird. Damit sind die höheren Programmiersprachen in ihren Grundzügen weitgehend maschinenunabhängig und weisen in der Regel nur bei bestimmten Ein- und Ausgabebefehlen maschinentypbedingte Abweichungen auf.

Diese Erläuterungen müssen vorausgeschickt werden, damit die wesentlichen Unterschiede zwischen programmierbaren Tischrechnern und den eigentlichen Datenverarbeitungsanlagen hinsichtlich verwendbarer Programmiersprachen klar werden.

Programmierbare Tischrechner verfügen in der Regel nicht über (maschinenunabhängige) höhere Programmiersprachen, obwohl gerade in der letzten Zeit diese Geräte zunehmend wenigstens mit BASIC, einer einfachen, weitgehend maschinenunabhängigen Sprache, ausgestattet werden. Ein Wechsel des Rechnertyps bedingt daher bei programmierbaren Tischrechnern mitunter erheblichen Aufwand, da die vorhandenen Programme eventuell umgeschrieben, auf jeden Fall aber auf im Vergleich zu größeren Anlagen wesentlich mühsamere Art in den neuen Rechner eingegeben werden müssen. Bei größeren EDVA können dagegen immer höhere Programmiersprachen verwendet werden.

Da die an programmierbare Tischrechner anschließbaren Datenspeicher weder hinsichtlich der Zugriffsgeschwindigkeit noch bezüglich der Speicherkapazität mit den Datenspeichern größerer EDVA konkurrieren können, kommen programmierbare Tischrechner vernünftigerweise nur zur Lösung kleinerer Berechnungsprobleme in Betracht, wobei zudem kein Rückgriff auf größere rechnerinterne Dateien

(z. B. Normteilkataloge) möglich ist. Trotzdem können in der Hand erfahrener Programmierer auch Tischrechner Erstaunliches leisten [31, 71].

9.4.2. Betriebsweise

Wichtig für den Rechnereinsatz ist auch seine Betriebsweise. Während ein programmierbarer Tischrechner zu ein und derselben Zeit von nur einer Person benutzt werden kann, gestatten größere EDVA dank ihrer hohen Rechengeschwindigkeiten bei entsprechender Ausrüstung das gleichzeitige Bearbeiten mehrerer Jobs (Job = abgeschlossene Folge von Aufträgen), wobei es gleichgültig ist, ob diese Jobs zentral nacheinander (Stapelbetrieb) oder dezentral weitgehend parallel (Time-sharing) eingegeben werden. Über sog. „Terminals" (Datenstationen) können die Jobs auch außerhalb des Rechenzentrums, z. B. über Telefonleitungen, eingegeben werden.

Diese Jobs lassen sich auf zweierlei Weise bearbeiten: Entweder der gerade eingegebene Job wird an das Ende einer „Warteschlange" gesetzt (Stapelverfahren), oder alle wartenden Jobs werden reihum jeweils für eine gewisse Zeit bearbeitet, bis nach einer Anzahl von Umläufen schließlich ein Job nach dem anderen abgearbeitet ist (Time-sharing). Bei der letztgenannten Arbeitsweise hat der Benutzer den Eindruck, als stünde die gesamte Anlage wie bei einem Echtzeitbetrieb ausschließlich ihm zur Verfügung. Lediglich die je nach Anlage und Auslastung mehr oder weniger fühlbaren Wartezeiten lassen eine Benutzung auch von anderen merkbar werden. Damit ist das Time-sharing-Verfahren besonders für den „Dialog-Betrieb" geeignet, bei dem sich Rechenabläufe und Aktionen, die im allgemeinen aus nicht programmierbaren Entscheidungen des Konstrukteurs bestehen, abwechseln.

9.4.3. Arbeitsplatzgestaltung

Hinsichtlich der apparativen Ausstattung erhebt sich die Frage nach einem zweckmäßigen Konstruktionsplatz.

Der ideale, alle Möglichkeiten des Rechnereinsatzes in der Konstruktion umfassende Arbeitsplatz müßte wie folgt ausgerüstet sein:

— EDVA mit Direktzugriff im Echtzeitbetrieb als separate mittlere Anlage, als Satellit eines Großrechners oder als Datenfernübertragungsstation einschließlich externer Speicher,
— Peripheriegeräte zur Eingabe und Ausgabe alphanumerischer Daten im interaktiven Betrieb, als Konsolschreibmaschine und Schnelldrucker sowie interaktive Bildschirmeinheit und
— Peripheriegeräte zur interaktiven Ein- und Ausgabe graphischer Daten, also interaktive Bildschirmeinheit mit direkter Ein- und Ausgabe am Bildschirm oder passiver Bildschirm mit Eingabetablett sowie nichtlagegesteuerte Zeichenmaschine (Plotter) bzw. Mikroplotter (schnellere Ausgabe) oder lagegesteuerte Zeichenmaschine mit erhöhter Genauigkeit. Ein Digitalisierungsgerät zur Eingabe graphischer Daten kann noch zweckmäßig sein [28, 42].

Von diesem Idealplatz ausgehend sind je nach Ausbaustufe bzw. vorhandenem Programmpaket Vereinfachungen der Konfiguration denkbar, im Extremfall bis zum programmierbaren Tischrechner zurückgehend. Folgende allgemeingültige

Kriterien können für die Gestaltung eines solchen Arbeitsplatzes formuliert werden:

— Zur Bearbeitung sich wiederholender Aufgaben mit eindeutigem Verarbeitungsalgorithmus, insbesondere für Aufgaben mit größerem Rechenaufwand, wird die Gerätefrage im wesentlichen von der Programmgröße und von wirtschaftlichen Aspekten bestimmt. Bei umfangreichen Programmen spielt es nur eine untergeordnete Rolle, ob der Konstrukteur diese über ein Terminal am Arbeitsplatz, eine EDVA im Konstruktionsbüro oder über ein getrenntes Recheninstitut bearbeitet oder bearbeiten läßt. Wichtig ist nur die schnelle Lösung der Aufgabe. Bei Aufgaben, die der Konstrukteur unter Umständen auch mit Rechenschieber-Rechnungen erledigen kann, ist dagegen ein schneller Direktzugriff zweckmäßig. Für kleinere Programme ist hier der Tischrechner oft eine gute Ergänzung.

— Will man die weitergehenden Rationalisierungsansätze eines Dialogs zwischen Konstrukteur und Rechner, insbesondere in der Konzept- und Entwurfsphase, nutzen, müssen dem Konstrukteur ein Echtzeit-Zugriff zu einer EDVA sowie zu entsprechenden Peripheriegeräten zur Verfügung stehen. Anzustreben ist ein Zugriff am Konstruktionsarbeitsplatz durch das Terminal eines Großrechners, durch einen Satellitenrechner oder durch Aufstellen einer mittleren EDVA im Konstruktionsbereich. Hiermit kann natürlich nicht gemeint sein, daß jeder Konstrukteur seinen eigenen EDV-Arbeitsplatz erhält. Wichtig erscheint nur, daß ein solcher Zugriff im Konstruktionsbüro selbst möglich ist und nicht über ein zentrales Recheninstitut, das nicht nur fachlich, sondern möglicherweise auch räumlich sehr weit entfernt liegt.

— Wenn neben alphanumerischen Daten vor allem auch graphische Informationen ein- und ausgegeben werden müssen, sind entsprechende interaktive Peripheriegeräte erforderlich. Das können kombinierte Zeichen-Digitalisierungsplätze oder auch Bildschirmplätze sein. Beide Systeme sind keine Alternativen, sondern ergänzen einander. Interaktive Bildschirmgeräte, vor allem mit direkter Ein- und Ausgabemöglichkeit, erlauben einen komfortableren, direkten Dialog mit der EDVA, was insbesondere für die Anforderungen der Konzept- und Entwurfsphase günstig ist, während Digitalisierungsgerät und Plotter bzw. lagegeregelte Zeichenmaschine zur Verarbeitung von Teil-Zeichnungen mit Darstellung bzw. Aufnahme aller Details geeignet sind.

— Für die Bearbeitung unterschiedlicher Aufgaben sollten vor allem aus wirtschaftlichen Gründen auch verschiedene, für die jeweilige Aufgabe geeignete bzw. ausreichende Geräte zur Verfügung stehen und die günstigste Betriebsart eingesetzt werden. Dabei darf die EDVA nicht von aufwendigen Ein- und Ausgaben blockiert werden. Über einen geeigneten EDV-Konstruktionsplatz werden in [28, 41, 47] Empfehlungen gegeben.

9.4.4. Allgemeine Gesichtspunkte zur Programmerstellung

Für die dargestellten Konstruktionsarbeiten muß für eine optimale Rechnerunterstützung folgende Software zur Verfügung stehen [28, 59]:

— *Systemsoftware* für Multiprogramming, ggf. Time-sharing, für dialogfähige Kommandosprachen, für dialogfähige Ein- und Ausgabe-Prozeduren der höheren Programmiersprachen sowie für die Ein- und Ausgabe graphischer Daten (Sichtgerätedarstellung; Zeichentisch- bzw. Plotterdarstellung; Archivierbarkeit von Zeichnungen; Übernahme von Koordinaten vom Digitalisierungsgerät; Erzeugung, Identifikation und Löschbarkeit von graphischen Elementen).

— *Anwendungssoftware* zur Steuerung des Konstruktionsvorgangs und zur Bearbeitung der eigentlichen Konstruktionsvorgänge. Der Aufwand zum Aufstellen von Anwendungssoftware (Konstruktionsprogramme) ist so groß, daß bei der Programmierung Kriterien berücksichtigt werden müssen, die nicht zur eigentlichen Problemlösung gehören und im folgenden kurz betrachtet werden.

Nicht nur wegen eines möglichen Programmaustauschs, sondern auch wegen eines später möglichen Übergangs auf andere Rechnersysteme im eigenen Unternehmen kommt der Wahl der Programmiersprache eine entscheidende Bedeutung zu. Im Konstruktionsbereich hat sich allgemein FORTRAN durchgesetzt, daher sollten neue Programme ebenfalls in FORTRAN geschrieben werden. Darüber hinaus sollte man sich auf eine Standard-Untermenge von FORTRAN beschränken und auf die Ausnutzung aller — womöglich anlagengebundener — Programmiertricks verzichten. Dennoch unvermeidlich anlagengebundene Befehle sollten im Programm gekennzeichnet sein, damit spätere Umstellungen erleichtert werden.

Ein weiterer wichtiger Gesichtspunkt ist die Anwendungsfreundlichkeit der Konstruktionsprogramme. Es ist eher gerechtfertigt, zur Erzielung eines größeren Komforts bei der Anwendung einen hohen, einmaligen Aufwand bei der Programmierung zu treiben, als mit einfacheren Programmen den Aufwand für die Ein- und Ausgabe auf die Anwender abzuwälzen. Außer auf einfache Programmbedienung für den Anwender ist auch darauf zu achten, daß etwaige Programm-Modifizierungen erleichtert werden.

Ein für die Wirtschaftlichkeit der Rechneranwendung entscheidender Punkt ist das Aufstellen *modularer* Programme.

Die an sich bekannte Unterprogrammtechnik kann dazu benutzt werden, größere Konstruktionsprogramme auf die Verknüpfung von Programm-Moduln zurückzuführen. Jeder Modul gestattet dabei die vollständige Behandlung eines Teilproblems und damit die Trennung des allgemeingültigen Teils vom aktuellen Problem. So könnte z. B. ein Konstruktionsprogramm für Schaltkupplungen in seinem aktuellen Teil die Auswahllogik enthalten und seine Aufgabe lösen mit der bedarfsweisen Verknüpfung allgemeingültiger Moduln zum Auslegen von Wellen-Nabenverbindungen, Wälzlagerungen, Federn usw. Dabei sollte auch immer eine Trennung von Berechnung und Datengewinnung vorgesehen werden; ein Programm zum Auslegen einer Preßpassungsverbindung sollte zur Bereitstellung von ISA-Toleranzen einen weiteren Modul aufrufen, die ISA-Toleranz-Datei also nicht unmittelbar auswerten. Auf diese Weise steht der Modul zur Bereitstellung von Toleranzfeldern auch anderen Programmen zur Verfügung.

Die modulare Programmierung erfordert definierte, allgemeingültige und, wo möglich, unveränderliche Schnittstellen für jeden Modul. Die notwendige allgemeine Anwendbarkeit bedingt zwar zunächst einen höheren Aufwand, macht sich aber bei späteren Erweiterungen bezahlt. Notwendige Überarbeitungen (z. B. infolge neuer Normen) bleiben bei modularer Programmierung auf den betroffenen Modul beschränkt [23, 28, 56].

9.5. Einführen der EDV-Technik

Für einen wirkungsvollen Rechnereinsatz zur Lösung von Konstruktionsarbeiten sind mehrere Voraussetzungen zu erfüllen und vorbereitende Maßnahmen einzuleiten.

Zunächst sollte eine eingehende Analyse des jeweiligen Konstruktionsprozesses hinsichtlich EDV-Einsatzmöglichkeiten erfolgen, ehe ein größerer Aufwand in die Hardware und in Software-Entwicklungen bzw. Beschaffungen hineingesteckt wird [74]. Ferner müssen planerische und organisatorische Voraussetzungen und Erfahrungen beachtet werden [1, 80, 81]. Hierzu gehören insbesondere die Aufstellung geeigneter Erzeugnisgliederungen, Zeichnungs- und Stücklistensysteme sowie Nummernsysteme.

Ein wichtiger Gesichtspunkt ist auch eine psychologische Vorbereitung aller Beteiligten [12]. Es empfiehlt sich, zunächst kleinere Bereiche auf EDV-Unterstützung umzustellen und dabei Erfahrungen zu sammeln, die dann bei der Ausweitung auf größere Bereiche außerordentlich wertvoll sind. Es hat sich gezeigt, daß Anwender, die zu viel auf einmal wollten, beträchtliche Verluste hinnehmen mußten.

9.6. Schrifttum

1. Abeln, O.: Probleme bei der Verwendung von CAD-Systemen in der Industrie. Konstruktion 27 (1975) 374 – 380.
2. Baatz, U.: Bildschirmunterstütztes Konstruieren. Diss. TH Aachen 1971.
3. Balogh, L.: Ein Beschreibungssystem für rotationssymmetrische Werkstücke unter besonderer Berücksichtigung des Rechnereinsatzes in Konstruktion und Fertigungsplanung. Diss. TU Berlin 1969.
4. Beitz, W.: Konstruieren im bildschirmunterstützten Dialog mit dem Rechner. VDI-Berichte Nr. 219. Düsseldorf: VDI-Verlag 1974.
5. —: Übersicht über Möglichkeiten der Rechnerunterstützung beim Konstruieren. Konstruktion 26 (1974) 193 – 199.
6. —: Systematische Lösungssuche unter Anwendung der Datenverarbeitung. VDI-Berichte Nr. 191. Düsseldorf: VDI-Verlag 1973.
7. —; Eversheim, E.; Pahl, G. u. a.: Rechnerunterstütztes Entwickeln und Konstruieren im Maschinenbau. Forschungshefte Forschungskuratorium Maschinenbau, H. 28. Frankfurt: Maschinenbau-Verlag 1974.
8. —; Haug, J.: Rechnerunterstützte Berechnung und Auswahl von Wellen-Nabenverbindungen. Konstruktion 26 (1974) 407 – 411.
9. —; Keusch, W.: Die Durchführung von Gleitlager-Variantenkonstruktionen mit Hilfe elektronischer Datenverarbeitungsanlagen. VDI-Berichte Nr. 196. Düsseldorf: VDI-Verlag 1973.
10. —; Militzer, O.: Rechenprogramm REMOP. Forschungsreport 1975 und Forschungsheft Nr. 34 (1976) der Forschungsvereinigung Antriebstechnik (FVA) Frankfurt.
11. —; Schnelle, E.: Rechnerunterstützte Informationsbereitstellung für den Konstrukteur. Konstruktion 26 (1974) 46 – 52.
12. Boehm, F.: Besondere Gesichtspunkte bei der Einführung der EDV in den Konstruktionsbereich. VDI-Berichte Nr. 191. Düsseldorf: VDI-Verlag 1973.
13. Brankamp, K.; Claussen, U.; Wiendahl, H. P.: Die elektronische Datenverarbeitung — ein Hilfsmittel der Rationalisierung in der Konstruktion. Konstruktion 22 (1970) 132 – 142.

14. Breitenstein, H.: Automatische Zeichnungserstellung. VDI-Berichte Nr. 191. Düsseldorf: VDI-Verlag 1973.
15. Buck, E.; Winkler, K.: Computergestützte Festigkeitsberechnungen. BBC-Nachrichten (1973) 410 – 417.
16. Buerhop, H.; Mahrenholtz, O.: Rechnerangepaßtes Modell zur Berechnung der Eigenschwingungen von Wellen. Konstruktion 26 (1974) 41 – 45.
17. Buschhaus, D.: Rechnerunterstützte Auswahl und Berechnung von Schaltkupplungen. Diss. TU Berlin 1976.
18. —: Rechnerunterstützte Auswahl von Schaltkupplungen. Konstruktion 27 (1975) 100 – 105.
19. Claussen, U.: Konstruieren mit Rechnern. Konstruktionsbücher Bd. 29. Berlin, Heidelberg, New York: Springer 1971.
20. —: Schrifttumsübersicht — Datenverarbeitung in der Konstruktion. VDI-Berichte Nr. 191. Düsseldorf: VDI-Verlag 1973.
21. Debler, H.: Beitrag zur rechnerunterstützten Verarbeitung von Werkstückinformationen in produktionsbezogenen Planungsprozessen. Diss. TU Berlin 1973.
22. —; Lewandowski, S.: COMVAR — Ein Programm zur komplexteilgebundenen Zeichnungserstellung. ZwF 70 (1975) 171 – 173.
23. DIN 66 001: Sinnbilder für Datenfluß- und Programmablaufpläne. Berlin, Köln: Beuth-Vertrieb 1969.
24. DIN 66 027: Programmiersprache FORTRAN. Berlin, Köln: Beuth-Vertrieb 1975.
25. Döpper, W.: Ein Beitrag zur Berechnung von Maschinenelementen und Gestellbauteilen von Werkzeugmaschinen mit Digitalprogrammen. Diss. TH Aachen 1968.
26. Dresig, H. u. a.: Methoden zur rechnergestützten Optimierung von Konstruktionen. Karl-Marx-Stadt: Kammer der Technik 1972.
27. Feldmann, K.: Beitrag zur Konstruktionsoptimierung von automatischen Drehmaschinen. Diss. TU Berlin 1974.
28. GFK-Autorenkollektiv: Projekt Rechnerunterstütztes Entwickeln und Konstruieren. CAD-Mitteilungen 1/73 der Gesellschaft für Kernforschung. Karlsruhe 1973.
29. Grupp, B.: Elektronische Stücklistenorganisation. Stuttgart: Forkel 1975.
30. Guttropf, W.; Stricker, U.: FORTRAN mit Pfiff. Mainz: Krausskopf 1972.
31. Herbertz, R.: Programmierbare Tischrechner. Konstruktion 25 (1973) 285 – 288.
32. Herold, W.-D.: PROREN 1 — ein Programmsystem für den Einsatz der EDV im Bereich der Variantenkonstruktion. Konstruktion 26 (1974) 468 – 476.
33. —: Die dreidimensionale Erfassung und Weiterverarbeitung von technischen Gebilden mit dem Rechner. Konstruktion 27 (1975) 55 – 59.
34. Herrmann, J.: Ein mathematisches Modell zur Bewertung des Arbeitsraumes an Drehmaschinen. ZwF 11 (1971) 161 – 171.
35. Kanarachos, A.: Über die Anwendung von Optimierungsverfahren bei dynamischen Problemen in der rechnerunterstützten Konstruktion. Konstruktion 28 (1976) 53 – 58.
36. Keusch, W.: Rechenprogramm zur Auslegung von Axial- und Radialgleitlagern. Antriebstechnik 10 (1971) 86 – 89.
37. Kiesow, H.; Mihm, H.; Rosenbusch, R.: Automatisierung von Entwurf, Konstruktion und Auftragsbearbeitung im Anlagenbau. IBM-Nachrichten 20 (1970) 147 – 153.
38. —; Wiendahl, H. P.: Konstruieren nach dem Variantenprinzip. VDI-Berichte Nr. 191. Düsseldorf: VDI-Verlag 1973.
39. Koller, R.: Konstruktion von Maschinen, Geräten und Apparaten mit Unterstützung elektronischer Datenverarbeitungsanlagen. VDI-Z. 113 (1971) 482 – 490.
40. —; Farwick, H.; Spiegels, G.: Konstruieren von Kurvenscheibengetrieben mit Unterstützung elektronischer Datenverarbeitungsanlagen und einer Bildschirmeinheit. Industrieanzeiger 94 (1972) 1011 – 1017.
41. Krause, F. L.; Langebartels, R.; Vassilacopoulos, V.: Geräte zum rechnerunterstützten Konstruieren. Konstruktion 22 (1970) 121 – 132.
42. —; Vassilacopoulos, V.: Systeme zur digitalen rechnerinternen Darstellung technischer Gebilde. Konstruktion 23 (1971) 478 – 488.
43. Krumhauer, P.: Rechnerunterstützung für die Konzeptphase der Konstruktion. Diss. TU Berlin 1974.

44. Kurth, J.: Rechnerorientierte Werkstückbeschreibung. Diss. TU Berlin 1971.
45. — : COMPAC, ein System zur rechnerorientierten Werkstückbeschreibung. ZwF 68 (1973) 61 – 67.
46. Lehmann, F.; Schmidt, W.; Vollmer, K.: Programmierung in FORTRAN. Kassel: Exit 1967.
47. Littmann, H. E.: Handbuch der Modernen Datenverarbeitung. Teil 1 – 13. Stuttgart: Forkel 1966.
48. Loomann, J.: Datenverarbeitung im Getriebebau. Konstruktion 27 (1975) 389 – 394.
49. — : Zusammenstellung von EDV-Programmen auf dem Gebiet der Antriebstechnik. VDI-Z. 114 (1972) 97 – 107.
50. Luczak, E.; Martin, G.: Vollmaschinelles Erstellen von Fertigungsunterlagen. Siemens-Z. 47 (1973) 113 – 118.
51. Maaß, H.: Der Zylinderkopfdichtverband — eine Verformungsstudie mit Hilfe Finiter Elemente. Konstruktion 28 (1976) 151 – 158.
52. Mießen, W.: Auslegung hydrostatischer Spindel-Lager-Systeme. CAD-Seminar des IFW, TU Hannover 1975.
53. Militzer, O. M.: Rechenmodell für die Auslegung von Wellen-Naben-Paßfederverbindungen. Diss. TU Berlin 1975.
54. Neuendorf, K.: Ein Balkenmodell für die Berechnung des elastostatischen Verhaltens hochbeanspruchter Schraubenverbindungen. Diss. TU Berlin 1975.
55. Noppen, R.: Rechnerunterstütztes Entwickeln und Konstruieren im Werkzeugmaschinenbau. Ind.-Anzeiger 96 (1974) 85 – 89 und 184 – 186.
56. Olbertz, H.-A.: Systematische Erstellung von Konstruktionsprogrammen. Ind.-Anzeiger 92 (1970) 319.
57. Opitz, H.; Schäfer, R.: Verfahren zur Vereinheitlichung und Verknüpfung von Programmiersprachen der Fertigungstechnik. wt-Z. ind. Fertigung 64 (1974) 124 – 127.
58. Praß, P.: Berücksichtigung von Prioritätenhierarchien beim rechnerunterstützten Konstruieren durch Verwendung von Vorzugskennern. Konstruktion 26 (1974) 58 – 59.
59. — : Einsatz von elektronischen Datenverarbeitungsanlagen für Berechnungen in der Konstruktion. Konstruktion 26 (1974) 235 – 242.
60. — : Ein Programmsystem zur Auswahl geeigneter Wälzlager aus rechnerintern gespeicherten Lagerkatalogen. Konstruktion 25 (1973) 259 – 263.
61. Richter, A.; Kranz, G.: Ein Beitrag zur nichtlinearen Optimierung und dynamischen Programmierung in der rechnergestützten Konstruktion. Konstruktion 26 (1974) 361 – 367.
62. Scheck, H.: Rechnerunterstützte Auftragszusammenstellung variantenreicher Maschinen. Werkzeugmaschine international (1971) 17 – 26.
63. Schlemper, K.: Bildschirmeinsatz beim Konstruieren — Gestaltung von Spindel-Lager-Systemen und Maschinengestellen im Dialog zwischen Konstrukteur und Computer. Diss. TH Aachen 1972.
64. Schnelle, E.: Beitrag zur Entwicklung eines Sprachsystems für das rechnerunterstützte Konstruieren. ZwF 66 (1971) 346 – 350.
65. — : Einsatz des Bildschirmgerätes beim Entwurf von Bauteilen. VDI-Z. 116 (1974) 270 – 274.
66. — : Rechnerunterstütztes Konstruieren im Dialog. Diss. TU Berlin 1972.
67. — : Rechnerunterstütztes Gestalten von Bauteilen im Dialog. ZwF 68 (1973) 187 – 191.
68. Schön, F.: Wirtschaftlicher Konstruieren durch bessere Information. VDI-Berichte Nr. 191. Düsseldorf: VDI-Verlag 1973.
69. Spur, G.; Feldmann, K.: Konstruktionsoptimierung von Handhabungssystemen für die Drehbearbeitung. VDI-Berichte Nr. 219. Düsseldorf: VDI-Verlag 1974.
70. Steinchen, W.: Rechnerunterstützte Verfahren zum Entwerfen. Konstruktion 26 (1974) 447 – 452.
71. Szabó, Z.-J.; Vogel, F. O.: Automatische Zeichnungserstellung für Werkstückvarianten mit Kleinrechnern. Ind.-Anzeiger 97 (1975) 453 – 457.
72. Tönshoff, H. K.; Sankaran, D.: Konstruieren von Werkzeugmaschinen mit Unterstützung von Rechnern. Konstruktion 23 (1971) 333 – 338.
73. Urmes, N. M.: Eine Einführung in Linear Programming. IBM-Fachbibliothek, Form-Nr. 81 540.

74. VDI-Richtlinie 2210 (Entwurf): Datenverarbeitung in der Konstruktion — Analyse des Konstruktionsprozesses im Hinblick auf den EDV-Einsatz. Düsseldorf: VDI-Verlag 1975.
75. VDI-Richtlinie 2211, Blatt 1 (Entwurf): Datenverarbeitung in der Konstruktion — Aufgabe, Prinzip und Einsatz von Informationssystemen. Düsseldorf: VDI-Verlag 1973.
76. VDI-Richtlinie 2211, Blatt 2 (Entwurf): Datenverarbeitung in der Konstruktion — Methoden und Hilfsmittel, Berechnungen in der Konstruktion. Düsseldorf: VDI-Verlag 1973.
77. VDI-Richtlinie 2211, Blatt 3 (Entwurf): Datenverarbeitung in der Konstruktion — Maschinelle Herstellung von Zeichnungen. Düsseldorf: VDI-Verlag 1973.
78. VDI-Richtlinie 2212 (Entwurf): Datenverarbeitung in der Konstruktion — Systematisches Suchen und Optimieren konstruktiver Lösungen. Düsseldorf: VDI-Verlag 1975.
79. VDI-Richtlinie 2213 (Entwurf): Datenverarbeitung in der Konstruktion — Integrierte Herstellung von Fertigungsunterlagen. Düsseldorf: VDI-Verlag 1975.
80. VDI-Richtlinie 2215 (Entwurf): Datenverarbeitung in der Konstruktion — Organisatorische Voraussetzungen und allgemeine Hilfsmittel. Düsseldorf: VDI-Verlag 1974.
81. VDI-Richtlinie 2216 (Entwurf): Datenverarbeitung in der Konstruktion — Vorgehen bei der Einführung der EDV im Konstruktionsbereich. Düsseldorf: VDI-Verlag 1975.
82. Weck, M.: Programmsysteme zur Berechnung von Maschinenteilen. VDI-Berichte Nr. 219. Düsseldorf: VDI-Verlag 1974.
83. Wiewelhove, W.: Werkstoffauswahl mit Hilfe der EDV. Konstruktion 27 (1975) 381 – 388.
84. Zienkiewicz, O. C.: Methode der Finiten Elemente. München, Wien: Hanser 1975.
85. Zimmer, A.; Groth, P.: Elementmethode der Elastostatik. München: Oldenbourg 1970.

10. Übersicht und verwendete Begriffe

10.1. Einsatz der Methoden

Nach Darstellung der historischen Entwicklung und der Grundlagen orientiert sich der Aufbau dieses Buches am Arbeitsfortschritt beim Konstruieren, der vom Planen des Produkts und Klären der Aufgabenstellung ausgeht und über das Konzipieren, Entwerfen und Ausarbeiten zu den Fertigungsunterlagen führt. Zur Verringerung des Konstruktionsaufwands führen die Entwicklung von Baureihen und Baukästen sowie der Rechnereinsatz.

Konzipieren und *Entwerfen* sind die Schwerpunkte bei der Entwicklung eines technischen Systems. In den Bildern 10.1 und 10.2 sind diese Arbeitsschritte zusammengestellt und die jeweiligen Methoden bzw. Hilfsmittel nach ihrem hauptsächlichen oder hilfsweisen Einsatz zugeordnet. Die Übersicht läßt den *Arbeitsablauf*, die *Bedeutung* und den zeitlich richtigen *Einsatz* der *Methoden* erkennen. Eine solche Zuordnung kann nicht immer streng abgegrenzt werden, weil Aufgabenstellung und Probleme bei verschiedenen Produkten unterschiedlich sein können und das Vorgehen und den Einsatz der Methoden beeinflussen. Auch erfordern nicht alle Schritte alle einsetzbaren Methoden.

Wichtig ist, daß Methoden nur soweit angewandt werden, wie sie für das jeweilige Teilziel erforderlich und nützlich sind. Der Anwender soll keine Arbeit um der Systematik willen oder nur aus Freude an der Perfektion aufwenden, die nicht mehr im angemessenen Verhältnis zum Erfolg steht. Die Methoden stellen dabei unterschiedliche Ansprüche. Je nach Veranlagung, Übung und Erfahrung wird man diese oder jene vorziehen oder andere meiden, besonders dann, wenn mehrere Methoden zur Unterstützung des jeweiligen Arbeitsschritts in Frage kommen.

Abstraktionsvermögen, systematisches Arbeiten und folgerichtiges Denken, aber auch kreative Fähigkeiten und Fachkenntnisse sind erforderlich. Bei den einzelnen Arbeitsschritten werden diese Fähigkeiten unterschiedlich stark angesprochen. *Abstraktionsvermögen* ist vor allem beim Erkennen der wesentlichen Probleme, beim Aufstellen der Funktionsstruktur, beim Finden von Ordnenden Gesichtspunkten für Ordnungsschemata und bei der Übertragung von Gestaltungsprinzipien und -regeln erforderlich. *Systematisches und folgerichtiges Denken* helfen bei der Bearbeitung der Funktionsstrukturen, beim Aufstellen von Ordnungsschemata, bei der Analyse der Systeme und Vorgänge, beim Kombinieren, bei der Fehlererkennung und beim Bewerten. *Kreative Fähigkeiten* nützen bei der Variation von Funktionsstrukturen, bei der Lösungssuche mit Hilfe intuitiv betonter Methoden aber auch bei der Kombination mit Hilfe von Ordnungsschemata oder Katalogen sowie bei der Anwendung von Grundregeln, Gestaltungsprinzipien und -richtlinien. Produktabhängige *Fachkenntnisse* unterstützen besonders das Aufstellen der Anforderungsliste, die Schwachstellensuche, das Auswählen und Bewerten, den Kontrollvorgang mit Hilfe von Leitlinien und die Fehlersuche.

Methoden und Hilfsmittel (● hauptsächlich, ○ hilfsweise) / Arbeitsschritte		Planen des Produkts Auswählen der Aufgabe	Klären der Aufgabenstellung Erarbeiten der Anforderungsliste	Abstrahieren zum Erkennen der wesentlichen Probleme	Aufstellen von Funktionsstrukturen	Suche nach Lösungsprinzipien	Kombinieren der Lösungsprinzipien	Auswählen geeigneter Varianten	Konkretisieren zu Konzeptvarianten	Bewerten von Konzeptvarianten
Trendstudien Marktanalysen	4.1.	●	○							
Anforderungsliste	4.2.		●	○						
Gedankliche Abstraktion	5.2.			●	○					
Black - Box - Darstellung Funktionsbilder	5.3.			○	●					
Literaturrecherchen	5.4.1.	○	○			●			○	
Analyse natürlicher Systeme	5.4.1.				○	●				
Analyse bekannter Lösungen	5.4.1.		○		●	●	●		○	
Analyse mathematisch - physikalischer Zusammenhänge	5.4.1.				●	●				
Versuche, Messungen	5.4.1.					●	●		●	
Brainstorming Synektik	5.4.2.	○				●				
Systematische Untersuchung des physikalischen Geschehens	5.4.3.					●				
Ordnungsschema	5.4.3.					●	●			
Kataloge	5.4.3.					●	●			
Skizzen Intuitiv betonte Verbesserung	5.5. 5.7.					○	●		●	
Auswahlverfahren	5.6.				○	○	●	●	○	
Bewertungsmethoden	5.8.									●
Wertanalyse	6.5.6.							○		○

Bild 10.1. Zuordnen von Methoden und Hilfsmitteln zu den Arbeitsschritten der Konzeptphase (Zahlen geben Kapitel bzw. Abschnitte an; Vollkreise: hauptsächlicher, Leerkreise: hilfsweiser Einsatz)

Bild 10.3 gibt ferner eine Zusammenstellung der für die einzelnen Konstruktionsphasen empfohlenen *Leitlinien* mit ihren Hauptmerkmalen, die die kreativen und korrektiven Tätigkeiten unterstützen. Es ist erkennbar, daß sie der generellen Zielsetzung und den Bedingungen folgen, die in 2.1.6 genannt sind, wodurch sichergestellt wird, daß die technische Funktion bei wirtschaftlicher Realisierung und bei Sicherheit für Mensch und Umgebung erfüllt wird. Zur Lösungssuche sind funktio-

● hauptsächlich
○ hilfsweise

Methoden und Hilfsmittel \ Arbeitsschritte		Erkennen gestaltungsbest. Anforderungen	Darstellen räumlicher Randbedingungen	Strukturieren in gestaltungsb. Hauptfunktionsträger	Grobgestalten der Hauptfunktionsträger	Auswählen geeigneter Grobentwürfe	Grobgestalten der restlichen Hauptfunktionsträger	Suchen von Lösungen für Nebenfunktionsträger	Feingestalten der Hauptfunktionsträger	Feingestalten der Nebenfunktionsträger	Kontrollieren und Verbessern der Entwürfe	Bewerten der Entwürfe	Abschließendes Gestalten des endgültigen Entwurfs	Kontrollieren auf Fehler und Störgrößeneinfluß	Vervollständigen durch vorl. Stückliste und Anweisungen
Anforderungsliste	4.2.	●	●								○	○		○	
Funktionsstruktur	5.3.			●											
Lösungskonzept	5.	●	●	●	○		○								
Lösungsmethoden der Konzeptphase	5.							●							
Leitlinie	6.2.				●	○	●		●	●	●			○	○
Grundregeln einfach, eindeutig, sicher	6.3.				●	○	●	○	●	●	○	○	○	○	○
Gestaltungsprinzipien Kraftleitung Aufgabenteilung Selbsthilfe Stabilität und gewollte Labilität	6.4.			●	●		●	○	○						
Gestaltungsrichtlinien Beanspruchungsgerecht Formänderungsgerecht Stabilitätsgerecht Resonanzgerecht Ausdehnungsgerecht Kriechgerecht Relaxationsgerecht Korrosionsgerecht Verschleißgerecht Ergonomiegerecht Normgerecht Fertigungsgerecht Montagegerecht Kontrollgerecht Transportgerecht Gebrauchsgerecht Instandhaltungsgerecht	6.5.				○		○		●	●	○		●		●
Auswahlverfahren	5.6.					●		●							
Fehlerbaumanalyse Risikobegegnung	6.6.										○			●	
Bewertungsmethoden	5.8. 6.7.							○				●			

Bild 10.2. Zuordnen von Methoden und Hilfsmitteln zu den Arbeitsschritten der Entwurfsphase (Zahlen geben Kapitel bzw. Abschnitte an; Vollkreise: hauptsächlicher, Leerkreise: hilfsweiser Einsatz)

Aufgabe klären	Konzipieren		Entwerfen	
Erarbeiten der Anforderungsliste	Auswählen	Bewerten	Gestalten Kontrollieren	Bewerten
Anforderungen erfassen (Bild 4.5.)	Prinzipkombination finden (Bild 5.44.)	Optimales Konzept finden (Bild 5.60.)	Gestalt und Werkstoff festlegen (Bild 6.2.)	Optimalen Entwurf finden (Bild 6.136.)
Geometrie	Mit Aufgabe verträglich	Funktion	Funktion	Funktion
Kinematik		Wirkprinzip	Wirkprinzip	Gestalt
Kräfte	Forderungen erfüllt	Gestaltung	Auslegung Haltbarkeit	Auslegung
Energie			Formänderung Stabilität	
Stoff	Realisierung grundsätzlich möglich		Resonanzfreiheit Ausdehnung	
Signal			Korrosion Verschleiß	
Sicherheit	Unmittelbare Sicherheitstechnik gegeben	Sicherheit	Sicherheit	Sicherheit
Ergonomie		Ergonomie	Ergonomie	Ergonomie
Fertigung		Fertigung	Fertigung	Fertigung
Kontrolle		Kontrolle	Kontrolle	Kontrolle
Montage	Im eigenen Bereich bevorzugt	Montage	Montage	Montage
Transport		Transport	Transport	Transport
Gebrauch		Gebrauch	Gebrauch	Gebrauch
Instandhaltung		Instandhaltung	Instandhaltung	Instandhaltung
Kosten	Aufwand	Aufwand	Kosten	Kosten durch wirtsch. Wertigkeit erfaßt
Termin			Termin	Termin

Bild 10.3. Übersicht zu den Leitlinien mit ihren Hauptmerkmalen und Angabe zugehöriger Arbeitsschritte

nale, physikalische und gestalterische Zusammenhänge sowie allgemeine und aufgabenspezifische Bedingungen zu beachten. Die Merkmale sind dem jeweiligen Konkretisierungsgrad angepaßt:

Beim Aufstellen der Anforderungsliste sind die Anforderungen zu erfassen, damit Funktion und wichtige Bedingungen erkennbar werden. Aus diesem Grunde treten anstelle des Hauptmerkmals „Funktion" andere Assoziationsmerkmale; Geometrie, Kinematik, Kräfte, Energie, Stoff und Signal, die helfen, die Funktion besser zu finden. In ähnlicher Weise wird beim Entwerfen, wo die Gestaltung Schwerpunkt und Ziel ist, das Merkmal „Gestaltung" durch die Auslegungsmerkmale ersetzt, die zur zweckmäßigen Gestaltung führen. Beim Bewerten sind die Bewertungskriterien aus den auf gleicher Basis entstandenen Hauptmerkmalen zu gewinnen. Die Hauptmerkmale weisen eine wünschenswerte Redundanz auf, wodurch erreicht wird, daß bei verschiedenartiger Betrachtung oder Anregung alle wesentlichen Punkte erfaßt werden.

Ein Teil der angeführten Methoden und Hilfsmittel sind auf verschiedenen Konkretisierungsstufen verwendbar und damit *wiederholt einsetzbar*. Mit den Methoden entstandene Unterlagen werden in den späteren Phasen oft erneut herangezogen (z. B. Anforderungsliste, Funktionsstruktur, Teillösungsschemata, Auswahl- und Bewertungslisten). Ferner zeigt sich, daß für eine bestimmte Produktgruppe methodisch erarbeitete Unterlagen eine gewisse Allgemeingültigkeit behalten und wiederverwendet werden können. Der Aufwand beim methodischen Vorgehen sinkt damit.

10.2. Zeitaufwand

Im Hinblick auf den Einwand, daß zum methodischen Vorgehen in der Praxis der Zeitaufwand zu groß sei, werden im Bild 10.4 Zeitmittelwerte für die einzelnen Arbeitsschritte der Konzeptphase angegeben. Sie sind aus der Erfahrung bei bisherigen Arbeiten an der Hochschule in Verbindung mit der Praxis gewonnen worden. Je nach Aufgabenart und Informationsstand sind andere Relationen möglich.

Man erkennt, daß der größte Zeitaufwand in konventionellen Tätigkeiten, nämlich beim Konkretisieren der Konzeptvarianten, in der berechnenden Abschätzung und in dem Studium von Anordnungen, liegt. Das methodische Vorgehen in der Konzeptphase verleiht bei nur wenig mehr Zeitaufwand einen breiteren Überblick und eine größere Wahrscheinlichkeit, eine optimale Lösung zu finden.

Nicht viel anders ist es in der Entwurfsphase. Die Beachtung der Leitlinien, der Grundregeln, der Gestaltungsprinzipien und -richtlinien verringert in der Regel den

Arbeitsschritte			0 25% 50%
Klären der Aufgabenstellung		10 %	
Abstrahieren zum Erkennen der wesentlichen Probleme		1 %	
Aufstellen von Funktionsstrukturen		4 %	
Lösungssuche	intuitiv, z. B. Brainstorming	4 %	
	diskursiv	15 %	
Kombinieren v. Lösungsprinzipien u. qualitative Auswahl		3 %	
Konkretisieren zu Konzeptvarianten	Orientierende Rechnungen	25 %	
	Studieren von Anordnungen	35 %	
Bewerten von Konzeptvarianten		3 %	
		100 %	

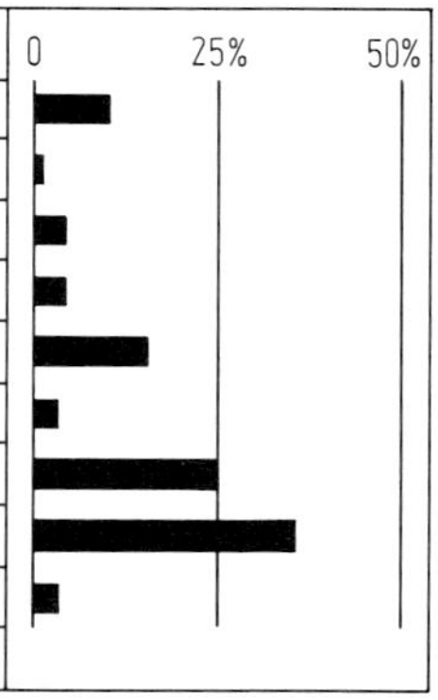

Bild 10.4. Prozentuale Verteilung des Aufwands an Mann-Stunden in der Konzeptphase (aus Erfahrung gewonnene Schätzwerte)

Arbeitsaufwand. Die Überprüfung mit Hilfe von Fehlererkennungsmethoden sorgt für eine Verbesserung der Produktqualität und wird nur dann unangemessen aufwendig, wenn sie nicht auf das Wesentliche beschränkt bleibt. Bewertungen sind wenig zeitaufwendig im Vergleich zu den erzielten Erkenntnissen, insbesondere durch die Schwachstellensuche.

In der Handhabung der Methoden vertraut, ist in fast jedem Fall ein umfassenderes und besseres Ergebnis in kurzer Zeit zu erzielen. Im Gegensatz zu konventionellem Arbeiten ist die Aussicht größer, von vornherein zeitraubende Fehler wegen Informationslücken oder wegen zu einseitiger Betrachtung zu vermeiden.

10.3. Verwendete Begriffe

Nachstehend sind in alphabetischer Reihenfolge wichtige in diesem Buch verwendete Begriffe erläutert:

Anforderungsliste	Geklärte Aufgabenstellung durch den Konstrukteur für den Konstruktionsbereich.
Arbeitsprinzip	Siehe Lösungsprinzip.
Aufgabe	Gedachtes Ziel (Zweck, Wirkung) unter gegebenen bestimmten Bedingungen.
Aufgabenstellung	Formulierung der Aufgabe durch den Aufgabensteller.
diskursiv	Von einem Gedankeninhalt zum anderen fortschreitend, dabei ist die Entstehung in Teilschritten verfolgbar.
Effekt	Gesetz oder Grundsatz, der ein physikalisches, chemisches, biologisches usw. Geschehen beschreibt.
Ergonomie	Lehre von der menschlichen Arbeit, Anpassung der Arbeit oder der Maschine an den Menschen und umgekehrt (Beachten der Mensch-Maschine-Beziehung).
Funktion	Allgemeiner Zusammenhang zwischen Eingang und Ausgang eines Systems mit dem Ziel, eine Aufgabe zu erfüllen.
Gesamtfunktion	Funktion, die die Aufgabe in ihrer Gesamtheit erfaßt.
Teilfunktion	Funktion, die eine Teilaufgabe erfaßt.
Hauptfunktion	Teilfunktion, die unmittelbar der Gesamtfunktion dient.
Nebenfunktion	Teilfunktion, die die Hauptfunktion unterstützt und daher nur mittelbar der Gesamtfunktion dient (Einordnung je nach Betrachtungsebene unterschiedlich).
Allgemein anwendbare Funktion	Funktion, die in technischen Systemen allgemein vorkommt.
Elementarfunktion	Funktion, die sich nicht weiter gliedern läßt und allgemein anwendbar ist.
Grundfunktion	Funktion, die in einem bestimmten System (z. B. Baukasten) grundlegend und dort immer wiederkehrend ist.
Logische Funktion	Funktion, die eine Verknüpfung zwischen Eingang und Ausgang in Form von Aussagen einer zweiwertigen Logik ermöglicht: UND-, ODER-, NICHT-Funktion und deren Kombination.
Funktionsstruktur	Verknüpfung von Teilfunktionen zu einer Gesamtfunktion.
Funktionsträger	Technisches Gebilde, das eine Funktion erfüllt.
Gestalt	Form, Lage, Größe und Anzahl technischer Gebilde.
Gestaltung	Verknüpfung von Gestalt und Werkstoff.
Gestaltungsmerkmal	Gestalt der Wirkfläche, Wirkbewegung und Werkstoff oder sonstige Angaben zur stofflichen Verwirklichung.

Gestaltungsprinzip	Grundsatz, von dem bei stofflicher Verwirklichung die Gestaltung abgeleitet wird.
Gestaltungsvariante	Mögliche Gestaltung neben anderen.
Hauptgröße	Größe, die für eine Teilfunktion unmittelbar erforderlich ist (z. B. Drehmoment, Druck, Menge pro Zeit).
Intuition	Plötzliche Eingebung, überraschendes Entdecken von neuen Gedankeninhalten, meist ganzheitlich.
intuitiv	Einfallsbetontes Erkennen, Gegensatz zu diskursiv.
Konzept	Siehe Lösungskonzept.
Konzeptvariante	Mögliche Gesamtlösung in der Konzeptphase.
Lösung	Erfüllung der Aufgabe durch konkrete Angabe von Gestaltungsmerkmalen zur stofflichen Verwirklichung.
Lösungskonzept	Ausgewählte Konzeptvariante.
Lösungsprinzip	Grundsatz, von dem die Lösung abgeleitet wird und das physikalische Wirkprinzip und die prinzipiellen Gestaltungsmerkmale umfaßt (Arbeitsprinzip).
Lösungsvariante	Mögliche Lösung neben anderen.
Methode	Planmäßiges Vorgehen zum Erreichen eines bestimmten Ziels.
Methodik	Planmäßiges Vorgehen unter Einschluß mehrerer Methoden und Hilfsmittel.
Nebengröße	Größe, die eine Teilfunktion zwangsläufig oder unterstützend begleitet (z. B. Zentrifugalkraft, Axialkraft aus Schrägverzahnung).
Prinzip	Grundgesetz, Grundsatz, wovon Späteres oder Besonderes abgeleitet wird.
Prinzipkombination	Kombination von Lösungsprinzipien zum Erfüllen der Gesamtfunktion ohne nähere Konkretisierung.
Problem	Zu lösende Aufgabe, Fragestellung.
Teilproblem	Eine zu lösende Teilaufgabe.
System	Gesamtheit geordneter Elemente, z. B. Funktionen oder technische Gebilde, die aufgrund ihrer Eigenschaften durch Relationen verknüpft und durch eine Systemgrenze umgeben sind.
Teilsystem	(Untersystem) Abgeschlossenes kleineres System eines Gesamtsystems.
Systemgrenze	Trennung zwischen System und Umgebung. Die nach außen bestehenden Verbindungen (Eingänge und Ausgänge), die das Systemverhalten zeigen, werden dabei kenntlich.
Systematik	Ganzheitliche Betrachtung.
Technisches Gebilde	Anlagen, Apparate, Maschinen, Geräte, Baugruppen oder Bauteile.
Wirkbewegung	Bewegung, mit der ein physikalisches Geschehen erzwungen oder ermöglicht wird.
Wirkfläche	Fläche, an der oder über die ein physikalisches Geschehen erzwungen oder ermöglicht wird.
Wirkort	Ort, an dem durch Wirkflächen und Wirkbewegungen physikalisches Geschehen erzwungen oder ermöglicht wird.
Wirkprinzip	Grundsatz, von dem sich eine bestimmte Wirkung zur Erfüllung der Funktion ableitet (physikalischer, biologischer, chemischer Effekt oder Effekte in Verbindung einer oder mehrerer Teilfunktionen).
Wirkungsweise	Zusammenwirken von technischen Gebilden, um Funktionen nach bestimmten Wirkprinzipien zu erfüllen.
Zweck	Ziel, Sinn eines Tuns, vorgestellter und gewollter Vorgang oder Zustand.

Sachverzeichnis

Dubbel
Taschenbuch für den Maschinenbau
2 Bände
Herausgeber: F. Sass, C. Bouché,
A. Leitner
Unter Mitwirkung von E. Martyrer
Berichtigter Neudruck der 13. Auflage
Über 3000 Abb. XXIII, 959 Seiten und
XVII, 1061 Seiten. 1974
Gebunden zus. DM 66,—; US $27.10
ISBN 3-540-06389-7

G. NIEMANN
Maschinenelemente
1. Band: **Konstruktion und Berechnung von Verbindungen, Lagern, Wellen**
Unter Mitarbeit von M. Hirt
2. neubearbeitete Auflage
289 Abb. XI, 398 Seiten. 1975
Geb. DM 68,—; US $27.90
ISBN 3-540-06809-0

2. Band: **Getriebe**
2. berichtigter Neudruck
338 Abb. XII, 310 Seiten. 1965
Geb. DM 42,—; US $17.30
ISBN 3-540-03378-5

W. G. RODENACKER
Methodisches Konstruieren
2. völlig neubearbeitete Auflage
230 Abb. XII, 324 Seiten. 1976
(Konstruktionsbücher, 27. Band)
DM 78,—; US $32.00
ISBN 3-540-07513-5

Preisänderungen vorbehalten

Springer-Verlag
Berlin
Heidelberg
New York

TOCHTERMANN/BODENSTEIN
Konstruktionselemente des Maschinenbaues
Entwerfen, Gestalten, Berechnen, Anwendungen
In 2 Teilen
8. neubearb. Auflage von F. Bodenstein

1. Teil: **Kapitel 1-3**
393 Abb. VII, 296 Seiten. 1968
DM 32,—; US $13.20
ISBN 3-540-04361-6

2. Teil: **Kapitel 4-6**
485 Abb. IV, 325 Seiten. 1969
DM 32,—; US $13.20
ISBN 3-540-04738-7

V. HUBKA
Theorie der Konstruktionsprozesse
Analyse einer wissenschaftlichen Konstruktionslehre
Hochschultext
71 Abb. Etwa 220 Seiten. 1976
DM 42,—; US $17.30
ISBN 3-540-07767-7

V. HUBKA
Theorie der Maschinensysteme
Grundlagen einer wissenschaftlichen Konstruktionslehre
Hochschultext
65 Abb. X, 142 Seiten. 1973
DM 19,80; US $8.20
ISBN 3-540-06122-3

R. KOLLER
Konstruktionsmethode für den Maschinen-, Geräte- und Apparatebau
Hochschultext
86 Abb., 7 Tab. VII, 191 Seiten. 1976
DM 39,—; US $16.00
ISBN 3-540-07444-9

Preisänderungen vorbehalten

Springer-Verlag
Berlin
Heidelberg
New York